01 本书精彩案例赏析

7.1.3 实战：使用混合模式打造天鹅湖场景

11.3.1 使用【应用图像】命令制作霞光中的地球

▶重点 12.3.5 实战:使用【阴影／高光】命令调整逆光照片

12.4.1 实战：使用【自然饱和度】命令降低自然饱和度

◀ **12.4.4** 实战：使用【黑白】命令制作单色图像效果

▲ **14.4.7** 实战：使用【渐变滤镜】制作渐变色调效果

▲ 过关练习——打造日系小清新色调

▲ 12.4.5 实战：使用【照片滤镜】命令打造炫酷冷色调

▲ 重点 15.4.3 【模糊】滤镜组径向模糊

► 过关练习——
制作胶片风格照片

▲重点 15.4.9 【渲染】滤镜组

◀15.4.13 实战：打造气泡中的人物

▲重点 17.5.2 实战：使用 Photomerge 命令创建全景图

◀第 17 章 利用动作快速制作照片卡角

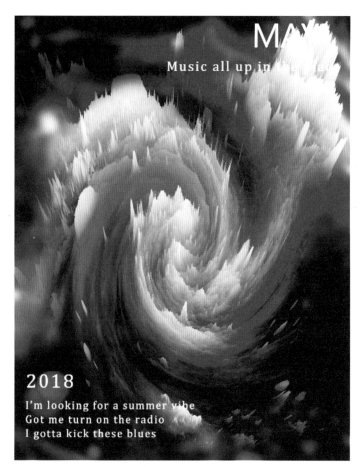

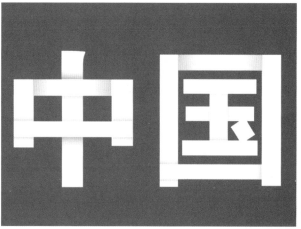

▲ 20.3　制作折叠文字效果

20.1　制作啤酒文字

▲ 20.4　制作冰雪字效果

▲ 20.5　制作锈斑剥落文字效果

▲ 21.1　制作超现实空间效果

▲ 21.3　将照片转换为漫画效果

▶ 22.2　合成奇幻星际场景

▲ 25.2　宣传单设计

▲ 25.3　海报设计

▲ 26.2　月饼包装设计

▲ 27.2　游戏主界面设计

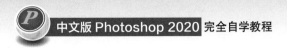

02 赠送丰富超值的 PS 设计资源

1 500 个常用笔刷

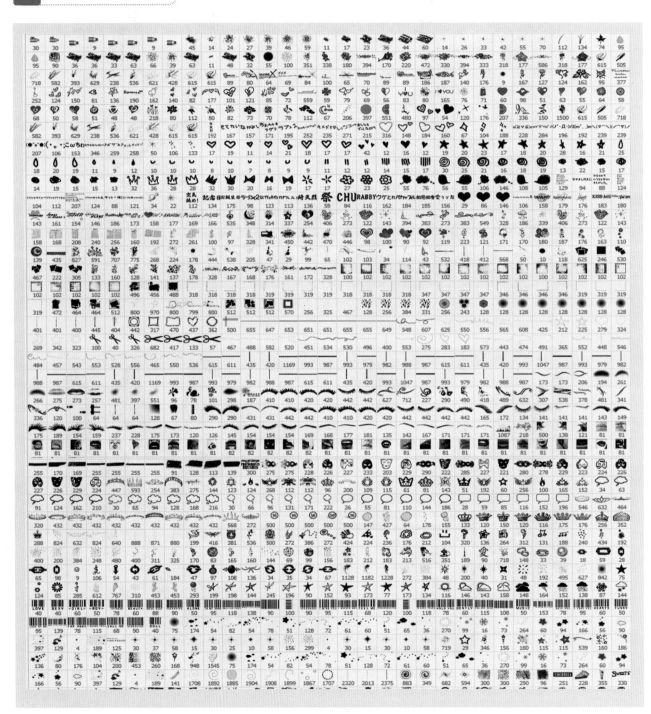

2　200 个实用形状

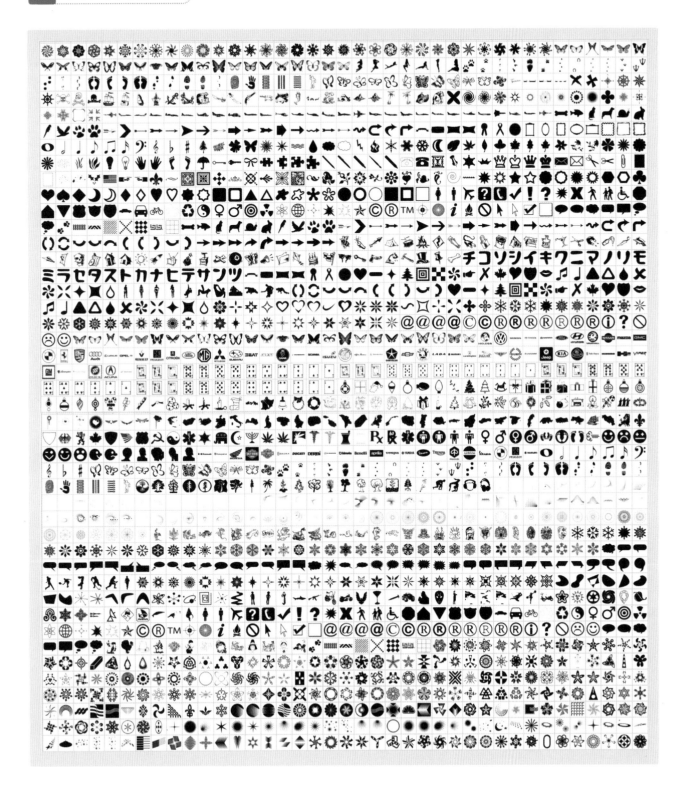

3 1500 个后期效果动作库

0001.atn	0002.atn	0003.atn	0004.atn	0005.atn	0006.atn	0007.atn	0008.atn	0009.atn	0010.atn	0011.atn	0012.atn	0013.atn	0014.atn
0015.atn	0016.atn	0017.atn	0018.atn	0019.atn	0020.atn	0021.atn	0022.atn	0023.atn	0024.atn	0025.atn	0026.atn	0027.atn	0028.atn
0029.atn	0030.atn	0031.atn	0032.atn	0033.atn	0034.atn	0035.atn	0036.atn	0037.atn	0038.atn	0039.atn	0040.atn	0041.atn	0042.atn
0043.atn	0044.atn	0045.atn	0046.atn	0047.atn	0048.atn	0049.atn	0050.atn	0051.atn	0052.atn	0053.atn	0054.atn	0055.atn	0056.atn
0057.atn	0058.atn	0059.atn	0060.atn	0061.atn	0062.atn	0063.atn	0064.atn	0065.atn	0066.atn	0067.atn	0068.atn	0069.atn	0070.atn
0071.atn	0072.atn	0073.atn	0074.atn	0075.atn	0076.atn	0077.atn	0078.atn	0079.atn	0080.atn	0081.atn	0082.atn	0083.atn	0084.atn
0085.atn	0086.atn	0087.atn	0088.atn	0089.atn	0090.atn	0091.atn	0092.atn	0093.atn	0094.atn	0095.atn	0096.atn	0097.atn	0098.atn
0099.atn	0100.atn	0101.atn	0102.atn	0103.atn	0104.atn	0105.atn	0106.atn	0107.atn	0108.atn	0109.atn	0110.atn	0111.atn	0112.atn
0113.atn	0114.atn	0115.atn	0116.atn	0117.atn	0118.atn	0119.atn	0120.atn	0121.atn	0122.atn	0123.atn	0124.atn	0125.atn	0126.atn
0127.atn	0128.atn	0129.atn	0130.atn	0131.atn	0132.atn	0133.atn	0134.atn	0135.atn	0136.atn	0137.atn	0138.atn	0139.atn	0140.atn
0141.atn	0142.atn	0143.atn	0144.atn	0145.atn	0146.atn	0147.atn	0148.atn	0149.atn	0150.atn	0151.atn	0152.atn	0153.atn	0154.atn
0155.atn	0156.atn	0157.atn	0158.atn	0159.atn	0160.atn	0161.atn	0162.atn	0163.atn	0164.atn	0165.atn	0166.atn	0167.atn	0168.atn
0169.atn	0170.atn	0171.atn	0172.atn	0173.atn	0174.atn	0175.atn	0176.atn	0177.atn	0178.atn	0179.atn	0180.atn	0181.atn	0182.atn
0183.atn	0184.atn	0185.atn	0186.atn	0187.atn	0188.atn	0189.atn	0190.atn	0191.atn	0192.atn	0193.atn	0194.atn	0195.atn	0196.atn
0197.atn	0198.atn	0199.atn	0200.atn	0201.atn	0202.atn	0203.atn	0204.atn	0205.atn	0206.atn	0207.atn	0208.atn	0209.atn	0210.atn
0211.atn	0212.atn	0213.atn	0214.atn	0215.atn	0216.atn	0217.atn	0218.atn	0219.atn	0220.atn	0221.atn	0222.atn	0223.atn	0224.atn
0225.atn	0226.atn	0227.atn	0228.atn	0229.atn	0230.atn	0231.atn	0232.atn	0233.atn	0234.atn	0235.atn	0236.atn	0237.atn	0238.atn
0239.atn	0240.atn	0241.atn	0242.atn	0243.atn	0244.atn	0245.atn	0246.atn	0247.atn	0248.atn	0249.atn	0250.atn	0251.atn	0252.atn

4 　200 个真实质感的纹理

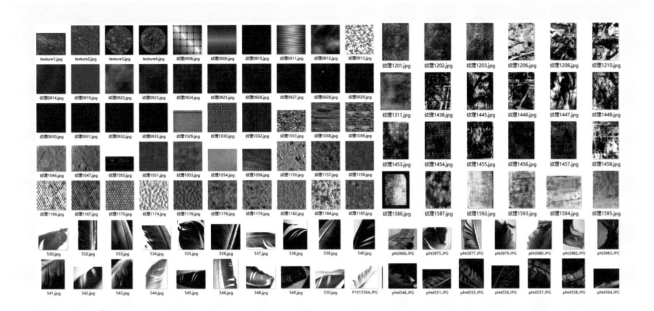

5 　300 个外挂滤镜

PLUG-IN	PLUG-IN	PLUG-IN	PLUG-IN	PLUG-IN	PLUG-IN	PLUG-IN	PLUG-IN	PLUG-IN	PLUG-IN	PLUG-IN	PLUG-IN	PLUG-IN	PLUG-IN
001.8bf	002.8bf	003.8bf	004.8bf	005.8bf	006.8bf	007.8bf	008.8bf	009.8bf	010.8bf	011.8bf	012.8bf	013.8bf	014.8bf
015.8bf	016.8bf	017.8bf	018.8bf	019.8bf	020.8bf	021.8bf	022.8bf	023.8bf	024.8bf	025.8bf	026.8bf	027.8bf	028.8bf
029.8bf	030.8bf	031.8bf	032.8bf	033.8bf	034.8bf	035.8bf	036.8bf	037.8bf	038.8bf	039.8bf	040.8bf	041.8bf	042.8bf
043.8bf	044.8bf	045.8bf	046.8bf	047.8bf	048.8bf	049.8bf	050.8bf	051.8bf	052.8bf	053.8bf	054.8bf	055.8bf	056.8bf
057.8bf	058.8bf	059.8bf	060.8bf	061.8bf	062.8bf	063.8bf	064.8bf	065.8bf	066.8bf	067.8bf	068.8bf	069.8bf	070.8bf
071.8bf	072.8bf	073.8bf	074.8bf	075.8bf	076.8bf	077.8bf	078.8bf	079.8bf	080.8bf	081.8bf	082.8bf	083.8bf	084.8bf
085.8bf	086.8bf	087.8bf	088.8bf	089.8bf	090.8bf	091.8bf	092.8bf	093.8bf	094.8bf	095.8bf	096.8bf	097.8bf	098.8bf

03 1200分钟 与书同步视频讲解

Photoshop CS6
快速入门

Photoshop C6 图像
处理基本操作

创建与编辑
图像选区

绘画与
图像修饰

图层的
初级应用

图层的
高级应用

文本编辑
与应用

路径与矢量图形

解密蒙版功能

解析通道应用

图像色彩的
调整和编辑

图像色彩的校正

数码照片处理大师
Camera Raw

解密神奇的
滤镜

视频与动画的制作

动作与文件批处理
功能

创建 3D 图像

Web 图像的制作与
图像打印

特效字设计与
图像特效制作

数码照片
后期处理

PS 商业广告设计

UI 界面设计

04 4部实用教学视频

01
Photoshop
商业广告设计

02
Photoshop
网店美工设计

03
5 分钟学会
番茄工作法

04
10 招精通
超级时间整理术

05 赠送：颜色设计速查色谱表

1 CMYK 印刷专用精选色谱表

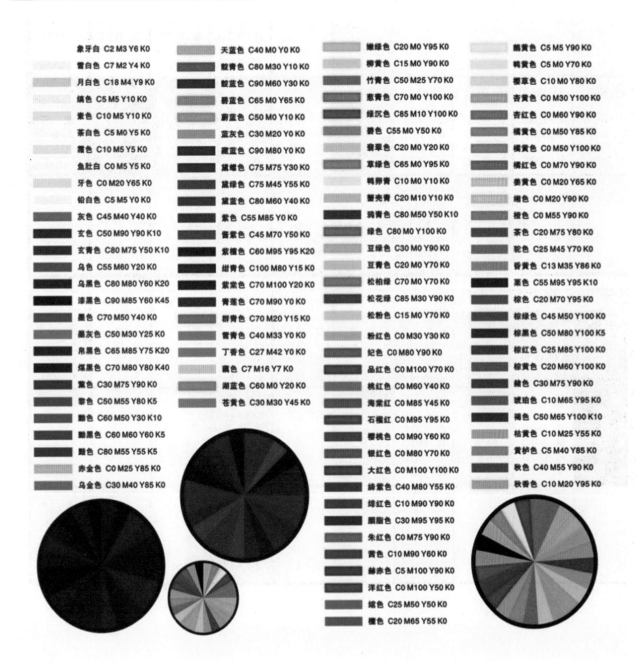

象牙白 C2 M3 Y6 K0
雪白色 C7 M2 Y4 K0
月白色 C18 M4 Y9 K0
缟色 C5 M5 Y10 K0
素色 C10 M5 Y10 K0
茶白色 C5 M0 Y5 K0
霜色 C10 M5 Y5 K0
鱼肚白 C0 M5 Y5 K0
牙色 C0 M20 Y65 K0
铅白色 C5 M5 Y0 K0
灰色 C45 M40 Y40 K0
玄色 C50 M90 Y90 K10
玄青色 C80 M75 Y50 K10
乌色 C55 M60 Y20 K0
乌黑色 C80 M80 Y60 K20
漆黑色 C90 M85 Y60 K45
墨黑色 C70 M50 Y40 K0
墨灰色 C50 M30 Y25 K0
帛黑色 C65 M85 Y75 K20
煤黑色 C70 M80 Y80 K40
黧色 C30 M75 Y90 K0
黎色 C50 M55 Y80 K5
黝色 C60 M50 Y30 K10
黝黑色 C60 M60 Y60 K5
黯色 C80 M55 Y55 K5
赤金色 C0 M25 Y85 K0
乌金色 C30 M40 Y85 K0

天蓝色 C40 M0 Y0 K0
靛青色 C80 M30 Y10 K0
靛蓝色 C90 M60 Y30 K0
碧蓝色 C65 M0 Y65 K0
蔚蓝色 C50 M0 Y10 K0
蓝灰色 C30 M20 Y0 K0
藏蓝色 C90 M80 Y0 K0
黛螺色 C75 M75 Y30 K0
黛绿色 C75 M45 Y55 K0
黛蓝色 C80 M60 Y40 K0
紫色 C55 M85 Y0 K0
黝紫色 C45 M70 Y50 K0
紫檀色 C60 M95 Y95 K20
绀青色 C100 M80 Y15 K0
紫紫色 C70 M100 Y20 K0
青莲色 C70 M90 Y0 K0
耕青色 C70 M20 Y15 K0
雪青色 C40 M33 Y0 K0
丁香色 C27 M42 Y0 K0
藕色 C7 M16 Y7 K0
湖蓝色 C60 M0 Y20 K0
苍黄色 C30 M30 Y45 K0

嫩绿色 C20 M0 Y95 K0
柳黄色 C15 M0 Y90 K0
竹青色 C50 M25 Y70 K0
葱青色 C70 M0 Y100 K0
绿沉色 C85 M10 Y100 K0
碧色 C55 M0 Y50 K0
翁翠色 C20 M0 Y20 K0
草绿色 C65 M0 Y95 K0
鸭卵青 C10 M0 Y10 K0
蟹壳青 C20 M10 Y10 K0
鸦青色 C80 M50 Y50 K10
绿色 C80 M0 Y100 K0
豆绿色 C30 M0 Y90 K0
豆青色 C20 M0 Y70 K0
松柏绿 C70 M0 Y70 K0
松花绿 C85 M30 Y90 K0
松粉色 C15 M0 Y70 K0
粉红色 C0 M30 Y30 K0
妃色 C0 M80 Y90 K0
品红色 C0 M100 Y70 K0
桃红色 C0 M60 Y40 K0
海棠红 C0 M85 Y45 K0
石榴红 C0 M95 Y95 K0
樱桃色 C0 M90 Y60 K0
银红色 C0 M80 Y70 K0
大红色 C0 M100 Y100 K0
绯紫色 C40 M80 Y55 K0
绛红色 C10 M90 Y90 K0
胭脂色 C30 M95 Y95 K0
朱红色 C0 M75 Y90 K0
茜色 C10 M90 Y60 K0
赫赤色 C5 M100 Y90 K0
洋红色 C0 M100 Y50 K0
绾色 C25 M50 Y50 K0
檀色 C20 M65 Y55 K0

鹅黄色 C5 M5 Y90 K0
鸭黄色 C5 M0 Y70 K0
樱草色 C10 M0 Y80 K0
杏黄色 C0 M30 Y100 K0
杏红色 C0 M60 Y90 K0
橘黄色 C0 M50 Y85 K0
橙黄色 C0 M50 Y100 K0
橙红色 C0 M70 Y90 K0
姜黄色 C0 M20 Y65 K0
缃色 C0 M20 Y90 K0
橙色 C0 M55 Y90 K0
茶色 C20 M75 Y80 K0
驼色 C25 M45 Y70 K0
昏黄色 C13 M35 Y86 K0
栗色 C55 M95 Y95 K10
棕色 C20 M70 Y95 K0
棕绿色 C45 M50 Y100 K0
棕黑色 C50 M80 Y100 K5
棕红色 C25 M85 Y100 K0
棕黄色 C20 M60 Y100 K0
赭色 C30 M75 Y90 K0
琥珀色 C10 M65 Y95 K0
褐色 C50 M65 Y100 K10
枯黄色 C10 M25 Y55 K0
黄栌色 C5 M40 Y85 K0
秋色 C40 M55 Y90 K0
秋香色 C10 M20 Y95 K0

2 常用颜色参数速查表

浅橘红	蓝紫	深紫	浅紫	深红	粉红	浅黄	白黄	淡黄	深黄
C:000 M:040 Y:080 K:000	C:050 M:100 Y:000 K:000	C:080 M:100 Y:000 K:000	C:020 M:060 Y:000 K:000	C:020 M:100 Y:100 K:000	C:000 M:040 Y:005 K:000	C:000 M:000 Y:060 K:000	C:000 M:000 Y:040 K:000	C:000 M:000 Y:040 K:000	C:000 M:020 Y:100 K:000
桃黄	柠檬黄	银色	金色	深褐色	浅褐色	褐色	红褐色	咖啡色	深咖啡
C:000 M:040 Y:060 K:000	C:000 M:005 Y:100 K:000	C:020 M:015 Y:014 K:000	C:005 M:015 Y:065 K:000	C:045 M:065 Y:100 K:040	C:020 M:030 Y:050 K:020	C:030 M:045 Y:080 K:030	C:030 M:100 Y:100 K:030	C:040 M:100 Y:100 K:040	C:060 M:100 Y:100 K:060
霓虹粉	霓虹紫	砖红	宝石红	紫	深玫瑰	靛蓝	海绿	月光绿	马丁绿
C:000 M:100 Y:060 K:000	C:020 M:080 Y:000 K:000	C:000 M:060 Y:080 K:020	C:000 M:060 Y:060 K:040	C:020 M:080 Y:000 K:020	C:000 M:060 Y:020 K:020	C:060 M:060 Y:000 K:000	C:060 M:000 Y:020 K:020	C:020 M:000 Y:060 K:000	C:020 M:000 Y:060 K:020

90%黑	80%黑	70%黑	60%黑	50%黑	40%黑	30%黑	20%黑	10%黑	金
C:0 M:0 Y:0 K:90	C:0 M:0 Y:0 K:80	C:0 M:0 Y:0 K:70	C:0 M:0 Y:0 K:60	C:0 M:0 Y:0 K:50	C:0 M:0 Y:0 K:40	C:0 M:0 Y:0 K:30	C:0 M:0 Y:0 K:20	C:0 M:0 Y:0 K:10	C:0 M:20 Y:60 K:20
黑	白	红	黄	深蓝	浅蓝	电信蓝	天蓝	冰蓝	海水蓝
C:0 M:0 Y:0 K:100	C:000 M:000 Y:000 K:000	C:000 M:100 Y:100 K:000	C:000 M:000 Y:100 K:000	C:100 M:100 Y:000 K:000	C:100 M:000 Y:000 K:000	C:100 M:060 Y:000 K:000	C:100 M:020 Y:000 K:000	C:040 M:000 Y:000 K:000	C:060 M:000 Y:025 K:000
深绿	草绿	浅绿	酒绿	春绿	薄荷绿	橙红	橙	洋红	秋橘红
C:100 M:000 Y:100 K:000	C:080 M:000 Y:100 K:000	C:060 M:000 Y:100 K:000	C:040 M:000 Y:100 K:000	C:060 M:000 Y:060 K:020	C:040 M:000 Y:040 K:000	C:000 M:060 Y:100 K:000	C:005 M:060 Y:100 K:000	C:000 M:100 Y:100 K:000	C:000 M:060 Y:080 K:000

中文版 **Photoshop 2020**
完全自学教程

凤凰高新教育
编著

北京大学出版社
PEKING UNIVERSITY PRESS

内 容 提 要

《中文版 Photoshop 2020 完全自学教程》是一本系统讲解利用 Photoshop 2020 软件进行图像处理与设计的自学宝典。本书以"完全精通 Photoshop 2020"为出发点，以"用好 Photoshop"为目标来安排内容，循序渐进地详细讲解了 Photoshop 2020 软件的基础操作、核心功能、高级功能，以及特效字制作、图像合成艺术、数码照片后期处理、VI 图标设计、平面广告设计、包装设计、UI 设计、网店美工设计等常见领域的实战应用。

第 1 篇为基础功能篇，主要针对初学读者，从零开始，全面讲解 Photoshop 2020 软件的基础操作，包括 Photoshop 2020 软件的安装与卸载、新增功能应用、图像处理的基本操作、选区操作和图像的绘制与修饰修复等内容。

第 2 篇为核心功能篇，核心功能是学习 Photoshop 2020 的重点，包括图层的应用、文字创建与编辑、路径的应用、蒙版和通道的应用、图像颜色的调整与校正等知识。

第 3 篇为高级功能篇，高级功能是 Photoshop 2020 图像处理的拓展功能，包括 Camera Raw、滤镜、视频、动画、动作、Web 图像处理、3D 图像制作，以及图像文件的打印输出等知识。

第 4 篇为实战应用篇，本篇主要结合 Photoshop 的常见应用领域，列举相关典型案例，讲解 Photoshop 2020 中图像处理与设计的实战技能，包括特效字制作、图像特效处理、数码照片后期处理、VI 图标设计、平面广告设计、包装设计、UI 设计、网店美工设计等综合案例。

全书内容系统全面，通俗易懂，案例题材丰富多样，操作步骤清晰准确，非常适合从事平面设计、影像创意、网页设计、数码图像处理的人员学习使用，也可以作为相关职业院校、专业培训班的教材参考书。

图书在版编目(CIP)数据

中文版Photoshop 2020完全自学教程 / 凤凰高新教育编著. — 北京：北京大学出版社，2021.4
ISBN 978-7-301-31893-5

Ⅰ.①中… Ⅱ.①凤… Ⅲ.①图像处理软件－教材 Ⅳ.①TP391.413

中国版本图书馆CIP数据核字(2020)第248304号

书　　　名	中文版Photoshop 2020完全自学教程	
	ZHONGWENBAN Photoshop 2020 WANQUAN ZIXUE JIAOCHENG	
著作责任者	凤凰高新教育　编著	
责 任 编 辑	张云静　刘羽昭	
标 准 书 号	ISBN 978-7-301-31893-5	
出 版 发 行	北京大学出版社	
地　　　址	北京市海淀区成府路205号　100871	
网　　　址	http://www.pup.cn　　　新浪微博:@北京大学出版社	
电 子 信 箱	pup7@ pup.cn	
电　　　话	邮购部010-62752015　发行部010-62750672　编辑部010-62580653	
印 刷 者	北京宏伟双华印刷有限公司	
经 销 者	新华书店	
	889毫米×1194毫米　16开本　37.5印张　1139千字	
	2021年4月第1版　2021年4月第1次印刷	
印　　　数	1-4000册	
定　　　价	148.00 元	

学好用好 PS，职场精英就是你

写给读者的话

现代企业，尤其是节奏极快的互联网企业，一才多用已经成为趋势。一个优秀的 T 型人才^①，除了要有一门精通的工作技能外，还必须同时掌握多种斜杠技能。

Photoshop（简称 PS）是目前很多人首选的斜杠技能之一，下面来看看 PS 图像处理技能对职场人士到底有多重要。

客户要出设计图，别人和设计师沟通大半天，而你直接打开 Photoshop 几分钟就搞定，不仅节省了时间，还做得有模有样；

公司年会、广告招商、营销宣传的照片没拍好，别人还在用美图秀秀修图，而你直接打开 Photoshop 快速精修，效果媲美影楼专业作品，领导笑逐颜开，同事为你鼓掌喝彩；

商业海报、活动邀请卡、礼品包装……这些看似复杂的设计，Photoshop 都能轻松搞定，学会 Photoshop 可以为你的职场加分。

Photoshop 虽然不是职场必备，但能为职场中的你雪中送炭、锦上添花。

学好 Photoshop 的优势

Photoshop 之所以受到广大职场人士的青睐，是因为学好它有以下优势。

（1）就业前景好。就算你没有出众的学历，但只要你是个 PS 高手，就不愁找不到工作。市场对优秀设计者的需求与日俱增，小到设计工作室，大到 4A 广告公司^②、报社、电子商务公司，都极其需要 Photoshop 人才。

（2）应用性广。随着信息时代的到来，计算机技术普及，人们对视觉的要求和品位日益提高，Photoshop 的应用范围更是不断拓展。报纸、杂志、影视制作、动画、印刷、美术、摄影、建筑装潢、服装设计、网络设计等新兴行业和热门专业领域都离不开 Photoshop 技术。

（3）职场可塑性强。学习 Photoshop，让自己拥有一项斜杠技能的同时，也可以让自己不断学习成长；掌握

---

① 指既有广博的知识面 "—"，又有较深的专业知识 "｜" 的新型人才
② 指国际上有影响力的广告公司

Photoshop 技术，可以继续向 3D 设计、网页设计、后期制作、动画制作、漫画制作、游戏制作等行业发展。但是，如果没有 Photoshop 基础，想向这些行业发展就会举步维艰。

（4）丰富业余生活。Photoshop 不仅是一项工作技能，也是美化生活的一项艺术特长。无论是摄影迷、美术迷，还是动画迷、漫画迷，学会 Photoshop，在家就可以制作自己喜欢的海报、日历、杂志、漫画、封面、艺术照等，丰富自己的业余生活。

本书特色与特点

（1）内容极为全面，注重学习规律。本书几乎涵盖了 Photoshop 2020 中的所有工具、命令等常用相关功能，是市场上内容最全面的图书之一。书中还标出了 Photoshop 2020 的相关"新功能"及"重点"知识。全书共 4 篇，分为 28 章，前 3 篇由浅入深地详细讲解 Photoshop 常用工具、命令的使用方法，使读者熟悉并掌握 Photoshop 2020 的基本操作；第 4 篇通过具体的案例讲解 Photoshop 2020 的实战应用，旨在提高读者的综合应用能力。这也符合基本的学习规律。

（2）案例非常丰富，操作性强。全书安排了 141 个"知识型实战"，17 个"过关练习"，53 个"妙招技法"，52 个"综合型案例"。读者在学习过程中可以结合书中案例同步练习，既能学会软件中工具和命令的应用，还能掌握 PS 实战技能。

（3）任务驱动＋图解操作，一看即懂、一学就会。为了方便读者学习理解，本书采用"任务驱动＋图解操作"的写作方式，将知识点融入相关案例中。对每一步操作进行分解，并在图片上标注对应步骤序号，方便读者学习掌握。读者只要按照书中讲述的步骤去操作练习，就可以做出与书中一样的效果。另外，为了解决读者在自学过程中可能遇到的问题，书中还设置了"技术看板"板块，解释操作过程中可能会遇到的一些疑难问题；添设了"技能拓展"板块，教读者通过其他方法来解决同样的问题，从而达到举一反三的效果。

（4）扫二维码观看讲解视频，学习更高效。本书配有同步讲解视频，几乎涵盖全书所有案例，如同老师在身边手把手教学，学习更轻松、更高效。

（5）理论结合实战，强化动手能力。本书采用"知识点讲解＋实战应用"的编写方式，易于读者理解理论知识，同时也便于读者动手操作，在模仿中学习，增加学习的趣味性。通过学习第 4 篇实战应用案例的相关内容，可以为将来从事设计工作奠定基础。

除了本书，您还可以获得什么

本书还配套赠送相关的学习资源，包括同步学习文件、PPT 课件、设计资源、电子书、视频教程等，内容丰富、实用，让读者花一本书的钱，得到价值 5 本书以上的学习套餐，具体内容包括以下几个方面。

（1）同步学习文件。提供全书所有案例相关的同步素材文件及结果文件，方便读者学习和参考。

① 素材文件。本书中所有章节实例的素材文件，全部收录在同步学习资源的"＼素材文件＼第＊章＼"文件夹中。读者在学习时，可以参考图书讲解内容，打开对应的素材文件进行同步操作练习。

② 结果文件。本书中所有章节实例的最终效果文件，全部收录在同步学习文件夹中的"结果文件\第*章\"文件夹中。读者在学习时，可以打开结果文件查看实例效果，为自己的学习提供帮助。

（2）同步视频讲解。本书为读者提供了 131 节与图书内容同步的视频课程。读者用微信扫描下方的二维码，即可播放讲解视频。

（3）精美的 PPT 课件。赠送与书中内容同步的 PPT 教学课件，方便老师教学使用。

（4）Photoshop 设计资源。包括 37 个图案、40 个样式、90 个渐变组合、300 个特效滤镜资源、185 个相框模板、200 个形状样式、200 个纹理样式、500 个笔刷、1500 个动作，读者不必再花时间和心血去收集设计资料，可以拿来即用。

（5）13 本高质量的与设计相关的电子书。让读者快速掌握图像处理与设计要领，成为设计界的精英，职场中的领袖，电子书目如下。

① PS 修图技法宝典。

② PS 图像合成与特效技法宝典。

③ PS 图像调色润色技法宝典。

④ 色彩构成宝典。

⑤ 色彩搭配宝典。

⑥ 网店美工必备配色手册。

⑦ 平面／立体构图宝典。

⑧ 文字设计创意宝典。

⑨ 版式设计创意宝典。

⑩ 包装设计创意宝典。

⑪ 商业广告设计印前必备手册。

⑫ 中文版 Illustrator CC 基础教程。

⑬ 中文版 CoreIDRAW X7 基础教程。

（6）赠送《PS 抠图技法一点通》手册。

（7）赠送 4 部实用的视频教程。通过对这些视频教程的学习，不仅能让你成为设计高手，还能帮助你提升办公效率。

① Photoshop 商业广告设计。

② Photoshop 网店美工设计。

③ 5 分钟学会番茄工作法。

④ 10 招精通超级时间整理术。

温馨提示：以上资源，可用微信扫描下方任意二维码，关注微信公众号，并输入提取码"ph2020c"获取下载地址及密码。另外，在微信公众号中，我们还为读者提供了丰富的图文教程和视频教程，读者可以随时随地给自己"充电"。

资源下载

官方微信公众号

本书适合哪些人学习

- Photoshop 图像处理初学者。
- 想提高图像处理能力的 Photoshop 爱好者。
- 缺少 Photoshop 图像处理经验的读者。
- 想提高广告设计修养和设计水平的读者。
- 想学习用 Photoshop 进行数码照片后期处理的摄影爱好者。
- 培训学校及各大院校相关专业的学生。

创作者说

本书由凤凰高新教育策划并组织编写。全书案例由设计经验丰富的设计师提供，并由具有丰富的 Photoshop 应用技巧和设计实战经验的 Photoshop 教育专家执笔编写。由于计算机技术发展非常迅速，书中若有疏漏和不足之处，敬请广大读者及专家指正。

若您在学习过程中产生疑问或有任何建议，可以通过邮件 或 QQ 群与我们联系。

读者信箱：2751801073@qq.com

读者交流 QQ 群：292480556

编　者

目　录

第1篇　基础功能篇

Photoshop 在图像处理领域得到了广泛的应用，了解并掌握 Photoshop 软件是现代职场人士不可或缺的一项技能。但如今大部分人对 Photoshop 软件的了解，只限于简单的操作，想要更深入地了解，还需要从软件本身入手。本篇详细讲解 Photoshop 2020 的基本情况和入门操作，包括 Photoshop 2020 的应用领域、新功能与安装启动等内容。

1

第2篇 核心功能篇

前面学习了 Photoshop 图像处理的基础功能，本篇主要介绍 Photoshop 2020 的图像处理核心功能应用，也是学习 Photoshop 2020 的重点，内容包括图层应用、文字编辑、路径创建与应用、蒙版与通道的应用、图像颜色调整技术等知识。

第3篇　高级功能篇

高级功能是 Photoshop 2020 图像处理的拓展技能，包括 Camera Raw 数码照片处理大师、滤镜特效、视频与动画制作、动作与批处理、3D 图像处理、Web 图像处理，以及图像文件的打印输出等知识。通过本篇内容的学习，读者可以掌握 Photoshop 2020 图像处理的综合技能。

第 4 篇　实战应用篇

本篇主要结合 Photoshop 的常见应用领域，列举相关典型案例，给读者讲解 Photoshop 2020 图像处理与设计的综合技能，包括特效字制作、图像特效处理、图像合成艺术、数码照片后期处理、VI 图标设计、平面广告设计、包装设计、UI 界面设计、网店美工设计等综合案例。通过本篇内容的学习，可以提升读者的实战技能和综合设计水平。

第 1 篇

基础功能篇

Photoshop 在图像处理领域得到了广泛的应用，了解并掌握 Photoshop 软件是现代职场人士不可或缺的一项技能。但如今大部分人对 Photoshop 软件的了解，只限于简单的操作，想要更深入地了解，还需要从软件本身入手。本篇详细讲解 Photoshop 2020 的基本情况和入门操作，包括 Photoshop 2020 的应用领域、新功能与安装启动等内容。

第 1 章　初识 Photoshop 2020

➡ Photoshop 软件这么热门，它是如何发展起来的？

➡ Photoshop 2020 新增了哪些实用功能？

➡ Photoshop 2020 如何安装和卸载？

➡ 编辑图像时，有些功能不知如何应用该怎么办？

　　Photoshop 2020 在众多的图像处理软件中，为什么能够脱颖而出、备受喜爱，得到广泛的应用呢？如果迫切想知道问题的答案，就赶快来学习吧。

1.1　Photoshop 软件介绍

　　Photoshop 是目前主流的图像处理软件，它在图像处理上有令其他同类产品望尘莫及的优异性能，也成为了出版、设计等行业中图像处理的专业软件。

1.1.1　Photoshop 简介

　　Photoshop，简称"PS"，是由 Adobe Systems 开发和发行的图像处理软件。

　　Adobe 公司成立于 1982 年，是美国最大的个人电脑软件公司之一。2019 年 10 月，Adobe 公司发布了 Photoshop 最新版本——Photoshop 2020。

1.1.2　Photoshop 的发展史

　　下面来了解一下 Adobe Photoshop 的发展历程。

　　Photoshop 的 发 明 者 Thomas Knoll 和 John Knoll 不仅熟悉传统的暗室技巧，在数字图像界也小有名气。图像制作和程序设计是他们的特长。兄弟俩曾在 IBM 公司工作，

专门制作动画和数字图像。除此之外，兄弟俩还有自己的公司，销售自己开发的外挂软件，包括相当有名的屏幕校正软件 Gamma。

　　兄弟两人开发 Photoshop 后才与 Adobe 公司合作，其初衷是用计算机来代替传统暗室内的工作。

　　Photoshop 修改和增加功能后，不仅拥有了传统暗室作业的功

能，还涉及美工设计和印前处理的领域。

兄弟俩不仅是 Photoshop 的设计者，也是 Photoshop 的用户。Photoshop 功能强大，用户一用即会。Photoshop 上市后，迅速被用户接受。

Photoshop 在 1990 年上市，最初为 Mac 版，1991 年上市的 Version 2.0 版本开发了一个新功能，使得该版本可以让用户裁剪照片中物体的边缘。该版本对光栅化和 CNYK 颜色的支持，让印刷行业也成了 Photoshop 的用户，如图 1-1 所示。

图 1-1

1992 年推出的 Photoshop 2.5 是 Windows 版，因为 Windows 市场太大，所以两兄弟非常重视。

1994 年 Photoshop 由 2.5 版本升级到 3.0 版本，进行了一个重要调整，那就是引入图层（Layer）。图层使得大量复杂的设计变得简单，直到今天仍在使用。

1996 年推出了 Photoshop 4.0 版本，这个版本中引入了 Macro 和 Adjustment layers 功能，统一了 Adobe Photoshop 的内容、风格等，这也是这个版本中的重要变化。

1998 年 5 月推出了 Photoshop 5.0 版本，该版本也有两个比较重要的变化，一是用户可以多次撤回，撤销自己的操作；二是可以进行文字编辑。另外，该版本还首次引入了 Lasso 工具。

1999 年推出了 Photoshop 5.5 版本，这个版本提供了"Save for Web"功能，可以直接将设计内容保存到网上，极大地方便了网页设计师的工作，如图 1-2 所示。

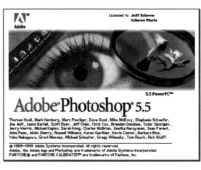

图 1-2

2000 年推出了 Photoshop 6.0 版本，添加了图层样式面板，使用图层更加方便。这个版本还可以绘制矢量图形。

2002 年 4 月 16 日 Adobe 公司推出了 Photoshop 7.0 版本，这个版本引入了很多新功能，如修复画笔，相比以前的版本功能更加强大，也更容易操作，如图 1-3 所示。

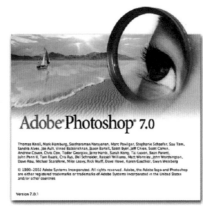

图 1-3

2002 年 10 月 25 日 Adobe 公司推出了中文版 Photoshop。

2003 年推出了 Photoshop CS，首次引入了 CDS，而且开始支持 scripting。

2005 年推出了 Photoshop CS2，如图 1-4 所示。这个版本增加了红眼消除工具、模糊选项和多层选择，同时引入了 Smart Object 功能。

图 1-4

2007 年推出了 Photoshop CS3，这个版本最大的改进就是加载速度得到了显著提升，另一个重要功能是针对移动设备的图像优化。

2008 年推出了 Photoshop CS4，这个版本的缩放和平滑画笔让 Photoshop 的功能变得更强大，色彩校正功能也在这个版本中进行了修改，此外还增强了动态图像、简化了数据收集。

2009 年，iPhone 用户也可以使用 Photoshop 编辑图片了，Adobe 还发布了 Lightroom 3.0 的公开测试版。

2010 年推出了 Photoshop CS5。Adobe Photoshop 也迎来了上市 20 周年，Photoshop CS5 带来了更好的边缘检测、蒙版等功能。

2011 年推出了 Photoshop CS5.5，如图 1-5 所示。Photoshop 发布了 Android 和 iOS 版本，对桌面版也进行了修正。

图 1-5

2012 年推出了 Photoshop CS6。它包含了更多创新功能，采用了 Mercury 图形引擎，新增了内容识别修复功能，对用户界面进行了重新设计，对设计工具进行了重新开发。

2013 年推出了 Photoshop CC。

新功能包括相机防抖动功能、Camera RAW 功能改进、图像提升采样、属性面板改进等。

2014 年推出了 Photoshop CC 2014，新功能包括新增 Typekit 中的字体、搜索字体、路径模糊、旋转模糊、选择位于焦点中的图像区域等。

2014 年推出了 Photoshop CC 2015，新功能包括画板、设备预览和 Preview CC 伴侣应用程序、模糊画廊、恢复模糊区域中的杂色、Adobe Stock、设计空间（预览）、Creative Cloud 库、导出画板、图层及更多内容等。

Adobe 的软件自 2016 版本以后，软件都会在 Adobe 的 Creative Cloud 安装程序里自动安装。

2017 年推出了 Photoshop CC 2018，让设计师享有更多的设计自由、速度和功能：访问 Lightroom

照片、分享作品到社交网站、支持可变字体等。

2018 年推出了 Photoshop CC 2019，新增了图框工具可以快速实现蒙版功能、重新构思内容识别填充功能、对称模式可以轻松绘制对称图案等。

2019 年 10 月，终于迎来了 Photoshop 2020，如图 1-6 所示。这个版本的 PS 生产力大幅提升。接下来，让我们一起来体验这款图像处理领域最前沿、最有趣的产品。

图 1-6

1.2　Photoshop 的应用领域

Photoshop 2020 的应用不只局限于图像处理，它还广泛应用于平面设计、数码艺术、网页制作和界面设计等领域，并在每个领域都发挥着不可替代的作用。

1.2.1　在平面广告设计领域的应用

平面设计是 Photoshop 应用最为广泛的领域之一，包括 VI 图标、包装设计、手提袋设计、各种印刷品设计、写真喷绘设计、户外广告设计，以及企业形象系统、招贴、海报、宣传单设计等，如图 1-7 和图 1-8 所示。

图 1-8

1.2.2　在绘画、插画领域的应用

Photoshop 2020 的绘画与调色功能突出，设计者通常用铅笔绘制草稿后用 Photoshop 填色的方法来绘制图像和插画。近些年来非常

流行的像素画也多为设计师使用 Photoshop 创作的作品，如图 1-9 和图 1-10 所示。

图 1-9

图 1-7

3

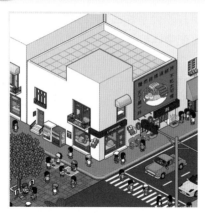

图 1-10

1.2.3 在视觉创意设计中的应用

Photoshop 拥有强大的图像编辑功能,为艺术爱好者提供了无限广阔的创造空间,用户可以随心所欲地对图像进行修改、合成,再进行加工,制作出充满想象力的作品,如图 1-11 和图 1-12 所示。

图 1-11

图 1-12

1.2.4 在影楼后期处理中的应用

Photoshop 可以完成从照片的输入,到校色、图像修正,再到分色

输出等一系列专业化的工作。无论是色彩与色调的调整,照片的校色、修复与润饰,还是图像创造性的合成,都可以用 Photoshop 完成,如图 1-13 和图 1-14 所示。

图 1-13

图 1-14

1.2.5 在界面设计中的应用

界面设计是使用独特的创意设计软件或者游戏的外观,达到吸引用户眼球的目的,它是人机对话的窗口,如图 1-15 和图 1-16 所示。

图 1-15

图 1-16

1.2.6 在动画与 CG 设计中的应用

使用 Photoshop 制作人物皮肤贴图、场景贴图和各种质感的材质,不仅效果逼真,还可以为动画渲染节省宝贵的时间。此外 Photoshop 还常用来绘制各种风格的 CG 艺术作品,如图 1-17 和图 1-18 所示。

图 1-17

图 1-18

1.2.7 在建筑装修效果图后期制作中的应用

制作建筑或室内装修效果图时,渲染出的图片通常都需要在

Photoshop 中进行后期处理。例如，人物、车辆、植物、天空、景观和各种装饰品都可以在 Photoshop 中添加，既能增加画面美感，又能节省渲染时间，如图 1-19 和图 1-20 所示。

图 1-19

图 1-20

1.3　Photoshop 2020 新增功能

　　Photoshop 2020 新增许多实用功能，包括【开始使用】窗口、单击选择主体等。有了新功能的支持，软件功能更加强大，下面对新功能进行介绍。

★重点 ★新功能 1.3.1　渐变面板

　　Photoshop 2020 新增加了【渐变】面板，集合了所有的渐变预设，如图 1-21 所示。

图 1-21

★新功能 1.3.2　图案面板

　　Photoshop 2020 新增加了【图案】面板，集合了所有的图案预设，如图 1-22 所示。

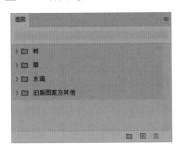

图 1-22

★新功能 1.3.3　形状面板

　　Photoshop 2020 新增了【形状】面板，集合了所有的预设形状，如图 1-23 所示。

图 1-23

★新功能 1.3.4　对预设实施的改进

　　Photoshop 2020 对预设进行了重新设计，以组的形式对各种预设进行分类管理，使用起来更加简单直观，布局也更加井然有序，如图 1-24 所示。

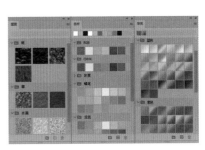

图 1-24

★新功能 1.3.5　对象选择工具

　　【对象选择工具】是一种自动执行复杂选择的新方法，只需要在图像上定义选区，软件会自动识别出选区内的对象，如图 1-25 所示。

图 1-25

★新功能 1.3.6　一致的变换行为

　　新版本的 Photoshop 中，无论什么图层类型，都无须使用【Shift】键，就可以实现等比例变换多个图层。

★新功能 1.3.7 改进的属性面板

新版本的 Photoshop 在【属性】面板中添加了更多的控件，可以更改文档设置、访问所有类型图层设置，以及使用方便的快速操作，如图 1-26 所示。

图 1-26

★新功能 1.3.8 智能对象到图层

将智能对象转换回组件图层就可以对设计效果进行微调。所有操作在一个位置即可完成，不需要在不同文档之间来回切换。

在【图层】面板中选中智能对象图层并右击，执行【转换为图层】命令即可返回智能对象组图层，如图 1-27 所示。

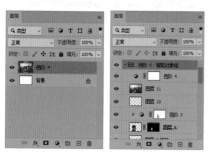

图 1-27

★新功能 1.3.9 增强的转换变形功能

新版本 Photoshop 的变形工具中内置了更多的控件。在各处添加控制点或使用网格分割图像，然后通过拖拽各个节点变形图像，如图 1-28 所示。

图 1-28

★新功能 1.3.10 增强的内容识别填充

在新版本的 Photoshop 中，可以通过迭代方式填充图像的多个区域，无须离开内容识别填充工作区窗口。在获得图像中某个选区所需的填充结果后，单击右下角的新应用按钮，可提交填充更改并保持工作区窗口的打开状态。应用填充后，使用"内容识别填充"工作区中的套索工具或多边形套索工具，可创建另一个要填充的选区，如图 1-29 所示。

图 1-29

★新功能 1.3.11 改进镜头模糊品质

新的"镜头模糊"算法会使用计算机的图形卡（GPU）来生成更模糊的前景对象边缘，形成更逼真的散景，校正 CMYK 和 LAB 颜色模式的颜色处理，镜面高光效果更好，如图 1-30 所示。

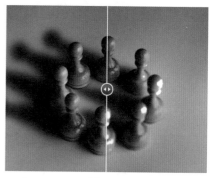

图 1-30

★新功能 1.3.12 云文档

云文档指的是 Adobe 的云端原生文件，用户可以在任何 Adobe 兼容应用程序中轻松打开和编辑这些文档。云文档让用户能够跨设备无缝访问工作成果。用户只需要连接到 Internet，然后从相关应用程序主屏幕的云文档选项卡中打开源文件，就可以继续进行文档处理。

但是，某些 Adobe Creative Cloud 功能和服务当前在 adobe.com/cn 网站上不可用。

★新功能 1.3.13 动画 GIF 支持

新版本的 Photoshop 中可以直接通过【文件】>【存储为】选项，以 GIF 格式存储包含图框的 Photoshop 文档。【GIF 存储选项】对话框如图 1-31 所示。

图 1-31

★新功能 1.3.14　首选项设置为自动显示主屏幕

在【首选项】对话框的【常规】选项卡中，可以选择在启动 Photoshop 时自动显示主屏幕或禁用主屏幕，如图 1-32 所示。

图 1-32

1.4　Photoshop 2020 的安装与卸载

在使用 Photoshop 2020 之前，首先需要安装软件，下面详细介绍 Photoshop 2020 的安装和卸载操作。

1.4.1　实战：安装 Photoshop 2020

实例门类	软件功能

Photoshop 2020 安装过程较长，需要耐心等待。如果电脑中已经有其他版本的 Photoshop 软件，在安装新版本前，不需要卸载其他版本，但需要将运行的软件关闭。安装的具体操作步骤如下。

Step01 打开 Adobe 官网并搜索 Photoshop，进入 Photoshop 介绍页面，再单击【免费试用】链接，如图 1-33 所示。

图 1-33

Step02 登录账号。跳转到安装界面，单击【登录】按钮，登录账户，如图 1-34 所示。如果没有账户，可单击【创建账户】链接，创建新的账户。

图 1-34

Step03 启动创意云。跳转到正在安装界面，单击【启动应用】按钮，此时会启动创意云自动安装最新版本的 Photoshop，如图 1-35 所示。如果没有安装创意云应用，会先安装创意云应用。

图 1-35

Step04 安装软件。自动打开创意云应用界面并安装 Photoshop 2020，如图 1-36 所示。

图 1-36

1.4.2　实战：卸载 Photoshop 2020

实例门类	软件功能

当不再使用 Photoshop 2020 软件时，可以将其卸载，以节约硬盘空间，卸载软件需要使用 Windows 的卸载程序，具体操作步骤如下。

Step01 打开控制面板。打开 Windows 控制面板，单击【程序和功能】图标，如图 1-37 所示。

图 1-37

Step02 选中需要卸载的软件。进入【卸载或更改程序】界面，双击 Photoshop 2020 软件图标，如图 1-38 所示。

图 1-38

Step03 确定卸载软件。弹出卸载选项对话框，单击【是，确定删除】按钮，如图 1-39 所示。

图 1-39

Step04 开始卸载。弹出卸载界面，并显示卸载进度，如图 1-40 所示。

图 1-40

Step05 完成卸载。完成卸载后，弹出【卸载完成】对话框，单击【关闭】按钮即可，如图 1-41 所示。

图 1-41

1.4.3　启动 Photoshop 2020

完成 Photoshop 2020 软件的安装后，接下来需要启动 Photoshop 2020 软件。Photoshop 2020 的启动方法有很多种，可以根据自己的习惯来选择启动方式，下面介绍两种常用方式。

方法 1：单击任务栏中的【开始】按钮 ⊞，在程序列表中选择 Adobe Photoshop 2020 程序，如图 1-42 所示。

图 1-42

方法 2：双击桌面上的【Adobe Photoshop 2020】程序快捷方式即可启动程序，或者右击桌面快捷方式，在弹出的菜单中执行【打开】命令，如图 1-43 所示。

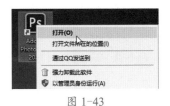

图 1-43

1.4.4　退出 Photoshop 2020

完成操作后，如果想退出 Photoshop 程序，有 3 种方法，下面分别进行介绍。

方法 1：执行【文件】→【退出】命令，就可以退出 Photoshop 2020 程序。

方法 2：单击窗口右上角的【关闭】按钮，退出 Photoshop 2020 程序，如图 1-44 所示。

图 1-44

方法 3：按【Ctrl+Q】组合键快速退出 Photoshop 2020 程序。

技术看板

退出 Photoshop 2020 程序时，如果软件中还有打开的文件，会提示用户是否保存文件。

1.5　Photoshop　帮助资源

运行 Photoshop 2020 后，从【帮助】菜单中可以获得 Adobe 提供的各种 Photoshop 帮助资源和技术支持。下面进行详细的介绍。

★重点 1.5.1　Photoshop 帮助文件和支持中心

Adobe 提供了描述 Photoshop 软件功能的帮助文件，执行【帮助】→【Photoshop 帮助】命令，或者执行【帮助】→【Photoshop 支持中心】命令，打开 Adobe 网站的帮助社区查看帮助文件。Photoshop 帮助文件中提供了大量的视频教程的链接地址，单击链接地址，就可以在线观看由 Adobe 专家录制的各种 Photoshop 功能演示视频。

图 1-45

1.5.2　Photoshop 教程

在帮助菜单，可以通过【Photoshop 教程】打开帮助信息，如图 1-45 所示。

1.5.3　关于 Photoshop（A）

执行【帮助】→【关于 Photoshop（A）】命令，可以查看关于 Photoshop 的有关信息。

1.5.4　关于增效工具

增效工具在默认情况下并未安装，但可通过下载获取，如图 1-46 所示。

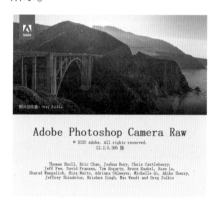

图 1-46

1.5.5　系统信息

执行【帮助】→【系统信息】命令，可以打开【系统信息】对话框查看当前操作系统的各种信息，如显卡、内存等，以及 Photoshop 占用的内存、安装序列号、安装的增效工具等内容，如图 1-47 所示。

图 1-47

1.5.6　更新

执行【帮助】→【更新】命令，可以更新应用程序。

妙招技法

通过对前面知识的学习，相信读者已经掌握了 Photoshop 2020 软件的基本操作。下面结合本章内容，介绍一些实用技巧。

技巧 01：通过文件启动 Photoshop 2020

通过双击已经保存的 ".psd" 格式文件，可快速启动 Photoshop 2020 软件，如图 1-48 所示。

图 1-48

技巧 02：快速关闭文件

按【Ctrl+F4】组合键，可以快速关闭当前文件。如果打开的文件进行过修改，会弹出【Photoshop 格式选项】对话框，如图 1-49 所示。

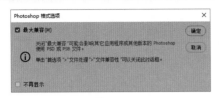

图 1-49

技巧 03：快速关闭程序

按【Alt+F4】组合键，可以快

速关闭 Adobe Photoshop 2020 软件。如果软件中有打开但没有修改，或者修改并已经保存的文件，Adobe Photoshop 2020 软件会直接关闭。

如果软件里有打开的文件，且文件进行过修改没有保存，会弹出【Adobe Photoshop】对话框，提示是否保存当前修改，如图 1-50 所示。

图 1-50

本章小结

通过对本章知识的学习，相信读者已经对 Photoshop 2020 软件有了一定的了解。本章主要介绍了 Photoshop 的简介和发展史，还介绍了 Photoshop 2020 的应用领域和新增功能，同时详细讲述了 Photoshop 2020 软件的安装与卸载、启动与退出、帮助资源应用等相关知识。重点内容包括 Photoshop 2020 的应用领域、新增功能、安装与卸载、启动与退出等内容。其中，安装与卸载、启动和退出 Photoshop 2020 是使用 Photoshop 2020 的基础操作，必须熟练掌握。

第2章　Photoshop 2020 基本操作

➡ Photoshop 2020 新增加了面板吗？

➡ 工作界面太乱，找不到需要的浮动面板怎么办？

➡ 图像不能完整显示在窗口，看不到完整图像怎么办？

➡ 不习惯使用 Photoshop 2020 默认的快捷键怎么办？

➡ 绘制图像时，如何提高位置准确度？

➡ 参考线颜色太淡，看不清楚怎么办？

要学好一个软件，打好基础是非常重要的，学完这一章的内容，就能获得上述问题的答案，并为接下来学习 Photoshop 2020 打下良好的基础。

2.1　熟悉开始工作区

通过 Photoshop 中的【开始使用】面板，可以快速访问主页、最近打开的文件、库和预设。根据订阅状态，【开始使用】工作区可能还会显示按需求定制的内容。此外，还可以直接从【开始使用】工作区中为需要的项目查找对应的 Adobe Stock 资源。

2.1.1　开始工作区

Photoshop 会在启动时或还没有打开文档时显示【开始】工作区，如图 2-1 所示。

图 2-1

按【Esc】键，即可退出【开始】工作区，如图 2-2 所示。

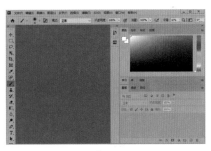

图 2-2

2.1.2　搜索栏

【开始】工作区的顶部具有搜索功能，单击右上角的【搜索】按钮🔍，如图 2-3 所示。

显示【搜索】界面，输入搜索内容，按【Enter】键即可进行搜索，如图 2-4 所示；按【Esc】键，即可退出【搜索】界面。

图 2-3

图 2-4

2.1.3　主页屏幕

【主页】屏幕包括查看新增功能、首次启动 Photoshop 显示的【拖放图像】、Photoshop 使用之后【最近使用项】等几个部分。

1. 查找使用方法

在【查找使用方法等内容】栏中单击【转到"学习"】链接，如图 2-5 所示。

查找使用方法等内容

转到"学习"

图 2-5

转到【学习】界面并显示教程。选择【保存图像】教程，如图 2-6 所示。

图 2-6

进入 Photoshop 创作界面，单击【下一步】按钮，可以根据提示进行操作，如图 2-7 所示。

图 2-7

2. 查看 Photoshop 的新增功能

在【查看新增功能】中，单击【在应用程序中查看】按钮，如图 2-8 所示。

图 2-8

显示 Photoshop 2020 的新增功能信息，如图 2-9 所示。

图 2-9

如果单击【查看所有更新】按钮，如图 2-10 所示，会打开 Photoshop 新增功能网页，如图 2-11 所示。

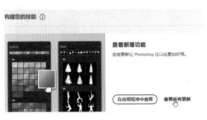

图 2-10

图 2-11

3. 拖放图像

单击需要打开的文件，并按住鼠标左键，如图 2-12 所示。

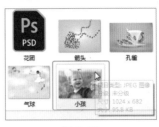

图 2-12

将选中的图片拖曳到 Photoshop 2020 的【拖放图像】区域，释放鼠标，如图 2-13 所示。

图 2-13

此时可打开所选文件，如图 2-14 所示。

图 2-14

技术看板

【拖放图像】区域只有在 Photoshop 2020 没有打开过图像文件时才会显示。Photoshop 2020 打开过图像文件后，【开始】界面将用【最近使用项】取代【拖放图像】。

4. 最近使用项

当 Photoshop 已经打开过文件，【开始】界面下方【最近使用项】区域则显示最近使用的文件信息，默认显示【缩览图视图】。单击打开【排序】后方的下拉菜单，显示各种排序方式，可根据需要选择排序方式，如图 2-15 所示。

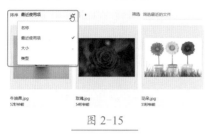

图 2-15

单击向上的箭头↑，如图 2-16 所示。

图 2-16

此时可改变缩览图显示顺序，箭头的方向也变成向下↓，如图 2-17 所示。

图 2-17

在【筛选】后的输入栏输入文件名称，如输入"玫瑰"，下方区域则会显示筛选出的文件图像，如图 2-18 所示。

图 2-18

单击【列表视图】按钮，最近使用过的文件会以列表的方式排列显示，如图 2-19 所示。

名称	最近使用项	大小	类型
小孩.jpg	4分钟前	95.9KB	JPEG
人物.jpg	3分钟前	940.3KB	JPEG
冰淇淋nsplash.jpg	3分钟前	1.0MB	JPEG
孔雀.jpg	3分钟前	196.5KB	JPEG
花朵.jpg	3分钟前	284.9KB	JPEG
玫瑰.jpg	3分钟前	4.7MB	JPEG
牛油果.jpg	3分钟前	3.1MB	JPEG

图 2-19

单击列表首行的名称，即可进行排序，如单击【大小】，下方文件会按从小到大顺序排序，如图 2-20 所示。

名称	最近使用项	大小	类型
小孩.jpg	4分钟前	95.9KB	JPEG
孔雀.jpg	3分钟前	196.5KB	JPEG
花朵.jpg	3分钟前	284.9KB	JPEG
人物.jpg	3分钟前	940.3KB	JPEG
冰淇淋nsplash.jpg	3分钟前	1.0MB	JPEG
牛油果.jpg	3分钟前	3.1MB	JPEG
玫瑰.jpg	3分钟前	4.7MB	JPEG

图 2-20

再次单击【大小】，下方列表文件则会按照从大到小顺序排序，如图 2-21 所示。

名称	最近使用项	大小	类型
玫瑰.jpg	3分钟前	4.7MB	JPEG
牛油果.jpg	3分钟前	3.1MB	JPEG
冰淇淋nsplash.jpg	3分钟前	1.0MB	JPEG
人物.jpg	3分钟前	940.3KB	JPEG
花朵.jpg	3分钟前	284.9KB	JPEG
孔雀.jpg	3分钟前	196.5KB	JPEG
小孩.jpg	4分钟前	95.9KB	JPEG

图 2-21

2.1.4　学习屏幕

单击【开始】界面左上方的【学习】按钮，右侧区域会显示 Photoshop 2020 的学习内容，如图 2-22 所示。

图 2-22

2.1.5　新建和打开按钮

在【开始】工作区的左侧，显示有【最近使用项】区域和【新建】【打开】按钮。在 Photoshop 中还没有新建或打开过文件时，【开始】工作区不显示文件。单击【新建】按钮，如图 2-23 所示。

图 2-23

打开【新建文档】对话框，如图 2-24 所示。

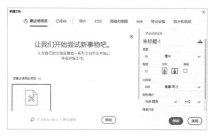

图 2-24

单击【打开】按钮，打开【打开】对话框，如图 2-25 所示。

图 2-25

2.1.6 控制文件数

可以根据需要，自定义显示最近打开的文件数。执行【编辑】→【首选项】→【文件处理】命令，如图 2-26 所示。

图 2-26

打开【首选项】对话框，在【近期文件列表包含】文本框输入需要显示的文件数，如图 2-27 所示。设置完成后单击【确定】按钮。

图 2-27

2.2 Photoshop 2020 的工作界面

在使用 Photoshop 2020 之前，先熟悉 Photoshop 2020 的工作界面。Photoshop 2020 工作界面非常简洁，下面详细介绍。

2.2.1 工作界面的组成

Photoshop 2020 的工作界面包含菜单栏、工具选项栏、文档窗口、状态栏，以及面板等组件，如图 2-28 所示。

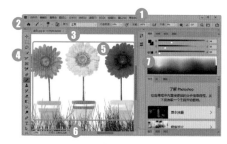

图 2-28

相关选项功能及作用如表 2-1 所示。

表 2-1 工作界面的组成

选项	作用
❶ 菜单栏	包含可以执行的各种命令，单击菜单名称即可打开相应的菜单
❷ 工具选项栏	用于设置工具的各种选项，它会随着所选工具的不同而变换内容
❸ 选项卡	打开多个图像时，窗口中只显示一个图像，其他的图像则最小化到选项卡中，单击选项卡中各个文件名便可显示相应的图像

续表

选项	作用
❹ 工具箱	包含用于执行各种操作的工具，如创建选区、移动图像、绘画、绘图等
❺ 文档窗口	文档窗口是显示和编辑图像的区域
❻ 状态栏	可以显示文档大小、文档尺寸、当前工具和窗口缩放比例等信息
❼ 面板	可以帮助用户编辑图像，有的用于设置编辑内容，有的用于设置颜色属性

2.2.2　菜单栏

Photoshop 2020 有 11 个主菜单，如图 2-29 所示。每个菜单内都包含一系列命令。单击某一个菜单就会弹出相应的下级菜单，通过选择菜单栏中的各项命令可以使编辑过程中的操作更加方便。

文件(F) 编辑(E) 图像(I) 图层(L) 文字(T) 选择(S) 滤镜(T) 3D(D) 视图(V) 窗口(W) 帮助(H)

图 2-29

各菜单项的主要作用如表 2-2 所示。

表 2-2　各菜单项的主要作用

选项	作用
文件	单击【文件】菜单，在弹出的下级菜单中可以执行新建、打开、存储、关闭、置入、打印等一系列针对文件的命令
编辑	【编辑】菜单中的各命令是用于对图像进行编辑，如还原、剪切、拷贝、粘贴、填充、变换、定义图案等
图像	【图像】菜单中的命令主要是对图像模式、颜色、大小等进行调整设置
图层	【图层】菜单中的命令主要是针对图层进行相应的操作，如新建图层、复制图层、图层蒙版等，这些命令便于对图层进行运用和管理
文字	【文字】菜单中的命令主要用于对文字对象进行编辑和处理，包括文字面板、文字变形、栅格化文字图层等
选择	【选择】菜单下的命令主要针对选区进行操作，可对选区进行反选、修改、变换、扩大选取、载入等操作，这些命令结合选区工具，更便于对选区进行操作

续表

选项	作用
滤镜	通过【滤镜】菜单可以为图像设置各种特殊效果，在制作特效方面，这些滤镜是不可缺少的
3D	【3D】菜单中的命令主要提供了 3D 图像的创建方式、编辑处理、材质贴图、渲染及打印等 3D 图像编辑命令。Photoshop 可以打开和编辑 U3D、3DS、OBJ、KMZ、DAE 格式的 3D 文件
视图	【视图】菜单中的命令可对整个视图进行调整设置，包括缩放视图、改变屏幕模式、显示标尺、设置参考线等
窗口	【窗口】菜单主要用于控制 Photoshop 2020 工作界面中工具箱和各个面板的显示和隐藏
帮助	【帮助】菜单中提供了使用 Photoshop 2020 的各种帮助信息。在使用 Photoshop 2020 的过程中若遇到问题，可以查看该菜单，及时了解各种命令、工具和功能的使用方法

技术看板

如果命令为浅灰色，则表示该命令目前处于不可用状态。如果菜单命令右侧有一个▶标记，则表示该命令下还包含子菜单；如果菜单命令后有"…"标记，则表示选择该命令可以打开对话框；如果菜单命令右侧有字母组合，则字母组合为该命令的键盘快捷键。

2.2.3　工具箱

工具箱将 Photoshop 2020 的功能以图标形式聚集在一起，从工具的形态就可以了解该工具的功能，如图 2-30 所示。在键盘上按相应的快捷键，即可从工具箱中自动选择相应的工具。右击工具图标或其右下角的按钮，即可显示其他相似功能的隐藏工具。

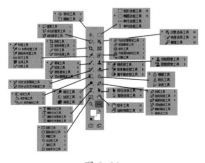

图 2-30

技术看板

在 Photoshop 2020 的工具箱中，常用的工具都有相应的快捷键，因此，我们可以通过按快捷键来选择工具。如果需要查看快捷键，可将鼠标指针移动至该工具上并稍停片刻，就会出现工具名称和快捷键信息及该工具的使用方法等信息。

2.2.4　工具选项栏

工具选项栏位于菜单栏的下方，当在工具箱中选取了某个工具时，选项栏就会显示出相应的属性和控制参数，并且外观上也会随着工具的改变而变化。例如，选择【套索工具】后，选项栏如图 2-31 所示。

图 2-31

1. 隐藏 / 显示工具选项栏

执行【窗口】→【选项】命令，可以隐藏或显示工具选项栏。

2. 移动工具选项栏

单击并拖动工具选项栏最左侧的图标，可以将它拖出来，成为浮动的工具选项栏。将其拖回菜单栏下方，当出现蓝色条时放开鼠标，可重新停放到原处。

3. 创建和使用工具预设

在工具选项栏中，单击工具图标右侧的按钮，可以打开一个下拉面板，面板中包含了各种工具预设。例如，使用【画笔工具】 ✏ 时，在选项栏中可以选择画笔类别。

在工具箱中选择一个工具，然后在工具选项栏中设置工具的选项，单击工具下拉面板中的按钮 ⊡ ，会弹出一个警示框，如图 2-32 所示。

图 2-32

单击【是】按钮，打开【新建画笔】对话框，可在当前设置的工具选项中创建一个工具预设，如图 2-33 所示。

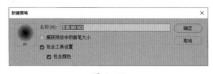

图 2-33

勾选【仅限当前工具】复选框时，只显示工具箱中所选工具的各种预设，如图 2-34 所示。

图 2-34

取消勾选时，会显示所有工具的预设，如图 2-35 所示。

图 2-35

4. 工具预设面板

执行【窗口】→【工具预设】命令，可以打开【工具预设】面板，【工具预设】面板用来存储工具的各项设置，可以载入、编辑和创建工具预设库，它与工具选项栏中的工具预设下拉面板用途基本相同。

单击面板中的一个预设工具即可选择并使用该预设，单击面板中的【创建新的工具预设】按钮 ⊡ ，可以将当前工具的设置状态保存为一个预设。选择一个预设后，单击【删除工具预设】按钮 🗑 ，图 2-36 所示。

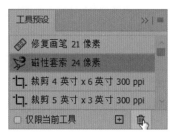

图 2-36

弹出提示框，单击【确定】按钮即可将其删除，如图 2-37 所示。

图 2-37

2.2.5 文档窗口

在 Photoshop 中打开一个图像时，便会创建一个文档窗口。如果打开了多个图像，则各个文档窗口会以选项卡的形式显示，如图 2-38 所示。

图 2-38

单击一个文档的名称，即可将其设置为当前操作的窗口，如图 2-39 所示。

图 2-39

单击一个窗口的标题栏并将其从选项卡中拖出，它便成为可以任意移动的浮动窗口（拖动标题栏可进行移动），如图 2-40 所示。

图 2-40

拖动浮动窗口的一个边角，可以调整窗口的大小，如图 2-41 所示。

图 2-41

2.2.6 状态栏

状态栏位于文档窗口底部，它可以显示文档窗口的缩放比例、文档大小、当前使用的工具信息。单击状态栏中的 ▶ 按钮，可在打开的菜单中选择状态栏显示的内容，如图 2-42 所示。

图 2-42

状态栏中各菜单的相关选项作用如表 2-3 所示。

表 2-3　状态栏中各菜单的选项作用

命令	作用
文档大小	显示图像中的数据量信息。选择该选项后，状态栏中会出现两组数字，左边的数字显示了拼合图层并存储文件后的文档大小，右边的数字显示了包含图层和通道的近似大小
文档配置文件	显示图像所有使用的颜色配置文件的名称
文档尺寸	显示图像的尺寸
测量比例	显示文档的缩放比例
暂存盘大小	显示处理图像的内存信息和 Photoshop 暂存盘的信息。选择该选项后，状态栏中会出现两组数字，左边的数字表示所有打开的图像的内存量，右边的数字表示用于处理图像的总内存量。如果左边的数字大于右边的数字，Photoshop 将启用暂存盘作为虚拟内存
效率	显示执行操作实际花费时间的百分比。当效率为 100% 时，表示当前处理的图像在内存中生成；如果该值低于 100%，则表示 Photoshop 正在使用暂存盘，操作速度也会变慢
计时	显示完成上一次操作所用的时间
当前工具	显示当前使用的工具名称

续表

命令	作用
32 位曝光	用于调整预览图像，以便在计算机显示器上查看 32 位 / 通道高动态范围（HDR）图像的选项。只有文档窗口显示 HDR 图像时，该选项才可用
存储进度	保存文件时，显示存储进度
智能对象	识别当前文件是否为智能对象文件
图层计数	显示文档中的图层和组内容

2.2.7　浮动面板

面板用于设置颜色、工具参数，以及执行编辑命令。Photoshop 中包含 20 多个面板，在【窗口】菜单中可以选择需要的面板将其打开。默认情况下，面板以选项卡的形式成组出现，并停靠在窗口右侧，用户可根据需要打开、关闭或自由组合面板。

1. 选择和移动面板

在选项卡中，单击面板名称，即可选中面板。将鼠标指针移动到面板名称上，拖动鼠标，即可移动面板。

2. 拆分面板

拆分面板的操作很简单，步骤如下。

Step 01 单击标签名称并按住鼠标左键不放。按住鼠标左键选中对应的图标或标签，将其拖至工作区中的空白位置，如图 2-43 所示。

图 2-43

Step02 释放鼠标完成面板拆分。释放鼠标左键，面板就被拆分开来，如图 2-44 所示。

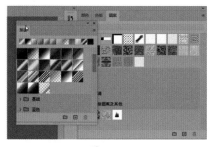

图 2-44

3. 组合面板

组合面板可以将两个或者多个面板合并到一个面板中，当需要调用其中某个面板时，只需要单击其标签名称即可。组合面板的具体操作步骤如下。

Step01 拖动标签。按住鼠标左键拖动位于外部的面板标签至想要将其移动到的位置，直至该位置出现蓝色反光，如图 2-45 所示。

图 2-45

Step02 拼合标签。释放鼠标左键，即可完成对面板的拼合操作，如图 2-46 所示。

图 2-46

4. 展开 / 折叠面板

单击【展开面板】◀◀ 图标可以展开面板，如图 2-47 所示。

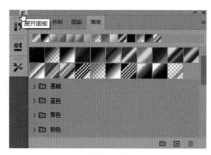

图 2-47

单击面板右上角的【折叠为图标】按钮 ◀◀ ，可将面板折叠为图标状态，如图 2-48 所示。

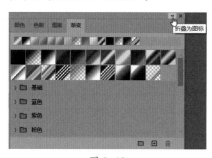

图 2-48

技术看板

将面板折叠为图标可以避免工作区出现混乱。在某些情况下，工作区会默认将面板折叠为图标。

5. 链接面板

将鼠标移动到面板标题栏，将其拖动到其他面板下方，出现蓝色反光时，释放鼠标，即可链接面板，如图 2-49 所示。

图 2-49

链接在一起的面板可以同时移动或折叠，如图 2-50 所示。

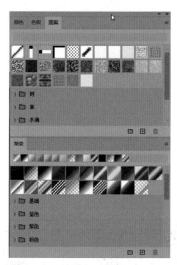

图 2-50

6. 调整面板大小

拖动面板边框，如图 2-51 所示。

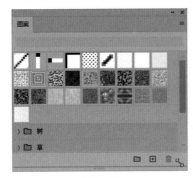

图 2-51

即可调整面板大小，如图 2-52 所示。

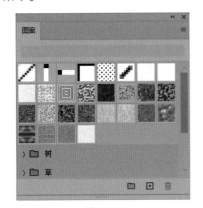

图 2-52

7. 面板菜单

在 Photoshop 中，单击任何一个面板右上角的【扩展按钮】■，均可弹出面板的命令菜单，菜单中包括大部分与面板相关的命令。

例如，【通道】面板菜单如图 2-53 所示。

图 2-53

8. 关闭面板

右击面板的标题栏，可以打开面板快捷菜单。选择【关闭】命令，可以关闭面板；选择【关闭选项卡组】命令，可以关闭面板组，如 2-54 图所示。

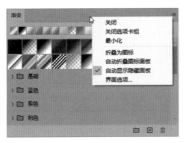

图 2-54

对于浮动面板，则可单击它右上角的【关闭】按钮■将其关闭，如图 2-55 所示。

图 2-55

2.2.8 库

【库】面板位于界面右侧，如图 2-56 所示。库是一种 Web 服务，允许在各种 Adobe 桌面和应用程序中访问资源，在 Photoshop 中将图形、颜色、画笔和图层样式添加到库，然后在多个 Creative Cloud 应用程序内轻松访问这些元素。

图 2-56

2.2.9 学习

【学习】面板位于界面右侧，如图 2-57 所示，在这里可以快速查找并学习相关的内容和技巧。

图 2-57

2.3 工作区的设置

在 Photoshop 的工作界面中，汇集文档窗口、工具箱、菜单栏和面板的位置称为工作区。Photoshop 提供了多种预设工作区。例如，如果要编辑数码照片，可以使用【摄影】工作区，界面中就会显示与照片修饰有关的面板。用户也可以自定义符合自己使用习惯的工作区。

★重点 2.3.1　使用预设工作区

Photoshop 为简化某些任务而专门为用户设计了几种预设的工作区，如绘制插画，可以使用【绘画】工作区，界面中就会显示与插画相关的面板，如图 2-58 所示。

图 2-58

执行【窗口】→【工作区】命令，可以切换至 Photoshop 为用户提供的预设工作区，如图 2-59 所示。其中，【动感】【绘画】【摄影】等是针对相应任务而设置的工作区，【基本功能（默认）】是最基本的，没有进行特别设计的工作区。

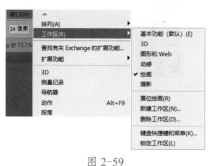

图 2-59

2.3.2　创建自定义工作区

创建自定义工作区可以将自己经常使用的面板组合在一起，简化工作界面，从而提高工作效率，具体操作步骤如下。

Step01 组合面板。在【窗口】菜单中将需要的面板打开，不需要的面板关闭，再将打开的面板分类组合，如图 2-60 所示。

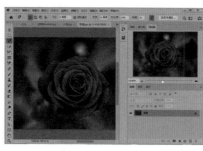

图 2-60

Step02 新建工作区。执行【窗口】→【工作区】→【新建工作区】命令，❶ 在打开的对话框中输入工作区的名称，如"修图"，❷ 单击【存储】按钮，保存工作区，如图 2-61 所示。

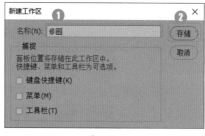

图 2-61

Step03 切换工作区。执行【窗口】→【工作区】命令，可在菜单中看到前面所创建的工作区，选择【修图】选项即可切换至这个工作区，如图 2-62 所示。

图 2-62

技术看板

如果要删除自定义的工作区，可以选择菜单中的【删除工作区】命令。

2.3.3　自定义工具快捷键

自定义工具快捷键，可以将使用频率高的工具定义为快捷键，从而提高工作效率，具体操作步骤如下。

Step01 打开【键盘快捷键和菜单】对话框。执行【编辑】→【键盘快捷键】命令，或者执行【窗口】→【工作区】→【键盘快捷键和菜单】命令，打开【键盘快捷键和菜单】对话框，如图 2-63 所示。

图 2-63

Step02 修改工具快捷键。❶ 在【快捷键用于】下拉列表中选择【工具】选项，❷ 根据自己的需要修改每个工具的快捷键，❸ 单击【接受】按钮即可，如图 2-64 所示。

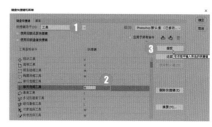

图 2-64

2.3.4 自定义彩色菜单命令

用户可以将常用菜单命令定义为彩色,以便需要时快速找到它们。自定义彩色菜单命令的具体操作步骤如下。

Step01 设置滤镜库名称颜色。执行【编辑】→【键盘快捷键】命令,打开【键盘快捷键和菜单】对话框,切换到菜单选项卡,❶单击【滤镜】命令前面的 按钮,展开该菜单,❷选择【滤镜库】选项,❸在打开的下拉列表中选择【红色】选项,❹单击【确定】按钮,如图2-65所示。

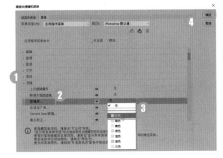

图 2-65

Step02 显示效果。执行【滤镜】命令,在菜单中,【滤镜库】命令就显示为红色了,如图2-66所示。

滤镜(T)	3D(D)	视图(V)	窗口(W)	帮助(H)
上次滤镜操作(F)				Alt+Ctrl+F
转换为智能滤镜(S)				
滤镜库(G)...				
自适应广角(A)...				Alt+Shift+Ctrl+A
Camera Raw 滤镜(C)...				Shift+Ctrl+A
镜头校正(R)...				Shift+Ctrl+R
液化(L)...				Shift+Ctrl+X
消失点(V)...				Alt+Ctrl+V

图 2-66

技能拓展——恢复默认参数设置

修改菜单颜色、菜单命令或工具的快捷键后,如果想要恢复为系统默认的快捷键样式,可在【组】下拉列表中选择【Photoshop默认值】命令。

2.3.5 新功能锁定工作区

由于Photoshop中的工作区都是由浮动面板组成的,在编辑过程中,可能会造成一些误操作。执行【窗口】→【工作区】→【锁定工作区】命令,就可以将设置的工作区固定,使工作区不能进行任何移动。

2.4 图像的查看

查看图像时,通常需要改变图像的显示比例、移动画面的显示区域,以便更好地观察和处理图像。Photoshop 2020提供了多种屏幕模式,包括【缩放工具】 、【抓手工具】 、【导航器】面板,及各种缩放窗口的命令。

★重点 2.4.1 切换不同的屏幕模式

单击工具箱底部的【更改屏幕模式】按钮 ,可以显示一组用于切换屏幕模式的按钮,包括【标准屏幕模式】 、【带有菜单栏的全屏模式】 、【全屏模式】 。

1.标准屏幕模式

【标准屏幕模式】是默认的屏幕模式,在该模式下,可显示菜单栏、标题栏、滚动条和其他屏幕元素,如图2-67所示。

图 2-67

2.带有菜单栏的全屏模式

在【带有菜单栏的全屏模式】下,可显示菜单栏、50%灰色背景和带有滚动条的全屏窗口,如图2-68所示。

图 2-68

3.全屏模式

在【全屏模式】下,显示只有黑色背景,无标题栏、菜单栏和滚动条的全屏窗口,如图2-69所示。

图 2-69

技术看板

按【F】键可在各个屏幕模式间进行切换；按【Tab】键可以隐藏／显示工具箱、面板和工具选项栏；按【Shift+Tab】组合键可以隐藏／显示面板。

2.4.2 文档窗口排列方式

如果打开了多个图像，可执行【窗口】→【排列】下拉菜单中的命令控制各个文档窗口的排列方式，具体的排列方式如下。

➡ 层叠：从屏幕的左上角到右下角，以堆叠和层叠的方式显示窗口，如图 2-70 所示。

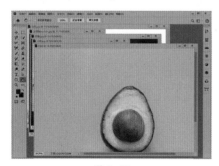

图 2-70

➡ 平铺：以边靠边的方式显示窗口，如图 2-71 所示，关闭一个图像时，其他窗口会自动调整大小，以填满可用空间。

➡ 在窗口中浮动：允许图像自由浮动（可拖动标题栏移动窗口），如图 2-72 所示。

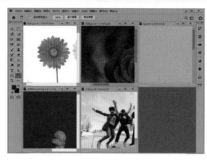

图 2-71

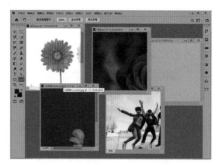

图 2-72

➡ 使所有内容在窗口中浮动：使所有文档窗口都浮动，如图 2-73 所示。

图 2-73

➡ 将所有内容合并到选项卡中：全屏只显示一个图像，其他图像最小化到选项卡中，如图 2-74 所示。

图 2-74

➡ 匹配缩放：将所有窗口都缩放到与当前窗口相同的缩放比例。例如，当前窗口的缩放比例为 66.67%，另外的窗口的缩放比例为 100%，则执行该命令后，另外的窗口显示比例也会调整为 66.67%，如图 2-75 所示。

图 2-75

➡ 匹配位置：所有窗口中图像的显示位置都与当前窗口图像的位置相同。

➡ 匹配旋转：使所有窗口中画布的旋转角度都与当前窗口画布的旋转角度相同。

➡ 全部匹配：使所有窗口中的缩放比例、图像的显示位置、画布旋转角度与当前窗口保持一致。

➡ 为（文件名）新建窗口：为当前文件新建一个窗口，新窗口的名称会显示在【窗口】菜单的底部。

技术看板

打开多个文件以后，可执行【窗口】→【排列】命令，在菜单中选择一种文档排列方式，如全部垂直拼贴、双联、三联、四联等。

2.4.3 实战：使用旋转视图工具旋转画布

实例门类	软件功能

【旋转视图工具】可以在不

破坏图像的情况下旋转画布视图，使图像编辑变得更加方便，选项栏如图 2-76 所示。

图 2-76

相关选项功能及作用如表 2-4 所示。

表 2-4 【旋转视图工具】选项栏中的选项作用

选项	作用
❶ 旋转角度	在【旋转角度】后面的文本框中输入角度值，可以精确地旋转画布
❷ 设置视图的旋转角度	单击该按钮或旋转按钮上的指针，可以根据指针刻度旋转视图
❸ 复位视图	单击该按钮或按【Esc】键，可以将画布恢复到原始角度
❹ 旋转所有窗口	选中该复选框后，如果用户打开了多个图像文件，可以以相同的角度同时旋转所有文件的视图

具体操作步骤如下。

Step 01 选择工具按钮。打开"素材文件\第 2 章\孔雀.jpg 文件"，❶ 右击工具箱中的【抓手工具】，❷ 单击【旋转视图工具】，如图 2-77 所示。

图 2-77

Step 02 旋转图像。单击图像会出现一个红色罗盘，红色指针指向上方，单击并拖动鼠标即可旋转画布，如图 2-78 所示。

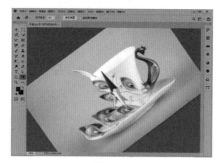

图 2-78

★重点 2.4.4 实战：使用缩放工具调整图像视图大小

实例门类	软件功能

使用【缩放工具】可以调整图像视图大小，工具选项栏中的选项如图 2-79 所示。

图 2-79

相关选项作用如表 2-5 所示。

表 2-5 【缩放工具】选项栏中各选项作用

选项	作用
❶ 放大/缩小按钮	单击按钮后，单击图像可放大视图；单击按钮后，单击图像可以缩小视图
❷ 调整窗口大小以满屏显示	选中该复选框，则在缩放图像时，图像的窗口也将随着图像的缩放而自动缩放
❸ 缩放所有窗口	选中该复选框，则在缩放某图像的同时，其他视图窗口中的图像也会随之自动缩放
❹ 细微缩放	选中该复选框，在图像中向左拖动鼠标可以连续缩小图像，向右拖动鼠标可以连续放大图像。要进行连续缩放，视频卡必须支持 OpenGL，且必须在【常规】首选项中勾选【带动画效果的缩放】复选框
❺ 100%	单击该按钮，可以让图像以实际像素大小（100%）显示
❻ 适合屏幕	单击该按钮，可以依据工作窗口的大小自动选择缩放比例显示图像
❼ 填充屏幕	单击该按钮，可以依据工作窗口的大小自动缩放视图大小，并填满工作窗口

具体操作步骤如下。

Step 01 打开素材并选择工具放大视图。打开"素材文件\第 2 章\牛油果.jpg 文件"，选择【缩放工具】后，在该工具的选项栏中单击【放大】按钮，然后在图像窗口中单击即可放大视图，如图 2-80 所示。

图 2-80

Step 02 缩小视图。单击【缩小】按钮，或按住【Alt】键，单击图像可以缩小视图，如图 2-81 所示。

图 2-81

图 2-83

技术看板

按【Ctrl+ ＋】快捷键可以快速放大图像，按【Ctrl+ －】快捷键可以快速缩小图像。

★重点 2.4.5 实战：使用抓手工具移动视图

实例门类	软件功能

当图像显示的大小超过当前画布大小时，窗口就不能显示所有的图像内容，这时除了通过拖动窗口中的滚动条来查看内容外，还可以通过【抓手工具】来查看内容，工具选项栏中的参数如图 2-82 所示。

如果同时打开多个图像文件，勾选【滚动所有窗口】复选框，移动视图将应用于所有不能完整显示的图像。

图 2-82

具体操作步骤如下。

Step 01 放大视图。打开素材文件\第 2 章\小孩 .jpg 文件，选择【抓手工具】，按住【Ctrl】键，然后在图像窗口中单击即可放大视图，如图 2-83 所示。

Step 02 移动视图。单击并拖动鼠标可以自由移动视图，如图 2-84 所示。

图 2-84

Step 03 移动视图框。按住【H】键并单击图像，会显示全部图像，并出现一个矩形选框，将选框移动到需要查看的位置，如图 2-85 所示。

图 2-85

Step 04 放大视图框。释放鼠标和【H】键后，可以快速放大矩形区域，如图 2-86 所示。

图 2-86

技术看板

按住【Ctrl】键或【Alt】键上下拖动鼠标，可以缓慢缩放视图；按住【Ctrl】键或【Alt】键左右拖动鼠标，可以快速缩放视图。

双击【抓手工具】按钮，将自动调整图像大小以适合屏幕的显示范围。在使用绝大多数工具时，按住键盘中的空格键都可以切换为【抓手工具】。

2.4.6 用导航器查看图像

【导航器】面板可以缩放图像的显示比例或查看图像的指定区域，主要包含图像缩览图和各种窗口缩放工具，如图 2-87 所示。

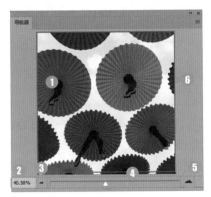

图 2-87

【导航器】面板各选项作用如表 2-6 所示。

表 2-6 【导航器】面板各选项作用

选项	作用
❶ 缩放预览区域	当窗口中不能显示完整图像时，将鼠标移动到缩览图区域，鼠标会变成形状。单击并拖动鼠标可以移动画面，预览区域的图像会位于文档窗口的中心，如图 2-88 所示

续表

	选项	作用
❷	缩放比例	【缩放比例】文本框中显示了窗口的缩放比例，在文本框中输入数值并按【Enter】键可以缩放窗口
❸	缩小按钮	单击【缩小】按钮▲，可以缩小窗口的显示比例
❹	缩放滑块	左右拖动【缩放滑块】⬠可以放大或缩小窗口
❺	放大按钮	单击【放大】按钮▲，可以放大窗口的显示比例
❻	矩形框	导航器中的矩形框表示图像的显示范围，如图2-89所示

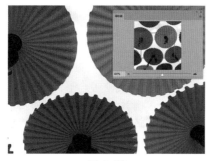

图 2-88

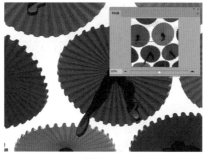

图 2-89

技能拓展——更改预览区域矩形框的颜色

单击【导航器】面板菜单的扩展菜单按钮，选择【面板选项】命令，就可以修改代理预览区域矩形框的颜色。

2.4.7　了解窗口缩放命令

执行【视图】→【放大】命令，可以放大窗口的显示比例；执行【视图】→【缩小】命令，可以缩小窗口的显示比例。

执行【视图】→【按屏幕大小缩放】命令，或按【Ctrl+0】组合键，可自动调整图像的比例，使图像能够完整地在窗口中显示。

执行【视图】→【100】命令，或按【Ctrl+1】组合键，图像会按照100%的比例在窗口中显示。

执行【视图】→【200】命令，图像会按照200%的比例在窗口中显示。

执行【视图】→【打印尺寸】命令，图像会按照实际的打印尺寸在窗口中显示。

技术看板

打印尺寸显示时，仅用作参考，不能作为最终输出样本。

2.5　辅助工具

在 Photoshop 2020 中，标尺、参考线、智能参考线和网格等都属于辅助工具，它们不能直接用于编辑图像，但可以帮助我们完成选择、定位或编辑图像的操作。

★重点 2.5.1　标尺

标尺可以精确地确定图像或元素的位置，标尺内的标记可显示出鼠标指针移动时的位置，具体操作步骤如下。

Step① 打开素材。打开"素材文件\第2章\花朵.jpg"文件，执行【视图】→【标尺】命令，标尺出现在窗口顶部和左侧，如图2-90所示。

图 2-90

Step② 从标尺的原点处向右下方拖动。标尺的原点位于窗口左上角的（0，0）标记处，将鼠标指针放到原点上，单击并向右下方拖动，画面中会出现十字交叉点，如图2-91所示。

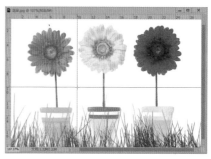

图 2-91

Step03 设置新原点。释放鼠标后，该处便成为新的原点，如图2-92所示。

图 2-92

Step04 恢复原点默认位置。如果要将原点恢复到默认的位置，可双击窗口的左上角，如图2-93所示。

图 2-93

★重点 2.5.2　参考线

参考线用于定位图像，它浮动在图像上方，不会被打印出来，创建参考线的具体操作步骤如下。

Step01 打开素材。打开"素材文件\

第2章\箭头.jpg"文件，然后执行【视图】→【标尺】命令，显示标尺。将鼠标指针放在水平标尺上，单击并向下拖动鼠标就可以拖出水平参考线，如图2-94所示。

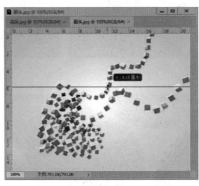

图 2-94

Step02 拖动垂直参考线。在垂直标尺上，可以拖出垂直参考线，如图2-95所示。

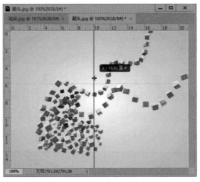

图 2-95

Step03 设置新建参考线位置。执行【视图】→【新建参考线】命令，打开【新建参考线】对话框，❶ 在【取向】选项中，选择水平或垂直参考线，❷ 设置【位置】为5厘米，❸ 单击【确定】按钮，如图2-96所示。

图 2-96

Step04 创建参考线。通过前面的操作，在指定位置创建参考线，如图2-97所示。

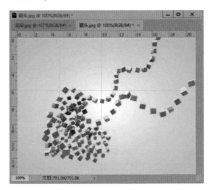

图 2-97

★重点 2.5.3　智能参考线

智能参考线是通过分析画面，自动出现的参考线。只需执行【视图】→【显示】→【智能参考线】命令，就可启用智能参考线，如图2-98所示。

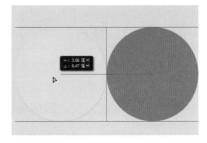

图 2-98

移动对象时智能参考线会自动显示，如图2-99所示。

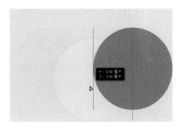

图 2-99

★重点 2.5.4 网格

网格对于排列多个对象非常有用，执行【视图】→【显示】→【网格】命令，就可以显示网格，如图 2-100 所示。

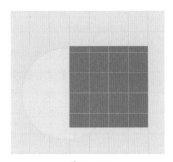

图 2-100

显示网格后，可以执行【视图】→【对齐】→【网格】命令启用对齐功能，此后在进行创建选区和移动图像等操作时，对象会自动对齐到网格上，如图 2-101 所示。

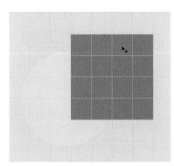

图 2-101

技术看板

参考线、智能参考线和网格的线型、颜色等，均可以在【首选项】对话框中进行设置。

★重点 2.5.5 注释

使用【注释工具】可以在图像中添加文字说明，标记各种有用信息。为图像添加注释的具体操作步骤如下。

Step01 打开素材并选择注释工具。打开"素材文件\第2章\花团.jpg"文件，选择工具箱中【注释工具】，在工具选项栏输入信息，如图 2-102 所示。

图 2-102

Step02 输入注释内容。单击画面，弹出【注释】面板，输入注释内容，如图 2-103 所示。

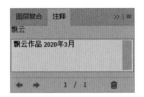

图 2-103

Step03 显示注释图标。返回工作区，鼠标单击处会出现一个注释图标，如图 2-104 所示。

图 2-104

Step04 选择上一个或下一个。使用相同的方法创建多个注释，单击【选择上一注释】或【选择下一注释】按钮，可以查看上一个或下一个注释，如图 2-105 所示。

图 2-105

Step05 循环选择注释内容。可以循环选择其他注释内容，如图 2-106 所示。

图 2-106

Step06 删除所有注释命令。如果要删除注释，右击注释，在弹出的菜单中选择【删除所有注释】命令，如图 2-107 所示。

图 2-107

Step07 确定删除。在弹出的询问对话框中，单击【确定】按钮，即可删除所有注释，如图 2-108 所示。

图 2-108

表2-8 【显示】菜单中各选项作用

技能拓展——导入注释

执行【文件】→【导入】→【注释】命令，可以打开【载入】对话框，选择目标文件，单击【载入】按钮即可导入注释。

2.5.6 对齐功能

对齐功能有助于精确定位。如果要启用对齐功能，首先要执行【视图】→【对齐】命令，使该命令处于勾选状态，然后在【视图】→【对齐到】下拉菜单中选择一个对齐项目，带有"✔"标记的命令表示启用了该功能，如图2-109所示。

图2-109

相关命令选项作用如表2-7所示。

表2-7 【对齐到】菜单中的各选项作用

选项	作用
参考线	使对象与参考线对齐
网格	使对象与网格对齐。网格隐藏时不能选择该选项
图层	使对象与图层中的内容对齐

选项	作用
切片	使对象与切片边界对齐，切片被隐藏时不能选择该选项
文档边界	使对象与文档的边缘对齐
全部	选择所有【对齐到】选项
无	取消选择所有【对齐到】选项

2.5.7 显示或隐藏额外内容

额外内容是用于辅助编辑而不会打印出来的内容。参考线、网格、目标路径、选区边缘、切片、文本边界、文本基线和文本选区都属于额外内容。

如果要显示额外内容，首先要执行【视图】→【显示额外内容】命令（该命令前出现一个"✔"符号），然后在【视图】→【显示】下拉菜单中选择需要显示的内容，再次选择这一命令则隐藏该内容，如图2-110所示。

图2-110

相关命令选项作用如表2-8所示。

选项	作用
图层边缘	显示图层内容的边缘，在编辑图像时，通常不会启用该功能
选区边缘	显示或隐藏选区的边框
目标路径	显示或隐藏路径
网格	显示或隐藏网格
参考线	显示或隐藏参考线
智能参考线	显示或隐藏智能参考线
切片	显示或隐藏切片定界框
注释	显示或隐藏创建的注释
像素网格	将文档放大至最大的缩放级别后，像素之间会用网格进行划分，取消该选项时，则不会出现网格
画笔预览	使用画笔工具时，如果选择的是毛刷笔尖，勾选该复选框以后，可以在窗口中预览笔尖效果和方向
网格	执行【编辑】→【操控变形】命令时，显示变形网格
编辑图钉	使用【场景模糊】【光圈模糊】和【移轴模糊】滤镜时，会显示图钉等编辑元素
全部	可显示以上所有选项
无	隐藏以上所有选项
显示额外选项	执行该命令，可在打开的【显示额外选项】对话框中设置同时显示或同时隐藏以上多个项目

2.6 Photoshop 首选项

首选项可以根据个人爱好，更改 Photoshop 的默认设置。包含用于设置指针显示方式、参考线与网格的颜色、透明度、暂存盘和增效工具等内容。

★重点 ★新功能 2.6.1 常规

执行【编辑】→【首选项】→【常规】命令，打开【首选项】对话框，左侧列表是各个首选项的名称，如图 2-111 所示。

图 2-111

相关选项的作用如表 2-9 所示。

表 2-9 【常规】设置面板中各选项作用

选项	作用
拾色器	可以选择使用 Adobe 拾色器，或是 Windows 拾色器。Adobe 拾色器可根据 4 种颜色模型从整个色谱和 PANTONE 等颜色匹配系统中选择颜色；Windows 拾色器仅涉及基本的颜色，只允许根据两种色彩模型选择需要的颜色
HUD 拾色器	选择 HUD 拾色器的外观样式，包括色相条纹和色相轮，如图 2-112 所示。使用绘画类工具时，按住【Alt+Shift】组合键右击图像即可显示 HUD 拾色器 色相条纹

选项	作用
HUD 拾色器	色相轮 图 2-112
图像插值	在改变图像的大小时，Photoshop 会遵循一定的图像插值方法来增加或删除像素。【邻近】选项表示以一种低精度的方法生成像素，速度快，但容易产生锯齿；【两次线性】选项表示以一种通过平均周围像素颜色值的方法来生成像素，可生成中等品质的图像；【两次立方】选项表示以分析周围像素值的方法生成像素，速度较慢，但精度高
自动更新打开的基于文件的文档	勾选该复选框后，如果当前打开的文件曾被其他程序修改并保存，文件会在 Photoshop 中自动更新
完成后用声音提示	完成操作时，程序会发出提示音
自动显示主屏幕	勾选该复选框，可以在启动 Photoshop 时显示主屏幕；如果取消选中，则启动 Photoshop 时不会显示主屏幕
导出剪贴板	退出 Photoshop 后，复制到剪贴板中的内容仍然保留，可以被其他程序使用

选项	作用
使用旧版新建文档界面	勾选该复选框，执行【新建】命令时会使用 Photoshop CS6 版本的新建文档界面
在置入时调整图像大小	置入图像时，图像会基于当前文件的大小而自动调整大小
置入时跳过变换	勾选该选项，置入图像时会跳过变换直接置入图像
在置入时始终创建智能对象	勾选该选项后，置入图像时会自动创建智能对象；如果取消勾选，则图片会以普通图像的方式置入
使用旧版自由变换	勾选该选项，在执行自由变换命令时，需要按住【Shift】键才能进行等比例缩放

★重点 2.6.2 界面

执行【编辑】→【首选项】→【界面】命令，或者在【首选项】对话框中，单击左侧的【界面】选项卡，也可以切换到【界面】设置面板，如图 2-113 所示。

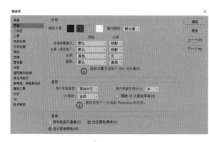

图 2-113

相关选项作用如表 2-10 所示。

表 2-10 【界面】设置面板中
各选项作用

选项	作用
颜色方案	单击不同颜色块，可以调整工作界面的色调
标准屏幕模式 / 全屏（带菜单）/ 全屏	用于设置这 3 种屏幕模式下，屏幕的颜色和边界效果
自动折叠图标面板	对于图标状面板，不使用时，面板会重新折叠为图标状
呈现	用于设置软件界面显示的语言类型、字体大小和 UI 缩放
用彩色显示通道	默认情况下，RGB、CMYK 和 Lab 图像的各个通道以灰度显示，勾选此复选框，可以用相应的颜色显示颜色通道
显示菜单颜色	使菜单中的某些命令显示为彩色
动态颜色滑块	设置移动【颜色】面板中的滑块时，滑块颜色是否随着滑块的移动而实时改变

2.6.3 工作区

执行【编辑】→【首选项】→【工作区】命令，或者在【首选项】对话框中，单击左侧的【工作区】选项卡，可以切换到【工作区】设置面板，如图 2-114 所示。

图 2-114

相关选项作用如表 2-11 所示。

表 2-11 【工作区】面板中
各选项作用

选项	作用
自动折叠图标面板	确定当单击应用程序中的任意位置时，是否自动折叠打开的图标面板
自动显示隐藏面板	鼠标指针划过时自动显示隐藏的面板
以选项卡方式打开文档	以选项卡的方式，而不是以浮动窗口的方式打开新的文档
启用浮动文档窗口停放	允许在拖动浮动文档窗口时将其作为选项卡，停放在其他窗口中（使用【Ctrl】键可临时反转该首选项）
大选项卡	增加工作区选项卡的高度
启用窄选项栏	为较小的显示器启用窄选项栏

2.6.4 工具

执行【编辑】→【首选项】→【工具】命令，或者在【首选项】对话框中，单击左侧的【工具】选项卡，可以切换到【工具】设置面板，如图 2-115 所示。

图 2-115

相关选项作用如表 2-12 所示。

表 2-12 【工具】面板中
各选项作用

选项	作用
显示工具提示	确定是否为控件和工具显示工具提示
显示丰富的工具提示	确定是否要使用内置的视频来显示更多说明性的工具提示
启用手势	确定是否启用触控手势
使用 Shift 键切换工具	确定当在编组工具之间切换时是否需要按【Shift】键
过界	允许滚动操作越过窗口的正常边界
启用轻击平移	确定使用抓手工具轻击时是否继续滚动文档（要求 OpenGL 绘图）
双击图层蒙版可启动【选择并遮住】工作区	确定双击【图层】面板中的【图层蒙版】后，是打开【选择并遮住】工作区还是打开【蒙版属性】面板
根据 HUD 垂直移动来改变圆形画笔硬度	确定在使用画笔的情况下垂直移动 HUD 时，圆形画笔的硬度或不透明度是否会有变化
使用箭头键旋转画笔笔尖	勾选该复选框，使用画笔工具绘制图形时，按箭头键可以旋转画笔笔尖
将矢量工具与变化和像素网格对齐	确定矢量工具和变化是否自动使形状与像素网格对齐
在使用【变换】时显示参考点	勾选该复选框，执行变换命令时会显示参考点；如果取消选中该复选框，那么执行变换命令时不会显示参考点

续表

选项	作用
用滚轮缩放	确定缩放或滚动是否为默认的滚轮动作
带动画效果的缩放	确定缩放是否有带动画效果（要求 OpenGL 绘图）
缩放时调整窗口大小	确定是否在缩放时调整文档窗口大小
将单击点缩放至中心	确定是否使视图在所单击的位置居中

2.6.5 历史记录

执行【编辑】→【首选项】→【历史记录】命令，或者在【首选项】对话框中，单击左侧的【历史记录】选项卡，切换到【历史记录】设置面板。默认状态下【历史记录】设置面板为关闭状态，如图 2-116 所示。

图 2-116

相关选项作用如表 2-13 所示。

表 2-13 【历史记录】面板中
各选项作用

选项	作用
历史记录	默认状态下【历史记录】设置面板为关闭状态，勾选前面的复选框，才能设置下方的内容
将记录项目存储到	选择存储历史记录工具的位置
编辑记录项目	仅记录打开和状态信息

2.6.6 文件处理

执行【编辑】→【首选项】→【文件处理】命令，或者在【首选项】对话框中，单击左侧的【文件处理】选项卡，切换到【文件处理】设置面板，如图 2-117 所示。

图 2-117

相关选项作用如表 2-14 所示。

表 2-14 【文件处理】面板中
各选项作用

选项	作用
图像预览	设置存储图像时是否保存图像的缩览图
文件扩展名	文件扩展名为【使用大写】或是【使用小写】
存储至原始文件夹	保存对原始文件所做的修改
后台存储	存储文件时，允许用户继续处理图像
自动存储恢复信息的间隔	在一定的时间间隔内自动存储文档备份，以便非正常退出时恢复文档，原始文档不受影响
Camera Raw 首选项	单击该按钮，可在打开的对话框中设置 Camera Raw 首选项

续表

选项	作用
对支持的原始数据文件优先使用 Adobe Camera Raw	打开支持原始数据的文件时，优先使用 Adobe Camera Raw 处理。相机原始数据文件包含来自数码相机图像传感器且未经处理和压缩的灰度图片数据，以及有关如何捕捉图像的信息。Photoshop Camera Raw 软件可以解释相机原始数据文件，该软件使用有关相机的信息及图像元数据来构建和处理彩色图像
使用 Adobe Camera Raw 将文档从 32 位转换到 16/8 位	允许 Camera Raw 将 32 位 / 通道（HDR 高动态范围）转换为 16/8 位图像
忽略 EXIF 配置文件标记	保存文件时忽略关于图像色彩空间的 EXIF 配置文件标记
忽略旋转元数据	可停用基于文档元数据的图像自动旋转
存储分层的 TIFF 文件之前进行询问	保存分层的文件时，如果存储为 TIFF 格式，会弹出询问对话框
最大兼容 PSD 和 PSB 文件	可设置存储 PSD 和 PSB 文件时，是否提高文件的兼容性。选择【总是】选项，可在文件中存储一个带图层图像的复合版本，其他应用程序能够读取该文件；选择【询问】选项，存储时会弹出询问是否最大程度提高兼容性的对话框；选择【总不】选项，在不提高兼容性的情况下存储文档

续表

选项	作用
近期文件列表包含	设置【文件】→【最近打开文件】下拉菜单中能够保存的文件数量

2.6.7 导出

执行【编辑】→【首选项】→【导出】命令，或者在【首选项】对话框中，单击左侧的【导出】选项卡，切换到【导出】设置面板，如图 2-118 所示。

图 2-118

相关选项作用如表 2-15 所示。

表 2-15 【导出】面板中各选项作用

选项	作用
快速导出格式	快速导出文件格式，包括PNG、JPG、GIF、SVG 选项
快速导出位置	指定导出文件的位置
元数据	包括版权信息和联系信息
色彩空间	确定是否转换为 sRGB 色彩空间。

★重点 2.6.8 性能

执行【编辑】→【首选项】→【性能】命令，或者在【首选项】对话框中，单击左侧的【性能】选项卡，切换到【性能】设置面板，如图 2-119 所示。

图 2-119

相关选项作用如表 2-16 所示。

表 2-16 【性能】面板中各选项作用

选项	作用
内存使用情况	显示了计算机内存的使用情况，可拖动滑块或在【让 Photoshop 使用】文本框内输入数值，调整分配给 Photoshop 的内存量。修改后，需要重新运行 Photoshop 才能生效
历史记录与高速缓存	用于设置【历史记录】面板中可以保留的历史记录的最大数量，以及图像数据的高速缓存级别。高速缓存可以提高屏幕重绘和直方图显示速度
图像处理器设置	显示了计算机的显卡，并可以启动 OpenGL 绘图。启用后，在处理大型或复杂图像（如 3D 文件）时可加快速处理速度。并且，旋转视图高级、像素网格、取样环等功能都需要启用 OpenGL 绘图

2.6.9 暂存盘

执行【编辑】→【首选项】→【暂存盘】命令，或者在【首选项】对话框中，单击左侧的【暂存盘】选项卡，切换到【暂存盘】设置面板，如图 2-120 所示。可以选择当前计算机的一个磁盘作为暂存盘。

图 2-120

2.6.10 光标

执行【编辑】→【首选项】→【光标】命令，或者在【首选项】对话框中，单击左侧的【光标】选项卡，切换到【光标】设置面板，如图 2-121 所示。

图 2-121

相关选项作用如表 2-17 所示。

表 2-17 【光标】面板中各选项作用

选项	作用
绘画光标	用于设置使用绘画工具时，光标在画面中的显示状态，以及光标中心是否显示交叉线
其他光标	设置使用其他工具时，光标在画面中的显示状态
画笔预览	定义画笔预览的颜色

2.6.11 透明度与色域

执行【编辑】→【首选项】→【透明度与色域】命令，或者在【首选项】对话框中，单击左侧的【透明度与色域】选项卡，切换到【透明度与色域】设置面板，如图2-122所示。

图 2-122

相关选项作用如表2-18所示。

表2-18 【透明度与色域】面板中
各选项作用

选项	作用
透明区域设置	当图像中的背景为透明区域时，会显示为棋盘格状，在【网格大小】下拉列表中可以设置棋盘格的大小；在【网格颜色】下拉列表中可以设置棋盘格的颜色
色域警告	当图像中的色彩过于鲜艳而出现溢色时，执行【视图】→【色域警告】命令，溢色会显示为灰色。可以在该选项中修改溢色的显示颜色，可以调整其不透明度

2.6.12 单位与标尺

执行【编辑】→【首选项】→【单位与标尺】命令，或者在【首选项】对话框中，单击左侧的【单位与标尺】选项卡，切换到【单位与标尺】设置面板，如图2-123所示。

图 2-123

相关选项作用如表2-19所示。

表2-19 【单位与标尺】面板中
各选项作用

选项	作用
单位	可以设置标尺和文字的单位
列尺寸	如果要将图像导入到排版程序，并用于打印和装订时，可在该选项设置【宽度】和【装订线】的尺寸，用列来指定图像的宽度，使图像正好占据特定数量的列
新文档预设分辨率	用于设置新建文档时预设的打印分辨率和屏幕分辨率
点/派卡大小	设置如何定义每英寸的点数。单击【PostScript（72点/英寸）】单选按钮，设置一个兼容的单位大小，以便打印到PostScript设备；单击【传统（72.27点/英寸）】单选按钮，则使用72.27点/英寸（打印中使用的传统点数）

2.6.13 参考线、网格和切片

执行【编辑】→【首选项】→【参考线、网格和切片】命令，或者在【首选项】对话框中，单击左侧的【参考线、网格和切片】选项卡，切换到【参考线、网格和切片】

设置面板，如图2-124所示。

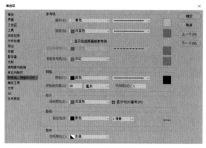

图 2-124

相关选项作用如表2-20所示。

表2-20 【参考线、网格和切片】
面板中各选项作用

选项	作用
参考线	用于设置参考线的颜色和样式，包括直线和虚线两种样式
智能参考线	用于设置智能参考线的颜色
网格	可以设置网格的颜色和样式。对于【网格线间隔】，可以输入网格间距的值。在【子网格】文本框中输入一个值，则可基于该值重新细分网格
切片	用于设置切片边界框的颜色。勾选【显示切片编号】复选框，可以显示切片的编号
路径	用于设置绘制路径时，路径显示的颜色和像素

2.6.14 增效工具

执行【编辑】→【首选项】→【增效工具】命令，或者在【首选项】对话框中，单击左侧的【增效工具】选项卡，可以切换到【增效工具】设置面板，如图2-125所示。

图 2-125

相关选项作用如表 2-21 所示。

表 2-21 【增效工具】面板中

各选项作用

选项	作用
显示滤镜库的所有组和名称	勾选该复选框后，【滤镜库】中的滤镜会同时出现在【滤镜】菜单中
扩展面板	勾选【允许扩展连接到 Internet】复选框，表示允许 Photoshop 扩展面板连接到 Internet 获取新内容，以及更新程序；勾选【载入扩展面板】复选框，启动 Photoshop 时可以载入已安装的扩展面板

2.6.15 文字

执行【编辑】→【首选项】→【文字】命令，或者在【首选项】对话框中，单击左侧的【文字】选项卡，切换到【文字】设置面板，如图 2-126 所示。

图 2-126

相关选项作用如表 2-22 所示。

表 2-22 【文字】面板中各选项作用

选项	作用
使用智能引号	智能引号也称为印刷引号，它会与字体的曲线混淆；勾选该复选框后，输入文本时可使用弯曲的引号替代直引号
启用丢失字形保护	勾选该复选框后，如果文档使用了系统上未安装的字体，在打开该文档时会出现一条警告信息，Photoshop 会指明缺少哪些字体，用户可以使用可用的匹配字体替换缺少的字体
以英文显示字体名称	勾选此复选框后，在【字符】面板和文字工具选项栏的字体下拉列表中会以英文显示亚洲字体的名称；取消勾选时，则以中文显示
选取文本引擎选项	如果要在 Photoshop 界面中显示东亚文字选项，可选择【拉丁和东亚版面】单选按钮，重启软件后执行【文字】→【语言选项】→【东亚语言功能】命令。如果要使用印度语系，可选择【全球通用版面】单选按钮，【段落】面板菜单中会有两个额外书写器：单行书写器与多行书写器

2.6.16 3D

执行【编辑】→【首选项】→【3D】命令，或者在【首选项】对话框中，单击左侧的【3D】选项卡，切换到【3D】设置面板，如图 2-85 所示。在此版面中可以设置 3D 立体效果的各选项，如图 2-127 所示。

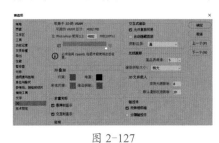

图 2-127

2.6.17 技术预览

执行【编辑】→【首选项】→【技术预览】命令，或者在【首选项】对话框中，单击左侧的【技术预览】选项卡，切换到【技术预览】设置面板，如图 2-128 所示。

图 2-128

相关选项作用如表 2-23 所示。

表 2-23 【技术预览】面板中

各选项作用

选项	作用
启用保留细节 2.0 放大	启用保留细节 2.0 放大，激活【保留细节 2.0 放大】选项

妙招技法

通过对前面知识的学习，相信读者已经掌握了 Photoshop 2020 软件的基本操作。下面结合本章内容，介绍一些实用技巧。

技巧 01：如何恢复默认工作区

在图像处理时，频繁操作通常会让工作界面变得混乱没有条理，在这种情况下，用户可以快速恢复工作区，下面讲解具体操作步骤。

Step01 显示基本工作区。打开任意图像，调乱操作界面，该工具区是杂乱的【基本功能（默认）】工作区，如图 2-129 所示。

图 2-129

Step02 复位基本功能。执行【窗口】→【工作区】→【复位基本功能】命令，如图 2-130 所示。

图 2-130

Step03 显示效果。通过前面的操作，可以恢复默认的【基本功能（默认）】工作区，如图 2-131 所示。

图 2-131

技巧 02：自定画布颜色

图像画布区域默认是灰色的，用户可以自由设置画布区的颜色，以满足自己的需要，具体操作步骤如下。

Step01 选择自定画布颜色。打开图像后，右击图像暂存区，在弹出的快捷菜单中，选择【选择自定颜色】选项，如图 2-132 所示。

图 2-132

Step02 选择颜色。在弹出的【拾色器（自定画布颜色）】对话框中，单击蓝色，如图 2-133 所示。

图 2-133

Step03 显示效果。画布被更改为蓝色，如图 2-134 所示。

图 2-134

本章小结

本章对 Photoshop 2020 的基础知识进行了详细介绍，通过对本章内容的学习，读者不仅对 Photoshop 2020 的开始界面、主页屏幕、工作界面、工作区预设有了全面的认识，还能掌握如何查看图像，如何使用学习面板和辅助工具、如何设置 Photoshop 首选项参数等专业知识，为后面的学习打下了良好的基础。建议读者在学习过程中，多练习、勤思考，熟练掌握 Photoshop 的操作技巧。

第3章 Photoshop 2020 图像处理快速入门

> ➡ 位图和矢量图哪个更清晰？
>
> ➡ 如何快速打开最近打开过的文件？
>
> ➡ 存储文件时，不想覆盖原文件怎么办？
>
> ➡ Photoshop 2020 的默认存储格式是什么？
>
> ➡ 处理图片时，有哪些基本编辑功能？

在 Photoshop 2020 的学习过程中，读者可能会对图像效果有很多想法，如何把想法完美表达出来呢？接下来，让我们一一解开这些谜题。

3.1 图像的基础知识

在学习怎样使用 Photoshop 2020 处理图像前，我们先来了解一些关于图像和图形方面的知识，因为在实际操作中，随时都会接触到这些基础知识，包括像素与分辨率、图像格式等。

★重点 3.1.1 位图和矢量图

计算机中的图像可分为位图和矢量图两种类型。Photoshop 是典型的位图软件，但它也包含矢量功能。下面介绍位图和矢量图的概念，以便为学习图像处理打下基础。

1. 位图

位图也叫作点阵图、栅格图像、像素图，它是由像素（Pixel）组成的，在 Photoshop 中处理图像时，编辑的就是像素。打开一幅图，如图 3-1 所示。

图 3-1

使用【缩放工具】🔍 在图像上连续单击，直到工具中间的【+】号消失，图像放至最大化，画面中会出现许多彩色小方块，这些方块便是像素，如图 3-2 所示。

图 3-2

人们使用数码相机拍摄的照片、扫描仪扫描的图片，以及在计算机屏幕上抓取的图像等都属于位图。位图的特点是可以表现色彩的变化和颜色的细微过渡，效果逼真，并且很容易在不同的软件之间交换使用，但在保存时，需要记录每一个像素的位置和颜色值，因此占用的存储空间较大。

另外，由于分辨率的制约，位图包含固定数量的像素，对图片进行缩放或旋转时，Photoshop 无法生成新的像素，只能将原有的像素变大以填充多出的空间，结果往往会使清晰的图像变得模糊，也就是常所说的图像变虚了。例如，原图像放大到 500% 后的局部图像如图 3-3 所示。

图 3-3

放大到 700% 后的局部图像如图 3-4 所示，图像已经变得模糊。

图 3-4

2. 矢量图

矢量图也叫作向量图，是缩放不失真的图像格式。矢量图就如同画在质量非常好的橡胶膜上的图，无论对橡胶膜进行何种常宽等比、成倍拉伸的操作，画面依然清晰。

矢量图的最大优点是轮廓的形状更容易被修改，但是对于单独的对象，色彩上的变化的实现没有位图方便。另外，支持矢量格式的应用程序没有支持位图的应用程序多，很多矢量图形都需要专门的程序才能打开和编辑。矢量图形与分辨率无关，即可以将矢量图缩放到任意尺寸，可以按任意分辨率打印，而不会丢失细节或降低清晰度。因此，矢量图形最适合表现醒目的图形，矢量图的原图像如图3-5 所示。

图 3-5

放大后的局部矢量图像依然清晰，如图 3-6 所示。

图 3-6

★重点 3.1.2 像素与分辨率的关系

像素是组成位图图像的最基本的元素。每一个像素都有自己的位置，并记载着图像的颜色信息，一个图像包含的像素越多，颜色信息越丰富，图像的效果就会越好，但文件也会随之增大。

分辨率是指单位长度内包含的像素点的数量，它的单位通常为像素／英寸（ppi），如 72ppi 表示每英寸包含 72 个像素点。分辨率决定了位图细节的精细程度，通常情况下，分辨率越高，包含的像素越多，图像就越清晰。

像素和分辨率是两个密不可分的重要概念，它们的组合方式决定了图像的数据量。在打印时，高分辨率的图像要比低分辨率的图像包含更多的像素，像素点更小，像素的密度更高，可以重现更多细节和更自然的颜色过渡效果。

虽然分辨率越高，图像的质量越好，但也会增加图像占用的存储空间，只有根据图像的用途设置合适的分辨率，才能获得最佳的使用效果。

3.2 文件的基本操作

Photoshop 2020 的文件基本操作包括新建、打开、置入、导入、导出、保存、关闭等，它们是处理图像的基础操作，下面分别讲解具体的操作方法。

★重点 3.2.1 新建文件

启动 Photoshop 2020 程序后，进入【开始】面板，默认状态下没有可操作文件，需要新建一个空白文件，具体操作步骤如下。

Step01 执行新建命令。单击【新建】按钮，如图 3-7 所示。

图 3-7

Step02 打开新建文档对话框。打开【新建文档】对话框，显示最近使用过的文件尺寸，如图 3-8 所示。

Step03 设置文件选项。❶ 设置文件尺寸、分辨率、颜色模式和背景内容等选项，❷ 单击【创建】按钮，如图 3-9 所示。

图 3-8

图 3-9

Step04 创建新文件。通过前面的操作，即可创建一个空白文件，新建的文件如图 3-10 所示。

图 3-10

【新建文档】对话框相关选项作用如表 3-1 所示。

表 3-1 【新建文档】对话框中
各选项作用

选项	作用
您最近使用的项目	Photoshop 2020 内置的文档大小，以及最近设置和使用的文档尺寸
名称	可输入文件的名称，也可以使用默认的文件名"未标题-1"。创建文件后，文件名会显示在文档窗口的标题栏中。保存文件时，文件名会自动显示在存储文件的对话框内

续表

选项	作用
宽度/高度/单位	可输入文件的宽度和高度。在右侧的选项中可以选择一种单位，包括【像素】【英寸】【厘米】【毫米】【点】【派卡】
方向	选择创建横向文档还是纵向文档
分辨率	可以输入文件的分辨率。在右侧可以选择分辨率的单位，包括【像素/英寸】和【像素/厘米】
颜色模式	可以选择文件的颜色模式，包括【位图】【灰度】【RGB颜色】【CMYK颜色】和【Lab颜色】
背景内容	可以选择文件背景内容，包括【白色】【背景色】和【透明】等
高级	单击【高级选项】按钮 ⌄，可以显示出对话框中隐藏的选项：【颜色配置文件】和【像素长宽比】。在【颜色配置文件】下拉列表中可以为文件选择一个颜色配置文件；在【像素长宽比】下拉列表中可以选择像素的长宽比

1. 最近使用项

在 Adobe Photoshop 2020 中创建文档时，默认显示【最近使用项】选项卡，利用 Adobe Stock 中丰富的模板和空白预设，可以快速制作自己的创意项目，如图 3-11 所示。

技术看板

【您最近使用的项目】窗格中的项目，是指具有预定义尺寸和设置的空白文档。【预设详细信息】可以

定义大小、颜色模式、单位、方向、位置和分辨率设置。在使用预设创建文档之前，可以修改这些设置。

图 3-11

技术看板

在 Adobe Photoshop 2020 中创建文档时，无须从空白画布开始，可以在各种模板中进行选择，包括 Adobe Stock 中的模板。这些模板包含 Stock 资源和插图，可以在此基础上构建并完成项目。

2. 已保存

【已保存】面板是将新建的文档预设保存后，按保存的名称存储到【已保存】面板中，方便以后继续使用同样尺寸设置的文档，具体操作步骤如下。

Step01 单击文件名后的图标。❶ 设置文件大小、分辨率、颜色等基本参数，❷ 单击【预设详细信息】窗格中的 图标，如图 3-12 所示。

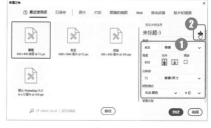

图 3-12

Step02 指定名称。❶ 为新预设指定名称，❷ 单击【保存预设】按钮，如图 3-13 所示。

图 3-13

Step 03 显示新保存的预设。在【已保存】选项卡中，可以显示保存的预设，如图 3-14 所示。

图 3-14

技术看板

通过【预设详细信息】窗格，可以修改现有预设，也可以为新预设指定全新设置。创建并保存的新预设可以到【已保存】选项卡访问。

3. 照片

【照片】选项卡中预设了 10 种空白文档预设，如图 3-15 所示。在使用预设打开文档之前，可以在右侧窗格中修改其设置。

图 3-15

4. 打印

【打印】选项卡中预设了 14 种空白打印尺寸预设，如图 3-16 所示。在使用预设打开文档之前，可以在右侧窗格中修改其设置。

图 3-16

5. 图稿和插图

【图稿和插图】选项卡中预设了 6 种空白文档预设，如图 3-17 所示。在使用预设打开文档之前，可以在右侧窗格中修改其设置。

图 3-17

6. Web

【Web】选项卡预设了 9 种空白网页文档预设，如图 3-18 所示。在使用预设打开文档前，可在右侧窗格中修改其设置。

图 3-18

7. 移动设备

【移动设备】选项卡中预设了 28 种品牌移动设备的空白文档预设，包括 iphone、ipad、Android、Apple、ios 等各种移动设备类型，

如图 3-19 所示。在使用预设打开文档之前，可以在右侧窗格中修改其设置。

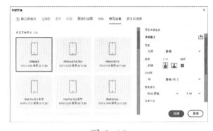

图 3-19

8. 胶片和视频

【胶片和视频】选项卡中预设了 25 种空白文档预设，包括各种胶片和银幕尺寸预设，如图 3-20 所示。在使用预设打开文档之前，可以在右侧窗格中修改其设置。

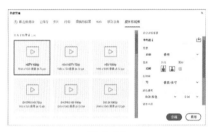

图 3-20

★重点 3.2.2　打开文件

如果要在 Photoshop 中编辑一个图像文件，需要先将其打开。打开文件的方法有很多种，下面进行详细的介绍。

1. 打开命令

【打开】命令是指打开当前计算机中的图像文件的操作。【打开】是经常用到的文件命令之一，具体操作步骤如下。

Step 01 在打开对话框选择文件。在【开始】面板单击【打开】按钮，打开【打开】对话框，选择图像存储位置，然后在该位置选择一个文件（如果要选择多个文件，可按住【Ctrl】键依次单击需要打开的文件），单击【打开】按钮，如图 3-21 所示。

图 3-21

相关选项作用如表 3-2 所示。

表 3-2 【打开】对话框中各选项作用

选项	作用
查找范围	在左上角的查找范围选项的下拉列表中可以选择图像文件所在的文件夹
文件名	显示了所选文件的文件名
文件类型	默认为【所有格式】，对话框中会显示所有格式的文件。如果文件数量较多，可以在下拉列表中选择一种文件格式，使对话框中只显示该类型的文件，便于查找

Step⑫ 打开文件。通过前面的操作，或双击文件即可将其打开，如图 3-22 所示。

图 3-22

技术看板

按【Ctrl+N】组合键可以打开【新建】对话框。按【Ctrl+O】组合键或者双击灰色的 Photoshop 程序窗口，都可以弹出【打开】对话框。

2. 打开为命令

如果使用与文件的实际格式不匹配的扩展名存储文件，或者文件没有扩展名，则 Photoshop 可能无法确定文件的正确格式。

如果出现这种情况，可执行【文件】→【打开为】命令，弹出【打开】对话框，❶ 在【打开为】列表中为文件指定正确的格式，❷ 选择需要打开的文件，❸ 单击【打开】按钮将其打开，如图 3-23 所示。

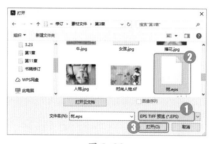

图 3-23

3. 在 Bridge 中浏览命令

执行【文件】→【在 Bridge 中浏览】命令，可以运行 Adobe Bridge，在 Bridge 中选择一个文件，双击即可在 Photoshop 中将其打开，如图 3-24 所示。

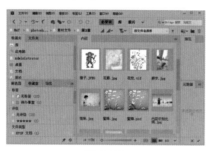

图 3-24

技术看板

Bridge 是一款 Photoshop 标配的专业看图软件。在该软件中，不仅可以查看图像，还可以进行批量更名、标注优先级等操作。

4. 拖动图像的打开方式

通过快捷方式打开文件有两种方法，具体方法介绍如下。

方法 1：在没有运行 Photoshop 的情况下，只要将一个图像文件拖动到 Photoshop 应用程序图标上，就可以运行 Photoshop 并打开该文件，如图 3-25 所示。

图 3-25

方法 2：如果运行了 Photoshop 2020，则可在 Windows 资源管理器中将文件拖动到 Photoshop 2020 开始界面中的【最近使用项】区域，如图 3-26 所示。

图 3-26

释放鼠标即可在 Photoshop 2020 中打开文件，如图 3-27 所示。

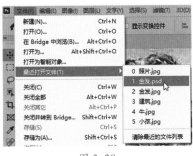

图 3-27

5. 打开最近使用过的文件

【文件】→【最近打开文件】下拉菜单中保存了用户最近在 Photoshop 中打开过的文件，选择一个文件即可将其打开，如图 3-28 所示。

图 3-28

技能拓展——清除最近打开文件

如要清除最近打开的文件列表，可以执行菜单底部的【清除最近的文件列表】命令即可。

6. 作为智能对象打开

执行【文件】→【打开为智能对象】命令，弹出【打开】对话框，❶ 选择一个文件，❷ 单击【打开】按钮，如图 3-29 所示。

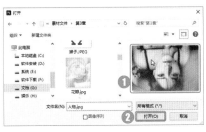

图 3-29

上述操作完成后，该文件可转换为智能对象，此时图层缩览图右下角有一个图标，如图 3-30 所示。

图 3-30

3.2.3 实战：置入文件

实例门类	软件功能

打开或新建一个文档后，可以执行【文件】→【置入】命令将照片、图片等位图，以及 EPS、PDF、AI 等矢量文件作为智能对象置入 Photoshop 文档中，具体操作步骤如下。

Step❶ 打开素材。打开"素材文件\第3章\时尚人物.tif"文件，如图 3-31 所示。

图 3-31

Step❷ 置入文件。执行【文件】→【置入嵌入对象】命令，打开【置入嵌入的对象】对话框，❶ 选择"花纹.tif"文件，❷ 单击【置入】按钮，如图 3-32 所示。

图 3-32

Step❸ 显示置入的图像。将图像置入到背景图像中，如图 3-33 所示。

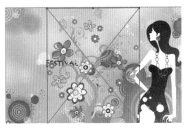

图 3-33

Step❹ 指定位置并确定。拖动可以调整置入的文件的位置，单击选项栏的【提交变换（Enter）】按钮，或单击【确定置入】按钮可以完成文件置入，如图 3-34 所示。

图 3-34

Step 05 图层显示置入图像为智能对象。在【图层】面板中，可以看到图像被作为智能对象置入，如图3-35 所示。

图 3-35

技术看板

置入图像过程中，用户还可以拖动四周的变换点，对图像进行变换操作。

3.2.4 导入文件

Photoshop 具有编辑视频帧、注释和 WIA 支持等功能，用户新建或打开图像文件后，可以执行【文件】→【导入】下拉菜单中的命令，将这些内容导入到图像中。

某些数码相机使用"Windows"图像采集（WIA）支持来导入图像，将数码相机连接到计算机，然后执行【文件】→【导入】→【WIA 支持】命令，可以将照片导入 Photoshop 中。

如果计算机配有扫描仪并安装了相关的软件，则可以在【导入】下拉菜单中选择扫描仪的名称，使用扫描仪扫描图像，并将扫描后得到的图像存储为 TIFF、PICT、BMP 格式，然后在 Photoshop 中打开。

3.2.5 导出文件

用户在 Photoshop 中创建和编辑的图像，可以导出到 Illustrator

或视频设备中，以满足不同的需求。【文件】→【导出】下拉菜单中包含了用于导出文件的命令。

执行【文件】→【导出】→【Zoomify】命令，可以将高分辨率的图像发布到 Web 上，利用 Viewpoint Media Player，用户可以平移或缩放图像以查看它的不同部分。在导出时，Photoshop 会创建 JPEG 和 HTML 文件，可以将这些文件上传至 Web 服务器。

如果在 Photoshop 中创建了路径，则可以执行【文件】→【导出】→【路径到 Illustrator】命令，将路径导出为 AI 格式，在 Illustrator 中可以继续对路径进行编辑。

★新功能 3.2.6 保存文件

编辑完成的图像需要进行保存。保存图像的方法有很多种，可根据不同的需要进行选择。

1. 存储命令

执行【文件】→【存储】命令保存所做的修改，图像会按照原有的格式存储。如果是一个新建的文件，则会打开【另存为】对话框。

技术看板

按【Ctrl+S】组合键可以以原始文件名快速存储图像。如果是一个新建的文件，同样会打开【存储为】对话框。

2. 存储为命令

如果要将文件保存为另外的名称和其他格式，或者存储在其他位置，可以执行【文件】→【存储为】命令，在打开的【另存为】对话框中，将文件另存，如图 3-36 所示。

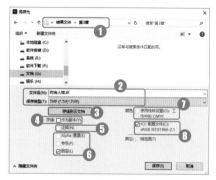

图 3-36

相关选项作用如表 3-3 所示。

表 3-3 【另存为】对话框中各选项作用

选项	作用
❶ 保存在	可以选择图像的保存位置
❷ 文件名 / 保存类型	可输入文件名，在【保存类型】下拉列表中选择图像的保存格式
❸ 存储到云文档	单击该按钮，可以将文档存储到云文档中
❹ 作为副本	勾选该项复选框，可另存一个文件副本，副本文件与源文件存储在同一位置
❺ 注释	可以选择是否存储注释
❻ Alpha 通道 / 图层 / 专色	可以选择是否存储 Alpha 通道、图层和专色
❼ 使用校样设置	将文件的保存格式设置为 EPS 或 PDF 时，该选项可用，勾选该复选框可以保存打印用的校样设置
❽ ICC 配置文件	可保存嵌入在文档中的 ICC 配置文件

3. 保存到云文档

Photoshop 2020 提供了保存到云文档的新功能。文档会在用户工作时自动保存到 Adobe 的云，以方便用户登录 Photoshop 后在任何地方进行访问。执行【文件】→【存储】命令后，在打开的提示对话框中执行【保存到云文档】命令，就可以将文件保存到云，如图 3-37 所示。

图 3-37

3.2.7 常见图像格式

Photoshop 是编辑各种图像时的必用软件，它功能强大，支持几十种文件格式，能很好地支持多种应用程序。面对 Photoshop 众多的文件格式，到底使用哪一种格式呢？初学者往往会迷茫。文件格式决定了图像数据的存储方式、压缩方法、支持什么样的 Photoshop 功能，以及文件的兼容性。

Photoshop 主要包括固有格式（PSD）、应用软件交换格式（EPS、DCS、Photoshop Raw）、专有格式（GIF、BMP、Amiga IFF、PCX、PDF、PICT、PNG、Scitex CT、TGA）、主流格式（JPEG、TIFF）、其他格式（Photo CD YCC、FlshPix），下面介绍常见的图像文件格式。

1. PSD 文件格式

PSD 格式是 Photoshop 默认的文件格式，它可以保留文档中的所有图层、蒙版、通道、路径、未栅格化文字、图层样式等。

2. TIFF 文件格式

TIFF 是一种通用的文件格式，所有的绘画、图像编辑和排版程序都支持该格式，而且几乎所有的桌面扫描仪都可以产生 TIFF 图像。

TIFF 文件支持有 Alpha 通道的 CMYK、RGB、Lab、索引颜色和灰度图像，以及没有 Alpha 通道的位图模式图像。Photoshop 可以在 TIFF 文件中存储图层，但如果在另一个应用程序中打开该文件，则只有拼合图像是可见的。

3. BMP 文件格式

BMP 是一种适用于 Windows 操作系统的图像格式，主要用于保存位图文件。该格式可以处理 24 位颜色的图像，支持 RGB、位图、灰度和索引模式，但不支持 Alpha 通道。

4. GIF 文件格式

GIF 是基于网格上传输图像创建的文件格式，它支持透明背景和动画，被广泛地应用在网格文档中。GIF 格式采用 LZW 无损压缩方式，压缩效果较好。

5. JPEG 文件格式

JPEG 格式是联合图像专家组开发的文件格式。它采用有损压缩方式，具有较好的压缩效果，但是压缩品质数值设置得较大时，会损失掉图像的某些细节。JPEG 格式支持 RGB、CMYK 和灰度模式，不支持 Alpha 通道。

6. EPS 文件格式

EPS 是为 PostScript 打印机输出图像而开发的文件格式，几乎所有的图形、图表和页面排版程序都支持该格式。EPS 格式可以同时包含矢量图形和位图图像，支持 RGB、CMYK、位图、双色调、灰度、索引和 Lab 模式，但不支持 Alpha 通道。

7. RAW 文件格式

RAW 是一种灵活的文件格式，用于在应用程序与计算机平台之间传递图像。这种格式支持具有 Alpha 通道的 CMYK、RGB 和灰度模式，以及无 Alpha 通道的多通道、Lab 和双色调模式。

3.3 Adobe Bridge 管理图像

Adobe Bridge 是 Adobe 自带的看图软件，它可以组织、浏览和查找文件，创建供印刷、Web、电视、DVD、电影及移动设备使用的内容，并轻松访问原始 Adobe 文件（如 PSD 和 PDF）及非 Adobe 文件。

★重点 3.3.1　Adobe Bridge 工作界面

执行【文件】→【在 Bridge 中浏览】命令，可以打开 Bridge，Bridge 工作区中主要包含以下组件，如图 3-38 所示。

图 3-38

相关选项作用如表 3-4 所示。

表 3-4　Adobe Bridge 工作界面各选项的作用

选项	作用
❶ 应用程序栏	提供了基本任务的按钮，如文件夹层次结构导航、切换工作区及搜索文件
❷ 路径栏	显示了正在查看的文件夹的路径，允许导航到该目录
❸ 收藏夹面板	可以快速访问文件夹及 Version Cue 和 Bridge Home
❹ 文件夹面板	显示文件夹层次结构，用它可以浏览文件夹
❺ 筛选器面板	可以排序和筛选【内容】面板中显示的文件
❻ 收藏集面板	允许创建、查找和打开收藏集和智能收藏集

续表

选项	作用
❼ 内容面板	显示由导航菜单按钮、路径栏、【收藏夹】面板或【文件夹】面板指定的文件
❽ 预览面板	显示所选的一个或多个文件的预览。预览不同于【内容】面板中显示的缩览图，并且通常大于缩览图。可以通过调整面板大小来缩小或放大预览
❾ 元数据面板	包含所选文件的元数据信息。如果选择了多个文件，则会列出共享数据（如关键字、创建日期和曝光度设置）

★重点 3.3.2　在 Bridge 中浏览图像

在 Bridge 中浏览图像的方式有很多种，可以根据需要进行选择，下面介绍不同的浏览方式。

1. 全屏模式浏览图像

在 Adobe Bridge 面板中，单击窗口右上方的下拉按钮，可以选择以【必要项】【库】【胶片】【输出】【元数据】【关键字】【预览】【看片台】【文件夹】等方式显示图像，如图 3-39 ~ 图 3-46 所示。

必要项
图 3-39

库
图 3-40

胶片
图 3-41

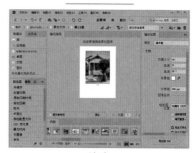

输出
图 3-42

元数据
图 3-43

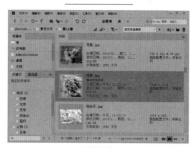

关键字
图 3-44

预览
图 3-45

看片台
图 3-46

在操作界面右下方，还可以拖动滑块调整显示比例，并调整图像的显示方式，如图 3-47 所示。

图 3-47

相关选项作用如表 3-5 所示。

表 3-5　选项栏中的各选项作用

选项	作用
❶ 三角滑块	拖动三角滑块可以调整图像的显示比例
❷ 单击锁定缩览图网格	单击该按钮，可以为图像添加网格

续表

选项	作用
❸ 以缩览图形式查看内容	单击该按钮，以缩览图的形式显示图像
❹ 以详细信息形式查看内容	单击该按钮，会显示图像的详细信息，如大小、分辨率及照片的光圈、快门等
❺ 以列表形式查看内容	单击该按钮，会以列表的形式显示图像

2. 幻灯片浏览图像

执行【视图】→【幻灯片放映】命令，可通过幻灯片放映的形式自动播放图像，如图 3-48 和图 3-49 所示。如果要退出幻灯片，可按【Esc】键。

图 3-48

图 3-49

技术看板

按【Ctrl+L】组合键可以快速进入幻灯片放映模式。

3. 审阅模式浏览图像

执行【视图】→【审阅模式】命令，可以切换到审阅模式，如图 3-50 所示。在这种模式下，单击背景图像缩览图，该缩览图就会跳转成为前景图像。

图 3-50

单击前景图像的缩览图，则会弹出一个窗口显示局部图像，如果图像的显示比例小于100%，窗口内的图像会显示为100%，用户可以拖动该窗口观察图像，单击窗口右下角的▤按钮可以关闭窗口，如图 3-51 所示。

图 3-51

按【Esc】键或双击屏幕右下角的▤按钮，则退出审阅模式。

★重点 3.3.3　在 Bridge 中打开图像

在 Bridge 中双击图像后，即可在其原始应用程序中打开该图像。例如，双击一个图像文件，可以在 Photoshop 中打开它；双击一个 AI 格式的文件，则会在 Illustrator 中打开它。

3.3.4 预览动态媒体文件

在 Bridge 中可以预览大多数视频、音频和 3D 文件，在内容面板中选择要预览的文件，即可在【预览】面板中播放该文件。

3.3.5 对文件进行排序

执行【视图】→【排序】命令，在打开的子菜单中选择一个选项，可以按照该选项中定义的规则对所选文件进行排序。选择【手动】命令则可按上次拖移文件的顺序排序。

★重点 3.3.6 实战：对文件进行标记和评级

实例门类	软件功能

当文件夹中文件的数量较多时，可以用 Bridge 对重要的文件进行标记和评级。标记之后，从【视图】→【排序】菜单中选择一个选项，对文件重新排列，就可以在需要时快速找到该文件，具体操作步骤如下。

Step01 启动 Bridge，选择需要进行标记的图像。在【标签】菜单中选择一个标签选项，即可为文件添加颜色标记，如选择【待办事宜】选项，如图 3-52 所示。

图 3-52

Step02 效果如图 3-53 所示。

图 3-53

Step03 在标签菜单中选择评级，即可对文件进行评级。例如，选择五星，如图 3-54 所示。

图 3-54

Step04 效果如图 3-55 所示。

图 3-55

> ⚙️ **技能拓展——删除标签和调整评级**
>
> 执行【标签】→【无标签】命令，可以删除标签。
>
> 如果要增加或减少一个评级星级，可选择【标签】→【提升评级】或【标签】→【降低评级】。如果要删除所有星级，可执行【无评级】命令。

3.3.7 实战：查看和编辑数码照片的元数据

实例门类	软件功能

使用数码相机拍照时，相机会自动将拍摄信息（如光圈、快门、ISO、测光模式、拍摄时间等）记录到照片中，这些信息称为元数据。查看和编辑元数据的具体步骤如下。

Step01 单击 Bridge 窗口右上角的元数据选项卡，切换到该选项卡。单击一张照片，窗口左侧的【元数据】面板中就会显示它的各种原始数据信息，如图 3-56 所示。

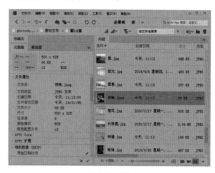

图 3-56

Step02 在元数据面板中，还可以为照片添加新的信息，如拍摄者的姓名、照片的版权等。单击【IPTC Core】选项条右侧的✎图标，在需要编辑的项目中输入信息，然后按【Enter】键确定即可，如图 3-57 所示。

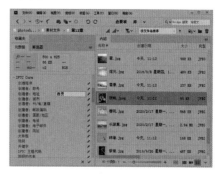

图 3-57

3.4 图像的编辑

图像用途不同，对图像大小的要求也不同，用户可以根据实际情况对图像大小和分辨率进行调整，也可以对图像进行旋转或裁剪。

★重点 3.4.1 修改图像尺寸

通常情况下，图像尺寸越大，所占磁盘空间也越大，通过设置图像尺寸可以调整文件大小。

执行【图像】→【图像大小】命令，打开【图像大小】对话框，如图 3-58 所示。

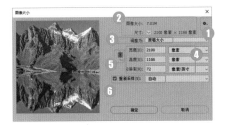

图 3-58

相关选项作用如表 3-6 所示。

表 3-6 【图像大小】对话框中各选项作用

选项	作用
❶ 缩放样式	如果文档中的图层添加了图层样式，选择该选项后，可在调整图像大小时自动缩放样式效果。只有【限制长宽比】按钮⑧处于选中状态，才能使用该选项
❷ 图像大小 / 尺寸	显示图像大小和像素尺寸。单击【尺寸】右侧的按钮，在打开的下拉菜单中，可以选择其他度量单位（百分比、点等）

续表

选项	作用
❸ 调整为	【调整为】下拉列表中列出了一些常用的图像尺寸，方便用户快速选择
❹ 宽度 / 高度 / 分辨率	输入图像的宽度、高度和分辨率值，单击右侧的▼按钮，在打开的下拉菜单中，可以选择度量单位
❺ 限制长宽比	单击【限制长宽比】按钮⑧，修改图像的宽度或高度时，可保持宽度和高度的比例不变
❻ 重新采样	勾选【重新取样】复选框后，当减少像素的数量时，就会从图像中删除一些信息；当增加像素的数量或增加像素取样时，则会添加新的像素。在右侧的下拉列表中可以选择添加或删除像素的方式，如【两次立方】【邻近】【两次线性】【保留细节（扩大）】等

下面介绍修改图像尺寸的两种方式。

打开"素材文件\第3章\山.jpg"文件，执行【图像】→【图像大小】命令，如图 3-59 所示。

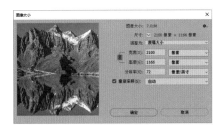

图 3-59

方法 1：勾选【重新采样】复选框后，减少宽度和高度，此时图像的像素总量变化，图像变小了，如图 3-60 所示。

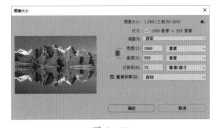

图 3-60

增加图像的宽度和高度，此时图像的像素总量变化，图像变大了，如图 3-61 所示。

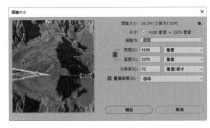

图 3-61

方法 2：取消勾选【重新采样】复选框后，设置【宽度】为 20 英寸，这时图像的像素总量没有变化，减少宽度和高度的同时，系统自动增加图像的分辨率；如图 3-62 所示。

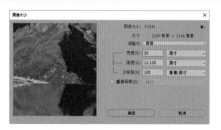

图 3-62

将【宽度】设置为 40 英寸，增加宽度和高度的同时，自动减少分辨率；图像看上去没有什么变化，如图 3-63 所示。

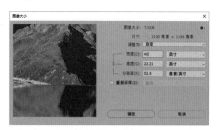

图 3-63

技术看板

修改图像大小只能在原图像上进行操作，无法生成新的数据。如果原图像很模糊，调高分辨率也于事无补。

★重点 3.4.2 **修改画布大小**

画布就像绘画时的绘画本。执行【图像】→【画布大小】命令，可以打开【画布大小】对话框，如图 3-64 所示。

图 3-64

相关选项作用如表 3-7 所示。

表 3-7 【画布大小】对话框中各选项作用

选项	作用
❶ 当前大小	显示了图像宽度和高度的实际尺寸和文档的实际大小
❷ 新建大小	可以在【宽度】和【高度】框中输入画布的尺寸。当输入的数值大于原来尺寸时画布会增大，反之画布会缩小。减小画布会裁剪图像。输入尺寸后，该选项右侧会显示修改画布后的文档大小
❸ 相对	勾选此复选框，【宽度】和【高度】的数值代表实际增加或者减少的区域的大小，而不再显示整个文档的大小，此时输入正值表示增加画布，输入负值则缩小画布
❹ 定位	单击不同的方格，可以指示当前图像在新画布上的位置
❺ 画布扩展颜色	在该下拉列表中可以选择填充新画布的颜色。如果图像的背景是透明的，则【画布扩展颜色】选项不可用，添加的画布也是透明的

★重点 3.4.3 **实战：使用旋转画布功能调整图像构图**

实例门类	软件功能

使用旋转画布功能可以调整图像构图，具体操作步骤如下。

Step❶ 打开素材文件。打开"素材文件 \ 第 3 章 \ 捧花 .jpg"文件，如图 3-65 所示。

图 3-65

Step❷ 执行旋转命令。执行【图像】→【图像旋转】→【180 度（1）】命令，如图 3-66 所示。

图 3-66

Step❸ 显示图像旋转效果。旋转 180 度后，图像效果如图 3-67 所示。

图 3-67

Step❹ 设置前景色和背景色。按【D】键恢复默认前 / 背景色，按【X】键调换前 / 背景色，确保背景色为黑色，如图 3-68 所示。

图 3-68

Step05 设置图像旋转角度。执行【图像】→【图像旋转】→【任意角度】命令，❶ 设置【角度】为 10 度，❷ 单击【确定】按钮，如图 3-69 所示。

图 3-69

Step06 显示旋转效果。旋转效果如图 3-70 所示。

图 3-70

技术看板

执行【图像】→【图像旋转】命令，在打开的子菜单中，可以选择旋转方式（如水平、垂直翻转画布等）。需要注意的是，此时的旋转对象只针对整体图像。

3.4.4 显示画布外的图像

如果将一个较大的图像拖入一个较小的图像中时，有些图像内容就会显示在画布外，此时执行【图像】→【显示全部】命令，Photoshop 会分析像素位置，自动扩大画面，显示出全部图像。

★重点 3.4.5　实战：裁剪图像

| 实例门类 | 软件功能 |

编辑图像时，可以裁掉多余的内容，使主体更加突出。裁剪图像的方法有很多种，接下来进行详细介绍。

1. 裁剪工具

选择工具箱中的【裁剪工具】，选项栏会切换到【裁剪工具】选项栏，如图 3-71 所示。

图 3-71

相关选项作用如表 3-8 所示。

表 3-8　【裁剪工具】选项栏中各选项作用

选项	作用
❶ 使用预设裁剪	单击此按钮可以打开预设的裁剪选项。包括【原始比例】【前面的图像】等预设裁剪方式
❷ 清除	单击该按钮，可以清除前面设置的【宽度】【高度】和【分辨率】值，恢复默认设置
❸ 拉直图像	单击【拉直】按钮，单击照片并拖动鼠标绘制一条直线，与地平线、建筑物墙面和其他关键元素对齐，即可自动将画面拉直
❹ 设置裁剪工具的叠加选项	在打开的列表中选择裁剪时的视图显示方式

续表

选项	作用
❺ 设置其他裁切选项	单击【设置其他裁切选项】按钮，可以打开下拉面板，在该面板中，可以设置其他选项，如【使用经典模式】和【启用裁剪屏蔽】等
❻ 删除裁剪的像素	默认情况下，Photoshop 2020 会将裁剪掉的图像保留在文件中（可使用【移动工具】拖动图像，将隐藏的图像内容显示出来）。如果要彻底删除被裁剪的图像，可勾选该复选框，再进行裁剪

Step01 打开素材。打开"素材文件\第 3 章\笔.jpg"文件，如图 3-72 所示。

图 3-72

Step02 指定裁剪框。选择【裁剪工具】，将鼠标指针移至图像中，按住鼠标左键不放，任意拖出一个裁剪框，释放鼠标后，裁剪区域外部图像会变暗，如图 3-73 所示。

图 3-73

Step03 调整裁剪区域大小。拖动裁剪框四周的变换点，调整所裁剪的区域大小，如图 3-74 所示。

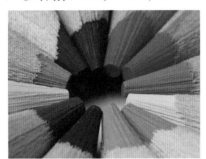

图 3-74

Step04 确认裁剪。按【Enter】键确认完成裁剪，如图 3-75 所示。

图 3-75

2. 透视裁剪工具

使用【透视裁剪工具】 ![] 可修改照片的透视效果。使用该工具，单击图像并拖动鼠标即可创建裁剪范围，拖动出现的控制点即可调整透视范围，具体操作步骤如下。

Step01 打开素材。打开"素材文件\第3章\建筑.jpg"文件，如3-76所示。

图 3-76

Step02 创建裁剪区域。选择【透视裁剪工具】 ![] ，单击图像并拖鼠标创建裁剪区域，如图 3-77 所示。

图 3-77

Step03 调整透视角度和剪裁区域大小。拖动裁剪框四角上的控制点即可调整透视角度，拖动边框线上的控制点即可调整裁剪区域大小，如图 3-78 所示。

调整透视角度

调整裁剪区域大小

图 3-78

Step04 确定裁剪。调整完成后，按【Enter】或单击选项栏中的【提交当前裁剪操作】按钮 ![] ，即可确定裁剪，如图 3-79 所示。

图 3-79

3. 裁切命令

【裁切】命令可裁切掉指定目标区域，如透明像素、左上角像素颜色等，执行【图像】→【裁切】命令，可以打开【裁切】对话框，如图 3-80 所示。

图 3-80

相关选项作用如表 3-9 所示。

表 3-9 【裁切】对话框中各选项作用

选项	作用
❶ 透明像素	可删除图像边缘的透明区域，留下包含非透明像素的最小图像
❷ 左上角像素颜色	从图像中删除左上角像素颜色的区域
❸ 右下角像素颜色	从图像中删除右下角像素颜色的区域
❹ 裁切	用来设置要修正的图像区域

使用【裁切】命令裁切透明像素，如图 3-81 所示。

图 3-81

效果对比如图 3-82 所示。

图 3-82

4. 裁剪命令

使用【裁剪】命令可以快速裁掉选区外的图像,具体操作方法如下。

创建选区后,执行【图像】→【裁剪】命令,如图 3-83 所示。

图 3-83

选区外的图像已经被裁剪掉,如图 3-84 所示。

图 3-84

3.4.6 拷贝、剪切与粘贴

【拷贝】【剪切】与【粘贴】是应用程序中最常用的命令,它们用来完成复制与粘贴任务。与其他程序不同的是,Photoshop 的相关功能更加人性化。

1. 拷贝图像

执行【编辑】→【拷贝】命令,或按【Ctrl+C】组合键,可以将图像拷贝到剪贴板中。

2. 合并拷贝

如果文件中包含多个图层,创建选区后,执行【编辑】→【合并拷贝】命令,可以将多个图层中的可见内容拷贝到剪贴板中,如图 3-85 所示。

图 3-85

拷贝后的图像效果如图 3-86 所示。

图 3-86

3. 剪切

执行【编辑】→【剪切】命令,可以将图像放入剪贴板中,并将图像从原始位置剪切掉,原位置不再有该图像。

4. 粘贴

执行【编辑】→【粘贴】命令,或按下【Ctrl+V】组合键,可以将剪贴板中的图像粘贴到目标区域。

5. 选择性粘贴

复制或剪切图像以后,执行【编辑】→【选择性粘贴】命令,打开的下拉菜单中包括以下几个命令。

原位粘贴:执行该命令或按【Shift+Ctrl+V】组合键可以将图像按照其原位粘贴到文档中,如图 3-87 所示。

图 3-87

贴入：如果在文档中创建了选区，如图 3-88 所示。

图 3-88

执行该命令，或按【Alt+Shift+Ctrl+V】组合键可将图像粘贴到选区内，并自动添加蒙版，且会将选区之外的图像隐藏，如图 3-89 所示。

图 3-89

图层面板如图 3-90 所示。

图 3-90

外部粘贴：如果创建了选区，如图 3-91 所示。

图 3-91

执行该命令，可粘贴图像，并自动创建蒙版，将选区内的图像隐藏，如图 3-92 所示。

图 3-92

技术看板

执行【图像】→【图像旋转】命令，在打开的子菜单中，可以选择旋转方式（如水平、垂直翻转画布等）。需要注意的是，此时的旋转对象只针对整体图像。

图层面板如图 3-93 所示。

图 3-93

6. 清除图像

在图像中创建选区后，执行【编辑】→【清除】命令，可以清除选区内的图像。如果清除的是【背景】图层上的图像，被清除的区域会自动填充背景色；如果清除的是其他图层上的图像，则会删除选区中的图像。

7. 复制文件

执行【图像】→【复制】命令，可以打开【复制图像】对话框，在【为】文本框内可以输入文件名称。如果图像包含多个图层，勾选【仅复制合并的图层】复选框后，复制后的文件将自动合并图层，如图 3-94 所示。

图 3-94

右击文档标题栏，在弹出的快捷菜单中，可以选择【复制】命令复制文件，如图 3-95 所示。

图 3-95

技术看板

在标题栏快捷菜单中，还可以选择【图像大小】【画布大小】【文件简介】和【打印】等命令。

3.5　图像的变换

移动、旋转、缩放、扭曲是图像变换的基本方法。其中，移动、旋转和缩放为变换操作；扭曲、斜切、透视、变形、操控变换为变形操作。

3.5.1　移动图像

【移动工具】✛是最常用的工具之一，无论是在文档中移动图层、选区内的图像，还是将其他文档中的图像拖入当前文档，都需要使用该工具。选择工具箱中的【移动工具】✛，其选项栏如图3-96所示。

3-96

相关选项作用如表3-10所示。

表3-10　【移动工具】选项栏中各选项的作用

选项	作用
❶自动选择	如果文档中包含多个图层或组，可勾选此复选框并在下拉列表中选择要移动的内容。选择【图层】，使用【移动工具】单击画面时，可以自动选择工具下包含像素的最顶层的图层；选择【组】后，单击画面时，可以自动选择工具下包含像素的最顶层的图层所在的图层组
❷显示变换控件	勾选此复选框以后，选择一个图层时，就会在图层内容的周围显示定界框，可以拖动控制点来对图像进行变化操作。当文档中图层较多并且要经常进行变换操作时，此选项非常实用

续表

选项	作用
❸对齐图层	选择两个或两个以上的图层，可单击相应的按钮将所选图层对齐。这些按钮包括项对齐、垂直居中对齐、底对齐、左对齐、水平居中对齐和右对齐
❹分布图层	如果选择了3个或3个以上的图层，可单击相应的按钮使所选图层按照一定的规则均匀分布。包括项分布、垂直居中分布、按底分布、按左分布、水平居中分布和按右分布
❺3D模式	3D相机的移动、旋转等内容

在【图层】面板中单击要移动的对象所在的图层，如图3-97所示。

图3-97

使用【移动工具】✛在画面中单击并拖动鼠标即可移动图层中的图像内容，如图3-98所示。

图3-98

3.5.2　定界框、参考点和控制点

执行【编辑】→【变换】命令，弹出的下拉菜单中包含了各种变换命令，它们可以对图层、路径、矢量形状及选中的图像进行变换操作。

执行变换命令时，图像周围会出现一个定界框，定界框中央有一个参考点，周围有控制点，如图3-99所示。

图3-99

默认参考点位于对象的中心，它用于定义对象的变换中心，拖动参考点可以移动参考点的位置，如图3-100所示。拖动控制点可以对图像进行变换。

图 3-100

技能拓展——显示中心点

Photoshop 2020 执行变换命令后，默认情况下不会显示参考点。打开【首选项】对话框，切换到【工具】选项卡，勾选【在使用"变换"时显示参考点】复选框，就可以将参考点显示出来。

3.5.3 实战：旋转和缩放

实例门类	软件功能

执行【旋转】命令可以旋转对象方向，执行【缩放】命令可以对选择的图像进行放大和缩小操作，具体操作步骤如下。

Step01 打开素材。打开"素材文件\第3章\旋转和缩放.psd"文件，如图3-101所示。

图 3-101

Step02 缩放图像。执行【编辑】→【变换】→【缩放】命令，进入缩放状态，将鼠标指针移动至变换点上，当鼠标指针变成双箭头时，按

住鼠标左键拖动进行缩放。向外拖动表示放大图像，向内拖动表示缩小图像，如图 3-102 所示。

图 3-102

Step03 旋转对象。执行【编辑】→【变换】→【旋转】命令，显示定界框，将鼠标指针移动至定界框外，当鼠标指针变成↻形状时，单击并拖动鼠标可以旋转对象，如图3-103所示。

图 3-103

Step04 显示调整效果。完成操作后，在选项栏中，单击【提交变换】按钮✔，或按【Enter】键确认操作，如图3-104所示。

图 3-104

★重点 3.5.4 斜切、扭曲和透视变换

执行【编辑】→【变换】→【斜切】命令，显示定界框，将鼠标指针放在定界框外侧，鼠标指针会变成▸↕或▸↔形状，单击并拖动鼠标可沿垂直或水平方向斜切对象，原图如图3-105所示。

3-105

斜切变换后如图 3-106 所示。

图 3-106

执行【编辑】→【变换】→【扭曲】命令，显示定界框，将鼠标指针放在定界框周围的控制点上，鼠标指针会变成▸形状，单击并拖动鼠标可以扭曲对象，原图如图3-107所示。

图 3-107

扭曲变换后如图 3-108 所示

图 3-108

执行【编辑】→【变换】→【透视】命令，显示定界框，将鼠标指针放在定界框周围的控制点上，鼠标指针会变成 ▶ 形状，单击并拖动鼠标可进行透视变换操作，原图如图 3-109 所示。

图 3-109

透视变换后如图 3-110 所示。

图 3-110

★新功能 3.5.5 实战：通过变形命令为玻璃球贴图

实例门类	软件功能

Photoshop 2020 增强了【变形】功能，可以随意添加控制点，以便更好地控制创意变形。使用【变形】命令，可以拖动变形框内的任意点，对图像进行更加灵活的变形操作，具体操作步骤如下。

Step01 打开素材。打开"素材文件\第 3 章\变形 .psd"，如图 3-111 所示。

图 3-111

Step02 执行变形命令。执行【编辑】→【变换】→【变形】命令，会显示出变形网格，如图 3-112 所示。

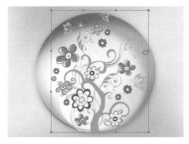

图 3-112

Step03 添加控制点。按住【Alt】键单击添加控制点，如图 3-113 所示。

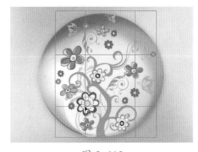

图 3-113

Step04 进行变形操作。将鼠标指针放在网格内，鼠标指针变成 ▶ 形状后，单击并拖动鼠标可进行变形变换操作，如图 3-114 所示。

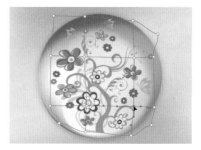

图 3-114

Step05 确定变形。按【Enter】键确认变换，如图 3-115 所示

图 3-115

Step06 更改图层模式。在【图层】面板左上方，将【图层 1】的【混合模式】更改为线性光，如图 3-116 所示。

图 3-116

Step07 显示效果。效果如 3-117 所示。

图 3-117

技能拓展——变形样式

进入变形状态时，在选项栏中，可以设置系统预设的变形样式，包括【扇形】【上（下）弧】等，用户还可以输入具体的弯曲数值。

★重点 3.5.6 自由变换

按【Ctrl+T】组合键即可进入自由变换状态，默认自由变换方式为【缩放】，右击变换框，在弹出的菜单中，可以选择变换方式，也可以配合功能键进行变换，具体操作方法如下。

➡ 缩放：将鼠标指针指向变换框的角控制节点上拖动鼠标，可以等比例缩放。按住【Alt】键，可以以变换中心为基点进行等比例缩放；按住【Shift】键拖动，可以进行非等比例缩放。

➡ 旋转：将鼠标指针放置在变换框外，鼠标指针变为旋转符号时拖动，可以旋转图像。

➡ 扭曲：按住【Ctrl】键，拖动定界框四个顶点的控制点，可以扭曲变换图像。

➡ 斜切：按住【Ctrl+Shift】组合键，拖动定界框边线上的控制点，可以斜切图像；按住【Ctrl+Alt】组合键，拖动定界框边线上的控制点，可以以中心点为基点斜切图像。

➡ 透视：按住【Ctrl + Shift + Alt】组合键，拖动变换节点，可以使图像形成透视效果。

3.5.7 精确变换

进入变换状态时，在选项栏中，可以输入数值进行精确变换，如图

3-118 所示。

图 3-118

相关选项作用如表 3-11 所示。

表 3-11 选项栏中各选项作用

选项	作用
❶ 参考点位置	方块对应变换框上的控制点，单击相应控制点，可以改变图像的变换中心点
❷ 水平和垂直设置	设置参考点的水平和垂直位置
❸ 水平和垂直缩放	设置图像的水平和垂直缩放
❹ 旋转角度	设置图像的旋转角度
❺ 斜切角度	设置图像的斜切角度

3.5.8 实战：再次变换图像制作旋转花朵

实例门类	软件功能

变换对象后，可以以一定的规律多次变换图像，得到特殊效果，具体操作步骤如下。

Step01 打开素材。打开"素材文件\第 3 章\再次 .psd"文件，如图 3-119 所示。

图 3-119

Step02 复制图层。按【Ctrl+J】组合

键复制图层，如图 3-120 所示。

图 3-120

Step03 指定变换中心位置。按【Ctrl+T】组合键，进入自由变换状态，拖动更改变换中心点的位置，如图 3-121 所示。

图 3-121

Step04 旋转图像。拖动旋转图像，如图 3-122 所示。

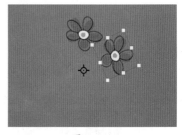

图 3-122

Step05 缩小图像。拖动变换点缩小图像，如图 3-123 所示。

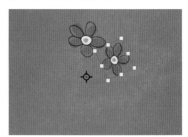

图 3-123

Step⑥ 确认变形。按【Enter】键确认变换，如图 3-124 所示。

图 3-124

Step⑦ 复制并变换图像。多次按【Alt+ Shift+Ctrl+T】组合键，复制并以相同的变换方式变换图像，如图 3-125 所示。

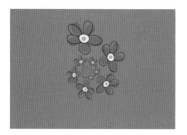

图 3-125

Step⑧ 编组图层。选择所有的花朵图层，按【Ctrl+G】组合键编组图层，如图 3-126 所示。

图 3-126

Step⑨ 复制图层组。选择【组 1】图层，按【Ctrl+J】组合键复制图层组，如图 3-127 所示。

图 3-127

Step⑩ 设置参考点。按【Ctrl+T】组合键执行【自由变换】命令，移动参考点，如图 3-128 所示。

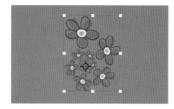

图 3-128

Step⑪ 翻转图像。单击鼠标右键，在弹出的快捷菜单中执行【垂直翻转】命令，垂直翻转图像，如图 3-129 所示。

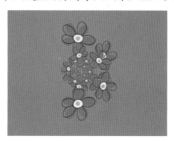

图 3-129

Step⑫ 复制图层组。选择【组 1】和【组 1 拷贝】图层组，按【Ctrl+J】组合键复制图层组，得到【组 1】拷贝图层组如图 3-130 所示。

图 3-130

Step⑬ 设置参考点。按【Ctrl+T】组合键执行【自由变换】命令，设置参考点，如图 3-131 所示。

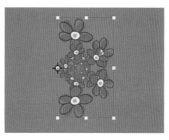

图 3-131

Step⑭ 翻转图像。单击鼠标右键，在弹出的快捷菜单中执行【水平翻转】命令，翻转图像，效果如图 3-132 所示。

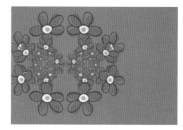

图 3-132

Step⑮ 移动图像。选择所有的图层组，使用【移动工具】移动图像的位置，如图 3-133 所示。

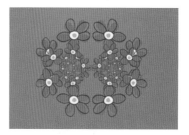

图 3-133

3.5.9 实战：使用操控变形调整动物肢体动作

实例门类	软件功能

　　使用操控变形功能可以在图像关键点上放置图钉，然后通过拖动图钉来变形图像，具体操作步骤如下。

Step① 打开素材。打开"素材文件＼第 3 章＼操控变形 .psd"，如图 3-134 所示。

图 3-134

Step 02 执行操控变形命令。选择【图层 1】，执行【编辑】→【操控变形】命令，在图像上显示变形网格，如图 3-135 所示。

图 3-135

Step 03 添加图钉。在选项栏中，取消勾选【显示网格】复选框，单击关键位置，添加图钉，如图 3-136 所示。

图 3-136

Step 04 改变动作姿态。拖动各位置的图钉，可以改变其动作姿态，如图 3-137 所示。

图 3-137

Step 05 拖动其他图钉。继续拖动其他图钉，如图 3-138 所示。

图 3-138

Step 06 调整动作。调整动物的肢体动作，如图 3-139 所示。

图 3-139

技能拓展——删除图钉

单击一个图钉以后，按【Delete】键可将其删除。此外，按住【Alt】键单击图钉也可以将其删除。如果要删除所有图钉，可右击变形网格，在打开的快捷菜单中执行【移去所有图钉】命令。

进入操控变形状态后，可以在选项栏进行参数设置，如图 3-140 所示。

图 3-140

相关选项作用如表 3-12 所示。

表 3-12　选项栏中各选项的作用

选项	作用
❶ 模式	设定网格的弹性。选择【刚性】，变形效果精确，但缺少柔和的过渡；选择【正常】，变形效果准确，过渡柔和；选择【扭曲】，可创建透视扭曲效果
❷ 密度	设置网格点间距。有【较少点】【正常】和【较多点】3 个选项
❸ 扩展	设置变形效果的衰减范围。数值越大，变形网格范围会向外扩展，变形后的对象边缘会更加平滑；数值越小，边缘越生硬
❹ 显示网格	显示变形网格
❺ 图钉深度	选择图钉后，可以调整图钉的堆叠顺序
❻ 旋转	选择【自动】选项，在拖动图钉时，会自动对图像进行旋转处理；选择【固定】选项，可以设置准确旋转角度

3.5.10　实战：使用内容识别比例缩放图像

实例门类	软件功能

内容识别缩放是一项实用的缩放功能。普通的缩放在调整图像时会统一影响所有的像素，而内容识别缩放则主要影响没有重要可视内容的区域中的像素，具体操作步骤如下。

Step 01 打开素材。打开"素材文件\第 3 章 \ 内容识别比例 .psd"文件，如图 3-141 所示。

图 3-141

Step02 转换图层。按住【Alt】键双击【背景】图层，将其转换为普通图层，如图 3-142 所示。

图 3-142

Step03 缩放图像。执行【编辑】→【内容识别比例】命令，显示定界框，拖动控制点缩放图像，重要的人物主体没有发生变化，如图 3-143 所示。

图 3-143

Step04 显示效果。按【Esc】键恢复变换，按【Ctrl+T】组合键，执行自由缩放图像，主体人物发生变化，如图 3-144 所示。

图 3-144

3.6　还原与重做

在编辑图像的过程中，会出现很多操作失误或对创建的效果不满意的情况，这时可以撤销操作或者将图像恢复为最近保存过的状态。

3.6.1　还原与重做

执行【编辑】→【还原】命令，或按【Ctrl+Z】组合键可以撤销对图形所做的最后一次修改，将其还原到上一步编辑状态。连续按【Ctrl+Z】组合键可以持续撤销操作。如果想要取消还原操作，可以执行【编辑】→【重做】命令，或按【Shift+Ctrl+Z】组合键。连续按【Shift+Ctrl+Z】组合键可以逐步恢复被撤销的操作。

3.6.2　切换最终状态

执行【编辑】→【切换最终状态】命令，可以切换到最终的图像状态。通常该命令需要配合【历史记录】面板一起使用。在【历史记录】面板选择要退回的步骤，如图 3-145 所示。

图 3-145

执行【编辑】→【切换最终状态】命令或按【Ctrl+Alt+Z】组合键可以切换到最终的图像状态，如图 3-146 所示。

图 3-146

如果连续按【Ctrl+Alt+Z】组合键可以来回切换图像状态。

3.6.3　恢复文件

执行【文件】→【恢复】命令，可以直接将文件恢复到最后一次保存时的状态。

★重点 3.6.4　历史记录面板

执行【窗口】→【历史记录】命令，可打开【历史记录】面板，如图 3-147 所示。

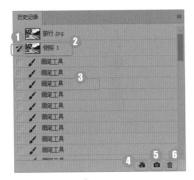

图 3-147

相关选项作用如表 3-13 所示。

表 3-13 【历史记录】面板中
各选项作用

选项	作用
❶ 设置历史记录画笔的源	使用历史记录画笔时，该图标所在的位置将作为历史画笔的源图像
❷ 快照缩览图	被记录为快照的图像状态
❸ 当前状态	将图像恢复到该命令的编辑状态
❹ 从当前状态创建新文档	基于当前操作步骤中图像的状态创建一个新的文件
❺ 创建新快照	基于当前的状态创建快照
❻ 删除当前状态	选择一个操作步骤后，单击该按钮可将该步骤及后面的操作删除

3.6.5　实战：用历史记录面板和快照还原图像

实例门类	软件功能

对图像进行的每一步操作都会记录在【历史记录】面板中，要想回到某一个步骤，单击这一步骤即可。快照可以用来保存重要的步骤，以后不管有多少步骤，都不会影响快照中保存的步骤，具体操作步骤如下。

Step01 打开素材。打开"素材文件\第 3 章\旅行 .jpg"文件，如图 3-148 所示。

图 3-148

Step02 显示效果。【历史记录】面板如图 3-149 所示。

图 3-149

Step03 复制图层。按【Ctrl+J】组合键复制图层，如图 3-150 所示。

图 3-150

Step04 执行径向模糊命令。执行【滤镜】→【模糊】→【径向模糊】命令，打开【径向模糊】对话框，❶ 设置【数量】为30，【模糊方法】为缩放，❷ 在【中心模糊】栏中，将中心点拖到下方，单击【确定】按钮，如图 3-151 所示。

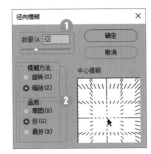

图 3-151

Step05 显示效果。效果如图 3-152 所示。

图 3-152

Step06 创建快照。在【历史记录】面板中，单击【创建新快照】按钮，新建【快照1】，如图 3-153 所示。

图 3-153

Step07 添加图层蒙版。单击【图层】面板底部的按钮，添加图层蒙版，如图 3-154 所示。

图 3-154

Step08 修改蒙版。选择【图层1】蒙版缩览图，选择【画笔工具】 ✐，设置【前景色】为黑色，在汽车区域涂抹，将汽车显示出来，如图3-155所示。

图 3-155

Step09 查看历史记录面板。操作步骤都记录在【历史记录】面板中，如图3-156所示。

图 3-156

Step10 选择快照。在【历史记录】面板中，选择【快照1】，如图3-157所示。

图 3-157

Step11 恢复图像状态。图像恢复到【快照1】保存时的状态，如图3-158所示。

图 3-158

Step12 选择操作步骤。在【历史记录】面板中，选择【旅行.jpg】，如图3-159所示。

图 3-159

Step13 显示效果。图像恢复到刚刚打开时的状态，如图3-160所示。

图 3-160

⚙ **技能拓展——删除快照**

在【历史记录】面板中，将一个快照拖动到删除当前状态按钮 🗑 上，即可删除多余的快照。

3.6.6　非线性历史记录

在【历史记录】面板中，选择某一步操作步骤来还原图像时，该步骤以下的操作全部变暗，如图3-161所示。

图 3-161

如果此时进行其他操作，则该步骤后面的记录全都会被新的操作替代，如图3-162所示。

图 3-162

非线性历史记录允许在更改图像状态时保留后面的操作，如图3-163所示。

图 3-163

单击【历史记录】面板中的【扩展按钮】按钮 ▤，在弹出的菜单中选择【历史记录选项】选项，打开【历史记录选项】对话框，勾选【允许非线性历史记录】复选框，单击【确定】按钮，即可将历史记录设置为非线性状态，如图3-164所示。

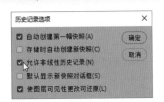

图 3-164

相关选项作用如表 3-14 所示。

表 3-14 【历史记录选项】对话框中各选项的作用

续表

选项	作用
自动创建第一幅快照	打开图像文件时，图像的初始状态自动创建为快照
存储时自动创建新快照	在编辑过程中，每保存一次文件，会自动创建一个快照
默认显示新快照对话框	强制 Photoshop 提示操作者输入快照名称
使图层可见性更改可还原	保存对图层可见性的更改

> **技能拓展——设置历史记录面板保存步骤**
>
> 默认情况下，Photoshop 2020 的【历史记录】面板只能保存最近操作的 50 个步骤。打开【首选项】对话框，切换到【性能】选项卡，设置【历史记录状态】参数可以更改历史记录面板保存的最近操作步骤数，最多可以保存 1000 个步骤。

3.7 文件的基本操作

执行【编辑】→【清理】菜单中的命令，可以释放被【还原】命令、【历史记录】面板或剪贴板占用的内存，加快系统的处理速度。清理之后，项目的名称就会显示为灰色。

3.7.1 暂存盘

扩展内存是一种虚拟内存技术，也称为暂存盘。暂存盘与内存的总容量至少为处理文件的 5 倍，Photoshop 才能流畅运行。

在工作界面的状态栏中，单击▶图标，选择【暂存盘大小】选项，将显示出 Photoshop 可用内存的大概值，以及当前所有打开的文件与剪贴板、快照等占用的内存的大小，如果左侧数值大于右侧数值，表示 Photoshop 正在使用虚拟内存，如图 3-165 所示。

图 3-165

选择【效率】选项后，观察效率值，如果效率值接近 100%，表示仅使用少量暂存盘，低于 75%，则需要释放内存，或者添加新的内存来提高性能，如图 3-166 所示。

图 3-166

3.7.2 减少内存占用量

【拷贝】和【粘贴】图像时，会占用剪贴板和内存空间。如果内存有限，可将需要复制的对象所在图层拖动至【图层】面板底部的【创建新图层】按钮回上，复制出一个包含该对象的新图层，或者使用【移动工具】将另外一个图像中需要的对象直接拖入正在编辑的文档中。

妙招技法

通过对前面知识的学习，相信读者朋友已经了解并掌握了图像处理的基础知识。下面结合本章内容，给大家介绍一些实用技巧。

技巧01：精确裁剪照片为5寸照片

通过精确裁剪的方法，将照片精确裁剪为5寸，下面讲解具体操作步骤。

Step01 打开素材。打开素材文件\第3章\照片.jpg，单击左侧工具箱【裁剪工具】按钮，如图3-167所示。

图 3-167

Step02 按指定尺寸裁剪照片。在上方的属性栏单击【比例】下拉按钮，选择原始比例区域中的【5:7】选项，将照片裁剪为5寸照片，如图3-168所示。

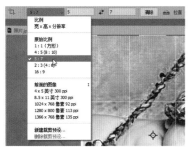

图 3-168

Step03 创建裁剪框。指定裁剪尺寸后，在照片中按住鼠标左键进行拖动，创建裁剪框，如图3-169所示。

图 3-169

Step04 互换裁剪框高度与宽度。上面的裁剪框不能完全选择人物主体，而且竖向的裁剪框不适合当前照片，所以在属性栏单击【高度和宽度互换】按钮，即可将裁剪框调整为横向预览框，更适合当前照片重新构图，如图3-170所示。

图 3-170

Step05 调整裁剪框大小。将鼠标左键在裁剪预览框的4根连线框和4个角上按住不放进行拖动，即可对裁剪预览框的大小进行调整，如图3-171所示。

图 3-171

Step06 拖动裁剪框内的图像移动位置。裁剪框大小调整完成后，可以按住鼠标左键在裁剪框内的照片上拖动，即可在裁剪框不变的情况下，调整照片需要保留的图像内容，如图3-172所示。

图 3-172

Step07 确定裁剪。将裁剪框和照片位置都调整完美后，按【Enter】键确定裁剪，即可将照片按自己的需要进行二次构图，如图3-173所示。

图 3-173

技巧02：清除文件列表

要避免【开始】界面显示过多使用过的文件，可以清除文件列表。清空最近打开文件后，开始界面的【最近使用项】也被【拖放图像】替代。下面讲解具体操作步骤。

Step01 打开软件。打开【开始】界面，如图3-174所示。

图 3-174

Step02 清除文件。执行【文件】→【最近打开文件】→【清除最近的文件列表】命令，如图3-175所示。

图 3-175

Step03 显示清除效果。单击【文件】菜单，下拉菜单中不显示【最近打开文件】命令，如图 3-176 所示。

Step04 打开软件。【开始】界面如图 3-177 所示。

图 3-176

图 3-177

过关练习——制作化妆品海报

结合前面图像处理的基础知识，安排如下练习，巩固本章知识。

Step01 新建文档。打开软件后，在【开始】界面单击【新建】按钮，打开【新建文档】对话框，设置【宽度】为 1980 像素、【高度】为 900 像素、【分辨率】为 72 像素，如图 3-178 所示。

图 3-178

Step02 打开素材文件。打开"素材文件\第 3 章\背景 .tiff"文件，如图 3-179 所示。

图 3-179

Step03 复制图层。按【Ctrl+A】组合键全选图像，按【Ctrl+C】组合键复制图像，如图 3-180 所示。

图 3-180

Step04 粘贴图像。切换到正在制作的文档中，按【Ctrl+V】组合键粘贴图像，如图 3-181 所示。

图 3-181

Step05 置入素材文件。拖动"素材文件\第 3 章\叶子 .tif"文件到当前文档中，置入素材文件，如图 3-182 所示。

Step06 置入产品素材。拖动"素材文件\第 3 章\产品 .tif"文件到当前文档中，置入产品素材，如图 3-183 所示。

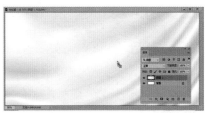

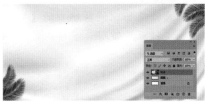

图 3-182

图 3-183

Step07 移动产品图像。使用【移动工具】将产品图像移动到左侧，如图 3-184 所示。

图 3-184

Step⑧ 置入文字素材。将"素材文件\第3章\文字.tif"文件拖动到当前文档中，并将其放在右侧，如图3-185所示。

图 3-185

Step⑨ 置入装饰素材。将"素材文件\第3章\小元素.tif"文件拖动到当前文档中，如图3-186所示。

图 3-186

Step⑩ 调整图层顺序。将【小元素】图层拖动到【产品】图层下方，如图3-187所示。

图 3-187

Step⑪ 显示效果。通过前面的操作，完成化妆品海报的制作，如图3-188所示。

图 3-188

Step⑫ 保存图像。按【Ctrl+S】组合键保存图像，弹出选择保存位置对话框，单击【保存在您的计算机上】按钮，如图3-189所示。打开【另存为】对话框，设置保存位置、文件名和文件格式，单击【保存】按钮，保存文件即可，如图3-190所示。

图 3-189

图 3-190

本章小结

　　通过对本章知识的学习，大家学会并掌握了 Photoshop 2020 的图像相关概念、图像文件格式、文件的基本操作、Adobe Bridge、图像的编辑、图像的变换与变形、还原与重做和历史记录等相关知识。重点内容包括文件的基本操作、图像的编辑、图像的变换与变形、还原与重做等内容。矢量图与位图、图像分辨率、图像文件格式等知识，对正确处理图像非常重要，是本章学习的难点。

第4章 创建与编辑图像选区

- ➥ 选区工具太多，如何正确选择？
- ➥ 怎么选出图像中的某一种颜色？
- ➥ 选区被隐藏了怎么办？
- ➥ 如何对选区进行编辑与修改？
- ➥ 如何创建复杂选区？

选区是 Photoshop 成像基础，有限定图像范围的作用。学完本章知识，你将会得到上述问题的答案。

4.1 选区概述

选区可以圈定作用范围，它在 Photoshop 中相当于图像的皮肤。Photoshop 选区的选择方法有很多，它们都有各自的特点，适合不同类型的对象。

4.1.1 选区的含义

在 Photoshop 中处理局部图像时，首先要指定操作的有效区域，即创建选区。打开一张素材，如图 4-1 所示。

图 4-1

如果创建了选区，再进行颜色调整，效果如图 4-2 所示。

如果没有创建选区，则会修改整张照片的颜色，如图 4-3 所示。

图 4-2

图 4-3

4.1.2 常用创建选区的方法

Photoshop 中有多种创建选区

的工具和命令，不同的工具和命令有不同的特点，大致可以分为以下几类。

1. 使用选框工具创建选区

使用选框工具可以创建矩形或圆形选区。当不需要精确选择对象时，可以使用选框工具创建矩形或圆形选区，如图 4-2 所示。

2. 使用套索工具创建选区

套索工具可以通过在图像中跟踪元素来创建选区，可以比较精确地选择对象。

3. 通过色调差异创建选区

Photoshop 中的【快速选择工具】、【魔棒工具】、【色彩范围】命令和【磁性套索工具】都可以基于色调之间的差异建立选区。当需要选择的对象与背景色调差异明显时，可以使用以上工具创建选区。

4. 使用钢笔工具创建选区

　　使用钢笔工具可以绘制任意的形状。钢笔工具可以描摹对象轮廓，建立精确的选区。

5. 利用通道创建选区

　　通道可以记录颜色和选区。利用通道可以选择毛发等细节丰富的对象及玻璃、烟雾、婚纱等透明的对象，以及被风吹动的旗帜、高速行驶的汽车等边缘模糊的对象。

4.2　使用选框工具创建选区

　　Photoshop 中的选框工具包括了【矩形选框工具】 ▣ 、【椭圆选框工具】 ◯ 、【单行选框工具】 ▭ 和【单列选框工具】 ▯ 。使用选框工具可以创建规则选区，下面详细介绍使用选框工具创建选区的方法。

★重点 4.2.1　矩形选框工具

　　【矩形选框工具】 ▣ 是选区工具中最常用的工具之一，可用于创建长方形和正方形选区。选择【矩形选框工具】 ▣ 后，其选项栏中常见的选项如图 4-4 所示。

图 4-4

　　相关选项作用如表 4-1 所示。

表 4-1　【矩形选框工具】选项栏中各选项作用

选项	作用
❶ 选区运算	【新选区】 ▣ 按钮的主要功能是建立一个新选区。【添加选区】按钮 ▣ 、【从选区减去】 ▣ 按钮和【与选区交】按钮 ▣ 是选区和选区之间进行布尔运算的方法
❷ 羽化	用于设置选区的羽化范围。
❸ 消除锯齿	用于通过软化边缘像素与背景像素之间的颜色转换，使选区的锯齿状边缘平滑
❹ 样式	用于设置选区的创建方法，包括【正常】【固定比例】和【固定大小】选项
❺ 宽度/高度	设置选区的宽度和高度

续表

选项	作用
❻ 选择并遮住	单击该按钮，可以打开【调整边缘】对话框，对选区进行平滑、羽化等处理

　　选择【矩形选框工具】 ▣ 后，单击图像并向右下角拖动鼠标创建矩形选区，如图 4-5 所示。

图 4-5

　　释放鼠标后，即可创建一个矩形选区，如图 4-6 所示。

图 4-6

★重点 4.2.2　椭圆选框工具

　　【椭圆选框工具】 ◯ 可以在图像中创建椭圆形或正圆形的选区，该工具与【矩形选框工具】 ▣ 的选项栏基本相同，只是该工具可以使用【消除锯齿】功能。

　　选择工具箱中的【椭圆选框工具】 ◯ ，单击图像中并向右下角拖动鼠标创建椭圆选区，如图 4-7 所示。

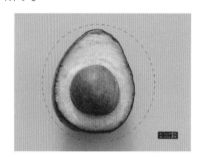

图 4-7

　　释放鼠标后，即可创建一个椭圆选区，如图 4-8 所示。

图 4-8

去除选区内的图像颜色，如图 4-11 所示。

图 4-11

Step07 执行去色命令。再次按【Ctrl+Shift+U】组合键执行去色命令，去除选区内的图像颜色，如图 4-15 所示。

图 4-15

Step04 取消选区。按【Ctrl+D】组合键，取消选区，如图 4-12 所示。

4.2.3 实战：制作艺术花瓣效果

实例门类	软件功能

前面学习了【矩形选框工具】 [■] 和【椭圆选框工具】 [○] 的基本知识，下面使用这两种选区工具制作艺术花瓣效果，具体操作步骤如下。

Step01 打开素材。打开"素材文件\第4章\花瓣.jpg"文件，如图 4-9 所示。

图 4-9

Step02 创建选区。选择【矩形选框工具】 [■]，在图像中间拖动鼠标创建选区，如图 4-10 所示。

图 4-10

Step03 执行去色命令。按【Ctrl+Shift+U】组合键，执行去色命令，

图 4-12

Step05 创建选区。使用【椭圆选框工具】 [○] 创建选区，如图 4-13 所示。

图 4-13

Step06 反选选区。按【Shift+Ctrl+I】组合键，反选选区，如图 4-14 所示。

图 4-14

Step08 取消选区。按【Ctrl+D】组合键，取消选区，如图 4-16 所示。

图 4-16

4.2.4 实战：使用单行和单列选框工具绘制网格像素字

实例门类	软件功能

使用【单行选框工具】 [▪▪▪] 或【单列选框工具】 [▪] 可以非常准确地选择图像的一行像素或一列像素，移动鼠标指针至图形窗口，单击需要创建选区的位置，即可创建选区，具体操作步骤如下。

Step01 新建文件。执行【文件】→【新建】命令，打开【新建文档】对话框，❶设置【宽度】为1251像素、【高度】为958像素、【分辨率】为72像素/英寸，❷单击【创建】按钮，如图 4-17 所示。

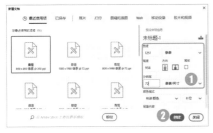

图 4-17

Step02 设置网格线。执行【编辑】→【首选项】→【参考线、网格和切片】命令，设置【网格线间隔】为26毫米，如图4-18所示。

图 4-18

Step03 显示网格线效果。执行【视图】→【显示】→【网格】命令，显示网格线效果如图4-19所示。

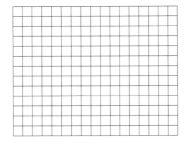

图 4-19

Step04 创建单行选区。选择【单行选框工具】█，单击网格线最上方，创建单行选区，如图4-20所示。

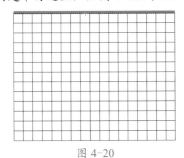

图 4-20

Step05 增加选区。按住【Shift】键，依次单击横网格，增加选区，如图4-21所示。

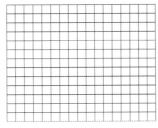

图 4-21

Step06 创建单列选区。选择【单列选框工具】█，按住【Shift】键依次单击列网格，创建所有单列选区，如图4-22所示。

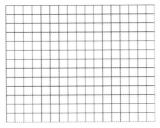

图 4-22

Step07 单击设置前景色图标。在【工具箱】中，单击【设置前景色】图标，如图4-23所示。

图 4-23

Step08 设置前景色颜色。在打开的【拾色器（前景色）】对话框中，❶设置前景色为浅灰色【#9fa0a0】，❷单击【确定】按钮，如图4-24所示。

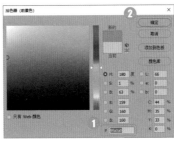

图 4-24

Step09 设置描边内容。执行【编辑】→【描边】命令，❶设置【宽度】为8像素，【位置】为居中，❷单击【确定】按钮，如图4-25所示。

图 4-25

Step10 显示网格底纹效果。按【Ctrl+'】组合键取消网格显示，得到网格底纹效果，如图4-26所示。

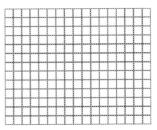

图 4-26

Step11 在指定区域填充前景色。设置【前景色】为红色【#e60012】，选择【油漆桶工具】█，在一个网格中填充红色，如图4-27所示。

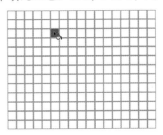

图 4-27

Step12 在网格中填充颜色。继续单击其他网格，填充颜色，如图4-28所示。

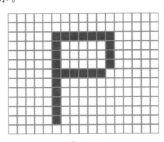

图 4-28

4.3 使用套索工具创建选区

Photoshop 中的套索工具包括【套索工具】 ⟠、【多边形套索工具】 ⟩ 和【磁性套索工具】 ⟩，可以创建不规则选区。

★重点 4.3.1 实战：使用套索工具选择心形

实例门类	软件功能

【套索工具】 ⟠ 一般用于选取一些外形比较复杂的图形，使用【套索工具】 ⟠ 创建选区的具体操作步骤如下。

Step01 打开素材。打开"素材文件\第4章\心形.jpg"文件，如图4-29所示。

图 4-29

Step02 创建选区。选择【套索工具】 ⟠，单击需要选择的图像边缘并拖动鼠标，此时图像中会自动生成没有锚点的线条，如图4-30所示。

图 4-30

Step03 闭合选区。继续沿着图像边缘拖动鼠标，移动鼠标指针到起点

与终点连接处，如图4-31所示。

图 4-31

Step04 生成选区。释放鼠标生成选区，如图4-32所示。

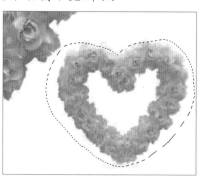

图 4-32

技术看板

使用【套索工具】 ⟠ 创建选区时，按住【Alt】键，释放鼠标，可暂时切换为【多边形套索工具】 ⟩。

如果创建的路径终点没有回到起始点，这时若释放鼠标，系统将会自动连接终点和起始点，从而创建一个封闭的选区。

Step05 移动图像位置。选择【移动工具】 ✛，将小心形拖动到大心形内部，如图4-33所示。

图 4-33

Step06 取消选区。按【Ctrl+D】组合键取消选区，效果如图4-34所示。

图 4-34

4.3.2 实战：使用多边形套索工具选择彩砖

实例门类	软件功能

【多边形套索工具】 ⟩ 适用于选取一些边缘复杂且棱角分明的图像，使用该工具创建选区的具体操作步骤如下。

Step01 打开素材。打开"素材文件\第4章\彩砖.jpg"文件，如图4-35所示。

图 4-35

Step 02 创建路径点。选择【多边形套索工具】 ，单击需要创建选区的图像位置确认起始点，单击需要改变选取范围方向的转折点，创建路径点，如图 4-36 所示。

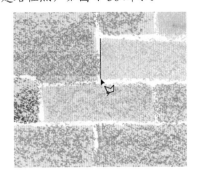

图 4-36

Step 03 闭合路径。当终点与起点重合时，鼠标指针下方会显示一个闭合图标 ，如图 4-37 所示。

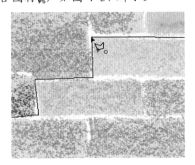

图 4-37

Step 04 得到选区。单击鼠标，将会得到一个多边形选区，如图 4-38 所示。

图 4-38

Step 05 执行查找边缘命令。执行【滤镜】→【风格化】→【查找边缘】命令，如图 4-39 所示。

图 4-39

Step 06 显示效果。调整选区内的图像，最终效果如图 4-40 所示。

图 4-40

技术看板

【多边形套索工具】 创建选区时，如果创建的路径终点没有回到起始点，这时双击，系统将会自动连接终点和起始点，从而创建一个封闭的选区。

按住【Shift】键的同时，可按水平、垂直或45°角的方向创建选区；按【Delete】键，可删除最近创建的路径；若连续按多次【Delete】键，可以删除当前所有的路径；按【Esc】键，可取消当前的创建选区操作。

4.3.3 实战：使用磁性套索工具选择果肉

实例门类	软件功能

【磁性套索工具】 适用于选取复杂的不规则图像，以及边缘与背景对比强烈的图形。在使用该工具创建选区时，套索路径会自动吸附在图像边缘上。选择【磁性套索工具】 后，其选项栏中常见的选项如图 4-41 所示。

① ② ③ ④

图 4-41

相关选项作用如表 4-2 所示。

表 4-2 【磁性套索工具】选项栏中常见选项的作用

选项	作用
❶ 宽度	决定了以鼠标指针中心为基准，其周围有多少个像素能够被工具检测到，如果对象边界不清晰，需要使用较小的宽度值
❷ 对比度	用于设置工具感应图像边缘的灵敏度。如果图像的边缘清晰，可将该值设置得高一些；如果边缘不是特别清晰，则设置得低一些

续表

选项	作用
❸ 频率	用于设置创建选区时生成的锚点的数量。该值越高，生成的锚点越多，捕捉到的边界越准确，但是过多的锚点会造成选区的边缘不够光滑
❹ 钢笔压力	如果计算机配置有数位板和压感笔，可以单击该按钮，Photoshop 会根据压感笔的压力自动调整工具的检测范围

使用该工具创建选区的具体操作步骤如下。

Step01 打开素材。打开"素材文件\第4章\柠檬.jpg"文件，选择【磁性套索工具】，单击图像，确认起始点，如图 4-42 所示。

图 4-42

Step02 在图像中移动鼠标指针。沿着对象的边缘缓缓移动鼠标指针，如图 4-43 所示。

图 4-43

Step03 使终点和起点闭合。终点与起始点重合时，鼠标指针呈形状，如图 4-44 所示。

图 4-44

Step04 创建选区。此时单击即可创建一个图像选区，如图 4-45 所示。

图 4-45

Step05 设置色相。按【Ctrl+U】组合键，执行【色相/饱和度】命令，❶ 设置【色相】为 180，❷ 单击【确定】按钮，如图 4-46 所示。

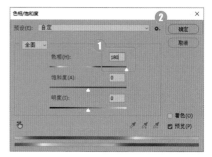

图 4-46

Step06 显示效果。蓝色果肉效果如图 4-47 所示。

图 4-47

技术看板

使用【磁性套索工具】创建选区时，按【[】和【]】键，可以调整检测宽度。按【Caps Lock】键，鼠标指针会变为形状，圆形大小代表工具能检测到的边缘宽度。

4.4 基于颜色差异创建选区

Photoshop 中的【魔棒工具】、【快速选择工具】和【色彩范围】命令，都可以基于图像颜色差异快速创建选区，下面详细介绍这些工具和命令的用法。

★重点 4.4.1 使用魔棒工具选择背景

使用【魔棒工具】单击图像即可选择与单击点颜色相同或相近的区域，通过设置容差值可以控制选择的颜色范围。选项栏中常见的选项如图 4-48 所示。

图 4-48

相关选项作用如表 4-3 所示。

表 4-3 【魔棒工具】选项栏中常见选项的作用

选项	作用
❶ 容差	控制创建选区范围的大小。输入的数值越小，要求颜色越相近，选取范围就越小；相反，颜色相差越大，选取范围就越大
❷ 消除锯齿	模糊羽化边缘像素，使其与背景像素颜色逐渐过渡，从而去掉边缘明显的锯齿状
❸ 连续	勾选该复选框，只选取与鼠标单击处相连接区域中相近的颜色；如果不勾选该复选框，则选取整个图像中相近的颜色
❹ 对所有图层取样	适用于有多个图层的文件，勾选该复选框，选取文件中所有图层中相同或相近颜色的区域；取消勾选时，只选取当前图层中相同或相近颜色的区域

使用【魔棒工具】更换背景的具体操作步骤如下。

Step 01 打开素材。打开"素材文件\第4章\包.jpg"文件，选择【魔棒工具】，在选项栏中，设置【容差】为40，单击背景区域创建选区，如图 4-49 所示。

图 4-49

Step 02 加选选区。按住【Shift】键，在其他背景位置多次单击加选选区，选中整个背景，如图 4-50 所示。

图 4-50

Step 03 执行填充命令。执行【编辑】→【填充】命令，弹出【填充】对话框，设置【内容】为颜色，单击【确定】按钮，如图 4-51 所示。

图 4-51

Step 04 设置填充颜色。弹出【拾色器】对话框，设置【填充颜色】为黄色【#ffcc01】，如图 5-52 所示。

图 4-52

Step 05 完成背景颜色的替换。单击【确定】按钮，返回【填充】对话框，单击【确定】按钮，返回文档。按【Ctrl+D】组合键，取消选区，完成背景颜色的替换，效果如图 4-53 所示。

图 4-53

4.4.2 实战：使用快速选择工具选择沙发

实例门类	软件功能

【快速选择工具】可以快速选择图像中的区域，选择该工具后，其选项栏中常见的选项如图 4-54 所示。

图 4-54

相关选项作用如表 4-4 所示。

表 4-4 【快速选择工具】选项栏中常见选项的作用

选项	作用
❶ 选区运算按钮	单击【新选区】按钮，可创建一个新的选区；单击【添加到选区】按钮，可在原选区的基础上添加绘制的选区；单击【从选区减去】按钮，可在原选区的基础上减去当前绘制的选区
❷ 打开画笔选项	单击按钮，可在打开的下拉面板中选择笔尖，设置大小、硬度和间距
❸ 角度	用于设置画笔笔尖的角度
❹ 对所有图层取样	可基于所有图层创建选区

续表

选项	作用
⑤ 自动增强	可减少选区边界的粗糙度和块效应。【自动增强】会自动将选区向图像边缘进一步流动并应用一些边缘调整，也可以在【选择并遮住】对话框中手动应用这些边缘调整

使用【快速选择工具】 ✎ 创建选区的具体操作步骤如下。

Step01 打开素材。打开"素材文件\第4章\沙发 .jpg"文件，选择工具箱中的【快速选择工具】 ✎，在需要选取的图像上涂抹，如图 4-55 所示。

图 4-55

Step02 创建选区。此时系统根据鼠标指针所到之处的颜色自动创建选区，如图 4-56 所示。

图 4-56

Step03 复制沙发。按【V】键，切换到【移动工具】，按住【Alt】键，拖动鼠标复制沙发，如图 4-57 所示。

图 4-57

Step04 缩小并移动沙发。按【Ctrl+T】组合键，执行自由变换操作，适当缩小沙发，效果如图 4-58 所示。

图 4-58

技术看板

使用【快速选择工具】 ✎ 创建选区时，按【Shift】键可以添加新的选区；按【Alt】键可以从选区中减去添加的选区。

★重点 4.4.3 实战：使用色彩范围命令选择蓝裙

实例门类	软件功能

【色彩范围】命令可根据图像的颜色范围创建选区，该命令提供了精细控制选项，具有更高的选择精度。使用【色彩范围】命令选择图像的具体操作步骤如下。

Step01 打开素材。打开"素材文件\第4章\蓝裙 .jpg"文件，执行【选择】→【色彩范围】命令，打开【色彩范围】对话框，如图 4-59 所示。

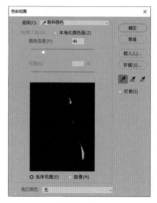

图 4-59

Step02 单击人物裙子。单击人物裙子位置，创建选区，如图 4-60 所示。

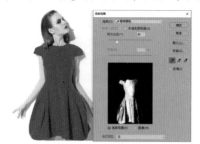

图 4-60

Step03 增加选区。在【色彩范围】对话框中，❶ 单击【添加到取样】 ✎ 按钮，❷ 在裙子上多次单击增加选区，❸ 单击【确定】按钮，如图 4-61 所示。

图 4-61

Step04 创建选区。单击【确定】按钮，返回文档中，如图 4-62 所示，裙子被选中。

图 4-62

Step 05 执行点状化命令。执行【滤镜】→【像素化】→【点状化】命令，设置【单元格大小】为 5，单击【确定】按钮，如图 4-63 所示。

图 4-63

Step 06 显示效果。返回文档中，按【Ctrl+D】组合键取消选区，完成裙子效果的制作，如图 4-64 所示。

图 4-64

【色彩范围】对话框如图 4-65 所示。

图 4-65

【色彩范围】对话框中各选项作用及含义如表 4-5 所示。

表 4-5　选项及含义

选项	含义
❶ 选择	用于设置选区的创建方式。选择【取样颜色】时，可将鼠标指针放在文档窗口中的图像上，或单击【色彩范围】对话框中的预览图像，对颜色进行取样。如果要添加颜色，可单击【添加到取样】按钮，然后单击预览区或图像；如果要减去颜色，可单击【从取样中减去】按钮，然后单击预览区或图像。在下拉列表中选择各颜色选项，可选择图像中的特定颜色；选择【高光】【中间调】和【阴影】时，可选择图像中特定的色调；选择【溢色】时，可选择图像中出现的溢色
❷ 检测人脸	选择人像或人物皮肤时，可勾选该复选框，以便更加准确地选择肤色

续表

选项	含义
❸ 本地化颜色簇	勾选该复选框后，拖动【范围】滑块可控制要包含在蒙版中的颜色与取样点的最大和最小距离
❹ 颜色容差	用于控制颜色的选择范围，该值越高，包含的颜色越广
❺ 选区预览图	选区预览图包含了两个选项，单击【选择范围】单选按钮后，预览区的图像中，白色代表被选择的区域，黑色代表未选择的区域，灰色代表被部分选择的区域；单击【图像】单选按钮后，则预览区内会显示彩色图像
❻ 选区预览	用于设置文档窗口中选区的预览方式。选择【无】，表示不在窗口显示选区；选择【灰度】，可以按照选区在灰度通道中的外观来显示选区；选择【黑色杂边】，可在未选择的区域上覆盖一层黑色；选择【白色杂边】，可在未选择的区域上覆盖一层白色；选择【快速蒙版】，可显示选区在快速蒙版状态下的效果，此时，未选择的区域会被覆盖一层红色
❼ 载入/存储	单击【存储】按钮，可以将当前的设置状态保存为选区预设；单击【载入】按钮，可以载入存储的选区预设文件

4.4.4　使用焦点区域命令选择主体图像

【焦点区域】命令可以根据图像中像素颜色的对比度关系，自动判断出图像中的焦点区域，并将这个区域创建为一个选区。使用【焦

点区域】命令选择图像的具体操作
步骤如下。

Step01 打开素材文件。打开"素材
文件 / 第 4 章 / 玫瑰 .jpg"文件,如
图 4-66 所示。

图 4-66

Step02 打开焦点区域对话框。执行
【选择】→【焦点区域】命令,打
开【焦点区域】对话框,设置【焦
点对准范围】为 5.5,如图 4-67
所示。

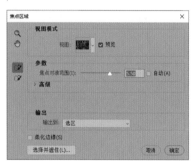

图 4-67

Step03 创建选区。此时软件会自动
调整并优化焦点区域,创建选区,
如图 4-68 所示。

图 4-68

Step04 修改选区。选择【焦点区域
添加工具】 ,在图像上拖动鼠标,
将未被选择的图像添加至选区,如
图 4-69 所示。

图 4-69

Step05 分离主体图像和背景。在【焦
点区域】对话框中设置【输出】为
新建带有图层蒙版的图层,单击
【确定】按钮,完成图像和背景的
分离,如图 4-70 所示。

图 4-70

【焦点区域】对话框如图 4-71
所示。

图 4-71

【焦点区域】对话框各选项作
用如表 4-6 所示。

表 4-6　对话框各选项作用

选项	作用
❶ 视图	勾选【预览】复选框后,单击【视图】下拉按钮,可以选择预览的视图效果
❷ 参数	用于优化焦点区域,可以控制选区范围。如果勾选【自动】复选框,软件会自动计算焦点范围并创建选区
❸ 高级	在含杂色的图像中选定过多背景时增加图像杂色级别。如果勾选【自动】复选框,软件会自动计算杂色级别
❹ 输出	用于设置选择的图像以什么方式进行输出,包括输出为选区、输出为带蒙版的图层等
❺ 柔化边缘	勾选该复选框,软件会自动对所选图像的边缘进行柔化处理,类似羽化效果
❻ 选择并遮住	单击该按钮,可以打开【选择并遮住】工作区,对边缘进行细节处理
❼ 工具栏	单击 按钮,可以选择【缩放工具】,在图像上单击可以放大图像,按住【Alt】键单击图像,可以缩小图像;单击 按钮,选择【抓手工具】,在图像上单击,可以调整图像的视图;单击 按钮,选择【焦点区域添加工具】,在图像中单击,可以添加图像到选区;单击 按钮,选择【焦点区域减去工具】,可以将图像从选区减去

4.5 基于人工智能技术的选区工具和命令

从 Photoshop CC 2018 版本开始就上线了基于 AI 人工智能技术的抠图工具和命令，包括【对象选择工具】和【选择主体】命令。使用这些工具和命令可以轻松地选择场景中的人物、动物等对象。

4.5.1 使用对象选择工具创建选区

使用【对象选择工具】![icon] 可简化在图像中选择单个对象或对象的某个部分（人物、汽车、家具、宠物、衣服等）的过程。只需在对象周围绘制矩形区域或套索，对象选择工具就会自动选择已定义区域内的对象，如图 4-72 所示。

图 4-72

选择【对象选择工具】![icon] 后，其选项栏如图 4-73 所示，各选项的作用如表 4-7 所示。

图 4-73

表 4-7 相关选项作用

选项	作用
❶ 模式	用于设置绘制区域的工具，矩形或者套索工具
❷ 对所有图层取样	根据所有图层，而并非当前的图层来创建选区
❸ 自动增强	勾选该复选框，减少选区边界的粗糙度和块效应。自动将选区流向图像边缘，并应用一些可以在选择并遮住工作区中手动应用的边缘调整
❹ 减去对象	勾选该复选框，使用矩形或套索工具绘制区域时，会自动将绘制的区域从选区中减去

4.5.2 使用选择主体命令创建选区

选择主体由先进的机器学习技术提供支持，经过训练后，这项功能可识别图像上的多种对象，包括人物、动物、车辆、玩具等。

如图 4-74 所示，打开素材文件后，执行【选择】→【主体】命令，软件会自动识别图像中的主体并创建选区，如图 4-75 所示。

图 4-74

图 4-75

4.6 选区的基本操作

前面已经学习了如何创建选区，创建好选区后可以对选区执行一些基本操作，如移动选区、修改选区、反选区、取消选区等，熟练掌握这些操作可以大大提高工作效率。

★重点 4.6.1 全选

全部选择是将图像窗口中的图像全部选中。图像打开时没有被选中，如图 4-76 所示。

图 4-76

执行【选择】→【全部】命令，可以选择当前文件窗口中的全部图像，也可直接按【Ctrl+A】组合键全选图像，如图 4-77 所示。

图 4-77

★重点 4.6.2　反选

反选是反向选择当前区域，执行此命令可以将选区切换为当前没有选取的区域，具体操作步骤如下。

Step01 打开素材。打开"素材文件\第4章\建筑.jpg"文件，选择【快速选择工具】，在背景上拖动鼠标，选择背景，如图 4-78 所示。

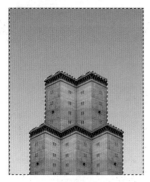

图 4-78

Step02 反选选区。执行【选择】→【反选】命令，或按【Shift+Ctrl+I】组合键即可选择建筑区域，如图4-79 所示。

图 4-79

★重点 4.6.3　取消选择与重新选择

创建选区后，当不需要选择区域时，可以执行【选择】→【取消选择】命令，或者按【Ctrl + D】组合键即可取消选区。

当前选择区域被取消后，执行【选择】→【重新选择】命令，或者按【Shift + Ctrl + D】组合键即可重新选择被取消选择的区域。

★重点 4.6.4　移动选区

移动选区有 3 种常用的方法，具体介绍如下。

方法 1：使用【矩形选框工具】、【椭圆选框工具】创建选区时，释放鼠标前，按住【空格】键拖动鼠标，即可移动选区。

方法 2：创建选区后，如果选项栏中【新选区】按钮为选中状态，则使用选框工具、套索工具和魔棒工具时，只要将鼠标指针放在选区内，单击并拖动鼠标便可以移动选区。

方法 3：可以按键盘上的【↑】【↓】【→】【←】方向键来轻微移动选区。

★重点 4.6.5　选区的运算

通常情况下，一次操作很难将需要的对象完全选中，这就需要通过运算来对选区进行完善。选区的运算方式有 4 种，具体介绍如下。

（1）新选区：单击该按钮后，即可创建新选区，新创建的选区会替换掉原有的选区，原选区如图4-80 所示。

图 4-80

新选区如图 4-81 所示。

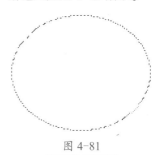

图 4-81

（2）添加到选区：单击该按钮后，可在原有选区的基础上添加新的选区，如图 4-82 所示。

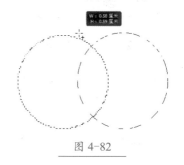

图 4-82

添加选区后效果如图4-83所示。

图 4-83

（3）从选区减去：单击该按钮后，可在原有选区中减去新创建的选区，如图 4-84 所示。

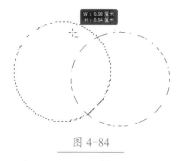

图 4-84

减去选区后效果如图 4-85所示。

图 4-85

（4）与选区交叉 ：单击该按钮后，新建选区时只保留原有选区与新创建的选区相交的部分，如图4-86 所示。

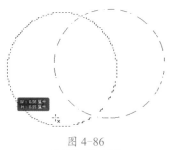

图 4-86

交叉选区后效果如图 4-87所示。

图 4-87

技能拓展——选区运算快捷键

如果当前图像中包含选区，则使用选框、套索工具和魔棒工具继续创建选区时，按住【Shift】键可以在当前选区上添加选区；按住【Alt】键可以在当前选区中减去绘制的选区；按【Shift+Alt】组合键可以得到与当前选区相交的选区。

★重点 4.6.6　显示和隐藏选区

创建选区后，执行【视图】→【显示】→【选区边缘】命令，或按【Ctrl+H】组合键可以隐藏选区，再次执行此命令，可以再次显示选区。选区虽然被隐藏，但是它仍然存在，并限定了操作的有效区域。

4.6.7　实战：制作喷溅边框效果

下面结合快速蒙版和选区操作，为图像添加不规则边框，具体操作步骤如下。

Step01 打开素材。打开"素材文件\第4章\艺术照.jpg"文件，如图4-88所示。

图 4-88

Step02 创建选区。选择【矩形选框工具】 ，拖动鼠标创建选区，如图4-89所示。

图 4-89

Step03 反选选区。执行【选择】→【反选】命令，即可选择图像中的其他区域，如图4-90所示。

图 4-90

Step04 进入蒙版状态。按【Q】键进入快速蒙版状态，如图4-91所示。

图 4-91

Step05 设置单元格大小。执行【滤镜】→【像素化】→【晶格化】命令，打开【晶格化】对话框，❶设置【单元格大小】为27，❷单击【确定】按钮，如图4-92所示。

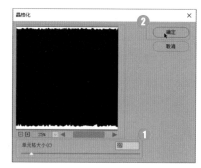

图 4-92

Step06 显示效果。晶格化效果如图 4-93 所示。

图 4-93

Step07 退出蒙版状态。再次按【Q】键退出快速蒙版状态，如图 4-94 所示。

图 4-94

Step08 填充背景色。按【D】键恢复默认前（背）景色，按【Alt+Delete】组合键为选区填充白色背景色，效果如图 4-95 所示。

图 4-95

Step09 恢复前（背）景色。执行【选择】→【取消选择】命令，取消选区，按【D】键恢复默认前（背）景色，如图 4-96 所示。

图 4-96

Step10 填充背景色。按【Alt+Delete】组合键为选区填充白色背景色，效果如图 4-97 所示。

图 4-97

4.7 编辑与修改选区

创建选区后，往往需要对其进行编辑，才能得到更加精确的选区轮廓。选区的编辑操作主要用【选择】菜单中的命令完成，通过这些命令可对选区进行选择、调整、修改、存储、载入等操作。

4.7.1 创建边界

使用【边界】命令可以将选区的边界向内部和外部扩展，扩展后的边界与原来的边界形成新的选区。

在图像中创建选区，如图 4-98 所示。

图 4-98

执行【选择】→【修改】→【边界】命令，在弹出的【边界选区】对话框中可设置编辑的宽度，【宽度】用于设置选区扩展的像素值，如图 4-99 所示。

图 4-99

效果如图 4-100 所示。

图 4-100

4.7.2 平滑选区

选区边缘生硬时，使用【平滑】命令可对选区的边缘进行平滑处理，使选区边缘变得更柔和。

在图像中创建选区，如图 4-101 所示。

图 4-101

执行【选择】→【修改】→【平滑】命令，弹出【平滑选区】对话框，在对话框中输入【取样半径】值即可对选区进行平滑修改，如图 4-102 所示。

图 4-102

效果如图 4-103 所示。

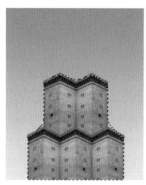

图 4-103

4.7.3 扩展与收缩选区

在图像中创建选区，使用【扩展】命令可以对选区进行扩展，即放大选区，执行【选择】→【修改】→【扩展】命令，在【扩展选区】对话框中的【扩展量】文本框中输入准确的扩展参数值，单击【确定】按钮，即可扩展选区，如图 4-104 所示。

图 4-104

效果如图 4-105 所示。

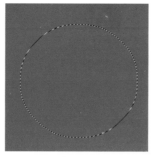

图 4-105

★重点 4.7.4 实战：使用羽化命令创建朦胧效果

实例门类	软件功能

【羽化】命令用于对选区进行羽化。羽化是通过建立选区和选区周围像素之间的转换边界来模糊边缘的，这种模糊方式会丢失选区边缘的一些图像细节。下面使用【羽化】命令创建朦胧效果，具体操作步骤如下。

Step 01 打开素材。打开"素材文件\第4章\脸.jpg"文件，如图 4-106 所示。

图 4-106

Step 02 创建选区。使用【套索工具】创建选区，如图 4-107 所示。

图 4-107

Step 03 设置羽化半径。执行【选择】→【修改】→【羽化】命令，打开【羽化选区】对话框，设置【羽化半径】为 200 像素，单击【确定】按钮，如图 4-108 所示。

图 4-108

Step 04 显示效果。效果如图 4-109 所示。

图 4-109

Step 05 为选区填充颜色。为选区填充白色，如图 4-110 所示。

图 4-110

Step 06 取消选区。按【Ctrl+D】组合键取消选区，如图 4-111 所示。

图 4-111

4.7.5 实战：扩大选取与选取相似

实例门类	软件功能

使用【扩大选取】命令可以选取与已有选区中颜色相似的邻近内容。【选取相似】命令用于选取整个图像中与已有选区中颜色相似的内容，下面展示这两种命令的效果。

Step01 打开素材。打开"素材文件\第4章\色块.jpg"文件，选择【矩形选框工具】■，在文件右上方青色色块上拖动鼠标创建选区，如图4-112所示。

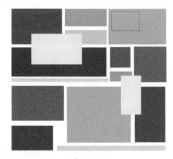

图 4-112

Step02 选择颜色。执行【选择】→【扩大选取】命令即选取附近相似颜色区域，选择所有整个青色色块，如图4-113所示。

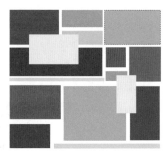

图 4-113

Step03 取消上次操作。按【Ctrl+Z】组合键取消上次操作，如图4-114所示。

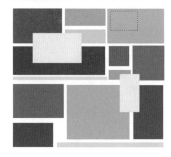

图 4-114

Step04 选择颜色。执行【选择】→【选取相似】命令，选择图像中所有青色色块，如图4-115所示。

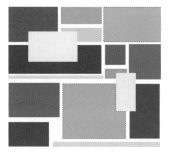

图 4-115

4.7.6 实战：使用选择并遮住命令细化选区

实例门类	软件功能

使用【选择并遮住】命令可以精细地调整选区的边缘，常用于选择微小复杂的物体，具体操作步骤如下。

Step01 打开素材。打开"素材文件\第4章\狐狸.jpg"文件，使用【对象选择工具】■绘制矩形区域，选中狐狸，如图4-116所示。

图 4-116

Step02 进入【选择并遮住】工作区。执行【选择】→【选择并遮住】命令，进入【选择并遮住】工作区，设置【视图】为【白底】，选择【对象选择工具】■，在图像上绘制矩形框，添加选区，如图4-117所示。

图 4-117

Step03 设置【选择与遮住】的参数。❶在【属性】面板中勾选【智能半径】复选框，设置【半径】为5像素，❷设置【平滑】为4、【羽化】为1.5像素、【移动边缘】为25%，如图4-118所示。

图 4-118

Step04 输出图像。设置【输出到】为新建带有图层蒙版的图层，单击【确定】按钮，输出图像，如图4-119所示。

图 4-119

Step05 添加背景。置入"素材文件 / 第 4 章 / 森林 .jpg"文件，调整图像大小并将其置于狐狸图像下一层，完成背景替换，效果如图 4-120 所示。

图 4-120

【选择并遮住】工作区如图 4-121 所示。

图 4-121

相关选项作用如表 4-7 所示。

表 4-8 各选项的作用

选项	作用
❶工具箱	提供各种用于调整选区的工具，包括【快速选择工具】、【调整边缘画笔工具】、【画笔工具】、【对象选择工具】、【套索工具】，以及【抓手工具】和【缩放工具】等视图调整工具

续表

选项	作用
❷选项栏	在工具箱中选择某种工具后，选项栏会显示相应的工具设置选项，可以设置工具的效果
❸视图模式	在【视图】下拉列表框，可选择视图模式，以便更好观察选区效果。勾选【显示边缘】复选框，可查看整个图层，不显示选区；勾选【显示原稿】复选框，可查看原始选区。拖动【不透明度】滑块，可以设置选区外的图像的透明度，当不透明度为 100 时，选区外图像会被完全遮盖
❹边缘检测	用于调整选区边缘的半径大小
❺全局调整	【平滑】可以减少选区边界中的不规则区域，创建平滑的选区轮廓；【羽化】可以让选区边缘图像呈现透明效果；【对比度】可以锐化选区边缘并去除模糊的不自然感；【移动边缘】可扩展或收缩选区
❻输出	勾选【净化颜色】复选框后，设置【数量】值可以去除图像的彩色杂边；在【输出到】下拉列表框中可以选择选区的输出方式

4.7.7 变换选区

创建选区后，执行【选择】→【变换选区】命令，可以在选区上显示定界框，单击鼠标右键，在打开的快捷菜单中选择变换方式。例如，选择【透视】变换，如图 4-122 所示。

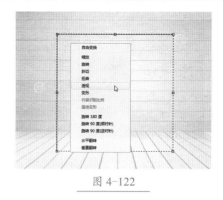

图 4-122

拖动控制点即可单独对选区进行变换，选区内的图像不会受到影响，如图 4-123 所示。

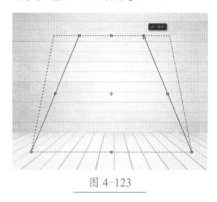

图 4-123

4.7.8 实战：使用快速蒙版修改选区

实例门类	软件功能

快速蒙版是一种选区转换工具，它是最灵活的选区编辑功能之一。它能将选区转换为一种临时的蒙版图像，方便用户使用画笔、滤镜、钢笔等工具编辑蒙版后，再将蒙版图像转换为选区，从而实现创建选区、抠取图像等操作。使用快速蒙版修改选区的具体操作步骤如下。

Step01 打开素材。打开"素材文件 \ 第 4 章 \ 海棠 .jpg"文件，如图 4-124 所示。

图 4-124

Step 02 创建选区。使用【快速选择工具】在海棠花的位置创建选区，可看到下方的多选区域，如图 4-125 所示。

图 4-125

Step 03 进入蒙版状态。按【Q】键进入快速蒙版状态，此时选区外被红色蒙版遮挡，如图 4-126 所示。

图 4-126

Step 04 使用【画笔工具】涂抹。工具箱中的前景色会自动变为白色，按【X】键切换前/背景色，设置【前景色】为黑色，选择【画笔工具】，在多选区域进行涂抹，如图 4-127 所示。

图 4-127

Step 05 退出蒙版状态。按【Q】键退出快速蒙版状态，此时选区被修改，如图 4-128 所示。

图 4-128

🔧 技术看板

用白色涂抹快速蒙版时，被涂抹的区域会显示出图像，这样可以扩展选区；用黑色涂抹的区域会覆盖一层半透明的宝石红色，这样可以收缩选区；使用灰色涂抹的区域可以得到羽化的选区。

双击工具箱中的【以快速蒙版模式编辑】按钮，弹出【快速蒙版选项】对话框，通过对话框可对快速蒙版进行设置，如图 4-129 所示。

图 4-129

相关选项作用如表 4-9 所示。

表 4-9 选项作用

选项	作用
❶ 被蒙版区域	被蒙版区域是指选区之外的图像区域。选中【被蒙版区域】单选按钮后，选区之外的图像将被蒙版颜色覆盖，而选中的区域会显示图像
❷ 所选区域	所选区域是指选中的区域。选中【所选区域】单选按钮，则选中的区域将被蒙版颜色覆盖，未被选中的区域显示为图像本身
❸ 颜色	单击颜色块，可在打开的【拾色器】面板中设置蒙版的颜色；【不透明度】可以设置蒙版颜色的不透明度

4.7.9 选区的存储与载入

如果创建选区或进行变换操作后想要保留选区，可使用【存储选区】命令。

执行【选择】→【存储选区】命令后，弹出【存储选区】对话框，在【名称】文本框中输入选区名称，单击【确定】按钮即可存储选区，如图 4-130 所示。

图 4-130

执行【选择】→【载入选区】命令，弹出【载入选区】对话框，选择存储的选区名称，单击【确定】按钮，即可载入之前存储的选区，如图 4-131 所示。

图 4-131

妙招技法

通过对前面知识的学习，读者已经掌握了选区的基础知识。下面结合本章内容，介绍一些实用技巧。

技巧 01：将选区存储到新文档中

存储选区时，可以将其存储到新的文档中，下面介绍具体的操作步骤。

Step 01 打开素材并创建选区。打开"素材文件/第4章/食物.jpg"文件，创建任意选区，如图 4-132 所示。

图 4-132

Step 02 存储选区。执行【选择】→【存储选区】命令，设置【文档】为新建，【名称】为圆形选区，单击【确定】按钮，如图 4-133 所示。

Step 03 完成选区的存储。通过前面的操作，存储选区到新文档中，如图 4-134 所示。

图 4-133

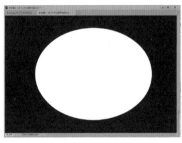

图 4-134

Step 04 原文档和选区不受影响。原文档中的选区依然存在，但未进行存储，如图 4-135 所示。

图 4-135

技巧 02：如何避免羽化时弹出警告信息

创建羽化选区时，如果选区范围小，而在【羽化选区】对话框中将【羽化半径】选项值设置得偏大，就会弹出【任何像素都不大于 50% 选择，选区边将不可见】提示框，如图 4-136 所示。

图 4-136

单击【确定】按钮，可以确认当前设置，选区羽化效果强烈，在画面中将看不到选区边界，但选区依然存在。

如果想要避免弹出该警告信息，可以适当增大选区，或者减少【羽化半径】值。

过关练习 —— 制作褪色记忆效果

褪色记忆效果可以勾起人们的怀旧情结，是图片艺术处理的一个类别，利用 Photoshop 可以合成褪色效果的图片。

素材文件	素材文件 \ 第 4 章 \ 苹果 .jpg，记忆 .jpg
结果文件	结果文件 \ 第 4 章 \ 褪色记忆 .psd

具体操作步骤如下。

Step01 打开素材。打开"素材文件 \ 第 4 章 \ 苹果 .jpg"文件，如图 4-137 所示。

图 4-137

Step02 打开素材。打开"素材文件 \ 第 4 章 \ 记忆 .jpg"，按住【Shift】键，拖动【椭圆选框工具】 创建正圆选区，如图 4-138 所示。

图 4-138

Step03 设置羽化半径。执行【选择】→【修改】→【羽化】命令，打开【羽化选区】对话框，设置【羽化半径】为 10 像素，单击【确定】按钮，如图 4-139 所示。

图 4-139

Step04 复制图像并更改图层模式。按【Ctrl+C】组合键复制图像，切换到苹果图像中，按【Ctrl+V】组合键粘贴图像，调整记忆图像的大小和位置，更改图层的【混合模式】为明度，如图 4-140 所示。

图 4-140

Step05 创建选区。使用【椭圆选框工具】 创建选区，如图 4-141 所示。

图 4-141

Step06 设置边界宽度。执行【选择】→【修改】→【边界】命令，打开【边界选区】对话框，设置【宽度】为 50 像素，单击【确定】按钮，如图 4-142 所示。

图 4-142

Step07 得到边界选区。通过前面的操作，得到 50 像素宽的边界选区，如图 4-143 所示。

图 4-143

Step08 选择背景图层。在【图层】面板中选择背景图层，如图 4-144 所示。

图 4-144

Step09 复制图像并更改图层模式。按【Ctrl+J】组合键复制图层，得到【图层 2】图层，更改【图层 2】图层【混合模式】为线性减淡（添加），如图 4-145 所示。

图 4-145

Step⑩ 显示效果。效果如图 4-146 所示。

图 4-146

Step⑪ 设置镜头光晕。执行【滤镜】→【渲染】→【镜头光晕】命令，打开【镜头光晕】对话框，❶将光晕中心移动到左下方，❷设置【亮度】为 50%，【镜头类型】为 50-300 毫米变焦，❸单击【确定】按钮，如图 4-147 所示。

Step⑫ 显示效果。光晕效果如图 4-148 所示。

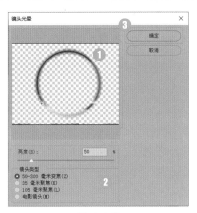

图 4-147

图 4-148

Step⑬ 设置镜头光晕。再次执行【滤镜】→【渲染】→【镜头光晕】命令，打开【镜头光晕】对话框，❶将光晕中心移动到左中部，❷设置【亮度】为 70%，【镜头类型】为 50-300 毫米变焦，❸单击【确定】按钮，如图 4-149 所示。

Step⑭ 显示效果。光晕效果如图 4-150 所示。

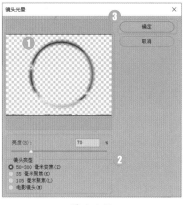

图 4-149

图 4-150

Step⑮ 添加其他光晕。使用相同的方法添加其他光晕，最终效果如图 4-151 所示。

图 4-151

本章小结

　　本章主要讲解了选择工具的应用，以及选区的创建和编辑方法。选择工具包括规则选区工具和不规则选区工具，还可以通过色彩差异对图层进行选择。创建选区后，可以对选区进行修改、编辑与填充、存储与载入等操作。

　　通过对本章内容的学习，读者必须要熟练掌握选区的基本操作，这样在处理图像时才能更加得心应手，并为进一步学习 Photoshop 2020 打下良好的基础。

第5章 绘制与修饰图像

> ➡ 前景色和背景色的区别是什么？
>
> ➡ 夜晚拍摄的照片出现红眼现象怎么办？
>
> ➡ 照片背景太难看了，想将图片背景换成梦幻风格该如何处理？
>
> ➡ 老照片太破旧，如何修复？

Photoshop 中的图像是由像素构成的，如何使用像素绘制图像，如何修饰图像，如何修复破损图像，都是读者必须掌握的基本技能。

5.1 颜色设置方法

进行图像填充和绘制图像等操作时，首先需要指定颜色。Photoshop 中提供了多种颜色设置方法，可以精确地找到需要的颜色

★重点 5.1.1 前景色和背景色

设置前景色和背景色的工具是工具箱下方的两个色块，默认情况下前景色为黑色，背景色为白色，如图 5-1 所示。

图 5-1

技术看板

英文输入法状态下，按【D】键，可以将前景色和背景色恢复到默认的效果；按【X】键，可以快速切换前景色和背景色。

前景色决定了使用绘画工具绘制图形时图形的颜色，以及使用文字工具创建文字时文字的颜色；背景色则决定着使用橡皮擦擦除图像时，被擦除区域所呈现的颜色。扩展画布时，被扩展出的画布也会默认使用背景色，此外，在应用一些具有特殊效果

的滤镜时也会用到前景色和背景色。

前景色和背景色相关选项作用如表 5-1 所示。

表 5-1 前景色和背景色的相关选项作用

选项	作用
❶ 设置前景色	该色块中显示的是当前所使用的前景颜色。单击该色块，即可弹出【拾色器（前景色）】对话框，在其中可对前景色进行设置
❷ 默认前景色和背景色	单击此按钮，即可将当前前景色和背景色调整为默认的前景色和背景色效果
❸ 切换前景色和背景色	单击此按钮，可使前景色和背景色互换
❹ 设置背景色	该色块中显示的是当前所使用的背景颜色。单击该色块，即可弹出【拾色器（背景色）】对话框，在其中可对背景色进行设置

★重点 5.1.2 了解拾色器

单击工具箱中的【设置前景色】或【设置背景色】图标，打开相应对话框，如图 5-2 所示，在该对话框中，可以定义当前前景色或背景色的颜色。

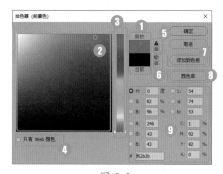

图 5-2

相关选项作用如表 5-2 所示。

表 5-2 【拾色器】对话框中的各选项作用

选项	作用
❶ 新的 / 当前	【新的】颜色块中显示的是当前设置的颜色，【当前】颜色块中显示的是上一次使用的前景色 / 背景色颜色

续表

选项	作用
❷ 色域 / 拾取的颜色	在【色域】中单击或拖动鼠标可以改变当前拾取的颜色
❸ 颜色滑块	拖动颜色滑块可以调整颜色范围
❹ 只有 Web 颜色	表示只在色域中显示 Web 安全色
❺ 非打印颜色警告	表示当前设置的颜色超出打印颜色色域范围，不能进行准确打印。单击警告图标下方的色块，可以替换为最接近的打印颜色
❻ 非 Web 安全色警告	表示当前设置的颜色不能在网上准确显示，单击警告下面的小方块，可以替换为最接近的 Web 安全颜色
❼ 添加到色板	单击该按钮，可将当前设置的颜色添加到【色板】面板
❽ 颜色库	单击该按钮，可以切换到【颜色库】对话框
❾ 颜色值	显示当前可设置的颜色系统。用户也可以通过输入颜色值来精确定义颜色。在【HSB】颜色模型内，可通过百分比来指定颜色的饱和度和亮度，以 0 度到 360 度的角度（对应色轮）指定色相；在【LAB】颜色模型内，可以输入 0 到 100 的亮度值来指定颜色；在【RGB】模型中，可以通过 R（红）、G（绿）、B（蓝）的 0 至 255 的数值来指定颜色；在【CMYK】模型中，可以通过 C（青）、M（洋红）、Y（黄）、K（黑）的百分比来指定颜色；在【#】文本框中，可以输入十六进制颜色值，例如，ff0000 代表红色

5.1.3　实战：用吸管工具拾取颜色

实例门类	软件功能

【吸管工具】🖋可以从当前图像中拾取颜色，并将拾取的颜色作为前景色或背景色，选择工具箱中的【吸管工具】🖋，其选项栏中常见的参数作用如图 5-3 所示。

图 5-3

相关选项作用如表 5-3 所示。

表 5-3　【吸管工具】选项栏中常见选项的作用

选项	作用
❶ 取样大小	用来设置吸管工具的取样范围。选择【取样点】，可拾取鼠标指针所在位置像素的精确颜色；选择【3×3 平均】，可拾取鼠标指针所在位置 3 个像素区域内的平均颜色；选择【5×5 平均】，可拾取鼠标指针所在位置 5 个像素区域内的平均颜色，其他选项依次类推
❷ 样本	【当前图层】表示只在当前图层上取样；【所有图层】表示在所有图层上取样
❸ 显示取样环	勾选该复选框，可在拾取颜色时显示取样环

用【吸管工具】🖋拾取前景色的具体操作步骤如下。

Step❶ 打开素材。打开"素材文件\第 5 章\水 .jpg"文件，选择【工具箱】中的【吸管工具】🖋，如图 5-4 所示。

图 5-4

Step❷ 移动鼠标指针拾取颜色。❶ 移动鼠标指针至文档窗口，鼠标指针呈🖋形状时，单击取样点，❷ 工具箱中的前景色就被替换为取样点的颜色，如图 5-5 所示。

图 5-5

Step❸ 拾取背景色。按住【Alt】键单击取样点，工具箱中的背景色就被替换为取样点的颜色，如图 5-6 所示。

图 5-6

Step❹ 拖动吸管工具拾取颜色。按住鼠标拖动，吸管工具可以吸取窗口、菜单栏和面板等非图像编辑区域的颜色值，并应用于前景色，如图 5-7 所示。

图 5-7

5.1.4 颜色面板的使用

【颜色】面板中集合了各种颜色设置方式。默认情况下，工作区会显示【颜色】面板，如果工作区没有显示【颜色】面板，执行【窗口】→【颜色】命令，可以打开【颜色】面板，如图 5-8 所示。默认情况下，【颜色】面板是以【色相立方体】的形式显示，在【色域】中单击或拖动鼠标，就可以设置前景色。

图 5-8

单击【设置背景色】图标，将其选中，在【色域】中单击或拖动鼠标就可以设置背景色，如图 5-9 所示。

图 5-9

若想要设置精确的颜色，可单击面板右上角的扩展按钮，如图 5-10 所示，在打开的扩展菜单中可以选择其他的颜色设置模式，如【色轮】【RGB 滑块】【CMYK 滑块】等，然后在文本框中输入精确的颜色值即可，如图 5-11 所示。

图 5-10

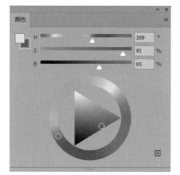

色轮

RGB 滑块　　　　CMYK 滑块

图 5-11

★新功能 5.1.5 色板面板

如图 5-12 所示，【色板】面板中集合了系统预设的颜色色板，单击某个色板就可以将其设置为前景色或者背景色，使用起来非常方便。而且，最新版本的 Photoshop 2020 中，【色板】面板对各类颜色进行了分类管理，界面看起来更加整洁有序。

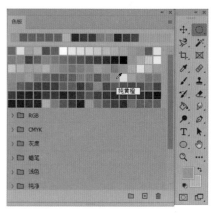

图 5-12

如果工作区没有显示【色板】面板，执行【窗口】→【色板】命令，就可以打开【色板】面板，如图 5-13 所示。

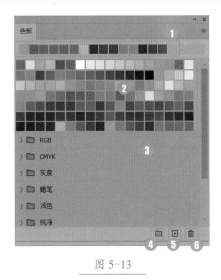

图 5-13

【色板】面板中的相关选项作用如表 5-4 所示。

表 5-4 【色板】面板各选项作用

选项	作用
❶ 最近使用项目	用于存放使用过的色板。此外，每次设置的前景色也会以色板形式存储在该区域，最多可以存放 15 种颜色
❷ 预设色板预览	显示系统所有的预设色板
❸ 色板组	软件自动将所有系统预设色板以组的形式进行管理
❹ 创建新组	选择多种色板，单击🗀按钮，可将所选颜色创建为新组并进行管理

续表

选项	作用
❺ 创建新色板	设置前景色后，单击🗀按钮，可将该颜色保存为新的色板
❻ 删除	选择某个色板或色板组，单击🗑按钮，可将其删除

技能拓展——设置背景色

默认情况下，单击某个色板时，会将其设置为前景色。如果按住【Alt】键，再单击色板，可以将其设置为背景色。

5.2 填充和描边方法

使用【油漆桶工具】🪣、【渐变工具】▧和【填充】命令可以为图像填充颜色；进行描边操作时，需要使用【描边】命令。下面进行详细介绍。

★重点 5.2.1 实战：使用油漆桶工具填充背景色

实例门类	软件功能

【油漆桶工具】🪣可以为图像填充颜色或图案，选择工具箱中的【油漆桶工具】🪣后，其选项栏中常见的选项如图 5-14 所示。

图 5-14

相关选项作用如表 5-5 所示。

表 5-5 【油漆桶工具】选项栏中常见选项的作用

选项	作用
❶ 填充内容	在下拉列表中选择填充内容，包括【前景】和【图案】
❷ 模式 / 不透明度	设置填充内容的混合模式和不透明度

续表

选项	作用
❸ 容差	用来定义必须填充的像素颜色相似的程度。低容差会填充颜色值范围内与单击点像素非常相似的像素，高容差则填充更大范围内的像素
❹ 消除锯齿	勾选该复选框，可以使选区的边缘更平滑
❺ 连续的	勾选该复选框，只填充与鼠标单击点相邻的像素；取消勾选时可填充图像中所有相似的像素
❻ 所有图层	勾选该复选框，表示基于所有可见图层中的合并颜色数据填充像素；取消勾选则仅填充当前图层

使用油漆桶工具步骤如下。

Step① 打开素材。打开"素材文件\第 5 章\高跟鞋.jpg"文件，如图 5-15 所示。

图 5-15

Step② 单击设置前景色图标。在【工具箱】中，单击【设置前景色】图标，如图 5-16 所示。

图 5-16

Step③ 选择前景色颜色。在【拾色器（前景色）】对话框中，拖动中间的颜色滑块，选择洋红颜色范围；在【色域】中拖动鼠标更改洋红色的深浅效果，单击【确定】按钮，如图 5-17 所示。

图 5-17

Step04 完成前景色的设置。通过前面的操作，可以将前景色设置为浅洋红色，如图 5-18 所示。

图 5-18

Step05 选择填充位置。选择【油漆桶工具】，移动鼠标指针到背景位置，如图 5-19 所示。

图 5-19

Step06 单击填充颜色。单击鼠标，即可填充颜色，效果如图 5-20 所示。

图 5-20

★重点 ★新功能 5.2.2 渐变色填充

渐变在 Photoshop 中的应用非常广泛，它不仅可以填充图像，还可以用来填充图层蒙版、快速蒙版和通道。此外，调整图层和填充图层也会用到渐变。最新版本的 Photoshop 2020 中可以使用【渐变工具】和【渐变】面板填充渐变色，下面进行详细介绍。

1. 渐变工具选项栏

使用【渐变工具】可以用渐变效果填充图层或者选区，【渐变工具】选项栏中常用的选项如图 5-21 所示。

图 5-21

相关选项作用如表 5-6 所示。

表 5-6 【渐变工具】选项栏中常见选项的作用

选项	作用
❶ 渐变色条	渐变色条中显示了当前的渐变颜色，单击色条右侧的按钮，可以在打开的下拉列表框中选择一个预设的渐变；如果直接单击渐变颜色条，则会弹出【渐变编辑器】对话框
❷ 渐变类型	单击【线性渐变】按钮，可以创建从起点到终点的直线渐变；单击【径向渐变】按钮，可创建从起点到终点的圆形图案渐变；单击【角度渐变】按钮，可创建围绕起点逆时针扫描形式的渐变；单击【对称渐变】按钮，可创建使用均衡的线性渐变从起点开始的任意

续表

选项	作用
❷ 渐变类型	一侧渐变；单击【菱形渐变】按钮，可创建以菱形方式从起点向外变化的渐变，终点定义为菱形的一个角
❸ 模式	用来设置应用渐变时的混合模式
❹ 不透明度	用来设置渐变效果的不透明度
❺ 反向	可转换渐变中的颜色顺序，得到反方向的渐变结果
❻ 仿色	勾选该复选框，可使渐变效果更加平滑，防止打印时出现条带化现象，但在屏幕上不能明显体现出作用
❼ 透明区域	勾选该复选框，可以创建包含透明像素的渐变；取消勾选，则创建实色渐变

选择【渐变工具】后，在选项栏中，单击渐变色条右侧的按钮，在打开的下拉列表框中，选择【旧版渐变】组中的渐变，如图 5-22 所示。

图 5-22

在图像中拖动鼠标，如图 5-23 所示。

图 5-23

释放鼠标，即可填充渐变色，如图 5-24 所示。

图 5-24

径向渐变效果如图 5-25 所示。

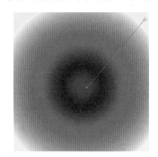

图 5-25

角度渐变效果如图 5-26 所示。

图 5-26

对称渐变效果如图 5-27 所示。

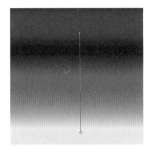

图 5-27

菱形渐变效果如图 5-28 所示。

图 5-28

未勾选【透明区域】复选框的渐变效果如图 5-29 所示。

图 5-29

勾选【透明区域】复选框的渐变效果如图 5-30 所示。

图 5-30

技能拓展——如何显示旧版渐变

　　默认情况下，选择渐变工具后，在选项栏中不会显示旧版渐变。如果要显示旧版渐变，需要打开【渐变面板】，单击面板右上角的扩展按钮■，选择【旧版渐变】选项，将旧版渐变添加到【渐变】面板中。此时，再选择渐变工具，在选项栏中就会显示旧版渐变。

2. 渐变面板

　　【渐变】面板是 Photoshop 2020 版本新增加的一个面板。该面板以组的形式集合了所有系统预设的渐变效果。执行【窗口】→【渐变】命令，可以打开【渐变】面板，如图 5-31 所示。

图 5-31

　　（1）填充渐变色

　　新建图层后，单击【渐变】面板中的色板，图层会被填充所选的渐变颜色，且图层会转换为带蒙版的渐变填充图层，如图 5-32 所示。

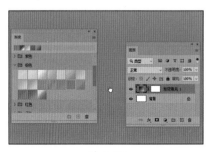

图 5-32

　　创建选区并新建图层后，单击【渐变】面板中的色板，该选区会被填充为所选的渐变色，并将图层转换为带蒙版的渐变填充图层，如图 5-33 所示。

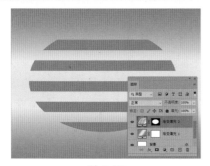

图 5-33

（2）设置渐变方式

默认情况下，使用【渐变】面板填充渐变色时，效果是线性渐变。单击【渐变】面板右上角的扩展按钮■，在扩展菜单中可以选择渐变效果，如图 5-34 所示。

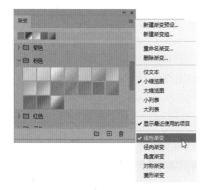

图 5-34

（3）新建渐变预设效果

单击【渐变】面板右上角的扩展按钮■，在扩展菜单中选择【新建渐变预设】，如图 5-35 所示，弹出【渐变编辑器】对话框，在对话框中可以设置新的渐变预设效果，如图 5-36 所示。

图 5-35

图 5-36

（4）修改渐变效果

使用【渐变】面板填充渐变色后，双击图层缩览图，如图 5-37 所示，打开【渐变填充】对话框，在对话框中可以修改渐变颜色、渐变角度等渐变效果，如图 5-38 所示。

图 5-37

图 5-38

3. 渐变编辑器

【渐变编辑器】对话框用于设置新的渐变预设或修改渐变颜色效果。

选择【渐变工具】■后，在选项栏中单击渐变色条，可以打开【渐变编辑器】对话框，如图 5-39 所示。选择【渐变】面板扩展菜单中的【新建渐变预设】打开【渐变编辑器】对话框，或者单击【渐变填充】对话框中的渐变色条也可以打开【渐变编辑器】对话框。

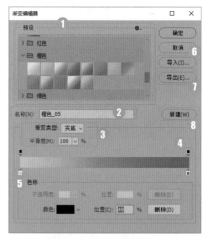

图 5-39　【渐变编辑器】对话框

相关选项作用如表 5-7 所示。

表 5-7　【渐变编辑器】对话框中各选项的作用

选项	作用
❶ 预设	显示 Photoshop 2020 提供的基本预设渐变方式，单击图标后，可以应用该样式的渐变
❷ 名称	在【名称】文本框中可显示选定的渐变名称，也可以输入新建渐变名称
❸ 渐变类型和平滑度	单击【渐变类型】的下拉按钮，可选择显示为单色形态的【实底】和显示为多种色带形态的【杂色】两种类型

续表

选项	作用
❹ 不透明度色标	调整渐变中应用的颜色的不透明度，默认值为100，数值越小渐变颜色越透明
❺ 色标	调整渐变中应用的颜色或者颜色的范围，通过拖动滑块更改色标的位置。双击色标滑块，弹出【选择色标颜色】对话框，在此对话框中可以选择需要的渐变颜色
❻ 导入	可以在弹出的【导入】对话框中打开保存的渐变
❼ 导出	通过【导出】对话框可将新设置的渐变进行存储
❽ 新建	设置新的渐变样式后，单击【新建】按钮，可将这个样式保存到预设框中

使用【渐变工具】■添加颜色的具体操作步骤如下。

Step01 打开素材。打开"素材文件\第5章\美女.jpg"文件，如图5-40所示。

图 5-40

Step02 添加旧版渐变。执行【窗口】→【渐变】命令，打开【渐变】面板。单击面板右上角的扩展按钮■，选择【旧版渐变】选项，将其添加到【渐变】面板，如图5-41所示。

图 5-41

Step03 选择透明彩虹渐变。选择【渐变工具】■，在选项栏中单击渐变色条，在打开的【渐变编辑器】中，选择【旧版渐变】组中的【透明彩虹渐变】，如图5-42所示。

图 5-42

Step04 单击选择色标。单击选择左侧的红色标，如图5-43所示。

图 5-43

Step05 删除红色标。单击右下方的【删除】按钮，删除红色标，如图5-44所示。

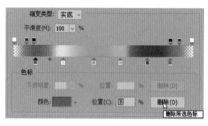

图 5-44

Step06 选择洋红色标。选择右侧的洋红色标，如图5-45所示。

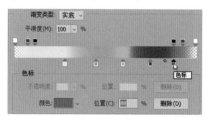

图 5-45

Step07 复制洋红色标。按住【Alt】键拖动复制的该色标到左侧，如图5-46所示。

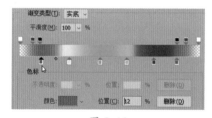

图 5-46

Step08 更改不透明度。单击绿图标右上方，添加不透明度色标，将【不透明度】设置为0%，如图5-47所示。

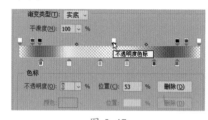

图 5-47

Step09 删除右下方的3个色标。删除右下方的3个色标，如图5-48所示。

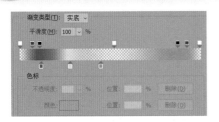

图 5-48

Step⑩ 删除不透明度色标。选择右上角的不透明度色标，单击【删除】按钮删除所选不透明度色标，如图5-49所示。

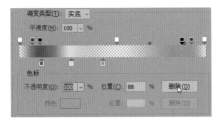

图 5-49

Step⑪ 显示效果。删除效果如图5-50所示。

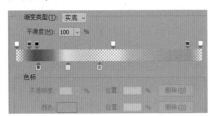

图 5-50

Step⑫ 删除不透明度色标。使用相同的方法删除右上方的另一个不透明度色标，如图5-51所示。

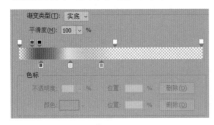

图 5-51

Step⑬ 更改不透明度。❶选择左上方的第二个不透明度色标，❷将【不透明度】设置为20%，如图5-52所示。

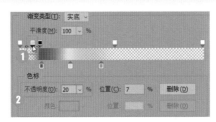

图 5-52

Step⑭ 更改不透明度。❶选择左上方的第三个不透明度色标，❷将【不透明度】设置为50%，如图5-53所示。

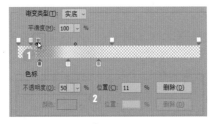

图 5-53

Step⑮ 增加色标。在下方单击【增加色标】按钮，如图5-54所示。

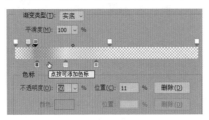

图 5-54

Step⑯ 显示增加的色标。单击下方的颜色图标，如图5-55所示。

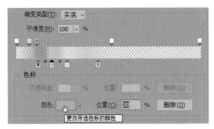

图 5-55

Step⑰ 选择色标的颜色。在打开的【拾色器（色标颜色）】对话框中选择黄色，单击【确定】按钮，如图5-56所示。

图 5-56

Step⑱ 显示新色标的颜色。通过前面的操作，设置增加的色标颜色为黄色，如图5-57所示。

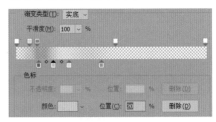

图 5-57

Step⑲ 新建图层。在【图层】面板单击【创建新图层】按钮，新建【图层1】图层，如图5-58所示。

图 5-58

技术看板

选择色标后，色标中的三角形位置以黑色显示。设置色标颜色后，色标中的正方形区域将以该颜色显示；设置不透明度色标后，不透明色标中的正方形区域会以相应的灰度值进行显示。

Step⑳ 设置渐变选项并填充渐变色。在选项栏中单击【径向渐变】按钮，勾选【反向】复选框，勾选【透明区域】复选框，拖动鼠标填充渐变色，如图 5-59 所示。

图 5-61

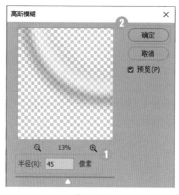

图 5-64

Step㉖ 显示模糊效果。模糊效果如图 5-65 所示。

图 5-59

Step㉑ 选择背景图层。选择背景图层，如图 5-60 所示。

图 5-62

Step㉔ 选择图层。选择【图层1】，如图 5-63 所示。

图 5-65

Step㉗ 设置图层不透明度。设置【图层1】【混合模式】为变亮，并将【不透明度】设置为80%，如图 5-66 所示。

图 5-60

Step㉒ 执行镜头光晕命令。执行【滤镜】→【渲染】→【镜头光晕】命令，打开【镜头光晕】对话框，❶ 将光晕中心拖动到右上角，❷ 设置【亮度】为 150%、【镜头类型】为 50-300 毫米变焦，❸ 单击【确定】按钮，如图 5-61 所示。

Step㉓ 显示光晕效果。光晕效果如图 5-62 所示。

图 5-63

Step㉕ 执行高斯模糊命令。执行【滤镜】→【模糊】→【高斯模糊】命令，打开【高斯模糊】对话框，❶ 设置【半径】为 45 像素，❷ 单击【确定】按钮，如图 5-64 所示。

图 5-66

Step㉘ 显示最终效果。最终效果如图 5-67 所示。

图 5-67

4.存储渐变

在【渐变编辑器】对话框中调整渐变后，在【名称】文本框中输入渐变名称【光环】，单击【新建】按钮，如图 5-68 所示。

图 5-68

在【预设】栏中，可以看到存储的【光环】渐变，如图 5-69 所示。

图 5-69

5.删除渐变

选择一个渐变并右击，在弹出的快捷菜单中执行【删除渐变】命令，如图 5-70 所示。

图 5-70

弹出提示对话框，如图 5-71 所示。单击【确定】按钮，即可删除渐变色。

图 5-71

删除渐变色后，渐变控制器页面如图 5-72 所示。

图 5-72

6.重命名渐变

双击预设渐变，即可打开【渐变名称】对话框，在对话框中可

以重命名渐变，如图 5-73 所示。

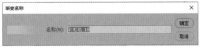

图 5-73

5.2.3 实战：使用填充命令填充背景

实例门类	软件功能

【填充】命令可以在图层或选区内填充颜色或图案，在填充时还可以设置不透明度和混合模式，具体操作步骤如下。

Step01 打开素材。打开"素材文件\第 5 章\红花 .jpg"文件，用【矩形选框工具】创建选区，如图 5-74 所示。

图 5-74

Step02 设置填充内容。执行【编辑】→【填充】命令，或按【Shift+F5】组合键，打开【填充】对话框，❶ 填充内容选择【内容识别】，❷ 单击【确定】按钮，如图 5-75 所示。

图 5-75

Step**03** 显示内容识别填充效果。内容识别填充效果如图5-76所示。

图 5-76

Step**04** 选择背景。选择【快速选择工具】[□]，在背景处拖动鼠标选择背景，如图5-77所示。

图 5-77

Step**05** 设置填充内容。再次执行【编辑】→【填充】命令，或按【Shift+F5】组合键，打开【填充】对话框，❶填充内容选择【图案】，❷单击【自定图案】后的下拉按钮，❸选择【水滴】图案，如图5-78所示。

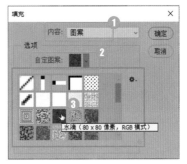

图 5-78

Step**06** 显示效果。单击【确定】按钮，返回文档中，按【Ctrl+D】取消选区，填充效果如图5-79所示。

图 5-79

★新功能 5.2.4　图案面板

　　【图案】面板是 Photoshop 2020 新增加的一个面板，面板以组的形式集合了系统所有预设的图案。执行【窗口】→【图案】命令，可以打开【图案】面板，如图5-80所示。

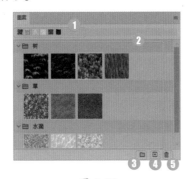

图 5-80

　　【图案】面板常用选项作用如表5-8所示。

表 5-8 【图案】面板常用选项及作用

选项	作用
❶ 最近使用项目	用于显示最近使用过的图案，最多可以显示7个图案
❷ 图案组	以组的形式管理类似图案
❸ 新建组	选择多个图案后，单击▣按钮，可以将所选图案创建为新的图案组
❹ 新建图案	绘制图案后，单击▣按钮，可以将绘制的图像以图案的形式保存在【图案】面板中，方便以后使用
❺ 删除	选择某个图案或图案组后，单击▣按钮，可以将其删除

1. 填充图案

　　新建图层或选区后，单击【图案】面板中的图案，可以为该图层或选区填充所选图案，如图5-81所示，此时，图层会转换为带蒙版的图案填充图层。

图 5-81

2. 恢复旧版图案

　　Photoshop 2020 的【图案】面板中，默认情况下只提供了3组图案。单击面板右上角的扩展按钮▣，在扩展菜单中选择【旧版图案及其他】选项，如图5-82所示；可以载入 Photoshop 2020 版本之前的所有版本中的预设图案，如图 5-83 所示。

图 5-82

图 5-83

3. 修改图案

填充图案后，如果不满意，可以双击图层缩览图，如图 5-84 所示，打开【图案填充】对话框，如图 5-85 所示，在对话框中可以重新选择图案进行填充。

图 5-84

图 5-85

4. 新建图案

使用【新建图案】功能可以将绘制的图案或从外部导入的图像，保存为新的图案预设。新建图案的具体操作步骤如下。

Step01 打开素材。打开"素材文件\第5章\花.jpg"文件，如图 5-86 所示。

图 5-86

Step02 新建图案。单击【图案】面板底部的 按钮，打开【图案名称】对话框，设置图案名称，单击【确定】按钮，如图 5-87 所示。

图 5-87

Step03 保存图案。此时，新建的图案被保存在【图案】面板中，如图 5-88 所示。

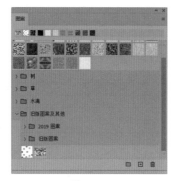

图 5-88

Step04 应用新建的图案。新建图层并创建圆形选区，再单击【图案】面板中新建的【花】图案，就可以将其填充到圆形选区中，如图 5-89 所示。

图 5-89

技术看板

绘制好图像之后，执行【编辑】→【定义图案】命令，也可以新建图案，并将其保存在【图案】面板中。

5.2.5 描边命令

执行【描边】命令可以为选区添加描边效果。创建选区后，执行【编辑】→【描边】命令，打开【描边】对话框，对话框中提供了【内部】【居中】【居外】3 种描边方式。

内部：沿着选区边缘内部填充颜色，如图 5-90 所示。

图 5-90

居中：以选区边缘线为基准，向两侧扩展并填充颜色，如图 5-91 所示。

居外：沿着选区边缘线的外侧填充颜色，如图 5-92 所示。

图 5-91

图 5-92

5.3　画笔面板

画笔面板包括【画笔预设】和【画笔】面板，还包括选项栏中的【"画笔预设"选取器】，通过这些面板，用户可以设置绘画和修饰工具的笔尖形状和绘画方式。

★重点 5.3.1　画笔预设选取器

选择绘画或修饰类工具。在选项栏中单击打开【"画笔预设"选取器】下拉面板，如图 5-93 所示。

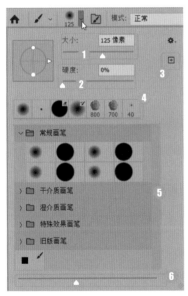

图 5-93

相关选项作用如表 5-9 所示。

表 5-9　【"画笔预设"选取器】设置面板中各选项作用

选项	作用
❶ 大小	拖动滑块或在文本框中输入数值可以调整画笔的大小
❷ 硬度	用于设置画笔笔尖的硬度
❸ 创建新的预设	单击该按钮，可以打开【画笔名称】对话框，输入画笔的名称后，单击【确定】按钮，可以将当前画笔保存为一个预设的画笔
❹ 最近使用的画笔	显示最近使用过的画笔预设
❺ 画笔预设	显示系统预设的所有画笔，并以组的形式进行管理。新建的画笔预设也将在此处显示
❻ 设置画笔笔尖预览图大小	拖动滑块可以调整画笔笔尖预览图的大小

5.3.2　画笔面板

执行【窗口】→【画笔】命令，可以打开【画笔】面板，【画笔】面板中集合了所有的画笔预设，如图 5-94 所示。

图 5-94

预设画笔带有特定的大小、形状和硬度等属性，各画笔类型以组的形式存在，单击画笔组前的向下箭头，即可查看组内的各画笔，如图 5-95 所示。

选择毛刷类画笔时，单击面板底部的【切换实时笔尖画笔预览】按钮，如图 5-96 所示。

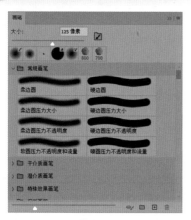

图 5-95

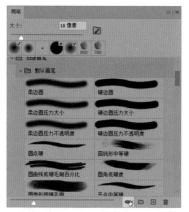

图 5-96

在画面左上角会弹出显示窗口，显示笔尖形状，如图 5-97 所示。

图 5-97

当使用画笔绘制图形时，会显示笔尖运行方向，如图 5-98所示。

图 5-98

技术看板

在【画笔】面板中，单击右上角的【切换"画笔设置"面板】按钮，可以打开【画笔设置】面板；单击【创建新组】按钮，可以新建画笔组；单击【创建新画笔】按钮，可以将当前画笔存储为新画笔；单击【删除画笔】按钮，可以删除当前的画笔或画笔组。

★重点 5.3.3 画笔设置面板

在【画笔设置】面板中可以对画笔进行更多的参数设置，如形状动态、散布、颜色动态等，可实现不同的画笔效果。执行【窗口】→【画笔设置】命令，或按【F5】键打开【画笔设置】面板，如图 5-99所示。

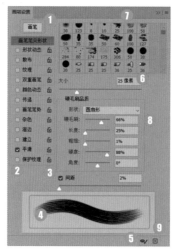

图 5-99

相关选项作用如表 5-10 所示。

表 5-10 【画笔设置】面板中各选项作用

选项	作用
❶ 画笔	可以打开【画笔预设】面板
❷ 画笔设置	改变画笔角度、圆度，以及为其添加纹理、颜色动态等变量
❸ 锁定 / 未锁定	锁定或未锁定画笔笔尖形状
❹ 画笔描边预览	可预览选择的画笔笔尖形状
❺ 显示画笔样式	使用毛刷笔尖时，显示笔尖样式
❻ 选中的画笔笔尖	当前选择的画笔笔尖
❼ 画笔笔尖	显示了 Photoshop 提供的预设画笔笔尖
❽ 画笔参数选项	用于调整画笔参数
❾ 创建新画笔	调整预设画笔，单击该按钮，将其保存为一个新预设画笔

1. 画笔笔尖形状

在【画笔设置】面板中，单击【画笔笔尖形状】，可以在打开的选项卡中，选择画笔笔尖形状，并进行画笔大小、间距、硬度等基本参数的设置，如图 5-100 所示。

图 5-100

2. 形状动态

在【画笔设置】面板中，勾选【形状动态】复选框，可以在打开的选项卡中设置画笔笔尖的运动轨迹，如图 5-101 所示。

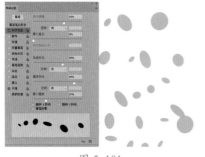

图 5-101

（1）大小抖动：设置画笔笔迹大小的改变方式，抖动的值越高，轮廓越不规则，0% 和 100% 对比效果如图 5-102 所示。

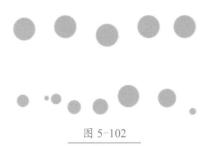

图 5-102

（2）最小直径：启用【大小抖动】后，此选项可以设置笔迹可缩放的最小百分比，值越高，笔尖直径的变化越小。

（3）角度抖动：改变笔迹的角度。

（4）圆度抖动 / 最小圆度：设置笔迹的圆度在描边中的变化方式，如图 5-103 所示。

图 5-103

（5）翻转 X 抖动 / 翻转 Y 抖动：设置笔尖在 X 轴或 Y 轴上的方向。

3. 散布

在【画笔设置】面板中，勾选【散布】复选框，可以在打开的选项卡中设置画笔的笔迹扩散范围，如图 5-104 所示。

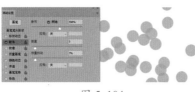

图 5-104

（1）散布 / 两轴：设置画笔笔迹分散效果，值越高，分散范围越广。勾选【两轴】复选框后，笔迹将向两侧分散。

（2）数量：设置每个间距应用的画笔笔迹数量。

（3）数量抖动 / 控制：控制笔迹的数量如何针对不同的间距而变化。

4. 纹理

在【画笔设置】面板中，勾选

【纹理】复选框，可以在打开的选项卡中设置纹理画笔，这种画笔绘制出的图像像是在带纹理的画布上作画一样，如图 5-105 所示。

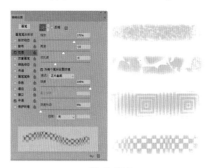

图 5-105

（1）设置纹理 / 反相：在纹理下拉列表框中，可以选择一种纹理，勾选【反相】复选框后，可使纹理色调反转。

（2）缩放：设置纹理的缩放比例。

（3）为每个笔尖设置纹理：决定绘画时是否单独渲染每个笔尖。

（4）模式：设置纹理和前景色之间的混合模式。

（5）深度：设置油墨渗入纹理的深度。

（6）最小深度：设置【控制】选项并勾选【为每个笔尖设置纹理】复选框后，油墨可渗入的最小深度。

（7）深度抖动：设置纹理抖动的最大百分比。

5. 双重画笔

在【画笔设置】面板中，勾选【双重画笔】复选框，在打开的选项卡中设置双重画笔。双重画笔绘制出的图像会呈现出两种画笔的不同效果，如图 5-106 所示。

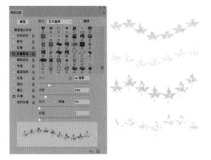

图 5-106

（1）模式：设置两种画笔笔尖在重叠时使用的混合模式。

（2）大小：设置笔尖的大小。

（3）间距：控制描边时双笔尖笔迹之间的距离。

（4）散布：设置双笔尖笔迹的分布方式。

（5）数量：设置在每个间距应用的双笔尖笔迹数量。

6. 颜色动态

在【画笔设置】面板中，勾选【颜色动态】复选框，可以在打开的选项卡中设置画笔的颜色动态，设置后的画笔绘制出的图像颜色会产生变化，如图 5-107 所示。

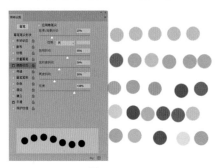

图 5-107

（1）应用每笔尖：勾选该复选框后，颜色动态将应用于每一笔绘画。未勾选该复选框时，只有新起一笔时，才会应用颜色动态。

（2）前景 / 背景抖动：设置前景色和背景色之间的色彩变化方式。值越小，变化后的色彩越接近前景色；值越大，变化后的色彩越接近背景色。

（3）色相抖动：设置颜色变化范围。值越小，色相越接近前景色；值越大，色相变化越丰富。

（4）饱和度抖动：设置色彩饱和度的变化范围。值越小，色彩饱和度越接近前景色；值越大，色彩饱和度越高。

（5）亮度抖动：设置色彩的亮度变化范围。值越小，亮度越接近前景色；值越大，亮度越高。

（6）纯度：设置色彩的纯度变化范围。值越大，色彩纯度越高。

7. 传递

在【画笔】面板中，勾选【传递】复选框，在打开的选项卡中，可以设置画笔笔迹不透明度的改变方式，如图 5-108 所示。

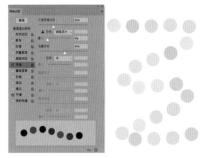

图 5-108

（1）不透明度抖动：设置画笔笔迹中色彩不透明度的变化程度。

（2）流量抖动：设置画笔笔迹中色彩流量的变化程度。

8. 画笔笔势

在【画笔设置】面板中，勾选【画笔笔势】复选框，可以在打开的选项卡中，设置毛刷画笔笔尖、侵蚀画笔笔尖的角度，如图 5-109 所示。

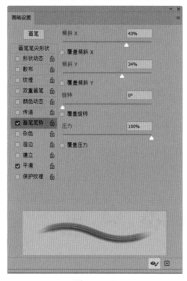

图 5-109

（1）倾斜 X/ 倾斜 Y：让笔尖沿 X 轴倾斜或沿 Y 轴倾斜。

（2）旋转：设置画笔的旋转效果。

（3）压力：设置画笔压力值，值越大，绘制速度越快，线条越粗。

9. 杂色

在【画笔设置】面板中，勾选【杂色】复选框，可以为有些画笔增加随机性。杂色在设置柔画笔时，非常有用。

10. 湿边

在【画笔设置】面板中，勾选【湿边】复选框，可以为画笔笔迹边缘增加油墨，呈现出类似水彩效果。

11. 建立

在【画笔设置】面板中，勾选【建立】复选框，可以为画笔增加喷枪功能并将渐变色调应用于图像。

12. 平滑

在【画笔设置】面板中，勾选【平滑】复选框，可以为画笔增加平滑功能，使绘制的线条更加平滑。在使用压感笔绘画时，该选项非常有用。

13. 保护纹理

在【画笔设置】面板中，勾选【保护纹理】复选框，可以将相同图案和缩放比例应用于具有多个纹理的画笔。

5.3.4 描边平滑

Photoshop 现在可以对画笔描边进行智能平滑。在使用以下工具时，只需在选项栏中输入平滑值（0~100）：画笔、铅笔、混合器画笔或橡皮擦。值为 0 等同于 Photoshop 早期版本中的平滑；值越高，描边的智能平滑量就越大。

描边平滑在多种模式下均可使用。单击齿轮图标 ⚙ 可启用以下一种或多种平滑模式，如图 5-110 所示。

图 5-110

1. 拉绳模式

仅在绳线拉紧时绘画。在平滑半径内移动鼠标指针，就不会留下任何标记，如图 5-111 所示。

图 5-111

2. 描边补齐

暂停描边时，允许绘画继续使用鼠标指针补齐描边。禁用此模式可在鼠标指针停止移动时马上停止运行绘画应用程序，如图 5-112 所示。

图 5-112

3. 补齐描边末端

完成从上一绘画位置到松开鼠标 / 触笔控件所在点的描边，如图 5-113 所示。

图 5-113

4. 缩放调整

调整平滑参数，可以防止描边抖动。在放大文档时，减小平滑参数；在缩小文档时，增加平滑参数。

在使用描边平滑时，可选择查看画笔带，它将当前绘画位置与现有光标位置连在一起。执行【首选项】→【光标】→【进行平滑处理时显示画笔带】命令，还可以指定画笔带的颜色，如图 5-114 所示。

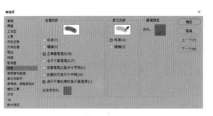

图 5-114

5.3.5 实战：使用自定义画笔绘制气球

实例门类	软件功能

除使用预设画笔外，用户还可以将喜爱的图像定义为画笔，绘制出个性图像，使用自定义画笔绘制气球的具体操作步骤如下。

Step①打开素材。打开"素材文件\第5章\气球.png"文件，如图 5-115 所示。

图 5-115

Step②裁剪图像。执行【图像】→【裁切】命令，清除透明像素，如图 5-116 所示。

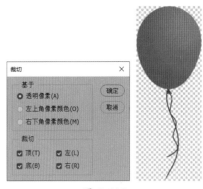

图 5-116

Step03 新建画笔。打开【画笔】面板，单击面板底部的新建按钮，打开【新建画笔】对话框，设置画笔名称为【气球1】，单击【确定】按钮，如图5-117所示，将其保存为预设画笔。

图 5-117

Step04 设置画笔效果。按【F5】键打开【画笔设置】面板，❶单击【画笔笔尖形状】，❷选中前面定义的【气球1】画笔，❸设置【大小】为280像素，【间距】为360%，如图5-118所示。

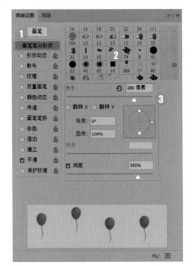

图 5-118

Step05 设置形状动态。❶勾选【形状动态】复选框，❷设置【大小抖动】为82%、【最小直径】为12%，如图5-119所示

Step06 设置散布内容。❶勾选【散布】复选框，❷设置【散布】为356%，如图5-120所示。

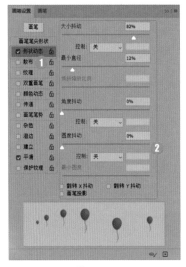

图 5-119

图 5-120

Step07 设置颜色动态。❶勾选【颜色动态】复选框，❷勾选【应用每笔尖】复选框，设置【前景/背景抖动】为37%、【色相抖动】为62%、【饱和度抖动】为5%、【亮度抖动】为3%、【纯度】为8%，如图5-121所示。

Step08 打开素材。打开"素材文件\第5章\蓝色.jpg"，如图5-122所示。

Step09 绘制气球。新建【图层1】图层，选择【画笔工具】，设置【前景色】为红色，【背景色】为黄色，绘制气球图像，如图5-123所示。

图 5-121

图 5-122

图 5-123

技能拓展——快速更改画笔大小和硬度

按【]】键将画笔直径快速变大，按【[】键将画笔直径快速变小。

按【Shift+]】组合键将画笔硬度快速变大，按【Shift+[】组合键将画笔硬度快速变小。

5.4　绘画工具

Photoshop 提供的绘画工具包括画笔工具、铅笔工具、颜色替换工具和混合器画笔工具。下面详细介绍这些工具的使用方法。

★重点 5.4.1　画笔工具

【画笔工具】 和毛笔非常相似。它的笔触形态、大小及材质，都可以随意调整，选择【画笔工具】 后，其选项栏中常见的选项如图 5-124 所示。

图 5-124

相关选项作用如表 5-11 所示。

表 5-11　【画笔工具】选项栏常见选项作用

选项	作用
❶ 画笔预设选取器	在【"画笔预设"选取器】下拉面板中，可以选择笔尖形状，设置画笔的大小和硬度
❷ 模式	在下拉列表中可以选择画笔笔迹颜色与下面像素的混合模式
❸ 不透明度	用于设置画笔的不透明度，设置的值越低，线条的透明度越高
❹ 流量	用于设置当鼠标指针移动到某个区域上方时应用颜色的速率。当降低流量时，在某个区域上方按住鼠标左键不放，一直涂抹，该区域的颜色将根据流动的速率增加，直至达到不透明度100%的设置

续表

选项	作用
❺ 喷枪	单击该按钮可以启用喷枪功能，Photoshop 会根据鼠标的单击时长来确定画笔线条填充数量
❻ 平滑	在选项栏中输入平滑值，可以对画笔描边进行智能平滑
❼ 角度	在选项栏中输入值，可以设置画笔笔尖的角度，当选择毛刷类画笔时，效果最明显
❽ 绘图压力按钮	单击该按钮，使用数位板绘画时，光笔压力可覆盖【画笔】面板中的不透明和大小设置
❾ 绘画对称	单击 按钮，可以启用绘画对称功能

5.4.2　铅笔工具

使用【铅笔工具】 可以绘制出硬边线条。【铅笔工具】 选项栏与【画笔工具】 选项栏也基本相同，只是多了【自动抹除】选项，如图 5-125 所示。

图 5-125

【自动抹除】是【铅笔工具】 特有的功能。勾选该复选框后，当图像的颜色与前景色相同时，则【铅笔工具】 会自动抹除前景色而填入背景颜色；当图像的颜色与背景色相同时，则【铅笔工具】 会自动抹除背景色而填入前景色。

5.4.3　实战：使用颜色替换工具更改鞋子颜色

实例门类	软件功能

【颜色替换工具】 是用前景色替换图像中的颜色，在不同的颜色模式下可以得到不同的颜色替换效果。选择【颜色替换工具】 后，选项栏中常见的选项如图 5-126 所示。

图 5-126

相关选项作用如表 5-12 所示。

表 5-12　【颜色替换工具】选项栏中常见选项作用

选项	作用
❶ 模式	包括【色相】【饱和度】【颜色】【亮度】4 种模式。常用的模式为【颜色】模式，这也是默认模式
❷ 取样	取样方式包括【连续】 、【一次】 、【背景色板】 。其中【连续】是以鼠标当前位置的颜色为基准色；【一次】是始终以开始涂抹时的颜色为基准色；【背景色板】是以背景色为颜色基准进行替换

续表

选项	作用
❸ 限制	设置替换颜色的方式,以工具涂抹时第一次接触的颜色为基准色。【限制】有 3 个选项,分别为【连续】【不连续】和【查找边缘】。其中【连续】是以涂抹过程中光标当前所在位置的颜色作为基准颜色来选择替换颜色的范围;【不连续】是指凡是鼠标指针移动到的地方都会被替换颜色;【查找边缘】主要是将色彩区域之间的边缘部分替换颜色
❹ 容差	用于设置颜色替换的容差范围。数值越大,则替换的颜色范围也越大
❺ 消除锯齿	勾选该复选框,可以为校正的区域定义平滑的边缘,从而消除锯齿

具体操作步骤如下。

Step01 打开素材。打开"素材文件\第 5 章\鞋子.jpg"文件,如图 5-127 所示。

图 5-127

Step02 设置颜色替换工具的内容。设置【前景色】为红色【#ad2f23】,选择【颜色替换工具】,在选项栏中,设置【大小】为 50 像素,【模式】为颜色,单击【取样:连续】按钮,【限制】为连续,【容差】为 10%,如图 5-128 所示。

图 5-128

技术看板

【颜色替换工具】指针中间有一个十字标记,替换颜色边缘的时候,即使画笔直径覆盖了颜色及背景,但只要十字标记是在背景的颜色上,就只会替换背景颜色。本例中十字标记不要碰到鞋子以外的区域,例如鞋底、背景,否则这些区域的颜色也会被替换。

Step03 拖动鼠标。在鞋子上拖动鼠标,如图 5-129 所示,更改鞋子颜色。

图 5-129

Step04 绘制过程中可调整画笔大小。在绘制过程中,可以按【[】或【]】键,调整画笔大小进行绘制,如图 5-130 所示。

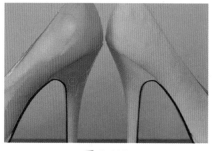

图 5-130

Step05 显示最终效果。最终效果如 5-131 所示。

图 5-131

5.4.4 绘画对称

Photoshop 现在可以在使用画笔、铅笔或橡皮擦工具时绘制对称图形。绘画对称默认状态为关闭。

在使用这些工具时,单击选项栏中的蝴蝶图标,在下拉菜单中选择一种对称类型。此时,绘画描边在对称线间实时反映,从而可以轻松创建复杂的对称图案,如图 5-132 所示。

图 5-132

★新功能 5.4.5 设置画笔角度

Photoshop 2020 新增了设置画笔角度功能。选择画笔类工具时，在选项栏中可以直接设置画笔角度。

5.4.6 实战：使用混合器画笔混合色彩

实例门类	软件功能

【混合器画笔工具】🖌可以混合像素，创建真实的颜料绘画效果。选择【混合器画笔工具】🖌，选项栏的常用选项如图 5-133 所示。

❶❷❸ ❹ ❺ ❻

图 5-133

相关选项作用如表 5-13 所示。

表 5-13 【混合器画笔工具】选项栏常用选项作用

选项	作用
❶ 画笔预设选取器	单击可打开【画笔预设选取器】对话框，可以选取需要的画笔形状进行画笔设置
❷ 设置画笔颜色	单击可打开【拾色器（混合器画笔颜色）】对话框，设置画笔颜色

续表

选项	作用
❸【每次描边后载入画笔🖌】和【每次描边后清理画笔🖌】按钮	单击【每次描边后载入画笔🖌】按钮，完成涂抹操作后将混合前景色进行绘制。单击【每次描边后清理画笔🖌】按钮，绘制图像时将不会绘制前景色
❹ 预设混合画笔	单击【有用的混合画笔组合】下拉按钮，可以打开系统自带的混合画笔。当选择一种混合画笔时，属性栏右边的四个选项会自动更改为相应的预设值
❺ 潮湿	设置从图像中拾取的油彩量，数值越大，拾取的油彩量越多
❻ 载入	可以设置画笔上的色彩量，数值越大，画笔的色彩越多

具体操作步骤如下。

Step01 打开素材。打开"素材文件\第5章\颜料.jpg"文件，如图 5-134 所示。

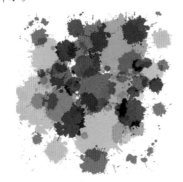

图 5-134

Step02 选择旧版画笔。选择【混合器画笔工具】🖌，在选项栏中，单击【画笔预设】下拉按钮，选择【旧版画笔】中的毛刷画笔，如图 5-135 所示。

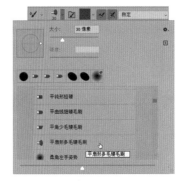

图 5-135

Step03 显示绘制效果。在选项栏中设置参数后，在图像中拖动鼠标，即可看到颜料混合效果，如图 5-136 所示。

图 5-136

5.5 修复工具

Photoshop 2020 提供了非常实用的图片修复工具，包括仿制图章工具、修补工具、内容感知移动工具、红眼工具等，使用这些工具可以快速修复图像，下面对这类工具进行详细介绍。

★重点 5.5.1 实战：使用污点修复画笔工具修复污点

实例门类	软件功能

【污点修复画笔工具】  可以迅速修复图像中存在的污点。选择该工具后，其选项栏中常见的选项如图 5-137 所示。

① ② ③

图 5-137

相关选项作用如表 5-14 所示。

表 5-14 【污点修复画笔工具】选项栏常用选项作用

选项	作用
① 模式	用来设置修复图像时使用的混合模式
② 类型	【近似匹配】是将所涂抹的区域以周围的像素进行覆盖；【创建纹理】是以其他的纹理进行覆盖；【内容识别】是由软件自动分析周围图像的特点，将图像进行拼接组合后填充在该区域并进行融合，从而达到快速无缝的拼接效果
③ 对所有图层取样	勾选该复选框，可从所有的可见图层中提取数据。取消勾选该复选框，只能从被选中的图层中提取数据

具体操作步骤如下。

Step01 打开素材。打开"素材文件\第5章\白发.jpg"文件，如图 5-138所示。

Step02 选择工具在污点上单击。选择【污点修复画笔工具】 ，在污点上单击，如图 5-139 所示。

图 5-138

图 5-139

Step03 修复污点。释放鼠标，修复污点，如图 5-140 所示。

图 5-140

Step04 依次清除其他污点。在剩余的污点上拖动鼠标清除污点，效果如图 5-141 所示。

图 5-141

5.5.2 实战：使用修复画笔工具修复痘痘

实例门类	软件功能

使用【修复画笔工具】 修复图像时，需要先进行取样，再将取样的图像复制到修复区域，并自然融合，选项栏中常见的选项如图5-142 所示。

① ② ③ ④

图 5-142

相关选项作用如表 5-15 所示。

表 5-15 【修复画笔工具】选项栏常用选项作用

选项	作用
① 模式	在下拉列表中可以设置修复图像的混合模式
② 源	设置用于修复像素的源。选择【取样】，可以从图像的像素上取样；选择【图案】，则可在图案下拉列表中选择一个图案作为取样图像，效果类似于使用图案图章工具绘制图案

续表

选项	作用
❸ 对齐	勾选该复选框，会对像素进行连续取样。在修复过程中，取样点随修复位置的移动而变化；取消勾选，则在修复过程中始终以一个取样点为起始点
❹ 样本	要从当前图层及其下方的可见图层中取样，可以选择【当前和下方图层】选项；如果仅从当前图层中取样，可选择【当前图层】选项；如果要从所有可见图层中取样，可选择【所有图层】选项

具体操作步骤如下。

Step 01 打开素材。打开"素材文件\第5章\痘痘.jpg"文件，如图5-143所示。

图 5-143

Step 02 在源点上对颜色进行取样。选择【修复画笔工具】 ✐ ，按住【Alt】键在干净皮肤上单击进行颜色取样，如图5-144所示。

图 5-144

技术看板

使用【修复画笔工具】 ✐ 或【仿制图章工具】 ⚒ 修复图像时，均可以使用【仿制源】面板设置多个样本源，以帮助用户复制多个区域。同时，还可以缩放和旋转样本源，以得到更好的修复和仿制效果。

【仿制源】面板详见5.5.6章节。

Step 03 在目标点上拖动。在痘痘位置拖动鼠标，如图5-145所示。

图 5-145

Step 04 清除痘痘。释放鼠标后，痘痘被清除，如图5-146所示。

图 5-146

Step 05 在源点上单击取样颜色。继续按住【Alt】键在左侧干净皮肤上单击进行颜色取样，取样时，要单击与痘痘周围皮肤颜色相似的区域，如图5-147所示。

图 5-147

Step 06 依次修复痘痘。多次取样并修复痘痘，效果如图5-148所示。

图 5-148

★重点 5.5.3　实战：使用修补工具去除多余人物

实例门类	软件功能

使用【修补工具】 ▨ 时，首先选择图像，再将选择的图像拖动到修复区域，并和环境融合，其选项栏中常用的选项如图5-149所示。

❶　　❷　　　❸　　❹

图 5-149

相关选项作用如表5-16所示。

表 5-16 【修补工具】选项栏
常用选项作用

选项	作用
❶ 运算按钮	此处是针对应用创建选区的工具进行的操作，可以对选区进行添加等操作
❷ 修补	用来设置修补方式。选择【源】，当将选区拖至要修补的区域后，释放鼠标，系统会用当前选区中的图像修补原来选中的内容；选择【目标】，会将选中的图像复制到目标区域
❸ 透明	用于设置所修复图像的透明度
❹ 使用图案	勾选该复选框后，应用图案会对所选择区域进行修复

具体操作步骤如下。

Step01 打开素材。打开"素材文件\第5章\母女.jpg"文件，如图 5-150 所示。

图 5-150

Step02 选中需要清除的目标区域。选择【修补工具】 ❖，拖动鼠标选中多余人物，如图 5-151 所示。

图 5-151

Step03 移动选区到希望得到复制的源区域。释放鼠标后生成选区，移动鼠标指针到选区中，将选区拖动到目标区域，如图 5-152 所示。

图 5-152

Step04 去除多余人物。释放鼠标后，去除多余人物，按【Ctrl+D】组合键取消选区，图 5-153 所示。

图 5-153

技术看板

用其他方式创建的选区，也可以使用【修补工具】 ❖ 拖动进行修复，将得到一样的修复效果。

5.5.4 实战：使用内容感知移动工具智能复制对象

实例门类	软件功能

使用【内容感知移动工具】 ✕ 可以智能复制或移动图像。画面移动后，保留视觉上的和谐，其选项栏的常用选项如图 5-154 所示。

图 5-154

相关选项作用如表 5-17 所示。

表 5-17 【内容感知移动工具】选项栏
常用选项作用

选项	作用
❶ 模式	包括【移动】和【扩展】两个选项，【移动】是指移动原图像的位置；【扩展】是指复制原图像
❷ 结构	调整源结构的保留严格程度
❸ 颜色	调整可修改源色彩的程度
❹ 投影时变换	允许旋转和缩放选区

Step01 打开素材并创建选区。打开"素材文件\第5章\狗.jpg"文件，选择【内容感知移动工具】 ✕，在小狗周围拖动鼠标创建选区，如图 5-155 所示。

图 5-155

Step02 设置模式并移动选区。在选项栏中，设置【模式】为移动，向右侧拖动鼠标移动选区，如图 5-156 所示。

Step03 水平翻转图像。右击弹出快捷菜单，执行【水平翻转】命令，水平翻转图像，如图 5-157 所示。

图 5-156

图 5-157

Step04 完成小狗的位置移动。按【回车】键确认移动，按【Ctrl+D】组合键取消选区，完成小狗的移动，如图 5-158 所示。

图 5-158

Step05 设置模式并复制图像。按【Ctrl+Z】组合键撤销操作，在选项栏中，设置【模式】为扩展，拖动鼠标移动选区即可复制图像，效果如图 5-159 所示。

图 5-159

> **技术看板**
>
> 　　使用【内容感知移动工具】 ✕ 移动或复制图像时，由于要计算周围的像素，可能会花费较长时间，如果移动的图像和背景较复杂，在操作过程中，会弹出【进程】对话框，提示用户操作正在进行，单击【取消】按钮可以取消操作。

5.5.5　实战：使用红眼工具消除人物红眼

实例门类	软件功能

　　【红眼工具】 ✛◉ 可以消除人物红眼或动物绿眼。选择工具箱中的【红眼工具】 ✛◉ ，选项栏中常用的选项如图 5-160 所示。

图 5-160

相关选项作用如表 5-18 所示。

表 5-18　【红眼工具】选项栏常用选项作用

选项	作用
❶ 瞳孔大小	可设置瞳孔（眼睛暗色的中心）的大小
❷ 变暗量	用来设置瞳孔的暗度

Step01 打开素材。打开"素材文件\第5章\红眼 .jpg"文件，如图 5-161 所示。

图 5-161

Step02 选择红眼工具去除红眼。选择【红眼工具】 ✛◉ ，在红眼区域拖动鼠标，释放鼠标即可校正部分红眼，如图 5-162 所示。

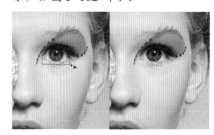

图 5-162

Step03 重复操作去除红眼。重复多次操作逐渐去除红眼，如图 5-163 所示。

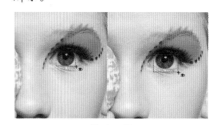

图 5-163

Step04 显示最终效果。重复操作直到清除所有红眼，效果如图 5-164 所示。

图 5-164

★新功能 5.5.6 使用内容识别填充命令移除对象

使用【内容识别填充】命令，可以通过从图像其他部分取样的内容来无缝填充图像中的选定部分。

Photoshop 2020 版本增强了内容识别填充功能，在【内容识别填充】工作区新增了三个取样区域选项，如图 5-165 所示，使用这些选项，可以确定在图像中查找源像素来填充内容的取样区域。

图 5-165

自动：使用类似于填充区域周

围的内容。

矩形：使用填充区域周围的矩形区域。

自定：使用手动定义的取样区域。用户可以准确地识别要使用哪些像素进行填充。

使用【内容识别填充】命令移除对象的具体操作步骤如下。

Step01 打开素材文件。打开"素材文件 / 第 5 章 / 牛 .jpg"文件，如图 5-166 所示。

图 5-166

Step02 创建选区。使用【套索工具】沿着对象创建选区，如图 5-167 所示。

图 5-167

Step03 进入内容识别填充工作区。执行【编辑】→【内容识别填充】命令，进入【内容识别填充】工作区，如图 5-168 所示。

图 5-168

Step04 修改选区。设置【取样区域选项】为自定，使用【套索工具】，按住【Alt】键减去选区，如图 5-169 所示。

图 5-169

Step05 预览效果。单击【取样区域选项】中的【自定】按钮，在【填充设置】中设置【颜色适应】为非常高，然后在【预览】区域预览填充效果，如图 5-170 所示。

图 5-170

Step06 输出图像。设置【输出】为新建图层，单击【确定】按钮，输出填充结果，如图 5-171 所示。

图 5-171

5.5.7 仿制源面板

执行【窗口】→【仿制源】命令，可以打开【仿制源】面板，下面介绍仿制源的常用选项，如图 5-172 所示。

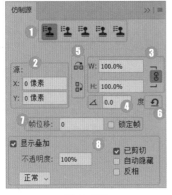

图 5-172

相关选项作用如表 5-19 所示。

表 5-19 【仿制源】面板中常用选项作用

选项	作用
❶ 仿制源	单击一个仿制源按钮后，选择【仿制图章工具】或【修复画笔工具】，按住【Alt】键，在图像中单击可定义仿制源。用户最多可定义五个仿制源
❷ 源	在精确位置复制，可以指定 X 和 Y 的位移值
❸ 缩放	复制图像时可以将原图像进行缩放。在 W 和 H 文本框中，可以设置具体的缩放值。单击【保持长宽比】按钮，缩放时保持长宽比例
❹ 旋转	复制图像时，旋转指定的角度

续表

选项	作用
❺ 翻转	单击【水平翻转】按钮，复制图像时进行水平翻转；单击【垂直翻转】按钮，复制图像时进行垂直翻转
❻ 复位变换	单击该按钮，可以复位仿制源
❼ 帧位移 / 锁定锁	在【帧位移】文本框中输入帧数，可以使用与初始取样帧相关的特定帧进行复制。勾选【锁定帧】复选框，则总是使用初始取样的帧进行复制
❽ 其他选项	勾选【显示叠加】复选框，可在复制图像时更好地查看下方图像。在【不透明度】文本框中，设置叠加图像的不透明度。勾选【已剪切】复选框，可将叠加剪切到画笔大小；勾选【自动隐藏】复选框，可在应用绘画描边时隐藏叠加；勾选【反相】复选框，可反相叠加中的颜色

★重点 5.5.8 实战：使用仿制图章工具复制图像

实例门类	软件功能

使用【仿制图章工具】可以逐步复制图像区域，还可以将一个图层的内容复制到其他图层中。选择此工具后，选项栏中常见的选项如图 5-173 所示。

图 5-173

相关选项作用如表 5-20 所示。

表 5-20 【仿制图章工具】选项栏常用选项作用

选项	作用
❶ 对齐	勾选此复选框，可以连续对对象进行取样；取消勾选，则每单击一次鼠标，都使用初始取样点中的样本像素，因此，每次单击都被视为是另一次复制
❷ 样本	在样本下拉列表中，可以选择取样的目标范围，可以设置【当前图层】【当前和下方图层】和【所有图层】3 种取样目标范围

Step❶ 打开素材。打开"素材文件\第 5 章\女孩 .jpg"文件，如图 5-174 所示。

图 5-174

Step❷ 设置仿制源内容。打开【仿制源】面板，单击【水平翻转】按钮，设置【W】和【H】均为 50%，如图 5-175 所示。

图 5-175

Step**03** 选择工具并取样。选择【仿制图章工具】 ，按住【Alt】键，在人物位置单击进行取样，如图5-176所示。

技术看板

使用【仿制图章工具】 复制图像时，画面中会出现一个十字形和圆形鼠标指针，圆形鼠标指针是用户正在涂抹的区域，而涂抹内容来自十字形鼠标指针区域。这两个鼠标指针之间一直保持相同距离。

图 5-176

Step**04** 拖动鼠标复制图像。在人物右侧拖动鼠标，逐步复制图像，如图5-177所示。

图 5-177

Step**05** 拖动鼠标复制图像。继续拖动鼠标复制图像，如图5-178所示。

图 5-178

Step**06** 显示最终效果。最终效果如图5-179所示。

图 5-179

5.5.9 实战：使用图案图章工具填充草图案

实例门类	软件功能

使用【图案图章工具】 可以将图案复制到图像中。其选项栏如图5-180所示。

❶ ❷

图 5-180

相关选项作用如表5-21所示。

表5-21 【图案图章工具】选项栏常用选项作用

选项	作用
❶ 对齐	勾选该复选框，可以保持图案与原始图案的连续性；取消勾选，则每次单击鼠标都重新应用图案
❷ 印象派效果	勾选该复选框，则对绘画选取的图像产生模糊、朦胧化的印象派效果

Step**01** 打开素材。打开"素材文件\第5章\车.jpg"文件，如图5-181所示。

图 5-181

Step**02** 设置图案图章工具的图案类别。选择【图案图章工具】 ，在选项栏中，❶单击图案下拉按钮，打开【图案拾色器】面板，❷选择【草-游猎】图案，如图5-182所示。

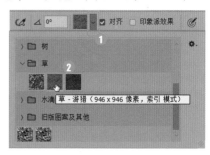

图 5-182

Step**03** 填充草图案。调整画笔大小，在地面上拖动鼠标，填充草图案，如图5-183所示。

图 5-183

Step**04** 继续填充草图案。继续拖动鼠标在地面上涂抹，填充草图案。绘制过程中可以随时调整画笔大小，最终效果如图5-184所示。

图 5-184

5.5.10　历史记录画笔工具

【历史记录画笔工具】✎需要配合【历史记录】面板一同使用。在【历史记录】面板中，历史记录画笔源选中步骤的状态，就是【历史记录画笔工具】✎恢复的图像。

5.5.11　历史记录艺术画笔工具

使用【历史记录艺术画笔工具】✎涂抹图像后，会产生一种特殊的艺术笔触效果。其选项栏中的常用选项如图 5-185 所示。

图 5-185

相关选项作用如表 5-22 所示。

表 5-22　【历史记录艺术画笔工具】选项栏常用选项作用

选项	作用
❶ 样式	可以选择一个选项来控制绘画描边的形状，包括【绷紧短】【绷紧中】和【绷紧长】等
❷ 区域	用来设置绘画描边所覆盖的区域。设置的值越高，覆盖的区域越大，描边的数量也越多

续表

选项	作用
❸ 容差	容差值可以限定可应用绘画描边的区域。低容差会在图像中的任何区域绘制无数条描边，高容差会将绘画描边限定在与源状态或快照中的颜色明显不同的区域

5.5.12　实战：创建艺术旋转镜头效果

实例门类	软件功能

前面介绍了【历史记录画笔工具】✎和【历史记录艺术画笔工具】✎，下面结合这两个工具创建艺术旋转镜头效果，具体操作步骤如下。

Step 01 打开素材。打开"素材文件\第5章\向日葵.jpg"文件，如图 5-186 所示。

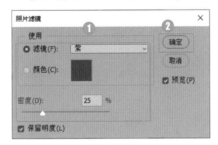

图 5-186

Step 02 设置照片滤镜效果。执行【图像】→【调整】→【照片滤镜】命令，打开【照片滤镜】对话框，❶ 设置【滤镜】为紫，【密度】为 25%，❷ 单击【确定】按钮，如图 5-187 所示。

图 5-187

Step 03 完成色调调整。调整图像色调后，效果如图 5-188 所示。

图 5-188

Step 04 执行径向模糊命令。执行【滤镜】→【模糊】→【径向模糊】命令，打开【径向模糊】对话框，❶ 设置【数量】为 10，【模糊方法】为【旋转】，❷ 单击【确定】按钮，如图 5-189 所示。

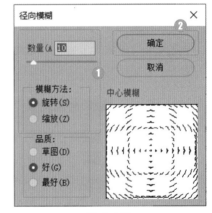

图 5-189

Step 05 显示模糊效果。径向模糊效果如图 5-190 所示。

图 5-190

Step 06 打开历史记录面板。执行【窗口】→【历史记录】命令，打开【历史记录】面板，选择【设置历史记录画笔的源】到照片滤镜步骤，如图 5-191 所示。

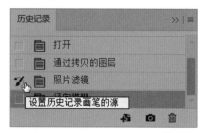

图 5-191

Step07 在人物位置涂抹。选择【历史记录画笔工具】 ，在人物位置涂抹，如图 5-192 所示。

Step08 逐步恢复图像。涂抹区域图像恢复为历史记录画笔源选中步骤的状态，如图 5-193 所示。

图 5-192

图 5-193

Step09 创建艺术效果。选择【历史记录艺术画笔工具】 ，在选项栏中，设置【模式】为变亮，【样式】为绷紧中，在图像背景处拖动鼠标创建艺术效果，如图 5-194 所示。

图 5-194

5.6 润色工具

使用【模糊工具】组和【减淡工具】组中的工具可以对图像中的像素进行编辑，如改善图像的细节、色调、曝光及色彩的饱和度，下面详细介绍这些工具的使用方法。

5.6.1 模糊工具和锐化工具

【模糊工具】 用于模糊图像；【锐化工具】 用于锐化图像。选择工具后，在图像中进行涂抹即可。这两个工具的选项栏基本相同，只是【锐化工具】 多了一个【保护细节】选项，【锐化工具】选项栏中常见选项如图 5-195 所示。

图 5-195

相关选项作用如表 5-23 所示。

表 5-23 【锐化工具】选项栏常用选项作用

选项	作用
❶ 强度	用来设置工具的强度

续表

选项	作用
❷ 对所有图层取样	如果文档中包含多个图层，勾选该复选框，表示对所有可见图层中的数据进行处理；取消勾选，则只处理当前图层中的数据
❸ 保护细节	勾选该复选框，可以防止颜色发生色相偏移，在对图像进行加深时更好地保护原图像的颜色

使用【模糊工具】 处理图像效果如图 5-196 所示。

图 5-196

使用【锐化工具】 处理图像效果如图 5-197 所示。

图 5-197

5.6.2 减淡工具与加深工具

【减淡工具】 主要是对图像进行加光处理，以达到让图像颜色减淡的目的。【加深工具】 与【减淡工具】 相反，主要是对图像进行变暗处理，以达到让图像颜色加深的目的。这两个工具的选项栏是相同的，选项栏中常见的选项如图 5-198 所示。

图 5-198

相关选项作用如表 5-24 所示。

表 5-24 【加深工具】选项栏中
常见选项作用

选项	作用
范围	可选择要修改的色调。选择【阴影】，可处理图像的暗色调；选择【中间调】，可处理图像的中间调；选择【高光】，可处理图像的亮色调

使用【减淡工具】处理图像效果如图 5-199 所示。

图 5-199

使用【加深工具】处理图像效果如图 5-200 所示。

图 5-200

5.6.3 实战：使用涂抹工具拉长动物毛发

实例门类	软件功能

使用【涂抹工具】涂抹图像时，可拾取鼠标单击位置的颜色，并沿拖动的方向展开这种颜色，效果类似于手指拖过湿油漆。其工具选项栏如图 5-201 所示。

图 5-201

相关选项作用如表 5-25 所示。

表 5-25 【涂抹工具】选项栏中
常见选项作用

选项	作用
手指绘画	勾选该复选框后，可以在涂抹时添加前景色；取消勾选，则使用每次涂抹开始鼠标指针所在位置的颜色进行涂抹

Step01 打开素材。打开"素材文件\第5章\动物.jpg"文件，如图 5-202 所示。

图 5-202

Step02 选择毛笔笔刷。选择【涂抹工具】，在选项栏中，选择一种毛笔笔刷，如图 5-203 所示。

图 5-203

Step03 拖动鼠标。在图像中拖动鼠标，如图 5-204 所示。

图 5-204

Step04 拉长动物毛发。拉长动物毛发，如图 5-205 所示。

图 5-205

Step05 拉长动物毛发。继续拉长毛发，如图 5-206 所示。

图 5-206

Step**06** 设置前景色并拉长动物毛发。设置【前景色】为红色【#e60012】，在选项栏中，勾选【手指绘画】复选框，在额头位置拖动鼠标拉长毛发，如图 5-207 所示。

图 5-207

5.6.4 实战：使用海绵工具制作半彩艺术效果

实例门类	软件功能

使用【海绵工具】 ⬤ 可以调整图像的饱和度。在选项栏中可以设置【模式】【流量】等参数来进行饱和度调整。【海绵工具】 ⬤，选项栏如图 5-208 所示。

图 5-208

相关选项作用如表 5-26 所示。

表 5-26 【海绵工具】选项栏中常见选项作用

选项	作用
❶ 模式	选择【去色】可以降低饱和度，选择【加色】可以增加饱和度
❷ 流量	用于设置海绵工具的作用强度
❸ 自然饱和度	勾选该复选框后，可以得到最自然的加色或减色效果

Step**01** 打开素材。打开"素材文件\第5章\奔跑.jpg"文件，如图 5-209 所示。

图 5-209

Step**02** 选择海绵工具去除颜色。选择【海绵工具】 ⬤，在选项栏设置【模式】为去色，【流量】为 100%，在图像左侧拖动去除颜色，如图 5-210 所示。

图 5-210

Step**03** 设置选项栏内容并继续去除颜色。在选项栏中，设置【流量】为 50%，继续拖动鼠标去除颜色，如图 5-211 所示。

图 5-211

Step**04** 创建选区。使用【矩形选框工具】 ⬚ 在图像左侧拖动创建选区，如图 5-212 所示。

图 5-212

Step**05** 执行动感模糊命令。执行【滤镜】→【模糊】→【动感模糊】命令，❶ 设置【角度】为 0 度、【距离】为 20 像素，❷ 单击【确定】按钮，如图 5-213 所示。

图 5-213

Step**06** 显示最终效果。按【Ctrl+D】组合键取消选区，最终效果如图 5-214 所示。

图 5-214

技术看板

【海绵工具】 ▣ 主要用于降低饱和度和增加饱和度。流量越大效果越明显。启用喷枪样式可在一处持续产生效果，但不能为已经完全为灰度的像素增加饱和度。

使用【海绵工具】不会造成像素的重新分布，因此其去色模式和加色模式可以作为互补来使用，比如过度降低饱和度后，可切换到加色模式增加色彩饱和度。

5.7　擦除工具

Photoshop 2020 中包含三种擦除工具：【橡皮擦工具】【背景橡皮擦工具】和【魔术橡皮擦工具】，下面详细介绍这三种工具的不同用途。

5.7.1　使用橡皮擦工具擦除图像

实例门类	软件功能

【橡皮擦工具】 ✐ 可以用于擦除图像。如果处理的是【背景】图层或锁定透明像素的图层，涂抹区域会显示为背景色；处理其他图层时，可擦除涂抹区域的像素。其选项栏中常见的选项如图 5-215 所示。

图 5-215

相关选项作用如表 5-27 所示。

表 5-27　【橡皮擦工具】选项栏常用选项作用

选项	作用
❶ 模式	在模式中可以选择橡皮擦的种类。选择【画笔】，可创建柔边擦除效果；选择【铅笔】，可创建硬边擦除效果；选择【块】，擦除效果为块状
❷ 不透明度	设置工具的擦除强度，100% 的不透明度可以完全擦除像素，较低的不透明度将部分擦除像素

续表

选项	作用
❸ 流量	用于控制工具的涂抹速度
❹ 抹到历史记录	勾选该复选框后，【橡皮擦工具】 ✐ 具有历史记录画笔的功能

Step01 打开素材。打开"素材文件\第5章\街道.jpg"文件，如图 5-216 所示。

图 5-216

Step02 打开素材。打开"素材文件/第5章/人物.jpg"文件，并将其拖动到"街道"文档中，如图 5-217 所示。

图 5-217

Step03 创建选区。选择【对象选择工具】 ▣，在人物上绘制矩形框，创建人物选区，如图 5-218 所示。

图 5-218

Step04 调整选区。使用【套索工具】，按住【Shift】或【Alt】键绘制选区，调整选区，如图 5-219 所示。

图 5-219

Step05 反选选区。按【Shift+Ctrl+I】组合键反选选区，如图 5-220 所示。

图 5-220

Step06 擦除图像。选择【橡皮擦工具】 ，擦除选区图像，如图5-221所示，注意保留头发周围的图像。

图 5-221

Step07 设置橡皮擦工具选项栏参数。按【Ctrl+D】组合键取消选区。在选项栏设置【橡皮擦工具】流量为15%，按【[】键减小画笔，擦除头发周围的图像，如图5-222所示。

图 5-222

Step08 移动图像位置。使用【移动工具】将人物移动到适当位置，如图5-223所示。

图 5-223

Step09 新建图层。按住【Ctrl】键单击【图层】面板底部的 按钮，在【人物】图层下方新建【图层1】，如图5-224所示。

图 5-224

Step10 绘制阴影效果。按【D】键恢复默认前景色和背景色。选择【画笔工具】 ，设置【硬度】为0、【不透明度】为20%、【流量】为10%，在鞋子附近绘制阴影效果，最终效果如图5-225所示。

图 5-225

5.7.2 实战：使用背景橡皮擦工具更换背景

实例门类	软件功能

【背景橡皮擦工具】 主要用于擦除背景，擦除的图像区域将变为透明，其选项栏如图5-226所示。

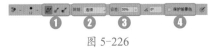
图 5-226

相关选项作用如表5-28所示。

表 5-28 【背景橡皮擦工具】选项栏常用选项作用

选项	作用
❶ 取样	用来设置取样方式。选择【取样：连续】 ，在拖动鼠标时可连续对颜色取样，凡是出现在光标中心十字线内的图像都会被擦除；选择【取样：一次】 ，只擦除包含第一次单击点颜色的图像；选择【取样：背景色板】 ，只擦除包含背景色的图像
❷ 限制	定义擦除时的限制模式。选择【不连续】，可擦除光标下任何位置的样本颜色；选择【连续】，只擦除包含样本颜色并且互相连接的区域；选择【查找边缘】，可擦除包含样本颜色的连续区域，同时更好保留形状边缘的锐化程度
❸ 容差	可设置颜色容差范围。低容差仅限于擦除与样本颜色非常相似区域，高容差可擦除范围更广的颜色
❹ 保护前景色	勾选该复选框后，可防止擦除与前景色匹配的区域

Step01 打开素材。打开"素材文件\第5章\卷发.jpg"文件，如图5-227所示。

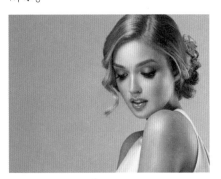
图 5-227

Step02 擦除图像。选择【背景橡皮擦工具】 ，在背景中拖动擦除图像，如图 5-228 所示。

图 5-228

Step03 缩小画笔擦除指定区域图像。按【[】键缩小画笔，在人物边缘处拖动擦除图像，如图 5-229 所示。

图 5-229

Step04 调整画笔大小擦除指定区域图像。调整画笔大小后，继续单击或拖动鼠标擦除图像，如图 5-230 所示。

图 5-230

Step05 打开素材。打开"素材文件\第5 章\背景 .jpg"文件，如图 5-231 所示。

图 5-231

Step06 拖动图像文件到当前图像中并调整。拖动卷发文件到背景图像中，调整大小和位置，如图 5-232 所示。

图 5-232

Step07 清除图像。使用【背景橡皮擦工具】 在残留的背景上单击，清除图像，如图 5-233 所示。

图 5-233

Step08 显示最终效果。最终效果如图 5-234 所示。

图 5-234

5.7.3 实战：使用魔术橡皮擦工具清除背景

实例门类	软件功能

【魔术橡皮擦工具】 的使用和【魔棒工具】 极为相似，可以自动擦除当前图层中与选区颜色相近的像素。其选项栏中常见的选项如图 5-235 所示。

图 5-235

相关选项作用如表 5-29 所示。

表 5-29 【魔术橡皮擦工具】选项栏常用选项作用

选项	作用
❶ 消除锯齿	勾选该复选框可以使擦除边缘平滑
❷ 连续	勾选该复选框，仅擦除与单击处相邻且在容差范围内的颜色；取消勾选，则擦除图像中所有在容差范围内的颜色
❸ 不透明度	设置所要擦除图像区域的不透明度，数值越大，则图像被擦除得越彻底

Step01 打开素材。打开"素材文件\第5 章\彩点 .jpg"文件，如图 5-236 所示。

图 5-236

123

技术看板

魔术橡皮擦可以擦掉相同色系的区域，将这些区域的像素抹除后留下透明区域。换言之，魔术橡皮擦的作用过程可以理解为三合一的过程：创建选区、删除选区内像素、取消选区。

Step02 删除右侧背景。选择【魔术橡皮擦工具】，在右侧背景处单击删除图像，如图 5-237 所示。

图 5-237

Step03 删除左侧背景。继续使用【魔术橡皮擦工具】，在左侧背景处单击删除图像，如图 5-238 所示。

图 5-238

Step04 选择图层。在【图层】面板中，按住【Ctrl】键单击【创建新图层】按钮，在当前图层下方新建【图层 1】图层，如图 5-239 所示。

Step05 设置前景色并填充。设置【前景色】为浅绿色，按【Alt+Delete】组合键填充前景色，如图 5-240 所示。

图 5-239

图 5-240

妙招技法

通过对本章内容的学习，相信读者已经了解并掌握了图像绘制和修饰的基础知识。下面结合本章知识点，介绍一些实用技巧。

技巧01: 在拾色器对话框中，调整饱和度和亮度

在【拾色器】对话框中，除了可以通过颜色值设置具体颜色外，还可以调整颜色的饱和度和亮度，下面介绍具体操作步骤。

Step01 设置前景色内容。单击工具箱的【设置前景色】图标，打开【拾色器（前景色）】对话框，选中【S】单选按钮，如图 5-241 所示。

Step02 调整颜色饱和度。拖动中间的滑块即可调整颜色饱和度，如图 5-242 所示。

图 5-241

图 5-242

Step03 选择 B 选项。选中【B】单选按钮，如图 5-243 所示。

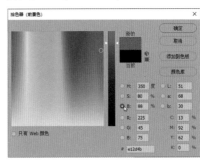

图 5-243

Step04 调整颜色亮度。拖动中间的滑块即可调整颜色亮度，如图 5-244 所示。

图 5-244

技巧 02：杂色渐变填充

选择【渐变工具】  后，在选项栏中，单击渐变色条，在打开的【渐变编辑器】对话框中，设置【渐变类型】为【杂色】，会显示杂色渐变选项，杂色渐变包含了在指定色彩区域内随机分布的颜色，颜色变化效果非常丰富，如图 5-245 所示。

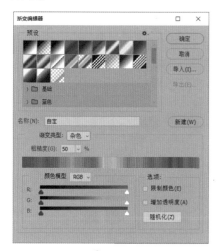

图 5-245

在左下方可以选择颜色模型，拖动滑块，即可调整渐变颜色。勾

选【限制颜色】复选框，可将颜色限制在可打印或印刷范围内，防止溢色。勾选【增加透明度】复选框，可以增加透明渐变，单击【随机化】按钮，可以生成随机渐变，如图 5-246 所示。

图 5-246

技巧 03：如何在设置颜色时保证颜色的设置不超出打印颜色色域或者 Web 安全色色域？

Photoshop 中设置颜色时，默认情况下是在 RGB 颜色模式下进行设置。RGB 颜色模式是色域最广的一种颜色模式，因此，如果将图像用于网络展示或者印刷时，容易出现不能准确显示或者打印颜色的情况。

如果想要在设置颜色时保证颜色的设置不会超出打印颜色色域或者 Web 安全色色域，可以打开【颜色】面板，单击面板右上角的扩展按钮 ，在扩展菜单中选择【CMYK 色谱】选项，此时，色谱上只会显示 CMYK 颜色模式色域内的颜色，如图 5-247 所示。

图 5-247

在扩展菜单中选择【建立 Web 安全曲线】选项，此时，色谱上只会显示 Web 安全色色域内的颜色，如图 5-248 所示。

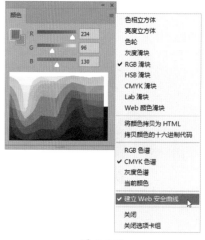

图 5-248

设置完成后，通过单击色谱吸取颜色，就可以保证拾取的颜色不会超出打印颜色色域或者 Web 安全色色域。

过关练习 —— 为圣诞老人简笔画上色

在使用 Photoshop 2020 绘图时，可以先用手写板绘制线条图稿，或者直接用铅笔绘制上传到计算机中，然后通过色彩工具为线条稿上色。

素材文件	素材文件\第5章\圣诞老人.jpg，新年快乐.jpg
结果文件	结果文件\第5章\圣诞老人.psd

具体操作步骤如下。

Step① 打开素材。打开"素材文件\第5章\圣诞老人.jpg"，选择【魔棒工具】，在选项栏中，设置【容差】为10，按住【Shift】键，在帽子、衣服位置单击创建选区，如图5-249所示。

图 5-249

Step② 填充颜色。将选区填充为红色【#fe0000】，如图5-250所示。

图 5-250

Step③ 创建选区。按住【Shift】键，使用【魔棒工具】在手套位置单击创建选区，如图5-251所示。

图 5-251

Step④ 填充颜色。填充为绿色【#fe0000】，如图5-252所示。

图 5-252

Step⑤ 创建选区。使用【魔棒工具】在额头位置单击创建选区，如图5-253所示。

图 5-253

Step⑥ 填充颜色。填充为肉色【#f7caa1】，如图5-254所示。

图 5-254

Step⑦ 创建选区。使用【魔棒工具】在鼻子位置单击创建选区，如图5-255所示。

图 5-255

Step⑧ 填充颜色。填充为橙色【#faa085】，如图5-256所示。

图 5-256

Step⑨ 创建选区。按住【Shift】键，使用【魔棒工具】在眼睛、皮带、脚等位置单击创建选区，如图5-257所示。

图 5-257

Step⑩ 填充颜色。填充为深灰色【#151845】，如图5-258所示。

图 5-258

Step⑪ 创建选区。使用【矩形选框工具】创建选区，如图5-259所示。

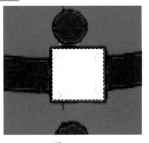

图 5-259

Step⑫ 选择渐变颜色。选择【渐变工具】 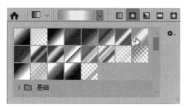，在选项栏中，单击渐变色条右侧的下拉按钮，在打开的下拉面板中，选择【橙、黄、橙渐变】，如图5-260所示。

图5-260

Step⑬ 填充渐变色。拖动鼠标填充渐变色，如图5-261所示。

图5-261

Step⑭ 收缩选区。执行【选择】→【修改】→【收缩】命令，打开【收缩选区】对话框，❶设置【收缩量】为4像素，❷单击【确定】按钮，如图5-262所示。

图5-262

Step⑮ 填充颜色。为选区填充深灰色【#151845】，如图5-263所示。

图5-263

Step⑯ 打开素材。打开"素材文件\第5章\新年快乐.jpg"文件，如图5-264所示。

图5-264

Step⑰ 拖动文件到图像中。选中圣诞老人后，把圣诞老人图像拖动到新年快乐文件中，如图5-265所示。

图5-265

Step⑱ 设置画笔笔尖形状。选择【画笔工具】 ，在【画笔】面板中，单击【画笔笔尖形状】选项，单击一个柔边圆笔刷，设置【间距】为136%，如图5-266所示。

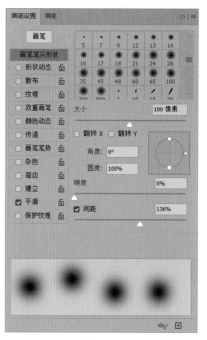

图5-266

Step⑲ 设置画笔效果的内容。勾选【形状动态】复选框，设置【大小抖动】为82%，控制【渐隐】为25，如图5-267所示。

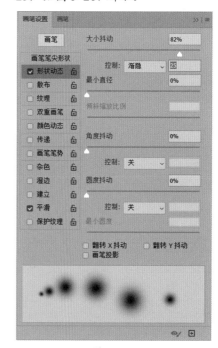

图5-267

Step⑳ 设置前景色并绘制图像。设置【前景色】为白色，在边缘拖动鼠标绘制图像，如图 5-268 所示。

Step㉑ 显示最终效果。在雪堆上拖动鼠标绘制图像，最终效果如图 5-269 所示。

图 5-268

图 5-269

本章小结

　　本章主要介绍了图像的绘制与修饰修复方法，首先讲解如何设置颜色，其次讲解填充和描边方法，再次重点讲解绘画工具的具体使用，最后讲解图像修复、润色和删除工具的具体使用与操作技术。

　　本章内容中，画笔工具、渐变工具和仿制图章工具是非常重要且必须掌握的内容，读者应对所有工具进行全面掌握，这样在实际操作时，才能做到得心应手。

第2篇 核心功能篇

前面学习了 Photoshop 图像处理的基础功能，本篇主要介绍 Photoshop 2020 的图像处理核心功能应用，也是学习 Photoshop 2020 的重点，内容包括图层应用、文字编辑、路径创建与应用、蒙版与通道的应用、图像颜色调整技术等知识。

第6章 图层的基本功能应用

- ➥ 图层是什么？
- ➥ 可以调整图层顺序吗？
- ➥ 找不到目标图层怎么办？
- ➥ 如何让图层管理变得更加容易？
- ➥ 图层太多了，可以合并一些吗？

当你有上面这些疑惑时，仔细学习本章内容，可以得到答案。

6.1 认识图层

图层就是一层层堆叠的透明纸张。在不同的纸张上，绘制图画的不同部分，组合起来就变成一幅完整的图画。在许多图像处理软件中，都引入了图层概念。通过图层，用户可以设定图像的合成效果，或者通过编辑图层的一些特效来丰富图像艺术，下面详细介绍图层的知识。

6.1.1 图层的含义

每个图层上都保存着不同的图像，可以透过上面图层的透明区域看到下面图层的内容。图层分层展示效果如图 6-1 所示。

每个图层中的对象都可以单独处理，而不会影响其他图层中的内容，如图 6-2 所示。

图层可以移动，也可以调整堆叠顺序，在【图层】面板中除【背景】图层外，其他图层都可以调整不透明度，使图像内容变得透明；还可以更改混合模式，如图 6-3 所示，让上下图层之间产出特殊的混合效果，如图 6-4 所示。

图 6-1

图 6-4

图 6-2

图 6-3

相关选项作用如表 6-1 所示。

表 6-1　选项作用

选项	作用
❶ 选取图层类型	当图层数量较多时，可在选项下拉列表中选择一种图层类型（包括名称、效果、模式、属性、颜色），让【图层】面板只显示此类图层，隐藏其他类型的图层
❷ 设置图层混合模式	用来设置当前图层的混合模式，使之与下面图层中的图像产生混合效果
❸ 锁定按钮	用来锁定当前图层的属性，使其不可编辑，包括透明像素、图像像素和位置
❹ 图层显示标志	显示该标志的图层为可见图层，单击它可以隐藏图层。隐藏的图层不能编辑
❺ 快捷图标	图层操作的常用快捷按钮，主要包括链接图层、图层样式、新建图层、删除图层等按钮
❻ 锁定标志	显示该图标时，表示图层处于锁定状态
❼ 填充	设置当前图层的填充不透明度，它与图层的不透明度类似，但只影响图层中绘制的像素和形状的不透明度，不会影响图层样式的不透明度
❽ 不透明度	设置当前图层的不透明度，使之呈现透明状态，从而显示出下面图层中的内容
❾ 打开 / 关闭图层过滤	单击该按钮，可以启动或停用图层过滤功能

在编辑图层前，首先在【图层】面板中选择图层，所选图层称为"当前图层"。绘画、颜色和色调调整都只能在一个图层中进行，而移动、对齐、变换或应用【样式】面板中的样式时，可批量处理所选的多个图层。

6.1.2　图层面板

【图层】面板显示了当前文件的图层信息，从中可以调节图层叠放顺序、图层透明度及图层混合模式等，几乎所有的图层操作都可以通过它来实现。

执行【窗口】→【图层】命令，或按【F7】键，打开【图层】面板，如图 6-5 所示。

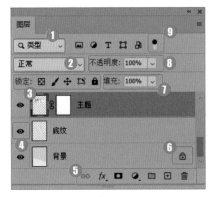

图 6-5

6.1.3 图层类别

在 Photoshop 2020 中，可以创建多种图层，它们都有各自不同的功能和用途，在【图层】面板中显示图标也不一致。下面对图层类别进行详细介绍，如图 6-6 所示。

图 6-6

相关选项作用如表 6-2 所示。

表 6-2 【图层】面板中
各图层作用

选项	作用
❶ 当前图层	当前选择的图层，对图像进行处理时，编辑操作将在当前图层中进行
❷ 链接图层	保持链接状态的多个图层
❸ 剪贴蒙版	属于蒙版中的一种，可使用一个图层中的图像控制它上面多个图层的显示范围
❹ 调整图层	可调整图像的亮度、色彩平衡等，不会改变像素值，并可重复编辑
❺ 填充图层	显示填充纯色、渐变或图案的特殊图层
❻ 图层蒙版图层	添加了图层蒙版的图层，蒙版可以控制图像的显示范围

续表

选项	作用
❼ 图层样式	添加了图层样式的图层，通过图层样式可以快速创建特效，如投影、发光、浮雕等效果
❽ 图层组	用于组织和管理图层，以便于查找和编辑图层
❾ 变形文字	进行变形处理后的文字图层
❿ 文字图层	使用文字工具输入文字时创建的图层
⓫ 背景图层	新建文档时创建的图层，它始终位于所有图层的最下层，名称为"背景"二字

6.2 图层操作

图层的基本操作包括新建、复制、删除、合并图层，以及图层顺序调整等，通过【图层】菜单中的相应命令或在【图层】面板中完成，下面详细介绍图层操作方法。

★重点 6.2.1 新建图层

图层的创建方法有很多种，包括在【图层】面板中创建、在编辑图像的过程中创建、使用菜单命令创建等。下面介绍一些常见的创建方法。

方法 1：单击【图层】面板下方的【创建新图层】按钮，即可在当前图层的上方创建新图层，如图 6-7 所示。

图 6-7

技术看板

按住【Ctrl】键，单击【创建新图层】按钮，可在当前图层下方创建新图层。

方法 2：单击【图层】面板右上角的【扩展】按钮，在弹出的快捷菜单中执行【新建图层】命令，如图 6-8 所示。

图 6-8

执行【图层】→【新建】→【图层】命令，弹出【新建图层】对话框，在对话框中设置图层名称、模式、不透明度等，单击【确定】按钮，即可创建新图层，如图 6-9 所示。

图 6-9

技术看板

按【Ctrl+Shift+N】组合键，弹出【新建图层】对话框，设置完成后单击【确定】按钮，即可创建新图层。

★重点 6.2.2 选择图层

单击【图层】面板中的一个图层即可选择该图层，它会成为当前图层。这个是最基本的选择方法，其他选择方法如下所示。

1. 选择多个图层

如果要选择多个相邻的图层，可以单击第一个图层，按住【Shift】键并单击最后一个图层；如果要选择多个不相邻的图层，可按住【Ctrl】键并分别单击这些图层。

2. 选择所有图层

执行【选择】→【所有图层】命令，即可选择【图层】面板中所有的图层。

3. 选择链接图层

选择一个链接图层，执行【图层】→【选择链接图层】命令，可以选择与之链接的所有图层。

4. 取消选择图层

如果不想选择任何图层，可在面板最下面一个图层下方的空白处单击。也可执行【选择】→【取消选择图层】命令。

技术看板

选择一个图层后，按【Alt+】】组合键，可以将当前图层切换为与之相邻的上一个图层；按【Alt+[】组合键，则可将当前图层切换为与之相邻的下一个图层。

打开任意素材后，在画面中右击图像，在弹出的快捷菜单中会显示鼠标指针所指区域的所在图层名称，选择该图层名称可选中该图层。

选择【移动工具】，勾选选项栏的【自动选择】复选框。此时，在图像窗口中单击图像，即可快速选中该图像所在图层。

6.2.3 背景图层和普通图层的相互转化

背景图层是特殊图层，位于面板最下方，不能调整顺序，也不能进行透明度设置等操作。背景图层和普通图层之间可以相互转化。

选择普通图层，执行【图层】→【新建】→【背景图层】命令，如图 6-10 所示。

图 6-10

可以将普通图层转换为背景图层，如图 6-11 所示。

图 6-11

在【图层】面板中，双击背景图层，弹出【新建图层】对话框，在对话框中设置参数后，单击【确定】按钮，可以将背景图层转换为普通图层。按住【Alt】键，双击背景图层，可以直接将背景图层转换为普通图层，并命名为【图层 0】。

6.2.4 复制图层

复制图层可将选定的图层进行复制，得到一个与原图层相同的图层。下面介绍常用的复制图层方法。

方法 1：在【图层】面板中，拖动需要进行复制的图层，如【背景】图层，到面板底部的【创建新建图层】按钮处，如图 6-12 所示。

图 6-12

复制生成【背景拷贝】图层，如图 6-13 所示。

图 6-13

方法 2：执行【图层】→【复制图层】命令，或者通过【图层】面板的快捷菜单中的【复制图层】命令，弹出【复制图层】对话框，输入复制图层的名称，单击【确定】按钮完成复制操作，如图 6-14 所示。

图 6-14

生成复制图层【童年时光】，如图 6-15 所示。

图 6-15

技能拓展——复制图层到其他文档或新文档中

如果打开了多个文件，在【复制图层】对话框的【目标】栏中，【文档】下拉列表中可以选择相应的文件，将图层复制到该文件中；如果选择【新建】选项，则将以当前图层为背景图层，新建一个文档。

方法 3：如果在图像中创建了选区，执行【图层】→【新建】→【通过拷贝的图层】命令，或按【Ctrl+J】组合键，可以将选中的图像复制到新图层中，原图层内容保持不变。如果没有创建选区，则会快速复制当前图层。

方法 4：如果在图像中创建了选区，执行【图层】→【新建】→【通过剪切的图层】命令，或按【Shift+Ctrl+J】组合键，可以将选中的图像剪切到新图层中，原图层中的相应内容被清除。

6.2.5　复制 CSS

CSS 样式表是一种网页制作样式。执行【图层】→【复制 CSS】命令，可以从形状或文本图层生成样式表。

从包含形状或文本的图层组复制 CSS 会为每个图层创建一个组

类，表示包含与组中图层对应的子 DIV 的父 DIV。子 DIV 的顶层 / 左侧值与父 DIV 有关。该命令不能应用于智能对象或未分组的多个形状 / 文本图层。

6.2.6　更改图层名称和颜色

在【图层】面板中有时为了更好地区分每个图层中的内容，可将图层的名称和颜色进行修改，以便在操作中可以快速找到它们。

如果要修改一个图层的名称，可在【图层】面板中双击该图层名称，如图 6-16 所示。

图 6-16

在显示的文本框中输入新的名称，按【Enter】键确认修改，效果如图 6-17 所示。

图 6-17

如果要修改图层的颜色，可以选择该图层并右击，在弹出的快捷菜单中选择颜色，如图 6-18 所示。

图 6-18

图层颜色变为绿色，如图 6-19 所示。

图 6-19

6.2.7 实战：显示和隐藏图层

实例门类	软件功能

在图像处理过程中，可以根据需要显示和隐藏图层，具体操作步骤如下。

Step01 打开素材。打开"素材文件\第6章\隐藏与显示图层.psd"文件，如图 6-20 所示。

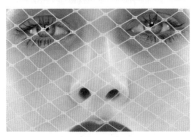

图 6-20

Step02 可见图层。在【图层】面板中，左侧有【指示图层可见性】图标 的图层为可见图层，如图 6-21 所示。

图 6-21

Step03 隐藏图层。单击图层前面的【指示图层可见性】图标 ，如图 6-22 所示。

图 6-22

Step04 隐藏图层中的图像不显示。可以隐藏该图层，该图层中的图像将不在画面中显示，如图 6-23 所示。

图 6-23

技术看板

按住【Alt】键，单击【指示图层可见性】图标 ，可以隐藏该图层以外的所有图层；按住【Alt】键再次单击该图标，可恢复其他图层的可见性。

执行【图层】→【隐藏图层】命令，可以隐藏当前图层；如果选择多个图层，执行该命令后，会隐藏所有选择的图层。

6.2.8 实战：链接图层

实例门类	软件功能

如果要同时处理多个图层中的内容，可以将这些图层链接在一起，具体操作步骤如下。

Step01 选择图层。在【图层】面板中选择两个或者多个图层，如图 6-24 所示。

图 6-24

Step02 链接图层。单击【图层】面板底部的【链接图层】按钮 ，或执行【图层】→【链接图层】命令，即可将它们链接，如图 6-25 所示。

图 6-25

技能拓展——取消链接图层

选择图层后，再次单击【链接图层】按钮 ⊖⊖，即可取消图层间的链接关系。

6.2.9 锁定图层

实例门类	软件功能

图层被锁定后，将限制图层可编辑的内容和范围，被锁定内容将不会受到其他图层的影响。【图层】面板的锁定组中提供了 5 个不同功能的锁定按钮，如图 6-26 所示。

图 6-26

相关选项作用如表 6-3 所示。

表 6-3 【图层】面板中各锁定按钮作用

选项	作用
❶ 锁定透明像素	单击该按钮，则图层或图层组中的透明像素被锁定。当使用绘制工具绘图时，将只对图层非透明的区域（即有图像的像素部分）生效
❷ 锁定图像像素	单击该按钮可以将当前图层保护起来，使之不受任何填充、描边及其他绘图操作的影响
❸ 锁定位置	用于锁定图像的位置，不能对图层内的图像进行移动、旋转、翻转和自由变换等操作，但可以对图层内的图像进行填充、描边和其他绘图的操作
❹ 防止在画板和画框内外自动嵌套	将插图中的锁指定给画板，以禁止在画板内部和外部自动嵌套，或指定给画板内的特定图层，以禁止这些特定图层的自动嵌套。要恢复到正常的自动嵌套行为，需从画板或图层中删除所有自动嵌套锁
❺ 锁定全部	单击该按钮，图层部分全部被锁定，不能移动位置、不可执行任何图像编辑操作，也不能更改图层的不透明度和图像的混合模式

技术看板

锁定图层后，图层上会出现一个锁形图标。当图层只有部分属性被锁定时，锁形图标为空心 🔓；当所有属性都被锁定时，锁形图标为实心 🔒。

6.2.10 实战：调整图层顺序

实例门类	软件功能

在【图层】面板中，图层是按照创建的先后顺序堆叠排列的，用户可以调整它们的顺序，具体操作步骤如下。

Step01 打开素材。打开"素材文件\第 6 章\调整图层顺序.psd"文件，如图 6-27 所示。

图 6-27

Step02 拖动调整图层顺序。拖动【图层 3】到【图层 2】下方，如图 6-28 所示。

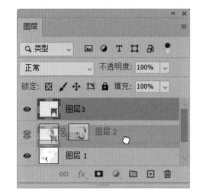

图 6-28

Step03 完成图层顺序调整。释放鼠标，即可调整图层堆叠顺序。如图 6-29 所示。

图 6-29

Step04 显示图层改变的效果。改变图层顺序会影响图像的显示效果，如图 6-30 所示。

图 6-30

技术看板

执行【图层】→【排列】菜单中的命令，也可以调整图层的堆叠顺序，还可通过右侧的快捷键执行命令。

按【Ctrl + [】组合键可以将其向下移动一层；按【Ctrl +]】组合键可以将其向上移动一层；按【Ctrl + Shift +]】组合键可将当前图层置为顶层；按【Ctrl + Shift + [】组合键，可将其置于底层。

6.2.11 实战：对齐图层

实例门类	软件功能

如果要将多个图层中的图像内容对齐，可以在【图层】面板中选择它们，然后执行【图层】→【对齐】命令，在菜单中选择一个对齐命令进行对齐操作。

1. 顶对齐

所选图层对象将以位于最上方的对象为基准，进行顶部对齐。

2. 垂直居中

所选图层对象将以位置居中的对象为基准，进行垂直居中对齐。

3. 底对齐

所选图层对象将以位于最下方的对象为基准，进行底部对齐。

4. 左对齐

所选图层对象将以位于最左侧的对象为基准，进行左对齐。

5. 水平居中

所选图层对象将以位于中间的对象为基准，进行水平居中对齐。

6. 右对齐

所选图层对象将以位于最右侧的对象为基准，进行右对齐。

Step01 打开素材。打开"素材文件\第 6 章\对齐图层.psd"文件，如图 6-31 所示。

图 6-31

Step02 选择图层。选中背景图层以外的所有图层，如图 6-32 所示。

图 6-32

Step03 图层顶对齐。执行【图层】→【对齐】→【顶边】命令，效果如图 6-33 所示。

图 6-33

Step04 图层垂直居中对齐。【垂直居中】对齐效果如图 6-34 所示。

图 6-34

Step05 图层底对齐。【底边】对齐效果如图 6-35 所示。

图 6-35

Step06 图层左对齐。【左边】对齐效果如图 6-36 所示。

图 6-36

Step07 图层水平居中对齐。【水平居中】效果如图 6-37 所示。

图 6-37

Step08 图层右对齐。【右边】对齐效果如图 6-38 所示。

图 6-38

6.2.12 分布图层

如果要让 3 个或者更多的图层采用一定的规律均匀分布，可以选择这些图层，然后执行【图层】→【分布】命令进行操作。

1. 按顶分布

可均匀分布各链接图层或所选择的多个图层的位置，使它们最上方的图像间隔同样的距离。

2. 垂直居中分布

可将所选图层对象间垂直方向的图像间隔同样的距离。

3. 按底分布

可使所选图层对象间最下方的图像间隔同样的距离。

4. 按左分布

可使所选图层对象间最左侧的图像间隔同样的距离。

5. 水平居中分布

可使所选图层对象间水平方向的图像间隔同样的距离。

6. 按右分布

可使所选图层对象间最右侧的图像间隔同样的距离。

> **技术看板**
>
> 如果用户当前选择【移动工具】，可以通过选项栏的按钮对齐图层。
> 可以通过选项栏的按钮分布图层。

6.2.13 实战：将图层与选区对齐

实例门类	软件功能

除了图层与图层之间对齐外，用户还可以将图层与选区对齐，具体操作步骤如下。

Step01 打开素材。打开"素材文件\第6章\图层对齐选区.psd"文件，在画面中创建选区，如图 6-39 所示。

图 6-39

Step02 选择图层。选择【图层 1】，如图 6-40 所示。

图 6-40

Step03 执行命令。执行【图层】→【将图层与选区对齐】命令，选择子菜单中的任意命令，可基于选区对齐所选的图层。如图 6-41 所示。

图 6-41

Step04 显示顶边对齐效果。在子菜单中，选择【顶边】选项，效果如图 6-42 所示。

图 6-42

Step05 **显示底边对齐效果。** 选择【底边】选项，效果如图 6-43 所示。

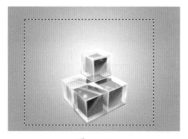

图 6-43

Step06 **显示左边对齐效果。** 选择【左边】选项，效果如图 6-44 所示。

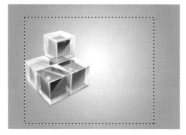

图 6-44

6.2.14 栅格化图层

如果要使用绘画工具和滤镜编辑文字图层、形状图层、矢量蒙版或智能对象等包含矢量数据的图层，需要先将其栅格化，使图层中的内容转换为栅格图像，然后才能进行相应的编辑。

选择需要栅格化的图层，执行【图层】→【栅格化】命令，在弹出的子菜单中执行相应命令，即可栅格化图层中的内容。

6.2.15 删除图层

当某个图层不再需要时，可将其删除，以最大限度降低图像文件的大小，下面介绍几种常用的删除方法。

方法 1： 在【图层】面板中，拖动需要删除的图层，如将【图层1】图层拖动到面板底部的【删除图层】按钮上，如图 6-45 所示。

图 6-45

释放鼠标即可删除【图层 1】，效果如图 6-46 所示。

图 6-46

方法 2： 选择需要删除的图层，也可以是多个图层，单击【删除图层】按钮。

方法 3： 执行【图层】→【删除】→【图层】命令，删除图层。

方法 4： 通过【图层】面板的快捷菜单，执行【删除图层】命令删除图层。

★重点 6.2.16 图层合并和盖印

在一个文件中，建立的图层越多，该文件所占用的空间也就越大。因此，将一些不必要分开的图层合并为一个图层，从而减少所占用的磁盘空间，也可以加快操作速度。盖印图层可在不影响原图层效果的情况下，将多个图层合并创建为一个新的图层。

1. 合并图层

如果要合并两个或者多个图层，可以在【图层】面板中将它们选中，如图 6-47 所示。

图 6-47

然后执行【图层】→【合并图层】命令，合并后的图层使用最上面图层的名称。如图 6-48 所示。

图 6-48

2. 向下合并

如果想要将一个图层与它下面

的一个图层合并，可以选中这个图层，如图 6-49 所示。

图 6-49

执行【图层】→【向下合并】命令，合并后的图层使用下面图层的名称，如图 6-50 所示。

图 6-50

3. 合并可见图层

如果要合并所有可见的图层，如图 6-51 所示。

图 6-51

可执行【图层】→【合并可见图层】命令，它们会合并到【背景】

图层中，如图 6-52 所示。

图 6-52

4. 拼合图像

如果要将所有图层都拼合到【背景】图层中，可以执行【图层】→【拼合图像】命令。如果有隐藏的图层，则会弹出一个提示，询问是否删除隐藏的图层。

5. 盖印图层

盖印是比较特殊的图层合并方法，可以将多个图层中的图像内容合并到一个新的图层中，同时保留其他图层。如想要得到某些图层的合并效果，又不想修改原图层时，盖印图层是最好的解决办法。

选中多个图层，如图 6-53 所示。

图 6-53

按【Ctrl+Alt+E】组合键可以盖印选择图层，在选中图层最上方自动创建图层，如图 6-54 所示。

图 6-54

选中任一个图层，如图 6-55 所示。

图 6-55

按【Shift+Ctrl+Alt+E】组合键可以盖印所有可见图层，并在选择图层上方自动创建图层，如图 6-56所示。

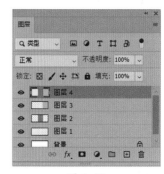

图 6-56

6.3 图层组

图层组类似于文件夹，可将多个独立的图层放在不同的图层组中，图层组可以像图层一样进行移动、复制、链接、对齐和分布，也可以合并，以减少文件大小。使用图层组来组织和管理图层，会使图层的结构更加清晰，也使管理更加方便快捷。

★重点 6.3.1 创建图层组

利用图层组对图层进行管理，首先要创建一个图层组，创建图层组的具体方法如下。

方法 1：单击【图层】面板下面的【创建新组】按钮，如图 6-57 所示。

图 6-57

操作完成后，即可新建组，如图 6-58 所示。

图 6-58

方法 2：执行【图层】→【新建】→【组】命令，弹出【新建组】对话框，分别设置图层组的名称、颜色、模式和不透明度，单击【确定】按钮，如图 6-59 所示。

图 6-59

操作完成后，即可创建一个空白的图层组，如图 6-60 所示。

图 6-60

技能拓展——创建嵌套图层组

创建图层组以后，在图层组内还可以继续创建图层组，称为嵌套图层组。

方法 3：在【图层】面板中选中图层，如图 6-61 所示。

图 6-61

执行【图层】→【新建】→【从图层建立组】命令，在弹出的

【从图层新建组】对话框中可以设置图层组的名称、颜色等参数，单击【确定】按钮，如图 6-62 所示。

图 6-62

操作完成后，即可将选择的图层创建为图层组，如图 6-63 所示。

图 6-63

★重点 6.3.2 将图层移入/移出图层组

如图 6-64 所示，将一个图层拖入图层组内，当显示蓝色线条时释放鼠标，即可将其添加到图层组中，效果如图 6-65 所示。

图 6-64

图 6-65

如图 6-66 所示，将图层组中的图层拖出组外，当显示蓝色线条时，释放鼠标，可将其从图层组中移除，效果如图 6-67 所示。

图 6-66

图 6-67

6.3.3 取消图层组和删除图层组

在操作过程中，如果要取消图层编组，但保留图层，可以选中该图层组，如图 6-68 所示。

图 6-68

执行【图层】→【取消图层编组】命令，取消图层组后效果如图 6-69 所示。

图 6-69

技术看板

选中图层后，按【Ctrl+G】组合键可将所选图层编组；选中图层组后，按【Shift+Ctrl+G】组合键可取消图层编组。

如果要删除图层组及组中的图层，可将图层组拖动到【图层】面板的【删除图层】按钮🗑上。或者选择图层组后，单击【删除图层】按钮🗑，如图 6-70 所示。

图 6-70

弹出提示对话框，用户可以选择删除图层组后，是否保留图层组中的图层，如图 6-71 所示。

图 6-71

6.4 图层复合

图层复合是【图层】面板状态的快照，它记录了当前文档中图层的可见性、位置和外观（包括图层的不透明度、混合模式以及图层样式等）。通过图层复合可以快速地在文档中切换不同版面的显示状态，比较适合展示多种设计方案。

6.4.1 图层复合面板

为了向客户展示，设计师通常会创建页面版式的多个合成图稿（或复合）。使用图层复合，可以在单个 Photoshop 文件中创建、管理和查看版面的多个版本。

图层复合是【图层】面板状态的快照。

执行【窗口】→【图层复合】命令，打开【图层复合】面板，如图 6-72 所示。该面板主要用于创建、编辑、显示和删除图层复合。

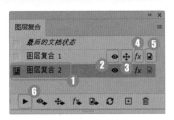

图 6-72

面板中各按钮作用如表6-4所示。

表6-4 【图层复合面板】选项中
各按钮作用

选项	作用
❶ 应用图层复合	显示该图层的图层复合为当前使用的图层复合
❷ 切换图层复合可见性	用来记录图层是显示或是隐藏
❸ 切换图层复合位置	用来记录图层的位置
❹ 切换图层复合外观	用来记录是否将图层样式应用于图层和图层的混合模式
❺ 切换智能对象的图层复合选区	选择文档中的智能对象时，可在【属性】面板中访问源文件中定义的图层复合
❻ 应用选中的下一图层复合	单击即可切换到下一个图层复合

6.4.2 创建图层复合

新的复合反映【图层】面板中图层的当前状态。单击【图层复合】面板底部的【创建新的图层复合】按钮，如图6-73所示。

图 6-73

技能拓展——图层与图层复合有什么区别？

图层复合与图层效果不同，无法在图层复合之间更改智能滤镜设置。一旦将智能滤镜应用于一个图层，它将出现在图像的所有图层复合中。

在【新建图层复合】对话框中，命名该图层复合，添加说明性注释并选取要应用于图层的选项：【可见性】【位置】【外观】和【智能对象的图层复合选区】，如图6-74所示。

图 6-74

单击【确定】，即可创建图层复合，如图6-75所示。选择的选项会存储为下一个复合的默认值。

图 6-75

技术看板

要复制图层复合，在【图层复合】面板中选择图层复合，然后将该复合拖动到【新建复合】按钮上。

如果更改了图层复合的配置，需要单击面板下方的按钮进行更新。

妙招技法

通过对前面知识的学习，相信读者朋友已经了解并掌握了图层基本功能应用的基础知识。下面结合本章内容，介绍一些实用技巧。

技巧01：更改图层缩览图大小

在【图层】面板中，图层名称左侧图标为图层缩览图，它显示了图层基本内容。右击图层缩览图，如图6-76所示。

图 6-76

在弹出的快捷菜单中，选择相应选项。例如，选择【大缩览图】选项，如图6-77所示。

图 6-77

操作完成后，即可增大图层缩

览图，效果如图 6-78 所示。

图 6-78

技巧 02：查找图层

当图层数量较多时，想要快速找到某个图层，可执行【选择】→【查找图层】命令，【图层】面板顶部会出现一个文本框，如图 6-79 所示。

图 6-79

输入需要查找的图层名称，面板中即可显示查找的图层，如图 6-80 所示。

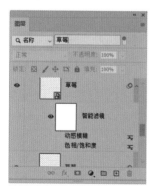

图 6-80

此外，也可让面板中显示某种类型的图层（包括名称、效果、模式、属性、颜色），隐藏其他类型的图层。例如，在面板顶部选择【类型】选项，然后单击右侧的【文字图层过滤器】按钮 T，面板中将只显示文字类图层，如图 6-81 所示。

图 6-81

选择【效果】选项，面板中将只显示添加了指定效果的图层，如图 6-82 所示。

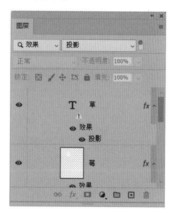

图 6-82

技能拓展——关闭图层过滤

如果想停止图层过滤，让面板恢复显示所有图层，可单击面板右上角的【打开/关闭图层过滤】按钮。

技巧 03：隔离图层

如果制作文件时，没有对图层正确地命名，选择图层会变得很难。此时，可以使用【隔离图层】功能，将选择的图层单独显示在图层面板中，具体操作步骤如下。

Step 01 打开素材。打开"素材文件\第6章\隔离图层.psd"文件，在【图层】面板中，选中需要隔离的图层，如图 6-83 所示。

图 6-83

Step 02 执行隔离图层命令。执行【选择】→【隔离图层】命令，【图层】面板中将只显示指定的图层，如图 6-84 所示。

图 6-84

Step 03 显示设置效果。选择【移动工具】 移动图层，不会影响其他图层，如图 6-85 所示。

图 6-85

过关练习——打造温馨色调效果

拍摄图像时，除了调整好角度和姿势外，整体光照也是非常重要的，不同的色调能够带给人不同的心理感受。例如，温馨色调会带给人温暖的感觉。

素材文件	素材文件\第6章\小孩和小狗.jpg
结果文件	结果文件\第6章\小孩和小狗.psd

具体操作步骤如下。

Step01 打开素材。打开"素材文件\第6章\小孩和小狗.jpg"文件，如图6-86所示。

图 6-86

Step02 复制图层。执行【图层】→【新建】→【通过拷贝的图层】命令，复制图层，如图6-87所示。

图 6-87

Step03 更改图层名。双击图层名，进入文本编辑状态，更改图层名为【调亮】，如图6-88所示。

图 6-88

Step04 调整曲线。执行【图像】→【调整】→【曲线】命令，向上拖动曲线，如图6-89所示。

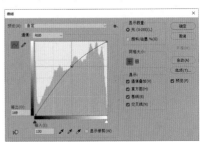

图 6-89

Step05 显示效果。调整曲线后，图像效果如图6-90所示。

图 6-90

Step06 复制图层。按【Ctrl+J】组合键复制图层，并将其重命名为【锐化】，如图6-91所示。

图 6-91

Step07 设置 USM 锐化内容。执行【滤镜】→【锐化】→【USM 锐化】命令，❶ 设置【数量】为 140%、【半径】为 0.8 像素、【阈值】为 0 色阶，❷ 单击【确定】按钮，如图 6-92 所示。

图 6-92

Step08 显示锐化效果。锐化效果如图 6-93 所示。

图 6-93

Step09 盖印图层。按【Alt+Shift+Ctrl+E】组合键，盖印图层，生成【图层 1】图层，如图 6-94 所示。

图 6-94

Step10 命名图层。命名为【光照】，如图 6-95 所示。

图 6-95

Step11 执行镜头光晕命令。执行【滤镜】→【渲染】→【镜头光晕】命令，❶ 拖动光晕中心到左上角，❷ 设置【亮度】为 150%，❸ 单击【确定】按钮，如图 6-96 所示。

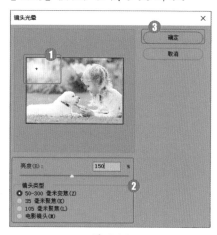

图 6-96

Step12 显示效果。光晕效果如图 6-97 所示。

图 6-97

Step13 新建图层。单击【创建新图层】按钮，新建【图层 1】，如图 6-98 所示。

图 6-98

Step14 设置前景色颜色。设置【前景色】为黄色【#fff100】，按【Alt+Delete】组合键填充前景色，如图 6-99 所示。

图 6-99

Step15 更改图层模式。重命名图层为【柔光】，更改图层【混合模式】为柔光，【不透明度】为 50%，如图 6-100 所示。

图 6-100

Step⑯ 显示效果。图像效果如图 6-101 所示。

图 6-101

本章小结

本章详细介绍了在 Photoshop 2020 中图层的创建与基本编辑。其中包括图层的新建、复制、删除、链接、锁定、合并等操作，以及如何使用图层组管理图层，最后介绍了图层复合的创建与编辑。图层使 Photoshop 2020 功能变得更加强大，大家一定要熟练掌握。

第7章 图层的高级功能应用

- ➥ 图层混合模式有几种？
- ➥ 如何添加发光效果？
- ➥ 调整色彩并退出文件后，还可以修改调整效果吗？
- ➥ 如何使用【样式】面板？
- ➥ 什么是中性色图层？

　　图层的高级功能，使图层中的图像效果更丰富多变，在 Photoshop 2020 中，图层的使用范围更是得到极大提升。通过对本章的学习，读者会感受到图层更加强大的功能。

7.1　混合模式

　　混合模式是 Photoshop 的核心功能之一，它决定了像素的混合方式，可用于合成图像，制作选区和特殊效果，但不会对图像造成任何实质性破坏。

7.1.1　图层混合模式的应用范围

　　Photoshop 中的许多工具和命令都包含混合模式设置选项，如【图层】面板、绘画和修饰工具的工具选项栏、【图层样式】对话框、【填充】命令、【描边】命令、【计算】和【应用图像】命令等。如此多的功能都与混合模式有关，可见混合模式的重要性。

- ➥ 用于混合图层：在【图层】面板中，混合模式用于控制当前图层中的像素与它下面图层中的像素如何混合。除【背景】图层外，其他图层都可以设置混合模式。
- ➥ 用于混合像素：在绘画和修饰工具的工具选项栏，以及【渐隐】【填充】【描边】命令和【图层样式】对话框中，混合模式只将添加的内容与当前操作的图层混

合，而不会影响其他图层。
- ➥ 用于混合通道：在【应用图像】和【计算】命令中，混合模式用来混合通道，可以创建特殊的图像合成效果，也可以用来制作选区。

★重点 7.1.2　混合模式的类别

　　在【图层】面板中选择一个图层，默认混合模式为【正常】，单击右侧按钮，在打开的下拉列表中可以选择一种混合模式，混合模式分为 6 组，如图 7-1 所示。

　　相关选项作用如表 7-1 所示。

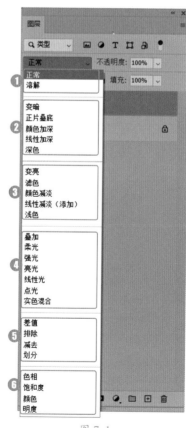

图 7-1

表 7-1 【混合模式】中各选项作用

选项	作用
❶ 组合	该组中的混合模式需要降低图层的不透明度才能产生作用
❷ 加深	该组中混合模式可以使图像变暗。在混合过程中，当前图层中的白色将被底色较暗的像素替代
❸ 减淡	该组与加深模式产生的效果相反，它们可以使图像变亮。在使用这些混合模式时，图像中的黑色会被较亮的像素替换，而比黑色亮的像素可以加亮底层图像
❹ 对比	该组中的混合模式可以增强图像的反差。在混合时，50% 的灰色会完全消失，亮度值高于 50% 灰色的像素可以加亮底层的图像，亮度值低于 50% 灰色的像素则可以使底层图像变暗
❺ 比较	该组中的混合模式可以比较当前图像与底层图像，然后将相同的区域显示为黑色，不同的区域显示为灰度层次或彩色。如果当前图层中包含白色，白色的区域会使底层图像反相，而黑色不会对底层图像产生影响
❻ 色彩	使用该组混合模式时，Photoshop 会将色彩分为色相、饱和度和亮度 3 种成分，然后再将其中的一种或两种应用在混合后的图像中

7.1.3 实战：使用混合模式打造天鹅湖场景

实例门类	软件功能

前面了解了混合模式的类别，

下面讲解如何用混合模式打造天鹅湖场景，具体操作步骤如下。

Step01 打开素材。打开"素材文件\第7章\天鹅.jpg"文件，如图 7-2 所示。

图 7-2

Step02 打开素材。打开"素材文件\第7章\湖泊.jpg"文件，如图 7-3 所示。

图 7-3

Step03 拖动图像。将湖泊图像拖动到天鹅图像中，如图 7-4 所示。

图 7-4

Step04 自由变换图像。按【Ctrl+T】组合键，执行【自由变换】操作，适当放大图像，如图 7-5 所示。

图 7-5

Step05 更改图层混合模式。在【图层】面板中，设置图层的【混合模式】为强光，如图 7-6 所示。

图 7-6

Step06 显示效果。图像混合效果如图 7-7 所示。

图 7-7

7.1.4 背后模式和清除模式

【背后】模式和【清除】模式是绘画工具、【填充】和【描边】命令特有的混合模式。

选择【画笔工具】后，单击选项栏中的【模式】下拉按钮，可以选择【背后】或者【清除】模式，如图 7-8 所示。

图 7-8

执行【编辑】→【填充】命令，打开【填充】对话框，单击【模式】下拉按钮，也可以选择【清除】或者【背后】模式，如图 7-9 所示。

图 7-9

【背后】模式：仅在图层的透明部分编辑或绘画，不会影响图层中原有的图像，就像在当前图层下面的图层绘画一样。【正常】模式下使用画笔工具涂抹的效果如图7-10所示。

图 7-10

【背后】模式下的涂抹效果如图 7-11 所示。

图 7-11

【清除】模式：与橡皮擦工具的作用类似。在该模式下，工具或命令的不透明度决定了像素是否完全被清除，不透明度为100%时，

可以完全清除像素，不透明度小于100%时，则部分清除像素。图7-12所示为原图像。

图 7-12

【清除】模式下使用画笔工具涂抹效果如图 7-13 所示。

图 7-13

7.1.5 图层不透明度

【图层】面板中有两个控制图层不透明度的选项：【不透明度】和【填充】。其中，【不透明度】用于控制图层、图层组中绘制的像素和形状的不透明度，如果对图层应用了图层样式，则图层样式的不透明度也会受到该值的影响。【填充】只影响图层中绘制的像素和形状的不透明度，不会影响图层样式的不透明度。

图 7-14 所示为【不透明度】【填充】均为 100% 的效果。

图 7-14

在【图层】面板中，设置【不透明度】为 0%，如图 7-15 所示。图层内容和图层样式效果均变为透明。

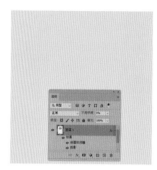

图 7-15

在【图层】面板中，设置【填充】为 0%，如图 7-16 所示。图层内容变为透明，而图层样式未受到影响。

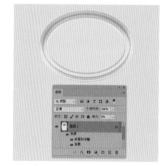

图 7-16

7.2 图层样式的应用

图层样式也称为图层效果，它可以为图像或文字添加外发光、阴影、光泽、图案叠加、渐变叠加和颜色叠加等效果。图层样式可以随时修改、隐藏或删除，具有非常强的灵活性，下面将进行详细介绍。

★重点 7.2.1　添加图层样式

如果要为图层添加样式，可以选中图层，然后采用下面任意一种方法打开【图层样式】对话框，设置效果。

方法 1：执行【图层】→【图层样式】命令，在子菜单中选择一个效果命令，即可打开【图层样式】对话框，并进入相应效果的设置面板。

方法 2：在【图层】面板中单击【添加图层样式】按钮 *fx.*，在打开的快捷菜单中，选择需要添加的效果，如图 7-17 所示。

图 7-17

操作完成后，即可打开【图层样式】对话框并进入到相应效果的设置面板，如图 7-18 所示。

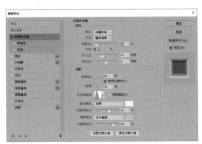

图 7-18

方法 3：双击需要添加效果的图层，可打开【图层样式】对话框，在对话框左侧选择需添加的效果，即可切换到该效果的设置面板。

7.2.2　图层样式对话框

【图层样式】对话框的左侧列出了 10 种效果，效果前面的复选框被勾选，表示在图层中添加了该效果，如图 7-19 所示。取消勾选效果前面的复选框，则可以停用该效果。

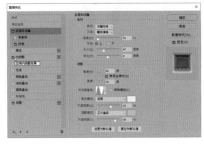

图 7-19

设置效果参数后，单击【确定】按钮即可为图层添加效果，该图层会显示出一个图层样式图标 *fx.* 和一个效果列表，单击 按钮可折叠或展开效果列表，如图 7-20 所示。

图 7-20

7.2.3　斜面和浮雕

【斜面和浮雕】效果可以对图层添加高光和阴影的各种组合，使图层内容呈现立体的浮雕效果，如图 7-21 所示。

图 7-21

【外斜面】图层样式设置如图 7-22 所示。

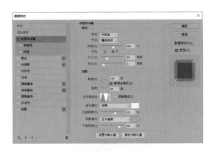

图 7-22

【枕状浮雕】图层样式设置如图 7-23 所示。

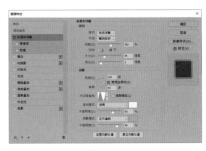

图 7-23

【枕状浮雕】效果如图 7-24 所示。

图 7-24

【斜面和浮雕】面板相关选项作用如表 7-2 所示。

表 7-2 【斜面和浮雕】面板中各选项作用

选项	作用
样式	在该选项下拉列表中可以选择斜面和浮雕的样式。包括【外斜面】【内斜面】【浮雕效果】【枕状浮雕】【描边浮雕】。添加【描边浮雕】效果，需要首先为图层添加【描边】样式
方法	用于选择一种创建浮雕的方法
深度	用于设置浮雕斜面的应用深度，设置的值越高，浮雕的立体感越强
方向	定位光源角度后，可通过该选项设置高光和阴影的位置
大小	用于设置斜面和浮雕中阴影面积的大小
软化	用于设置斜面和浮雕的柔和程度，设置的值越高，效果越柔和
角度/高度	【角度】选项用于设置光源的照射角度，【高度】选项用于设置光源的高度

续表

选项	作用
光泽等高线	可以选择一个等高线样式，为斜面和浮雕表面添加光泽，创建具有光泽感的金属外观浮雕效果
消除锯齿	可以消除由于设置了光泽等高线而产生的锯齿
高光模式	用于设置高光的混合模式、颜色和不透明度
阴影模式	用于设置阴影的混合模式、颜色和不透明度

勾选对话框左侧的【等高线】复选框，可以切换到【等高线】设置面板，如图 7-25 所示。

图 7-25

使用【等高线】可以勾画在浮雕处理中被遮盖的起伏、凹陷和凸起，如图 7-26 所示。

图 7-26

勾选对话框左侧的【纹理】复选框，可以切换到【纹理】设置面板，如图 7-27 所示。

图 7-27

在【纹理】面板中，可以为浮雕添加纹理效果，如图 7-28 所示。

图 7-28

相关选项作用如表 7-3 所示。

表 7-3 【纹理】设置面板中各选项作用

选项	作用
图案	单击图案右侧的下拉按钮，可以在打开的下拉面板中选择一个图案，将其应用到斜面和浮雕上
从当前图案创建新的预设	单击该按钮，可以将当前设置的图案创建为一个新的预设图案，新图案会保存在【图案】下拉面板中
缩放	拖动滑块或输入数值可以调整图案的大小
深度	用于设置图案的纹理应用程度
反相	勾选此复选框，可以反转图案纹理的凹凸方向

续表

选项	作用
与图层链接	勾选此复选框可以将图案链接到图层，对图层进行变换操作时，图案也会一同变换

7.2.4 描边

【描边】效果可以使用颜色、渐变或图案描边对象的轮廓，它对于硬边形状特别有用。【颜色】描边设置如图7-29所示。

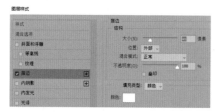

图 7-29

效果如图7-30所示。

图 7-30

【渐变】描边设置如图7-31所示。

图 7-31

效果如图7-32所示。

图 7-32

【图案】描边设置如图7-33所示。

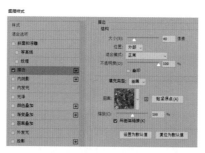

图 7-33

效果如图7-34所示。

图 7-34

7.2.5 投影

【投影】效果可以为图层内容添加投影，使其产生立体感，投影的不透明度、投影角度等都可以在【图层样式】对话框中设置，如图7-35所示。

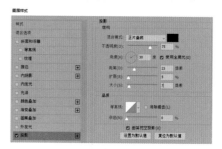

图 7-35

效果如图7-36所示。

图 7-36

相关选项作用如表7-4所示。

表7-4 【投影】设置面板中各选项作用

选项	作用
混合模式	用于设置投影与下面图层的混合方式，默认为【正片叠底】模式
投影颜色	在【混合模式】后面的颜色框中，可设定阴影的颜色
不透明度	设置投影的不透明度，不透明度值越大，投影就越明显。可直接在后面的文本框中输入数值进行精确调节，或拖动三角形滑块进行调节
角度	设置光照角度，可确定投下阴影的方向与角度

续表

选项	作用
使用全局光	勾选时可保持所有光照的角度一致，将所有图层对象的阴影角度统一，取消勾选时可以为不同的图层分别设置光照角度
距离	设置阴影偏移幅度，距离越大，层次感越强；距离越小，层次感越弱
扩展	设置模糊的边界，【扩展】值越大，模糊的部分越少，可调节阴影的边缘清晰度
大小	设置模糊的边界，【大小】值越大，模糊的部分就越大
等高线	设置阴影的明暗部分，可单击下拉按钮选择预设效果，也可单击预设效果，在弹出的【等高线编辑器】对话框中重新进行编辑。等高线可设置暗部与高光部
消除锯齿	混合等高线边缘的像素，使投影更加平滑
杂色	为阴影增加杂点效果，【杂色】值越大，杂点越明显
图层挖空投影	用于控制半透明图层中投影的可见性。勾选此选项复选框后，如果当前图层的【填充】不透明度小于100%，则半透明图层中的投影不可见

7.2.6 内阴影

　　【内阴影】效果可以在紧靠图层内容的边缘内添加阴影，使图层内容产生凹陷效果。【内阴影】与

【投影】的选项设置方式基本相同。它们的不同之处在于：【投影】通过【扩展】选项来控制投影边缘的渐变程度，而【内阴影】通过【阻塞】选项来控制。【阻塞】可以收缩内阴影的边界，【阻塞】与【大小】选项相关联，【大小】值越高，可设置的【阻塞】范围也就越大，如图7-37所示。

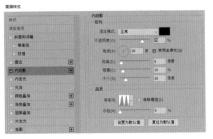

图 7-37

　　添加【内阴影】样式效果如图7-38所示。

图 7-38

7.2.7 外发光和内发光

　　【外发光】效果可沿着图层内容的边缘向外创建发光效果，如图7-39所示。

图 7-39

　　参数设置如图7-40所示。

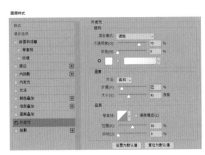

图 7-40

　　相关选项作用如表7-5所示。

表7-5 【外发光】设置面板中各选项作用

选项	作用
混合模式/不透明度	【混合模式】用于设置发光效果与下面图层的混合方式；【不透明度】用于设置发光效果的不透明度，该值越低，发光效果越弱
杂色	可以在发光效果中添加随机的杂色，使光晕呈现颗粒感
发光颜色	用于设置发光颜色
方法	用于设置发光的方法，以控制发光的准确程度
扩展/大小	【扩展】用于设置发光范围的大小；【大小】用于设置光晕范围的大小

【内发光】效果可以沿图层内容的边缘向内创建发光效果，如图7-41所示。

图 7-41

【内发光】效果中除了【源】和【阻塞】外，其他选项都与【外发光】效果相同，如图7-42所示。

图 7-42

相关选项作用如表7-6所示。

表 7-6 【内发光】设置面板中各选项作用

选项	作用
源	用于控制发光源的位置。选中【居中】单选按钮，表示应用从图层内容的中心发出的光，此时如果增加【大小】值，发光效果会向图像的中央收缩；选中【边缘】单选按钮，表示应用从图层内容的内部边缘发出的光，此时如果增加【大小】值，发光效果会向图像的中央扩展
阻塞	用于收缩内发光的杂边边界

7.2.8 光泽

【光泽】效果可以应用光滑光泽的内部阴影，通常用于创建金属表面的光泽外观，如图7-43所示。

图 7-43

光泽效果没有特别的选项，但可以通过选择不同的【等高线】来改变光泽的样式，如图7-44所示。

图 7-44

7.2.9 颜色、渐变和图案叠加

【颜色叠加】效果可以在图层上叠加指定的颜色，通过设置颜色的混合模式和不透明度，可以控制叠加效果，如图7-45所示。

图 7-45

效果如图7-46所示。

图 7-46

【渐变叠加】效果可以在图层上叠加指定的渐变颜色，如图7-47所示。

图 7-47

效果如图7-48所示。

图 7-48

【图案叠加】效果可以在图层上叠加图案，并且可以缩放图案，设置图案的不透明度和混合模式，如图7-49所示。

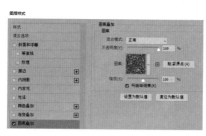

图 7-49

效果如图7-50所示。

图 7-50

7.2.10 实战：制作霓虹灯效果文字

实例门类	软件功能

图层样式常用于制作文字特效，如立体文字、质感文字等，下面介绍如何制作霓虹灯文字效果，具体操作步骤如下。

Step01 新建文档。按【Ctrl+N】组合键，执行【新建】命令，打开【新建文档】对话框，设置【宽度】1920像素、【高度】1080像素，单击【创建】按钮，新建文档，如图 7-51 所示。

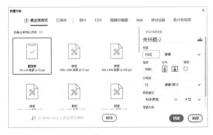

图 7-51

Step02 填充渐变色。选择【渐变工具】，单击选项栏中的渐变色条，打开【渐变编辑器】对话框，设置【渐变色】为黑色和酒红色【#6e0237】，如图 7-52 所示。

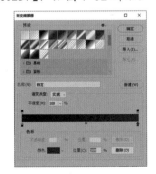

图 7-52

Step03 输入文字。选择【文字工具】，在选项栏设置【字体】为造字工房尚黑（非商业），【字体大小】为400点，在画布上输入文字，按【Ctrl+Enter】组合键确认文字的输入，如图 7-53 所示。

图 7-53

Step04 添加描边效果。双击文字图层，打开【图层样式】对话框，勾选【描边】复选框，设置【大小】为5像素、【位置】内部、颜色为白色，如图 7-54 所示。

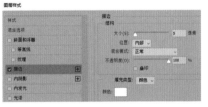

图 7-54

Step05 取消填充。单击【确定】按钮，返回文档中。设置【填充】为0，图像效果如图 7-55 所示。

图 7-55

Step06 创建图层组。拖动【文字】图层到面板底部的 上，创建【组1】图层，如图 7-56 所示。

图 7-56

Step07 添加外发光效果。双击【组1】图层，打开【图层样式】对话框，勾选【外发光】复选框，设置【发光颜色】为黄色，设置【扩展】24%、【大小】18 像素，单击【等高线】下拉按钮，在下拉列表中选中【锥形 - 反转】等高线，如图 7-57 所示。

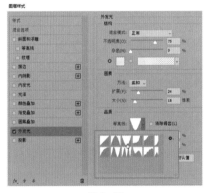

图 7-57

Step08 显示效果。效果如图 7-58 所示。

图 7-58

Step09 复制图层组。选择【组1】图层，按【Ctrl+J】组合键复制图层组，如图 7-59 所示，加强文字效果。

图 7-59

Step⑩ 编组图层。选择 2 个图层组，按【Ctrl+G】组合键编组图层，生成【组 2】图层组，如图 7-60 所示。

图 7-60

Step⑪ 复制图层组。按【Ctrl+J】组合键复制【组 2】图层组，右击，在快捷菜单中执行【转换为智能对象】命令，如图 7-61 所示。

图 7-61

Step⑫ 转换为智能对象。通过前面的操作，合并图层内容并转换为智能图层，如图 7-62 所示。

图 7-62

Step⑬ 模糊图像。选中【组 2 拷贝】图层，执行【滤镜】→【模糊】→【高斯模糊】命令，打开【高斯模糊】对话框，设置【半径】为 110 像素，如图 7-63 所示。

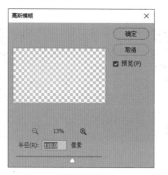

图 7-63

Step⑭ 显示效果。单击【确定】按钮，模拟灯光发散的效果，完成霓虹灯文字效果制作，如图 7-64 所示。

图 7-64

7.2.11 实战：打造金属边框效果

实例门类	软件功能

图层样式还常用于打造各类边框，下面介绍金属边框的制作方法，具体操作步骤如下。

Step① 新建文件。执行【文件】→【新建】命令，打开【新建文档】对话框，设置【宽度】和【高度】均为 1000 像素、【分辨率】为 72 像素 / 英寸，单击【创建】按钮，如图 7-65 所示。

图 7-65

Step② 新建图层并填充颜色。新建【图层 1】，填充任意颜色，如图 7-66 所示。

图 7-66

Step③ 设置图层样式。双击【图层 1】打开【图层样式】对话框，❶ 勾选【斜面和浮雕】复选框，❷ 设置【样式】为描边浮雕、【方法】为平滑、【深度】为 100%、【方向】为上、【大小】为 12 像素、【软化】为 0 像素、【角度】为 84 度、【亮度】为 37 度、【高光模式】为滤色、【高光颜色】为浅黄色【#ffffcc】、【不透明度（0）】为 71%、【阴影模式】为正片叠底、【阴影颜色】为深黄色【#333300】、【不透明度（c）】为 58%，如图 7-67 所示。

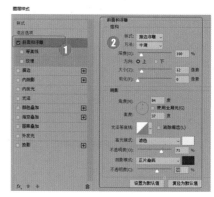

图 7-67

Step04 设置等高线内容。❶勾选【等高线】复选框，❷设置【范围】为50%，设置等高线样式为锥形，如图7-68所示。

图 7-68

Step05 设置描边效果内容。❶勾选【描边】复选框，❷设置【大小】为80像素、【位置】为居中、【填充类型】为渐变、【样式】为线性、【角度】为90度、【缩放】为100%，单击渐变色条，如图7-69所示。

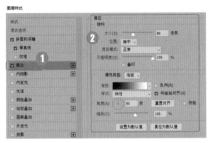

图 7-69

Step06 设置渐变色的颜色。打开【渐变编辑器】对话框，❶设置【渐变色标】值分别为【#f47d07】【#fbc931】【#fffece】【#fbc931】【#8e6b03】【#fffece】【#fbc931】，调整色标位置后，❷单击【确定】按钮，如图7-70所示。

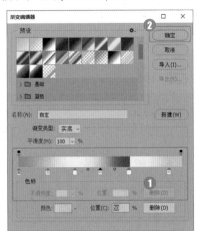

图 7-70

Step07 设置图案叠加效果。❶勾选【图案叠加】复选框，❷设置【不透明度】为100%，【缩放】为100%，图案为【浅色大理石】，如图7-71所示。

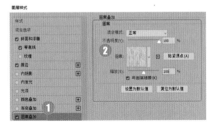

图 7-71

Step08 显示效果。效果如图7-72所示。

图 7-72

Step09 打开素材。打开"素材文件\第7章\卡通女孩.jpg"文件，拖动到当前文件中，调整大小和位置，如图7-73所示。

图 7-73

Step10 设置图层模式。图层更名为【女孩】，同时，更改图层【混合模式】为颜色加深，如图7-74所示。

图 7-74

Step11 显示图层模式更改后的图像效果。更改图层混合模式后，效果如图7-75所示。

图 7-75

Step12 打开素材并调整位置。打开"素材文件\第7章\心形.jpg"文件，拖动到当前文件中，调整大小和位置，如图7-76所示。

图 7-76

Step13 更改图层名称并调整混合模式。更改【图层名称】为心形，同时，更改图层【混合模式】为线性减淡（添加），如图7-77所示。

图 7-77

Step⑭ 显示效果。效果如图 7-78 所示。

图 7-78

7.3 编辑图层样式

创建图层样式后，如果对效果不太满意，还可以随时修改效果的参数，隐藏效果或者删除效果，这些操作都不会对图层中的图像造成任何破坏。

7.3.1 显示与隐藏效果

在【图层】面板中，效果前面的图层效果可见性图标 ，用于控制效果的可见性。

（1）如果要隐藏一个效果，可单击该名称前的【切换单一图层效果可见性】图标 ，如图 7-79 所示。

图 7-79

（2）如果要隐藏一个图层中所有的效果，可单击效果前面的【切换所有图层效果可见性】图标 ，如图 7-80 所示。

图 7-80

（3）如果要隐藏文档中所有图层的效果，可执行【图层】→【图层样式】→【隐藏所有效果】命令。隐藏效果后，执行【图层】→【图层样式】→【显示所有效果】命令，可以重新显示效果。

7.3.2 修改效果

在【图层】面板中，双击一个效果名称，可以打开【图层样式】对话框并进入该效果的设置面板，此时可以修改效果的参数，可以在左侧列表中选择新效果，设置完成后，单击【确定】按钮，可以将修改后的效果应用于图像。

★重点 7.3.3 复制、粘贴效果

在 Photoshop 2020 中图层样式可以进行复制、粘贴，具体操作步骤如下。

Step⑪ 打开素材。打开"素材文件\第7章\发光文字.psd"文件，如图 7-81 所示。

图 7-81

Step⑫ 输入文字。选择【文字】工具 ，输入文字，如图 7-82 所示。

图 7-82

Step03 执行拷贝图层样式命令。右击【流行】文字图层，在弹出的快捷菜单中，选择【拷贝图层样式】命令，如图 7-83 所示。

图 7-83

Step04 执行粘贴图层样式命令。右击【发光】文字图层，在弹出的快捷菜单中，选择【粘贴图层样式】命令，如图 7-84 所示。

图 7-84

Step05 显示图层样式效果。粘贴效果如图 7-85 所示。

图 7-85

技术看板

按住【Alt】键将效果图标从一个图层拖动到另外一个图层，可以将该图层的所有效果都复制到目标图层；如果只需要复制一个效果，可按住【Alt】键拖动该效果的名称至目标图层；如果没有按住【Alt】键，则将效果转移到目标图层，原图层不再有效果。

7.3.4　缩放效果

在对添加了效果的对象进行缩放时，效果仍然保持原来的比例，不会随着对象大小的变化而改变。如果要获得与图像比例一致的效果，需要在【缩放图层效果】对话框中设置其缩放比例，即可缩放效果，具体操作步骤如下。

Step01 打开素材。打开"素材文件\第 7 章\缩放效果.psd"文件，如图 7-86 所示。

图 7-86

Step02 选择图层。选中【蝴蝶】图层，如图 7-87 所示。

图 7-87

Step03 设置缩放比例。按【Ctrl+T】组合键，执行【自由变换】操作，在选项栏中，设置水平和垂直缩放比例均为 50%，图层样式并没有随着图像而缩小，如图 7-88 所示。

图 7-88

Step04 设置缩放效果。执行【图层】→【图层样式】→【缩放效果】命令，打开【缩放图层效果】对话框，❶ 设置【缩放】为 50%，❷ 单击【确定】按钮，如图 7-89 所示。

图 7-89

Step05 显示缩放效果。通过前面的操作，50% 缩放效果如图 7-90 所示。

图 7-90

Step06 观察其他缩放数值效果。用户还可以根据需要设置其他缩放值，10% 缩放效果如图 7-91 所示。

图 7-91

7.3.5　将效果创建为图层

图层样式虽然丰富，但要想进一步对其编辑，如在效果内容上绘画或应用滤镜，则需要先将效果创建为图层。选择添加了效果的图层，如图 7-92 所示。

图 7-92

执行【图层】→【图层样式】→【创建图层】命令，弹出提示对话框，单击【确定】按钮，如图 7-93 所示。

图 7-93

通过操作，将效果从图层中剥离出来成为单独的图层，如图 7-94 所示。

图 7-94

7.3.6　全局光

在【图层样式】对话框中，【投影】【内阴影】【斜面和浮雕】效果都包括一个【使用全局光】复选框，勾选该复选框后，以上效果就会使用相同角度的光源。在添加【斜面与浮雕】【投影】效果时，如果勾选了【使用全局光】复选框，【投影】的光源也会随之改变；如果没有勾选该复选框，则【投影】的光源不会变。

7.3.7　等高线

在【图层样式】对话框中，【投影】【内阴影】【内发光】【外发光】【斜面与浮雕】【光泽】效果都包含等高线设置选项。单击【等高线】选项右侧的▾按钮，可以在打开的下拉面板中选择一种预设的等高线样式。

如果单击【等高线】缩览图，则可以打开【等高线编辑器】对话框，【等高线编辑器】与【曲线】对话框非常相似，可以通过添加、删除和移动控制点来修改等高线的形状，从而影响【投影】【内发光】等效果的外观。

7.3.8　清除效果

清除图层样式的方法有以下三种。

方法 1：在【图层】面板中选择要删除的效果，将它拖动到【图层】面板底部的删除按钮🗑上，即可删除该图层样式。如果要删除一个图层所有的效果，可以将效果图标 fx. 拖动到删除按钮🗑上。

方法 2：在【图层】面板中需要清除样式的图层上右击，在弹出的快捷菜单中执行【清除图层样式】命令。

方法 3：在【图层】面板中选择需要清除样式的图层，执行【图层】→【图层样式】→【清除图层样式】命令。

7.4　样式面板的应用

【样式】面板用于保存、管理和应用图层样式。用户也可以将 Photoshop 提供的预设样式或外部样式库载入到该面板中。

7.4.1 实战：使用样式面板制作暂停按钮图标

实例门类	软件功能

【样式】面板中提供了各种预设图层样式，可以直接使用，具体操作步骤如下。

Step① 新建文档。执行【文件】→【新建】命令，打开【新建文档】对话框，设置【宽度】为650像素、【高度】为650像素、【分辨率】为72，单击【创建】按钮，新建文档，如图7-95所示。

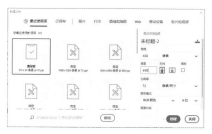

图 7-95

Step② 创建选区。选择【椭圆选框工具】，拖动鼠标创建圆形选区，如图7-96所示。

图 7-96

Step③ 新建图层。新建【图层1】图层，如图7-97所示。

图 7-97

Step④ 填充颜色。填充任意颜色，按【Ctrl+D】组合键取消选区，如图7-98所示。

图 7-98

Step⑤ 选择样式。执行【窗口】→【样式】命令，打开【样式】面板，单击【蓝色玻璃（按钮）】样式图标，如图7-99所示。

图 7-99

Step⑥ 显示效果。效果如图7-100所示。

图 7-100

Step⑦ 绘制矩形选区。选择【矩形选框工具】，绘制矩形选区，如图7-101所示。

图 7-101

Step⑧ 新建图层。新建【图层2】，填充白色，如图7-102所示。

图 7-102

Step⑨ 设置图层样式。双击【图层2】，打开【图层样式】对话框，勾选【内阴影】复选框，设置【混合模式】为正片叠底、【阴影颜色】为黑色、【不透明度】为47%、【角度】为136度、【距离】为3像素、【阻塞】为8像素、【大小】为4像素，如图7-103所示。

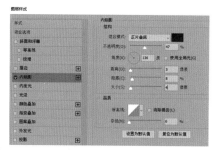

图 7-103

Step⑩ 添加内阴影效果。单击【确定】按钮，添加内阴影效果，如图7-104所示。

图 7-104

Step⑪ 复制图层。 按【Ctrl+J】组合键，复制【图层 2】并移动图像位置，完成暂停按钮图标制作，效果如图 7-105 所示。

图 7-105

7.4.2 创建样式

为图层添加了一种或多种效果以后，可以将该样式保存到【样式】面板中，方便以后使用，具体操作步骤如下。

Step① 打开素材。 打开"素材文件\第 7 章\水晶字体效果 .psd"文件，在【图层】面板中选择添加了效果的图层【CRYSTAL】，如图 7-106 所示。

图 7-106

Step② 创建新样式。 执行【窗口】→【样式】命令，打开【样式】面板。单击【样式】面板中的【创建新样式】按钮回，如图 7-107 所示。

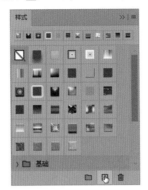

图 7-107

Step③ 设置样式名称。 在【新建样式】对话框中，设置【名称】为"水晶"，单击【确定】按钮，如图 7-108 所示。

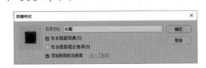

图 7-108

Step④ 保存新样式。【水晶】样式被保存到【样式】面板中，如图 7-109 所示。

图 7-109

7.4.3 删除样式

在【样式】面板中，选择要删除的样式，如图 7-110 所示。

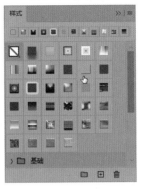

图 7-110

将样式拖动到【删除样式】按钮 🗑 上，如图 7-111 所示。

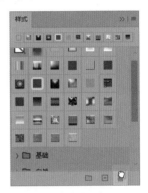

图 7-111

即可将其删除，如图 7-112 所示。

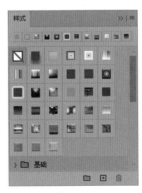

图 7-112

7.4.4 导出与导入样式组

如果在【样式】面板中创建了大量的自定义样式，可以将这些样式保存为独立的样式组。此外，也可以导入外部的样式组。具体操作步骤如下。

Step **01** 选择样式。在【样式】面板中，选择需要保存的样式，如图7-113所示。

图 7-113

Step **02** 导出样式。单击【样式】面板的扩展按钮，在弹出的菜单中选择【导出所选样式】命令，如图7-114所示。

图 7-114

Step **03** 设置存储位置。打开【另存为】对话框，设置存储位置和文件名，如图7-115所示，单击【保存】按钮将其保存。

图 7-115

Step **04** 导入样式。保存样式后，单击【样式】面板的扩展按钮，在弹出的菜单中选择【导入样式】命令，如图7-116所示。

图 7-116

Step **05** 选择导入样式。打开【载入】对话框，自动定位至默认样式存储位置，选择需要导入的样式库名称，如图7-117所示。

图 7-117

Step **06** 载入所选样式库。单击【载入】按钮，所选样式组被导入【样式】面板，如图7-118所示。

图 7-118

7.5 填充图层

在【图层】面板中创建填充图层，属于保护性色彩填充，并不会改变图像自身的颜色。它可以在图层中填充纯色、渐变和图案，用户还可以设置填充图层的混合模式和不透明度，从而得到不同的图像效果。

7.5.1 实战：使用纯色填充图层填充纯色背景

实例门类	软件功能

新建纯色填充图层可以为图像添加纯色效果，具体操作步骤如下。

Step **01** 打开素材。打开"素材文件\第7章\红心.psd"文件，如图7-119所示。

图 7-119

Step **02** 选中背景图层。选中背景图层，如图7-120所示。

图 7-120

Step03 创建纯色填充图层。执行【图层】→【新建填充图层】→【纯色】命令，弹出【新建图层】对话框，单击【确定】按钮，如图7-121所示。

图 7-121

Step04 设置颜色。在弹出的【拾色器（纯色）】对话框中，❶设置颜色为浅黄色【#f8efb4】，❷单击【确定】按钮，如图7-122所示。

图 7-122

Step05 新建纯色填充图层。通过前面的操作，【背景】图层上方新建了一个纯色填充图层，效果如图7-123所示。

图 7-123

7.5.2 实战：使用渐变填充图层创建虚边效果

实例门类	软件功能

新建渐变色填充图层可以为图

像添加渐变色效果，具体操作步骤如下。

Step01 打开素材并创建选区。打开"素材文件\第7章\玫瑰.jpg"文件，使用【椭圆选框工具】在图像中创建选区。如图7-124所示。

图 7-124

Step02 羽化选区。按【Shift+F6】组合键，执行羽化命令，❶设置【羽化半径】为100像素，❷单击【确定】按钮，如图7-125所示。

图 7-125

Step03 反选选区。按【Shift+Ctrl+I】组合键反选选区，如图7-126所示。

图 7-126

Step04 新建填充图层。执行【图层】→【新建填充图层】→【渐变】命令，弹出【新建图层】对话框，单击【确定】按钮，如图7-127所示。

图 7-127

Step05 设置渐变填充效果。在【渐变填充】对话框中，❶设置【渐变】为黑白渐变，【样式】为径向，【角度】为90度，【缩放】为1%，❷单击【确定】按钮，如图7-128所示。

图 7-128

Step06 显示效果。效果如图7-129所示。

图 7-129

Step07 更改图层模式。更改图层【混合模式】为【叠加】，如图7-130所示。

图 7-130

Step08 显示最终效果。最终效果如图7-131所示。

图 7-131

7.5.3 实战：使用图案填充图层制作编织效果

实例门类	软件功能

新建图案填充图层可以为图像添加图案效果，具体操作步骤如下。

Step01 打开素材。打开"素材文件\第7章\卷发女孩.jpg"文件，如图7-132所示

图 7-132

Step02 创建新填充图层。执行【图层】→【新建填充图层】→【图案】命令，弹出【新建图层】对话框，单击【确定】按钮，如图7-133

所示。

图 7-133

Step03 选择图案。在弹出的【图案填充】对话框中，❶单击图案图标，❷在打开的下拉列表框中，选择【旧版图案】组下【图案】组中的编织图案，如图7-134所示。

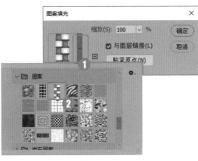

图 7-134

Step04 完成图案填充图层的创建。通过前面的操作，创建编辑图案填充图层，如图7-135所示。

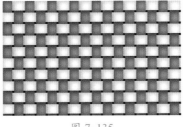

图 7-135

Step05 更改图层模式。更改图层【混合模式】为柔光，如图7-136所示。

图 7-136

Step06 显示效果。效果如图7-137所示。

图 7-137

技能拓展——修改填充图层

创建填充图层后，可修改填充颜色、渐变颜色和图案内容，操作方法：双击填充图层的缩览图，在弹出的相应填充对话框中，修改其参数。

7.6 调整图层

调整图层可以将颜色和色调调整应用于图像，但是不会改变原图像的像素，是一种保护性色彩调整方式。下面详细介绍调整图层的使用方法。

7.6.1 调整图层的优势

色彩与色调的调整方式有两种，一种是执行菜单中的【调整】命令，另外一种就是通过调整图层

来操作。通过【调整】命令，会直接修改所选图层中的像素。而调整图层可以达到同样的调整效果，但不会修改像素。在操作过程中，我们只需隐藏或删除调整图层，便可

以将图像恢复为原来的状态。

创建调整图层以后，颜色和色调调整存储在调整图层中，并影响它下面所有的图层。因此在调整多个图层时，不必分别调整每个图层。

通过调整图层可以随时修改参数，而通过执行菜单中的命令一旦应用以后，将文档关闭，图像就不能再恢复了。

★重点 7.6.2 调整面板

实例门类	软件功能

执行【图层】→【新建调整图层】菜单中的命令，或者执行【窗口】→【调整】命令，打开【调整】面板，在【调整】面板中，单击相应图标按钮，如单击【创建新的曲线调整图层】按钮，如图 7-138 所示。

图 7-138

可以显示相应的参数设置面板，如图 7-139 所示。

图 7-139

在【图层】面板中，同时创建调整图层，如图 7-140 所示。

图 7-140

【调整】面板中各选项如图 7-141 所示。

图 7-141

相关选项作用如表 7-7 所示。

表 7-7 【调整】设置面板各选项作用

选项	作用
❶ 创建剪贴蒙版	单击该按钮，可将当前的调整图层与它下面的图层创建为一个剪贴蒙版组，使调整图层仅影响它下面的一个图层；再次单击该按钮，调整图层会影响下面的所有图层
❷ 查看上一状态	参数调整完成后，按住该按钮，可在窗口查看图像上个调整状态，以便比较两种效果
❸ 复位到调整默认值	单击该按钮，可将调整参数恢复为默认值
❹ 切换图层可见性	单击该按钮，可以隐藏或重新显示调整图层。隐藏调整图层后，图像便会恢复为原状
❺ 删除调整图层	单击该按钮，可以删除当前调整图层

7.6.3 实战：使用调整图层创建色调分离效果

实例门类	软件功能

使用调整图层创建色调分离效果，具体操作步骤如下。

Step01 打开素材。打开"素材文件\第7章\父与子.jpg"文件，如图 7-142 所示。

图 7-142

Step02 创建新的色调分离调整图层。在【调整】面板中，单击【创建新的色调分离调整图层】按钮，如图 7-143 所示。

图 7-143

Step03 在属性面板调整色阶。在弹出的【属性】面板中，设置【色阶】为 4，如图 7-144 所示。

图 7-144

Step04 显示色调分离的图像效果。通过前面的操作，创建色调分离图像效果，如图 7-145 所示。

图 7-145

Step 05 图层面板显示色调分离调整图层。在【图层】面板中，自动生成【色调分离 1】调整图层，如图 7-146 所示。

图 7-146

技能拓展——修改调整图层

创建调整图层以后，在【图层】面板中单击调整图层的缩览图，打开【属性】面板，修改调整参数即可。

7.6.4 使用调整图层制作暗角效果

实例门类	软件功能

创建调整图层时，会自动为该图层添加图层蒙版，通过图层蒙版可以控制调整作用范围，制作暗角效果，具体操作步骤如下。

Step 01 打开素材。打开"素材文件\第7章\向日葵.jpg"文件，如图 7-147 所示。

图 7-147

Step 02 创建曲线调整图层。在【调整】面板中单击【创建新的曲线调整图层】按钮，如图 7-148 所示。

图 7-148

Step 03 拖动曲线。在【属性】面板中，向下拖动曲线，如图 7-149 所示。

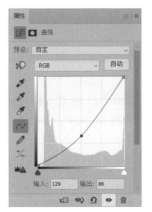

图 7-149

Step 04 显示图像。压暗图像，效果如图 7-150 所示。

图 7-150

Step 05 选择蒙版缩览图。单击蒙版缩览图，如图 7-151 所示。

图 7-151

Step 06 修改调整效果。选择【画笔工具】，在选项栏中选择柔角画笔，设置【前景色】为黑色，然后在蒙版上拖动鼠标，修改调整效果，恢复中间的图像，使四周呈压暗效果，如图 7-152 所示。

图 7-152

Step 07 显示图层面板效果。【图层】面板效果如图 7-153 所示。

图 7-153

技术看板

修改蒙版时，白色是调整图层的作用范围；黑色会遮盖调整范围；灰色会减弱调整范围，具体参见 10.2 图层蒙版章节。

7.6.5 删除调整图层

选择调整图层，将它拖动到【图层】面板底部的【删除图层】按钮🗑上即可将其删除。如果只需删除蒙版而保留调整图层，可在调整图层的蒙版上右击，在弹出的菜单中执行【删除图层蒙版】命令。

选择调整图层后，直接按【Delete】键可以快速删除调整图层。

7.6.6 中性色图层

实例门类	软件功能

中性色图层是一种填充了中性色的特殊图层，它通过混合模式对下面的图像产生影响，中性色图层可用于修饰图像及添加滤镜，所有操作都不会破坏其他图层上的像素。

1. 什么是中性化

在 Photoshop 中黑色、白色和50% 灰色是中性色，在创建中性色图层时，Photoshop 会用这三种中性色的一种来填充图层，并为其设置特定的混合模式，在混合模式的作用下，图层中的中性色不可见，就如同新建的透明图层一样，如果不应用效果，中性色图层不会对其他图层产生任何影响。

2. 实战：使用中性化调亮逆光图像

使用中性化调整图像，可以保护原像素不受破坏，这一点与调整图层是相同的，下面介绍使用中性化调亮图像，具体操作步骤如下。

Step 01 打开素材。打开"素材文件\第7章\小孩.jpg"文件，如图7-154所示。

图 7-154

Step 02 新建图层并设置图层效果。执行【图层】→【新建图层】命令，设置【模式】为柔光，勾选【填充柔光中性色（50% 灰）】复选框，如图7-155所示。

图 7-155

Step 03 添加中性图层。通过前面的操作，为图像添加中性图层，如图7-156所示。

图 7-156

Step 04 显示图像效果。此时，图像效果没有变化，如图7-157所示。

图 7-157

Step 05 调亮逆光人物。使用白色【画笔工具】✏，并设置【不透明度】为20%，在人物上涂抹，调亮逆光人物，如图7-158所示。

图 7-158

Step 06 显示图层面板效果。【图层】面板如图7-159所示。

图 7-159

⚙ 技能拓展——什么是逆光

逆光是背对光源所拍摄出来的照片，特征是主体偏黑，背景偏亮。

7.7 智能对象

智能对象和普通图层的区别在于，智能对象可以保留对象的源内容和所有原始特征，对它进行处理时，不会直接应用到对象的原始数据，是一种非破坏性的编辑功能。

7.7.1 智能对象的优势

智能对象可以进行非破坏性变换，对图像进行任意比例缩放、旋转、变形等，不会丢失原始图像数据或者降低图像的品质。

智能对象可以保留非 Photoshop 本地方式处理的数据，当嵌入矢量图形时，Photoshop 会自动将其转换为可识别的内容。

将智能对象创建为多个副本，对原始内容进行编辑后，所有与之链接的副本都会自动更新。

将多个图层内容创建为一个智能对象后，可以简化【图层】面板中的图层结构。

应用于智能对象的所有滤镜都是智能滤镜，智能滤镜可以随时修改参数或者撤销，不会对图像造成任何破坏。

7.7.2 智能对象的创建

智能对象的缩览图右下角会显示智能对象图标，创建智能对象的方法具体有以下 3 种。

方法 1：将文件作为智能对象打开：执行【文件】→【置入嵌入对象】命令，可以选择一个文件作为智能对象打开。

方法 2：将图层中的对象创建为智能对象：在【图层】面板中选择一个或者多个图层，执行【图层】→【智能对象】→【转换为智能对象】命令，或者右击图层，执行【转换为智能对象】命令，如图

7-160 所示。

图 7-160

将它们打包到一个智能对象中。如图 7-161 所示。

图 7-161

方法 3：在 Illustrator 中选择一个对象，按【Ctrl+C】组合键复制，切换到 Photoshop 2020 中，按下【Ctrl+V】组合键粘贴，在弹出的【粘贴】对话框中选择【智能对象】选项，可以将矢量图形粘贴为智能对象。

7.7.3 链接智能对象的创建

创建智能对象后，选择智能对象，执行【图层】→【新建】→【通过拷贝的图层】命令，可以复制出新的智能对象，当编辑任意一个对象的源对象时，与之链接的所有智能对象显示相同的修改。

7.7.4 非链接智能对象的创建

如果要复制出非链接的智能对象，可以选择智能对象图层，执行【图层】→【智能对象】→【通过拷贝新建智能对象】命令，新智能对象各自独立，编辑其中任何一个的源对象都不会影响另外一个。

7.7.5 实战：智能对象的内容替换

实例门类	软件功能

创建智能对象后，还可以替换智能对象的内容，具体操作步骤如下。

Step01 打开素材。打开"素材文件\第 7 章\饮品海报 .psd"文件，如图 7-162 所示。

图 7-162

Step02 选择智能图层。单击【饮料 1】智能图层，如图 7-163 所示。

图 7-163

Step03 置入图像到文件中。执行【图层】→【智能对象】→【替换内容】命令，打开【替换文件】对话框，❶ 选择目标文件夹，❷ 选择"鸡尾酒 .png"文件，❸ 单击【置入】按钮，将其置入到文档中，如图 7-164 所示。

图 7-164

Step04 替换智能对象。通过前面的操作，替换原有的智能对象，如图 7-165 所示。

图 7-165

Step05 调整图像大小。按【Ctrl+T】组合键执行【自由变换】命令，调整图像大小和位置，如图 7-166 所示。

图 7-166

技术看板

替换智能对象时，将保留对第一个智能对象应用的缩放、变形或效果。

7.7.6 实战：智能对象的编辑

实例门类	软件功能

创建智能对象后，还可以编辑智能对象的内容，如果源内容为图像，可以在 Photoshop 中打开它进行编辑；如果源内容为 EPS 或 PDF 矢量图形，则可在 Illustrator 矢量软件中打开它。存储修改后的图像或图形后，与之链接的所有智能对象都会发生改变，具体操作步骤如下。

Step01 打开素材。打开"素材文件\第7章\饮品海报 .psd"文件，如图 7-167 所示。

图 7-167

Step02 复制智能图层。复制【饮料1】智能图层，如图 7-168 所示。

图 7-168

Step03 放大并旋转对象。按【Ctrl+T】组合键，执行【自由变换】操作，适当放大和旋转对象，将其放到右上角的位置，如图 7-169 所示。

图 7-169

Step04 模糊图像。执行【滤镜】→【模糊】→【高斯模糊】命令，打开【高斯模糊】对话框，设置【半径】为 110 像素，如图 7-170 所示。

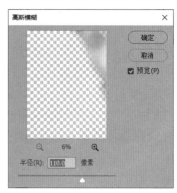

图 7-170

Step05 显示图像效果。单击【确定】

按钮，返回文档，查看图像效果，如图 7-171 所示。

图 7-171

Step 06 编辑智能对象。选择【饮料 1】图层，执行【图层】→【智能对象】→【编辑内容】命令，打开源图像文档，如图 7-172 所示。

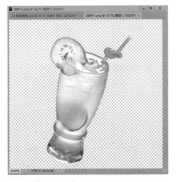

图 7-172

Step 07 调整图像色调。执行【图像】→【调整】→【色相/饱和度】命令，打开【色相/饱和度】对话框，单击对话框左下角的 按钮，在瓶身上单击，选中红色，设置【色相】为 -23，【饱和度】为 23，如图 7-173 所示。

图 7-173

Step 08 显示图像效果。单击【确定】按钮，返回文档，查看图像效果，如图 7-174 所示。

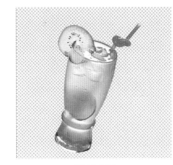

图 7-174

Step 09 保存修改。按【Ctrl+S】组合键保存图像色调修改。切换到【饮品海报】文档中，如图 7-175 所示，与之关联的智能对象色调发生改变。

图 7-175

7.7.7 栅格化智能对象

选择要转换为普通图层的智能对象，如图 7-176 所示。

图 7-176

执行【图层】→【智能对象】→

【栅格化】命令，可以将智能对象转换为普通图层，原图层缩览图上的智能对象图标会消失，如图 7-177 所示。

图 7-177

7.7.8 更新智能对象链接

智能对象的原始文件丢失或发生改变时，执行【图层】→【智能对象】→【更新修改的内容】命令，可以更新智能对象，如果想查看源文件的保存位置，可以执行【图层】→【智能对象】→【在资源管理器中显示】命令。

如果智能对象源文件名称发生改变，可以执行【图层】→【智能对象】→【重新链接到文件】命令，打开源文件所在的文件夹重新选择重命名的文件。

如果智能对象源文件丢失，Photoshop 会弹出提示对话框，用户可以重新选择源文件。

7.7.9 导出智能对象内容

Photoshop 中编辑智能对象以后，可以将它按照原始的置入格式导出，以便其他程序使用。在【图层】面板中选择智能对象，执行【图层】→【智能对象】→【导出内容】命令，即可导出智能对象。如果智能对象是利用图层创建的，则以 PSB 格式导出。

★新功能 7.7.10　将智能对象转换为图层

Photoshop 2020 新增将智能对象转换为图层的功能，让用户可以轻松地将智能对象转换回组件图层。对组件图层进行编辑就可以修改设计效果，而无须来回进行切换。

如图 7-178 所示，选择智能对象图层后，执行【图层】→【智能对象】→【转换为图层】命令，即可将所选智能对象转换为图层，如

图 7-179 所示。转换为图层后，对图像进行编辑即可修改图像效果。

图 7-178

图 7-179

妙招技法

通过对本章内容的学习，读者了解并掌握了图层的高级功能应用基础知识。下面结合前面所学知识内容，介绍一些实用技巧。

技巧 01：图层组的混合模式

图层之间有混合模式，图层组和图层之间也可以设置混合模式，它的默认混合模式是穿透，如果设置图层组的图层模式，Photoshop 会将图层组内的图层看作一个单独图层，并应用所选模式与下方图层混合，具体操作步骤如下。

Step01 打开素材。打开"素材文件\第7章\城市 .psd"文件，如图 7-180 所示。

图 7-180

Step02 选择组。选择【组 1】图层组，如图 7-181 所示。

图 7-181

Step03 更改组模式。更改【组 1】图层组的【混合模式】为颜色，如图 7-182 所示。

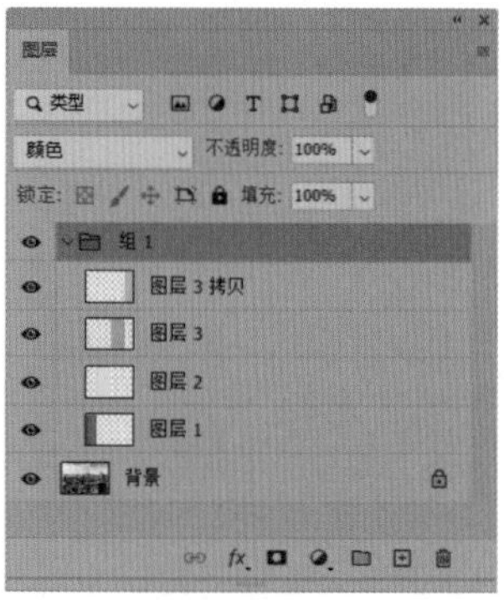

图 7-182

Step04 显示效果。混合效果如图 7-183 所示。

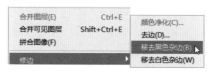

图 7-183

技巧 02：如何清除图层杂边

移动和粘贴带选区的图像时，选区周围通常会包括一些背景色，执行【图层】→【修边】命令，在打开的子菜单中，执行相关命令可以清除多余的像素，如图 7-184 所示。

图 7-184

（1）【颜色净化】：移除图层边缘的彩色杂边。

（2）【去边】：用纯色的邻近颜色替换边缘颜色。例如，在黑色背景上选择白色图像，不可避免会选中一些黑色背景，该命令可以用白色替换误选的黑色。

（3）【移去黑色杂边】：如果将黑色背景上创建的消除锯齿的选区移动到其他背景颜色上，执行该命令可以移除黑色杂色。

（4）【移去白色杂边】：如果将白色背景上创建的消除锯齿的选区移动到其他背景颜色上，执行该命令可以移除白色杂色。

技巧 03：复位样式面板

在【样式】面板中，载入其他样式库后，如果想恢复默认的预设样式，可以在【样式】面板快捷菜单中，执行【恢复默认样式】命令。

过关练习——制作轻拟物质感信息图标

利用图层样式，可以为图像添加立体效果，增加真实感。下面就利用图层样式制作轻拟物风格的信息图标。

结果文件	结果文件\第7章\图标 .psd

Step01 新建文件。执行【文件】→【新建】命令，打开【新建文档】对话框，❶设置【宽度】为512像素、【高度】为512像素、【分辨率】为72像素/英寸，❷单击【创建】按钮，如图7-185所示。

图 7-185

Step02 绘制圆角矩形。设置【前景色】为粉红色【#ffbab9】，选择【圆角矩形工具】，在选项栏设置绘制方式为形状，新建【图层1】图层，绘制圆角矩形，如图7-186所示。

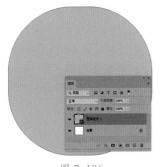

图 7-186

Step03 设置内阴影效果。双击【圆角矩形1】图层，打开【图层样式】对话框，勾选【内阴影】复选框，设置【混合模式】为叠加、【阴影颜色】为【#b2807e】、【不透明度】为73%、【角度】为-90、【距离】为22像素、【阻塞】为0、【大小】为27像素，如图7-187所示。

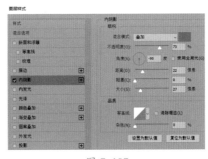

图 7-187

Step04 显示效果。单击【确定】按钮，应用内阴影效果，返回文档，图像效果如图7-188所示。

图 7-188

Step05 新建图层组。拖动【圆角矩形1】图层到面板底部的 上，释放鼠标后，新建【组1】图层组，如图7-189所示。

图 7-189

Step06 添加内阴影图层样式。双击【组1】图层组，打开【图层样式】对话框，勾选【内阴影】复选框，设置【混合模式】为正片叠底、【阴影】颜色为【#924644】、【不透明度】为73%、【角度】为-90、【距离】为27像素、【阻塞】为6像素、【大小】为98像素，如图7-190所示。

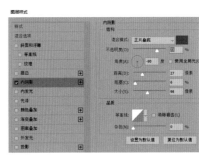

图 7-190

Step 07 查看图像效果。单击【确定】按钮，返回文档，图像效果如图7-191所示。

图 7-191

Step 08 绘制椭圆图像。在【组1】图层组上方新建【图层1】，设置【前景色】为白色。选择【椭圆工具】，绘制椭圆图像，如图7-192所示。

图 7-192

Step 09 绘制三角形图像。选择【多边形工具】，在选项栏设置【边数】为3，绘制三角形图像，如图7-193所示。

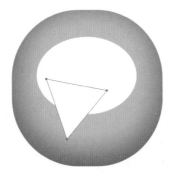

图 7-193

Step 10 合并图层。调整三角形图像的位置。选择【椭圆1】和【多边形1】图层，按【Ctrl+E】组合键合并图层，如图7-194所示。

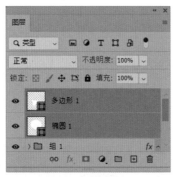

图 7-194

Step 11 添加内阴影效果。双击【多边形1】图层，打开【图层样式】对话框，勾选【内阴影】复选框，设置【混合模式】为正常、【阴影颜色】为【#e5a4a3】、【不透明度】为100%、【角度】为-90、【距离】为46像素、【阻塞】为13像素、【大小】为128像素，如图7-195所示。

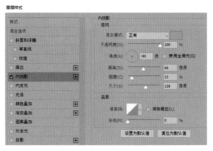

图 7-195

Step 12 添加投影效果。选中【投影】选项，设置【混合模式】为线性加深、【阴影颜色】为【#eeb0b0】、【不透明度】为76%、【角度】为90、【距离】为8像素、【扩展】为4像素、【大小】为18像素，如图7-196所示。

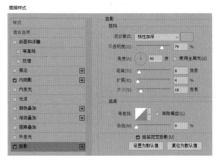

图 7-196

Step 13 显示图像效果。单击【确定】按钮，返回文档，图像效果如图7-197所示。

图 7-197

Step 14 绘制圆形图像。新建【图层1】，选择【椭圆选框工具】，按住【Shift】键绘制正圆图像，并填充为粉红色【#ffb9b8】，如图7-198所示。

图 7-198

Step 15 复制图层。按【Ctrl+J】组合键2次，复制【图层1】，并移动图像位置，完成信息图标制作，如图7-199所示。

图 7-199

本章小结

　　本章主要介绍图层的高级应用知识，包括图层混合模式、不透明度、图层样式的应用，以及填充图层、调整图层和智能对象的应用。本章的重点知识为图层的混合模式与图层的不透明度。应用图层混合模式，可以制作出很多绚丽的图像特效，读者应该熟练掌握这部分知识。

第8章 文字

- ➥ 创建文字有哪些工具？
- ➥ 可以让文字沿着某种形状排列吗？
- ➥ 如何查找指定文字？
- ➥ 如何更改字体预览大小？
- ➥ 点文字和段落文字的区别是什么？

文字是 Photoshop 的又一个重头戏。在 Photoshop 2020 中，该如何运用文字工具让图像更完美？如果读者迫切想知道问题的答案，那就赶快学习本章内容吧。

8.1 Photoshop 文字基础知识

使用 Photoshop 2020 提供的文字工具能够制作出各类文字效果。根据文字的创建方法，主要有创建点文字、段落文字、文字选区和路径文字。

8.1.1 文字类型

Photoshop 中的文字是以矢量的方式存在的，在将文字栅格化以前，Photoshop 会保留基于矢量的文字轮廓，可以任意缩放文字，或调整文字大小而不会产生锯齿。

划分文字方式有很多种，从排列方式划分，可分为横排文字和直排文字；从形式上划分，可分为文字和文字蒙版；从创建的内容上划分，可分为点文字、段落文字和路径文字；从样式上划分，可分为普通文字和变形文字。

8.1.2 文字工具选项栏

在使用文字工具输入文字前，需要在工具选项栏或【字符】面板中设置字符的属性，包括字体、大小、颜色等。文字工具选项栏如图 8-1 所示。

图 8-1

相关选项作用如表 8-1 所示。

表 8-1 文字工具选项栏中各选项作用

选项	作用
❶ 更改文本方向	如果当前文字为横排文字，单击该按钮，可将其转换为直排文字；若是直排文字，则可将其转换为横排文字
❷ 设置字体	在该选项下拉列表中可以选择字体
❸ 字体样式	用来为字符设置样式，包括 Regular（规则的）、Italic（斜体）、Bold（粗体）和 Bold Italic（粗斜体）。该项只对部分英文字体有效

续表

选项	作用
❹ 字体大小	可以选择字体的大小，或者直接输入数值来进行调整
❺ 消除锯齿的方法	可以为文字消除锯齿选择一种方法，Photoshop 会通过部分地填充边缘像素来产生边缘平滑的文字，使文字的边缘混合到背景中而看不出锯齿。其中包含选项【无】【锐利】【犀利】【深厚】和【平滑】
❻ 文本对齐	设置文本的对齐方式，包括左对齐文本 、居中对齐文本 和右对齐文本
❼ 文本颜色	单击颜色块，可以在打开的【拾色器】中设置文字的颜色

选项	作用
❽ 文字变形	单击该按钮，可在打开的【变形文字】对话框中为文本添加变形样式，创建变形文字

续表

选项	作用
❾ 显示 / 隐藏字符面板和段落面板	单击该按钮，可以显示或隐藏【字符】和【段落】面板

8.2　创建文字

Photoshop 提供了 4 种文字创建工具，其中，【横排文字工具】 **T** 和【直排文字工具】 **IT** 用于创建点文字、段落文字和路径文字，【横排文字蒙版工具】 和【直排文字蒙版工具】 用于创建文字选区。

★重点 8.2.1　实战：为图片添加说明文字

实例门类	软件功能

Step 01 打开素材。打开"素材文件\第8章\生日贺卡.jpg"文件，如图 8-2 所示。

图 8-2

Step 02 单击指定文字起点。选择【横排文字工具】 **T** ，在图像中单击确认文字输入点，如图 8-3 所示。

图 8-3

Step 03 输入文字。输入文字"生日"，如图 8-4 所示。

图 8-4

Step 04 选中文字。双击选中文字，如图 8-5 所示。

图 8-5

Step 05 设置字体内容。在选项栏中，设置【字体】为迷你简淹水，【字体大小】为 150 点，如图 8-6 所示。

图 8-6

Step 06 设置字体颜色。选中"生"文本，单击【设置文本颜色】色块，

如图 8-7 所示。

图 8-7

Step 07 设置文字颜色。弹出【拾色器（文本颜色）】对话框，选择【吸管工具】 ，单击图中红色气球，拾取颜色，如图 8-8 所示。

图 8-8

Step 08 设置文字颜色。选择"日"文本，使用前面的方法打开【拾色器（文本颜色）】对话框，设置颜色，

如图 8-9 所示。

图 8-9

Step⑨ 完成文字输入。单击选项栏中的✔按钮，完成文字输入，如图 8-10 所示。

图 8-10

Step⑩ 继续输入文字。使用前面的方法输入"快乐"文本，并设置字体、大小和颜色，最终效果如图 8-11 所示。

图 8-11

技能拓展——输入状态下移动文字

处于文字编辑状态时，移动鼠标指针到文字四周，当鼠标光标变化为形状时，拖动鼠标即可移动文字。

8.2.2 字符面板

【字符】面板中提供了比工具选项栏更多的选项，单击选项栏中的【切换字符和段落面板】按钮或者执行【窗口】→【字符】命令，都可以打开【字符】面板。如图 8-12 所示。

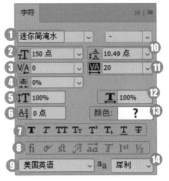

图 8-12

相关选项作用如表 8-2 所示。

表 8-2 【字符】面板中相关选项作用

选项	作用
❶ 设置字体系列	在【设置字体系列】下拉列表中可选择需要的字体，选择不同字体选项将得到不同文本效果，选中文本将应用当前选中的字体
❷ 设置字体大小	在下拉列表框中选择文字大小值，也可在文本框中输入大小值，对文字大小进行设置
❸ 设置字符间的字距微调	打开下拉列表，选择预设的字距微调值，若要为选中字符使用字体的内置字距微调信息，则选择【度量标准】选项；若要依据选定字符的形状自动调整它们之间的距离，则选择【视觉】选项；若要手动调整字距微调，则可在文本框中直接输入一个数值或从该下拉列表中选择需要的选项。若选择了文本范围，则无法手动对文本进行字距微调，需要使用字距调整进行设置

续表

选项	作用
❹ 设置所选字符的比例间距	选中需要进行比例间距设置的文字，在其下拉列表中选择需要变换的间距百分比，百分比越大比例间距越近
❺ 垂直缩放	选中需要进行缩放的文字后，垂直缩放的文本框显示默认值为 100%，可以在文本框中输入任意数值对选中的文字进行垂直缩放。50% 和 100% 垂直缩放的对比效果如图 8-13 所示

图 8-13

❻ 设置基线偏移	在该选项中可以对文字的基线位置进行设置，输入不同的数值设置基线偏移的程度，输入负值可以将基线向下偏移，输入正值则可以将基线向上偏移。例如，选择"球"文字后，0 和 100 点的偏移效果对比如图 8-14 所示

图 8-14

❼ 设置字体样式	通过单击面板中的按钮可以对文字进行仿粗体、仿斜体、全部大写字母、小型大写字母、设置文字为上标、设置文字为下标、为文字添加下划线、删除线等设置，如图 8-15 所示

图 8-15

续表

选项	作用
❽ Open Type 字体	包含了当前 PostScript 和 TrueType 字体不具备的功能，如花饰字和自由连字
❾ 连字、拼写规则	对字符进行有关联字符和拼写规则的语言设置，Photoshop 使用语言词典检查连字符连接
❿ 设置行距	对多行的文字间距进行设置，在下拉列表中选择固定的行距值，也可以在文本框中直接输入数值进行设置，输入的数值越大则行间距越大。自动和 100 点的对比效果如图 8-16 所示

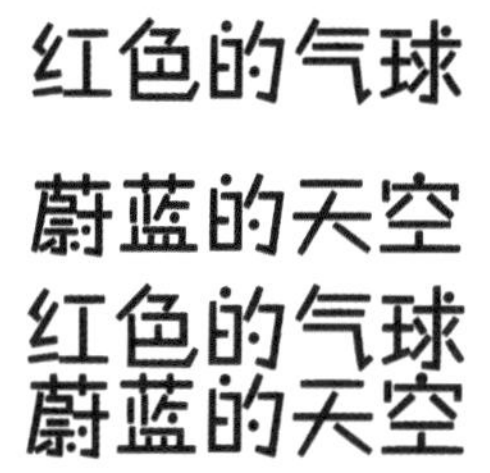

图 8-16

选项	作用
⓫ 设置字符间的字距调整	选中需要设置的文字后，在其下拉列表中选择需要调整的字距数值。0 和 100 点的对比效果如图 8-17 所示

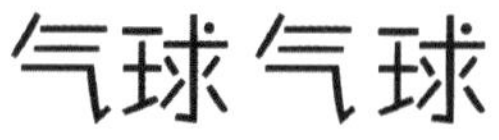

图 8-17

选项	作用
⓬ 水平缩放	选中需要进行缩放的文字，水平缩放的文本框显示默认值为 100%，可以在文本框中输入任意数值对选中的文字进行水平缩放。100% 和 50% 对比效果如图 8-18 所示

图 8-18

续表

选项	作用
⓭ 设置文本颜色	在面板中直接单击颜色块可以弹出【选择文本颜色】对话框，在该对话框中选择适合的颜色即可完成对文本颜色的设置
⓮ 设置消除锯齿方法	该选项用于设置消除锯齿的方法

8.2.3　实战：创建段落文字

实例门类	软件功能

Step01 打开素材。打开"素材文件\第8章\背景.jpg"文件，如图 8-19 所示。

图 8-19

Step02 输入标题。选择【直排文字工具】T，在图像右侧输入【故宫】文本，如图 8-20 所示。

图 8-20

Step03 设置字体效果。双击选中文

字，在选项栏设置【字体】为书体坊兰亭体、【字体大小】为 400 点、【颜色】为白色，效果如图 8-21 所示。

图 8-21

Step04 指定文字框区域。选择【横排文字工具】T，在图像中拖动鼠标创建段落文本框，如图 8-22 所示。

图 8-22

Step05 输入文字。在选项栏中，设置【字体】为黑体、【字体大小】为 52 点。在段落文本框中输入文字，如图 8-23 所示。

图 8-23

Step⑥ 显示段落文字特点。当文字到达文本框边界时会自动换行，如图 8-24 所示。

图 8-24

Step⑦ 继续输入文字。继续输入文字，如图 8-25 所示。

图 8-25

Step⑧ 设置文字的行距和字符字距。按【Ctrl+A】组合键全选文字，在【字符】面板中，设置【行距】为 63 点、【字距】为 30 点，如图 8-26 所示。

图 8-26

Step⑨ 显示效果。效果如图 8-27 所示，此时，文本框右下角出现了图标田，表示文本框中内容没有显示完全。

图 8-27

Step⑩ 显示所有内容。拖动文本框，显示出所有内容，如图 8-28 所示。

图 8-28

Step⑪ 设置首行缩进。选择【段落】选项卡，切换到【段落】面板中。设置【首行缩进】 为 50 点，如图 8-29 所示。

图 8-29

Step⑫ 显示效果。首行缩进效果如图 8-30 所示。

图 8-30

Step⑬ 设置首尾避头法则。将鼠标指针放在文本框右侧并向左拖动鼠标，缩小文本框。在【段落】面板设置【首尾避头法则】为 JIS 严格，如图 8-31 所示。

图 8-31

Step⑭ 退出文字编辑状态。按【Ctrl+Enter】组合键，确认文字输入，如图 8-32 所示。

图 8-32

技术看板

选择文字，按【Shift+Ctrl+>】组合键，能以2点为增量调大文字；按【Shift+Ctrl+<】组合键，能以2为增量调小文字。

选择文字后，按【Alt+→】组合键，可以增加字间距；按【Alt+←】组合键，可以减小字间距。

8.2.4 段落面板

【段落】面板主要用于设置文本对齐方式和缩进方式等。单击选项栏中的【切换字符面板和段落面板】按钮，或者执行【窗口】→【段落】命令，都可以打开【段落】面板，如图8-33所示。

图 8-33

相关选项作用如表8-3所示。

表8-3 【段落】面板常用选项作用

选项	作用
❶ 对齐方式	左对齐文本、居中对齐文本、右对齐文本、最后一行左对齐、最后一行居中对齐、最后一行右对齐和全部对齐。如图8-34所示 "流行"这个词只是存在于率先发起潮流少数人的专用词汇。而对于大多数人来讲，潮流的东西就是一种态度，一种感觉的盛行，能够"自我感觉良好"就是很不错的境界了。 左对齐

选项	作用
❶ 对齐方式	"流行"这个词只是存在于率先发起潮流少数人的专用词汇。而对于大多数人来讲，潮流的东西就是一种态度，一种感觉的盛行，能够"自我感觉良好"就是很不错的境界了。 居中对齐 "流行"这个词只是存在于率先发起潮流少数人的专用词汇。而对于大多数人来讲，潮流的东西就是一种态度，一种感觉的盛行，能够"自我感觉良好"就是很不错的境界了。 右对齐 "流行"这个词只是存在于率先发起潮流少数人的专用词汇。而对于大多数人来讲，潮流的东西就是一种态度，一种感觉的盛行，能够"自我感觉良好"就是很不错的境界了。 最后一行左对齐 "流行"这个词只是存在于率先发起潮流少数人的专用词汇。而对于大多数人来讲，潮流的东西就是一种态度，一种感觉的盛行，能够"自我感觉良好"就是很不错的境界了。 最后一行居中对齐 "流行"这个词只是存在于率先发起潮流少数人的专用词汇。而对于大多数人来讲，潮流的东西就是一种态度，一种感觉的盛行，能够"自我感觉良好"就是很不错的境界了。 最后一行右对齐 "流行"这个词只是存在于率先发起潮流少数人的专用词汇。而对于大多数人来讲，潮流的东西就是一种态度，一种感觉的盛行，能够"自我感觉良好"就是很不错的境界了。 全部对齐 图8-34
❷ 段落调整	包括左缩进、右缩进、首行缩进、段前添加空格和段后添加空格，效果如图8-35所示 "流行"这个词只是存在于率先发起潮流少数人的专用词汇。而对于大多数人来讲，潮流的东西就是一种态度，一种感觉的盛行，能够"自我感觉良好"就是很不错的境界了。 左缩进

选项	作用
❷ 段落调整	"流行"这个词只是存在于率先发起潮流少数人的专用词汇。而对于大多数人来讲，潮流的东西就是一种态度，一种感觉的盛行，能够"自我感觉良好"就是很不错的境界了。 右缩进 "流行"这个词只是存在于率先发起潮流少数人的专用词汇。而对于大多数人来讲，潮流的东西就是一种态度，一种感觉的盛行，能够"自我感觉良好"就是很不错的境界了。 首行缩进 "流行"这个词只是存在于率先发起潮流少数人的专用词汇。而对于大多数人来讲，潮流的东西就是一种态度，一种感觉的盛行，能够"自我感觉良好"就是很不错的境界了。 段前添加空格 "流行"这个词只是存在于率先发起潮流少数人的专用词汇。而对于大多数人来讲，潮流的东西就是一种态度。一种感觉的盛行，能够"自我感觉良好"就是很不错的境界了。 段后添加空格 图8-35
❸ 避头尾法则设置	选取换行集为无、JIS宽松、JIS严格
❹ 间距组合设置	选取内部字符间距组合
❺ 连字	自动用连字符连接

8.2.5 字符样式和段落样式

实例门类	软件功能

【字符样式】和【段落样式】面板可以保存文字的样式，并可快速应用于其他文字、线条或文本段落，从而极大地节省用户的创作时间。

1. 实战：在字符样式面板创建字符样式

字符样式是诸多字符属性的集合，创建并应用字符样式的具体操作步骤如下。

Step01 创建新的字符样式。执行【窗口】→【字符样式】命令，打开【字符样式】面板。单击【字符样式】面板中的【创建新的字符样式】按钮，即可创建一个空白的【字符样式1】，如图8-36所示。

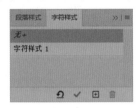

图 8-36

Step02 双击字符样式。双击【字符样式1】，如图8-37所示。

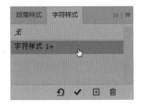

图 8-37

Step03 设置字符样式。打开【字符样式选项】对话框，在【基本字符样式】选项卡中，设置字体、字体大小和字体颜色等属性，如图8-38所示。

图 8-38

Step04 设置高级字符格式。❶选择【高级字符格式】选项卡，❷设置【垂直缩放】为50%，❸单击【确定】按钮，如图8-39所示。

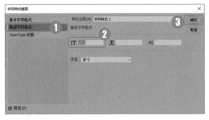

图 8-39

Step05 选择文字图层。在【图层】面板中，选择任意文字图层，如图8-40所示。

图 8-40

Step06 单击字符样式面板中文字样式。在【字符样式】面板中，单击【字符样式1】样式，如图8-41所示。

图 8-41

2. 段落样式面板

段落样式的创建和使用方法与字符样式基本相同。单击【段落样式】面板中的【创建新的段落样式】按钮，即可创建一个空白样式，如图8-42所示。

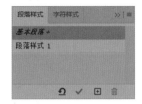

图 8-42

双击该样式，打开【段落样式选项】对话框设置段落属性，如图8-43所示。

图 8-43

3. 存储文字和段落样式

字符和段落样式可存储为文字默认样式，并自动应用于新文件，以及未包含样式的当前文件。

执行【文字】→【存储默认文字样式】命令，可以将当前字符和段落样式存储为默认样式。

执行【文字】→【载入默认文字样式】命令，可以将默认字符和段落样式应用于文件。

8.2.6 创建文字选区

【横排文字蒙版工具】和【直排文字蒙版工具】，用于创建文字选区。选中其中一个工具，在画面中单击，可以进入蒙版状态，如图8-44所示。

图 8-44

输入文字即可创建文字选区，如图8-45所示。

图 8-45

★重点 8.2.7 实战：创建路径文字

实例门类	软件功能

路径文字是指创建在路径上的文字，文字会沿着路径排列，改变路径形状时，文字的排列方式也会随之改变。图像在输出时，路径不会被输出。另外，在路径控制面板中，也可取消路径的显示，只显示载入路径后的文字，创建路径文字的具体步骤如下。

Step01 打开素材。打开"素材文件\第8章\路径文字.psd"文件，切换到【路径】面板，单击【路径】图层，将路径显示出来，如图8-46所示。

图 8-46

Step02 指定文字起点。选择【横排文字工具】T，将鼠标指针放在路径上，鼠标光标变换为形状，单击鼠标，设置文字插入点，画面中会

出现闪烁的"I"，如图8-47所示。

图 8-47

Step03 输入文字。此时输入文字即可沿着路径排列，如图8-48所示。

图 8-48

Step04 设置字符间距。将鼠标光标定位在逗号处，在【字符】面板中设置【字距微调】为-520，缩小字符间距。再全选文字，设置【字体大小】为90点，如图8-49所示。

图 8-49

Step05 绘制圆形路径。单击选项栏中的按钮，确认文字输入。选择【椭圆工具】，在选项栏设置绘制方

式为路径。在画布上按住【Shift】键绘制正圆路径，如图8-50所示。

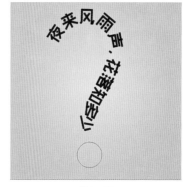

图 8-50

Step06 输入文字。选择【横排文字工具】T，将鼠标指针放在路径上，单击并输入路径文字，如图8-51所示。

图 8-51

Step07 绘制正圆选区并填充颜色。在文字图层下方新建图层。使用【椭圆选框工具】绘制正圆，并填充白色，如图8-52所示。

图 8-52

Step08 添加模糊效果。选择【图层3】，执行【滤镜】→【模糊】→【高斯模糊】命令，打开【高斯模糊】对话框，设置【半径】为25像素，如图8-53所示。

Step09 显示效果。效果如图8-54所示。

图 8-53

图 8-54

8.3　编辑文字

在图像中输入文字后，不仅可以调整字体的颜色、大小，还可以对已输入的文字进行其他编辑处理，包括文字的拼写检查、文字变形、栅格化文字、以及将文字转换为路径等操作。

8.3.1　点文字与段落文字的互换

在 Photoshop 中，点文字与段落文字之间可以相互转换。创建点文字后，执行【文字】→【转换为段落文本】命令，即可将点文字转换为段落文字。

创建段落文字后执行【文字】→【转换为点文本】命令，即可将段落文字转换为点文字。

8.3.2　实战：使用文字变形添加标题文字

实例门类	软件功能

文字变形是指对创建的文字进行变形处理后得到文字。例如，可以将文字变形为扇形或波浪形，下面就来了解如何进行文字的变形操作。

Step01 打开素材。打开"素材文件\第8章\星光.jpg"文件，如图8-55所示。

图 8-55

Step02 设置文字内容。选择【横排文字工具】 T ，在图像中输入文字"美丽闪烁的星光"，在选项栏中，设置【字体】为文鼎特粗宋，【字体大小】为50点，如图8-56所示。

图 8-56

Step03 设置文字变形样式。在选项栏

中，单击【创建文字变形】按钮 ，❶设置【样式】为旗帜、【弯曲】为 -51%、【水平扭曲】为11%，❷单击【确定】按钮，如图8-57所示。

图 8-57

Step04 显示效果。效果如图8-58所示。

图 8-58

Step05 选择文字图层。按【Ctrl+J】组合键复制图层，得到文字拷贝图层，再单击选中下方的文字图层，如图8-59所示。

图 8-59

Step06 移动文字位置。选择【移动工具】，按【↓】方向键移动文字到合适位置，如图8-60所示。

图 8-60

Step07 更改文字图层的不透明度。在【图层】面板中，更改文字图层的【不透明度】为40%，如图8-61所示。

图 8-61

Step08 移动文字位置。选中上方的文字图层，按【↓】方向键移动文字到合适位置，如图8-62所示。

图 8-62

【变形文字】对话框如图8-63所示。

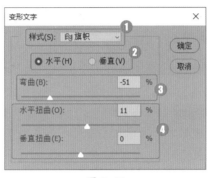

图 8-63

相关选项作用如表8-4所示。

表 8-4 【变形文字】对话框中常用选项作用

选项	作用
❶ 样式	在下拉列表中可以选择15种变形样式
❷ 水平/垂直	选择文本的扭曲方向为水平方向或垂直方向
❸ 弯曲	设置文本的弯曲程度
❹ 水平扭曲/垂直扭曲	可以对文本应用透视

★重点 8.3.3 栅格化文字

点文字和段落文字都属于矢量文字，文字栅格化后，就由矢量图变成位图了，这样有利于进一步操作，以制作更丰富的文字效果。文字被栅格化后，无法返回矢量文字的可编辑状态。

选中文字图层，执行【文字】→【栅格化文字图层】命令，文字即被栅格化。

在文字图层上右击，在弹出的菜单中执行【栅格化文字】命令，也可将文字栅格化。

★重点 8.3.4 将文字转换为工作路径

选中文字图层，如图8-64所示。

图 8-64

执行【文字】→【创建工作路径】命令，可将文字转换为工作路径，原文字属性不变，生成的工作路径可以应用填充和描边，或者通过调整锚点得到变形文字，如图8-65所示。

图 8-65

单击文字图层前的【图层可见性】按钮，关闭当前文字图层可见性，即可查看工作路径，如图 8-66 所示。

图 8-66

8.3.5 将文字转换为形状

选中文字图层，执行【文字】→【转换为形状】命令，如图 8-67 所示。

图 8-67

可将文字图层转换为形状图层，使用【直接选择工具】单击文字，可以显示出路径锚点并可以编辑文字路径，从而调整文字形状，如图 8-68 所示。

图 8-68

8.3.6 实战：使用拼写检查检查拼写错误

| 实例门类 | 软件功能 |

在 Photoshop 2020 中，可以检查当前文本中的英文单词拼写是否有误，具体操作步骤如下。

Step①1 打开素材。打开"素材文件\第8章\春天.psd"文件，如图 8-69 所示。

图 8-69

Step②2 选中文字图层。在【图层】面板中，选中文字图层，如图 8-70 所示。

图 8-70

Step③3 打开拼写检查对话框。选择【文字工具】T，在文字上右击，在快捷菜单中执行【拼写检查】命令，打开【拼写检查】对话框，如图 8-71 所示。

图 8-71

Step④4 检查拼写错误。检查到有错误时，Photoshop 会提供修改建议。❶ 选择【Spring】，❷ 单击【更改】按钮，如图 8-72 所示。

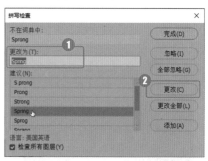

图 8-72

Step⑤5 确定更改。弹出提示对话框，单击【确定】按钮，如图 8-73 所示。

图 8-73

Step⑥6 错误被纠正。通过前面的操作，错误拼写被更正，如图 8-74 所示。

图 8-74

★新功能 8.3.7 查找和替换文字

执行【编辑】→【查找和替换文本】命令，可以打开【查找和替换】对话框，在对话框中，可以查找当前文本中需要修改的文字、单词、标点或字符，并将其替换为指定的内容，如图 8-75 所示。

图 8-75

单击【查找下一个】按钮，再单击【更改全部】按钮，弹出提示对话框，单击【确定】按钮，如图 8-76 所示。

图 8-76

即可将查找到的文字替换为指定文字，如图 8-77 所示。

图 8-77

8.3.8 更新所有文字图层

执行【文字】→【更新所有文字图层】命令，可更新当前文件中所有文字图层的属性，避免重复劳动，提高工作效率。

8.3.9 替换所有欠缺字体

打开文件时，如果该文档中的文字使用了系统中没有的字体，会弹出一条警告信息，指明缺少哪些字体，出现这种情况时，执行【文字】→【替换所有欠缺字体】命令，使用系统中安装的字体替换文档中欠缺的字体。

8.3.10 Open Type 字体

Open Type 字体是 Windows 操作系统支持的字体文件，因此，使用 Open Type 字体以后，在这两个操作平台交换文件时，不会出现字体替换或其他导致文本重新排列的问题。输入文字或编辑文本时，可在选项栏或【字符】面板中选择 Open Type 字体，并设置文字格式。

8.3.11 粘贴 Lorem Ipsum 占位符

使用文字工具在文本中单击，设置文字插入点，执行【文字粘贴 Lorem Ipsum】命令，可使用 Lorem Ipsum 占位符文本快速地填充文本块以进行布局。

8.3.12 可变字体

Photoshop 2020 附带几种可变字体，拖动【属性】面板中的滑块可以调整其直线宽度、宽度和倾斜度。在调整这些滑块时，Photoshop 会自动选择与当前设置最接近的文字样式，如图 7-78 所示。

图 8-78

例如，选择文字，如图 7-79 所示。

图 8-79

在增加常规文字样式的倾斜度时，Photoshop 会自动将其更改为一种斜体的变体。如图 7-80 所示。

图 8-80

在【字符】面板或选项栏的字体列表中，搜索"可变"可查找可变字体。或者，查找字体名称旁边的 图标，如图 7-81 所示。

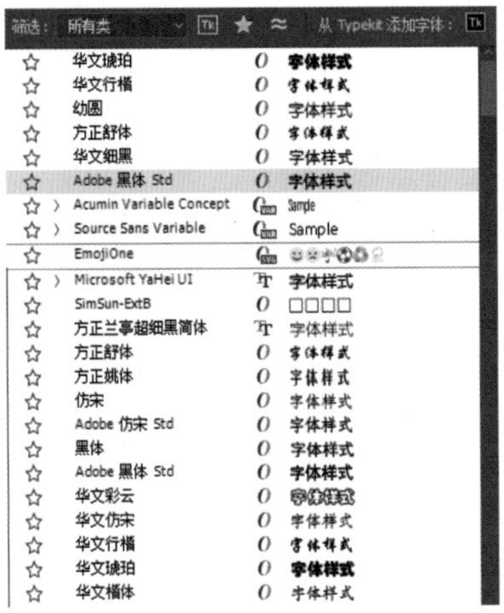

图 8-81

8.3.13　不带格式粘贴

在将文本粘贴到文字图层时，可以使用【编辑】→【选择性粘贴】→【粘贴且不使用任何格式】命令，如图 8-82 所示。此命令去除了源文本中的样式属性并使其适应目标文字图层的样式。

图 8-82

妙招技法

通过对前面知识的学习，相信读者已经掌握了 Photoshop 2020 文本录入与修改的基本操作。下面结合本章内容，给大家介绍一些实用技巧。

技巧 01：更改字体预览大小

在 Photoshop 2020 中通常安装了大量的字体，如果字体预览太小，眼睛看上去会非常累，下面介绍如何更改字体预览大小。

在【字符】面板或文字工具选项栏的【字体】下拉列表中，可以看到字体的预览效果，如图 8-83 所示。

执行【文字】→【字体预览大小】命令，在打开的子菜单中，可以调整字体预览大小，包括【无】【小】【中】【大】【特大】【超大】6 种。例如，选择【超大】，如图 8-84 所示。

图 8-84

效果如图 8-85 所示。

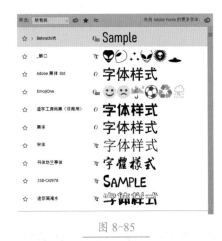

图 8-85

技巧 02：编辑路径文字

创建路径文字后，可以改变文字路径的形状或者文字效果，编辑路径文字具体操作步骤如下。

Step(01) 打开素材。打开"素材文件\第 8 章\编辑路径文字 .psd"文件，如图 8-86 所示。

图 8-83

图 8-86

Step 02 选择文字图层。在【图层】面板中，选择文字图层，如图 8-87 所示。

图 8-87

Step 03 选择路径选择工具并移动到文字上。选择【直接选择工具】或【路径选择工具】，将鼠标指针移动到文字上，鼠标指针变为形状，如图 8-88 所示。

图 8-88

Step 04 移动文字。拖动鼠标即可移动文字，如图 8-89 所示。

图 8-89

Step 05 拖动路径。向路径的另一侧拖动鼠标，如图 8-90 所示。

图 8-90

Step 06 翻转文字。可以翻转文字方向，如图 8-91 所示。

图 8-91

Step 07 显示锚点。使用【直接选择工具】单击路径显示出锚点，如图 8-92 所示。

图 8-92

Step 08 文字跟随路径变换形状。移动方向线调整路径形状，文字会根据调整后的路径重新排列，如图 8-93 所示。

图 8-93

技巧 03：设置连字

强制对齐段落时，Photoshop 2020 会将一行末端的单词断开至下一行，如图 8-94 所示。

图 8-94

勾选【段落】面板中的【连字】复选框，如图 8-95 所示。

图 8-95

可以在断开的单词间显示连字标记，如图 8-96 所示。

图 8-96

过关练习——制作招聘海报

Photoshop 中输入的文字都是矢量对象，因此，可以轻松地改变文字的形状，下面就利用 Photoshop 中的文字功能制作招聘海报。

素材文件	素材文件 \ 第 8 章 \ 海报背景 .jpg
结果文件	结果文件 \ 第 8 章 \ 招聘海报 .psd

具体操作步骤如下。

Step 01 打开素材文件。打开"素材文件 \ 第 8 章 \ 海报背景 .jpg"文件，如图 8-97 所示。

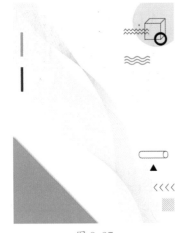

图 8-97

Step 02 输入文字。选择【横排文字工具】，输入文字，在选项栏设置【字体】为字魂 35 号 - 经典雅黑，【颜色】为青色，如图 8-98 所示。

图 8-98

Step 03 转换为形状。选择文字图层，执行【文字】→【转换为形状】命令，将文字转换为形状，并选择

【路径选择工具】显示出文字锚点，如图 8-99 所示。

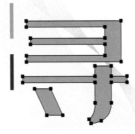

图 8-99

Step 04 转换锚点。选择【转换点工具】，拖动文字锚点，将其转换为平滑点，如图 8-100 所示。

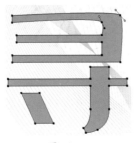

图 8-100

Step 05 转换平滑点为角点。使用【转换点工具】双击锚点，将平滑点转换为角点，如图 8-101 所示。

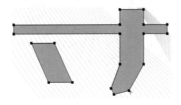

图 8-101

Step 06 调整文字形状。使用【直接选择工具】拖动锚点，调整文字形状，如图 8-102 所示。

Step 07 输入文字。选择【直排文字工具】，输入文字，设置文字【颜色】为黑色，如图 8-103 所示。

图 8-102

图 8-103

Step 08 输入英文字母。使用【直排文字工具】输入英文字母，在选项栏设置【字体】为微软简标宋，【颜色】设置为青色，如图 8-104 所示。

图 8-104

Step 09 调整文字大小和位置。选择所有的中文文字图层，按【Ctrl+T】组合键，适当缩小文字，并将其移动至左侧，如图 8-105 所示。

图 8-105

Step⑩ 输入英文字母。使用【横排文字工具】输入单词，如图 8-106 所示。

图 8-106

Step⑪ 对齐文字。选择【NEED】和【YOU】文字图层，单击选项栏中的【左对齐】按钮，使文字左对齐，如图 8-107 所示。

图 8-107

Step⑫ 调整字符间距。选择【YOU】图层，执行【窗口】→【字符】命令，打开【字符】面板。将鼠标指针放在【设置所选字符的字距调整】图标上，拖动鼠标，调整字距到合适的位置，使其与【NEED】文字两端对齐，如图 8-108 所示。

图 8-108

Step⑬ 输入文字。使用【横排文字工具】输入职位名称，如图 8-109 所示。

图 8-109

Step⑭ 输入职位要求。使用【横排文字工具】绘制段落文本框，并输入段落文字，调整大小和颜色，如图 8-110 所示。

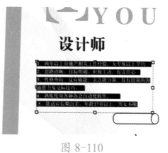

图 8-110

Step⑮ 输入其他职位信息。使用相同的方法输入其他职位信息，如图 8-111 所示。

图 8-111

Step⑯ 输入地址信息，完成招聘海报制作。使用【横排文字工具】输入地址和电话信息，并设置合适的字体大小和颜色，将其放在左侧，完成招聘海报的制作，如图 8-112 所示。

图 8-112

本章小结

　　本章主要介绍了文字处理的基础知识，包括文字类型和文字工具选项栏，如何创建文字和编辑文字，以及如何设置文字的样式和将文字进行变形处理的一些技巧，合理运用文字是进行图像处理的必备技能。希望通过本章的学习，读者能够熟练掌握文字处理的基础知识。

第9章 路径和矢量图形

➡ 如何选择绘图模式？

➡ 路径可以打印出来吗？

➡ 直线和曲线的绘制方法有什么区别？

➡ 如何调整路径？

➡ 如何绘制特定形状？

前面的内容中学习了 Photoshop 2020 对位图的编辑方法，接下来将讲解矢量图的绘制和编辑方法。

9.1 初识路径

在 Photoshop 中钢笔和形状等矢量工具可以创建不同类型的对象，包括形状图层、工作路径和像素图形，在使用矢量工具创建路径时，必须了解什么是路径，路径由什么组成，下面就来讲解路径的概念与路径的组成。

9.1.1 绘图模式

使用钢笔和形状工具绘制对象时，需要先在选项栏中设置绘图模式，包括【形状】【路径】和【像素】3 种模式，如图 9-1 所示。

图 9-1

1. 路径

在选项栏中，选择【路径】选项后，可创建工作路径，工作路径保存在【路径】面板中，如图 9-2 所示。

图 9-2

绘制路径后，可以在选项栏单击建立【选区】【蒙版】【形状】按钮，如图 9-3 所示，将路径转换为选区，矢量蒙版或形状，如图 9-4 所示。

图 9-3

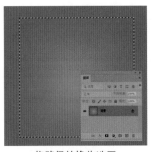

将路径转换为选区

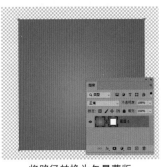

将路径转换为矢量蒙版

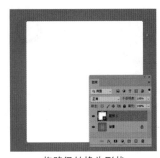

将路径转换为形状

图 9-4

2. 形状

在选项栏中选择【形状】选项后，可以绘制带有填充和描边的形状，并且会自动创建形状图层，如图 9-5 所示。

图 9-5

绘制的形状是矢量图形,因此,【路径】面板中也会保存绘制的形状路径,如图9-6所示。

图 9-6

在选择【形状】选项后,在选项栏中可以设置填充及描边相关的属性,其选项栏如图9-7所示。

图 9-7

相关选项作用如表9-1所示。

表9-1 【形状】选项栏常用选项作用

选项	作用
❶ 设置形状填充类型	单击色块,在打开的下拉列表中单击☑按钮,可以设置填充为无,单击▦按钮,可以设置填充为纯色,单击▩按钮,可以设置填充为渐变色,单击▦按钮,可以设置填充为图案
❷ 设置形状描边类型	单击色块,在打开的下拉列表中可以设置描边为【无】【纯色】【渐变】或【图案】
❸ 设置形状描边宽度	单击下拉按钮打开下拉菜单,拖动滑块可以调整描边宽度
❹ 描边选项	单击下拉按钮,在打开的下拉面板中可以设置描边选项

续表

选项	作用
❺ 设置形状宽度/高度	在文本框中输入数值可以设置形状的宽度和高度

3. 像素

选择【像素】选项后,可在当前图层上绘制栅格化的图形,如图9-8所示。

图 9-8

在选项栏中可以为绘制的图像设置混合模式和不透明度,如图9-9所示。

图 9-9

相关选项作用如表9-2所示。

表9-2 【像素】选项栏中各选项作用

选项	作用
❶ 模式	设置混合模式,让绘制的图像与下方其他图像产生混合效果
❷ 不透明度	可以为绘制的图像指定不透明度,使其呈现透明效果
❸ 消除锯齿	可以平滑绘制的图像的边缘,消除锯齿

★重点 9.1.2 路径

路径不是图像中的像素,只是

用来绘制图形或选择图像的一种依据。利用路径可以编辑不规则图形,建立不规则选区,还可以对路径进行描边、填充来制作特殊的图像效果。通常路径是由锚点、路径线段及方向线组成,下面分别进行介绍。

1. 锚点

锚点又称为节点,包括平滑点及角点,如图9-10所示。

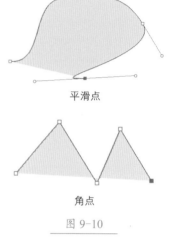

平滑点

角点

图 9-10

在绘制路径时,线段与线段之间由一个锚点连接,锚点本身具有直线或曲线属性。

当锚点显示为白色空心时,表示该锚点未被选取,如图9-11所示。

图 9-11

当锚点为黑色实心时,表示该锚点为当前选取的点,如图9-12所示。

图 9-12

2. 线段

两个锚点之间连接的部分称为线段。如果线段两端的锚点都带有直线属性，则该线段为直线，如图9-13所示。

图 9-13

如果任意一端的锚点带有曲线属性，则该线段为曲线，如图9-14所示。当改变锚点的属性时，通过该锚点的线段也会受影响。

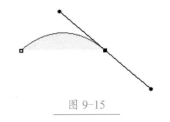

图 9-14

3. 方向线和方向点

当用【直接选择工具】或【转换点工具】选取带有曲线属性的锚点时，锚点的两侧会出现方向线，如图9-15所示。

图 9-15

用鼠标拖曳方向线末端的方向点，即可改变曲线段的弯曲程度，如图9-16所示。

图 9-16

★重点 9.1.3　路径面板

创建路径后，该路径会被保存在【路径】面板中。执行【窗口】→【路径】命令，可以打开【路径】面板，如图9-17所示。

图 9-17

相关选项作用如表9-3所示。

表9-3 【路径】面板选项作用

选项	作用
❶工作路径	显示当前文件中包含的路径、临时路径和矢量蒙版
❷用前景色填充路径	可以用当前设置的前景色填充被路径包围的区域
❸用画笔描边路径	可以按当前选择的绘画工具和前景色沿路径进行描边
❹将路径作为选区载入	可以将创建的路径作为选区载入
❺从选区生成工作路径	可以将当前创建的选区生成为工作路径
❻添加蒙版	从当前路径创建蒙版
❼创建新路径	可以创建一个新路径层
❽删除当前路径	可以删除当前选择的工作路径

> **技能拓展——修改路径名**
>
> 在【路径】面板中，双击路径名称，进入文字编辑状态，即可在显示的文本框中修改路径的名称。

9.2　钢笔工具

钢笔工具包括【钢笔工具】、【自由钢笔工具】和【弯度钢笔工具】，可以用于绘制矢量图形或者图像描边。下面将具体讲解每种钢笔工具的使用方法。

★重点 9.2.1　钢笔选项

单击【钢笔工具】按钮，其选项栏如图9-18所示。

图 9-18

相关选项作用如表9-4所示。

表9-4 【钢笔工具】选项栏中各选项作用

选项	作用
❶绘制方式	包括3个选项，分别为【形状】【路径】【像素】。选择【形状】选项，可以创建一个形状图层；选择【路径】选项，绘制的路径会保存在

续表

选项	作用
❶绘制方式	【路径】面板中；选择【像素】选项，会在图层中为绘制的形状填充前景色

续表

选项	作用
❷ 建立	包括【选区】【蒙版】和【形状】三个选项，单击相应的按钮，可以将路径转换为相应的对象
❸ 路径操作	单击【路径操作】按钮🔲，在下拉列表选择【合并形状】🔲，新绘制的图形会添加到现有图形中；选择【减去顶层形状】🔲，可从现有图形中减去新绘制的图形；选择【与形状区域相交】🔲，得到的图形为新图形与现有图形的交叉区域；选择【排除重叠区域】🔲，得到的图形为合并路径中排除重叠区域
❹ 路径对齐方式	可以选择多个路径的对齐方式，包括【左对齐】【水平居中对齐】【右对齐】等
❺ 路径排列方式	选择路径的排列方式，包括【将形状置为顶层】【将形状前移一层】等选项
❻ 橡皮带	单击【橡皮带】按钮⚙，可打开下拉列表，勾选【橡皮带】复选框，在绘制路径时，可以显示路径外延
❼ 自动添加/删除	勾选该复选框，则【钢笔工具】🖊就具有了智能增加和删除锚点的功能。将【钢笔工具】🖊放在选取的路径上，光标即可变成🖊₊状，表示可以增加锚点；而将钢笔工具放在选中的锚点上，光标即可变成🖊₋状，表示可以删除此锚点

★重点 9.2.2　**实战：绘制直线**

实例门类	软件功能

使用【钢笔工具】🖊依次单

击即可绘制直线，具体操作步骤如下。

Step01 选择工具和路径并指定路径起点。选择【钢笔工具】🖊，在选项栏中，选择【路径】选项，单击确定路径起点，如图 9-19 所示。

图 9-19

Step02 创建直线段。在下一目标处单击，即可在这两点间创建一条线段，如图 9-20 所示。

图 9-20

Step03 继续绘制直线。继续在下一锚点处单击，绘制直线，如图 9-21所示。

图 9-21

Step04 继续创建锚点。使用相同方

法依次单击确定路径的其他锚点，如图 9-22 所示。

图 9-22

Step05 指向路径起始点。将鼠标指针放置在路径的起始点上，指针会变成🖊₀形状，如图 9-23 所示。

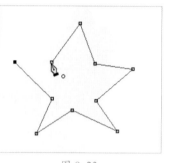

图 9-23

Step06 闭合路径。单击即可创建一条闭合路径，如图 9-24 所示。

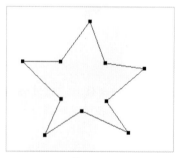

图 9-24

💡 技术看板

在绘制路径时，如果不想闭合路径，可以按住【Ctrl】键在空白处单击。或者按【Esc】键结束绘制。

★重点 9.2.3 实战：绘制平滑曲线

实例门类	软件功能

曲线的绘制方法稍为复杂，具体操作步骤如下。

Step01 选择工具并指定路径起点。选择【钢笔工具】 ∅，在选项栏中，选择【路径】选项，单击确定路径起点，如图 9-25 所示。

图 9-25

Step02 绘制曲线段。在下一目标处单击并拖动鼠标，两个锚点间的线段即为曲线线段，如图 9-26 所示。

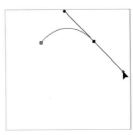

图 9-26

Step03 依次绘制锚点。通过相同操作依次确定路径的其他锚点，如图 9-27 所示。

图 9-27

Step04 指向路径起始点。将鼠标指针放置在路径的起始点上，指针会变成 ∅ 形状，如图 9-28 所示。

图 9-28

Step05 闭合路径。单击并拖动鼠标，即可创建一条闭合路径，如图 9-29 所示。

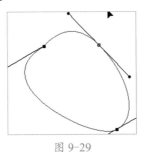

图 9-29

Step06 调整路径形状。继续拖动鼠标，调整路径的形状，如图 9-30 所示。

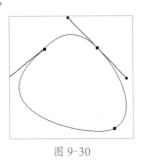

图 9-30

★重点 9.2.4 实战：绘制角曲线

实例门类	软件功能

使用【钢笔工具】 ∅ 除了可以绘制平滑曲线外，还可以绘制角曲线，绘制过程中，需要转换锚点的性质，具体操作步骤如下。

Step01 选择工具并指定路径起点。选择【钢笔工具】 ∅，在选项栏中，选择【路径】选项，在画面中单击确定路径起点，如图 9-31 所示。

图 9-31

Step02 绘制曲线段。在下一目标处单击并拖动鼠标，两个锚点间的线段为曲线段，如图 9-32 所示。

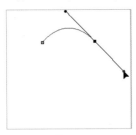

图 9-32

Step03 转换锚点类型。按住【Alt】键切换为【转换点工具】 ∖，单击锚点，平滑锚点转换为角锚点，如图 9-33 所示。

图 9-33

Step04 定义锚点。在下一目标处单击并拖动鼠标，定义下一锚点，如图 9-34 所示。

图 9-34

Step05 定义其他锚点。使用相同的方法定义其他锚点，如图 9-35 所示。

图 9-35

Step06 绘制锚点。继续绘制锚点，如图 9-36 所示。

图 9-36

Step07 指向路径起始点。将鼠标指针放置在路径的起始点上，指针会变成◉形状，如图 9-37 所示。

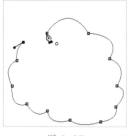

图 9-37

Step08 闭合路径。单击并拖动鼠标，闭合路径，如图 9-38 所示。

图 9-38

技术看板

【钢笔工具】 ✎ 可以快速切换为其他路径编辑工具。例如，将【钢笔工具】 ✎ 放置到路径上时，【钢笔工具】 ✎ 即可临时切换为【添加锚点工具】 ✎ ；将【钢笔工具】 ✎ 放置到锚点上，【钢笔工具】 ✎ 将变成【删除锚点工具】 ✎ ，如果此时按住【Alt】键，则【删除锚点工具】 ✎ 又会变成【转换锚点工具】 ⌐ ；在使用【钢笔工具】 ✎ 时，如果按住【Ctrl】键，【钢笔工具】 ✎ 会切换到【直接选择工具】 ▷ 。

9.2.5 自由钢笔工具

选择【自由钢笔工具】后，选项栏如图 9-39 所示。

图 9-39

相关选项作用如表 9-5 所示。

表 9-5 【自由钢笔工具】选项栏
常用选项作用

选项	作用
磁性的	勾选该复选框，在绘制路径时，可仿照【磁性套索工具】🖇️用法设置平滑的路径曲线，对创建具有轮廓的图像的路径很有帮助

【自由钢笔工具】 ✎ 绘制方法自由，它的使用方法与【套索工具】 ◯ 非常相似。在画面中单击并拖动鼠标即可绘制路径，其具体操作步骤如下。

Step01 选择工具并指定起点。在图像中单击确定起点，如图 9-40 所示。

图 9-40

Step02 拖动鼠标进行绘制。按住鼠标左键并拖动，如图 9-41 所示。

图 9-41

Step03 完成路径的创建。释放鼠标完成路径的创建，Photoshop 会自动为路径添加锚点，如图 9-42 所示。

图 9-42

Step04 指定路径起点。在选项栏中，勾选【磁性的】复选框，在对象边缘单击定义路径起点，如图 9-43 所示。

图 9-43

Step 05 绘制路径后，指向路径起始点。沿着对象边缘拖动鼠标，移动到起始锚点时，鼠标指针会变成🖊️形状，如图9-44所示。

图 9-44

Step 06 闭合路径。单击闭合路径，Photoshop会自动为路径添加锚点，如图9-45所示。

图 9-45

9.2.6 弯度钢笔工具

使用【弯度钢笔工具】🖋️可以更加轻松地绘制平滑曲线和直线段。并且在执行该操作时，无须切换工具就可以创建、切换、编辑、添加或删除平滑点或角点。

选择【弯度钢笔工具】后，在画布上任意位置单击，创建锚点，如图9-46所示。

图 9-46

再次单击定义第二个锚点完成第一段路径，如图9-47所示。

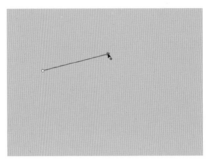

图 9-47

继续单击定义第三个锚点，此时，Photoshop会进行相应调整，绘制平滑曲线，如图9-48所示。

图 9-48

双击锚点，将其转换为角点，再继续定义第4个锚点，绘制直线，如图9-49所示。

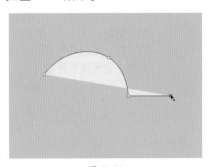

图 9-49

继续绘制锚点，完成闭合路径的绘制，如图9-50所示。

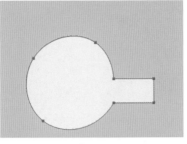

图 9-50

技术看板

使用【弯曲钢笔工具】绘制时，路径的第一段最初始终显示为画布上的一条直线。依据接下来绘制的是曲线段还是直线段，Photoshop会对它进行相应的调整。如果绘制的下一段是曲线段，Photoshop将使第一段曲线与下一段平滑地关联。

将鼠标指针放在锚点上，鼠标指针变换为🖊️形状，拖动锚点，可以调整路径形状，如图9-51所示。

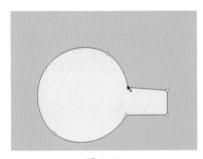

图 9-51

将鼠标指针放在路径段上方，鼠标指针变为🖊️时，单击鼠标，可以添加锚点，如图9-52所示。

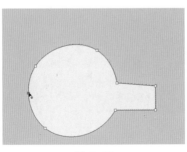

图 9-52

9.3　形状工具

形状工具包括【矩形工具】■、【圆角矩形工具】■、【椭圆工具】■、【多边形工具】■、【直线工具】■和【自定形状工具】■，使用这些工具可以绘制出标准的几何图形，也可以绘制自定义图形。

★重点 9.3.1　矩形工具

【矩形工具】■主要用于绘制矩形或正方形图形，选择【矩形工具】■后，在画布上拖动鼠标即可绘制出相应的矩形，如图 9-53 所示。

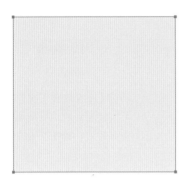

图 9-53

单击其选项栏中的 ■ 按钮打开下拉面板，在面板中可以设置矩形的创建方法，如图 9-54 所示。

图 9-54

相关选项作用如表 9-6 所示。

表 9-6　【矩形工具】设置面板中各选项作用

选项	作用
不受约束	拖动鼠标创建任意大小的矩形

续表

选项	作用
方形	拖动鼠标创建任意大小的正方形
固定大小	选中该单选按钮，并在右侧的文本框中输入数值（W 为宽度，H 为高度），此后单击鼠标时，只创建预设大小的矩形
比例	选中该单选按钮，并在右侧的文本框中输入数值，此后拖动鼠标时，无论创建多大的矩形，矩形的宽度和高度都保持预设的比例
从中心	以任何方式创建矩形时，鼠标在画面中的单击点即为矩形中心，拖动鼠标时矩形由中心向外扩展

9.3.2　圆角矩形工具

【圆角矩形工具】■用于创建圆角矩形。它的使用方法及选项都与【矩形工具】■相同，只是多了一个【半径】选项，通过【半径】来设置倒角的幅度，数值越大，产生的圆角效果越明显。【半径】为 50px 时，如图 9-55 所示。

图 9-55

【半径】为 100px 时，如图 9-56 所示。

图 9-56

【半径】为 200px 时，如图 9-57 所示。

图 9-57

★重点 9.3.3　椭圆工具

【椭圆工具】■可以绘制椭圆或圆形形状的图形。其使用方法与【矩形工具】■的操作方法相同，只是绘制的形状不同，用户可以创建不受约束的椭圆和圆形，也可以创建固定大小和固定比例的图形，以椭圆路径如图 9-58 所示。

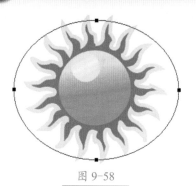

图 9-58

正圆形路径如图 9-59 所示。

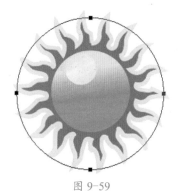

图 9-59

技术看板

使用【矩形工具】【圆角矩形工具】【椭圆工具】绘制图像时，按住【Shift】键可以绘制正方形或正圆形。

9.3.4　多边形工具

【多边形工具】 用于绘制多边形和星形，通过在选项栏中设置【边】的数值来确定绘制多边形或星形的边数，如图 9-60 所示。

图 9-60

单击工具栏中的 按钮，打开下拉面板，如图 9-61 所示，在该面板中可以设置绘制多边形还是星形。

图 9-61

相关选项作用如表 9-7 所示。

表 9-7　【多边形工具】设置面板
各选项作用

选项	作用
半径	设置多边形或星形的半径长度，在画面中单击并拖动鼠标时将创建指定半径值的多边形或星形
平滑拐角	创建具有平滑拐角的多边形或星形。勾选【平滑拐角】复选框后，将使用圆角代替尖角，效果如图 9-62 所示
星形	勾选该复选框，可以创建星形。在【缩进边依据】选项中可以设置星形边缘向中心的缩进量，该值越高，缩进量越大，如图 9-63 所示为缩进量 30% 和 80% 的效果

续表

选项	作用
星形	 缩进量 30% 缩进量 80% 图 9-63 勾选【平滑缩进】复选框，可以使星形的边平滑地向中心缩进，如图 9-64 所示 图 9-64

9.3.5　直线工具

【直线工具】 可以创建直线和带有箭头的线段。使用直线工具绘制直线时，首先在工具选项栏中的【粗细】选项中设置线的宽度，然后单击鼠标并拖动，释放鼠标后即可绘制一条直线，如图 9-65 所示。

图 9-65

在选项栏中单击 ⚙ 按钮，打开下拉面板，如图 9-66 所示，在面板中可以设置添加箭头效果。

图 9-66

相关选项作用如表 9-8 所示。

表 9-8 【直线工具】设置面板
各选项作用

选项	作用
起点／终点	勾选【起点】复选框，可在直线的起点添加箭头，如图 9-67 所示 图 9-67 勾选【终点】复选框，可在直线的终点添加箭头。两项都勾选，则起点和终点都会添加箭头，如图 9-68 所示 图 9-68
宽度	用于设置箭头宽度与直线宽度的百分比，范围为 10%~1000%。800% 效果如图 9-69 所示 图 9-69 500% 效果如图 9-70 所示 图 9-70

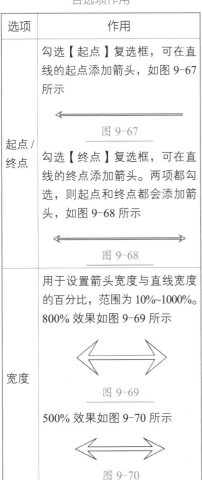

续表

选项	作用
长度	用于设置箭头长度与直线长度的百分比，范围为 10%~1000%。800% 效果如图 9-71 所示 图 9-71 500% 的效果如图 9-72 所示 图 9-72
凹度	用于设置箭头的凹陷程度，范围为 -50%~50%。该值为 0% 时，箭头尾部平齐；大于 0% 时，向内凹陷；小于 0% 时，向外凸出。 -50% 效果如图 9-73 所示 图 9-73 0% 效果如图 9-74 所示 图 9-74

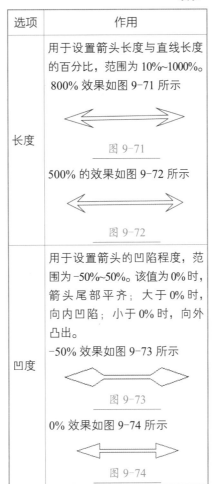

9.3.6 实战：使用自定形状工具绘制云朵和犀牛图像

实例门类	软件功能

【自定形状工具】 ⚘ 可以创建 Photoshop 预设形状、自定义的形状或者是外部提供的形状，具体绘制步骤如下。

Step 01 打开素材。打开"素材文件\第 9 章\风景 .jpg"文件，如图 9-75 所示。

Step 02 选择云朵。选择【自定形状工具】 ⚘，在选项栏中，单击形状右侧的 按钮，在下拉列表中选择【云彩 1】形状，如图 9-76 所示。

图 9-75

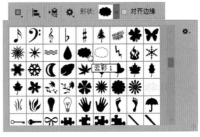

图 9-76

Step 03 绘制云朵。在选项栏设置【绘图模式】为形状，【填充】为白色，然后绘制不同大小的云朵，并将其放在适当的位置，如图 9-77 所示。

图 9-77

Step 04 选择犀牛形状。在选项栏中，单击形状右侧的 按钮，在下拉列表中选择【野生动物】组中的【犀牛】形状，如图 9-78 所示。

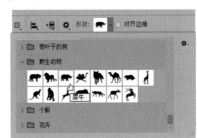

图 9-78

Step**05** 绘制形状。选择【背景】图层，在选项栏设置【填充】为灰色，绘制不同大小的犀牛形状，如图9-79所示。

图 9-79

★新功能 9.3.7　形状面板

Photoshop 2020 新增了形状面板，集合了所有预设的形状。执行【窗口】→【形状】命令，打开【形状】面板，如图9-80所示。

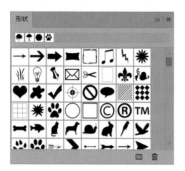

图 9-80

打开【形状】面板后，拖动形状到画布上就可以绘制形状，绘制的形状会填充前景色，如图9-81所示。

图 9-81

在【图层】面板中则会自动创建形状图层，如图9-82所示。

图 9-82

9.3.8　实战：绘制积木车

实例门类	软件功能

组合使用形状工具可以绘制各种复杂图形，下面绘制一个积木车，具体绘制步骤如下。

Step**01** 新建文件。按【Ctrl+N】组合键新建文件，在打开的【新建文档】对话框中，❶设置【宽度】为1000像素、【高度】为452像素、【分辨率】为300像素/英寸，❷单击【创建】按钮，如图9-83所示。

图 9-83

Step**02** 创建路径。选择【圆角矩形工具】□，在选项栏中，选择【路径】选项，设置【半径】为10像素，拖动鼠标绘制图形，效果如图9-84所示。

图 9-84

Step**03** 新建图层并载入选区。新建图层，命名为【黄积木】。按【Ctrl+Enter】组合键，载入路径选区后，填充深黄色【#c9a22b】，如图9-85所示。

图 9-85

Step**04** 设置木纹效果。执行【滤镜】→【渲染】→【纤维】命令，打开【纤维】对话框，❶设置【差异】为4、【强度】为9，多次单击【随机化】按钮，得到木纹图案，❷单击【确定】按钮，如图9-86所示。

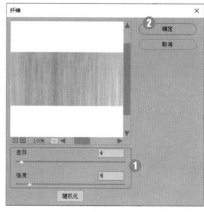

图 9-86

Step**05** 设置斜面和浮雕效果。双击图层，在打开的【图层样式】对话框中，❶勾选【斜面和浮雕】复选框，❷设置【样式】为内斜面、【方法】为平滑、【深度】为100%、【方向】为上、【大小】为5像素、【软化】为0像素、【角度】为120度、【亮度】为30度、【高光模式】为滤色、【不透明度】为75%、【阴影模式】为正片叠底，【不透明度】为75%，如图9-87所示。

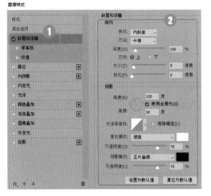

图 9-87

Step06 显示效果。效果如图9-88所示。

图 9-88

Step07 复制图层并缩小红积木。复制图层，命名为【红积木】，按【Ctrl+T】组合键，执行【自由变换】命令，缩小红积木，效果如图9-89所示。

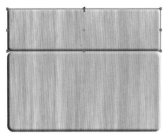

图 9-89

Step08 显示图层效果。图层效果如图9-90所示。

图 9-90

Step09 设置色相/饱和度。按【Ctrl+U】组合键，执行【色相/饱和度】命令，打开【色相/饱和度】对话框，❶设置【色相】为-32、【饱和度】为53、【明度】为-23，❷单击【确定】按钮，如图9-91所示。

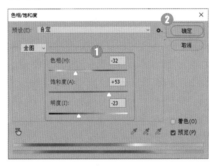

图 9-91

Step10 显示效果。效果如图9-92所示。

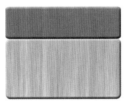

图 9-92

Step11 复制蓝积木。使用相似的方法，复制出【蓝积木】，如图9-93所示。

图 9-93

Step12 调整颜色。调整颜色为蓝色，如图9-94所示。

图 9-94

技能拓展——【色相/饱和度】命令

在【色相/饱和度】对话框中，拖动相应滑块或在文本框输入参数值，可调整图像色相、饱和度和明度。

Step13 选择工具绘制路径。选择【钢笔工具】，依次在画面中单击绘制三角形路径，如图9-95所示。

图 9-95

Step14 新建图层并填充选区。新建图层，命名为【红积木2】，载入选区后填充红色【#da5131】，如图9-96所示。

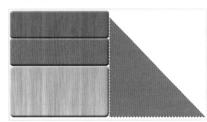

图 9-96

Step15 添加木纹效果。添加木纹效果，如图9-97所示。

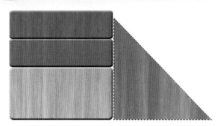

图 9-97

Step⑯ 添加图层样式效果。添加斜面和浮雕图层样式，如图 9-98 所示。

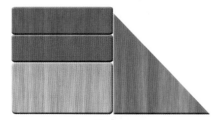

图 9-98

Step⑰ 复制图层并翻转图像。复制图层，命名为【蓝积木 2】，执行【编辑】→【变换】→【水平翻转】命令，效果如图 9-99 所示。

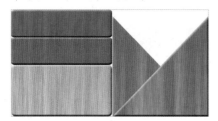

图 9-99

Step⑱ 垂直翻转图像。执行【编辑】→【变换】→【垂直翻转】命令，如图 9-100 所示。

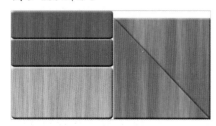

图 9-100

Step⑲ 选择图层并放大图像。同时选中【红积木 2】和【蓝积木 2】图层，适当放大图像，如图 9-101 所示。

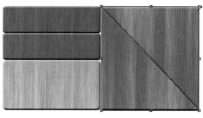

图 9-101

Step⑳ 调整图像颜色。调整【蓝积木 2】的颜色，效果如图 9-102 所示。

图 9-102

Step㉑ 选择工具并选择选项。选择【圆角矩形工具】，在选项栏中，选择【路径】选项，设置【半径】为 10 像素，❶ 单击 ⚙ 按钮，❷ 在下拉面板中选中【方形】单选按钮，如图 9-103 所示。

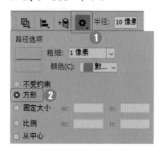

图 9-103

Step㉒ 绘制路径。拖动鼠标绘制路径，如图 9-104 所示。

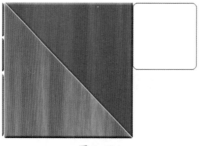

图 9-104

Step㉓ 新建图层并填充选区颜色。新建图层，命名为【黄积木 2】。按【Ctrl+Enter】组合键，载入路径选区后，填充深黄色【#c9a22b】，如图 9-105 所示。

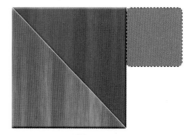

图 9-105

Step㉔ 添加图层样式。添加木纹和图层样式，效果如图 9-106 所示。

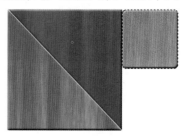

图 9-106

Step㉕ 复制图层并设置色相/饱和度。复制图层，拖动到右侧，命名为【绿积木】。按【Ctrl+U】组合键，执行【色相/饱和度】命令，打开【色相/饱和度】对话框，❶ 设置【色相】为 59，【饱和度】为 81，【明度】为 -50，❷ 单击【确定】按钮，如图 9-107 所示。

图 9-107

Step㉖ 显示效果。效果如图 9-108 所示。

图 9-108

Step 27 复制图层并命名。按住【Alt】键，拖动复制【黄积木】到右侧，命名为【红积木 3】，如图 9-109 所示。

图 9-109

Step 28 调整图像颜色。在【色相/饱和度】对话框中，调整【红积木 3】为红色，如图 9-110 所示。

图 9-110

Step 29 显示效果。效果如图 9-111 所示。

图 9-111

Step 30 新建图层并绘制图形。新建图层，命名为【绿圆】。使用【椭圆工具】 绘制图形，如图 9-112 所示。

图 9-112

Step 31 填充选区颜色。载入选区后填充绿色【#488e34】，如图 9-113 所示。

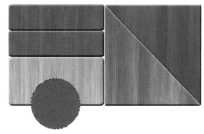

图 9-113

Step 32 添加木纹效果。添加木纹，效果如图 9-114 所示。

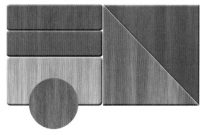

图 9-114

Step 33 添加图层样式效果。双击图层，在打开的【图层样式】对话框中，❶ 勾选【斜面和浮雕】复选框，❷ 设置【样式】为枕状浮雕，【方法】为雕刻清晰，【深度】为 144%，【方向】为上，【大小】为 18 像素，【软化】为 2 像素，【角度】为 50 度，【高度】为 48 度，【高光模式】为叠加，【不透明度】为 50%，【阴影模式】为正片叠底，【不透明度】为 75%，如图 9-115 所示。

Step 34 显示效果。效果如图 9-116 所示。

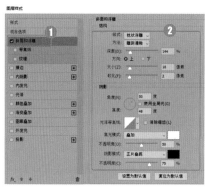

图 9-115

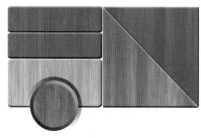

图 9-116

Step 35 复制图层并命名。按住【Alt】键，拖动复制图层，命名为【蓝圆】，如图 9-117 所示。

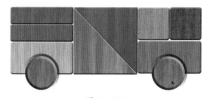

图 9-117

Step 36 设置色相/饱和度。按【Ctrl+U】组合键，打开【色相/饱和度】对话框，设置【色相】为 -59，【饱和度】为 49，【明度】为 0，如图 9-118 所示。

图 9-118

Step37 显示效果。效果如图 9-119 所示。

图 9-119

Step38 打开形状面板。执行【窗口】→【形状】命令，打开【形状】面板，选择【树】形状，如图 9-120 所示。

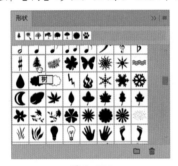

图 9-120

Step39 绘制树形状。拖动【树】形状到画布上，并设置【前景色】为绿色，如图 9-121 所示。

Step40 调整树大小。按【Ctrl+T】组合键执行【自由变换】命令，调整树的大小和位置，如图 9-122 所示。

图 9-121

图 9-122

Step41 选择人物形状。在【形状】面板中选择学校形状，如图 9-123 所示。

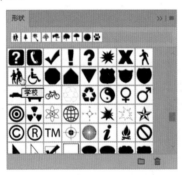

图 9-123

Step42 绘制人物。拖动【学校】形状到画布上，并设置【前景色】为黑色，如图 9-124 所示。

图 9-124

Step43 调整人物方向和大小。按【Ctrl+T】组合键执行【自由变换】命令，调整图像大小；水平翻转人物图像，如图 9-125 所示。

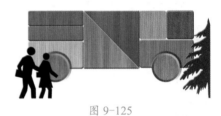

图 9-125

9.4 编辑路径

创建或绘制路径和图形后，需要适当地对它们进行修改，以使整体效果看上去更加完美，包括选择和移动路径、添加或删除锚点等操作，接下来进行详细介绍。

★重点 9.4.1 选择与移动锚点和路径

使用工具箱中的【路径选择工具】和【直接选择工具】不仅可以选择路径，还可以移动所选择路径的位置。

使用【路径选择工具】单击可以选择整条路径，如图 9-126 所示。

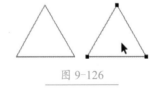

图 9-126

使用【直接选择工具】单击一个锚点即可选择该锚点，选中的锚点为实心方块，未选中的锚点为空心方块，如图 9-127 所示。

图 9-127

单击一个路径线段，可以选择该路径线段，如图 9-128 所示。

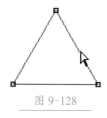

图 9-128

选择锚点、路径线段和路径后，拖动鼠标，即可将其移动。移动锚点效果如图 9-129 所示。

图 9-129

拖动线段效果如图 9-130 所示。

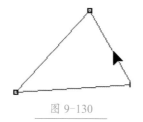

图 9-130

按住【Alt】键单击一个路径线段，可以选择该路径线段及路径线段上的所有锚点。

★重点 9.4.2　添加与删除锚点

添加、删除锚点是对路径中的锚点进行的操作，添加锚点是在路径中添加新的锚点，删除锚点则是将路径中的锚点删除，具体操作步骤如下。

选择工具箱中的【添加锚点工具】，将鼠标指针放在路径上，当鼠标指针变为♠.形状时单击，即可添加一个锚点，如图 9-131 所示。

图 9-131

选择【删除锚点工具】，将鼠标指针放在锚点上，当鼠标指针变为♠.形状时单击，即可删除该锚点，如图 9-132 所示。

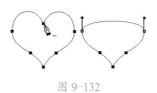

图 9-132

使用【直接选择工具】选择锚点后，按【Delete】键也可以删除锚点，同时删除该锚点两侧的路径线段，如图 9-133 所示。

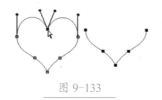

图 9-133

★重点 9.4.3　转换锚点类型

【转换点工具】用于转换锚点的类型，选择该工具后，将鼠标指针放在锚点上，如果当前锚点为角点，单击拖动鼠标可将其转换为平滑点，如图 9-134 所示：

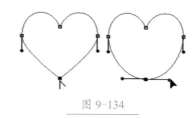

图 9-134

在平滑点上单击，可以将平滑点转换为角点，如图 9-135 所示。

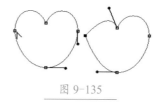

图 9-135

9.4.4　路径对齐和分布

选择多个路径后，在选项栏中，单击【路径对齐方式】按钮，在下拉菜单中选择相应命令，如图 9-136 所示。

图 9-136

对齐路径效果如图 9-137 所示。

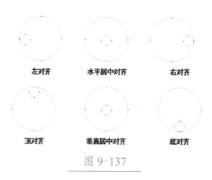

图 9-137

按宽度均匀分布效果如图 9-138 所示。

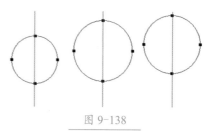

图 9-138

按宽度均匀分布效果如图 9-139 所示。

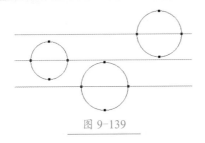

图 9-139

9.4.6 修改形状和路径

使用形状工具绘制形状或者路径后，会自动弹出【属性】面板。

旧版本的 Photoshop 中，绘制完路径和形状后，通常不可以通过参数进行修改。而在 Photoshop 2020 版本中，可以在【属性】面板中调整图形的大小、位置、填色、描边和圆角半径等属性，如图 9-142 所示。

图 9-142

相关选项作用如表 9-9 所示。

表 9-9 【实时形状属性】面板各选项作用

选项	作用
❶W/H	水平和垂直缩放图形，如果要进行等比缩放，可单击【链接形状的宽度和高度】按钮 ⚭
❷X/Y	可设置图形的水平和垂直位置
❸填充颜色/描边颜色	设置图形的填充和描边颜色

选项	作用
❹描边宽度/描边样式	设置图形的描边宽度和描边样式，有虚线、实线和圆点 3 种样式，如图 9-143 所示
	图 9-143
❺描边选项	单击 ▣ 按钮，设置描边与路径的对齐方式；单击 ▣ 按钮，设置描边的端点样式；单击 ▣ 按钮，设置描边的线段合并类型
❻修改角半径	创建矩形或圆角矩形后，可以调整角半径，如图 9-144 所示
	图 9-144
	单击【将角半径值链接到一起】按钮 ⚭，可以统一调整四个角的角半径值，如图 9-145 所示
	图 9-145
❼路径运算按钮	对两个或多个图形进行运算，生成新的图形

★重点 9.4.5 调整堆叠顺序

绘制多个路径后，路径是按前后顺序重叠放置的，在选项栏中，单击【路径排列方式】按钮，在打开的下拉菜单中，选择目标命令可以调整路径的堆叠顺序，如图 9-140 所示。

图 9-140

效果如图 9-141 所示。

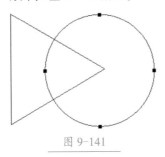

图 9-141

★重点 9.4.7 存储工作路径 / 新建路径

绘制路径时，会默认保存在工作路径中。如果后期要修改路径，将非常不方便。因此，可以将工作路径拖动到【创建新路径】按钮 ⊞ 上，如图 9-146 所示。

图 9-146

即可将工作路径保存为【路径 1】，如图 9-147 所示。这样可以将路径分别进行保存，方便后期修改。

图 9-147

单击【路径】面板中的【创建新路径】按钮 ⊞，可以创建新路径，按住【Alt】键单击该按钮，可以打开【新建路径】对话框，在对话框中可以设置路径名称，如图 9-148 所示。

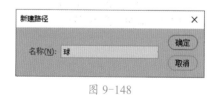

图 9-148

新建路径如图 9-149 所示。

图 9-149

★重点 9.4.8 选择和隐藏路径

在【路径】面板中单击，即可选中目标路径，如图 9-150 所示。

图 9-150

在【路径】面板空白位置单击，可以隐藏路径，如图 9-151 所示。

图 9-151

9.4.9 复制路径

在【路径】面板中，选择需要复制的路径，将其拖动到面板底部的【创建新路径】按钮 ⊞ 上，如图 9-152 所示。

图 9-152

即可复制路径，如图 9-153 所示。

图 9-153

用【路径选择工具】 ▶ 在画布上选择路径，按住【Alt】键，此时鼠标指针呈现 ▶₊ 形状，如图 9-154 所示。

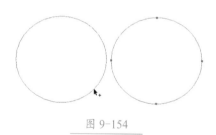

图 9-154

单击并拖动，即可移动并复制选择的路径，通过这种方式复制的子路径，在同一路径中，如图 9-155 所示。

图 9-155

★重点 9.4.10 删除路径

在【路径】面板中，选择路径后，单击【删除当前路径】按钮🗑，如图 9-156 所示。

图 9-156

弹出提示对话框，单击【是】按钮，即可删除路径，如图 9-157 所示。

图 9-157

使用【路径选择工具】▶选择路径后，按【Delete】键可以快速删除路径。

★重点 9.4.11 路径和选区的互换

路径除了可以直接使用路径工具来创建外，还可以将创建好的选区转换为路径。创建的路径也可以转换为选区。

1. 将路径作为选区载入

绘制好路径，如图 9-158 所示。

图 9-158

单击【路径】面板底部的【将路径作为选区载入】按钮⬚，如图 9-159 所示。

图 9-159

就可以将路径直接转换为选区，如图 9-160 所示。

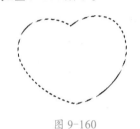

图 9-160

2. 从选区生成工作路径

创建选区后，在【路径】面板中单击【从选区生成工作路径】按钮◇，如图 9-161 所示。

图 9-161

即可将创建的选区转换为路径，如图 9-162 所示。

图 9-162

9.4.12 实战：使用合并路径功能创建圆形花朵

实例门类	软件功能

除了使用路径工具和形状工具创建图形外，使用合并路径功能，还可以创建更加复杂的图形，具体操作步骤如下。

Step 01 新建文档并填充颜色。按【Ctrl+N】组合键新建文档，设置文档【宽度】为 800 像素、【高度】为 600 像素、【分辨率】为 72 像素/英寸，单击【确定】按钮。设置【前景色】为黄色【#ffd800】，按【Alt+Delete】组合键填充前景色，效果如图 9-163 所示。

图 9-163

Step 02 选择标靶形状。选择【自定形状工具】，单击选项栏中【形状】下拉按钮，选择列表中的【标靶 2】形状，如图 9-164 所示。

图 9-164

Step 03 绘制路径。在选项栏设置【绘图模式】为路径，按住【Shift】键在画布上拖动鼠标绘制路径，如图 9-165 所示。

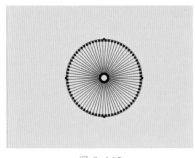

图 9-165

Step04 选择花朵形状。单击选项栏中【形状】下拉按钮，选择列表中的【花 6】形状，如图 9-166 所示。

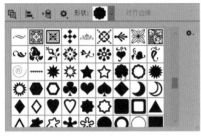

图 9-166

Step05 绘制路径。在画布上拖动鼠标绘制花朵路径，如图 9-167 所示。

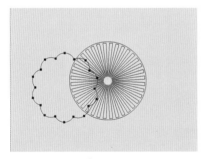

图 9-167

Step06 选择路径。选择【直接选择工具】，框选所有路径，如图 9-168 所示。

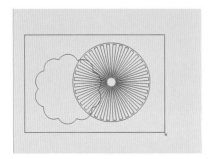

图 9-168

Step07 对齐路径。单击选项栏中的【路径对齐方式】按钮，在下拉面板中单击【水平居中对齐】和【垂直居中对齐】按钮，如图 9-169 所示。

图 9-169

Step08 对齐路径。通过前面的操作，居中对齐路径，如图 9-170 所示。

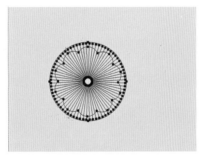

图 9-170

Step09 选择路径操作方式。单击选项栏中的按钮，在下拉面板中选择【与形状区域相交】命令，如图 9-171 所示。

图 9-171

Step10 选择路径操作方式。单击选项栏中的按钮，在下拉面板中执行【合并形状组件】命令，如图 9-172 所示。

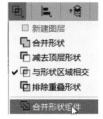

图 9-172

Step11 显示效果。路径效果如图 9-173 所示。

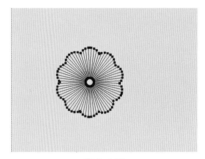

图 9-173

Step12 载入选区。按【Ctrl+Enter】组合键将路径转换为选区，如图 9-174 所示。

图 9-174

Step13 填充颜色。设置【前景色】为青色【# 82d6e8】，新建【图层 1】，按【Alt+Delete】组合键为选区填充颜色，并按【Ctrl+D】组合键取消选区，如图 9-175 所示。

第 1 篇

第 2 篇

第 3 篇

第 4 篇

图 9-175

Step⑭ 复制图层并调整图像大小及位置。按【Ctrl+J】组合键多复制几次【图层1】，再按【Ctrl+T】组合键分别对各图层执行【自由变换】命令，调整图像的大小及位置，如图 9-176 所示。

图 9-176

Step⑮ 调整图像颜色。按住【Ctrl】键单击任意图层缩览图，载入选区，并更改选区颜色，完成花朵底纹背景制作，如图 9-177 所示。

图 9-177

9.4.13 填充和描边路径

对于绘制的路径，可以进行描边和填充，下面进行详细介绍。

1.填充路径

填充路径的操作方法与填充选区的方法类似，可以填充纯色或图案，作用的效果相同，只是操作方法不同，具体操作步骤如下。

Step① 打开素材。打开"素材文件\第9章\蓝裙.jpg"文件，如图 9-178 所示。

图 9-178

Step② 选择形状。选择【自定形状工具】 ，单击选项栏中的形状下拉按钮，在下拉面板中选择【边框6】形状，如图 9-179 所示。

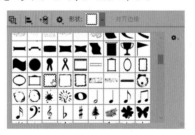

图 9-179

Step③ 绘制图形。拖动鼠标绘制图形，如图 9-180 所示。

图 9-180

Step④ 执行填充路径命令。在【路径】面板中，❶单击右上角的扩展按钮，❷在打开的快捷菜单中，执行【填充路径】命令，如图 9-181 所示。

图 9-181

Step⑤ 设置填充路径效果。在【填充路径】对话框中，❶使用图案填充，设置【图案】为绳线，【羽化半径】为20像素，❷单击【确定】按钮，如图 9-182 所示。

图 9-182

Step⑥ 显示填充效果。在【砖形填充】对话框单击【确定】按钮，填充效果如图 9-183 所示。

图 9-183

Step07 单击路径面板空白处隐藏路径。在【路径】面板中，单击面板空白区域，如图9-184所示。

图 9-184

Step08 显示效果。隐藏路径后，效果如图9-185所示。

图 9-185

技术看板

在【路径】面板中，单击【用前景色填充路径】按钮，将直接用前景色填充路径。

2. 描边路径

在【路径】面板中，可以直接将颜色、图案填充至路径中，或直接用设置的前景色对路径进行描边，具体操作步骤如下。

Step01 打开素材。打开"素材文件\第9章\黑猫.jpg"文件，如图9-186所示。

图 9-186

Step02 选择形状。选择【自定形状工具】，单击选项栏中的形状下拉按钮，在下拉面板中选择【鱼】形状，如图9-187所示。

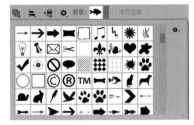

图 9-187

Step03 绘制路径。拖动鼠标绘制路径，如图9-188所示。

图 9-188

Step04 选择画笔预设。选择【铅笔工具】，在【画笔预设】面板，选择【自然画笔2】组中的粉笔－亮画笔，如图9-189所示。

图 9-189

Step05 设置前景色并选择命令。设置【前景色】为蓝色【#00f0ff】，在【路径】面板中，单击右上角的扩展按钮，在开的快捷菜单中，执行【描边路径】命令，如图9-190所示。

图 9-190

技术看板

在【路径】面板中，单击【用画笔描边路径】按钮，将直接用当前画笔描边路径。

Step06 设置描边路径内容。在弹出的【描边路径】对话框中，❶设置【工具】为铅笔，❷单击【确定】按钮，如图9-191所示。

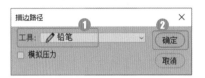

图 9-191

Step07 隐藏工作路径。在【路径】面板中，单击空白区域隐藏工作路径，如图9-192所示。

图 9-192

Step08 显示路径描边效果。路径描边效果如图9-193所示。

图 9-193

妙招技法

通过对前面知识的学习，相信读者已经掌握了路径和矢量图形的绘制方法。下面结合本章内容，介绍一些实用技巧。

技巧 01： 预判路径走向

选择【钢笔工具】 ✐，在选项栏中，单击 ⚙ 按钮，在下拉面板中，勾选【橡皮带】复选框，此后，在绘制路径时，可以预览将要创建的路径线段，判断路径走向，从而绘制出更加准确的路径，勾选【橡皮带】复选框后，路径绘制过程如图9-194 所示。

图 9-194

未勾选【橡皮带】复选框，路径绘制过程如图9-195 所示。

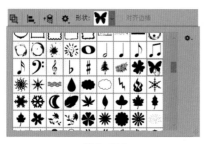

图 9-195

技巧 02： 合并形状

创建多个形状图层后，可以将其合并为一个形状图层，具体操作步骤如下。

Step01 新建文件并选择形状。新建空白文件，选择【自定形状工具】 ✿，单击形状右侧下拉按钮，在下拉面板中，选择【蝴蝶】形状，如图9-196 所示。

图 9-196

Step02 选择形状选项。在选项栏中，选择【形状】选项，单击【填充】后面的色块，在打开的下拉列表框中，选择洋红色块，如图9-197所示。

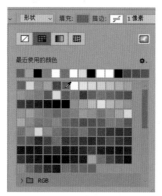

图 9-197

Step03 创建形状图层。拖动鼠标绘制形状，生成【形状1】图层，如图9-198 所示。

图 9-198

Step04 绘制形状。继续拖动鼠标绘制形状，生成【形状2】图层，如图9-199 所示。

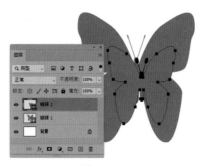

图 9-199

Step05 选择路径图形。使用【路径选择工具】 ▶ 拖动选中两个图形，如图9-200 所示。

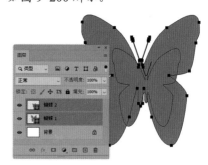

图 9-200

Step06 进行形状操作。执行【图层】→【合并形状】→【减去重叠处形状】命令，如图9-201 所示。

图 9-201

技术看板

在【合并形状】的子菜单中，可以选择多种形状合并方法进行合并。

Step07 合并形状。合并形状后，效果如图9-202 所示。

图 9-202

Step 08 合并并命名图层。图层合并为一个形状图层，并以上层名称命名，如图 9-203 所示。

图 9-203

技巧 03：如何绘制精确的形状

选择形状工具后，在画布上单击，会弹出创建形状对话框，可以设置绘制形状的【宽度】【高度】等基本参数，单击【确定】按钮就可以绘制精确大小的形状。

例如，选择【圆角矩形工具】，在画布上单击，弹出【创建圆角矩形】对话框，如图 9-204 所示，可以设置绘制圆角矩形的大小和圆角半径；选择【自定形状工具】，单击鼠标，弹出【创建自定形状】对话框，可以设置绘制的自定形状的大小，如图 9-205 所示。

图 9-204

图 9-205

过关练习 —— 绘制卡通女孩头像

Photoshop 2020 可以应用于绘制卡通漫画。下面在 Photoshop 2020 中设计制作卡通女孩头像。

结果文件	结果文件\第9章\卡通女孩.psd

具体操作步骤如下。

Step 01 新建文件。执行【文件】→【新建】命令，打开【新建文档】对话框，设置【宽度】为40厘米，【高度】为30厘米，【分辨率】为72 像素/英寸，单击【创建】按钮，如图 9-206 所示。

图 9-206

Step 02 选择工具绘制路径。选择【钢笔工具】，在选项栏中选择【路径】选项，绘制路径，如图 9-207 所示。

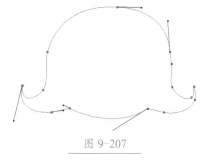

图 9-207

Step 03 存储路径。在【路径】面板中，拖动工作路径到【创建新路径】按钮上，存储路径，如图 9-208 所示。

图 9-208

Step 04 更改路径名称。更改路径名称为【头发】，如图 9-209 所示。

图 9-209

Step 05 将路径作为选区载入。在【路径】面板中，单击【将路径作为选区载入】按钮，如图 9-210 所示。

图 9-210

Step 06 载入路径选区。载入路径选区，如图 9-211 所示。

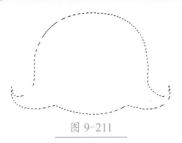

图 9-211

Step⑦ 新建并命名图层。新建图层，命名为【头发】，如图 9-212 所示。

图 9-212

Step⑧ 设置前景色并填充。设置【前景色】为深红色【#a1432a】，按【Alt+Delete】组合键填充前景色，如图 9-213 所示。

图 9-213

Step⑨ 绘制路径。使用【钢笔工具】绘制脸部路径，如图 9-214 所示。

图 9-214

Step⑩ 存储路径。存储为【脸】，如图 9-215 所示。

图 9-215

Step⑪ 新建图层。在【图层】面板中，新建【脸】图层，如图 9-216 所示。

图 9-216

Step⑫ 在路径选区中填充颜色。按【Ctrl+Enter】组合键载入路径选区，填充浅黄色【#feeed7】，如图 9-217 所示。

图 9-217

Step⑬ 新建图层。在【图层】面板中，新建【眼一】图层，如图 9-218 所示。

图 9-218

Step⑭ 创建选区并填充颜色。使用【椭圆选框工具】创建选区，填

充黑色，如图 9-219 所示。

图 9-219

Step⑮ 收缩选区。执行【选择】→【修改】→【收缩】命令，打开【收缩选区】对话框，❶ 设置【收缩量】为 2 像素，❷ 单击【确定】按钮，如图 9-220 所示。

图 9-220

Step⑯ 显示效果。收缩效果如图 9-221 所示。

图 9-221

Step⑰ 设置描边效果。执行【编辑】→【描边】命令，打开【描边】对话框，❶ 设置【宽度】为 3 像素、颜色为白色、【位置】为内部，❷ 单击【确定】按钮，如图 9-222 所示。

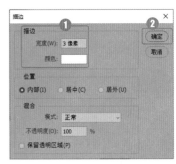

图 9-222

Step⑱ 显示效果。描边效果如图 9-223 所示。

图 9-223

Step⑲ 创建选区并填充颜色。使用【椭圆选框工具】创建选区，填充白色，如图 9-224 所示。

图 9-224

Step⑳ 创建选区并填充颜色。继续使用【椭圆选框工具】创建选区，填充白色作为眼睛高光，如图 9-225 所示。

图 9-225

Step㉑ 选择工具绘制路径。选择【直线工具】，在选项栏选择【路径】选项，设置【粗细】为 8.5 像素，拖动鼠标绘制直线路径，如图 9-226 所示。

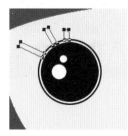

图 9-226

Step㉒ 存储路径。在【路径】面板中，将其存储为【睫毛】，如图 9-227 所示。

图 9-227

Step㉓ 载入选区填充颜色。按【Ctrl+Enter】组合键载入选区后将其填充为黑色，取消选区，左眼效果如图 9-228 所示。

图 9-228

Step㉔ 复制并命名图层。按住【Alt】键拖动复制图层，命名为【眼二】，如图 9-229 所示。

图 9-229

Step㉕ 新建图层。新建图层，命名为【鼻子】，如图 9-230 所示。

图 9-230

Step㉖ 创建选区并填充颜色。使用【套索工具】创建选区，填充泥土色，效果如图 9-231 所示。

图 9-231

Step㉗ 绘制并存储路径。使用【钢笔工具】绘制嘴路径，在【路径】面板中将其存储为【嘴】，如图 9-232 所示。

图 9-232

Step㉘ 新建并命名图层。新建图层，命名为【嘴】，如图 9-233 所示。

图 9-233

Step㉙ 选择工具并设置选项。选择【画笔工具】，在画笔选取器下拉列表中，设置【大小】为 10 像素，【硬度】为 0%，如图 9-234 所示。

图 9-234

Step30 设置前景色并单击按钮。设置【前景色】为深红色【#a1432a】，在【路径】面板中，单击【用画笔描边路径】按钮○，如图 9-235 所示。

图 9-235

Step31 显示效果。描边效果如图 9-236 所示。

图 9-236

Step32 选择工具绘制路径。使用【钢笔工具】 ∅ 绘制腮红路径，如图 9-237 所示。

图 9-237

Step33 存储路径。在【路径】面板

中将其存储为"腮红"，如图 9-238 所示。

图 9-238

Step34 新建并命名图层。新建图层，命名为【腮红】，如图 2-239 所示。

图 2-239

Step35 载入选区填充颜色。载入选区并填充红色【#f09ba0】，如图 9-240 所示。

图 9-240

Step36 复制腮红并移动位置。复制腮红，移动到右侧适当位置，如图 9-241 所示。

图 9-241

Step37 翻转图像。执行【编辑】→

【变换】→【水平翻转】命令，翻转图像，效果如图 9-242 所示。

图 9-242

Step38 绘制并存储路径。使用【钢笔工具】 ∅ 绘制耳朵路径，在【路径】面板中将其存储为【耳朵】，如图 9-243 所示。

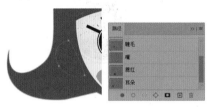

图 9-243

Step39 新建并命名图层。新建图层，命名为【耳朵】。如图 9-244 所示。

图 9-244

Step40 载入选区填充颜色。载入选区后填充浅黄色【#feeed7】，如图 9-245 所示。

图 9-245

Step41 缩小选区。执行【选择】→【变换选区】命令，缩小选区，如

图 9-246 所示。

图 9-246

Step42 填充颜色。填充橙色【#e6c28e】，如图 9-247 所示。

图 9-247

Step43 复制耳朵。按住【Alt】键拖动复制耳朵，如图 9-248 所示。

图 9-248

Step44 翻转图像。执行【编辑】→【变换】→【水平翻转】命令，翻转图像，效果如图 9-249 所示。

图 9-249

Step45 选择形状。选择【自定形状工具】，单击形状右侧的下拉按钮，在下拉面板中选择【花 1】形状，如图 9-250 所示。

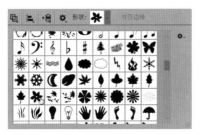

图 9-250

Step46 绘制路径。拖动鼠标绘制路径，如图 9-251 所示。

图 9-251

Step47 新建并命名图层。新建图层，命名为【花】，如图 9-252 所示。

图 9-252

Step48 载入选区并填充颜色。载入路径选区后填充红色【#da2246】，如图 9-253 所示。

图 9-253

Step49 复制图层。复制【花】图层，如图 9-254 所示。

图 9-254

Step50 缩小图像。按【Ctrl+T】组合键，执行【自由变换】命令，缩小图像，如图 9-255 所示。

图 9-255

Step51 锁定图层透明像素。在【图层】面板中，单击【锁定透明像素】按钮，如图 9-256 所示。

图 9-256

Step52 设置并填充前景色。设置【前景色】为黄色，按【Alt+Delete】组合键填充前景色，如图 9-257 所示。

图 9-257

Step53 锁定图层透明像素。❶ 在【图层】面板单击【头发】图层，❷ 单击【锁定透明像素】按钮▩，如图 9-258 所示。

图 9-258

Step54 设置画笔工具选项。选择【画笔工具】✎，在画笔选取器下拉列表中，设置【大小】为 50 像素，【硬度】为 100%，如图 9-259 所示。

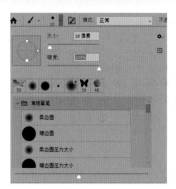

图 9-259

Step55 设置前景色并绘制阴影。设置【前景色】为更深的红色【#892a28】，拖动鼠标绘制头发阴影，如图 9-260 所示。

图 9-260

Step56 调整画笔大小绘制阴影。调整画笔大小后，继续绘制阴影，效果如图 9-261 所示。

图 9-261

本章小结

　　本章首先介绍了绘图模式和路径的组成，然后详细介绍了如何绘制直线、平滑曲线和角曲线，以及自定义形状中相关路径的创建方法，最后介绍了路径的控制与编辑修改等方面的内容。Photoshop 虽然是处理位图的软件，但在处理矢量图形时也毫不逊色，两者结合后功能会更加强大。

第10章　蒙版应用

- ➥ 蒙版有什么作用？
- ➥ 图层蒙版和矢量蒙版有什么区别？
- ➥ 剪贴蒙版的优势是什么？
- ➥ 如何复制蒙版？
- ➥ 如何释放剪贴蒙版？

蒙版主要是通过黑白灰的运用来辅助调整图像效果。Photoshop 中的蒙版可以控制图像处理的作用范围，灵活使用蒙版，可以合成特殊的图像效果。

10.1　蒙版概述

蒙版就是选框的外部（选框的内部是选区），是指对所选区域进行保护，让其免于操作，而对非掩盖的地方应用操作。"蒙版"一词本身来自生活应用，也就是"蒙在上面的板子"的含义。

10.1.1　认识蒙版

在 Photoshop 中，可以使用【蒙版】将图像部分区域遮住，从而控制画面的显示内容，这样做并不会删除图像，而只是将其隐藏起来，因此，蒙版是一种非破坏性的图像编辑方式。

10.1.2　蒙版属性面板

在 Photoshop 2020 中，创建蒙版后，打开蒙版【属性】面板，可以快速地创建图层蒙版和矢量蒙版，并能对蒙版进行浓度、羽化和调整等编辑，使蒙版的管理更为集中。

在图层面板中创建蒙版，如图 10-1 所示。

图 10-1

执行【窗口】→【属性】命令，打开【属性】面板，如图 10-2 所示。

图 10-2

相关选项作用如表 10-1 所示。

表 10-1　蒙版【属性】面板
各选项作用

选项	作用
❶ 蒙版预览框	通过预览框可查看蒙版形状，且在其后显示当前创建的蒙版类型
❷ 密度	拖动滑块可以控制蒙版的不透明度，即蒙版的遮盖强度
❸ 羽化	拖动滑块可以柔化蒙版的边缘
❹ 快速图标	单击 按钮，可将蒙版载入为选区，单击 按钮将蒙版效果应用到图层中，单击 按钮可停用或启用蒙版，单击 按钮可删除蒙版
❺ 添加蒙版	为添加图层蒙版、 为添加矢量蒙版

续表

选项	作用
❻ 选择并遮住	单击该按钮，可以打开面板修改蒙版边缘，并针对不同的背景查看蒙版。这些操作与调整选区边缘基本相同

续表

选项	作用
❼ 颜色范围	单击该按钮，可打开【色彩范围】对话框，通过在图像中取样并调整颜色容差可修改蒙版范围
❽ 反相	可反转蒙版的遮盖区域

技能拓展——蒙版【属性】面板菜单

单击蒙版【属性】面板右上角的扩展按钮，即可弹出面板快捷菜单，通过这些菜单命令可以对蒙版选项进行设置，并对蒙版与选区进行编辑。当为图层创建图层蒙版和矢量蒙版后，面板中的菜单命令也不相同。

10.2 图层蒙版

图层蒙版主要用于合成图像，是一种特殊的蒙版，它附加在目标图层上，起到遮盖图层的作用。此外，在创建调整图层、填充图层或者应用智能滤镜时，Photoshop 也会自动为其添加图层蒙版。因此，图层蒙版还可以控制颜色调整与滤镜范围。

★重点 10.2.1 实战：使用图层蒙版更改图像背景

实例门类	软件功能

在【图层】面板中创建图层蒙版的方法主要有以下几种。

方法 1：执行【图层】→【图层蒙版】→【显示全部】命令，创建显示图层内容的白色蒙版，如图10-3 所示。

图 10-3

方法 2：执行【图层】→【图层蒙版】→【隐藏全部】命令，创建隐藏图层内容的黑色蒙版，如图10-4 所示。

图 10-4

方法 3：如果图层中有透明区域，执行【图层】→【图层蒙版】→【从透明区域】命令，创建隐藏透明区域的图层蒙版，如图 10-5 所示。

图 10-5

方法 4：创建选区后，如图10-6 所示。单击【图层】面板下方的【添加图层蒙版】按钮■，创建只显示选区内图像的蒙版，如图10-7 所示。

图 10-6

图 10-7

使用图层蒙版更改背景，具体操作步骤如下。

Step01 打开素材。打开"素材文件\第 10 章\街道 .jpg"文件，如图10-8 所示。

图 10-8

Step02 打开素材。打开"素材文件 \ 第 10 章 \ 牛 .jpg"文件,如图 10-9 所示。

图 10-9

Step03 拖动图像到文件中。拖动牛图片到街道文件中,按【Ctrl+T】组合键,适当缩小图像,如图 10-10 所示。

图 10-10

Step04 复制图层。按【Ctrl+J】组合键,复制图层,并降低图层不透明度,如图 10-11 所示。

图 10-11

Step05 创建选区。选择【图层 1】图层,选择【对象选择工具】，框选主体对象创建选区,如图 10-12 所示。

图 10-12

Step06 修改选区。选择【快速选择工具】，按住【Alt】键减去选区,如图 10-13 所示。

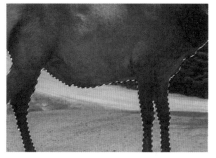

图 10-13

Step07 添加图层蒙版。单击【图层】面板底部的 按钮,添加图层蒙版,如图 10-14 所示。

图 10-14

Step08 修改蒙版。选择【画笔工具】，设置【前景色】为白色。选中蒙版缩览图,使用画笔在蒙版上涂抹,将阴影显示出来,如图 10-15 所示。绘制时,可以降低画笔不透

明度。

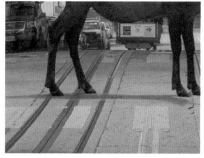

图 10-15

Step09 隐藏复制图层。单击【图层 1 拷贝】图层前面的 按钮,将其隐藏,如图 10-16 所示。

图 10-16

Step10 创建曲线调整图层。单击【图层】面板底部的 按钮,在下拉菜单中选择【曲线】,创建【曲线】调整图层,并向上拖动曲线,提亮图像,如图 10-17 所示。

图 10-17

Step11 反相蒙版。选择蒙版缩览图,按【Ctrl+I】组合键反相蒙版,隐藏提亮效果,如图 10-18 所示。

图 10-18

Step⑫ 显示提亮效果。选择【画笔工具】，设置【前景色】为白色，并降低画笔不透明度。使用画笔在图像需要提亮的地方涂抹，显示提亮效果，如图 10-19 所示。

图 10-19

Step⑬ 查看图层效果。【图层】面板效果如图 10-20 所示。

图 10-20

技能拓展——修改蒙版

蒙版编辑状态包括快速蒙版和图层蒙版。在编辑状态时，用白色【画笔工具】涂抹蒙版时，会显示涂抹图像；用黑色【画笔工具】

涂抹时，会隐藏涂抹图像；用灰色【画笔工具】涂抹时，图像呈现半透明效果。用【渐变工具】和其他操作更改蒙版色彩时，有相同的功能。

10.2.2 复制与转移图层蒙版

按住【Alt】键将一个图层的蒙版拖至另外的图层，可以将蒙版复制到目标图层，如图 10-21 所示。

图 10-21

如果直接将蒙版拖至另外的图层，则可将该蒙版转移到目标图层，源图层将不再有蒙版，如图 10-22 所示。

图 10-22

★重点 10.2.3 链接与取消链接蒙版

创建图层蒙版后，蒙版缩览图和图像缩览图中间有一个链接图标，它表示蒙版与图像处于链接状态，此时进行变换操作，蒙版会与图像一同变换，如图 10-23 所示。

图 10-23

执行【图层】→【图层蒙版】→【取消链接】命令，或者单击该图标，可以取消链接，取消后可以单独变换图像和蒙版，如图 10-24 所示。

图 10-24

10.2.4 停用图层蒙版

创建图层蒙版后，如果需要查看原图效果就要暂时隐藏蒙版效果。停用图层蒙版的方法有以下几种。

方法 1：执行【图层】→【图层蒙版】→【停用】命令。

方法2：在蒙版缩览图处右击，在弹出的快捷菜单中执行【停用图层蒙版】命令。

方法3：按住【Shift】键的同时，单击该蒙版的缩览图，可快速关闭该蒙版；若再次单击该缩览图，则显示蒙版。

方法4：在【图层】面板中选择需要关闭的蒙版缩览图，单击【属性】面板底部的【停用/启用蒙版】按钮 。

停用图层蒙版后，图层蒙版缩览图上会出现一个红叉标记，如图10-25所示。

图 10-25

执行【图层】→【图层蒙版】→【启用图层蒙版】命令，可以重新启用图层蒙版，如图10-26所示。

图 10-26

10.2.5 应用图层蒙版

当确定不再修改图层蒙版时，可应用图层蒙版，即将蒙版合并到图层中，下面介绍应用图层蒙版的两种方法。

方法1：在【属性】面板中，单击【应用蒙版】按钮 ，可将设置的蒙版应用到当前图层中，即将蒙版与图层中的图像合并。

方法2：在蒙版缩览图上右击，在弹出的菜单中执行【应用图层蒙版】命令，也可以应用图层蒙版，如图10-27所示。

图 10-27

10.2.6 删除图层蒙版

不需要创建的蒙版效果时，可将其删除。删除蒙版的操作方法有以下几种。

方法1：在【图层】面板选择需要删除的蒙版，并在该蒙版缩览图处右击，在弹出的快捷菜单中执行【删除图层蒙版】命令。

技术看板

删除图层蒙版后，蒙版效果也不再存在；而应用图层蒙版时，虽然删除了图层蒙版，但蒙版效果依然存在，并合并到图层中。

方法2：执行【图层】→【图层蒙版】→【删除】命令。

方法3：单击蒙版【属性】面板底部的【删除蒙版】按钮 。

方法4：在【图层】面板中选择该蒙版缩览图，并将其拖动至面板底部的【删除图层】按钮 上。

10.3 矢量蒙版

矢量蒙版是由钢笔、自定义形状等矢量工具创建的蒙版，它与分辨率无关。在相应的图层中添加矢量蒙版后，图像可以沿着路径变化出特殊形状的效果。矢量蒙版常用于制作Logo、按钮或其他Web设计元素，下面对其进行详细介绍。

★重点 10.3.1 实战：使用矢量蒙版制作时尚剪影

实例门类	软件功能

在【图层】面板中创建矢量蒙版的方法主要有以下几种。

方法 1：执行【图层】→【矢量蒙版】→【显示全部】命令，创建显示图层内容的矢量蒙版。执行【图层】→【图层蒙版】→【隐藏全部】命令，创建隐藏图层内容的矢量蒙版。

方法 2：创建路径后，执行【图层】→【矢量蒙版】→【当前路径】命令，或按住【Ctrl】键，单击【图层】面板中的【添加图层蒙版】按钮■，可创建矢量蒙版，路径外的图像会被隐藏。

使用矢量蒙版制作时尚剪影的具体操作步骤如下。

Step01 打开素材。打开"素材文件\第 10 章\剪影 .jpg"文件，如图 10-28 所示。

图 10-28

Step02 打开素材。打开"素材文件\第 10 章\女孩 .jpg"文件，如图 10-29 所示。

图 10-29

Step03 拖动图像到文件中。拖动女孩图像到剪影文件中，如图 10-30 所示。

图 10-30

Step04 放大图像。按【Ctrl+T】组合键，执行【自由变换】操作，适当放大图像，如图 10-31 所示。

图 10-31

Step05 选择工具和形状。选择【自定形状工具】，载入全部形状后，选择【红心形卡】选项，如图 10-32 所示。

Step06 绘制路径。在选项栏中，选择【路径】选项，拖动鼠标绘制路径，如图 10-33 所示。

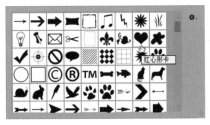

图 10-32

图 10-33

Step07 添加矢量蒙版。按住【Ctrl】键，单击【图层】面板下方的【添加图层蒙版】按钮■，添加矢量蒙版，如图 10-34 所示。

图 10-34

Step08 显示效果。矢量蒙版效果如图 10-35 所示。

图 10-35

Step⑨ 绘制路径。按住【Shift】键，继续绘制心形路径，修改矢量蒙版效果，如图 10-36 所示。

图 10-36

Step⑩ 更改羽化效果。在【属性】面板中，更改【羽化】为 20 像素，如图 10-37 所示。

图 10-37

Step⑪ 显示效果。最终效果如图 10-38 所示。

图 10-38

技能拓展——修改矢量蒙版

使用路径工具修改矢量图形，即可修改矢量蒙版效果。设置好矢量蒙版后，也可对矢量蒙版进行应用、停用、链接、删除等操作，方法和图层蒙版相似。

10.3.2　变换矢量蒙版

单击【图层】面板中的矢量蒙版缩览图，执行【编辑】→【自由变换】命令，如图 10-39 所示。

图 10-39

即可对矢量蒙版进行各种变换操作，矢量蒙版与分辨率无关，因此，在进行变换和变形操作时不会产生任何锯齿。

10.3.3　矢量蒙版转换为图层蒙版

选择矢量蒙版所在的图层，如图 10-40 所示。

图 10-40

技术看板

在【图层】面板，图层蒙版缩览图是黑白图，而矢量蒙版缩览图是灰度图。

执行【图层】→【栅格化】→【矢量蒙版】命令，可将其栅格化，转换为图层蒙版，如图 10-41 所示。

图 10-41

10.4　剪贴蒙版

剪贴蒙版可以用一个图层中包含像素的区域来限制它上层图像的显示范围，它的最大优点是可以通过一个图层来控制多个图层的可见内容，而图层蒙版和矢量蒙版都只控制一个图层。

10.4.1　剪贴蒙版的图层结构

在剪贴蒙版组中，最下面的图层称为"基底图层"，它的名称带有下划线；位于上面的图层叫作"内容图层"，它们的缩览图是缩进的，并带有 ↴ 图标，如图 10-42 所示。

图 10-42

效果如图 10-43 所示。

图 10-43

基底图层中的透明区域充当了整个剪贴蒙版组的蒙版，简单来说，它的透明区域就像蒙版一样，可以将内容层的图像隐藏起来。因此，当移动基底图层，就会改变内容图层的显示区域，如图 10-44 所示。

图 4-44

效果如图 10-45 所示。

图 10-45

★重点 10.4.2　实战：使用剪贴蒙版创建挂画效果

实例门类	软件功能

剪贴蒙版通过下方图层的形状来限制上方图层的显示状态，达到一种剪贴画效果，剪贴蒙版至少需要两个图层才能创建。创建剪贴蒙版具体操作步骤如下。

Step 01 打开素材。打开"素材文件\第 10 章\装饰.jpg"文件，如图 10-46 所示。

图 10-46

Step 02 创建选区。使用【矩形选框工具】创建选区，如图 10-47 所示。

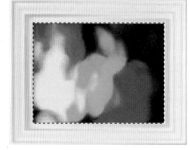

图 10-47

Step 03 复制图层。按【Ctrl+J】组合键复制图层，如图 10-48 所示。

图 10-48

Step 04 打开文件。打开"素材文件\第 10 章\儿童.jpg"文件，如图 10-49 所示。

图 10-49

Step 05 拖动图像到文件中。将儿童图像拖动到装饰文件中，如图 10-50 所示。

图 10-50

Step 06 缩小图像。按【Ctrl+T】组合键，执行【自由变换】命令，适当缩小图像，效果如图 10-51 所示。

图 10-51

Step07 创建剪贴蒙版。执行【图层】→【创建剪贴蒙版】命令，或按【Ctrl+G】组合键，创建剪贴蒙版，如图 10-52 所示。

图 10-52

Step08 显示效果。效果如图 10-53 所示。

图 10-53

Step09 打开素材。打开"素材文件\第 10 章\太阳.jpg"文件，如图 10-54 所示。

图 10-54

Step10 拖动图像到文件中。拖动太阳文件到装饰文件中，如图 10-55 所示。

图 10-55

Step11 选择白色背景并删除。使用【魔棒工具】 选中白色背景，按【Delete】键删除图像，如图 10-56 所示。

图 10-56

Step12 缩小图像移动到适当位置。适当缩小图像，移动到左侧适当位置，如图 10-57 所示。

图 10-57

Step13 执行高斯模糊命令。执行【滤镜】→【模糊】→【高斯模糊】命令，在打开的【高斯模糊】对话框中，❶设置【半径】为 10 像素，❷单击【确定】按钮，如图 10-58 所示。

图 10-58

Step14 显示效果。模糊效果如图 10-59 所示。

图 10-59

Step15 复制图层。按【Ctrl+J】组合键复制图层，如图 10-60 所示。

图 10-60

Step16 移动位置。将复制的图层拖动到右上方适当位置，如图 10-61 所示。

图 10-61

Step⑰ 选中图层。同时选中两个太阳图层，如图 10-62 所示。

图 10-62

Step⑱ 创建剪贴蒙版。执行【图层】→【创建剪贴蒙版】命令，或按【Ctrl+G】组合键，创建剪贴蒙版，效果如图 10-63 所示。

图 10-63

10.4.3 调整剪贴蒙版的不透明度

剪贴蒙版组统一使用基底图层的不透明度属性，因此，在调整基底图层的不透明度时，可以控制整个剪贴蒙版组的不透明度。例如，调整基底图层（图层 1）不透明度为 80%，如图 10-64 所示。

图 10-64

图像效果如图 10-65 所示。

图 10-65

10.4.4 调整剪贴蒙版的混合模式

剪贴蒙版组统一使用基底图层的混合属性，当基底图层为【正常】模式时，所有的图层会按照各自的混合模式与下面的图层混合。调整基底图层的混合模式时，整个剪贴蒙版中的图层都会使用此模式与下面的图层混合。例如，调整基底图层（图层 1）【混合模式】为【变亮】，如图 10-66 所示。

图 10-66

图像效果如图 10-67 所示。

图 10-67

技术看板

当调整内容图层时，仅对其自身产生作用，不会影响其他图层。

10.4.5 添加 / 释放剪贴蒙版的图层

将一个图层拖动到剪贴蒙版组中，如图 10-68 所示。

图 10-68

可将其加入剪贴蒙版组中，如图 10-69 所示。

图 10-69

将剪贴层拖动出蒙版组，如图 10-70 所示。

图 10-70

则可以释放该图层，如图10-71所示。

图 10-71

10.4.6　释放剪贴蒙版组

选择基底图层上方的内容图层，如图10-72所示。

图 10-72

执行【图层】→【释放剪贴蒙版】命令，可以释放全部剪贴蒙版，如图10-73所示。

图 10-73

选择一个内容图层，如图10-74所示。

图 10-74

执行【图层】→【释放剪贴蒙版】命令，可以从剪贴蒙版中释放出该图层，如果该图层上面还有其他内容图层，则这些图层也会一同释放，如图10-75所示。

图 10-75

技术看板

按住【Alt】键，将鼠标指针移动到剪贴图层和基底图层之间单击，即可创建剪贴蒙版。选择基底图层上方的内容图层，执行【图层】→【释放剪贴蒙版】命令，或按下键盘的【Alt+Ctrl+G】组合键，可快速释放剪贴蒙版。

10.4.7　图框工具

【图框工具】▨的作用与剪贴蒙版类似。绘制图框后，将图像放置在图框中就可以轻松实现图像替换，且图像可以自动缩放，以适应当前的空间。

1. 图框的创建

打开素材文件，如图10-76所示；选择【图框工具】，在选项栏单击▨按钮，可以单击鼠标绘制椭圆图框，如图10-77所示。此时，图像中沿图框边界包围的部分将被遮盖。

图 10-76

图 10-77

单击图框内的图像，可以将其选中。拖动鼠标可以移动图像，但不会移动图框，如图10-78所示。

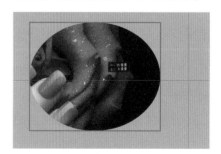

图 10-78

单击图像周围的灰色框线，可以同时选中图框和图框内的图像。拖动鼠标，可以同时移动图框和图像，如图10-79所示。

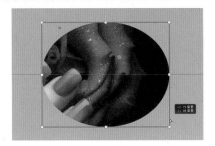

图 10-79

2.实战：使用图框工具置换图像

Step01 打开素材文件。打开"素材文件/第10章/太阳镜.jpg"文件，如图10-80所示。

图 10-80

Step02 绘制形状。选择【钢笔工具】，在选项栏设置【绘图模式】为形状，【填充】为无。使用【钢笔工具】沿着眼睛轮廓进行绘制，如图10-81所示。

图 10-81

Step03 将形状图层转换为图框。分别选择【形状1】和【形状2】图层，右击鼠标，选择【转换为图框】命令，将其转换为图框，如图10-82所示。

图 10-82

Step04 置入图像。置入"素材文件/第10章/秋天.jpg"文件到图框中，如图10-83所示。

图 10-83

Step05 显示效果。完成置入后，图像效果如图10-84所示。

图 10-84

> **技术看板**
>
> 　　如果要替换图像内容，重新置入图像即可。将形状转换为图框或者是绘制空白图框后，要通过置入图像的方式才能将图像放置在图框中。

妙招技法

　　通过对前面知识的学习，相信读者已经掌握了各类蒙版创建和编辑的基本操作。下面结合本章内容，介绍一些实用技巧。

技巧01：如何分辨选中的是图层还是蒙版？

　　为图层添加图层蒙版，未进行其他操作时，蒙版缩览图会有一层黑色的边框包围，这表示当前选中和编辑的是蒙版，如图10-85所示。

图 10-85

　　单击图层缩览图，图层缩览图周围会出现一个黑色的边框，表示当前选中和编辑的是图层，如图10-86所示。

图 10-86

技巧02：如何查看蒙版灰度图

创建图层蒙版后，图层蒙版缩览图比较小，通常不能清晰看到蒙版灰度图，如图10-87所示。

图10-87

图像效果如图10-88所示。

图10-88

按住【Alt】键，单击蒙版缩览图，如图10-89所示。

图10-89

即可显示蒙版灰度图，如图10-90所示。

图10-90

再次按住【Alt】键，单击蒙版缩览图，或直接单击图层缩览图，可以切换到正常图像显示状态。

技巧03：蒙版属性面板中，为什么不能进行参数设置？

在Photoshop 2020中，通过相关操作，【属性】面板中才会出现相对应的参数选项。例如，使用【圆角矩形工具】 ▣ 绘制图形后，【属性】面板中会出现实时形状属性选项，如图10-91所示。

图10-91

只有创建蒙版后，【属性】面板中才会出现蒙版选项，如图10-92所示。

图10-92

总的来说，【属性】面板呈现的内容不是固定的，它会随着用户的操作智能变化，出现相对应的参数选项。

过关练习——制作橙子灯泡

在Photoshop中利用蒙版可以很好地融合图像，制作真实自然的效果。下面就利用蒙版来制作橙子灯泡的图像效果。

素材文件	素材文件\第10章\橙子1.jpg、橙子2.jpg、灯泡.jfif、橙瓣.jpg
结果文件	结果文件\第10章\橙子灯泡.psd

Step01 新建文档。执行【文件】→

【新建】命令，打开【新建文档】对话框，设置【宽度】为800像素、【高度】为800像素、【分辨率】为72像素，单击【创建】按钮，新建空白文档，如图10-93所示。

图10-93

Step02 设置渐变色。选择【渐变工具】，单击选项栏中的渐变色条，打开【渐变编辑器】对话框，选择【预设】栏中的【橙黄橙】渐变，并调整渐变颜色效果，如图10-94所示。

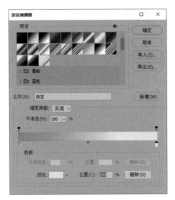

图 10-94

Step03 填充渐变色。单击【确定】按钮，返回文档中，在选项栏设置渐变方式为【径向渐变】，拖动鼠标在【背景】图层上填充渐变色，效果如图10-95所示。

图 10-95

Step04 打开素材文件并勾勒形状轮廓。打开"素材文件\第10章\灯泡.jfif"文件，选择【钢笔工具】，沿着灯泡边缘勾勒灯泡轮廓，如图10-96所示。

图 10-96

Step05 剪切选区图像。按【Ctrl+Enter】组合键，将路径转换为选区，并按【Ctrl+J】组合键复制选区图像。使用【选择工具】将灯泡拖动到正在编辑的文档中，并调整大小和位置，如图10-97所示。

图 10-97

Step06 新建图层组并创建图层蒙版。新建【轮廓】图层组，并创建图层蒙版，按【Ctrl+I】组合键反相蒙版。按【Ctrl】键单击灯泡图层缩览图，载入选区，选中图层蒙版，并为选区填充白色，如图10-98所示。

图 10-98

Step07 勾勒路径。使用【钢笔工具】勾勒灯泡金属部分的路径，如图10-99所示。

图 10-99

Step08 修改蒙版。按【Ctrl+Enter】组合键，将路径转换为选区，并选中【轮廓】图层组蒙版，为选区填充黑色。再选择【金属】图层，添加图层蒙版，如图10-100所示。

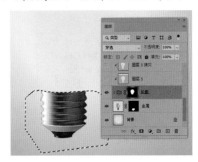

图 10-100

Step09 打开素材文件并复制图像。打开"素材文件\第10章\橙子1.jpg"文件。使用【快速选择工具】选中橙子，并按【Ctrl+J】组合键复制图像，如图10-101所示。

图 10-101

Step10 拖动橙子到文档中。使用【选择工具】拖动橙子图像到正在编辑的文档中，并将其放在【轮廓】图层组中，如图10-102所示。

图 10-102

Step11 复制图像。按【Ctrl+J】组合键复制【图层2】，并添加图层蒙版。使用黑色的柔角画笔，在橙子下方涂抹，使图像融合，如图10-103所示。

图 10-103

Step⑫ 复制图像。使用相同的方法继续复制图像，并利用蒙版融合图像，如图10-104所示。

图 10-104

Step⑬ 统一色调。单击【图层】面板底部的◎，选择【曲线】命令，创建【曲线】调整图层。在【属性】面板中，向上拖动曲线，适当提亮橙子。按【Ctrl+I】组合键反相蒙版。使用白色的柔角画笔，涂抹橙子上比较暗的区域，适当提亮，使其色调统一，如图10-105所示。

图 10-105

Step⑭ 提亮橙子。再次创建【曲线】调整图层，向上拖动曲线，适当提亮橙子，如图10-106所示。

图 10-106

Step⑮ 提亮橙子顶部。新建【曲线】调整图层，向上拖动曲线，适当提亮橙子。按【Ctrl+I】组合键反相蒙版。使用白色柔角画笔在橙子顶部涂抹，提亮顶部，如图10-107所示。

图 10-107

Step⑯ 羽化选区。使用【椭圆选框工具】绘制椭圆选区，按【Shift+F6】组合键，弹出【羽化选区】对话框，设置【羽化半径】为50像素，如图10-108所示。

图 10-108

Step⑰ 制作高光效果。新建图层，

并为选区填充橙黄色，设置图层【混合模式】为滤色，制作高光效果，如图10-109所示。

图 10-109

Step⑱ 压暗橙子边缘。新建【曲线】调整图层，向下拖动曲线，压暗图像。按【Ctrl+I】组合键反相蒙版，使用白色柔角画笔，涂抹橙子左侧边缘，压暗图像，如图10-110所示。

图 10-110

Step⑲ 新建图层。在【轮廓】图层组上方新建图层，并填充橙黄色，如图10-111所示。

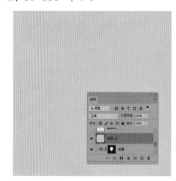

图 10-111

Step⑳ 载入选区。按住【Ctrl】键单击【轮廓】图层组蒙版缩览图载入

选区，如图 10-112 所示。

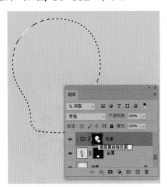

图 10-112

Step21 删除选区图像。将选区羽化 6 个像素，按【Delete】键删除，如图 10-113 所示。

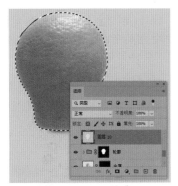

图 10-113

Step22 创建剪贴蒙版。按【Ctrl+D】组合键取消选区。按【Alt+Ctrl+G】组合键创建剪贴蒙版，如图 10-114 所示。

图 10-114

Step23 设置图层混合模式。设置图层【混合模式】为滤色，向右侧拖动图像并降低图层不透明度，制作灯泡左侧的发光效果，如图 10-115 所示。

Step24 制作右侧发光效果。按【Ctrl+J】组合键复制图层，向左侧移动图像，制作右侧发光效果，如图 10-116 所示。

图 10-115

图 10-116

Step25 打开素材文件。打开"素材文件\第 10 章\橙瓣.jpg"文件，使用【对象选择工具】创建选区，选中橙瓣，如图 10-117 所示。

图 10-117

Step26 变换图像。使用【移动工具】拖动选区图像到当前文档中，并按【Ctrl+T】组合键执行【自由变换】命令，缩小图像。缩小图像时可以按住【Shift】键进行非等比例缩放，如图 10-118 所示。

图 10-118

Step27 创建选区。使用【矩形选框工具】创建选区，如图 10-119 所示。

图 10-119

Step28 删除图像。选择【轮廓】图层组的蒙版缩览图，并填充黑色，删除图像，如图 10-120 所示。

图 10-120

Step29 提亮图像。按【Ctrl+D】组合键取消选区。新建【曲线】调整图层，提亮图像。选择【曲线】调整图层蒙版缩览图，按【Ctrl+I】组合键反相蒙版，隐藏效果。使用白色柔角画笔绘制需要提亮的地方，提亮部分图像，如图 10-121 所示。

图 10-121

Step30 压暗图像。新建【曲线】调整图层，使用相同的方法压暗左侧图像，如图 10-122 所示。

图 10-122

Step31 创建选区。使用【椭圆选框工具】绘制椭圆选区，并填充任意颜色，如图 10-123 所示。

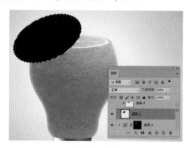

图 10-123

Step32 打开素材文件。打开"素材文件\第 10 章\橙子 2.jpg"文件，使用【对象选择工具】创建选区，如图 10-124 所示。

图 10-124

Step33 创建剪切蒙版。使用【移动工具】拖动选区图像到当前文档中。按【Alt+Ctrl+G】组合键创建剪切蒙版，并调整图像大小和位置，如图 10-125 所示。

图 10-125

Step34 创建选区。按【Ctrl+J】组合键复制图层，使用【对象选择工具】和【套索工具】选中叶梗和叶子，如图 10-126 所示。

图 10-126

Step35 添加图层蒙版。单击【图层】面板底部的 ◙ 按钮，添加图层蒙版。移动图像与下方的叶梗对齐，完成盖子的制作，如图 10-127 所示。

图 10-127

Step36 移动图像。选择所有与盖子相关的图层，并移动其位置，如图

10-128 所示。

图 10-128

Step37 绘制阴影效果。新建图层，设置【前景色】为深黄色，并降低画笔不透明度。在盖子与灯泡相交的地方绘制阴影，如图 10-129 所示。

图 10-129

Step38 提亮图像。新建【曲线】调整图层，向上拖动曲线，提亮整体图像。完成橙子灯泡的制作，效果如图 10-130 所示。

图 10-130

本章小结

　　本章主要讲解了 Photoshop 2020 中蒙版功能的综合应用。内容包括图层蒙版、矢量蒙版及剪贴蒙版的创建与编辑。图层蒙版主要用于合成图像，矢量蒙版常用于制作矢量设计元素，剪贴蒙版最大的优点是可以通过一个图层来控制多个图层的可见内容。灵活使用蒙版功能，可以制作出非常神奇的合成效果。

第 11 章　通道应用

- ➡ 通道有什么作用？
- ➡ 通道有哪些类型？
- ➡ 专色通道的作用是什么？
- ➡ 通道计算的应用范围是什么？
- ➡ 什么是通道混合？

通道是 Photoshop 的高级功能，常用于高级色彩的应用和调整，是非常特殊的功能。它虽然没有在菜单中进行显示，但功能非常强大。

11.1　什么是通道

通道是 Photoshop 中的高级功能，虽然没有通过菜单的形式展现出来，但是它存储颜色信息和选择范围的功能是非常强大的。在通道中可以存储选区、单独调整通道的颜色、进行应用图像及计算命令等高级操作。下面对通道的类型和【通道】面板进行讲解。

★重点 11.1.1　通道的分类

通道是通过灰度图像来保存颜色信息及选区信息的，Photoshop 提供了 3 种类型的通道：颜色通道、专色通道和 Alpha 通道。下面介绍这几种通道的特征和用途。

1. 颜色通道

颜色通道就像是摄影胶片，它们记录了图像内容和颜色信息，图像的颜色模式不同，颜色通道的数量也不相同。颜色通道是用于描述图像颜色信息的彩色通道，和图像的颜色模式有关。

每个颜色通道都是一副灰度图像，只代表一种颜色的明暗变化。例如，一副 RGB 颜色模式的图像，其通道就显示为 RGB、红、绿、蓝 4 个通道，如图 11-1 所示。

图 11-1

在 CMYK 颜色模式下，图像通道分别为 CMYK、青色、洋红、黄色、黑色 5 个通道，如图 11-2 所示。

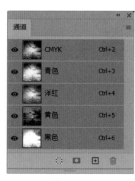

图 11-2

在 Lab 颜色模式下分为 Lab、明度、a、b 4 个通道，如图 11-3 所示。

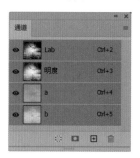

图 11-3

灰度模式图像的颜色通道只有 1 个，用于保存图像的灰度信息，如图 11-4 所示。

图 11-4

239

位图模式图像的通道只有 1 个，用于表示图像的黑白两种颜色，如图 11-5 所示。

图 11-5

索引颜色模式通道只有 1 个，用于保存调色板的位置信息，如图 11-6 所示。

图 11-6

2. Alpha 通道

Alpha 通道主要有三种用途，一是用于保存选区；二是可以将选区存储为灰度图像，这样就能够用画笔、加深、减淡等工具及各种滤镜，通过编辑 Alpha 通道来修改选区；三是可以从 Alpha 通道中载入选区。

在 Alpha 通道中，白色为选区部分，黑色为非选区部分，中间的灰度表示具有一定透明效果的选区（即选区区域）。用白色涂抹 Alpha 通道可以扩大选区范围；用黑色涂抹则可以缩小选区；用灰色涂抹可以增加羽化范围。因此，利用对

Alpha 通道添加不同灰阶值的颜色可修改调整图像选区。

3. 专色通道

专色通道用于存储印刷用的专色，专色是特殊的预混油墨，如金属金银色油墨、荧光油墨等，它们用于替代或补充普通的印刷色（CMYK）油墨，通常情况下，专色通道都是以专色的名称来命名的。每个专色通道以灰度图形式存储相应专色信息，这与其在屏幕上的彩色显示无关。

每一种专色都有其本身固定的色相，所以它解决了印刷中颜色传递准确性的问题。在打印图像时因为专色色域很宽，超过了 RGB、CMYK 的表现色域，所以大部分颜色使用 CMYK 四色印刷油墨无法呈现。

11.1.2 通道面板

【通道】面板可以创建、保存和管理通道。打开图像时，Photoshop 会自动创建该图像的颜色信息通道，执行【窗口】→【通道】命令，即可打开【通道】面板，如图 11-7 所示。

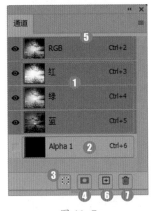

图 11-7

相关选项作用如表 11-1 所示。

表 11-1 【通道】面板各选项作用

选项	作用
❶ 颜色通道	用于记录图像颜色信息的通道
❷ Alpha 通道	用于保存选区的通道
❸ 将通道作为选区载入	单击该按钮，可以载入所选通道内的选区
❹ 将选区存储为通道	单击该按钮，可以将图像中的选区保存在通道内
❺ 复合通道	面板中最先列出的通道是复合通道，在复合通道下可同时预览和编辑各颜色通道
❻ 创建新通道	单击该按钮，可创建 Alpha 通道
❼ 删除当前通道	单击该按钮，可删除当前选择通道。复合通道不能删除

技术看板

单击【通道】面板右上角的扩展按钮，即可弹出面板快捷菜单，通过这些菜单命令可以对通道进行设置。

11.2 通道基础操作

在对通道有一个基本的了解后，下面来学习在编辑图像过程中通道的一些操作，如创建通道，对通道进行复制、删除、分离和合并等。

11.2.1 选择通道

通道中包含的是灰度图像，可以像编辑任何图像一样使用绘画工具、修饰工具、选区工具等对它们进行处理。单击目标通道，可将其选择。文档窗口会显示所选通道的灰度图像。例如，选择【绿】通道，如图11-8所示。

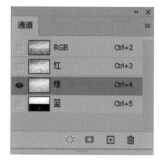

图11-8

效果如图11-9所示。

图11-9

选择【蓝】通道，如图11-10所示。

图11-10

效果如图11-11所示。

图11-11

11.2.2 创建Alpha通道

在【通道】面板中单击【创建新通道】按钮⊡，即可创建一个新通道。也可通过单击【通道】面板右上方的扩展按钮，在弹出的菜单中执行【新建通道】命令，在弹出的【新建通道】对话框中可设置新建通道的名称、色彩指示和颜色，如图11-12所示。

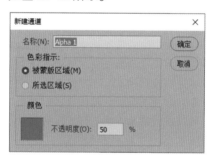

图11-12

创建Alpha通道如图11-13所示。

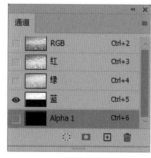

图11-13

11.2.3 实战：创建专色通道

实例门类	软件功能

创建专色通道可以解决印刷色差的问题，它使用专色进行印刷，是避免出现色差的最好方法，具体操作步骤如下。

Step① 打开素材。打开"素材文件\第11章\颜料.jpg"文件，用【魔棒工具】选中黄色背景，如图11-14所示。

图11-14

Step② 新建专色通道。打开【通道】面板，❶单击扩展按钮，❷选择【新建专色通道】选项，如图11-15所示。

图11-15

Step③ 单击颜色色块。在【新建专色通道】对话框中，单击【颜色】色块，如图11-16所示。

图11-16

【新建专色通道】对话框中,【密度】选项用于在屏幕上模拟印刷时的专色密度,100%可以模拟完全覆盖下层油墨的油墨(如金属油墨),0%可以模拟完全显示下层油墨的油墨(如透明光墨)。

Step04 显示效果。选择区域被默认专色(红色)填充,如图11-17所示。

图11-17

Step05 打开拾色器(专色)对话框。打开【拾色器(专色)】对话框,单击【颜色库】按钮,如图11-18所示。

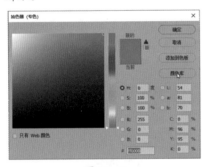

图11-18

Step06 选择专色色条。在【颜色库】对话框中,❶选择需要的专色色条,❷单击【确定】按钮,如图11-19所示。

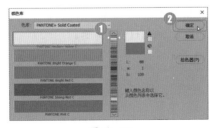

图11-19

Step07 确定新建专色通道。在【新建专色通道】对话框中,单击【确定】按钮,如图11-20所示。

图11-20

Step08 显示效果。通过前面的操作,创建专色效果,如图11-21所示。

图11-21

技能拓展——编辑与修改专色

用黑色绘画或编辑工具可添加不透明度为100%的专色;用灰色绘画添加透明度较低的专色;用白色绘画则清除专色。双击专色通道缩览图,可打开【专色通道选项】对话框,进行参数设置。

Step09 查看专色通道。在【通道】面板中,可以查看创建的专色通道,如图11-22所示。

图11-22

11.2.4 重命名通道

双击【通道】面板中一个通道的名称,在显示的文本框中可以为它输入新的名称,如图11-23所示。

图11-23

但复合通道和颜色通道不能重命名,如图11-24所示。

图11-24

11.2.5 复制通道

在编辑通道之前,可以将通道创建一个备份。复制通道的方法与复制图层类似,单击并拖曳通道至【通道】面板底部的【创建新通道】按钮□上,如图11-25所示。

图11-25

即可复制一个通道，如图11-26所示。

图 11-26

11.2.6　删除通道

在【通道】面板中选择需要删除的通道，单击【删除当前通道】按钮🗑，可将其删除，或者直接将通道拖动到该按钮上删除，如图11-27所示。

图 11-27

删除通道后的效果如图11-28所示。

图 11-28

复合通道不能被复制，也不能删除。颜色通道可以复制，但是如

果删除了，图像就会自动转换为多通道模式。例如，删除【红】通道，如图11-29所示。

图 11-29

效果如图11-30所示。

图 11-30

11.2.7　显示或隐藏通道

通过【通道】面板中的【指示通道可见性】按钮👁，可以将单个通道暂时隐藏，如图11-31所示，单击【蓝】通道前面的【指示通道可见性】按钮👁。

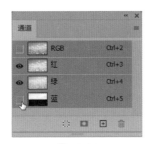

图 11-31

此时，图像中有关该通道的信息也被隐藏，如图11-32所示。

图 11-32

再次单击【指示通道可见性】按钮即可显示隐藏的通道。例如，单击【蓝】通道前的按钮，如图11-33所示。

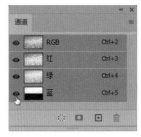

图 11-33

即可显示【蓝】通道信息，如图11-34所示。

图 11-34

★重点 11.2.8　通道和选区的相互转换

通道与选区是可以互相转换的，既可以把选区存储为通道，也可以把通道作为选区载入。

1. 将选区存储为通道

将选区存储为通道的具体操作步骤如下。

243

Step**01** 打开素材。打开"素材文件\第 11 章\紫色头发 .jpg"文件，使用【魔棒工具】选中白色背景，如图 11-35 所示。

图 11-35

Step**02** 将选区存储为通道。在【通道】面板中，单击面板下方【将选区存储为通道】按钮，如图 11-36 所示。

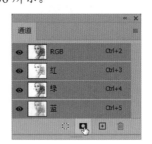

图 11-36

Step**03** 显示存储的通道。将选区存储为一个新的【Alpha1】通道，如图 11-37 所示。

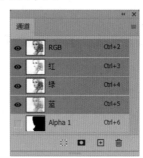

图 11-37

2. 载入通道中的选区

载入通道中选区的具体操作步骤如下。

Step**01** 选择通道并将其作为选区载

入。❶ 在【通道】面板中选择一个通道，如选择【绿】通道，❷ 单击【将通道作为选区载入】按钮，如图 11-38 所示。

图 11-38

Step**02** 显示效果。通过前面的操作，【绿】通道作为选区载入，效果如图 11-39 所示。

图 11-39

11.2.9 实战：分离与合并通道改变图像色调

实例门类	软件功能

在 Photoshop 2020 中，可以将通道拆分为几个灰度图像，同时也可以将通道组合在一起，用户可以将两个图像分别进行拆分，然后选择性地将部分通道组合在一起，可以得到特殊的图像色调效果，具体操作步骤如下。

Step**01** 打开素材。打开"素材文件\第 11 章\花束 .jpg"文件，如图 11-40 所示。

图 11-40

Step**02** 执行分离通道命令。❶ 单击【通道】面板中的扩展按钮，❷ 在弹出的菜单中选择【分离通道】选项，如图 11-41 所示。

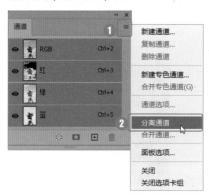

图 11-41

Step**03** 显示分离的通道。在图像窗口中可以看到已将原图像分离为三个单独的灰度图像，如图 11-42 所示。

图 11-42

Step**04** 打开素材。打开"素材文件\

第11章\紫色.jpg"文件，如图11-43所示。

图11-43

Step05 执行分离通道命令。❶单击【通道】面板中的扩展按钮，❷在弹出的菜单中选择【分离通道】选项，如图11-44所示。

图11-44

Step06 显示分离通道的文件。在图像窗口中可以看到已将原图像分离为三个单独的灰度图像，图像窗口中出现六个灰度文件，单击"风车.jpg_蓝"文件窗口，如图11-45所示。

图11-45

Step07 合并通道。❶单击【通道】面板右上角的扩展按钮，❷在打开的菜单中执行【合并通道】命令，如图11-46所示。

图11-46

Step08 选择颜色模式。打开【合并通道】对话框，❶在【模式】下拉列表中选择"RGB颜色"选项，❷单击【确定】按钮，图11-47所示。

图11-47

Step09 设置合并选项。打开【合并RGB通道】对话框，设置【红色】为"紫色.jpg_绿"，如图11-48所示。

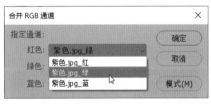

图11-48

Step10 设置合并选项。设置【绿色】为"紫色.jpg_蓝"，如图11-49所示。

图11-49

Step11 设置合并选项。设置【蓝色】为"风车.jpg_红"，单击【确定】按钮，如图11-50所示。

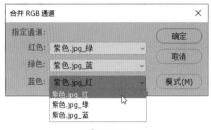

图11-50

Step12 显示合并效果。合并通道后，图像色调如图11-51所示。

图11-51

技术看板

【分离通道】命令生成的灰度文件，只在未改变这些文件尺寸的情况下，才能进行【合并通道】操作，否则不可用。

技术看板

【分离通道】命令分离通道的数量取决于当前图像的色彩模式。例如，对RGB模式的图像执行分离通道操作，可以得到R、G和B三个单独的灰度图像。单个通道出现在单独的灰度图像窗口中，新窗口中的标题栏显示原文件名，以及通道的缩写或全名。

11.3 通道运算

通道是 Photoshop 中的高级功能，它存储颜色信息和选择范围的功能非常强大。在通道中还可以进行通道运算，包括【应用图像】和【计算】命令。下面介绍通道运算。

★重点 11.3.1 实战：使用应用图像命令制作霞光中的地球效果

实例门类	软件功能

【应用图像】命令用于将一个图像的图层和通道（源）与现用图像（目标）的图层和通道混合。使用【应用图像】命令可将两个图像进行混合，也可在同一图像中选择不同通道进行应用。打开源图像和目标图像，并在目标图像中选择所需图层和通道。图像的像素尺寸必须与源图像的像素尺寸一样。

使用【应用图像】命令制作霞光中的地球，具体操作步骤如下。

Step01 打开素材。打开"素材文件\第11章\霞光.jpg"文件，如图 11-52 所示。

图 11-52

Step02 打开素材。打开"素材文件\第11章\地球.jpg"文件，如图 11-53 所示。

图 11-53

Step03 应用图像。执行【图像】→【应用图像】命令，在弹出的【应用图像】对话框中，❶设置【源】为霞光，【混合】为点光，❷单击【确定】按钮，如图 11-54 所示。

图 11-54

Step04 显示效果。通道混合效果如图 11-55 所示。

图 11-55

【应用图像】对话框如图 11-56 所示。

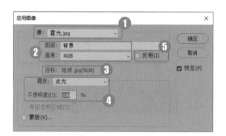

图 11-56

相关选项作用如表 11-2 所示。

表 11-2 【应用图像】设置面板中各选项作用

选项	作用
❶ 源	默认为当前文件，也可以选择使用其他文件来与当前图像混合，但选择的文件必须是打开的，且与当前文件具有相同尺寸和分辨率
❷ 图层和通道	【图层】选项用于设置源图像需要混合的图层，当只有一个图层时，就显示背景图层。【通道】选项用于选择源图像中需要混合的通道，如果图像的颜色模式不同，通道也会有所不同
❸ 目标	显示目标图像，以执行应用图像命令的图像为目标图像
❹ 混合和不透明度	【混合】选项用于选择混合模式。【不透明度】选项用于设置源中选择的通道或图层透明度

续表

选项	作用
❺ 反相	这个选项对源图像和蒙版后的图像都有效。如果想要使用与选择区相反的区域，可选择这个选项

11.3.2　计算

【计算】命令与【应用图像】命令基本相同，也可将不同的两个图像中的通道混合在一起。它与【应用图像】命令不同的是，使用【计算】命令混合出来的图像以黑、白、灰显示。并且通过【计算】面板中结果选项的设置，可将混合的结果新建为通道、文档或选区。

使用【计算】命令混合通道的具体操作步骤如下。

Step01 打开素材。打开"素材文件\第11章\风景.jpg"文件，如图11-57所示。

图 11-57

Step02 计算通道。执行【图像】→【计算】命令，在弹出的【计算】对话框中，❶设置【源2】的【通道】为蓝，【混合】为正片叠底，【结果】为新建通道，❷单击【确定】按钮，如图11-58所示。

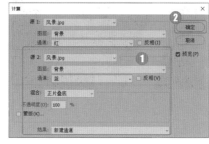

图 11-58

Step03 显示运算效果。通过前面的操作，进行通道运算，效果如图11-59所示。

图 11-59

Step04 生成新通道。在【通道】面板中，生成了【Alpha 1】新通道，如图11-60所示。

图 11-60

【计算】对话框如图11-61所示。

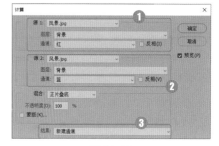

图 11-61

相关选项作用如表11-3所示。

表11-3 【计算】设置面板中各选项作用

选项	作用
❶ 源1	用于选择第一个源图像、图层和通道
❷ 源2	用于选择与【源1】混合的第二个源图像、图层和通道。该文件必须是打开的，并且与【源1】的图像具有相同的尺寸和分辨率
❸ 结果	可以选择一种计算结果的生成方式。选择【新建通道】，可以将计算结果应用到新的通道中；选择【新建文档】，可得到一个新的黑白图像文档；选择【选区】，可得到一个新的选区

11.4　通道高级混合

在【图层样式】对话框中，除了可以设置图层样式外，还可以显示【混合选项】参数，主要用于控制通道高级混合、图层蒙版、矢量蒙版和剪贴蒙版混合，还可以创建挖空效果。

★重点 11.4.1 实战：常规和高级混合

实例门类	软件功能

打开【图层样式】对话框，选择【混合选项】，进入【混合选项】设置界面中，【常规混合】选项区域和【图层】面板中的【混合模式】和【不透明度】相同，【高级混合】选项区域中的【填充不透明度】和【图层】面板中的【填充】选项相同，如图 11-62 所示。

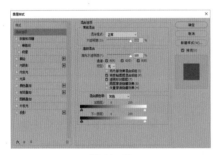

图 11-62

1. 实战：使用限制混合通道制作 LOMO 风格图像

在【高级混合】选项区域中，【通道】选项和【通道】面板中通道是一样的。如果取消勾选一个通道，如取消勾选【R】通道复选框，就会从复合通道中排除该通道。通常在这里设置通道混合的方式，可以使图像产生奇异的色彩效果。使用限制混合通道打造 LOMO 风格色调照片的具体操作步骤如下。

Step 01 打开文件。打开"素材文件\第 11 章\度假 .jpg"文件，照片效果灰暗有意境，非常适合制作 LOMO 风格的照片，如图 11-63 所示。

图 11-63

Step 02 复制图层，设置混合模式。为了调整照片的整体颜色，按【Ctrl+J】组合键复制图层为【图层 1】图层，设置【图层 1】的【混合模式】为滤色，如图 11-64 所示。

图 11-64

Step 03 复制并调整图层。单击【背景】图层，按【Ctrl+J】组合键复制图层为【背景副本】图层，将该图层移动到【图层 1】的上方，并设置其【混合模式】为柔光，如图 11-65 所示。

图 11-65

Step 04 盖印图层并反相照片。按【Shift+Ctrl+Alt+E】组合键盖印可见图层得到【图层 2】，按【Ctrl+I】组合键将照片反相，如图 11-66 所示。

图 11-66

Step 05 添加图层样式。双击【图层 2】，在弹出的【图层样式】对话框中选择【混合选项】选项，在其面板中设置【不透明度】为 35%，在【高级混合】中只勾选【B】通道复选框，如图 11-67 所示。

图 11-67

Step 06 盖印图层。通过上一步操作，照片有了 LOMO 色调的风格，为了调整整体图像的最后效果，按【Shift+Ctrl+Alt+E】组合键盖印可见图层得到【图层 3】，如图 11-68 所示。

图 11-68

Step 07 添加镜头光晕。执行【滤镜】→【镜头校正】命令，在弹出的【镜头校正】对话框中，单击【自定】选项卡，设置晕影参数如

图 11-69 所示。

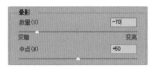

图 11-69

Step 08 完成 LOMO 风格制作。按【Alt+Ctrl+F】组合键重复上一步操作，加强晕影效果，最终照片效果如图 11-70 所示。

图 11-70

2. 实战：使用挖空制作镂空文字效果

在高级混合选项中，挖空的方式有三种：无、深、浅，用来设置当前层在下面的层上打孔并显示下面层内容的方式。如果没有背景层，当前层就会在透明层上打孔。要想看到挖空效果，必须将当前层的填充不透明度设置为小于 100% 的数值，使其效果显示出来。使用挖空制作镂空文字效果的具体操作步骤如下。

Step 01 新建文档。按【Ctrl+N】组合键打开【新建文档】对话框，设置【宽】为 800 像素、【高】为 1200 像素、【分辨率】为 72，单击【创建】按钮，如图 11-71 所示。

图 11-71

Step 02 添加素材文件。置入"素材文件 \ 第 11 章 \ 女孩 .jpg"文件，按住【Shift+Alt】组合键等比放大图像至画布大小，按【Enter】键认置入，如图 11-72 所示。

图 11-72

Step 03 新建图层。单击图层面板底部的新建图层按钮，新建【图层 1】，设置【前景色】为【#ffe5ce】，按【Alt+Delete】组合键填充前景色，如图 11-73 所示。

图 11-73

Step 04 输入文字。选择横排文字工具，在选项栏中设置【字体】为 Engravers MT，输入文字，按【Ctrl+Enter】组合键确认输入；按【Ctrl+T】组合键执行【自由变换】命令，放大文字并移动到适当的位置，如图 11-74 所示。

图 11-74

Step 05 编组图层，设置挖空方式。选中文字【A】图层和【图层 1】，按【Ctrl+G】组合键将选中的图层编组，得到【组 1】图层。再双击文字【A】图层，打开【图层样式】对话框，在【混合选项】面板中，设置高级混合选项中的【填充不透明度】为 0%，【挖空】方式为浅，如图 11-75 所示，单击【确定】按钮。图像效果如图 11-76 所示。

图 11-75

图 11-76

Step06 调整显示的图像内容。选中女孩图层，按【Ctrl+T】组合键执行【自由变换】命令，适当放大图像并调整图像的位置，如图 11-77 所示。

图 11-77

Step07 输入文字。选择横排文字工具，在选项栏中设置【字体】为 Century，【字体大小】为 100 点，【字体颜色】为【#013f5b】，输入文字，按【Ctrl+A】组合键选中文字，单击选项栏的【切换字符和段落面板】按钮，打开【字符】面板，设置【字距】为 40，如图 11-78 所示。

图 11-78

Step08 输入段落文字。选择横排文字工具，在图像中创建段落文本框，并输入文字，按【Ctrl+A】组合键选中文字，单击选项栏的【切换字符和段落面板】按钮，打开【字符】面板，设置【字体】为 Calisto MT，【字体大小】为 35 点，【行距】为 30 点，【字距】为 60 点，在【段落】面板中设置文本【对齐方式】为左对齐，如图 11-79 所示；按【Ctrl+Enter】组合键确认文字的输入，使用移动工具移动文字到适当的位置，如图 11-80 所示。

图 11-79

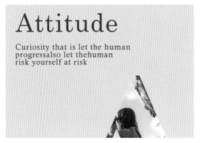

图 11-80

Step09 继续输入段落文字。选择横排文字工具，在选项栏中设置【字号】为 25 点，继续输入段落文字，并将其放置在适当的位置，如图 11-81 所示，最终图像效果如图 11-82 所示。

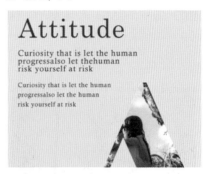

图 11-81

图 11-82

技术看板

对图层组内的成员层设置挖空效果时，将挖空方式设置为浅，则效果只会穿透到图层组的最后一层；而挖空方式设置为深，效果则会穿透到背景层。

若对不是图层组成员的层设置挖空效果，这个效果将会一直穿透到背景层，在这种情况下，挖空方式设置为浅或者深的效果是没有区别的。

3. 将内部效果混合成组

将内部效果混合成组是将内发光、光泽、颜色叠加、渐变叠加、图案叠加这几种样式合并到图层中，使这几种图层样式只作用于基底图层，不再遮挡上方被剪切图层内容。

给两个图层分别添加图层样式效果，如图 11-83 所示。

图 11-83

然后再创建剪贴蒙版，效果如图 11-84 所示。可以发现由于剪贴蒙版的特性，【形状 1】图层被【多边形 1】图层的【渐变叠加】样式覆盖了。如果取消【多边形 1】图层的【渐变叠加】样式，如图 11-85 所示。

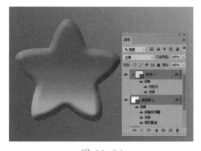

图 11-84

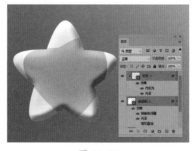

图 11-85

这时勾选【多边形 1】图层高级混合选项面板中的【将内部效果混合成组】复选框，如图 11-86 所示；那么【形状 2】图层就会显示出来，效果如图 11-87 所示。

图 11-86

图 11-87

4. 将剪贴图层混合成组

默认情况下，创建【挖空】效果时，剪贴蒙版组的混合模式由基底图层决定，如图 11-88 所示。

图 11-88

图像效果如图 11-89 所示。

图 11-89

创建【挖空】效果时，如果取消勾选【将剪贴图层混合成组】复选框，则基底图层的混合模式仅影响自身，不会再影响其他内容图层，如图 11-90 所示。

图 11-90

图像效果如图 11-91 所示。

图 11-91

5. 透明形状图层

默认情况下，创建【挖空】效果时，【透明形状图层】复选框处于勾选状态，此时，图层样式或挖空被限定在图层的有像素的区域，如图 11-92 所示。

图 11-92

取消勾选【透明形状图层】复选框后，如图 11-93 所示，则可以在整个图像范围内应用效果，如图 11-94 所示。

图 11-93

图 11-94

6. 图层蒙版隐藏效果

创建【挖空】效果时，默认取

消勾选【图层蒙版隐藏效果】复选框，图层效果也会在蒙版中显示，如图 11-95 所示。

图 11-95

勾选【图层蒙版隐藏效果】复选框，如图 11-96 所示，图层效果不会在蒙版中显示，如图 11-97 所示。

图 11-96

图 11-97

7. 矢量蒙版隐藏效果

创建【挖空】效果时，若【矢量蒙版隐藏效果】复选框处于未勾选状态，图层效果也会在矢量蒙版区域内显示，如图 11-98 所示。

图 11-98

勾选【矢量蒙版隐藏效果】复选框，矢量蒙版中的图层效果将不会显示，如图 11-99 所示。

图 11-99

11.4.2 实战：使用混合颜色带打造真实公路文字

实例门类	软件功能

在【混合选项】栏中，最下方有一个【混合颜色带】区域，该区域主要用于控制当前图层与下方图

层混合时，像素的显示范围，具体操作步骤如下。

Step① 打开素材。打开"素材文件\第 11 章\路.jpg"文件，如图 11-100 所示。

图 11-100

Step② 输入文字。使用【横排文字工具】输入白色文字，设置字体样式和大小，如图 11-101 所示。

图 11-101

Step③ 栅格化图层。选择文字图层并右击，在弹出的快捷菜单中选择【栅格化文字】命令栅格化文字图层，如图 11-102 所示。

图 11-102

Step④ 透视变换文字。按【Ctrl+T】组合键执行【自由变换】命令，右击鼠标，在弹出的快捷菜单中选择【透视】命令，拖动控制点透视变换文字，如图 11-103 所示。

图 11-103

Step⑤ 扭曲变换文字。右击鼠标，在弹出的快捷菜单中选择【扭曲】命令，拖动控制点，扭曲变换文字，如图 11-104 所示。

图 11-104

Step⑥ 添加图层样式。双击文字图层，打开【图层样式】对话框，选择【混合选项】。按住【Alt】键拖动【混合颜色带】中【下一图层】左侧的黑色滑块，如图 11-105 所示。

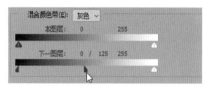

图 11-105

Step⑦ 显示效果。单击【确定】按钮，返回文档中。通过前面的操作，文字就像真实刷在地面上一样，效果如图 11-106 所示。

图 11-106

妙招技法

通过对前面知识的学习，相信读者已经掌握了通道知识和通道编辑的基本操作。下面结合本章内容，介绍一些实用技巧。

技巧 01：载入通道选区

在【通道】面板中，除了通过按钮操作载入选区外，还可以通过单击【通道】缩览图，快速载入选区，具体操作步骤如下。

Step① 单击通道缩览图。在【通道】面板中，按住【Ctrl】键，单击通道缩览图，如图 11-107 所示。

Step② 即可载入通道选区，如图 11-108 所示。

图 11-107

图 11-108

技巧 02：执行应用图像和计算时，为什么会找不到混合通道所在的文件？

使用【应用图像】和【计算】命令进行操作时，除了确保合并的文件处于打开状态外，如果是两个文件之间进行通道合成，还需要确保两个文件有相同的图像大小和分辨率，否则将找不到需要混合的文件。

技巧 03：快速选择通道

按【Ctrl+3】【Ctrl+4】【Ctrl+5】组合键可分别选择红色、绿色和蓝色通道；按【Ctrl+2】组合键可重新回到 RGB 复合通道，显示色彩图像。

技巧 04：使用计算命令计算出图像的高光、阴影和中间调区域

使用通道【计算】可以分别计算出图像的高光区域、阴影区域和中间调区域。计算出这些区域后，可以针对性地对这些区域的图像进行色调、亮度等方面的编辑，而不会对图像的其他区域造成影响。

执行【计算】命令后，在计算对话框中取消勾选【反相】复选框，则新建的通道记录的是高光区域的内容，如图 11-109 所示；分别勾选源 1 和源 2 的【反相】复选框，则新建的通道记录的是阴影区域的内容，如图 11-110 所示；只勾选其中一个【反相】复选框则新建通道记录的是中间调区域的内容，如图 11-111 所示。

图 11-109

图 11-110

图 11-111

过关练习——更改图像人物背景

通道中，白色的图像代表选择区域，黑色的图像代表非选择区域，而灰色图像代表半透明区域。了解了这个特点，抠图时通过【通道】抠发丝就变得非常容易，下面使用【通道】抠取发丝，并更改人物背景。

素材文件	素材文件 \ 第 11 章 \ 卷发 .jpg，戒指 .jpg
结果文件	结果文件 \ 第 11 章 \ 卷发 .psd

具体操作步骤如下。

Step 01 打开素材。打开"素材文件 \ 第 11 章 \ 卷发 .jpg"文件，如图 11-112 所示。

图 11-112

Step 02 复制蓝通道。在【通道】面板中，复制【蓝】通道，如图 11-113 所示。

图 11-113

Step03 设置白场。按【Ctrl+L】组合键执行【色阶】命令，单击【在图像中取样以设置白场】图标，如图 11-114 所示。

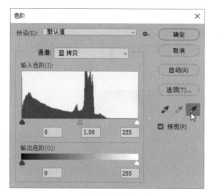

图 11-114

Step04 单击指定白场值范围。在背景处单击，重新设置白场，如图 11-115 所示。

图 11-115

Step05 单击设置黑场图标。单击【在图像中取样以设置黑场】图标，如图 11-116 所示。

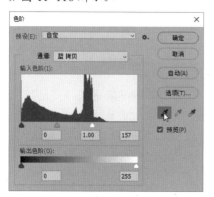

图 11-116

Step06 单击指定黑场值范围。在头发处单击，重新设置黑场，如图 11-117 所示。

图 11-117

Step07 创建选区。使用【套索工具】选中主体对象，如图 11-118 所示。

图 11-118

Step08 填充颜色。为选区填充黑色，如图 11-119 所示。

图 11-119

Step09 创建选区。用【套索工具】选中左下角对象，如图 11-120 所示。

图 11-120

Step10 输入色阶。按【Ctrl+L】组合键，执行【色阶】命令，打开【色阶】对话框，❶设置【输入色阶】为【5，0.82，181】，❷单击【确定】按钮，如图 11-121 所示。

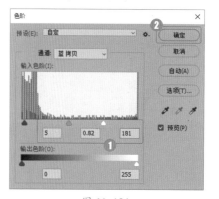

图 11-121

Step11 显示效果。调整对比度后，效果如图 11-122 所示。

图 11-122

Step12 取消选区并反相图像。按【Ctrl+D】组合键取消选区，按【Ctrl+I】组合键反相图像，如图 11-123 所示。

图 11-123

Step⑬ 将通道作为选区载入。按【Ctrl】键单击【蓝拷贝】通道缩览图，将通道作为选区载入，如图11-124所示。

图 11-124

Step⑭ 复制图像。选择【RGB】复合通道并切换到【图层】面板中，按【Ctrl+J】组合键复制图像，如图 11-125 所示。

图 11-125

Step⑮ 打开素材。打开"素材文件\第 11 章\旅行 .jpg"文件，如图11-126所示。

图 11-126

Step⑯ 调整图层顺序。将旅行图像拖动到卷发图像中，移动到【背景】图层上方，如图 11-127 所示。

图 11-127

Step⑰ 变换图像。按【Ctrl+T】组合键执行【自由变换】命令，缩小图像，效果如图 11-128 所示。

图 11-128

Step⑱ 添加拼贴滤镜效果。选择【图层 2】，执行【滤镜】→【风格化】→【拼贴】命令，在【拼贴】对话框中设置【拼贴数】为 10，如图 11-129 所示；单击【确定】按钮，图像效果如图 11-130 所示。

图 11-129

图 11-130

Step⑲ 模糊图像。执行【滤镜】→【模糊】→【径向模糊】命令，在【径向模糊】对话框中设置【数量】为 34，如图 11-131 所示；单击【确定】按钮，模糊图像后效果如图 11-132 所示。

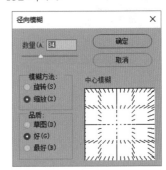

图 11-131

图 11-132

Step⑳ 新建渐变映射调整图层。新建【渐变映射】调整图层，单击【属性】面板中的渐变色条，打开【渐变编辑器】对话框，选择【紫色】组中的第一个渐变，如图 11-133 所示。

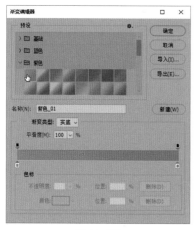

图 11-133

Step㉑ 设置图层混合模式。更改【渐变映射】图层【混合模式】为叠加，并降低图层不透明度和填充，如图 11-134 所示。

图 11-134

Step㉒ 显示效果。图像效果如图 11-135 所示。

图 11-135

本章小结

　　本章首先介绍通道的概念、通道分类和通道面板，然后详细介绍通道的基本操作、通道与选区的互相转换、分离通道和合并通道，最后讲解了通道的运算。熟练掌握通道知识，将会大大提高设计师的特效制作能力。

第12章 调整图像颜色与色调

- ➥ 颜色模式包括哪些类别？
- ➥ Photoshop 2020 能够自动分析图像、自动调整图像颜色吗？
- ➥ 【色阶】和【曲线】命令有什么区别？
- ➥ 如何一次调整多个通道？
- ➥ 如何将图像变为灰度图像，并保持色彩模式不变？

色彩和色调让一幅图画有了生命，不同的色彩和色调带给人完全不一样的感受。成熟的设计师善于把握色彩给人的心理感受，懂得调配颜色来表达自己的诉求。只有熟练地掌握色彩与色调的用法，才能在使用 Photoshop 2020 时更加得心应手。

12.1 颜色模式

不同的颜色模式有不同的应用领域和应用优势，通过选择某种颜色模式，即可选用某种特定的颜色模型。颜色模式基于颜色模型，而颜色模型对于印刷中使用的图像来说非常有用。在【图像】→【模式】下拉菜单中可以为图像选择任意一种颜色模式。

12.1.1 灰度模式

灰度模式图像不包含颜色，彩色图像转换为该模式后，色彩信息会被删除。灰度图像每个像素都有一个 0~255 的亮度值，0 代表黑色，255 代表白色，其他值代表黑、白之间过渡的灰色。在 8 位图像中最多有 256 级灰度，在 16 位和 32 位图像中，级数比 8 位图像要大得多。

打开图像文件，如图 12-1 所示。

执行【图像】→【模式】→【灰度】命令，会弹出一个【信息】提示框，询问是否删除颜色信息，单击【扔掉】按钮，如图 12-2 所示。

图 12-1

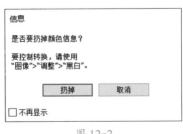

图 12-2

即可将图像转换为灰度图像，如图 12-3 所示。

图 12-3

12.1.2 位图模式

位图模式只有纯黑和纯白两种颜色，没有中间层次，适合制作艺术样式或用于创作单色图形。

彩色图像转换为该模式后，色

相和饱和度信息都会被删除，只保留亮度信息。只有灰度模式和通道图才能直接转换为位图模式。

打开图像，执行【图像】→【模式】→【灰度】命令，先将它转换为灰度模式，再执行【图像】→【模式】→【位图】命令，打开【位图】对话框，如图12-4所示。

图 12-4

单击【确定】按钮，图像转换后效果如图12-5所示。

图 12-5

相关选项作用如表12-1所示。

表 12-1 【位图】设置面板中
各选项作用

选项	作用
输出	在此对话框中输入数值可设定黑白图像的分辨率。如果要精细控制打印效果，可提高分辨率数值。通常情况下，输出值是输入值的 200%~250%

续表

选项	作用
50% 阈值	以 50% 为界限，将图像中色阶值大于 50% 的所有像素全部变成黑色，小于 50% 的所有像素全部变成白色
图案仿色	使用一些随机的黑白像素点来抖动图像
扩散仿色	通过使用从图像左上角开始的误差扩散过程来转换图像，由于转换过程中的误差原因，会产生颗粒状的纹理
半调网屏	产生一种半色调网版印刷的效果
自定图案	选择图案列表中的图案作为转换后的纹理效果

12.1.3　实战：将冰块图像转换为双色调模式

实例门类	软件功能

双色调采用一组曲线来设置各种颜色的油墨，可以得到比单一通道更多的色调层次，在打印中表现更多的细节。如果希望将彩色图像模式转换为双色调模式，就必须先将图像转换为灰度模式，再转换为双色调模式。

Step01 打开素材。打开"素材文件\第12章\冰块.jpg"文件，如图12-6所示。

图 12-6

Step02 转换灰度模式。执行【图像】→【模式】→【灰度】命令，先将其转换为灰度模式，如图12-7所示。

图 12-7

Step03 设置双色调。执行【图像】→【模式】→【双色调】命令，打开【双色调选项】对话框，设置【类型】为双色调，单击【油墨1】后面的色块，如图12-8所示。

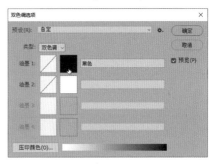

图 12-8

Step04 单击颜色库按钮。在【拾色器（墨水1颜色）】对话框中，单击【颜色库】按钮，如图12-9所示。

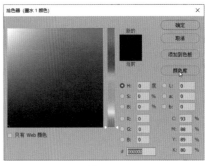

图 12-9

Step05 选择色标。在【颜色库】对话框中，❶ 单击蓝色色标，❷ 单击【确定】按钮，如图12-10所示。

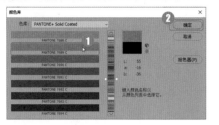

图 12-10

Step06 显示效果。单色调效果如图 12-11 所示。

图 12-11

Step07 单击色块。单击【油墨2】后面的色块，如图 12-12 所示。

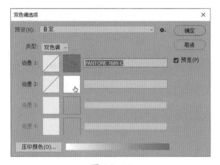

图 12-12

Step08 单击色标。在打开的【拾色器（墨水2颜色）】对话框中，单击【颜色库】按钮，在弹出的【颜色库】对话框中，❶ 单击绿色色标，❷ 单击【确定】按钮，如图 12-13 所示。

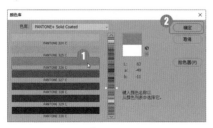

图 12-13

Step09 得到双色调效果。通过前面的操作，得到双色调效果，如图 12-14 所示。

图 12-14

Step10 显示效果。图像效果如图 12-15 所示。

图 12-15

【双色调选项】对话框如图 12-16 所示。

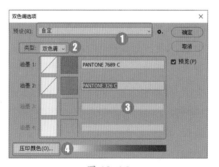

图 12-16

相关选项作用如表 12-2 所示。

表 12-2 【双色调选项】设置面板各选项作用

选项	作用
❶ 预设	可选择一个预设的调整文件

续表

选项	作用
❷ 类型	可选择使用几种色调模式，如单色调、双色调、三色调和四色调
❸ 编辑油墨颜色	单击左侧的图标可以打开【双色调曲线】对话框，调整曲线可以改变油墨的百分比。单击右侧的色块可以打开【颜色库】选择油墨
❹ 压印颜色	指相互打印在对方之上的两种无网屏油墨。单击此按钮可以看到每种颜色混合后的结果

12.1.4 索引模式

索引模式使用最多 256 种颜色或更少的颜色替代全彩图像中上百万种颜色，这个过程称为索引。当转换为索引颜色时，Photoshop 将构建一个颜色查找表，用于存放并索引图像中的颜色。如果原图像中的某种颜色没有出现在该表中，则程序将选取现有颜色中最接近的一种，或使用现有颜色模拟该颜色。

通过限制【颜色】面板，索引颜色可以在保持图像视觉品质的同时减少文件大小。在这种模式下只能进行有限的编辑。若要进一步编辑，应临时转换为 RGB 模式。执行【图像】→【模式】→【索引颜色】命令，打开【索引颜色】对话框，如图 12-17 所示。

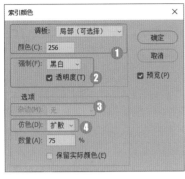

图 12-17

相关选项作用如表 12-3 所示。

表 12-3　【索引颜色】设置面板
中各选项作用

选项	作用
❶ 调板 / 颜色	可以选择转换为索引颜色后使用的调板类型，可输入【颜色】值指定要显示的实际颜色数量
❷ 强制	可选择将某些颜色强制包括在颜色表中
❸ 杂边	指定用于填充与图像的透明区域相邻的消除锯齿边缘的背景色
❹ 仿色	在下拉列表中可以选择是否使用仿色。设置的值越高，所仿颜色越多

12.1.5　颜色表

将图像的颜色模式转换为索引模式后，执行【图像】→【模式】→【颜色表】命令，Photoshop 会从图像中提取 256 种典型颜色，索引图像如图 12-18 所示。

图 12-18

索引图像的颜色表如图 12-19所示。

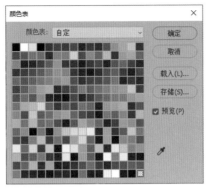

图 12-19

12.1.6　多通道模式

多通道是一种减色模式，将 RGB 图像转换为该模式后，可以得到青色、洋红和黄色通道，如图 12-20 所示。

图 12-20

图像效果如图 12-21 所示。

图 12-21

此外，如果删除 RGB、CMYK、Lab 模式的某个颜色通道，如图 12-22 所示。

图 12-22

图像会自动转换为多通道模式，如图 12-23 所示。该模式包含了多种灰阶通道，每一通道均有 256 级灰阶组成，该模式通常被用于处理特殊打印需求。

图 12-23

12.1.7　位深度

位深度也称为像素深度或色深度，即多少位 / 像素，它是显示器、数码相机、扫描仪等设备使用的术语。Photoshop 2020 使用位深度来存储文件中每个颜色通道的颜色信息。存储的位越多，图像中包含的颜色和色调差就越大。打开一个图像后，可以在【图像】→【模式】下拉菜单中选择 8 位 / 通道、16 位 / 通道、32 位 / 通道命令，来改变图像的位深度。

1. 8 位 / 通道

位深度为 8 位，每个通道可支持 256 种颜色，图像可以有 1600万个以上的颜色值。

2. 16 位 / 通道

位深度为 16 位，每个通道可包含高达 65000 种颜色信息。无论是通过扫描得到的 16 位 / 通道文件，还是数码相机拍摄得到的 16 位 / 通道的 RAW 文件，都包含了比 8 位 / 通道文件更多的颜色信息，因此，色彩渐变更加平滑、色调更加丰富。

3. 32 位 / 通道

32 位 / 通道图像也称为高动态范围（HDR）图像，文件的颜色和色调更胜于 16 位 / 通道文件。目前，HDR 图像主要用于影片、特殊效果、3D 作品及某些高端图片。

12.2　自动调整

在图像菜单中,【自动色调】【自动对比度】和【自动颜色】命令可以自动对图像的颜色和色调进行简单的调整，适合对于各种调色工具不太熟悉的初学者使用。

12.2.1　自动色调

【自动色调】命令可用于自动调整图像中的黑场和白场，将每个颜色通道最亮和最暗的像素映射到纯白和纯黑中，中间像素值按比例重新分布，从而增强图像的对比度。打开图像，如图 12-24 所示。

图 12-24

执行【图像】→【自动色调】命令，或按【Shift+Ctrl+L】组合键，Photoshop 会自动调整图像，如图 12-25 所示。

图 12-25

12.2.2　自动对比度

【自动对比度】命令可用于调整图像的对比度，使高光区域显得更亮，阴影区域显得更暗，增加图像之间的对比，适用于色调校灰，明暗对比不强的图像。【自动对比度】命令不会单独调整通道，它只调整色调，而不会改变色彩平衡，因此不会产生色偏，但也不能用于消除色偏。打开图像，如图 12-26 所示。

图 12-26

执行【图像】→【自动对比度】命令，或按【Alt+Shift+Ctrl+L】组合键，即可对选择的图像自动调整对比度，如图 12-27 所示。

图 12-27

12.2.3　自动颜色

【自动颜色】命令可用于通过搜索图像来标示阴影、中间调和高光，还原图像各部分真实颜色，使其不受环境色影响。例如，原图像偏黄，如图 12-28 所示。

图 12-28

执行【图像】→【自动颜色】命令，或按【Shift+Ctrl+B】组合键，即可自动调整图像的偏色，如图 12-29 所示。

图 12-29

12.3 明暗调整

在 Photoshop 2020 中，使用【亮度 / 对比度】【色阶】【曲线】【曝光度】【阴影 / 高光】等命令可以调整图像的明暗效果，下面进行详细介绍。

12.3.1 实战：使用亮度 / 对比度命令调整图像

实例门类	软件功能

【亮度 / 对比度】命令可调整一些光线不足、比较昏暗的图像。它的使用方法非常简单，其操作步骤如下。

Step01 打开素材。打开"素材文件 \ 第 12 章 \ 花瓶 .jpg"文件，如图 12-30 所示。

图 12-30

Step02 设置亮度 / 对比度。执行【图像】→【调整】→【亮度 / 对比度】命令，打开【亮度 / 对比度】对话框，设置【亮度】为 39，【对比度】为 65，如图 12-31 所示。

图 12-31

Step03 显示效果。图像调整效果如图 12-32 所示。

图 12-32

Step04 使用旧版显示效果。在【亮度 / 对比度】对话框中，勾选【使用旧版】复选框后，再使用相同参数进行调整，即可得到与 Photoshop CS3 以前的版本的相同结果，如图 12-33 所示。

图 12-33

> **技术看板**
>
> 【亮度 / 对比度】命令没有【色阶】【曲线】的可控性强，调整时有可能丢失图像的细节，对于印刷输出的设计图，建议使用【色阶】或【曲线】命令调整。

★重点 12.3.2 实战：使用色阶命令调整图像对比度

实例门类	软件功能

【色阶】是 Photoshop 最为重要的调整工具之一，它可以调整图像的阴影、中间调和高光的强度级别，校正色调范围和色彩平衡。简单来说【色阶】不仅可以调整色调，还可以调整色彩。

Step01 打开素材。打开"素材文件 \ 第 12 章 \ 雾 .jpg"文件，如图 12-34 所示。可以发现图像整体偏灰，对比度不够。

图 12-34

Step02 观察色阶。执行【图像】→【调整】→【色阶】命令，或按【Ctrl+L】键打开【色阶】对话框，如图 12-35 所示，可以发现在最左侧和最右侧都没有像素，表示图像缺少阴影和高光的细节，简单来说就是暗处不够暗，亮部又不够亮，所以图像整体看起来会发灰。

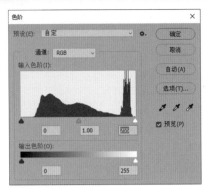

图 12-35

Step 03 调整色阶。拖动左侧滑块和右侧滑块到有像素的区域,单击【确定】按钮,如图 12-36 所示。

图 12-36

Step 04 显示效果。通过前面的操作,图像暗部更暗,亮部更亮,调整对比度后,显示出更多图像细节,效果如图 12-37 所示。

图 12-37

Step 05 调整色调。单击【通道】下拉按钮,在下拉菜单中选择【蓝】通道。色调的调整与明亮度的调整

操作一样。拖动左侧的滑块到有像素的地方,可以减少阴影区域的蓝色;拖动右侧的滑块到有像素的地方,可以为高光区域添加蓝色;向左侧拖动中间调的滑块,为中间调区域添加蓝色,如图 12-38 所示。

图 12-38

Step 06 显示图像效果。单击【确定】按钮,完成图像明亮度和色调的调整,效果如图 12-39 所示。

图 12-39

【色阶】对话框中的常用选项如图 12-40 所示。

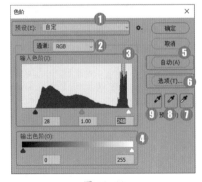

图 12-40

相关选项作用如表 12-4 所示。

表 12-4 【色阶】设置面板各选项作用

选项	作用
❶ 预设	单击【预设】选项右侧的 ⚙ 按钮,在打开的下拉列表中选择【存储预设】命令,可将当前的调整参数保存为一个预设文件。在使用相同方式处理其他图像时,可用该文件自动完成调整
❷ 通道	单击【通道】下拉按钮,在下拉菜单中可以选择通道调整明暗,如图 12-41 所示。通过调整通道的明暗可以影响图像的整体色调 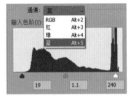 图 12-41
❸ 输入色阶	用于调整图像的阴影、中间调和高光区域。从左至右的滑块分别表示【阴影】【中间调】和【高光】。向右拖动阴影滑块,可以提亮阴影区域;向左拖动高光滑块,可以压暗高光区域;向左拖动中间调滑块,可以提亮中间调区域;向右拖动中间调滑块,可以压暗中间调区域。 也可以在文本框中输入数值来进行调整
❹ 输出色阶	可以限制图像的亮度范围,从而降低对比度,使图像呈现褪色效果。在【输出色阶】栏中,向右侧拖动黑色滑块,可以提亮图像;向左侧拖动白色滑块,可以压暗图像,如图 12-42 所示

续表

选项	作用
④ 输出色阶	图 12-42 图像效果如图 12-43 所示 图 12-43
⑤ 自动	单击该按钮，可应用自动颜色校正，Photoshop 会以 0.5%的比例自动调整图像色阶，使图像的亮度分布更加均匀
⑥ 选项	单击该选项，可以打开【自动颜色校正选项】对话框，在对话框中可以设置黑色像素和白色像素的比例
⑦ 设置白场	使用该工具在图像中单击，如图 12-44 所示 图 12-44 可以将单击点的像素调整为白色，比该点亮度值高的像素也都会变为白色，如图 12-45 所示 图 12-45

续表

选项	作用
⑧ 设置灰场	使用该工具在图像中灰阶位置单击，图 12-46 所示 图 12-46 可根据单击点像素的亮度来调整其他中间色调的平均亮度。通常使用它来校正色偏，如图 12-47 所示 图 12-47
⑨ 设置黑场	使用该工具在图像中单击，如图 12-48 所示 图 12-48 可以将单击点的像素调整为黑色，原图中比该点暗的像素也变为黑色，如图 12-49 所示 图 12-49

★重点 12.3.3 实战：使用曲线命令调整图像明暗

实例门类	软件功能

【曲线】命令是功能强大的图像校正命令，执行该命令可以在图像的整个色调范围内调整不同的色调，还可以对图像中的个别颜色通道进行精确的调整，下面介绍具体的操作步骤。

Step① 打开素材。打开"素材文件\第 12 章\拖鞋.jpg"文件，如图 12-50 所示。

图 12-50

Step② 调整曲线。执行【图像】→【曲线】命令，或按【Ctrl+M】组合键，在【曲线】对话框中向上方拖动曲线，如图 12-51 所示。

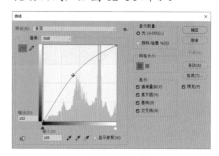

图 12-51

Step③ 显示效果。通过前面的操作调亮图像，效果如图 12-52 所示。

图 12-52

Step04 调整曲线。在【曲线】对话框中向下方拖动曲线，如图 12-53 所示。

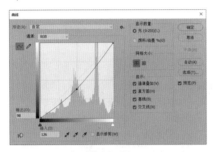

图 12-53

Step05 显示效果。通过前面的操作图像会变暗，如图 12-54 所示。

图 12-54

Step06 调整曲线的形状。在【曲线】对话框中，拖动曲线为"S"形，如图 12-55 所示。

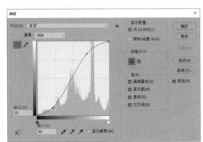

图 12-55

Step07 显示效果。图像对比度增大，如图 12-56 所示。

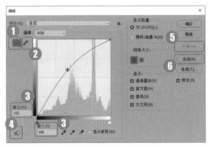

图 12-56

【曲线】对话框中的常用选项如图 12-57 所示。

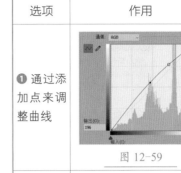

图 12-57

相关选项作用如表 12-5 所示。

表 12-5 【曲线】设置面板各选项作用

选项	作用
❶ 通过添加点来调整曲线	单击该按钮，如图 12-58 所示 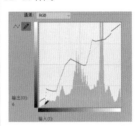 图 12-58 此时在曲线中单击可添加新的控制点，如图 12-59 所示。拖动控制点改变曲线形状，即可调整图像

续表

选项	作用
❶ 通过添加点来调整曲线	图 12-59
❷ 使用铅笔绘制曲线	单击该按钮后，可绘制手绘效果的自由曲线，如图 12-60 所示  图 12-60 绘制完成效果如图 12-61 所示  图 12-61
❸ 输入 / 输出	【输入】选项显示了调整前的像素值，【输出】选项显示了调整后的像素值
❹ 图像调整工具	选择该工具后，将鼠标指针停放在图像上，如图 12-62 所示  图 12-62

续表

选项	作用
❹ 图像调整工具	曲线上会出现一个圆形图形，它代表了鼠标指针处的色调在曲线上的位置，在画面中单击并拖动鼠标可添加控制点并调整相应的色调，如图 12-63 所示 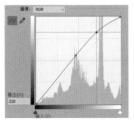 图 12-63
❺ 平滑	使用铅笔绘制曲线，如图 12-64 所示 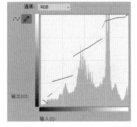 图 12-64 单击该工具，可以对曲线进行平滑处理，如图 12-65 所示 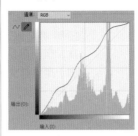 图 12-65
❻ 自动	单击该按钮，可对图像应用【自动颜色】【自动对比度】或【自动色调】校正。具体的校正内容取决于【自动颜色校正选项】对话框中的设置

技术看板

如果图像为 RGB 模式，曲线向上弯曲时，可以将色调调亮；曲线向下弯曲时，可以将色调调暗；曲线成为 "S" 形时，可以调整图像的对比度。如果图像为 CMYK 模式，调整方向相反。

12.3.4 实战：使用曝光度命令调整照片曝光度

实例门类	软件功能

在照片的拍摄过程中，经常会因为照片曝光过度导致图像偏白，或者因为曝光不够导致图像偏暗，使用【曝光度】命令可以调整图像的曝光度，使图像中的曝光度恢复正常。具体操作步骤如下。

Step01 打开素材。打开 "素材文件 \ 第 12 章 \ 紫裙 .jpg" 文件，如图 12-66 所示。

图 12-66

Step02 调整曝光度。执行【图像】→【调整】→【曝光度】命令。弹出【曝光度】对话框，❶ 设置【曝光度】为 1，【灰度系数修正】为 1.5，❷ 单击【确定】按钮，如图 12-67 所示。

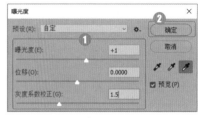

图 12-67

Step03 显示效果。通过前面的操作，图像补足曝光，效果如图 12-68 所示。

图 12-68

在【曝光度】对话框中，各选项作用如表 12-6 所示。

表 12-6 【曝光度】设置面板各选项作用

选项	作用
曝光度	设置图像的曝光度，向右拖动滑块可增强图像的曝光度，向左拖动滑块可降低图像曝光度
位移	该选项将使数码照片中的阴影和中间调变暗，对高光的影响很轻薄，通过设置【位移】参数可快速调整数码照片的整体明暗度
灰度系数校正	该选项使用简单的乘方函数调整数码照片的灰度系数

★重点 12.3.5 实战：使用阴影/高光命令调整逆光照片

实例门类	软件功能

【阴影/高光】命令可以调整图像的阴影和高光部分，主要用于修改一些因为阴影或者逆光而导致主体较暗的照片，其具体操作步骤如下。

Step01 打开素材。打开"素材文件\第 12 章\逆光 .jpg"文件，如图 12-69 所示。

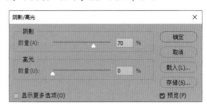

图 12-69

Step02 调整阴影/高光选项。执行【图像】→【调整】→【阴影/高光】命令。弹出【阴影/高光】对话框，在【阴影】栏中设置【数量】为 70%，如图 12-70 所示。

图 12-70

Step03 显示效果。调整效果如图 12-71 所示。

图 12-71

Step04 设置阴影/高光。勾选【显示更多选项】复选框，设置【半径】为 70 像素，将更多像素定义为阴影，可使色调变得平滑，消除不自然的感觉，如图 12-72 所示。

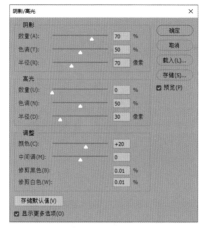

图 12-72

Step05 显示效果。调整效果如图 12-73 所示。

图 12-73

Step06 设置颜色值。在【调整】栏中，设置【颜色】为 30，【中间调】为 5，如图 12-74 所示。

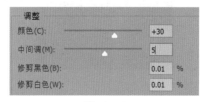

图 12-74

Step07 显示效果。通过前面的操作，即可增加图像的饱和度和中间调的对比度，效果如图 12-75 所示。

图 12-75

在【阴影/高光】对话框中，各选项如图 12-76 所示。

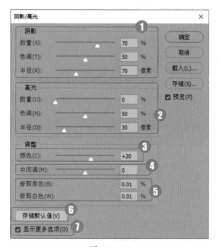

图 12-76

相关选项作用如表 12-7 所示。

表 12-7 【阴影/高光】设置面板各选项作用

选项	作用
❶ 阴影	拖动【数量】滑块可以控制调整强度，其值越高，阴影区域越亮；【色调】用来控制色调的修改范围，较大的值会影响更多色调，较小的值只对较暗的阴影区域进行校正；【半径】可控制每个像素周围的局部相邻像素的大小，相邻像素决定像素是在阴影中还是在高光中

续表

选项	作用
❷ 高光	【数量】控制调整强度，其值越大，高光区域越暗；【色调】控制色调的修改范围，较小的值只对较亮的区域进行校正，较大的值会影响更多色调；【半径】可控制每个像素周围局部相邻像素的大小

续表

选项	作用
❸ 颜色	调整已改区域的色彩。例如，增加【阴影】栏中的【数量】值使图像中较暗的颜色显示出来以后，再增加【颜色校正】值，就可使颜色更加鲜艳
❹ 中间调	调整中间调的对比度
❺ 修剪黑色 / 修剪白色	指定在图像中，将多少阴影 / 高光剪切到新极端阴影（色阶为 0，黑色）和高光（色阶为 255，白色）。该值越大色调对比度越强

续表

选项	作用
❻ 存储默认值	单击该按钮，可将当前参数设置存储为预设，再次打开【阴影 / 高光】对话框时，会显示该参数
❼ 显示更多选项	勾选此复选框，可以显示全部选项

12.4　色彩调整

在 Photoshop 2020 中，不仅能调整图像的明暗，还可以根据图像色调对整个色彩进行调整，这些调整色彩的命令包括【自然饱和度】【色相 / 饱和度】【色彩平衡】等，下面进行详细介绍。

12.4.1　实战：使用自然饱和度命令降低自然饱和度

实例门类	软件功能

【自然饱和度】是用于将图像饱和度调整到自动状态，它的特别之处是可在增加饱和度的同时防止颜色过于饱和而出现溢色，操作步骤如下。

Step01 打开素材。打开"素材文件 \ 第 12 章 \ 花 .jpg"文件，如图 12-77 所示。

图 12-77

Step02 调整自然饱和度。执行【图像】→【调整】→【自然饱和度】命令，打开【自然饱和度】对话框，❶ 设置【自然饱和度】为 -60，❷ 单击【确定】按钮，如图 12-78 所示。

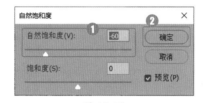

图 12-78

Step03 显示效果。通过前面的操作，降低图像自然饱和度，效果如图 12-79 所示。

图 12-79

12.4.2　实战：使用色相 / 饱和度命令调整背景颜色

实例门类	软件功能

通过【色相 / 饱和度】命令，可以对色彩的色相、饱和度、明度进行修改。它的特点是可以调整整个图像或图像中一种颜色成分的色相、饱和度和明度，下面介绍具体的操作步骤。

Step01 打开素材。打开"素材文件 \ 第 12 章 \ 花朵 .jpg"文件，如图 12-80 所示。

图 12-80

Step02 打开色相/饱和度对话框。执行【图像】→【调整】→【色相/饱和度】命令，打开【色相/饱和度】对话框，单击 🖐 按钮，如图 12-81 所示。

图 12-81

Step03 调整色相/饱和度。单击背景，选中要调整的背景颜色。在图像上拖动鼠标调整饱和度，按住【Ctrl】键的同时拖动鼠标，调整色相，如图 12-82 所示

图 12-82

Step04 显示效果。单击【确定】按钮，通过前面的操作，调整图像背景的色相和饱和度，效果如图 12-83 所示。

图 12-83

在【色相/饱和度】对话框中，各选项如图 12-84 所示。

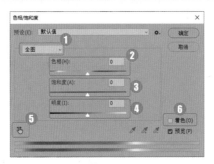

图 12-84

相关选项作用如表 12-8 所示。

表 12-8 【色相/饱和度】面板
各选项作用

选项	作用
❶ 编辑	在下拉列表中可选择要调整的颜色，如红色、蓝色、绿色、黄色等颜色或全图
❷ 色相	色相是各类颜色的相貌称谓，用于改变图像的颜色。可通过在文本框中输入数值或拖动滑块来调整
❸ 饱和度	饱和度是指色彩的鲜艳程度，也称为色彩的纯度
❹ 明度	明度是指图像的明暗程度，数值设置越大图像越亮，反之，数值越小图像越暗
❺ 图像调整工具	选择该工具后，将鼠标指针移动至图像上，按住并拖动鼠标可以调整所选颜色的饱和度；按住【Ctrl】键的同时拖动鼠标，可以调整所选颜色的色相
❻ 着色	勾选该复选框后，如果前景色是黑色或白色，那么图像会转换为红色；如果前景色不是黑色或白色，图像就会转换为当前前景色的色相；变为单色图像以后，可以拖动【色相】滑块修改颜色，或者拖动下面的两个滑块调整饱和度和明度

12.4.3 实战：使用色彩平衡命令纠正色偏

实例门类	软件功能

　　使用【色彩平衡】命令可以分别调整图像阴影区、中间调和高光区的色彩成分，并混合色彩达到平衡；打开【色彩平衡】对话框，相互对应的两个颜色互为补色，当提高某种颜色的比重时，位于另一侧的补色的颜色就会减少，使用【色彩平衡】命令纠正色调的具体操作步骤如下。

Step01 打开素材。打开"素材文件\第 12 章\荷花.jpg"文件，图像整体偏红，如图 12-85 所示。

图 12-85

Step02 调整色彩平衡。执行【图像】→【调整】→【色彩平衡】命令，打开【色彩平衡】对话框，如图 12-86 所示。因为图像偏红色，所以往青色方向和绿色方向拖动滑块，此时，人物会偏黄，再向蓝色方向拖动滑块。

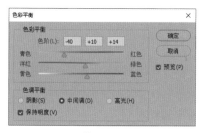

图 12-86

Step03 显示效果。中间调偏红状态得到修复，如图 12-87 所示。

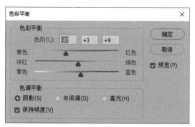

图 12-87

Step04 调整色彩平衡。执行【图像】→【调整】→【色彩平衡】命令，打开【色彩平衡】对话框，选中【色调平衡】区域中的【阴影】单选按钮，使用相同的方式调整滑块，如图 12-88 所示。

图 12-88

Step05 显示效果。阴影偏红状态得到修复，如图 12-89 所示。

图 12-89

Step06 调整色彩平衡。执行【图像】→

【调整】→【色彩平衡】命令，打开【色彩平衡】对话框，选中【色调平衡】区域中的【高光】单选按钮，使用相同的方式调整滑块，如图 12-90 所示。

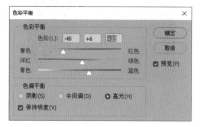

图 12-90

Step07 显示效果。高光偏红状态得到修复，如图 12-91 所示。

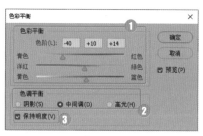

图 12-91

在【色彩平衡】对话框中，各选项如图 12-92 所示。

图 12-92

相关选项作用如表 12-9 所示。

表 12-9 【色彩平衡】设置面板各选项作用

选项	作用
❶ 色彩平衡	向图像中增加一种颜色，同时减少另一侧的补色
❷ 色调平衡	选择一个色调来进行调整

续表

选项	作用
❸ 保持明度	防止图像亮度随颜色的更改而改变

12.4.4 实战：使用黑白命令制作单色图像效果

实例门类	软件功能

使用【黑白】命令可以控制每一种颜色的色调深浅，比如彩色照片转换为黑白图像时，红色与绿色的灰度非常相似，色调的层次感不明显，使用【黑白】命令可以解决这个问题，可以分别调整这两种颜色的灰度，将它们有效区分开，具体操作步骤如下。

Step01 打开素材。打开"素材文件\第12章\彩绘.jpg"文件，如图 12-93 所示。

图 12-93

Step02 调整黑白效果。执行【图像】→【调整】→【黑白】命令，或按【Alt+Shift+Ctrl+B】组合键快速打开【黑白】对话框。设置【红色】为 107%，【黄色】为 79%，【绿色】为 244%，【青色】为 103%，【蓝色】为 -41%，【洋红】为 259%，如图 12-94 所示。

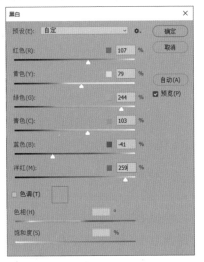

图 12-94

Step03 显示效果。通过前面的操作，得到层次感丰富的黑白图像，如图12-95所示。

图 12-95

Step04 设置色调。在【黑白】对话框中，勾选【色调】复选框，设置【色相】为91度，【饱和度】为17%，如图12-96所示。

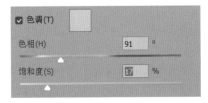

图 12-96

Step05 显示效果。通过前面的操作，得到单色图像，如图12-97所示。

图 12-97

【黑白】对话框中，各选项如图12-98所示。

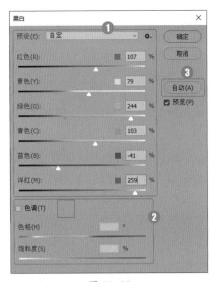

图 12-98

相关选项作用如表12-10所示。

表 12-10 【黑白】设置面板各选项作用

选项	作用
❶ 拖动颜色滑块调整	拖动各个颜色的滑块可调整图像中特定颜色的灰色调，向左拖动灰色调变暗，向右拖动灰色调变亮

续表

选项	作用
❷ 色调	勾选此复选框，可以为灰度着色，创建单色调效果，拖动【色相】和【饱和度】滑块进行调整，也可以单击颜色块打开【拾色器】面板对颜色进行调整
❸ 自动	单击此按钮，可设置基于图像的颜色值的灰度混合，并使灰度值的分布最大化

12.4.5 实战：使用照片滤镜命令打造炫酷冷色调

实例门类	软件功能

滤镜是相机的一种配件，将它安装在镜头前既可以保护镜头，也能降低或消除水面和非金属表面的反光。使用【照片滤镜】命令可以模拟彩色滤镜，调整通过镜头传输的光的色彩平衡和色温，对于调整照片的整体色调特别有用。具体操作步骤如下。

Step01 打开素材。打开"素材文件\第12章\夜晚.jpg"文件，如图12-99所示。

图 12-99

Step02 设置照片滤镜效果。执行【图像】→【调整】→【照片滤镜】命令，打开【照片滤镜】对话框，❶ 设置【使用】为【冷却滤镜（LBB）】、【密度】为70%，❷ 单击【确定】按钮，如图12-100所示。

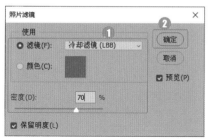

图 12-100

Step03 显示效果。最终效果如图12-101所示。

图 12-101

在【照片滤镜】对话框中，各选项如图12-102所示。

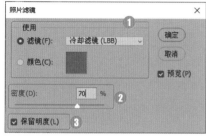

图 12-102

相关选项作用如表12-11所示。

表 12-11 【照片滤镜】设置面板各选项作用

选项	作用
❶ 滤镜 / 颜色	在【滤镜】下拉列表中可以选择要使用的滤镜。如果要自定义滤镜颜色，则可单击【颜色】选项右侧的颜色块，打开【拾色器】面板调整颜色
❷ 密度	可调整应用到图像的颜色数量，该值越高，颜色的调整强度越大
❸ 保留明度	勾选该复选框，可以保持图像的明度不变。取消勾选此复选框，则会因为添加滤镜效果而使图像色调变暗

12.4.6 实战：用通道混合器命令调整图像色调

实例门类	软件功能

在【通道】面板中，各个颜色通道保存着图像的色彩信息。将颜色通道调亮或者调暗，都会改变图像的颜色。使用【通道混合器】命令可以将所选的通道与用户想要调整的颜色通道采用【相加】或者【减去】模式混合，修改该颜色通道中的光线量，从而影响其颜色含量，改变色彩。

技能拓展——【相加】和【减去】混合模式

【相加】混合模式可以合并两个通道中的像素值；【减去】混合模式可以从混合通道中相应的像素值减去输出通道的像素值，使输出通道变暗。

使用【通道混合器】命令调整图像，具体操作步骤如下。

Step01 打开素材。打开"素材文件\第12章\樱花.jpg"文件，【通道】面板如图12-103所示。

图 12-103

Step02 调整通道混合器。执行【图像】→【调整】→【通道混合器】命令，在【通道混合器】对话框中，设置【输出通道】为红，在【源通道】栏中，设置【绿色】为21%，如图12-104所示。

图 12-104

Step03 通道混合。通过前面的操作，【绿】通道以【相加】模式和【红】通道进行混合，如图12-105所示。

图 12-105

Step04 显示通道面板的效果。在【通道】面板中，【红】通道变亮，从而实现色彩的变化，如图12-106所示。

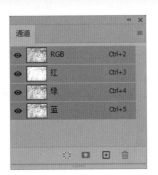

图 12-106

Step05 设置通道颜色。在【源通道】栏中，设置【蓝色】为 -12%，如图 12-107 所示。

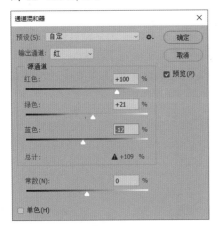

图 12-107

Step06 进行通道混合。通过前面的操作，【蓝】通道以【相减】模式和【红】通道进行混合，如图 12-108 所示。

图 12-108

Step07 显示通道面板的效果。在【通道】面板中，【红】通道变暗，从而实现色彩的变化，如图 12-109 所示。

图 12-109

Step08 调整通道混合器。在【通道混合器】对话框中，❶设置【常数】为 3%，❷单击【确定】按钮，如图 12-110 所示。

图 12-110

Step09 调整通道明暗度。调整【常数】选项，直接调整【输出通道】中【红】通道的明暗度，但不与任何通道混合，如图 12-111 所示。

图 12-111

Step10 显示通道面板效果。通道面板的效果如图 12-112 所示。

图 12-112

【通道混合器】对话框的常用选项如图 12-113 所示。

图 12-113

相关选项作用如表 12-12 所示。

表 12-12 【通道混合器】设置面板各选项作用

选项	作用
❶ 预设	该选项下拉列表中包含 Photoshop 提供的预设调整设置文件
❷ 输出通道	可以选择要调整的通道
❸ 源通道	用于设置输出通道中源通道所占的百分比
❹ 总计	显示了通道的总计值。若通道混合后总值高于 100%，会在数值前显示一个警告符号 ⚠️，该符号表示混合后的图像可能损失细节

选项	作用
❺ 常数	用于调整输出通道的灰度值
❻ 单色	勾选该项，可以将彩色图像转换为黑白效果

续表

12.4.7 实战：使用反相命令制作发光的玻璃

实例门类	软件功能

使用【反相】命令可以将黑色变成白色，还能够把一张彩色图像的每一种颜色都反转成该颜色的互补色，还可以从扫描的黑白阴片中得到一个阳片。下面使用【反相】命令制作线条画效果，具体操作步骤如下。

Step01 打开素材。打开"素材文件\第12章\蜂蜜.jpg"文件，按【Ctrl+J】组合键复制图层，如图12-114所示。

图 12-114

Step02 执行反相命令。执行【图像】→【调整】→【反相】命令，或按【Ctrl+I】组合键，得到反相效果如图12-115所示。

图 12-115

Step03 新建图层。新建【图层2】图层，如图12-116所示。

图 12-116

Step04 创建选区。使用【椭圆选框工具】创建选区，如图12-117所示。

图 12-117

Step05 设置羽化半径。按【Shift+F6】组合键执行【羽化选区】命令，❶设置【羽化半径】为100像素，❷单击【确定】按钮，如图12-118所示。

图 12-118

Step06 设置前景色。设置【前景色】为黄色【#fff100】，如图12-119所示。

图 12-119

Step07 填充前景色并取消选区。按【Alt+Delete】组合键填充前景色，如图12-120所示，按【Ctrl+D】组合键取消选区。

图 12-120

Step08 复制图层。按【Ctrl+J】组合键复制图层，如图12-121所示。

图 12-121

Step09 显示效果。加深发光效果，如图12-122所示。

图 12-122

Step10 缩小图层。按【Ctrl+T】组合键执行【自由变换】操作，适当缩小图像，如图12-123所示。

图 12-123

Step⑪ 添加图层蒙版。为图层添加图层蒙版，如图 12-124 所示。

图 12-124

Step⑫ 用画笔修复边缘。用黑色【画笔工具】在下方涂抹，修复明显的边缘，如图 12-125 所示。

图 12-125

Step⑬ 设置光的位置。拖动对象到下方适当位置，最终效果如图 12-126 所示。

图 12-126

12.4.8 实战：使用色调分离命令制作艺术画效果

实例门类	软件功能

使用【色调分离】命令可以按照指定的色阶数减少图像的颜色（或灰度图像中的色调），从而简化图像内容。该命令适合创建大的单调区域，或者在彩色图像中将产生有趣的效果。具体操作步骤如下。

Step⑪ 打开素材。打开"素材文件 \ 第 12 章 \ 父子 .jpg"文件，按【Ctrl+J】组合键复制图层，如图 12-127 所示。

图 12-127

Step⑫ 设置高斯模糊效果。执行【滤镜】→【模糊】→【高斯模糊】命令，打开【高斯模糊】对话框，❶ 设置【半径】为 2 像素，❷ 单击【确定】按钮，如图 12-128 所示。

图 12-128

Step⑬ 显示效果。模糊效果如图 12-129 所示。

图 12-129

技术看板

执行【色调均化】命令前，对图像稍作模糊处理，得到的色块数量会变少，但色块面积会变大。

Step⑭ 设置色调均化效果。执行【图像】→【调整】→【色调分离】命令，打开【色调分离】对话框，❶ 设置【色阶】为 4 像素，❷ 单击【确定】按钮，如图 12-130 所示。

图 12-130

Step⑮ 显示效果。效果如图 12-131 所示。

图 12-131

技术看板

在【色调分离】对话框中，【色阶】选项用于设置图像产生色调的色调级。其设置的数值越大，图像产生的效果越接近原图像。

12.4.9 实战：使用色调均化命令制作花仙子场景

实例门类	软件功能

使用【色调均化】命令可以重新分布像素的亮度值，将最亮的值调整为白色，最暗的值调整为黑色，中间的值分布在整个灰度范围中，使它们更均匀地呈现所有范围的亮度级别（0~255）。该命令还可以增加那些颜色相近的像素间的对比度。图像中没有选区时，将不会弹出选项设置对话框，下面用【色调均化】命令制作花仙子场景，具体操作步骤如下。

Step 01 打开素材。打开"素材文件\第 12 章\花仙子.jpg"文件，按【Ctrl+J】组合键复制图层，如图 12-132 所示。

图 12-132

Step 02 创建选区。使用【套索工具】创建自由选区，如图 12-133 所示。

图 12-133

Step 03 设置羽化半径。按【Shift+F6】组合键羽化选区，设置【羽化半径】为 30 像素，效果如图 12-134 所示。

图 12-134

Step 04 反选选区。按【Ctrl+Shift+I】组合键反选选区，如图 12-135 所示。

图 12-135

Step 05 设置色调均化效果。执行【图像】→【调整】→【色调均化】命令，弹出【色调均化】对话框，❶ 选中【仅色调均化所选区域】单选按钮，❷ 单击【确定】按钮，如图 12-136 所示。

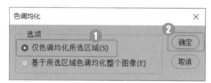

图 12-136

Step 06 显示效果。通过前面的操作，色调均化所选区域，如图 12-137 所示。

图 12-137

Step 07 绘制装饰图案。使用【画笔工具】绘制一些装饰图案，最终效果如图 12-138 所示。

图 12-138

12.4.10 实战：使用渐变映射命令制作怀旧色调

实例门类	软件功能

【渐变映射】命令的主要功能是将图像灰度范围映射到指定的渐变填充色。例如，指定双色渐变作为映射渐变，图像中暗调像素将映射到渐变填充的一个端点颜色，高光像素将映射到另一个端点颜色，中间调映射到两个端点之间的过渡颜色，具体的操作步骤如下。

Step 01 打开素材并复制图层。打开"素材文件\第 12 章\沙滩.jpg"文件，按【Ctrl+J】组合键复制图层，如图 12-139 所示。

图 12-139

Step 02 设置渐变映射效果。执行【图像】→【调整】→【渐变映射】命令，在打开的【渐变映射】对话框中，❶ 单击色条右侧的 按钮，❷ 在打开的下拉列表中，选择橙色渐变组中的【橙色08】渐变，❸ 单击【确定】按钮，如图12-140所示。

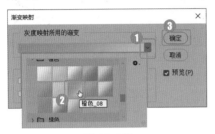

图 12-140

Step⓷ 显示效果。效果如图12-141所示。

图 12-141

Step⓸ 设置图层混合模式。在【图层】面板中，更改图层【混合模式】为【强光】，并降低图层不透明度，如图12-142所示。

图 12-142

技术看板

复制图层后，应用【渐变映射】命令，并将复制图层【混合模式】更改为【颜色】，可以避免【渐变映射】命令对图像造成的亮度改变。

创建【渐变映射】调整图层，并将调整图层【混合模式】更改为【颜色】，也可以防止原图像亮度发生改变。

Step⓹ 显示效果。效果如图12-143所示。

图 12-143

Step⓺ 新建图层。新建图层2，如图12-144所示。

图 12-144

Step⓻ 选择渐变。选择【渐变工具】，单击渐变色条，打开【渐变编辑器】对话框，选择黑色透明渐变，如图12-145所示。

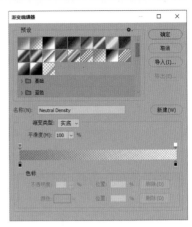

图 12-145

Step⓼ 绘制暗角效果。在选项栏设置【渐变方式】为径向渐变，拖动鼠标绘制渐变，制作暗角效果，如图12-146所示。

图 12-146

Step⓽ 盖印图层。按【Alt+Ctrl+Shift+E】组合键盖印可见图层，如图12-147所示。

图 12-147

Step⑩ 设置杂色效果。执行【滤镜】→【杂色】→【添加杂色】命令，在打开【添加杂色】对话框中，❶设置【数量】为 2.5%，❷选中【平均分布】单选按钮，勾选【单色】复选框，如图 12-148 所示。

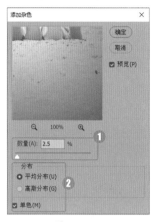

图 12-148

Step⑪ 显示效果。单击【确定】按钮，效果如图 12-149 所示。

图 12-149

Step⑫ 调整图层混合模式。更改图层【混合模式】为叠加，如图 12-150 所示。

图 12-150

Step⑬ 显示效果。效果如图 12-151 所示。

图 12-151

在【渐变映射】对话框中，各选项如图 12-152 所示。

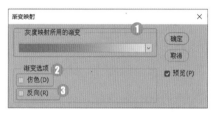

图 12-152

相关选项作用如表 12-13 所示。

表 12-13 【渐变映射】对话框各选项作用

选项	作用
❶ 调整渐变	单击渐变颜色条右侧的下拉按钮，在打开的下拉面板中选择一个预设渐变。如果要创建自定义渐变，则可单击渐变条，打开【渐变编辑器】面板进行设置
❷ 仿色	可以添加随机的杂色来平滑渐变填充的外观，减少带宽效应，使渐变效果更加平滑
❸ 反向	可以反转渐变填充的方向

12.4.11 实战：使用可选颜色命令调整单一色相

实例门类	软件功能

所有的印刷色都是由青、洋红、黄、黑四种油墨混合而成的。【可选颜色】命令通过调整印刷油墨的含量来控制颜色。该命令可以修改某一种颜色的油墨成分，而不影响其他主要颜色，如修改红色中的青色油墨含量，绿色中的青色油墨不受影响。具体操作步骤如下。

Step① 打开素材。打开"素材文件\第 12 章\花束 .jpg"文件，按【Ctrl+J】组合键复制图层，如图 12-153 所示。

图 12-153

Step② 调整可选颜色。执行【图像】→【调整】→【可选颜色】命令，打开【可选颜色】对话框，设置【颜色】为红色（100%，44%，-100%，0%），如图 12-154 所示。

图 12-154

相关选项作用如表 12-14 所示。

表 12-14 【可选颜色】对话框
各选项作用

选项	作用
颜色	用于设置图像中要改变的颜色，单击右侧下拉按钮，在下拉列表中选择要改变的颜色。然后通过下方的青色、洋红、黄色、黑色的滑块对选择的颜色进行调整，设置参数越小这种颜色就越淡，参数越大颜色就越浓
方法	用于设置调整方式。选中【相对】单选按钮，可按照总量百分比修改现有的颜色含量；选中【绝对】单选按钮，则采用绝对值调整颜色

Step03 显示效果。效果如图 12-155 所示。

图 12-155

Step04 调整颜色。设置【颜色】为中性色（55%，0%，−23%，0%），如图 12-156 所示。

图 12-156

Step05 显示效果。效果如图 12-157 所示。

图 12-157

12.4.12 HDR 色调命令

【HDR 色调】命令允许使用超出普通范围的颜色值，使图像色彩层次丰富，画面更加真实和炫丽。

执行【图像】→【调整】→【HDR 色调】命令，打开【HDR 色调】对话框。如图 12-158 所示。

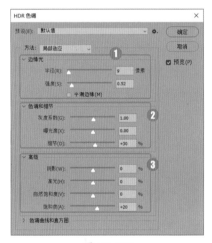

图 12-158

相关选项作用如表 12-15 所示。

表 12-15 【HDR 色调】选项框
各选项作用

选项	作用
❶ 边缘光	控制调整范围和调整的应用强度

续表

选项	作用
❷ 色调和细节	调整图像曝光度，阴影、高光中的细节。【灰度系数】可使用简单的函数调整图像灰度系数
❸ 高级	调整图像的饱和度

设置【方法】为局部适应，单击【确定】按钮，效果如图 12-159 所示。

图 12-159

12.4.13 实战：使用匹配颜色命令统一色调

实例门类	软件功能

使用【匹配颜色】命令可以匹配不同图像之间、多个图层之间以及多个颜色选区之间的颜色，还可以通过改变亮度和色彩范围来调整图像中的颜色，具体操作步骤如下。

Step01 打开素材。打开"素材文件\第 12 章\三女 .jpg"文件，如图 12-160 所示。

图 12-160

Step02 打开素材。打开"素材文件\

第 12 章 \ 单女.jpg"文件，如图 12-161 所示。

图 12-161

Step03 调整匹配颜色。执行【图像】→【调整】→【匹配颜色】命令，打开【匹配颜色】对话框，如图 12-162 所示。

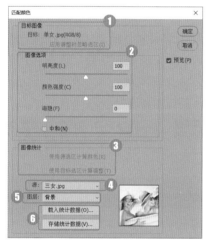

图 12-162

相关选项作用如表 12-16 所示。

表 12-16 【匹配颜色】选项框各选项作用

选项	作用
❶ 目标图像	【目标】中显示了被修改的图像的名称和颜色模式。如果当前图像中包含选区，勾选【应用调整时忽略选区】复选框，可忽略选区，将调整应用于整个图像；取消勾选，则仅影响选区中的图像

续表

选项	作用
❷ 图像选项	【明亮度】用于调整图像的亮度；【颜色强度】用于调整色彩的饱和度；【渐隐】用于控制应用于图像的调整量，该值越高，调整强度越弱；勾选【中和】复选框，可以消除图像中出现的色偏
❸ 图像统计	如果在源图像中创建了选区，勾选【使用源选区计算颜色】复选框，可用选区中的图像匹配当前图像的颜色；取消勾选，则会使用整幅图像进行匹配。如果在目标图像中创建了选区，勾选【使用目标选区计算调整】复选框，可使用选区内的图像来计算调整；取消勾选，则用整个图像中的颜色来计算调整
❹ 源	可选择要将颜色与目标图像中的颜色相匹配的源图像
❺ 图层	用于选择需要匹配颜色的图层，如果要将【匹配颜色】命令用于目标图像中的特定图层，应确保在执行【匹配颜色】命令时该图层处于当前选择状态
❻ 载入统计数据/存储统计数据	单击【存储统计数据】按钮，将当前的设置保存；单击【载入统计数据】按钮，可载入已存储的设置

Step04 选择源对象。在【源】选项下拉列表中选择【三女.jpg】选项，单击【确定】按钮，如图 12-163 所示。

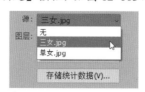

图 12-163

Step05 显示效果。通过前面的操作，【单女】图像的色彩风格被【三女】图像影响，效果如图 12-164 所示。

图 12-164

★重点 12.4.14 实战：使用替换颜色命令更改衣帽颜色

实例门类	软件功能

使用【替换颜色】命令可以选中图像中的特定颜色，然后修改其色相、饱和度和明度。该命令包含了颜色选择和颜色调整两种选项，分别与【色彩范围】【色相/饱和度】命令相似，具体操作步骤如下。

Step01 打开素材。打开"素材文件 \ 第 12 章 \ 女孩.jpg"文件，如图 12-165 所示。

图 12-165

Step02 调整替换颜色。执行【图像】→【调整】→【替换颜色】命令，弹出【替换颜色】对话框。用吸管工具在图像中单击需要替换的颜色，如图 12-166 所示。

图 12-166

Step03 选中部分图像。通过之前操作，选中部分图像，如图 12-167 所示。

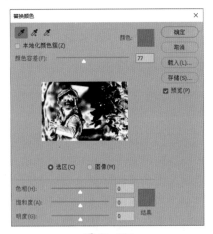

图 12-167

Step04 设置颜色容差。设置【颜色容差】为 200，如图 12-168 所示。

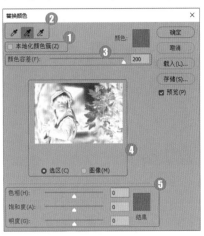

图 12-168

【替换颜色】对话框中相关选项作用如表 12-17 所示。

表 12-17 【替换颜色】对话框各选项作用

选项	作用
❶ 本地化颜色簇	如果要在图像中选择多种颜色，可以勾选此复选框，再用【吸管工具】进行颜色取样
❷ 吸管工具	用【吸管工具】在图像上单击，可以选中单击处的颜色；用【添加到取样】工具 🖋 在图像中单击，可以添加新的颜色；用【从取样中减去】工具 🖋 在图像中单击，可以减少颜色
❸ 颜色容差	控制颜色的选择精度。该值越高，选中的颜色范围越广
❹ 选区 / 图像	选中【选区】单选按钮，可在预览区中显示蒙版。选中【图像】单选按钮，则会显示图像内容，不显示选区。其中，黑色代表了未选择的区域，白色代表了选中的区域，灰色代表了被部分选择的区域
❺ 替换	拖动各个滑块即可调整选中的颜色的色相、饱和度和明度

Step05 设置替换内容。在下方替换栏中，设置【色相】为 -45、【饱和度】为 0、【明度】为 25，如图 12-169 所示。

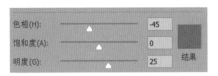

图 12-169

Step06 显示效果。通过前面的操作，更改人物衣帽颜色为紫色，如图 12-170 所示。

图 12-170

12.4.15 实战：使用阈值命令制作抽象画效果

实例门类	软件功能

使用【阈值】命令可以将灰度或彩色图像转换为高对比度的黑白图像。指定某个色阶作为阈值，所有比阈值色阶亮的像素转换为白色，反之转换为黑色，适合制作单色照片或模拟手绘效果的线稿，其具体操作步骤如下。

Step01 打开素材文件。打开"素材文件 \ 第 12 章 \ 砖墙 .jpg"文件，如图 12-171 所示。

图 12-171

Step02 置入模特素材。置入"素材文件 \ 第 12 章 \ 女模特 .jpg"文件，使用移动工具将其移动至适当的位置，按【Enter】键确认置入，如图 12-172 所示。

图 12-172

Step03 栅格化图像。选中【女模特】图层并右击，在弹出的快捷菜单中选择【栅格化图层】命令，如图 12-173 所示。

图 12-173

Step04 设置阈值参数。执行【图像】→【调整】→【阈值】命令，打开【阈值】对话框，❶设置【阈值色阶】为 105，❷单击【确定】按钮，如图 12-174 所示。

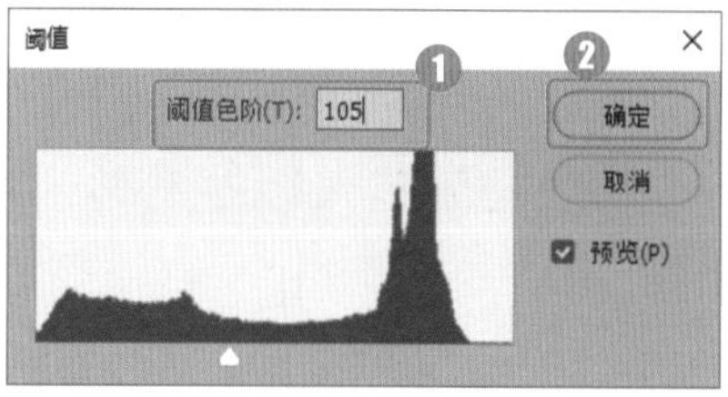

图 12-174

Step05 得到设置阈值后的图像效果。通过前面的操作，得到阈值效果，如图 12-175 所示。

图 12-175

Step06 置入渐变素材，为人物图像添加颜色。置入"素材文件\第12章\渐变.jpg"文件，放大图像并将其放置在人物图像的位置，如图 12-176 所示，按【Enter】键确认置入，更改图层【混合模式】为滤色。效果如图 12-177 所示。

图 12-176

图 12-177

Step07 编组图层，设置图层混合模式。选中【女模特】和【渐变】图层，按【Ctrl+G】组合键编组图层，

得到【组1】图层组，设置【组1】图层组【混合模式】为正片叠底，如图 12-178 所示。

图 12-178

Step08 添加文字素材。置入"素材文件\第12章\文字.jpg"文件，适当放大图像并将其放置在画面右边，如图 12-179 所示，按【Enter】键确认置入，更改图层【混合模式】为【颜色加深】。效果如图 12-180 所示。

图 12-179

图 12-180

Step09 添加蒙版，融合图像。选中【文字】图层，单击图层面板底部的【添加图层蒙版】按钮，为【文字】图层添加蒙版，使用黑色柔角画笔在文字背景处涂抹，使文字与图像融合，如图 12-181 所示。

第一篇　第2篇　第3篇　第4篇

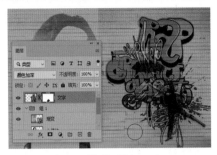

图 12-181

Step⑩ 完成涂鸦墙效果制作。最终图像效果如图 12-182 所示。

图 12-182

技术看板

在【阈值】对话框中，可对【阈值色阶】进行设置，设置后图像中所有的亮度值比它小的像素都将变成黑色，所有亮度值比它大的像素都将变成白色。

12.4.16 使用去色命令

使用【去色】命令可以将彩色图像转换为相同颜色模式下的灰度图像。该命令常用于制作黑白图像效果，打开图像，如图 12-183 所示。

图 12-183

执 行【图像】→【调整】→【去色】命令，或按【Ctrl+Shift+U】组合键即可，效果如图 12-184 所示。

图 12-184

12.4.17 使用颜色查找命令打造黄蓝色调

实例门类	软件功能

很多数字图像输入输出设备都有自己特定的色彩空间，这会导致色彩在这些设备间传递时出现不匹配的现象，使用【颜色查找】命令可以让颜色在不同的设备之间精确地传递和再现，具体操作步骤如下。

Step① 打开素材。打开"素材文件\第12章\雪景.jpg"文件，按【Ctrl+J】快捷键复制图层，如图 12-185 所示。

图 12-185

Step② 执行颜色查找命令。执行【图像】→【调整】→【颜色查找】命令，打开【颜色查找】对话框，单击【3DLUT 文件】下拉按钮，在打开的下拉列表中选择"Crisp_Warm.look"，如图 12-186 所示。

图 12-186

Step③ 显示效果。图像色调如图 12-187 所示。

图 12-187

Step④ 调整图层混合模式。更改图层【混合模式】为正片叠底，并降低图层不透明度，如图 12-188 所示。

图 12-188

Step⑤ 显示效果。图像最终效果如图 12-189 所示。

图 12-189

妙招技法

通过对前面知识的学习，相信读者已经掌握了 Photoshop 2020 图像和色调调整的基本操作。下面结合本章内容，介绍一些实用技巧。

技巧 01：一次调整多个通道

在调整图像时，可以同时调整多个通道。例如，执行【曲线】命令之前，先在【通道】面板中选择多个通道，如选择红、绿通道，如图 12-190 所示。

图 12-190

按【Ctrl+M】组合键打开【曲线】对话框。此时，对话框的【通道】选项中会显示目标通道，如"RG"代表红、绿通道，如图 12-191 所示。

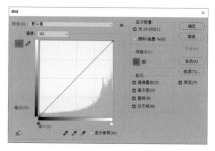

图 12-191

技巧 02：使用照片滤镜校正偏色

使用【照片滤镜】命令可以校正图像的偏色，具体操作步骤如下。

Step01 打开素材。打开"素材文件\第 12 章\塔 .jpg"文件，由于图像中海水和天空占据的比例较大，因此，整体色调偏蓝，如图 12-192 所示。

图 12-192

Step02 执行照片滤镜命令。执行【图像】→【调整】→【照片滤镜】命令，打开【照片滤镜】对话框，设置【滤镜】为加温滤镜（85），使用蓝色的补光滤镜——黄色滤镜来校正偏色，如图 12-193 所示。

图 12-193

Step03 校正图像偏色。通过前面的操作校正图像偏色，如图 12-194 所示。

图 12-194

技巧 03：在色阶对话框的阈值模式下调整照片的对比度

使用【色阶】调整图像时，滑块越靠近中间，对比度越强烈，也越容易丢失细节。如果能将滑块精确定位于直方图的起点和终点上，就可以在调整对比度的同时，保持细节不会丢失，具体操作步骤如下。

Step01 打开素材。打开"素材文件\第 12 章\动物 .jpg"文件，如图 12-195 所示。

图 12-195

Step02 调整色阶。按【Ctrl+L】组合键，执行【色阶】命令，打开【色阶】对话框，观察直方图，图像的阴影和高光都缺乏像素，说明图像整体偏灰，如图 12-196 所示。

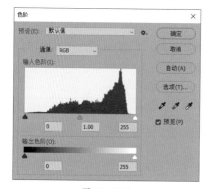

图 12-196

Step03 拖动阴影滑块。按住【Alt】

键向右拖动阴影滑块，如图 12-197 所示。

图 12-197

Step**04** 显示阈值模式。切换为阈值模式，出现一个高对比度预览图像，如图 12-198 所示。

图 12-198

Step**05** 拖动滑块。往回拖动滑块，当画面出现少量图像时放开滑块，如图 12-199 所示。

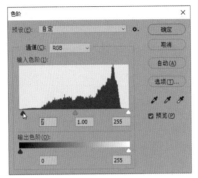

图 12-199

Step**06** 显示效果。图像效果如图 12-200 所示。

图 12-200

Step**07** 拖动高光滑块。使用相同的方法向左拖动高光滑块，如图 12-201 所示。

Step**08** 显示效果。图像效果如图 12-202 所示。

Step**09** 调整对比度。通过前面的操作，调整对比度，并最大限度保留图像细节，如图 12-203 所示。

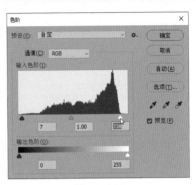

图 12-201

图 12-202

图 12-203

过关练习——打造日系小清新色调

　　日系小清新风格照片，主要以朴素淡雅的色彩和明亮的色调为主，给人一种舒服、低调，而又温暖、惬意的感觉，因此也广受大众喜爱。这种风格的照片的特点是亮度偏高，画面干净、清新；多使用冷色调，且蓝色青色为主，给人清爽、静谧的感觉；画面对比度低且光线感比较强，从而使画面呈现出柔和、明亮、有活力的特点。下面就用本章学习的色彩调整工具打造日系小清新色调的照片。

素材文件	素材文件\第 12 章\西瓜.jpg
结果文件	结果文件\第 12 章\日系小清新.psd

　　具体操作步骤如下。

Step**01** 打开素材文件。打开"素材文件\第 12 章\西瓜.jpg"文件，如图 12-204 所示。

Step**02** 新建曲线调整图层，调亮图像。单击图层面板底部的【创建新的填充或调整图层】按钮，新建

【曲线】调整图层，在属性面板中向上拖动曲线，调亮图像，再向上拖动左下角的控制点，提升图像的明度，营造一种朦胧的氛围；向左拖动右上角的控制点，提亮高光区域的图像，如图 12-205 所示。

图 12-204

图 12-205

Step**03** 创建色相/饱和度调整图层，改变背景颜色。单击图层面板底部的【创建新的填充或调整图层】按钮 ，创建【色相/饱和度】调整图层，在【属性】面板中选择绿色，设置参数（+45，-18，+30），如图 12-206 所示。

图 12-206

Step**04** 使用色相/饱和度图层调整绿叶颜色。在【属性】面板中选择黄色，设置参数（-6，-2，+15），如图 12-207 所示。

图 12-207

Step**05** 使用可选颜色调整图层，调整西瓜颜色。单击图层面板底部的【创建新的填充或调整图层】按钮 ，创建【可选颜色】调整图层，在【属性】面板中，设置【颜色】为红色，设置参数（+20，-5，-15，-4），如图 12-208 所示；设置【颜色】为黄色，设置参数（-10，-6，-25，0），如图 12-209 所示。

图 12-208

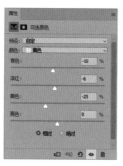

图 12-209

Step**06** 创建照片滤镜调整图层，统一图像色调。使用【可选颜色】调整图像后的效果如图 12-210 所示；单击图层面板底部的【创建新的填充或调整图层】按钮 ，创建【照片滤镜】调整图层，在【属性】面板中设置【滤镜】为冷却滤镜（LBB），其他参数保持不变，如图 12-211 所示。

图 12-210

图 12-211

Step**07** 完成效果制作。最终图像效果如图 12-212 所示。

图 12-212

本章小结

　　本章系统地讲解了图像色彩模式的原理及转换操作，以及各种颜色和色调的调整命令，如【亮度／对比度】【色阶】【曲线】【色相／饱和度】【色彩平衡】【通道混合器】【可选颜色】【匹配颜色】等命令的应用。色彩赋予万物生机，它在 Photoshop 2020 中是非常重要的，希望通过对本章的学习，大家能熟练应用各种色彩命令对图像进行色彩处理。

第13章　图像色彩的校正与高级处理技术

➡ 【信息】面板和【颜色取样器】的关系是什么？

➡ 色域和溢色分别代表什么？

➡ 【直方图】分析色调准确吗？

➡ 如何在计算机上模拟印刷色彩？

➡ Lab调色的优势是什么？

学习了色彩的基本调整方法后，接下来详细讲解色彩的高级应用。掌握色彩的高级应用知识对提高大家的色彩理解能力是非常重要的。

13.1　信息面板应用

信息面板可以根据用户当前操作进行智能提示。如果没有进行任何操作，就会显示鼠标指针下面的颜色值、文档状态，以及当前工具的使用提示等信息；创建选区或进行变换后，面板中就会显示与当前操作有关的各种信息。

13.1.1　信息面板基础操作

执行【窗口】→【信息】命令，打开【信息】面板，默认情况下，面板中显示以下选项。

1. 显示颜色信息

将鼠标指针放置在图像上，如图13-1所示。

图 13-1

【信息】面板中会显示鼠标指针的准确坐标及其下面的颜色值。如图13-2所示。

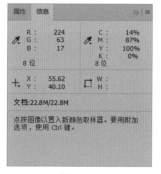

图 13-2

2. 显示选区大小

使用选框工具创建选区时，如拖动【椭圆选框工具】创建选区，如图13-3所示。

图 13-3

【信息】面板中会随着鼠标指针的移动而实时显示选框的宽度（W）和高度（H）。如图13-4所示。

图 13-4

3. 显示定界框的大小

使用【裁剪工具】裁剪图像时，会显示定界框的宽度（W）和高度（H），如图13-5所示。

图 13-5

如果旋转定界框，还会显示旋转角度。如图 13-6 所示。

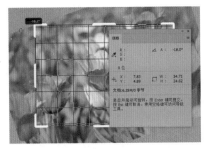

图 13-6

4. 显示开始位置、变化角度和距离

当移动选区，或者使用【直线工具】、【钢笔工具】、【渐变工具】时，【信息】面板会随着鼠标指针的移动显示开始的位置 X 和 Y 坐标，X 的变化（ΔX）、Y 的变化（ΔY）及角度（A）和距离（L）。例如，用【直线工具】绘制直线路径，如图 13-7 所示。

图 13-7

5. 显示变换参数

在执行变换操作时，如执行透视变换，在【信息】面板中，会显

示宽度（W）和高度（H）的百分比变化、旋转角度（A）及水平切线（H）或垂直切线（V）的角度，如图 13-8 所示。

图 13-8

6. 显示状态信息

显示文档的大小、文档的配置文件、文档尺寸、暂存盘大小、效率、计时及当前工具等。

7. 显示工具提示

如果启用了【显示工具提示】功能，就可以显示当前选择的工具的提示信息。

13.1.2 设置信息面板

在【信息】面板中，单击扩展按钮，在弹出的菜单中选择【面板选项】命令，如图 13-9 所示。

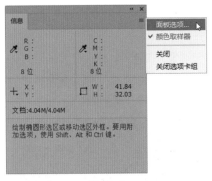

图 13-9

打开【信息面板选项】对话框，如图 13-10 所示。

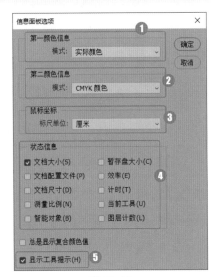

图 13-10

相关选项作用如表 13-1 所示。

表 13-1 【信息面板选项】对话框中各选项作用

选项	作用
❶ 第一颜色信息	在该选项下拉列表内可设置面板中第一个吸管显示的颜色信息。选择【实际颜色】选项，可显示图像当前颜色模式下的值；选择【校样颜色】选项，可显示图像的输出颜色空间的值；选择【灰度】【RGB】【CMYK】等颜色模式，可显示相应颜色模式下的颜色值；选择【油墨总量】选项，可显示指针当前位置所有 CMYK 油墨的总百分比；选择【不透明度】选项，可显示当前图层的不透明度，该选项不适用于背景
❷ 第二颜色信息	用于设置面板中第二个吸管显示的颜色信息
❸ 鼠标坐标	用于设置鼠标指针位置的标尺单位

续表

	选项	作用
④	状态信息	设置面板中【状态信息】处的显示内容
⑤	显示工具提示	勾选该复选框，可在面板底部显示当前使用的工具的各种提示信息

★重点 13.1.3 实战：使用颜色取样器工具吸取图像颜色值

实例门类	软件功能

【颜色取样器工具】  和【信息】面板是密不可分的。在处理图像时，可以精确了解颜色值的变化情况，具体操作步骤如下。

Step01 打开素材。打开"素材文件\第13章\雪糕.jpg"文件，使用【颜色取样器工具】在需要观察的位置单击，建立取样点，如图13-11所示。

图 13-11

Step02 取样颜色值。这时会弹出【信息】面板显示取样位置的颜色值，如图13-12所示。

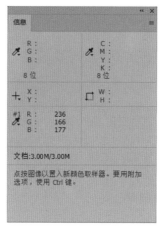

图 13-12

Step03 调整色相/饱和度。按【Ctrl+U】组合键，打开【色相/饱和度】对话框，如图13-13所示。

图 13-13

```
技能拓展——删除和移动
颜色取样点
```

按住【Alt】键单击颜色取样点，可将其删除；如果要在调整对话框处于打开状态时删除颜色取样点，可按住【Alt+Shift】组合键单击取样点；

一个图像中最多放置4个取样点。单击并拖动取样点，可以移动它的位置，【信息】面板中的颜色值也会随之改变。

Step04 查看颜色值。在开始调整时，面板中会出现两组数字，斜杠前面的是调整前的颜色值，斜杠后面的是调整后的颜色值，如图13-14所示。

图 13-14

选择【颜色取样器工具】后，选项栏的常用选项如图13-15所示。

取样大小: 3×3平均 | 清除全部
取样点
3×3平均
5×5平均
11×11平均
31×31平均
51×51平均
101×101平均

图 13-15

相关选项作用如表13-2所示。

表13-2 【颜色取样器工具】选项栏各选项作用

选项	作用
取样大小	【取样大小】下拉列表中，可选择取样点附近平均值的精确颜色。例如，选择【3*3平均】选项，则吸取取样点附近3个像素区域内的平均颜色
清除全部	如果要删除所有颜色取样点，可单击工具选项栏中的【清除全部】按钮

13.2 色域和溢色

数码相机、扫描仪、显示器、打印机及印刷设备等都有特定的色彩空间，了解它们之间的区别，对于平面设计、网页设计、印刷等工作有很大的帮助，下面我们将介绍与此相关的知识。

13.2.1 色域与溢色

色域是设备能产生出的色彩范围。自然界中可见光谱的颜色组成了最大的色域空间，包含了人眼能见的所有颜色。CIELab 国际照明协会根据人眼视觉特性，把光线波长转换为亮度和色相，创建了一套描述色域的色彩数据。

RGB 模式（屏幕模式）比 CMYK 模式（印刷模式）的色域范围广，所以当 RGB 图像转换为 CMYK 模式后，图像的颜色信息会有损失。这也是为什么在屏幕上看起来漂亮的色彩，无法用印刷还原出来，导致屏幕与印刷在色彩上产生差异。

显示器的色域 (RGB 模式) 要比打印机 (CMYK 模式) 的色域广，导致在显示器上看到或调出的颜色可能打印不出来，不能被打印机准确输出的颜色称为"溢色"。用【拾色器】或【颜色】面板设置颜色时，如果出现溢色，Photoshop 会给出一个警告 ⚠️，如图 13-16 所示。

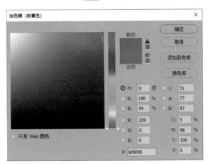

图 13-16

在警告下面有一个小颜色块，这是 Photoshop 提供的与当前颜色最为接近的打印颜色，单击该颜色块，就可以用它来替换溢色，如图 13-17 所示。

图 13-17

13.2.2 开启溢色警告

想要知道哪些图像内容出现了溢色，可开启溢色警告查看打开的图像，如图 13-18 所示。

图 13-18

执行【视图】→【色域警告】命令，画面中出现的灰色区域便是溢色区域，如图 13-19 所示。再次执行该命令，可以关闭警告。

图 13-19

13.2.3 在电脑屏幕上模拟印刷

当制作海报、杂志、宣传单等图像时，可以在电脑屏幕上模拟这些图像印刷后的效果。例如，打开一个文件，执行【视图】→【校样设置】→【工作中的 CMYK】命令，然后再执行【视图】→【校样颜色】命令，启动电子校样，Photoshop 就会模拟图像在商业印刷机上的效果。

【校样颜色】只是提供了一个 CMYK 模式预览，以便读者查看转换后 RGB 颜色信息的丢失情况，而并没有真正将图像转换为 CMYK 模式，如果要关闭电子校样，可再次执行【校样颜色】命令。

13.3 直方图面板

直方图在图像领域的应用非常广泛，有了直方图，就可以随时观察照片的曝光情况。多数中高档数码相机的 LCD（显示屏）上都可以显示直方图，在调数码照片的影调时，直方图也非常重要。

★重点 13.3.1 直方图面板知识

Photoshop 的直方图用图像表示了图像的每个亮度级别的像素数量，展现了像素在图像中的分布情况。观察直方图，可以判断出照片的阴影、中间调和高光中包含的细节是否正确，以便对其做出正确的调整。

执行【窗口】→【直方图】命令，可以打开【直方图】面板，在【扩展视图】模式下查看颜色值并设置参数，如图 13-20 所示。

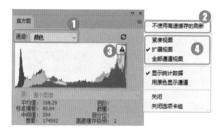

图 13-20

相关选项作用如表 13-3 所示。

表 13-3 【直方图】面板常用选项作用

选项	作用
❶ 通道	在下拉列表选择一个通道（包括颜色通道、Alpha 通道和专色通道）以后，面板中会显示该通道的直方图；选择【明度】，则可以显示复合通道的亮度或强度值；选择【颜色】，可显示颜色中单个颜色通道的复合直方图

续表

选项	作用
❷ 不使用高速缓存的刷新	执行此命令可以刷新直方图，显示当前状态下最新的统计结果
❸ 高速缓存数据警告	使用【直方图】面板时，Photoshop 会在内存中高速缓存直方图，也就是说，最新的直方图是被 Photoshop 存储在内存中的，而并非实时显示在【直方图】面板中。此时直方图的显示速度较快，但并不能即时显示统计结果，面板中会出现 ⚠ 图标。单击该图标，可以刷新直方图
❹ 面板的显示方式	【直方图】面板菜单包含切换面板显示方式的命令。【紧凑视图】是默认的显示方式，它显示的是不带统计数据或控件的直方图；【扩展视图】显示的是带统计数据和控件的直方图；【全部通道视图】显示的是带有统计数据和控件的直方图，同时还显示每一个通道的单个直方图（不包括 Alpha 通道、专色通道和蒙版）

13.3.2 直方图中的统计数据

在【直方图】面板中，单击右上角的扩展图标▤，选择【扩展视图】选项，可以查看统计数据，如图 13-21 所示。

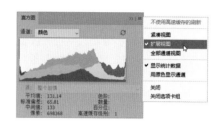

图 13-21

选择【全部通道视图】选项，还可以在面板中查看更多的统计数据，如图 13-22 所示。

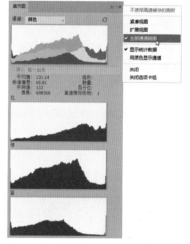

图 13-22

在直方图上单击并拖动鼠标，可以显示所选范围内的数据，如图 13-23 所示。

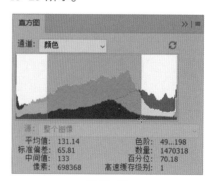

图 13-23

在【直方图】面板中，各统计数据作用如表 13-4 所示。

表 13-4 【直方图】设置面板中各统计数据作用

选项	作用
平均值	显示了像素的平均亮度值（0~255 之间的平均亮度）。通过观察该值，可以判断出图像的色调类型
标准偏差	显示了亮度值的变化范围，该值越高，说明图像亮度变化越剧烈

续表

选项	作用
中间值	显示了亮度值范围内的中间值，图像的色调越亮，它的中间值越高
像素	显示用于计算直方图的像素总数
色阶	显示了鼠标指针下面区域的亮度级别
数量	显示了相当于鼠标指针所指处亮度级别的像素总数

续表

选项	作用
百分位	显示了鼠标指针所指的级别或该级别以下的像素累计数。如果对全部色阶范围进行取样，该值为 100；对部分色阶取样时，显示的是取样部分占总量的百分比
高速缓存级别	显示了当前用于创建直方图的图像高速缓存的级别

13.4 通道调色

Photoshop 2020 中有 3 种类型的通道：颜色通道、Alpha 通道和专色通道。颜色通道记录了图像内容和颜色信息。通过编辑颜色信息改变图像的颜色，是一种高级调色技术。

13.4.1 调色命令与通道的关系

图像的颜色信息保存在通道中。如图 13-24 所示，打开一张图片并打开【通道】面板。

图 13-24

选择【红】通道，如图 13-25 所示，按【Ctrl+M】组合键打开【曲线】对话框，向上拖动曲线，提亮【红】通道，如图 13-26 所示。

图 13-25

图 13-26

选择【RGB】复合通道，查看图像效果，如图 13-27 所示，图像整体色调偏红。

由此可见，调整通道的明亮度可以影响图像的色调，同样，使用任何一个调色命令调整图像时，都

会通过通道来影响色彩。

图 13-27

13.4.2 实战：调整通道纠正图像偏色

实例门类	软件功能

在颜色通道中，灰色代表了一种颜色的含量，明亮的区域表示包含大量对应的颜色，暗的区域表示对应的颜色较少。如果要在图像中增加某种颜色，可以将相应的通道调亮；要减少某种颜色，则将相应的通道调暗。

【色阶】和【曲线】对话框中都有包含通道的选项，可以选择一个通道，调整它的明度，从而影响颜色。通过调整通道改变颜色的具体步骤如下。

Step01 打开素材。打开"素材文件\第 13 章\发丝 .jpg"文件，因为光照原因，图像有点偏黄，如图 13-28 所示。

图 13-28

Step02 调整曲线。按【Ctrl+M】组合键，打开【曲线】对话框，❶ 选择黄色的补色通道——【蓝】通道，❷ 向上方拖动曲线，增加蓝色，❸ 单击【确定】按钮，如图 13-29 所示。

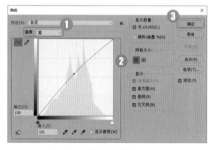

图 13-29

Step03 校正颜色。通过前面的操作，校正图像偏黄现象，如图 13-30 所示。

图 13-30

Step04 通道显示变化。【通道】面板中，【蓝】通道变亮，如图 13-31 所示。

图 13-31

13.4.3 观察色轮调整色彩

将一个颜色通道调亮以后，可以在图像中增加这种颜色的含量，调暗则减少这种颜色的含量。但是，这只是一方面，在颜色通道中，色彩是可以互相影响的。增加一种颜色含量的同时，会减少它的补色的含量；反之，减少一种颜色含量，就会增加它补色的含量。

补色就是两种颜色等量混合后呈黑灰色，那么这两种颜色互为补色。色轮的任何直径两端相对的颜色都互为补色，例如红色与绿色、黄色与蓝色等。如图 13-32 所示。

图 13-32

有了色轮，在调整颜色通道时，就可以了解相对颜色和它的补色产生怎样的影响。例如，将蓝色通道调亮，可增加蓝色，并减少它的补色黄色；将蓝色通道调暗，则减少蓝色，同时增加黄色。其他颜色通道也是如此。

13.5 Lab 调色

Lab 模式是色域最宽的颜色模式，它包含了 RGB 和 CMYK 模式的色域。Lab 模式有一个非常突出的特点，就是它可以将图像的色彩和图像内容分离到不同的通道中。许多高级技术都是通过将图像转换为 Lab 模式，再进行图像处理，以实现 RGB 图像调整所达不到的效果。

13.5.1 Lab 模式的通道

当图像为 RGB 模式时，【通道】面板如图 13-33 所示。

图 13-33

将图像由 RGB 模式的转换为 Lab 模式，图像看起来不会发生任何改变，但是通道却由 RGB 通道变为 Lab 的通道，如图 13-34 所示。

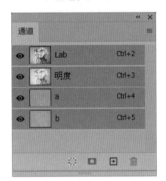

图 13-34

在 Lab 模式中，L（明度）代表了亮度分量，它的范围为 0~100，0 代表纯黑色，100 代表纯白色。颜色分量 a 代表了由绿色到红色的光谱变化，颜色分量 b 代表由蓝色到黄色的光谱变化，颜色分量 a 和 b 的取值范围均为 -128~127。

13.5.2 Lab 通道与色彩

打开图像，并执行【图像】→【模式】→【Lab 颜色】命令，将其转换为 Lab 颜色模式，如图 13-35 所示。将图像转换为 Lab 颜色模式

后，图像的色彩就被分离到【a】和【b】通道中。

图 13-35

如果将【a】通道调亮，就会增加洋红色，如图 13-36 所示。

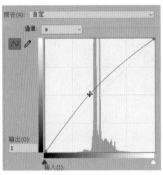

图 13-36

如果是一个黑白图像，如图 13-37 所示。

图 13-37

则【a】和【b】通道就会变为 50% 灰色，如图 13-38 所示。

图 13-38

调整【a】或【b】通道的亮度时，就会将图像转换为一种单色。例如，调整【a】通道，如图 13-39 所示。

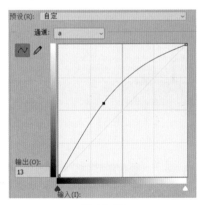

图 13-39

图像变为单色，如图 13-40 所示。

图 13-40

13.5.3 Lab 通道与色调

如果要调整图像的色调，就需要调整【明度】通道，因为 Lab 图像的细节都在明度通道中。

Lab 图像的色彩在【a】和【b】通道中，如果要调整颜色，就需要编辑这两个通道。

13.5.4 实战：用 Lab 调出特殊蓝色调

实例门类	软件功能

了解了 Lab 颜色模式的特点，下面通过调整 Lab 通道调出图像的特殊蓝色调，具体操作步骤如下。

Step 01 打开素材。打开"素材文件\第 13 章\小狗.jpg"文件，如图 13-41 所示。

图 13-41

Step 02 转换颜色模式。执行【图像】→【模式】→【Lab 颜色】命令，将图像转换为 Lab 模式，【通道】面板如图 13-42 所示。

图 13-42

Step 03 选择通道。在【通道】面板中，单击【a】通道，如图 13-43 所示。

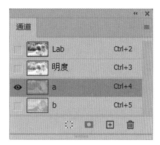

图 13-43

Step 04 全选并复制图像。按【Ctrl+A】组合键全选图像，按【Ctrl+C】组合键复制图像，如图 13-44 所示。

图 13-44

Step 05 选择通道。单击【b】通道，如图 13-45 所示。

图 13-45

Step 06 粘贴图像。按【Ctrl+V】组合键粘贴图像，如图 13-46 所示。

图 13-46

Step 07 选择通道。单击【Lab】复合通道，如图 13-47 所示。

图 13-47

Step 08 显示效果。按【Ctrl+D】组合键取消选区，效果如图 13-48 所示。

图 13-48

妙招技法

通过对前面知识的学习，相信读者已经掌握了色彩的校正与高级处理技术。下面结合本章内容，介绍一些实用技巧。

技巧 01：在拾色器中查看溢色

在拾色器中可以查看溢色范围，帮助用户更好地分辨哪些色彩能够在印刷中真实呈现，具体操作步骤如下。

Step 01 打开拾色器（前景色）对话框。打开 Photoshop 2020，打开【拾色器（前景色）】对话框，执行【视图】→【色域警告】命令，对话框中的溢色也会显示为灰色。如图 13-49 所示。

图 13-49

Step 02 观察颜色变化。上下拖动颜色滑块，可观察将 RGB 图像转换为 CMYK 后，哪个色系丢失的颜色最多，如图 13-50 所示。

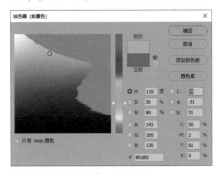

图 13-50

技巧 02：通过直方图判断影调和曝光

直方图是用于判断照片影调和曝光是否正常的重要工具，拍摄完照片以后，可以在相机上查看照片，通过观察它的直方图来分析曝光参数是否正确，再根据情况修改参数重新拍摄。而在 Photoshop 中处理照片时，则可以打开【直方图】面板，根据直方图形态和照片的实际情况，采用具有针对性的方法，调整照片的影调和曝光。

无论是在拍摄时使用相机中的直方图评价曝光，还是使用 Photoshop 后期调整照片的影调，首先要能够看懂直方图。在直方图中左侧代表了阴影区域，中间代表了中间调，右侧代表了高光区域，从阴影（黑色，色阶为 0）到高光（白色，色阶为 255）共有 256 级色调。

直方图中的山脉代表了图像的数据，山峰则代表了数据的分布方式，较高的山峰表示该区域所包含的像素较多，较低的山峰表示该区域所包含的像素较少。

1. 曝光准确的照片

曝光准确的照片色调均匀，明暗层次丰富，亮部分不会丢失细节，暗部分也不会漆黑一片，如图 13-51 所示。

图 13-51

直方图的山峰基本在中心，并且从左到右每个色阶都有像素分布，如图 13-52 所示。

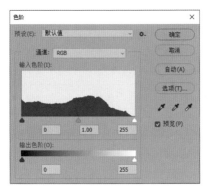

图 13-52

2. 曝光不足的照片

曝光不足的照片，画面色调非常暗，如图 13-53 所示。

图 13-53

在曝光不足照片的直方图中，山峰分布在直方图左侧，中间调和高光都缺少像素。如图 13-54 所示。

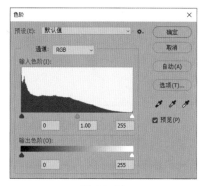

图 13-54

3. 曝光过度的照片

曝光过度的照片，画面色调校亮，失去了层次感，如图 13-55 所示。

图 13-55

在曝光过度照片的直方图中，山峰整体都向右偏移，阴影部分缺少像素。如图 13-56 所示。

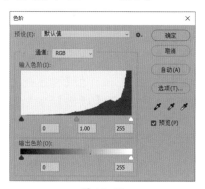

图 13-56

4. 反差过小的照片

反差过小的照片，照片灰蒙蒙的，如图 13-57 所示。

图 13-57

在反差过小照片的直方图中，两侧端点出现空缺，说明阴影和高光区域缺少必要的像素，图像中最暗的色调不是黑色，最亮的色调不是白色，该暗的地方没有暗下去，该亮的地方没有亮起来，所以照片灰蒙蒙的。如图 13-58 所示。

图 13-58

5. 暗部缺失的照片

暗部缺失的照片，如图 13-59 所示。

图 13-59

在暗部缺失照片的直方图中，一部分山峰紧贴直方图左端，就是全黑的部分。如图 13-60 所示。

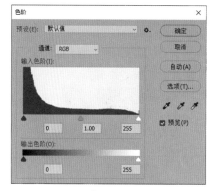

图 13-60

6. 高光溢出的照片

高光溢出的照片，高光部分完全变成了白色，没有任何层次。如图 13-61 所示。

图 13-61

在高光溢出照片的直方图中，一部分山峰紧贴直方图右端，它们就是全白的部分。如图 13-62 所示。

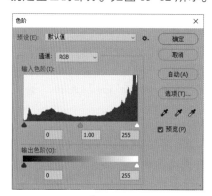

图 13-62

技巧 03：通过直方图分析图像的注意事项

打开图像，如图 13-63 所示。

图 13-63

调整图像时，通过【直方图】可以掌握图像的影调分布，如图 13-64 所示。

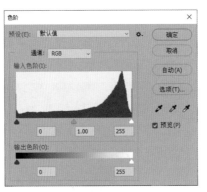

图 13-64

但是，【直方图】不能作为调整图像的唯一参考。用户应该根据客观常识，综合对图像进行调整。例如，拍摄夜景图像时，直方图山峰偏左就是正确的；拍摄雪景时，山峰偏右也是正确的。但要尽量避免暗部缺失和高光溢出的情况发生。

调整图像后，效果如图 13-65 所示。

图 13-65

如果直方图出现锯齿状空白，就说明调整图像时，图像受到损坏丢失了细节，造成平滑的色调产生断裂，如图 13-66 所示。

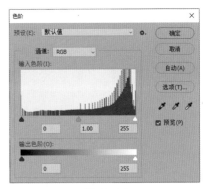

图 13-66

过关练习 —— 调出浪漫风格的照片

人们都喜欢浪漫，所以，浪漫风格的照片在影楼后期是非常受欢迎的，下面结合调色命令、画笔工具和模糊命令调出浪漫风格的照片。

素材文件	素材文件\第13章\侧面.jpg
结果文件	结果文件\第13章\侧面.psd

Step01 打开素材。打开"素材文件\第13章\侧面.jpg"文件，如图13-67所示。

Step02 新建可选颜色调整图层。在【调整】面板中，单击【创建新的可选颜色调整图层】按钮，如图13-68所示。

图 13-67

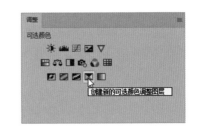

图 13-68

Step03 调整颜色值。在【可选颜色】面板中，❶设置【颜色】为黄色，❷设置颜色值（-39%、0%、-4%、-18%），如图13-69所示。

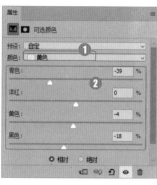

图 13-69

Step04 调整颜色值。❶ 在【可选颜色】面板中，设置【颜色】为绿色，❷ 设置颜色值（−100%、−23%、−100%、−64%），如图 13-70 所示。

图 13-70

Step05 调整色调。通过前面的调整，增加图像黄色调，如图 13-71 所示。

图 13-71

Step06 创建选区。按【Ctrl+Alt+2】组合键选中高光选区，按【Ctrl+Shift+I】组合键反向选中暗调区域，

如图 13-72 所示。

图 13-72

Step07 在曲线面板调整通道。创建【曲线】调整图层，调整【RGB】通道，如图 13-73 所示。

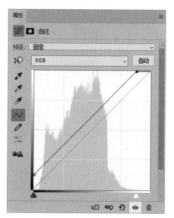

图 13-73

Step08 调整通道。调整【绿】通道，如图 13-74 所示。

图 13-74

Step09 调整通道。调整【蓝】通道，如图 13-75 所示。

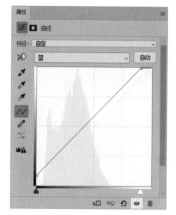

图 13-75

Step10 显示效果。通过前面的操作，调亮暗调区域，并增加淡蓝色，如图 13-76 所示。

图 13-76

Step11 复制图层创建剪贴蒙版。复制【曲线 1】调整图层，执行【图层】→【创建剪贴蒙版】命令，创建剪贴蒙版，如图 13-77 所示。

图 13-77

Step⑫ 显示效果。图像效果如图 13-78 所示。

图 13-78

Step⑬ 新建纯色图层。执行【图层】→ 【新建填充图层】→【纯色】命令，在弹出的【新建图层】对话框中，单击【确定】按钮，如图 13-79 所示。

图 13-79

Step⑭ 设置颜色。在弹出的【拾色器（纯色）】对话框中，设置颜色为橙色【#e6a754】，如图 13-80 所示。

图 13-80

Step⑮ 创建填充图层。通过前面的操作，即可创建橙色填充图层，如图 13-81 所示。

图 13-81

Step⑯ 调整图层的混合模式。设置【颜色填充 1】图层的【混合模式】为颜色，如图 13-82 所示。

图 13-82

Step⑰ 显示效果。效果如图 13-83 所示。

图 13-83

Step⑱ 修改图层蒙版。使用黑色【画笔工具】在下方涂抹，修改图层蒙版，如图 13-84 所示。

图 13-84

Step⑲ 设置画笔效果。设置【前景色】为黄色【#fff100】，新建【圆点】图层，选择【画笔工具】，选择一个柔边圆画笔，在【画笔】面板中，勾选【形状动态】【散布】和【颜色动态】复选框，如图 13-85 所示。

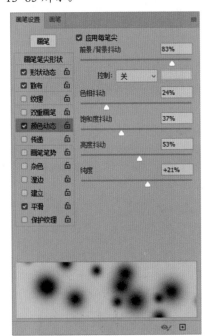

图 13-85

Step⑳ 绘制圆点。使用【画笔工具】在图像中拖动绘制圆点，如图 13-86 所示。

图 13-86

Step 21 显示效果。效果如图13-87所示。

图 13-87

Step 22 更改图层混合模式。更改图层的【混合模式】为滤色，如图13-88所示。

图 13-88

Step 23 显示效果。效果如图13-89所示。

图 13-89

Step 24 复制图层。复制背景图层，得到【背景拷贝】图层，拖动到面板最上方，如图13-90所示。

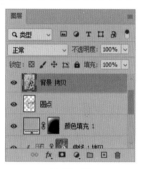

图 13-90

Step 25 显示效果。图像效果如图13-91所示。

图 13-91

Step 26 设置高斯模糊效果。执行【滤镜】→【模糊】→【高斯模糊】命令，打开【高斯模糊】对话框，

❶设置【半径】为100像素，❷单击【确定】按钮，如图13-92所示。

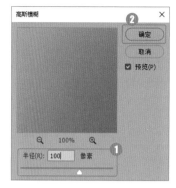

图 13-92

Step 27 显示效果。图像效果如图13-93所示。

图 13-93

Step 28 调整图层混合模式。更改【背景拷贝】图层的【混合模式】为柔光，如图13-94所示。

图 13-94

Step 29 显示效果。图像效果如图13-95所示。

图 13-95

Step30 在图层蒙版中涂抹。为图层添加图层蒙版，使用黑色【画笔工具】✎在背景涂抹，如图 13-96 所示。

图 13-96

Step31 显示效果。显示出背景，效果如图 13-97 所示。

图 13-97

Step32 选择图层。选择【圆点】图层，如图 13-98 所示。

图 13-98

Step33 设置高斯模糊效果。执行【滤镜】→【模糊】→【高斯模糊】命令，打开【高斯模糊】对话框，❶设置【半径】为 15 像素，❷单击【确定】按钮，如图 13-99 所示。

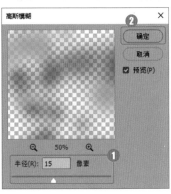

图 13-99

Step34 显示效果。通过前面的操作，得到圆点的模糊效果，完成最终效果的制作，如图 13-100 所示。

图 13-100

本章小结

　　本章主要介绍了图像色彩校正和高级处理技术，介绍了【信息】面板、【颜色取样器工具】✎、色域和溢色、【直方图】面板、通道调色技术、Lab 调色技术等。了解色域和溢色能帮助设计师减小设计稿与打印稿之间的色差。掌握通道调色技术和 Lab 调色技术，可以对色彩进行高级处理。

第3篇

高级功能篇

高级功能是Photoshop 2020图像处理的拓展技能，包括Camera Raw数码照片处理大师、滤镜特效、视频与动画制作、动作与批处理、3D图像处理、Web图像处理，以及图像文件的打印输出等知识。通过本篇内容的学习，读者可以掌握Photoshop 2020图像处理的综合技能。

第14章 数码照片处理大师 Camera Raw

➥ 什么是 Camera Raw？

➥ Raw 可以存储哪一类的照片？

➥ Raw 通过什么调整色调？

➥ Raw 如何与 Photoshop 进行连接？

➥ 在 Camera Raw 中能否使用滤镜？

Photoshop 2020 中的图像处理包括 Camera Raw 照片处理功能。本章讲解如何在 Photoshop 2020 中更高效地运用该功能。

14.1 Camera Raw 操作界面

Camera Raw 是 Photoshop 2020 的一个组件。它在处理照片时，不仅可以读取数码相机的原始数据，而且不会损坏照片的原始数据，可以最大限度地保留照片细节。

14.1.1 操作界面

Camera Raw 是专门处理数码照片的组件。它可以调整照片的颜色，包括白平衡、色调及饱和度，对图像进行锐化处理、减少杂色、纠正镜头问题及重新修饰。Camera Raw 的界面如图 14-1 所示。

图 14-1

相关选项作用如表 14-1 所示。

表 14-1 Camera Raw 操作界面中各选项作用

选项	作用
❶ 相机名称或文件格式	打开 RAW 格式文件时，窗口左上角可以显示相机的名称，打开其他格式的文件时，则显示文档格式
❷ 工具栏	显示 Camera Raw 中所有的工具
❸ 预览	可在窗口中实时显示对照片所做的调整
❹ 窗口缩放级别	可以从菜单中选取一个缩放设置，或单击加减按钮缩放窗口的视图比例
❺ 切换全屏模式	单击该按钮，可以将对话框切换为全屏模式
❻ 直方图	显示图像的直方图
❼ 图像调整选项卡	显示图像调整的所有选项卡
❽ Camera Raw 设置菜单	单击扩展按钮，可以打开 Camera Raw 设置菜单，访问菜单中的命令
❾ 调整滑块	通过调整滑块，可以对照片进行调整
❿ 显示工作流程选项	单击可以打开【工作流程选项】对话框。可以设置文件颜色深度、色彩空间和像素尺寸等

★重点 14.1.2　工具栏

Camera Raw 的工具栏中显示了各工具按钮，如图 14-2 所示。

图 14-2

在 Camera Raw 工具栏中，相关按钮作用如表 14-2 所示。

表 14-2 Camera Raw 工具栏中各工具按钮作用

选项	作用
缩放工具	单击可以放大窗口中的图像的显示比例，按住【Alt】键单击则缩小图像的显示比例。如果要恢复到 100% 显示，可以双击该工具
抓手工具	放大窗口后，可使用该工具在预览窗口中移动图像。此外，按【空格】键可以切换为该工具
白平衡工具	使用该工具在白色或灰色的图像内容上单击，可以校正照片的白平衡。双击该工具，可以将白平衡恢复为照片原来的状态
颜色取样器工具	使用该工具在图像中单击，可以建立颜色取样点，对话框顶部会显示取样像素的颜色值，以便于在调整时观察颜色的变化情况。一个图像最多可以放置 9 个取样点
目标调整工具	单击该工具，在打开的下拉列表中选择一个选项，包括【参数曲线】【色相】【饱和度】【明亮度】，然后在图像中单击并拖动鼠标即可应用调整
裁剪工具	可用于裁剪图像。如果要按照一定的长宽比裁剪照片，可在【裁剪工具】上右击，在打开的快捷菜单中选择一个比例尺寸

续表

选项	作用
拉直工具	可用于校正倾斜的照片。使用【拉直工具】在图像中单击并拖出一条水平基准线；释放鼠标后会显示裁剪框；可以拖动控制点，调整它的大小或将它旋转。角度调整完成后，按【回车】键确认
变换工具	绘制两条或更多参考线，以校正横线和竖线
污点去除	可使用另一区域中的样本修复图像中选中的区域
红眼去除	可以去除红眼。将鼠标指针放在红眼区域，单击并拖出一个选区，选中红眼；释放鼠标后 Camera Raw 会使选区大小适合瞳孔。拖动选框的边框，使其选中红眼，即可校正红眼
调整画笔 / 渐变滤镜	可以处理局部图像的曝光度、亮度、对比度、饱和度、清晰度等
径向滤镜	可以调整照片中特定区域的色温、色调、清晰度、曝光度和饱和度，突出照片中想要展示的主体
打开首选项对话框	单击该按钮，可打开【Camera Raw 首选项】对话框
旋转	可以逆时针或顺时针旋转照片

14.1.3 图像调整选项卡

图像调整选项卡是各个命令的集合，如图 14-2 所示。

图 14-2

图像调整选项卡相关选项作用如表 14-3 所示。

表 14-3 图像调整选项卡各选项作用

选项	作用
基本	可以调整白平衡、颜色饱和度和色调
色调曲线	可以用【参数】曲线和【点】曲线对色调进行微调
细节	可以对图像进行锐化处理，或者减少杂色
HSL/灰度	可以使用【色相】【饱和度】和【明亮度】调整对颜色进行微调
分离色调	可以为单色图像添加颜色，或为彩色图像创建特殊效果
镜头校正	可以补偿相机镜头造成的色差和晕影
效果	可以为照片添加颗粒和晕影效果
相机校准	可以校正阴影中色调及调整非中性色来补偿相机特性与该相机型号的 Camera Raw 配置文件之间的差异
预设	可将一组图像调整设置存储为预设并进行应用

14.2 打开和存储 RAW 格式照片

Camera Raw 不仅可以打开 RAW 格式图像，也可以打开并处理 JPEG 和 TIFF 格式的文件，但打开方法有所不同。图像处理完成后，也可以将 RAW 格式图像另存为 PSD、TIFF、JPEG 或 DNG 格式。

14.2.1 在 Photoshop 2020 中打开 RAW 格式照片

在 Photoshop 2020 中，执行【文件】→【打开】命令，弹出【打开】对话框，选择一张 RAW 格式照片，单击【打开】按钮，即可运行 Camera Raw 并将其打开。

14.2.2 在 Photoshop 2020 中打开多张 RAW 格式照片

在 Photoshop 2020 中，可以同时打开多张 RAW 格式照片并同时进行处理，具体操作步骤如下。

Step01 选择素材照片。打开 Photoshop 2020 软件，执行

【文件】→【打开】命令，选择需要打开的 RAW 格式照片，单击【打开】按钮，如图 14-3 所示。

图 14-3

Step 02 **显示界面。** 进入【Camera Raw】操作界面，打开的图像以连环缩览幻灯胶片视图形式排列在对话框左侧，如图 14-4 所示。

图 14-4

Step 03 **切换照片。** 单击目标照片缩览图，可以在照片中进行切换，如图 14-5 所示。

图 14-5

技术看板

单击对话框底部的 ◀ ▶ 按钮，可在选中的照片中切换。

Step 04 **同时调整多张照片。** 按住【Ctrl】键选中多张照片，设置参数，同时对选中的照片进行调整，如图 14-6 所示。

图 14-6

14.2.3　在 Bridge 中打开 RAW 格式照片

打开 Adobe Bridge，选择 RAW 格式照片，执行【文件】→【在 Camera Raw 中打开】命令，可以在 Camera Raw 中将其打开。

在 Adobe Bridge 中选择 RAW 格式照片，按键盘上的【Ctrl+R】组合键，可以快速将其在 Camera Raw 中打开。

14.2.4　在 Camera Raw 中打开其他格式照片

要使用 Camera Raw 处理普通的 JPEG 或 TIFF 格式照片，可在 Photoshop 中执行【文件】→【打开为】命令，弹出【打开】对话框，选择照片，然后在文件格式下拉列表中选择【Camera Raw】，单击【打开】按钮，如图 14-7 所示。

图 14-7

通过前面的操作，在 Camera Raw 中打开照片。Camera Raw 的标题栏会显示照片的格式，如图 14-8 所示。

图 14-8

在新版 Photoshop 2020 中，打开 JPEG 或 TIFF 格式照片后，执行【滤镜】→【Camera Raw 滤镜】命令，也可以打开【Camera Raw】操作界面。

14.2.5 使用其他格式存储 RAW 格式照片

在 Camera Raw 中完成对 RAW 格式照片的编辑以后，可单击对话框底部的按钮，选择一种方式存储照片或放弃修改结果，如图 14-9 所示。

图 14-9

14.3 在 Camera Raw 中调整颜色和色调

在 Camera Raw 中可以调整照片的白平衡、色调、饱和度，以及校正镜头缺陷等。使用 Camera Raw 调整 RAW 格式照片时，将保留图像原来的相机原始数据，调整内容存储在 Camera Raw 数据库中，作为元数据嵌入图像文件中。

★重点 14.3.1 实战：白平衡纠正偏色

实例门类	软件功能

在使用 JPEG 格式拍摄时，需要注意白平衡设置是否正确，如果后期调整白平衡，会对照片的质量造成损失。而采用 RAW 格式拍摄时，就不必担心白平衡的问题，使用【白平衡】工具 指定应该为白色或灰色的区域时，Camera Raw 可以确定拍摄场景的光线颜色，然后自动调整场景光照。调整白平衡具体步骤如下。

关于照片存储方式的相关选项作用如表 14-4 所示。

表 14-4　关于照片存储方式的相关选项作用

选项	作用
取消	单击该按钮，可放弃所有调整并关闭【Camera Raw】对话框
完成	单击该按钮，可以将调整应用到 RAW 格式图像上，并更新其在 Bridge 中缩览图
打开图像	将调整应用到 RAW 格式图像上，然后在 Photoshop 中打开图像
存储图像	如果要将 RAW 格式照片存储为 PSD、TIFF、JPEG 或 DNG 格式，可单击该按钮，打开【存储选项】对话框，设置文件名称和存储位置，在【文件扩展名】列表中选择保存格式

技能拓展——RAW 格式的优势

RAW 格式与其他格式的区别在于，将照片存储为其他格式时，数码相机会调节图像的颜色、清晰度、色阶和分辨率，然后进行压缩。而使用 RAW 格式则可以直接记录感光元件上获取的信息。因此，RAW 拥有其他图像无可比拟的大量拍摄信息。

Step01 查看素材。观察"素材文件\第 14 章\纯真 .jpg"文件，照片有点偏蓝，如图 14-10 所示。

图 14-10

Step02 打开素材。执行【文件】→【打开为】命令，打开【打开】对话框，选择文件，如图 14-11 所示。

图 14-11

Step03 调整光照。在【Camera Raw】界面中打开文件，选择【白平衡工具】 ，在图像中性色（黑白灰）区域单击，Camera Raw 会自动分析光线，调整光照，如图 14-12 所示。

图 14-12

Step04 设置参数。设置【高光】为 -27，【阴影】为 16，如图 14-13 所示。

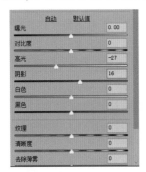

图 14-13

Step05 显示效果。图像效果如图 14-14 所示。

图 14-14

Step06 指定存储位置。单击 Camera Raw 左下角的【存储图像】按钮，在打开的【存储选项】对话框中，设置【目标】为在新位置存储，如图 14-15 所示。

图 14-15

Step07 选择目标文件夹。在弹出的【选择目标文件夹】对话框中，选择目标文件夹，单击【选择】按钮，如图 14-16 所示。

图 14-16

Step08 设置文件扩展名。返回【存储选项】对话框，❶ 设置【文件扩展名】为 .dng，❷ 单击【存储】按钮，如图 14-17 所示。

图 14-17

Step09 查看文件。打开存储目标文件夹，可以看到存储的文件，如图 14-18 所示。

图 14-18

🔧 技术看板

使用 Camera Raw 对照片进行调整后，建议最好将其保存为 DNG 格式，这样 Photoshop 就会存储所有调整参数，以后任何时候打开文件，都可以重新修改参数，或者将照片还原到修改前的原始状态。

在 Camera Raw 中，白平衡调整的各选项作用如表 14-5 所示。

表 14-5 白平衡调整各选项作用

选项	作用
白平衡列表	默认情况下，该选项显示的是相机拍摄此照片时所使用原始平衡设置（原照设置），可以在下拉列表中选择其他的预设（日光、阴天、白炽灯等）
色温	可以将白平衡设置为自定的色温。如果拍摄照片时的光线色温较低，可通过降低【色温】来校正照片，Camera Raw 可以使图像颜色变得更蓝以补偿周围光线的低色温。相反，如果拍摄照片的光线色温较高，则提高【色温】可以校正照片，图像颜色会变得更暖（发黄）以补偿周围光线的高色温（发蓝）
色调	可通过设置白平衡来补偿绿色或洋红色色调。减少【色调】可在图像中添加绿色；增加【色调】则在图像中添加洋红色
曝光	调整图像的整体亮度，对高光部分的影响较大。减少【曝光】会使图像变暗，增加则使图像变亮。该值的每个增量等同于光圈大小
恢复	尝试从高光中恢复细节。Camera Raw 可以将一个或两个颜色通道修剪为白色的区域中重建某些细节
填充亮光	从阴影中恢复细节，但不会使黑色变亮
黑色	指定哪些输入色阶将在最终图像中映射为黑色。增加【黑色】可以扩展映射为黑色的区域，使图像的对比度看起来更高。它主要影响阴影区域，对中间调和高光中影响较小

续表

选项	作用
亮度	调整图像的亮度或暗度，它与【曝光度】属性非常类似。但是，向右移动滑块时，可以压缩高光并扩展阴影，而不是修剪图像中的高光或阴影
对比度	可以增加或减少图像对比度，主要影响中间色调。增加对比度时，中到暗图像区域会变得更暗，中到亮图像区域会变得更亮

★重点 14.3.2　调整图像清晰度和饱和度

在 Camera Raw 中可以调整照片的清晰度和饱和度，具体操作步骤如下。

Step01 打开素材。在 Camera Raw 中打开"素材文件 \ 第 14 章 \ 玩具车 .jpg"文件，如图 14-19 所示。

图 14-19

Step02 设置。设置【清晰度】为 20，【自然饱和度】为 25，效果如图 14-20 所示。

图 14-20

在 Camera Raw 中，清晰度和饱和度的作用分别如表 14-6 所示。

表 14-6　清晰度和饱和度相关选项作用

选项	作用
清晰度	可以调整图像的清晰度
自然饱和度	可以调整饱和度，并在颜色接近最大饱和度时减少溢色。该设置更改所有低饱和度颜色的饱和度，对高饱和度颜色的影响较小，类似于 Photoshop 的【自然饱和度】命令
饱和度	可以均匀地调整所有颜色的饱和度，调整范围从 -100（单色）到 +100（饱和度加倍）。该命令类似于 Photoshop【色相 / 饱和度】命令中的饱和度功能

14.3.3　实战：通过色调曲线调整对比度

实例门类	软件功能

通过色调曲线可以调整图像的对比度，其操作步骤如下。

Step01 打开素材。在 Camera Raw 中打开"素材文件 \ 第 14 章 \ 隐身人 .jpg"文件，如图 14-21 所示。

图 14-21

Step02 调整色调曲线。单击【色调曲线】按钮，显示色调曲线选项卡，拖动【高光】【高调】【暗调】或【阴影】滑块来针对这几个色调进行微调，如图 14-22 所示。

图 14-22

14.3.4　实战：通过锐化调整图像清晰度

实例门类	软件功能

Camera Raw 的锐化只应用于图像的亮度，而不会影响色彩，锐化调整图像清晰度的具体操作步骤如下。

Step01 打开素材。在 Camera Raw 中打开"素材文件 \ 第 14 章 \ 艺术发型 .jpg"文件，如图 14-23 所示。

图 14-23

Step02 设置参数。单击【细节】按钮，显示细节选项卡，进行参数设置，如图 14-24 所示。

图 14-24

在 Camera Raw 中，锐化调整的相关选项作用如表 14-7 所示。

表 14-7 锐化调整相关选项作用

选项	作用
数量	调整边缘的清晰度。该值为 0 时关闭锐化
半径	调整应用锐化的细节的大小。该值过大会导致图像内容不自然
细节	调整锐化影响的边缘区域的范围，它决定了图像细节的显示程度。较低的值将主要锐化边缘，以消除模糊。较高的值则可以使图像中的纹理更清晰
蒙版	Camera Raw 是通过强调图像边缘的细节来实现锐化效果的。将【蒙版】设置为 0 时，图像中的所有部分均接受等量的锐化；设置为 100 时，可将锐化限制在饱和度最高的边缘附近，避免非边缘区域锐化

14.3.5 调整图像的色彩

Camera Raw 提供了一种与 Photoshop【色相/饱和度】命令非常相似的调整功能，使用户可以调整各种颜色的色相、饱和度和明度。在 Camera Raw 中，单击【HSL/调整】按钮，其各项参数如图 14-25 所示。

图 14-25

相关选项作用如表 14-8 所示。

表 14-8【HSL/调整】选项卡中各选项作用

选项	作用
色相	可以改变颜色。需要改变哪种颜色就拖动相应的滑块，滑块向哪个方向拖动就会得到哪种颜色
饱和度	可调整各种颜色的鲜明度或颜色纯度
明亮度	可以调整各种颜色的亮度

14.3.6 实战：为黑白照片上色

实例门类	软件功能

在 Camera Raw 中，【分离色调】选项卡中的选项可以为黑白照片或灰度图像着色。既可以为整个图像添加同一种颜色，也可以对高光和阴影应用不同的颜色，从而创建分离色调效果。其操作步骤如下。

Step(01) 打开素材。在 Camera Raw 中打开"素材文件\第 14 章\黑白.jpg"文件，如图 14-26 所示。

图 14-26

Step(02) 设置参数。单击【分离色调】按钮，显示【分离色调】选项卡，进行参数设置，效果如图 14-27 所示。

图 14-27

技术看板

在【饱和度】为 0% 的情况下，调整【色相】参数时是看不出效果的。可以按住【Alt】键拖动【色相】滑块，此时显示的是饱和度为 100% 的彩色图像，确定【色相】参数后，释放【Alt】键，再对【饱和度】进行调整。

14.3.7 镜头校正缺陷

在【镜头校正】选项卡中，调整各选项参数，可以校正镜头缺陷，调整照片的色差、扭曲度和晕影，它包括两个选项卡：【配置文件】和【手动】，如图 14-28 所示。

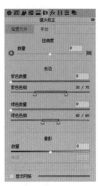

图 14-28

1. 配置文件选项卡

在【配置文件】选项卡中，勾选【启用镜头配置文件校正】复选框，可以选择相机、镜头型号，Camera Raw 会自动启用相应的镜头配置文件校正图像。

2. 手动选项卡

【手动】选项卡中包括许多参数，它们都可以用于修复图像，下面分别进行介绍。相关选项作用如表 14-9 所示。

表 14-9【手动】选项卡中各选项作用

选项	作用
自动模式	自动模式可应用一组平衡透视校正，水平应用水平校正，纵向应用水平和纵向透视校正；完全应用水平、纵向和横向透视校正
【变换】栏	【扭曲度】选项可以校正桶形失真和枕形失真；【去边】选项可以去除彩色边缘
【镜头晕彩】栏	主要用于校正暗角。【数量】为正数时图像边角变亮，为负数时边角变暗。【中点】可以调整晕彩的校正范围；向左拖动滑块时，使变亮区域向画面中心扩展，向右拖动滑块时，收缩变亮区域

★重点 14.3.8 实战：为图像添加特效

实例门类	软件功能

在 Camera Raw 中，可通过【效果】选项卡为照片添加特效，下面就来制作 Lomo 特效效果，具体操作步骤如下。

Step01 打开素材。在 Camera Raw 中打开"素材文件\第 14 章\黄昏.jpg"文件，如图 14-29 所示。

图 14-29

Step02 调整效果参数。单击【效果】按钮 *fx*，显示【效果】选项卡，在【裁剪后晕影】栏中，设置【数量】为 -60、【中点】为 30、【圆度】为 100、【羽化】为 60，如图 14-30 所示。

图 14-30

【效果】选项卡中各选项作用如表 14-10 所示。

表 14-10 效果选项卡各选项作用

选项	作用
【颗粒】栏	在图像中添加颗粒。【数量】选项控制颗粒数量；【大小】选项控制颗粒大小；【粗糙度】控制颗粒的匀称性
【裁剪后晕影】栏	为裁剪后的图像添加晕影效果

14.3.9 预设选项卡

编辑完图像后，单击【预设】选项卡中的【新建预设】按钮 □，可以保存当前调整参数，将当前调整参数设置为默认参数，如图 14-31 所示。

图 14-31

再启用 Camera Raw 编辑其他照片时，选择存储的预设，即可将它应用于其他照片，如图 14-32 所示。

图 14-32

14.3.10 快照选项卡

单击【快照】选项卡中的【新建快照】按钮 □，如图 14-33 所示。

图 14-33

弹出【新建快照】对话框，在对话框中，设置快照名称，将图像的当前调整效果创建为快照，如图 14-34 所示。

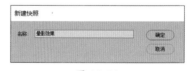

图 14-34

就像 Photoshop 2020 的【历史记录】功能，在后面的调整过程中，随时可以单击快照来恢复状态，如图 14-35 所示。单击删除快照按钮 □，可以删除快照。

图 14-35

技能拓展——删除预设和快照

在【预设】选项卡中，单击按钮，可以删除保存的预设。

在【快照】选项卡中，单击按钮，可以删除保存的快照。

14.4 在 Camera Raw 中修饰照片

Camera Raw 提供了基本的照片修饰功能，可以对照片进行专业的修改处理。下面将详细介绍在 Camera Raw 中，如何修饰照片。

14.4.1 实战：使用目标调整工具制作黑白背景效果

实例门类	软件功能

【目标调整工具】可以直接调整图像色调，下面介绍制作黑白背景效果，具体操作步骤如下。

Step01 打开素材。在 Camera Raw 中打开"素材文件\第 14 章\背影 .jpg"文件，在【目标调整工具】的下拉菜单中，选择【饱和度】选项，如图 14-36 所示。

图 14-36

Step02 降低饱和度。单击背景并向左拖动鼠标，降低单击点（背景蓝色）的饱和度，如图 14-37 所示。

图 14-37

Step03 降低饱和度。使用相同的方法降低其他背景色的饱和度，如图 14-38 所示。

图 14-38

Step04 显示效果。最终效果如图 14-39 所示。

图 14-39

14.4.2 实战：使用裁剪工具调整图像构图

实例门类	软件功能

【裁剪工具】和 Photoshop 2020 中【裁剪工具】的使用方法基本相同，使用【裁剪工具】调整图像构图的具体步骤如下。

Step01 打开素材。打开"素材文件\第 14 章\母子 .jpg"文件，在工具栏中，选择【裁剪工具】，在工具下拉菜单中，选择一种裁剪方式，如选择【正常】选项，如图 14-40 所示。

图 14-40

Step02 创建裁剪框。拖动鼠标创建裁剪框，如图 14-41 所示。

图 14-41

Step 03 调整裁剪框大小。拖动裁剪框可以调整大小和旋转角度，如图 14-42 所示。

图 14-42

Step 04 确认裁剪。按【Enter】键确认裁剪，如图 14-43 所示。

图 14-43

★重点 14.4.3 实战：使用拉直工具校正倾斜的照片

实例门类	软件功能

使用【拉直工具】可以校正倾斜的照片，具体操作步骤如下。

Step 01 打开素材。打开"素材文件\第 14 章\田野 .jpg"文件，在工具栏中选择【拉直工具】，如图 14-44 所示。

图 14-44

Step 02 创建水平线。在图像中单击并拖出一条水平基准线，如图 14-45 所示。

图 14-45

Step 03 创建裁剪框。释放鼠标后，Camera Raw 会根据用户创建的水平基准线，自动创建裁剪框，如图 14-46 所示。

图 14-46

Step 04 确认变换。用户可以调整裁剪框的大小和角度，按【Enter】键确认变换，如图 14-47 所示。

图 14-47

14.4.4 实战：使用污点去除功能修复污点

实例门类	软件功能

【污点去除】可以修复图像，常用于修复污点，具体操作步骤如下。

Step 01 打开素材。打开"素材文件\第 14 章\污点 .jpg"文件，在工具栏中选择【污点去除】工具，如图 14-48 所示。

图 14-48

Step 02 设置工具内容。在右侧的【污点去除】面板中，设置【类型】为修复、【大小】为 18、【不透明度】为 100，如图 14-49 所示。

图 14-49

Step 03 修复污点。在污点上单击，Camera Raw 会自动在污点附近选择图像来修复污点，如图 14-50 所示。

图 14-50

Step04 调整选框大小和位置。拖动鼠标可以调整选框的大小和位置，如图 14-51 所示。

图 14-51

14.4.5 实战：使用红眼去除功能修复红眼

实例门类	软件功能

使用【红眼去除】，可以去除人物红眼，具体操作步骤如下。

Step01 打开素材。打开"素材文件\第 14 章\红眼.jpg"文件，在工具栏中选择【红眼去除】工具，如图 14-52 所示。

图 14-52

Step02 拖动鼠标。在红眼上拖动鼠标，如图 14-53 所示。

图 14-53

Step03 修正红眼。释放鼠标后，Camera Raw 会自动分析并修正红眼，用户可以调整瞳孔选框的大小，如图 14-54 所示。

图 14-54

Step04 修正红眼。使用相同的方法修正另一只红眼，效果如图 14-55 所示。

图 14-55

★重点 14.4.6 实战：使用调整画笔修改局部曝光

实例门类	软件功能

【调整画笔】的使用方法是先在图像上绘制需要调整的区域，

通过蒙版将这些区域覆盖，然后隐藏蒙版，再调整所选区域的色调、色彩饱和度和锐化，具体操作步骤如下。

Step01 打开素材。打开"素材文件\第 14 章\红衣.jpg"文件，在工具栏中选择【调整画笔】工具，如图 14-56 所示。

图 14-56

Step02 勾选蒙版复选框。在下方勾选【蒙版】复选框，如图 14-57 所示。

图 14-57

Step03 观察鼠标指针的状态。将鼠标指针放在画面中，观察鼠标指针的状态。十字线代表了画笔中心，实圆代表了画笔的大小，虚圆代表了羽化范围，如图 14-58 所示。

图 14-58

Step04 绘制调整区域。在人物位置涂抹绘制调整区域，涂抹区域覆盖了一层淡淡的灰色，在单击处显示一个图钉图标 🔍，如图 14-59 所示。

图 14-59

Step05 设置参数。取消勾选【显示蒙版】复选框，调整【饱和度】为 95，即可将调整画笔工具涂抹的区域调亮，其他图像没有受到影响，如图 14-60 所示。

图 14-60

Step06 显示效果。图像效果如图 14-61 所示。

图 14-61

在 Camera Raw 中，【调整画笔】选项卡中各选项含义如表 14-11 所示。

表 14-11【调整画笔】选项卡中各选项作用

选项	作用
新建	选择【调整画笔】工具以后，该选项为选中状态，此时在图像中涂抹可以绘制蒙版
添加	绘制一个蒙版区域后，选中该单选按钮，可在其他区域添加新的蒙版
清除	要删除部分蒙版或者撤销部分调整，可以选中该单选按钮，并在原蒙版区域上涂抹。创建多个调整区域以后，如果要删除其中的一个调整区域，则可单击该区域的图钉图标 🔍，然后按【Delete】键
清除全部	单击该按钮可删除所有调整和蒙版
大小	用于指定画笔笔尖的直径（以像素为单位）
羽化	用于控制画笔描边的硬度。羽化值越高，画笔的边缘越柔和
流动	用于控制应用调整的速率
浓度	用于控制描边中的透明程度
显示笔尖	显示图钉图标 🔍
曝光	设置整体图像亮度，对亮光部分的影响较大

续表

选项	作用
亮度	调整图像亮度，对中间调的影响更大
对比度	调整图像对比度，对中间调的影响更大
饱和度	调整颜色鲜明度或颜色纯度
清晰度	拖动增加局部对比度来增加图像深度
锐化程度	可增强边缘清晰度以显示细节
颜色	可在选中的区域中叠加颜色。单击右侧的颜色块，可以修改颜色

14.4.7 实战：使用渐变滤镜制作渐变色调效果

实例门类	软件功能

【渐变滤镜】可以为图像添加渐变色调，具体操作步骤如下。

Step01 打开素材。打开"素材文件\第 14 章\人物.jpg"文件，在工具栏中选择【渐变滤镜】工具 ，如图 14-62 所示。

图 14-62

Step02 创建渐变。从图像左下角向右上角绘制渐变，如图 14-63 所示。

图 14-63

Step 03 更改渐变色调。单击右侧参数设置框中的颜色按钮,在打开的【拾色器】中设置【颜色】为红色,如图 14-64 所示。

图 14-64

Step 04 显示效果。单击【确定】按钮,返回文档中,创建的渐变色调效果如图 14-65 所示。

图 14-65

Step 05 创建渐变。从右上角向左下角拖动鼠标创建新的渐变,如图 14-66 所示。

图 14-66

Step 06 修改渐变色调。单击右侧参数设置框中的颜色按钮,在打开的【拾色器】中设置【颜色】为黄色,如图 14-67 所示。

图 14-67

Step 07 细微调整效果。单击【确定】按钮,返回文档中,细微调整渐变效果,完成渐变色调效果制作,如图 14-68 所示。

图 14-68

14.4.8 实战:使用径向滤镜调整图像色调

实例门类	软件功能

【径向滤镜】 ⭕ 可以调整图像特定区域的色温、色调、曝光、锐化等,具体操作步骤如下。

Step 01 打开素材。打开"素材文件\第 14 章\龙猫 .nef"文件,在工具栏中选择【径向滤镜】工具 ⭕,如图 14-69 所示。

图 14-69

Step 02 创建椭圆框。设置【效果】为内部,在图像中拖出一个红白相间的椭圆框,Camera Raw 会控制用户的调整范围,如图 14-70 所示。

图 14-70

Step 03 设置参数。在右侧界面设置基本参数,校正图像曝光,如图 14-71 所示。

图 14-71

Step04 显示效果。图像效果如图 14-72 所示。

图 14-72

Step05 调整图像色调。单击【颜色】右侧的色块，在打开的【拾色器】中吸取黄色，如图 14-73 所示。

图 14-73

Step06 显示效果。通过前面的操作，为图像添加暖色调，效果如图 14-74 所示。

图 14-74

妙招技法

通过对前面知识的学习，相信读者已经掌握了 Photoshop 2020 中 Camera Raw 的基本操作了。下面结合本章内容，介绍一些实用技巧。

技巧 01：在 Camera Raw 中，如何自动打开 JPEG 和 TIFF 格式照片

在 Photoshop 2020 中执行【编辑】→【首选项】→【Camera Raw】命令，打开【Camera Raw 首选项】对话框，如图 14-75 所示。

图 14-75

切换到【文件处理】选项卡，在下方的【JPEG 和 TIFF 处理】区域，可以选择 JPEG 格式和 TIFF 格式照片的处理方式，如图 14-76、14-77 所示。

图 14-76

图 14-77

选择【禁用 JPEG 支持】和【禁用 TIFF 支持】选项时，可以通过【打开为】命令和【Camera Raw 滤镜】打开 JPEG 和 TIFF 格式照片。

选择【自动打开设置的 JPEG】和【自动打开设置的 TIFF】选项时，只有特殊设置过的照片才能在 Camera Raw 中自动打开。

选择【自动打开所有受支持的 JPEG】和【自动打开所有受支持的 TIFF】选项时，将 JPEG 和 TIFF 格式照片拖动到 Photoshop 2020 中时，将会自动在 Camera Raw 软件中打开照片。

技巧 02：Camera Raw 中的直方图

打开【Camera Raw】对话框，直方图显示在面板右上方，如图 14-78 所示。

图 14-78

直方图包括红、绿、蓝三个通道。白色代表三个通道的重叠颜色。两个 RGB 通道重叠，会显示黄色、洋红或青色。

调整照片时，直方图也会发生变化。如果直方图两侧出现竖线，代表照片发生了溢色（修剪），细节出现丢失现象。

单击直方图上面的图标，或按【U】键，会以蓝色标识阴影修剪区域，如图 14-79 所示。

图 14-79

单击高光图标，或按【O】键，会以红色标识高光溢出区域，如图 14-80 所示；再次单击相应图标，可以取消剪切显示。

图 14-80

技巧 03：后缀名为 ORF 属于 RAW 格式照片吗？

RAW 格式是记录相机原始数据格式的统一称呼，不同的数码相机商家有不同的后缀名，但这些照片都属于 RAW 格式照片。例如，奥林巴斯相机拍摄的照片后缀名为 ORF；佳能相机拍摄的照片后缀名的为 Cr2 或 CRW。

过关练习——制作胶片风格照片

在胶片时代，还原色彩的技术并不成熟，胶片的种类、涂料、药水比例、冲洗时间等因素，都会影响最终成像的色彩质感。胶片这种在可接受范围内的色偏极具特色，加上胶片独有的颗粒感，更为图像增添了独特的魅力，而这种风格的照片也被称为胶片风格照片。随着技术的发展，即使没有胶片机，也可以通过后期手段来模拟胶片，制作胶片风格的照片。胶片风格照片有几个显著的特点：对比度高，色彩浓郁；无纯黑纯白部分，且画面有些发灰；有色偏及颗粒感；图像有明显的暗角。下面根据这些特点在 Camera Raw 中制作胶片风格照片。

素材文件	素材文件\第 14 章\建筑 .nef
结果文件	结果文件\第 14 章\建筑 .dng

Step01 打开素材。在 Camera Raw 中打开"素材文件\第 14 章\建筑 .nef"文件，如图 14-81 所示。

图 14-81

Step02 纠正色偏。在工具栏中选择【白平衡工具】，在图像中的白色区域单击，修正照片偏色，如图 14-82 所示。

图 14-82

Step 03 调整基本参数，提亮图像。原图像偏暗，单击【基本】按钮，在【基本】面板中，设置【曝光】为0.90、【对比度】为25、【高光】为15、【阴影】为10、【白色】为25、【黑色】为20、【去除薄雾】为18，如图14-83所示，提亮图像的效果，如图14-84所示。

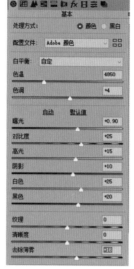

图 14-83　　　　　　图 14-84

Step 04 二次构图，去除图像中不必要的元素。选择【裁剪工具】，裁剪画面左边不必要的元素，如图14-85所示。

图 14-85

Step 05 调整图像色彩，增加图像颜色鲜艳度。切换到【HSL/灰度】面板，选择【饱和度】选项卡，设置【黄色】为-8、【蓝色】为40，如图14-86所示；选择【色相】选项卡，设置【橙色】为-10、【黄色】为-30、【蓝色】为-8，如图14-87所示；选择【明亮度】选项卡，设置【黄色】为5、【蓝色】为-15，如图14-88所示，调整后的图像效果如图14-89所示。

图 14-86　　　　　　图 14-87

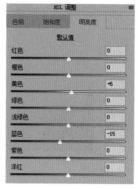

图 14-88　　　　　　图 14-89

Step 06 增加图像对比度。切换到【色调曲线】面板，选择【点】选项卡，选择【RGB】通道，绘制S形曲线，提亮高光，压暗暗部，如图14-90所示，增加图像对比度，效果如14-91所示。

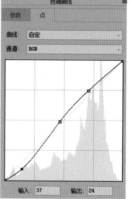

图 14-90　　　　　　图 14-91

Step 07 调整图像色调。切换到【色调曲线】面板，选择【蓝色】通道，调整曲线，为高光区域添加蓝色，阴影区域减少蓝色，如图14-92所示。图像效果如图14-93所示。选择【红色】通道，为阴影区域添加红色，如图14-94所示；图像效果如图14-95所示。

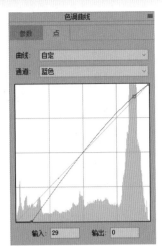

图 14-92

图 14-93

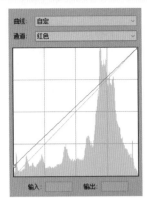

图 14-94

图 14-95

Step08 添加暗角效果和颗粒感。切换到【效果】面板，在【颗粒】栏中设置【数量】为43、【大小】为41、【粗糙度】为78；在【裁剪后晕影】栏中设置【样式】为高光优先、【数量】为-28、【中点】为

35、【圆度】为20、【羽化】为82，如图 14-96 所示。完成胶片风格照片的制作，最终效果如图 14-97所示。

图 14-96

图 14-97

本章小结

　　本章主要介绍了 Camera Raw 的操作界面、如何打开和存储 RAW 格式照片以及如何在 Camera Raw 中调整照片和修改照片。RAW 格式的照片只能通过专业的软件进行处理，掌握 Camera Raw 的操作，就可以快速处理 RAW 格式照片的色调和影调等内容，并能保证照片的原始数据得到保留。

第15章 滤镜特效

- ➥ 滤镜是什么？
- ➥ 滤镜有哪些类别？
- ➥ 智能滤镜和普通滤镜的区别是什么？
- ➥ 如何加快滤镜运行速度？
- ➥ 怎样使用外挂滤镜？

滤镜广泛应用于图像特效制作中，因为它的随机性大大拓展了特效制作的想象空间，本章主要讲解滤镜特效的制作。

15.1 初识滤镜

滤镜是制作图像特效的必备工具，包括模糊、绘画、浮雕、纹理等特殊效果。下面将对滤镜的基础知识进行介绍，包括各种滤镜的特点与使用方法。

15.1.1 什么是滤镜

滤镜原本是一种摄影器材，摄影师将它们安装在照相机前面来改变照片的拍摄方式，可以影响色彩或者产生特殊的拍摄效果。

Photoshop 2020 滤镜遵循一定的程序计算法对图像中的像素的颜色、亮度、饱和度、色调、分布等属性进行计算和变换处理，使图像产生特殊效果。

15.1.2 滤镜的用途

Photoshop 的内置滤镜主要有以下两种用途。

（1）用于创建具体的图像特效，如可以生成素描、波浪、纹理等效果。此类滤镜的数量最多，而且基本上都是通过【滤镜库】来管理和应用的。

（2）用于编辑图像，如减少杂色、模糊图像等，这些滤镜在【模糊】【锐化】【杂色】等滤镜组中。此外，独立滤镜中的【液化】【消失点】等也属于此类滤镜。

15.1.3 滤镜的种类

滤镜分为内置滤镜和外挂滤镜两大类。内置滤镜是 Photoshop 自身提供的各种滤镜，外挂滤镜则是由其他厂商开发的滤镜，它们需要安装在 Photoshop 中才能使用。

Photoshop 的所有滤镜都在【滤镜】菜单中。其中【滤镜库】【自适应广角】【镜头校正】【液化】【油画】【Camera Raw 滤镜】和【消失点】等是特殊滤镜，被单独列出，而其他滤镜都依据其主要功能放置在不同类别的滤镜组中。如果安装了外挂滤镜，那么它们会出现在【滤镜】菜单底部。

15.1.4 滤镜的使用规则

在使用滤镜时，需要注意以下几点规则。

（1）若创建了选区，滤镜只处理选区内的图像，若没有选区，则处理当前图层中的全部图像。

（2）滤镜处理效果是以像素为单位进行计算的，因此，相同的参数处理不同分辨率的图像，其效果也不同。

（3）使用滤镜处理图层中的图像时，需要选择该图层，并且图层必须是可见的。

（4）滤镜可以处理图层蒙版、快速蒙版和通道。

（5）滤镜都必须应用在包含像素的区域，否则不能使用，但【云彩】和外挂滤镜除外。

（6）RGB 模式的图像可以使用全部滤镜，一部分滤镜不能用于 CMYK 模式的图像，索引和位图模式不能使用任何滤镜。如果想要对位图、索引或 CMYK 模式的图像应用滤镜，可将其转换为 RGB 模式，再使用滤镜进行处理。

15.1.5 加快滤镜运行速度

Photoshop 中一部分滤镜在使用时会占用大量的内存，如使用【光照效果】等滤镜编辑高分辨率的图像时，Photoshop 2020 的处理速度会变得很慢。在这样的情况下，可以先在一小部分图像上试验滤镜，找到合适的设置后，再将滤镜应用于整个图像；或者在使用滤镜之前先执行【编辑】→【清理】命令释放内存。

15.1.6 查找联机滤镜

执行【滤镜】→【浏览联机滤镜】命令，可以链接到 Adobe 网站，查找需要的滤镜和增效工具，如图 15-1 所示。

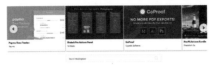

图 15-1

15.1.7 查看滤镜的信息

执行【帮助】→【关于增效工具】命令，在子菜单中包含了 Photoshop 2020 所有滤镜和增效工具的目录，选择任意一个，会显示它的详细信息，如滤镜版本、制作者、所有者等，如图 15-2 所示。

图 15-2

15.2 应用滤镜库

在【滤镜库】中可以直观地查看应用滤镜后的图像效果，并且能够设置多个滤镜效果的叠加。此外，还可以调整滤镜效果图层的顺序，使滤镜功能更加强大。

★重点 15.2.1 什么是滤镜库

执行【滤镜】→【滤镜库】命令，即可打开【滤镜库】对话框。

在【滤镜库】对话框中包括了【风格化】【画笔描边】【扭曲】【素描】【纹理】和【艺术效果】6 类滤镜效果。对话框的左侧是预览区，中间是 6 组滤镜，右侧是参数设置区，如图 15-3 所示。

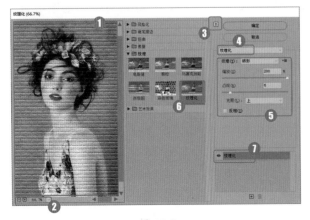

图 15-3

【滤镜库】对话框中，各选项作用如表 15-1 所示。

表 15-1【滤镜库】对话框各选项作用

选项	作用
❶ 预览区	用于预览滤镜效果
❷ 缩放区	单击➕按钮，可放大预览区图像的显示比例；单击➖按钮，则缩小显示比例
❸ 显示 / 隐藏滤镜组	单击此按钮，可以隐藏滤镜组，将窗口空间留给图像预览区。再次单击则显示滤镜组
❹ 弹出式菜单	单击【下拉按钮】▼，可在打开的下拉菜单选择一个滤镜
❺ 参数设置区	【滤镜库】中共包含 6 组滤镜，单击一个滤镜组前的 ▶ 按钮，可以展开滤镜组；单击滤镜组中的一个滤镜可使用该滤镜，与此同时，右侧的参数设置区内会显示该滤镜的参数选项
❻ 当前使用的滤镜	显示了当前使用的滤镜
❼ 效果图层	显示当前使用的滤镜列表。单击图标👁隐藏或显示滤镜

15.2.2 应用效果图层

在【滤镜库】中应用一个滤镜后，该滤镜就会出现在对话框右下角的已应用的滤镜列表中。如图15-4所示。

单击【新建效果图层】按钮⊞，可添加一个效果图层，如图15-5所示。

图 15-4

图 15-5

添加效果图层后，可以选取要应用的另一个滤镜，如图15-6所示。

图 15-6

滤镜效果图层与图层的编辑方法相同，上下拖动效果图层可以调整它们的顺序，滤镜效果也会发生改变，如图15-7所示。

图 15-7

> **技能拓展——删除效果图层**
>
> 单击【删除效果图层】按钮🗑，可以删除效果图层。

15.3 综合滤镜

【自适应广角】【Camera Raw 滤镜】【镜头校正】【液化】【油画】和【消失点】滤镜为独立的滤镜，它们具有丰富的功能，下面详细进行介绍。

15.3.1 自适应广角滤镜

【自适应广角】滤镜可以轻松拉直全景图像，或者校正用鱼眼或广角镜头拍摄的照片中的弯曲对象。全新的画布工具会运用个别镜头的物理特性自动校正弯曲，具体操作步骤如下。

Step01 打开素材。打开"素材文件\第15章\鱼眼.jpg"文件，如图15-8所示。

Step02 设置自适应广角。执行【滤镜】→【自适应广角】命令，或按【Alt+Shift+Ctrl+A】组合键，打开【自适应广角】对话框，Photoshop 2020 会自动进行简单校正，如图15-9所示。

图 15-8

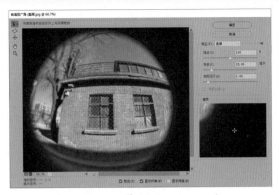

图 15-9

Step03 创建约束线。选择【约束工具】，在弯曲的图像中拖动鼠标，如图 15-10 所示。

Step04 拉直弯曲的图像。释放鼠标后，即可拉直弯曲的图像，如图 15-11 所示。

图 15-10　　　　　图 15-11

Step05 校正图像。使用相似的方法，在弯曲图像上多次拖动鼠标创建约束线，校正图像，如图 15-12 所示。

Step06 裁剪多余图像。使用【裁剪工具】裁掉多余图像，效果如图 15-13 所示。

图 15-12　　　　　图 15-13

在【自适应广角】对话框中，常用的选项如图 15-14 所示。

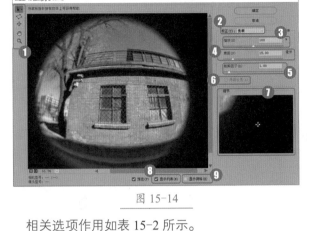

图 15-14

相关选项作用如表 15-2 所示。

表 15-2【自适应广角】对话框中各选项作用

选项	作用
❶ 工具按钮	使用【约束工具】单击或拖动鼠标，可以添加或编辑约束线。使用【多边形约束工具】单击或拖动鼠标，可以添加或编辑多边形约束线。使用【移动工具】可以移动对话框中的图像。使用【抓手工具】可移动画面。使用【缩放工具】可以放大窗口显示比例
❷ 校正	在该选项下拉列表中可选择投影模型，包括【鱼眼】、【透视】、【自动】和【完整球面】
❸ 缩放	校正图像后，可通过此选项来缩放图像，以填满空缺
❹ 焦距	用于指定焦距
❺ 裁剪因子	用于指定裁剪因子
❻ 原照设置	勾选复选框，可以使照片元数据中的焦距和裁剪因子
❼ 细节	显示光标下方图像的细节
❽ 显示约束	勾选该复选框，可显示约束线
❾ 显示网格	勾选该复选框，可显示网格

15.3.2　Camera Raw 滤镜

RAW 格式对于数码摄影来说是非常有意义的，它是无损记录，而且有非常大的后期处理空间。可以简单地认为，把数码相机内部对原始数据的处理流程搬移到了计算机上，熟练掌握 RAW 处理，可以很好地控制照片的影调和色彩，并且得到最高水准的图象质量。

流行的 RAW 处理软件有很多，Adobe Camera Raw 就是其中之一，作为通用型 RAW 处理引擎，它很好地和 Photoshop 2020 结合在一起。在最新 CC 版本中，Camera Raw 作为一款独立滤镜，可直接处理多种格式的图像。

Camera Raw 滤镜集成了一些数

码照片处理的命令，包括【白平衡】【色调】【曝光】【清晰度】和【自然饱和度】等。执行【滤镜】→【Camera Raw 滤镜】命令，或按【Shift+Ctrl+A】组合键，可以打开【Camera Raw 滤镜】对话框，如图15-15 所示。

图 15-15

15.3.3　镜头校正滤镜

使用【镜头校正】滤镜可以修复由数码相机镜头缺陷而导致的照片中出现桶形失真、枕形失真、色差及晕影等问题，还可以用于校正倾斜的照片，修复由于相机垂直或水平倾斜而导致的图像透视现象。

1. 自动校正照片

执行【滤镜】→【镜头校正】命令，或按【Shift+Ctrl+R】组合键，打开【镜头校正】对话框，如图15-16 所示。

图 15-16

在【自动校正】选项卡中，Photoshop 2020 提供了可自动校正

照片问题的各种配置文件。首先在【相机制造商】和【相机型号】下拉列表中指定拍摄该数码照片的相机制造商及相机型号；然后在【镜头型号】下拉列表中可以选择一款镜头；这些选项指定后，Photoshop 2020 就会给出与之匹配的镜头配置文件。如果没有出现配置文件，则可单击【联机搜索】按钮，在线查找。

以上内容设置完成后，在【校正】选项组中选择一个选项，Photoshop 2020 就会自动校正照片中出现的几何扭曲、色差或者晕影。

【自动缩放图像】用于指定如何处理由于校正枕形失真、旋转或透视校正而产生的空白区域。选择【边缘扩展】选项，可扩展图像的边缘像素来填充空白区域；选择【透明度】选项，空白区域保持透明；选择【黑色】或【白色】选项，则使用黑或白色填充空白区域。

> **技能拓展——桶形和枕形失真**
>
> 桶形失真是由镜头引起的成像画面呈桶形膨胀状的失真现象，使用广角镜头或变焦镜头的最广角时，容易出现这种情况；枕形失真与之相反，它会导致画面向中间收缩，使用长焦镜头或变焦镜头的长焦端时，容易出现枕形失真。

2. 手动校正照片

在【镜头校正】对话框中选择【自定】选项卡，显示手动设置面板，可以手动调整参数，校正照片。在【自定】选项卡中各选项如图15-17 所示。

图 15-17

相关选项作用如表15-3 所示。

表 15-3　【自定】选项卡中各选项作用

选项	作用
❶ 几何扭曲	拖动【移去扭曲】滑块可以拉直从图像中心向外弯曲或朝图像中心弯曲的水平和垂直线条，这种变形功能可以校正镜头桶形失真和枕形失真
❷ 色差	色差是由于镜头对不同平面中不同颜色的光进行对焦而产生的，具体表现为背景与前景对象相接的边缘会出现红、蓝或绿色的异常杂边。通过拖动各个滑块，可消除各种色差
❸ 晕影	晕影特点表现为图像边缘比图像中心暗。【数量】用于设置运用量的多少。【中点】用于指定受【数量】滑块所影响区域的宽度，数值大只会影响图像的边缘；数值小，则会影响较多的图像区域

续表

选项	作用
④ 变换	【变换】栏可以修复图像倾斜透视现象。【垂直透视】可以使图像中的垂直线平行；【水平透视】可以使水平线平行；【角度】可以旋转图像以针对相机歪斜加以校正；【比例】可以向上或向下调整图像缩放，图像的像素尺寸不会改变

技术看板

【镜头校正】对话框左侧的工具中，单击【移去扭曲工具】并向画面边缘拖动鼠标可以校正桶形失真，向画面中心拖动鼠标可以校正枕形失真；在画面中单击【拉直工具】并拖出一条直线，图像会以该直线为基准进行角度校正。

15.3.4 实战：使用液化工具为人物"烫发"

实例门类	软件功能

【液化】滤镜是修饰图像和创建艺术效果的强大工具，可创建推拉、扭曲、旋转、收缩等变形效果。【液化】滤镜既可以对图像做细微的扭曲变化，也可以进行大幅度的调整，使用【液化工具】为人物"烫发"，具体操作步骤如下。

Step01 打开素材。打开"素材文件\第15章\红心.jpg"文件，执行【滤镜】→【液化】命令，或按【Shift+Ctrl+X】组合键，打开【液化】对话框，如图 15-18 所示。

图 15-18

Step02 创建卷发。❶选择【顺时针旋转扭曲工具】，❷在右侧设置【画笔大小】为100、【画笔密度】为50，❸在人物头发位置拖动，如图 15-19 所示。

图 15-19

Step03 变形头发。选择【向前变形工具】，在人物头发位置拖动，效果如图 15-20 所示。

图 15-20

Step04 瘦脸。选择【脸部工具】，将鼠标指针放在人物脸部，此时，会显示脸部定界框，拖动鼠标，可以调整脸部比例，如图 15-21 所示。

图 15-21

Step05 完成烫发效果制作。单击【确定】按钮，完成人物烫发效果制作，如图 15-22 所示。

图 15-22

在【液化】对话框中，各选项作用如表 15-4 所示。

表 15-4【液化】对话框各选项作用

选项	作用
工具按钮	包括执行液化的各种工具，其中【向前变形工具】通过在图像上拖动，可以向前推动图像而产生变形；【重建工具】通过绘制变形区域，能够部分或全部恢复图像的原始状态；【冻结蒙版工具】将不需要液化的区域创建为冻结的蒙版；【解冻蒙版工具】可以擦除保护的蒙版区域
画笔工具选项	用于设置当前选择的工具的各种属性
重建选项	通过下拉列表选择重建液化的方式。其中【恢复】可以通过【重建】按钮将未冻结的区域逐步恢复为初始状态；【恢复全部】可以一次性恢复全部未冻结的区域
蒙版选项	设置蒙版的创建方式。单击【全部蒙住】按钮冻结整个图像；单击【全部反相】按钮反相所有的冻结区域
视图选项	定义当前图像、蒙版以及背景图像的显示方式

15.3.5 实战：使用消失点命令透视复制图像

实例门类	软件功能

使用【消失点】滤镜可以在包含透视平面的图像中进行透视校正。在应用绘画、仿制、复制或粘贴及变换等编辑操作时，Photoshop 2020 可以正确确定这些编辑操作的方向，并将他们缩放到透视平面，制作出具有立体效果的图像，具体操作步骤如下。

Step01 打开素材。打开"素材文件\第 15 章\效果图.jpg"文件，执行【滤镜】→【消失点】命令，或按【Alt+Ctrl+V】组合键，打开【消失点】对话框，选择【创建平面工具】在图像中单击，添加节点，如图 15-23 所示。

图 15-23

Step02 单击添加节点。多次在图像中单击添加节点，定义透视平面，如图 15-24 所示。

图 15-24

Step03 调整透视节点。拖动平面，调整透视平面的节点，如图 15-25 所示。

图 15-25

Step04 单击取样。单击【图章工具】，在对话框顶部设置【修复】为【开】，在透视平面内按住【Alt】键单击进行取样，如图 15-26 所示。

图 15-26

Step05 涂抹复制取样点。在图像右侧进行涂抹，将取样点的图像涂抹复制至鼠标指针涂抹处，如图 15-27 所示。

图 15-27

Step06 继续复制图像。继续涂抹，Photoshop 2020 会自动复制图像，并自动调整色调与背景相融合，如图 15-28 所示。

图 15-28

【消失点】对话框左侧各项工具作用如表 15-5 所示。

表 15-5 【消失点】对话框左侧各项工具作用

选项	作用
编辑平面工具	用于选择、编辑、移动平面的节点及调整平面的大小
创建平面工具	用于定义透视平面的四个角节点。创建了四个角节点后，可以移动、缩放平面或重新确定其形状；按住【Ctrl】键拖动平面的边节点可以拉出一个垂直平面。在定义透视平面的节点时，如果节点的位置不正确，可按【Backspace】键将该节点删除
选框工具	在平面上单击并拖动鼠标可以选择平面上的图像。选择图像后，将鼠标指针放在选区内，按住【Alt】键拖动可以复制图像；按住【Ctrl】键拖动选区，则可以用源图像填充该区域
图章工具	使用该工具时，按住【Alt】键在图像中单击可以为仿制设置取样点；在其他区域拖动鼠标可复制图像；按住【Shift】键单击可以将描边扩展到上一次单击处
画笔工具	可在图像上绘制选定的颜色

续表

选项	作用
变换工具	使用该工具时，可以通过移动定界框的控制点来缩放、旋转和移动浮动选区，类似于在矩形选区上执行【自由变换】命令
吸管工具	可拾取图像中的颜色作为画笔工具的绘画颜色

续表

选项	作用
测量工具	可以在透视平面中测量项目的距离和角度

技能拓展——红、黄、蓝透视平面的不同含义

创建透视平面时，红色透视平面是无效平面。在红色透视平面中，不能拉出垂直平面；黄色透视平面虽然可以拉出垂直平面和进行其他编辑，但无法正确对齐；只有蓝色透视平面是有效平面，在该平面中，可以进行各种编辑操作。

15.4 普通滤镜

Photoshop 2020 中的普通滤镜非常丰富，可以制作各种特殊效果。例如，锐化和模糊滤镜用于锐化和模糊图像，杂色滤镜用于添加或减少图像中的杂色，风格化、扭曲、像素化滤镜可以为图像创建特殊质感特效。

15.4.1 风格化滤镜组

【风格化】滤镜组中包含了 9 种滤镜，它们的主要作用是移动选区内图像的像素，提高像素的对比度，使之产生绘画和印象派风格效果。

1. 查找边缘

使用【查找边缘】滤镜可以自动搜索图像像素对比度变化剧烈的边界，将高反差区变亮，低反差区变暗，其他区域则介于两者之间，硬边变为线条，而柔边变粗，形成一个清晰的轮廓。原图像如图 15-29 所示。

图 15-29

使用【查找边缘】滤镜效果如图 15-30 所示。

图 15-30

2. 等高线

使用【等高线】滤镜可以查找主要亮度区域的转换，并为每个颜色通道淡淡地勾勒主要亮度区域的转换（一幅照片中有 4 个颜色通道，每个颜色通道使用的颜色值不同，显示的亮度也不同，为了进行区分，可以通过边缘线将不同亮度区域进行边缘勾勒，这个构成边缘线的过程就是转换），以获得类似于等高线图中的线条的效果，如图 15-31 所示。

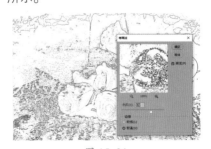

图 15-31

3. 风

使用【风】滤镜可以在图像上制作犹如被风吹过的效果，可以选择【风】【大风】和【飓风】效果，如图 15-32 所示。但该滤镜只在水平方向起作用，要产生其他方向的风吹效果，需要先将图像旋转，然后再使用此滤镜。

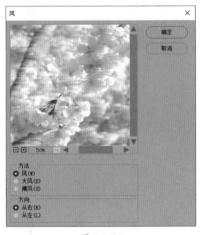

图 15-32

4. 浮雕效果

使用【浮雕效果】滤镜可通过勾画图像或选区的轮廓和降低周围色值来生成凸起或凹陷的浮雕效果，如图 15-33 所示。

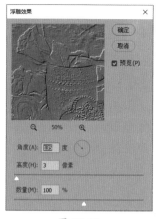

图 15-33

5. 扩散

使用【扩散】滤镜可以将图像的像素扩散显示，制作图像绘画溶解的艺术效果，如图 15-34 所示。

图 15-34

6. 拼贴

使用【拼贴】滤镜可以将图像分割成有规则的方块，并使其偏离其原来的位置，产生不规则瓷砖拼凑成的图像效果，如图 15-35 所示。

图 15-35

7. 曝光过度

使用【曝光过度】滤镜将图像正片和负片混合，翻转图像的高光部分，模拟摄影中曝光过度的效果，效果如图 15-36 所示。

图 15-36

8. 凸出

使用【凸出】滤镜可将图像分成一系列大小相同且有机重叠放置的立方体或锥体，产生特殊的 3D 效果，设置内容和效果如图 15-37 所示。

图 15-37

9. 油画

【油画】滤镜使用 Mercury 图形引擎作为支持，不仅能快速让作品呈现油画的效果，还可以控制画笔的样式及光线的方向和亮度，以产生出色的效果。执行【滤镜】→【风格化】→【油画】命令，打开【油画】对话框，设置参数和图像

效果，如图 15-38 所示。

图 15-38

15.4.2　3D

【3D】滤镜组中包含了 2 种滤镜，主要是为了创建和调整 3D 凸出效果。使用【3D】滤镜，可以将图像图层扩展到三维空间中。

1. 生成凹凸线

使用【生成凹凸线】滤镜可以赋予照片或图层一种 3D 纹理效果。原图像如图 15-39 所示。

图 15-39

使用【生成凹凸线】滤镜的效果如图 15-40 所示。

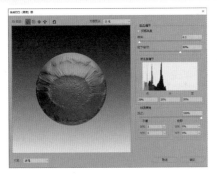

图 15-40

【3D】面板如图 15-41 所示。

图 15-41

2. 生成法线图

渲染后，对象中添加的直线或点就有体积了。例如，点看起来像是对象上的小球体，而线看起来像是柱体。效果如图 15-42 所示。

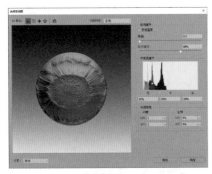

图 15-42

单击【光照预设】下拉按钮，选择【忧郁紫色】选项，效果如图

15-43 所示。

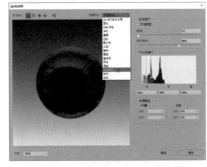

图 15-43

勾选【反相高度】复选框，效果如图 15-44 所示。

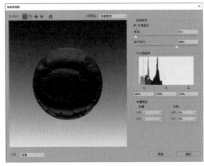

图 15-44

单击【确定】按钮，图像效果如图 15-45 所示。

图 15-45

★重点 15.4.3　模糊滤镜组

【模糊】滤镜组中包含了 14 种滤镜，它们可以对图像进行柔和处理，可以将图像像素的边线设置为模糊状态，在图像上表现出速度感或晃动感（其中 3 种必须通过首选

项进行设置后才能使用，因此此处只讲解其他 11 种滤镜）。

1. 表面模糊

使用【表面模糊】滤镜可以在保存图像边缘的同时，对图像表面添加模糊效果，可用于创建特殊效果并消除杂色或颗粒度，如图 15-46 所示。

图 15-46

2. 动感模糊

使用【动感模糊】滤镜可以使图像按照指定方向和指定强度变模糊，此滤镜的效果类似于以固定的曝光时间给一个正在移动的对象拍照。在表现对象的速度感时会经常用到该滤镜，如图 15-47 所示。

图 15-47

3. 方框模糊

使用【方框模糊】滤镜可以基于相邻像素的平均颜色来模糊图像，如图 15-48 所示。

图 15-48

4. 高斯模糊

使用【高斯模糊】滤镜可以通过控制模糊半径对图像进行模糊处理，使图像产生一种朦胧的效果，如图 15-49 所示。

图 15-49

5. 进一步模糊

使用【进一步模糊】滤镜可以得到应用【模糊】滤镜 3~4 次的效果。

6. 径向模糊

【径向模糊】滤镜与相机拍摄过程中进行移动或旋转后所拍摄照片的模糊效果相似。设置相应参数，如图 15-50 所示。

图 15-50

图像效果如图 15-51 所示。

图 15-51

7. 镜头模糊

使用【镜头模糊】能够将图像处理为与相机镜头类似的模糊效果，并且可以设置不同的焦点位置，如图 15-52 所示。

图 15-52

8. 模糊

【模糊】滤镜用于柔化整体或部分图像。

9. 平均

使用【平均】滤镜可以寻找图像或者选区的平均颜色，然后再用该颜色填充图像或选区。

10. 特殊模糊

【特殊模糊】滤镜提供了半径、阈值和模糊品质等设置选项，可以

精确地模糊图像。

11. 形状模糊

使用【形状模糊】滤镜可以通过选择的形状对图像进行模糊处理。选择的形状不同，模糊的效果也不同。

15.4.4 模糊画廊滤镜组

使用【模糊画廊】滤镜组，可以通过直观的图像控件快速创建截然不同的照片模糊效果。每个模糊工具都提供直观的图像控件来应用和控制模糊效果。完成模糊调整后，可以使用散景控件设置整体模糊效果的样式。Photoshop 在使用模糊画廊效果时提供完全尺寸的实时预览。

1. 场景模糊

使用【场景模糊】滤镜可以通过一个或多个图钉对照片场景中不同的区域应用模糊效果，如图 15-53 所示。

图 15-53

2. 光圈模糊

使用【光圈模糊】滤镜可以对照片应用模糊效果，并创建一个椭圆形的焦点范围，它能模拟出柔焦镜头拍出的梦幻、朦胧的画面效果，如图 15-54 所示。

图 15-54

3. 移轴模糊

使用【移轴模糊】滤镜能够模拟出利用移轴镜头拍摄出缩微效果，如图 15-55 所示。

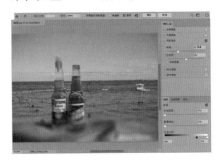

图 15-55

4. 路径模糊

【路径模糊】滤镜使用路径模糊效果，不仅可以沿路径创建运动模糊，还可控制形状和模糊量。Photoshop 可以自动合成应用于图像的多路径模糊效果，如图 15-56 所示。

图 15-56

5. 旋转模糊

【旋转模糊】滤镜使用旋转模糊效果，可以在一个或多个点旋转和模糊图像。旋转模糊是等级测量的径向模糊。Photoshop 可在设置中心点、模糊大小和形状及其他设置时，查看更改的实时预览，效果如图 15-57 所示。

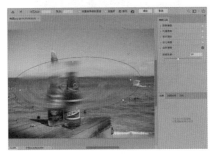

图 15-57

15.4.5 扭曲滤镜组

【扭曲】滤镜组中包含了 9 种滤镜，它们可以对图像进行移动、扩展或收缩，以设置图像的像素，对图像进行各种形状的变换，如波浪、波纹、玻璃等。在处理图像时，这些滤镜会占用大量内存，如果文件较大，建议在较小的图像上先进行试验。

1. 波浪

使用【波浪】滤镜可以使图像产生强烈波纹起伏的波浪效果，原图如图 15-58 所示。

图 15-58

使用滤镜的效果如图 15-59 所示。

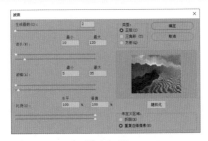

图 15-59

2. 波纹

与【波浪】滤镜相似，【波纹】滤镜可以使图像产生波纹起伏的效果，但提供的选项较少，只能控制波纹的数量和波纹大小，如图 15-60 所示。

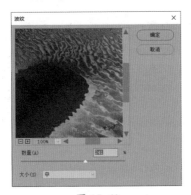

图 15-60

3. 极坐标

使用【极坐标】滤镜可以使图像坐标从直角坐标系转化为极坐标系，或者将极坐标转化为直角坐标。使用该滤镜可创建 18 世纪流行的曲面扭曲效果，如图 15-61 所示。

图 15-61

4. 挤压

使用【挤压】滤镜可以把图像挤压变形，从而产生神奇效果，效果如图 15-62 所示。

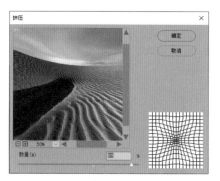

图 15-62

5. 切变

使用【切变】滤镜可以将图像沿用户所设置的曲线进行变形，产生扭曲的效果，如图 15-63 所示。

图 15-63

6. 球面化

使用【球面化】滤镜可以将图像挤压，产生图像包在球面或柱面上的立体效果，如图 15-64 所示。

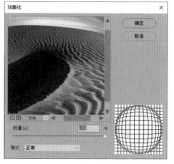

图 15-64

7. 水波

使用【水波】滤镜可模拟出水池中的波纹，在图像中产生类似于向水池中投入石头后水面产生的涟漪效果，如图 15-65 所示。

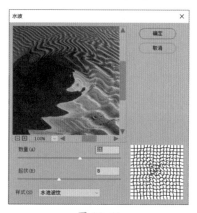

图 15-65

8. 旋转扭曲

使用【旋转扭曲】滤镜可以将选区内的图像进行旋转，图像中心的旋转程度比图像边缘的旋转程度大，如图 15-66 所示。

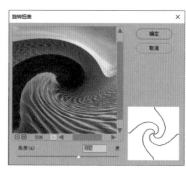

图 15-66

9. 置换

【置换】滤镜需要使用一个 PSD 格式的图像作为置换图，然后对置换图进行相关的设置，以确定当前图像如何根据位移图发生弯曲、破碎的效果。

15.4.6 锐化滤镜组

【锐化】滤镜组中包含了 6 种滤镜，它们可以将图像制作得更清晰，使画面的图像更加鲜明，通过提高主像素的颜色对比度使画面更加细腻。

1. USM 锐化

使用【USM 锐化】滤镜可以调整图像边缘的对比度，并在边缘的每一侧生成一条暗线和一条亮线，使图像的边缘变得更清晰、突出，原图像如图 15-67 所示。

图 15-67

锐化后效果如图 15-68 所示。

图 15-68

2. 防抖

使用【防抖】滤镜可以在几乎

不增加噪点、不影响画质的前提下，使因轻微抖动而造成的模糊瞬间重新清晰起来，效果如图 15-69 所示。

图 15-69

3. 进一步锐化

使用【进一步锐化】滤镜可对图像实现进一步的锐化，使之产生强烈的锐化效果。

4. 锐化

使用【锐化】滤镜可以通过增加相邻像素的反差来使模糊的图像变得更清晰。

5. 锐化边缘

使用【锐化边缘】滤镜只锐化图像边缘部分，而保留图像总体的平滑度。

6. 智能锐化

使用【智能锐化】滤镜可以通过设置锐化算法来锐化图像，也可以通过设置阴影和高光中的锐化量来使图像产生锐化效果，如图 15-70 所示。

图 15-70

15.4.7　视频

【视频】滤镜组中包含了两种滤镜，它们可以处理以隔行扫描方式的设备中提取的图像，将普通图像转换为视频设备可以接收的图像，以解决视频图像交换时系统差异的问题。

1. NTSC 颜色

使用【NTSC】滤镜可以将不同色域的图像转化为电视可接受的颜色模式，以防止过饱和颜色渗过电视扫描行。NTSC 即"国际电视标准委员会"的英文缩写。

2. 逐行

通过隔行扫描方式显示画面的电视，以及视频设备中捕捉的图像都会出现扫描线，使用【逐行】滤镜可以移去视频图像中的奇数或偶数隔行线，使在视频上捕捉的运动图像变得平滑。

15.4.8　像素化

【像素化】滤镜组中包含了 7 种滤镜，它们通过平均分配色度值使单元格中颜色相近的像素结成块，用于清晰地定义一个选区，从而使图像产生彩块、晶格、碎片等效果。

1. 彩块化

使用【彩块化】滤镜可以使纯色或相近颜色的像素结成相近颜色的像素块，图像如同手绘效果，也可以使现实主义图像产生类似抽象派的绘画效果，原图如图 15-71 所示，使用滤镜的效果如图 15-72 所示。

图 15-71

图 15-72

2. 彩色半调

使用【彩色半调】滤镜可以使图像变为网点状效果。它先将图像的每一个通道划分出矩形区域，再以和矩形区域亮度成比例的圆形替代这些矩形，圆形的大小与矩形的亮度成比例，高光部分生成的网点较小，阴影部分生成的网点较大，设置如图 15-73 所示。

图 15-73

图像效果如图 15-74 所示。

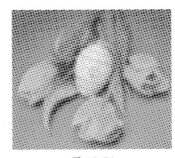

图 15-74

3. 点状化

使用【点状化】滤镜可以将图像的颜色分解为随机分布的网点，如同点状化绘画一样，背景色将作为网点之间的画布区域，如图15-75所示。

图 15-75

4. 晶格化

使用【晶格化】滤镜可以使图像中相近的像素集中到多边形色块中，产生类似结晶的颗粒效果，如图15-76所示。

图 15-76

5. 马赛克

使用【马赛克】滤镜可以使像素结为方形块，再对块中的像素应用平均的颜色，从而生成马赛克效果，如图15-77所示。

图 15-77

6. 碎片

使用【碎片】滤镜可以把图像的像素进行4次复制，再将它们平均，并使其相互偏移，使图像产生一种类似于相机没有对准焦距所拍摄出的模糊效果，如图15-78所示。

图 15-78

7. 铜版雕刻

使用【铜版雕刻】滤镜可以在图像中随机生成各种不规则的直线、曲线和斑点，使图像产生年代久远的金属板效果，如图15-79所示。

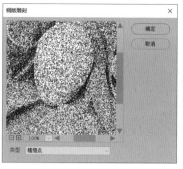

图 15-79

更换类型效果如图15-80所示。

图 15-80

★重点 15.4.9　渲染滤镜组

【渲染】滤镜组中包含了8种滤镜，它们可以在图像中创建出灯光、云彩、折射图案及模拟的光反射效果，是非常重要的特效制作滤镜。

1. 火焰

使用【火焰】滤镜可以根据图像中的路径，呈现逼真的火焰效果。创建路径，执行【滤镜】→【渲染】→【火焰】命令，如图15-81所示。

图 15-81

第一篇

第2篇

第3篇

第4篇

设置火焰效果，如图 15-82 所示。

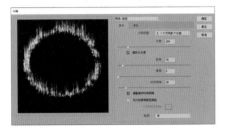

图 15-82

单击【确定】按钮，显示火焰效果，如图 15-83 所示。

图 15-83

2. 图片框

使用【图片框】滤镜可以创建图像边框效果，参数设置如图 15-84 所示。

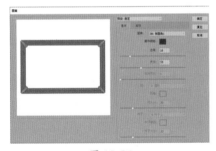

图 15-84

图像效果如图 15-85 所示。

图 15-85

3. 树

通过【树】滤镜，在图像中添加树，参数设置如图 15-86 所示。

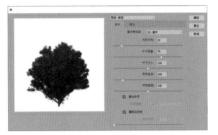

图 15-86

图像效果如图 15-87 所示。

图 15-87

4. 分层云彩

与【云彩】滤镜原理相同，但是使用【分层云彩】滤镜时，图像中的某些部分会被反相为云彩图案，原图和效果对比如图 15-88 所示。

图 15-88

5. 光照效果

使用【光照效果】滤镜可以在图像上产生不同的光源、光类型，以及不同光特性形成的光照效果，如图 15-89 所示。

图 15-89

相关选项作用如表 15-6 所示。

表 15-6【光照效果】滤镜中各选项作用

选项	作用
使用预设光源	在【预设】下拉列表中，包含预设的各种灯光效果，选择即可直接使用
调整聚光灯	Photoshop 2020 提供了三种光源：【聚光灯】【点光】和【无限光】，在右上方的【光照类型】下拉列表中，选择光源后，就可以在左侧调整光源的位置和照射范围，在右侧调整灯光属性
设置纹理通道	纹理通道通过一个灰度图像来控制灯光反射，形成立体效果

6. 镜头光晕

使用【镜头光晕】滤镜可以模拟亮光照射到相机镜头所产生的折射效果，在预览框中拖动，可调整光晕的位置，如图 15-90 所示。

图 15-90

效果如图 15-91 所示。

图 15-91

7. 纤维

【纤维】滤镜使用前景色和背景色来创建编制纤维的外观，如图 15-92 所示。

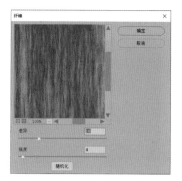

图 15-92

8. 云彩

【云彩】滤镜使用前景色和背景色之间的随机值来生成柔和的云彩图案，如图 15-93 所示。

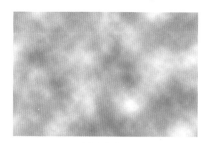

图 15-93

15.4.10　杂色滤镜组

【杂色】滤镜组中包含了 5 种滤镜，它们用于增加图像上的杂点，使之产生色彩漫散的效果，或者用

于去除图像中的杂点，如扫描输入图像时的斑点和折痕。

1. 减少杂色

使用【减少杂色】滤镜既可以减少图像中的杂色，又可以保留图像的边缘。

2. 蒙尘与划痕

使用【蒙尘与划痕】滤镜可以通过更改相应像素来减少杂色，该滤镜对去除扫描图像的杂点和折痕特别有效，原图如图 15-94 所示。

图 15-94

使用滤镜后的效果如图 15-95 所示。

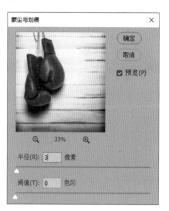

图 15-95

3. 去斑

使用【去斑】滤镜可以检测图像边缘发生显著颜色变化的区域，并模糊除边缘外的所有选区，消除图像中的斑点，同时保留细节。

4. 添加杂色

使用【添加杂色】滤镜可以在图像中应用随机像素，使图像产生颗粒状效果，常用于修饰图像中不自然的区域，如图 15-96 所示。

图 15-96

5. 中间值

使用【中间值】滤镜可以通过混合像素的亮度来减少图像中的杂色，如图 15-97 所示。

图 15-97

15.4.11　其他滤镜组

【其他】滤镜组中包含了 6 种滤镜，其中既有允许自定义滤镜的命令，也有使用滤镜修改蒙版、在图像中使选区发生位移和快速调整颜色的命令。

1. HSB/HSL

使用【HSB/HSL】滤镜可以通过描边重新绘制图像，用相反的方向来绘制亮部和暗部区域，效果如图 15-98 所示。

图 15-98

2. 高反差保留

使用【高反差保留】滤镜可以模拟钢笔画的风格，用纤细的线条在原细节上重绘图像，效果如图 15-99 所示。

图 15-99

3. 位移

使用【位移】滤镜可以通过模拟喷枪，使图像产成笔墨喷溅的艺术效果，如图 15-100 所示。

图 15-100

4. 自定

使用【自定】滤镜可以用图像的主导色，以成角的、喷溅的颜色线条重绘图像，产生斜纹飞溅的效果，如图 15-101 所示。

图 15-101

5. 最大值

使用【最大值】滤镜可以强调图像边缘。设置高的边缘亮度值时，强化效果类似于白色粉笔；设置低的边缘亮度值时，强化效果类似于黑色油墨，效果如图 15-102 所示。

图 15-102

6. 最小值

使用【最小值】滤镜可以使图像产生一种很强烈的黑色阴影，利用图像的阴影设置不同的画笔长度，阴影用短线条表示，高光用长线条表示，效果如图 15-103 所示。

图 15-103

15.4.12 实战：制作流光溢彩文字特效

实例门类	软件功能

Step 01 打开素材。打开"素材文件\第 15 章\舞台 .jpg"文件，如图 15-104 所示。

图 15-104

Step 02 设置文字效果。使用【横排文字工具】输入白色文字"流光溢彩"，在选项栏中，设置【字体】为粗宋，【字体大小】为 150 点，如图 15-105 所示。

图 15-105

Step 03 新建通道。按住【Ctrl】键单击文字缩览图，载入文字选区后，在【通道】面板中新建【Alpha 1】通道，填充白色，如图 15-106 所示。

图 15-106

Step04 操作图层。取消选区后，在【图层】面板中，选择【背景】图层并隐藏文字图层，如图 15-107 所示。

图 15-107

Step05 设置光照效果。执行【滤镜】→【渲染】→【光照效果】命令，在打开的【光照效果】对话框中，设置【预设】为【手电筒】，如图 15-108 所示。

图 15-108

Step06 设置属性内容。在右侧的【属性】面板中，设置【纹理】为【Alpha 1】、【高度】为 1，如图 15-109 所示。

图 15-109

Step07 显示效果。通过前面的操作，得到文字立体效果，如图 15-110 所示。

图 15-110

Step08 创建选区。使用【椭圆选框工具】创建选区，如图 15-111 所示。

图 15-111

Step09 羽化选区。按【Shift+F6】组合键打开【羽化选区】对话框，设置【羽化半径】为 50 像素，如图 15-112 所示。

图 15-112

Step10 复制图层。按【Ctrl+J】组合键复制图层，如图 15-113 所示。

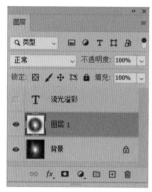

图 15-113

Step11 设置颗粒滤镜效果。执行【滤镜】→【滤镜库】→【纹理】→【颗粒】命令，❶ 设置【强度】和【对比度】均为 100、【颗粒类型】为扩大，❷ 单击【确定】按钮，如图 15-114 所示。

图 15-114

Step12 设置图层混合模式。更改图层【混合模式】为浅色，如图 15-115 所示。

图 15-115

Step⑬ 显示效果。图像效果如图 15-116 所示。

图 15-116

15.4.13 实战：打造气泡中的人物

实例门类	软件功能

　　滤镜是非常神奇的，下面结合【球面化】和【镜头光晕】命令，打造气泡中的人物，具体操作步骤如下。

Step⓵ 打开素材。打开"素材文件\第 15 章\晚霞.jpg"文件，如图 15-117 所示。

图 15-117

Step⓶ 创建选区。使用【椭圆选框工具】🔘 创建选区，如图 15-118 所示。

图 15-118

Step⓷ 复制图层。按【Ctrl+J】组合键复制图层，如图 15-119 所示。

图 15-119

Step⓸ 设置球面化参数。执行【滤镜】→【扭曲】→【球面化】命令，❶ 设置【数量】为 100，❷ 单击【确定】按钮，如图 15-120 所示。

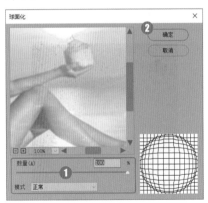

图 15-120

Step⓹ 设置镜头光晕。执行【滤镜】→【渲染】→【镜头光晕】命令，❶ 移动光晕中心到球体右上角，

❷ 设置【亮度】为 150%、【镜头类型】为 50-300 毫米变焦，❸ 单击【确定】按钮，如图 15-121 所示。

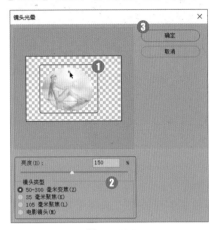

图 15-121

Step⓺ 显示效果。光晕效果如图 15-122 所示。

图 15-122

Step⓻ 添加光晕。使用相似的方法在左下方添加光晕，效果如图 15-123 所示。

图 15-123

Step⓼ 选择图层。选择【背景】图层，如图 15-124 所示。

图 15-124

Step 09 设置镜头光晕。执行【滤镜】→【渲染】→【镜头光晕】命令，❶ 移动光晕中心到右上角，❷ 设置【亮度】为 100%、【镜头类型】为 105 毫米变焦，❸ 单击【确定】按钮，如图 15-125 所示。

图 15-125

Step 10 显示效果。图像效果如图 15-126 所示。

图 15-126

15.5 应用智能滤镜

智能滤镜不会真正改变图像中的任何像素，并且可以随时修改参数，或者将其删除。它对图像的处理作用和普通滤镜相同，下面详细介绍智能滤镜的使用方法。

15.5.1 智能滤镜的优势

普通滤镜是通过修改像素来生成效果的。在【图层】面板中，【背景】图层的像素被修改后，如果将图像保存并关闭，就无法恢复为原来的效果了，如图 15-127 所示。

图 15-127

智能滤镜是一种非破坏性的滤镜，它将滤镜效果应用于智能对象上，不会修改图像的原始数据，如图 15-128 所示。

图 15-128

智能滤镜包含一个类似于图层样式的列表，列表中显示了使用的滤镜，只要单击智能滤镜前面的切换【智能滤镜可见性】图标 👁，就可以将滤镜效果隐藏，将滤镜拖到 🗑 按钮上，则可以将滤镜删除。

🔔 技术看板

【消失点】命令不能应用智能滤镜。【图像】→【调整】菜单中的【阴影/高光】【HDR 色调】和【变化】命令也可以作为智能滤镜来应用。

★重点 15.5.2 实战：应用智能滤镜

实例门类	软件功能

应用智能滤镜的操作步骤如下。

Step 01 打开素材。打开"素材文件\第15章\女孩.jpg"文件，如图 15-129 所示。

图 15-129

Step 02 转换为智能滤镜。执行【滤镜】→【转换为智能滤镜】命令，在弹出的对话框中单击【确定】按钮，如图 15-130 所示。

图 15-130

Step03 设置海报边缘滤镜。执行【滤镜】→【滤镜库】→【艺术效果】→【海报边缘】命令，❶ 设置【边缘厚度】为 2、【边缘强度】为 1、【海报化】为 2，❷ 单击【确定】按钮，如图 15-131 所示。

图 15-131

Step04 显示图层面板。应用智能滤镜后，图像效果和【图层】面板如图 15-132 所示。

图 15-132

15.5.3　修改智能滤镜

应用智能滤镜后，还可以修改滤镜效果，具体操作步骤如下。

Step01 打开素材。打开"素材文件\第 15 章\女孩 .psd"文件，在【图层】面板中，单击【滤镜库】滤镜，如图 15-133 所示。

图 15-133

Step02 设置海报边缘滤镜。再次打开【海报边缘】对话框，❶ 设置【边缘厚度】为 1、【边缘强度】为 2、【海报化】为 0，❷ 单击【确定】按钮，如图 15-134 所示。

图 15-134

Step03 设置混合选项。双击智能滤镜右边的【编辑混合选项】图标 ，如图 15-135 所示。

图 15-135

Step04 设置混合选项。打开【混合选项】对话框，❶ 设置【模式】为溶解、【不透明度】为 50%，❷ 单击【确定】按钮，如图 15-136 所示。

图 15-136

15.5.4　移动和复制智能滤镜

在【图层】面板中，将智能滤镜从一个智能对象拖动到另一个智能对象上，如图 15-137 所示。

图 15-137

可以移动智能滤镜，如图 15-138 所示。

图 15-138

按住【Alt】键，或将其拖动到智能滤镜列表中的新位置，释放鼠标后，可以复制智能滤镜，如图 15-139 所示。

图 15-139

图 15-140

图层效果如图 15-141 所示。

图 15-141

15.5.5 遮盖智能滤镜

智能滤镜包含一个蒙版，它与图层蒙版完全相同，编辑蒙版可以有选择性地遮盖智能滤镜，使滤镜只影响图像的一部分，如图 15-140 所示。

遮盖智能滤镜时，蒙版会应用于当前图层中的所有智能滤镜。执行【图层】→【智能滤镜】→【停用滤镜蒙版】命令，可以暂时停用智能滤镜的蒙版，蒙版上会出现一个✕符号；执行【图层】→【智能滤镜】→【删除滤镜蒙版】命令，可以删除蒙版。

妙招技法

通过对前面知识的学习，相信读者已经掌握了滤镜特效功能的操作和应用，下面结合本章内容，介绍一些实用技巧。

技巧 01：如何在菜单中显示所有滤镜命令

默认设置下，【滤镜库】中出现的滤镜，将不再出现在滤镜菜单中，如图 15-142 所示。

图 15-142

执行【滤镜】→【首选项】→【增效工具】命令，打开【首选项】对话框；勾选【显示滤镜库的所有组和名称】复选框，如图 15-143 所示。

图 15-143

即可让所有滤镜命令都显示在滤镜菜单中，如图 15-144 所示。

图 15-144

技巧 02：消失点命令使用技巧

在使用【消失点】命令时，掌握一些使用技巧，可以使操作更加得心应手。

（1）操作过程中，按【Ctrl+Z】组合键，可以还原一次操作；按【Alt+Ctrl+Z】组合键，可以逐步还原操作；按住【Alt】键，单击【复位】按钮，可以恢复默认状态。

（2）如果想保留透视平面，可以用 PSD、TIFF 或 JPEG 保存图像。

（3）执行【消失点】命令前新建一个图层，图像修改状态会保存在新图层中，原始图像不会发生改变。

（4）在定义透视平面时，按下【X】键，可以缩放预览图像。

技巧 03：滤镜使用技巧

在使用滤镜的时候，掌握一些技巧，可以提高工作效率，具体技巧有以下几种。

（1）当执行完一个滤镜命令后，【滤镜】菜单第一行会出现该滤镜名称，单击它便可以快速应用这一滤镜。

（2）按【Alt+Ctrl+F】组合键可以快速执行上一次执行的滤镜。

（3）在任意滤镜对话框中按住【Alt】键，【取消】按钮都会变成【复位】按钮，单击它可以将参数恢复到初始状态。

（4）应用滤镜的过程中要终止处理，可以按【Esc】键。

（5）使用滤镜时通常会打开滤镜库或者相应的对话框，在预览框中可以预览滤镜效果。单击⊞或⊟按钮可以放大或缩小显示比例；单击并拖动预览框内的图像，可以移动图像；如果想要查看某一区域内的图像，可以在文档中单击，滤镜预览框中就会显示单击处的图像。

过关练习 —— 制作烟花效果

烟花的特点是五颜六色，非常炫目，它代表喜庆、节日，能够带给人愉悦的心理感受。下面介绍如何在 Photoshop CC2020 中制作逼真的烟花。

素材文件	素材文件 \ 第 15 章 \ 闪电 .jpg、星空 .jpg
结果文件	结果文件 \ 第 15 章 \ 烟花 .psd

具体操作步骤如下：

Step01 打开素材。打开"素材文件 \ 第 15 章 \ 闪电 .jpg"文件，如图 15-145 所示。

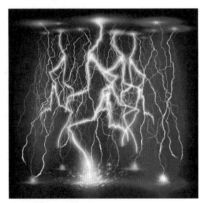

图 15-145

Step02 设置极坐标。执行【滤镜】→【扭曲】→【极坐标】命令，打开【极坐标】对话框。❶选中【平面坐标到极坐标】单选按钮，❷单击【确定】按钮，如图 15-146 所示。

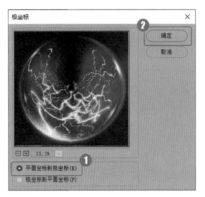

图 15-146

Step03 设置高斯模糊参数。执行【滤镜】→【模糊】→【高斯模糊】命令，打开【高斯模糊】对话框，❶设置【半径】为 20 像素，❷单击【确定】按钮，如图 15-147 所示。

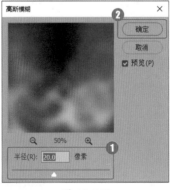

图 15-147

Step04 设置点状化参数。执行【滤镜】→【像素化】→【点状化】命令，打开【点状化】对话框，❶设置【单元格大小】为 28 像素，❷单击【确定】按钮，如图 15-148 所示。

图 15-148

Step05 显示效果。图像效果如图 15-149 所示。

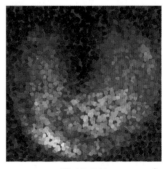

图 15-149

Step06 反相图像。按【Ctrl+I】组合键反相图像，如图 15-150 所示。

图 15-150

Step⑦ 查找图像边缘。执行【滤镜】→【风格化】→【查找边缘】命令，图像效果如图 15-151 所示。

图 15-151

Step⑧ 反相图像。再次按【Ctrl+I】组合键反相图像，如图 15-152 所示。

图 15-152

Step⑨ 设置点状化参数。设置【前景色】为白色，【背景色】为黑色。执行【滤镜】→【像素化】→【点状化】命令，打开【点状化】对话框，❶ 设置【单元格大小】为 10，❷ 单击【确定】按钮，如图 15-153 所示。

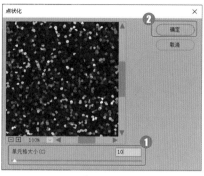

图 15-153

Step⑩ 新建填充图层。执行【图层】→【新建填充图层】→【纯色】命令，新建一个黑色填充图层，如图 15-154 所示。

图 15-154

Step⑪ 创建选区。使用【椭圆选框工具】 创建选区，如图 15-155 所示。

图 15-155

Step⑫ 羽化选区。按【Shift+F6】组合键，执行【羽化选区】命令，❶ 设置【羽化半径】为 80 像素，❷ 单击【确定】按钮，如图 15-156 所示。

图 15-156

Step⑬ 修改蒙版。选中蒙版缩览图，将选区填充为黑色，修改蒙版，效果如图 15-157 所示。

图 15-157

Step⑭ 显示图层面板。图层效果如图 15-158 所示。

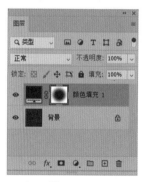

图 15-158

Step⑮ 盖印图层。按【Alt+Shift+Ctrl+E】组合键，盖印生成【图层1】，更改图层【混合模式】为正片叠底，如图 15-159 所示。

图 15-159

Step⑯ 显示效果。效果如图 15-160 所示。

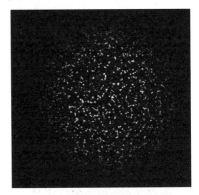

图 15-160

Step⑰ 复制图层。按【Ctrl+J】组合键复制图层，如图 15-161 所示。

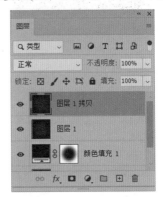

图 15-161

Step⑱ 显示效果。效果如图 15-162 所示。

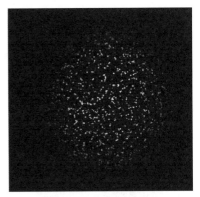

图 15-162

Step⑲ 盖印图层。按【Alt+Shift+Ctrl+E】组合键，盖印生成【图层 2】，如图 15-163 所示。

图 15-163

Step⑳ 设置极坐标。执行【滤镜】→【扭曲】→【极坐标】命令，打开【极坐标】对话框，❶选中【极坐标到平面坐标】单选按钮，❷单击【确定】按钮，如图 15-164 所示。

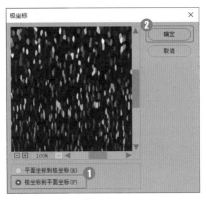

图 15-164

Step㉑ 旋转图像。执行【图像】→【图像旋转】→【顺时针 90 度】命令，旋转图像，如图 15-165 所示。

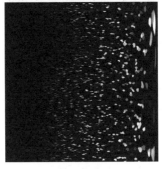

图 15-165

Step㉒ 设置风滤镜。执行【滤镜】→【风格化】→【风】命令，打开【风】对话框，❶设置【方法】为

风、【方向】为从左，❷单击【确定】按钮，如图 15-166 所示。

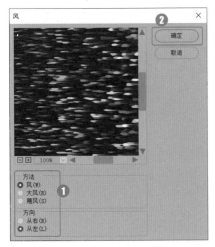

图 15-166

Step㉓ 重复滤镜命令。按【Alt+Ctrl+F】组合键，重复执行一次滤镜命令，效果如图 15-167 所示。

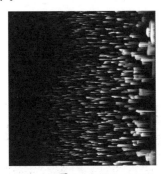

图 15-167

Step㉔ 重复滤镜命令。再次按【Alt+Ctrl+F】组合键，重复执行一次滤镜命令，效果如图 15-168 所示。

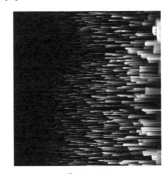

图 15-168

Step25 旋转图像。执行【图像】→【图像旋转】→【逆时针90度】命令，旋转图像，如图15-169所示。

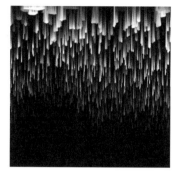

图 15-169

Step26 设置极坐标参数。执行【滤镜】→【扭曲】→【极坐标】命令，打开【极坐标】对话框，❶选中【平面坐标到极坐标】单选按钮，❷单击【确定】按钮，如图15-170所示。

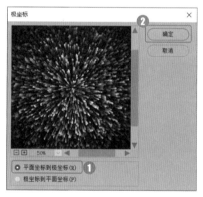

图 15-170

Step27 打开素材。打开"素材文件\第15章\星空.jpg"文件，如图15-171所示。

图 15-171

Step28 拖动图像到文件中。将前面制作的烟花拖动到当前文件中，如图15-172所示。

图 15-172

Step29 更改图层混合模式。更改图层【混合模式】为浅色，如图15-173所示。

图 15-173

Step30 显示效果。调整烟花大小，图像最终效果如图15-174所示。

图 15-174

本章小结

本章介绍了滤镜的概念和基本原理，还介绍了滤镜命令的具体功能及使用方法，包括滤镜库、镜头校正、Camera Raw滤镜、液化、消失点、风格化、画笔描边、模糊、扭曲、锐化、视频、素描、纹理、像素化、渲染、杂色、智能滤镜等。读者在学习过程中应多加思考，开拓思路，这样才能制作出更加炫目的图像特效。

第16章 视频与动画

- ➥ 视频图层和普通图层有什么区别？
- ➥ 如何导入视频文件？
- ➥ 如何插入空白视频帧？
- ➥ 如何导出视频？
- ➥ 如何制作动画？

视频与动画虽然不是 Photoshop 2020 的主要功能，但在这方面也有非常出色的表现，本章主要讲解如何使用 Photoshop 2020 编辑视频和制作动画。

16.1 视频基础知识

Photoshop 2020 可以编辑视频的各个帧和图像序列文件，在视频上还可以应用滤镜、蒙版、变换、图层样式和混合模式，包括使用工具在视频上进行编辑和绘制。下面介绍视频基础知识。

16.1.1 视频图层

在 Photoshop 2020 中打开视频文件或图像序列时，会自动创建视频图层（视频图层带有◫图标），帧包含在视频图层中。可以使用【画笔工具】和【图章工具】在视频文件的各个帧上进行绘制和仿制，也可以创建选区或应用蒙版以限定对帧的特定区域进行编辑。

此外，还可以像编辑常规图层一样调整混合模式、不透明度、位置和图层样式。也可以在【图层】面板中为视频图层分组，或者将颜色和色调调整应用于视频图层。视频图层参考的是原始文件，因此，对视频图层进行的编辑不会改变原始视频或图像序列文件。

★重点 16.1.2 时间轴面板

执行【窗口】→【时间轴】命令，打开【时间轴】面板，系统默认为时间轴模式状态。时间轴模式显示了文档图层的帧持续时间和动画属性，如图 16-1 所示。

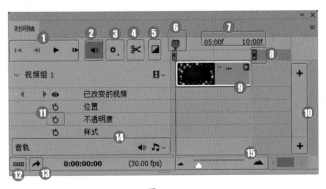

图 16-1

相关选项作用如表 16-1 所示。

表 16-1 【时间轴】设置面板中各选项作用

选项	作用
❶ 播放控件	包含用于控制视频播放的按钮：转到第一帧 ◄◄、转到上一帧 ◄、播放 ►、转到下一帧 ►►
❷ 音频控制按钮	单击该按钮可以关闭或启用音频播放
❸ 设置回放选项	设置分辨率，以及是否设置循环播放
❹ 在播放头处拆分	单击该按钮，可在当前时间指示器所在位置拆分视频或音频
❺ 过渡效果	单击该按钮打开下拉菜单，在打开的菜单中即可为视频添加过渡效果，从而创建专业的淡化和交叉淡化效果
❻ 当前时间指示器	拖动当前时间指示器可导航或更改当前时间或帧

续表

选项	作用
❼ 时间标尺	根据文档持续时间与帧速率，用于水平测量视频持续时间
❽ 设置工作区域结尾	如果需要预览或是导出部分视频，可拖动位于顶部轨道两端的标签进行定位
❾ 图层持续时间条	指定图层在视频的时间位置，要将图层移动至其他时间位置，可拖动该时间条
❿ 向轨道添加媒体/音频	单击轨道右侧的 ➕ 按钮，可以打开一个对话框将视频或音频添加到轨道中
⓫ 时间–变化秒表	可启用或停用图层属性的关键帧设置
⓬ 转换为帧动画	单击该按钮，可将其转换为帧动画

续表

选项	作用
⓭ 渲染组	单击该按钮，可以打开【渲染视频】对话框
⓮ 音轨	可编辑和调整音频。单击 ◀ 按钮，可让音轨静音或取消静音。在音轨上右击，在打开的下拉菜单中，可调节音量或对音频进行淡入淡出设置。单击音符按钮打开下拉菜单，可选择【新建音轨】或【删除音频剪辑】等命令
⓯ 控制时间轴显示比例	单击 ▲ 按钮可缩小时间轴；单击 ▲▲ 按钮可放大时间轴；拖动滑块可进行自由调整

16.2　视频图像的创建

在 Photoshop 2020 中，可以打开多种 QuickTime 视频格式的文件，包括 MPEG-1、MPEG-4、MOV 和 AVI；如果计算机上安装了 Adobe Flash 8.0，则可支持 QuickTime 的 FLV 格式；如果安装了 MPEG-2 编码器，可以支持 MPEG-2 格式。打开视频文件以后，即可对其进行编辑。

16.2.1　打开和导入视频文件

执行【文件】→【打开】命令，在【打开】对话框中选择一个视频文件，单击【打开】按钮，如图 16-2 所示。

图 16-2

即可在 Photoshop 2020 中将其打开，如图 16-3 所示。

图 16-3

在 Photoshop 2020 中创建或打开一个图像文件后，执行【图层】→【视频图层】→【从文件新建视频图层】命令，也可以将视频导入当前文档中。

16.2.2　创建空白视频图层

执行【文件】→【新建】命令，打开【新建文档】对话框，单击【胶片和视频】选项卡，在【空白文档预设】面板中选择一个文件选项，如图 16-4 所示。

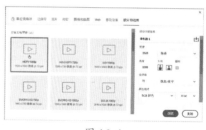

图 16-4

创建的空白视频文件中显示了两组参考线，它们表示动作安全区域、标题安全区域。大多数电视剧都使用一个称为"过扫描"的过程切掉图片的外部边缘，因此，图像中重要的细节应包含在外侧参考线之内。此外，有些电视屏幕的边缘图像会发生变形，为了确保所有内容都适合于大多数电视机显示的区域，需要将文本保留在标题安全区域内，并将所有其他重要元素保留在动作安全区域内，如图 16-5 所示。

图 16-5

16.2.3　创建在视频中使用的图层

执行【图层】→【视频图层】→【新建空白视频图层】命令，可以创建一个空白的视频图层。

16.2.4　像素长宽比校正

计算机显示器上的图像是由方形像素组成的，而视频编码设备则为非方形像素组成的，这就导致在两者之间交换图像时会由于像素的不一致而造成图像扭曲。执行【视图】→【像素长宽比校正】命令可校正图像。这样就可在显示器的屏幕上准确查看视频格式的文件。

16.3　视频的编辑

【时间轴】面板如同视频编辑器，不仅可以为视频进行添加文字、特效、过渡等操作，还可以控制视频的播放速度，下面详细介绍视频的编辑方法。

16.3.1　插入、复制和删除空白视频帧

创建空白视频图层后，可在【时间轴】面板中选择它，然后将当前时间指示器拖动到所需帧处，执行【图层】→【视频图层】→【插入空白帧】命令，即可在当前时间处插入空白视频帧；执行【图层】→【视频图层】→【删除帧】命令，则会删除当前时间处的视频帧；执行【图层】→【视频图层】→【复制帧】命令，可以添加一个处于当前时间的视频帧的副本。

16.3.2　实战：从视频中获取静帧图像

实例门类	软件功能

在 Photoshop 2020 中，可以从视频文件中的获取静帧图像，具体操作步骤如下。

Step01 执行【文件】→【导入】→【视频帧到图层】命令，在打开的【载入】对话框中选择第 16 章的素材 "拍皮球 .mp4" 文件，单击【载入】按钮，打开【将视频导入图层】对话框，单击【确定】按钮，如图 16-6 所示。

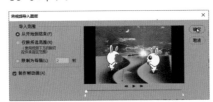

图 16-6

Step02 通过前面的操作，成功将视频帧导入图层中，如图 16-7 所示。

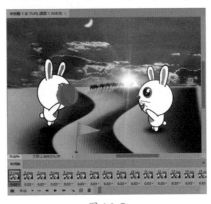

图 16-7

16.3.3　解释视频素材

如果使用了包含 Alpha 通道的视频，就需要指定 Photoshop 如何解释 Alpha 通道，以便获得所需结果。在【时间轴】面板或【图层】面板中选择视频图层，执行【图层】→【视频图层】→【解释素材】命令，打开【解释素材】对话框，如图 16-8 所示。

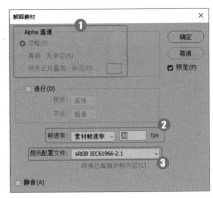

图 16-8

相关选项作用如表 16-2 所示。

表 16-2 【解释素材】对话框中各选项作用

选项	作用
❶Alpha 通道	当视频素材包含 Alpha 通道时，选中【忽略】单选按钮，表示忽略 Alpha 通道；选中【直接－无杂边】单选按钮，表示将 Alpha 通道解释为直接 Alpha 透明度；选中【预先正片叠加－杂边】单选按钮，表示使用 Alpha 通道来确定有多少杂边颜色与颜色通道混合
❷ 帧速率	指定每秒播放的视频帧数
❸ 颜色配置文件	可选择一个配置文件，对视频图层中的帧或图像进行色彩管理

16.3.4 替换视频图层中素材

在操作过程中，如果由于某种原因导致视频图层和源文件之间的链接断开，【时间轴】面板中的视频图层上就会显示出一个警告图标。出现这种情况，可在【时间轴】或【图层】面板中选择要重新链接到源文件或替换内容的视频图层，执行【图层】→【视频图层】→

【替换素材】命令，在打开的【替换素材】对话框中选择视频或图像序列文件，单击【打开】按钮重新建立链接。

执行【替换素材】命令还可以将视频图层中的视频或图像序列帧替换为不同的视频或图像序列源中的帧。

16.3.5 在视频图层中恢复帧

如果要放弃对帧视频图层和空白视频图层所做的修改，可以在【时间轴】面板中选中视频图层，然后将当前时间指示器移动到特定的视频帧上，再执行【图层】→【视频图层】→【恢复帧】命令恢复特定的帧。如果要恢复视频图层或空白视频图层中的所有帧，则可以执行【图层】→【视频图层】→【恢复所有帧】命令。

技术看板

如果在不同的应用程序中修改了视频图层的源文件，则需要在 Photoshop 中执行【图层】→【视频图层】→【重新载入帧】命令，在【动画】面板中重新载入和更新当前帧。

16.4 存储与导出视频

编辑视频后，可将其存储为 PSD 文件或是 QuickTime 影片。将文件存储为 PSD 格式，不仅可以保留在操作过程中所做的修改，而且 Adobe 数字视频程序和许多电影编辑程序都支持该格式的文件。

★重点 16.4.1 渲染和保存视频文件

执行【文件】→【导出】→【渲染视频】命令，打开【渲染视频】对话框，在对话框中，将视频存储为 QuickTime 影片，如图 16-9 所示。

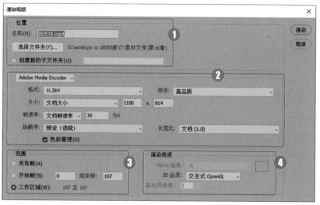

图 16-9

相关选项作用如表 16-3 所示。

表 16-3 【渲染视频】对话框中各选项作用

选项	作用
❶ 位置	在该选项组中可以设置视频的名称和存储位置
❷ 渲染方式	单击第二个选项的下拉按钮，可以在打开的下拉列表中选择视频格式。选择一种格式后，可在下面的选项中设置文档的大小、帧速度、像素长宽比等
❸ 范围	可以选择渲染文档中的所有帧，也可以只渲染部分帧
❹ 渲染选项	在 Alpha 通道选项中可以指定 Alpha 通道的渲染方式，该选项仅能使用支持 Alpha 通道的格式，如 PSD 或是 TIFF

如果还没有对视频进行渲染更新，则最好使用【文

件】→【存储】命令，将文件存储为 PSD 格式，因为这种格式可以保留用户所做的编辑，并且文件可以在其他类似于 Premiere Pro 和 After Effects 这样 Adobe 应用程序中播放，或者在其他应用程序中作为静态文件。

16.4.2 导出视频预览

如果将显示设置通过 Fire Wire 链接到计算机上，

就可以在该设备上预览视频文档。如果要在预览之前设置输出选项，可执行【文件】→【导出】→【视频预览】命令。如果想要在视频设备上查看文档，但不想设置输出选项，可执行【文件】→【导出】→【将视频预览发送到设备】命令进行操作。

16.5 动画的制作

动画是在一段时间内显示的一系列图像或帧，当每一帧较前一帧都有轻微的变化时，连续、快速地显示这些帧就会产生运动或其他变化的视觉效果。下面介绍动画的制作方法。

16.5.1 帧模式时间轴面板

执行【窗口】→【时间轴】命令，打开【时间轴】面板，单击 ▦ 按钮，切换为帧模式。面板中会显示动画中的每个帧的缩览图，如图 16-10 所示。

图 16-10

相关选项作用如表 16-4 所示。

表 16-4　选项作用

选项	作用
❶ 当前帧	显示了当前选择的帧
❷ 帧延迟时间	设置帧在回放过程中的持续时间
❸ 转换为视频时间轴	单击该按钮，面板中会显示视频编辑选项
❹ 循环选项	设置动画在作为动画 GIF 文件导出时的播放次数
❺ 面板底部工具	单击 ◀◀ 按钮，可选择序列中的第一帧作为当前帧；单击 ◀ 按钮，可选择当前帧的前一帧；单击 ▶ 按钮播放动画，再次单击此按钮停止播放；单击 ▶▶ 按钮可选择当前帧的下一帧；单击 ◣ 按钮打开【过渡】对话框，可以在两个现有帧之间添加一系列帧，并让新帧之间的图层属性均匀变化；单击 ▣ 按钮可向面板中添加帧；单击 🗑 按钮可删除选择的帧

★重点 16.5.2 实战：制作跷跷板小动画

实例门类	软件功能

使用【时间轴】面板可以制作出跷跷板小动画，具体操作步骤如下。

Step① 打开素材。打开素材文件"跷跷板 .jpg 文件"，如图 16-11 所示。

图 16-11

Step② 转化图层。按住【Alt】键，双击背景图层，将背景图层转化为

普通图层，如图 16-12 所示。

图 16-12

Step03 新建图层。按住【Ctrl】键，单击【创建新图层】按钮□，在当前图层下方新建【图层1】图层，如图16-13所示。

图 16-13

Step04 命名图层。分别命名两个图层为【动画】和【底色】，如图16-14所示。

图 16-14

Step05 选择图层。选择【动画】图层，如图16-15所示。

图 16-15

Step06 删除背景色区域。使用【魔棒工具】选中白色背景，按【Delete】键删除，如图16-16所示。

图 16-16

Step07 选择图层。选择【底色】图层，如图16-17所示。

图 16-17

Step08 选择渐变方式。选择【渐变工具】□，在选项栏中，❶单击渐变色条右侧的⌄按钮，❷在打开的下拉列表中，选择【橙，黄，橙渐变】选项，❸单击【径向渐变】按钮□，如图16-18所示。

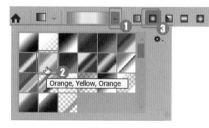

Orange, Yellow, Orange

图 16-18

Step09 填充渐变。拖动鼠标填充渐变色，如图16-19所示。

图 16-19

Step10 复制图层。复制【底色】图层，命名为【闪】，如图16-20所示。

图 16-20

Step11 设置色相。按【Ctrl+U】组合键，执行【色相/饱和度】命令，打开【色相/饱和度】对话框，❶设置【色相】为20，❷单击【确定】按钮，如图16-21所示。

图 16-21

Step12 显示效果。调整色彩效果如图16-22所示。

图 16-22

Step⑬ 设置径向模糊滤镜。执行【滤镜】→【模糊】→【径向模糊】命令，打开【径向模糊】对话框，❶设置【数量】为100、【模糊方法】为缩放，❷单击【确定】按钮，如图16-23所示。

Step⑭ 显示径向模糊效果。通过前面的操作，得到径向模糊效果，如图16-24所示。

图 16-23　　　　　　图 16-24

Step⑮ 创建动画。执行【窗口】→【时间轴】命令，打开【时间轴】面板。在【时间轴】面板中，单击【创建视频时间轴】右侧的下拉按钮，在下拉菜单中选择【创建帧动画】，再单击【帧时间轴】按钮，如图16-25所示。

图 16-25

Step⑯ 打开帧时间轴面板，创建帧1。打开帧【时间轴】编辑框，并创建帧1，如图16-26所示。

图 16-26

Step⑰ 复制帧。单击【复制所选帧】按钮两次，复制

两个帧，如图16-27所示。

图 16-27

Step⑱ 复制图层。复制【动画】图层，命名为【右跷】，如图16-28所示。

Step⑲ 旋转图像。按【Ctrl+T】组合键，执行【自由变换】操作，旋转图像，如图16-29所示。

图 16-28　　　　　　图 16-29

Step⑳ 隐藏图层。隐藏【动画】图层，如图16-30所示。

Step㉑ 显示效果。帧3效果如图16-31所示。

图 16-30　　　　　　图 16-31

Step㉒ 复制图层。复制【右跷】图层，命名为【中跷】，如图16-32所示。

Step㉓ 旋转图像。按【Ctrl+T】组合键，执行【自由变换】命令，旋转图像，如图16-33所示。

图 16-32　　　　　　图 16-33

Step24 选择帧。在【时间轴】面板中，选择帧1，如图
16-34所示。

图16-34

Step25 隐藏图层。隐藏【中跷】和【右跷】图层，如图
16-35所示。

图16-35

Step26 选择帧。在【时间轴】面板中，选择帧2，如图
16-36所示。

图16-36

Step27 隐藏图层。隐藏【右跷】【动画】和【闪】图层，
如图16-37所示。

图16-37

Step28 选择帧。在【时间轴】面板中，选择帧3，如图
16-38所示。

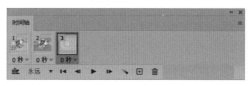

图16-38

Step29 隐藏图层。隐藏【中跷】和【动画】图层，如图
16-39所示。

图16-39

Step30 拖动帧。按住【Alt】键，拖动帧2到帧3右侧，
如图16-40所示。

图16-40

Step31 复制帧。释放鼠标后，复制生成帧4，如图16-41
所示。

图16-41

Step32 单击按钮。选择帧1，单击【选择帧延迟时间】
下拉按钮，如图16-42所示。

图16-42

Step33 设置帧效果。选择帧延迟时间为 0.5 秒，如图 16-43 所示。

图 16-43

Step34 设置帧效果。❶ 将四个帧延迟时间都设置为 0.5 秒，❷ 设置循环为【永远】，❸ 单击【播放动画】按钮 ▶ 即可播放动画，如图 16-44 所示。

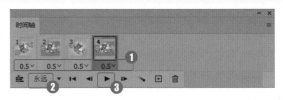

图 16-44

Step35 播放动画。通过前面的操作播放动画，动画播放效果如图 16-45 所示。

图 16-45

妙招技法

通过对前面知识的学习，相信读者已经掌握了动画的创建和编辑基础知识，下面结合本章内容，介绍一些实用技巧。

技巧 01：如何精确控制动画播放次数

在【时间轴】面板中，单击左下方的动画循环选项，在打开的下拉列表中选择【其它】选项，如图 16-46 所示。

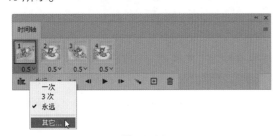

图 16-46

在打开的【设置循环次数】对话框中，可以设置精确的动画播放次数，如图 16-47 所示：

图 16-47

技巧 02：在视频中添加文字

导入视频后，还可以在视频中添加文字，具体操作步骤如下。

Step01 打开素材文件。打开素材文件"彩灯 .avi"文件，如图 16-48 所示。

图 16-48

Step02 创建文字。使用【横排文字工具】 T 在图像中输入黄色文字"彩灯演示"，设置【字体】为粗宋，【字体大小】为 400 点，如图 16-49 所示。

图 16-49

Step03 显示时间轴效果。时间轴效果如图 16-50 所示。

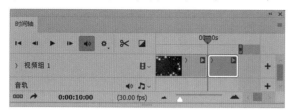

图 16-50

Step04 调整位置。将文字剪辑拖动到视频前方，如图 16-51 所示。

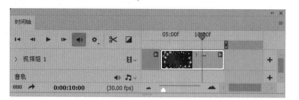

图 16-51

Step05 展开文字列表。单击 按钮展开文字列表，如图 16-52 所示。

图 16-52

Step06 设置渐隐效果。在面板左上方单击【选择过滤效果并拖动以应用】按钮 ，在打开的下拉列表中选择【彩色渐隐】选项，设置【持续时间】为 3 秒，如图 16-53 所示。

图 16-53

Step07 添加效果。将效果拖动到文字剪辑上，如图 16-54 所示。

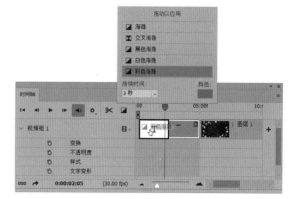

图 16-54

Step08 调整文字剪辑时间。拖动文字剪辑右侧边线，缩短文字剪辑的时间，如图 16-55 所示。

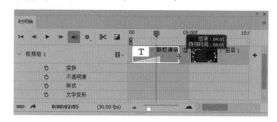

图 16-55

Step09 新建图层。在【视频组 1】下方新建【图层 2】，如图 16-56 所示。

图 16-56

Step10 填充颜色并调整位置。为【图层 2】填充蓝色【#00a0e9】，调整位置和时间长短，确保和文字剪辑一致，如图 16-57 所示。

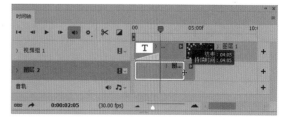

图 16-57

Step⑪ 创建渐隐效果。使用相同的方法为图层 2 添加白色渐隐效果，如图 16-58 所示。

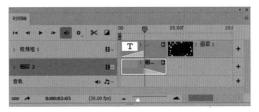

图 16-58

Step⑫ 创建渐隐效果。使用相同的方法为文字和效果之间添加彩色渐隐，如图 16-59 所示。

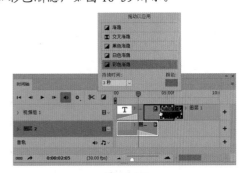

图 16-59

Step⑬ 播放预览。单击左侧的【播放】按钮 ，即可预览播放效果，如图 16-60 所示。

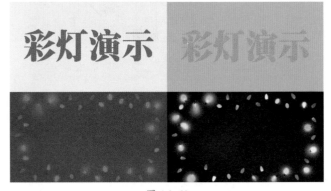

图 16-60

过关练习 —— 制作美人鱼动画

使用时间轴面板可以制作出很多生动、有趣的动画效果，其操作并不难。首先要制作好每一帧画面上的效果，然后再将这些画面连接起来，以一定的频率切换展示即可。下面介绍如何在 Photoshop 2020 中通过时间轴制作美人鱼动画。

素材文件	素材文件\第 16 章\美人鱼 .psd
结果文件	结果文件\第 16 章\美人鱼 .psd

Step① 打开素材文件。打开素材文件 "美人鱼 .psd"，如图 16-61 所示。

图 16-61

Step② 设置渐变。设置【前景色】为紫色【#c792ee】，【背景色】为白色。选择【渐变工具】 ，在选项栏中单击渐变色条右侧的 按钮，在打开的下拉列表中选择【基础】渐变组中的"前景色到背景色渐变"选项，设置【渐变方式】为径向渐变，如图 16-62 所示。

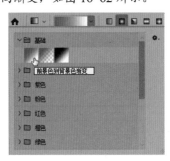

图 16-62

Step③ 创建渐变。新建【底色】图层，拖动鼠标填充渐变色，如图 16-63 所示。

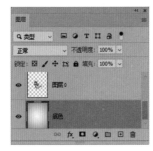

图 16-63

Step④ 调整图像大小。选择【图层 0】图层，按【Ctrl+T】组合键，执行【自由变换】命令，调整美人鱼的大小，如图 16-64 所示。

图 16-64

Step05 打开面板。在【时间轴】面板中，单击【创建方式】下拉按钮，选择【创建帧动画】选项，如图 16-65 所示。

图 16-65

Step06 创建帧。单击【创建帧动画】按钮，默认创建一个帧，单击【复制所选帧】按钮创建第 2 帧，设置帧延迟为 0.03，如图 16-66 所示。

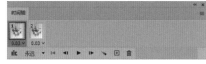

图 16-66

Step07 选择帧。单击帧 1，如图 16-67 所示。

图 16-67

Step08 设置图层不透明度。设置【美人鱼】图层【不透明度】为 0%，如图 16-68 所示。

图 16-68

Step09 移动图像。移动美人鱼到图像左侧，如图 16-69 所示。

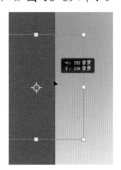

图 16-69

Step10 选择帧。单击【帧 2】，如图 16-70 所示。

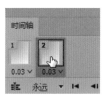

图 16-70

Step11 设置图层不透明度。设置【图层 0】图层【不透明度】为 100%，如图 16-71 所示。

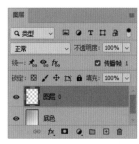

图 16-71

Step12 移动图像位置。移动美人鱼到图像中间，如图 16-72 所示。

图 16-72

Step13 选择过渡选项。单击面板右上角的扩展按钮，在打开的快捷菜单中，选择【过渡】选项，如图 16-73 所示。

图 16-73

Step14 设置过渡效果。在【过渡】对话框中，❶ 设置【要添加的帧数】为 10，选中【所有图层】单选按钮，勾选【位置】【不透明度】和【效果】复选框，❷ 单击【确定】按钮，如图 16-74 所示。

图 16-74

Step⑮ 显示时间轴效果。Photoshop 2020 会自动插入 10 个过渡帧，如图 16-75 所示。

图 16-75

Step⑯ 选择画笔笔刷。选择【画笔工具】，单击【旧版画】，在【特殊效果画笔】栏里选择【散落玫瑰】笔刷，如图 16-76 所示。

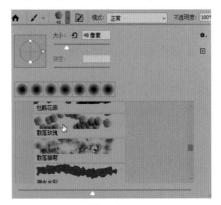

图 16-76

Step⑰ 设置画笔效果。在【画笔】面板中，勾选【形状动态】【散布】和【颜色动态】复选框，如图 16-77 所示。

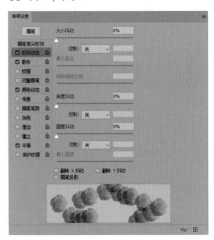

图 16-77

Step⑱ 新建图层。新建图层，命名为【玫瑰】，如图 16-78 所示。

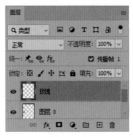

图 16-78

Step⑲ 绘制玫瑰。使用【画笔工具】拖动鼠标绘制玫瑰，如图 16-79 所示。

图 16-79

Step⑳ 新建帧。在【时间轴】面板中，新建帧 13，如图 16-80 所示。

图 16-80

Step㉑ 复制图层。复制【玫瑰】图层，如图 16-81 所示。

图 16-81

Step㉒ 调整图像大小。按【Ctrl+T】组合键，执行【自由变换】操作，适当放大图像，如图 16-82 所示。

图 16-82

Step㉓ 显示图层效果。隐藏【图层 0】和【玫瑰】图层，如图 16-83 所示。

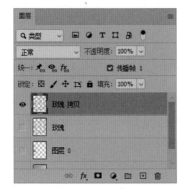

图 16-83

Step㉔ 显示图像效果。图像效果如图 16-84 所示。

图 16-84

Step⑤ 设置过渡效果。单击面板右上角的扩展按钮，在打开的快捷菜单中，选择【过渡】命令。在【过渡】对话框中，❶ 设置【要添加的帧数】为5，选中【所有图层】单选按钮，勾选【位置】【不透明度】和【效果】复选框，单击【确定】按钮，如图16-85所示。

图 16-85

Step⑥ 显示时间轴效果。添加5个过渡帧后，【时间轴】面板如图16-86所示。

图 16-86

本章小结

通过本章知识的学习，相信读者已经了解 Photoshop 2020 的动画制作和效果。本章先介绍了视频图层和时间轴面板，然后深入地学习了视频图层的创建与编辑、帧和动画的制作等。通过本章的学习，可以对视频和动画有一个深入的认识，利用 Photoshop 2020 制作出自己喜欢的动画效果。

第17章 动作与批处理功能

> ➤ 动作和动作组有什么区别？
> ➤ 可以调整动作的播放速度吗？
> ➤ 如何对多个图像文件快速执行一种相同处理？
> ➤ 如何拼接全景图？

自动化功能能够解放用户的双手，让计算机去完成大量烦琐、枯燥的重复操作。本章将详细讲解 Photoshop 2020 的动作、批处理和自动化功能。

17.1 动作基础知识

在 Photoshop 2020 中，可以将图像的处理过程通过动作记录下来，对其他图像进行相同的处理时，执行该动作就可以自动完成操作任务。通过动作可以简化重复操作，实现文件处理自动化。下面详细介绍动作基础知识。

★重点 17.1.1 动作面板

【动作】面板不仅可以记录、播放、编辑和删除动作，还可以存储和载入动作文件。执行【窗口】→【动作】命令，打开【动作】面板，如图 17-1 所示。

图 17-1

相关选项作用如表 17-1 所示。

表 17-1 【动作】设置面板中各选项作用

选项	作用
❶ 切换项目开 / 关	设置控制动作或动作中的命令是否被跳过。若某一个命令的左侧显示图标✔，则表示此命令允许正常执行。若显示图标▢，则表示此命令被跳过
❷ 切换对话开 / 关	设置动作在运行过程中是否显示有参数对话框的命令。若动作左侧显示图标▢，则表示该动作运行时所用命令具有对话框的命令

续表

选项	作用
❸ 面板扩展按钮	单击面板扩展按钮，打开面板菜单，在该菜单中可对面板模式进行选择，并提供动作创建、记录、删除等基本菜单选项，可对动作进行载入、复位、替换、存储等操作，还可以快捷查找不同类型的动作选项
❹ 动作组	一系列动作的集合
❺ 动作	一系列操作命令的集合
❻ 快速图标	单击■按钮，停止播放和记录动作；单击●按钮，可录制动作；单击▶按钮，可以播放动作；单击▢按钮，创建一个新组；单击▢按钮，可创建一个新的动作；单击▢按钮，可删除动作组、动作和命令

★重点 17.1.2 实战：使用预设动作制作聚拢效果

实例门类	软件功能

【动作】面板中提供了多种预设动作，使用这些动作可以快速地制作文字效果、边框效果、纹理效果和图像效果等，具体操作步骤如下。

Step 01 打开素材并复制图层。打开"素材文件\第17章\红玫瑰.jpg"文件，复制背景图层，如图 17-2 所示。

图 17-2

Step02 单击扩展按钮。在【动作】面板中，单击扩展按钮▤，如图17-3 所示。

图 17-3

Step03 选择命令。在弹出的扩展菜单中选择【图像效果】选项，如图17-4 所示。

图 17-4

Step04 选择动作。选择【水平颜色渐隐】动作，如图17-5 所示。

图 17-5

Step05 播放动作。❶单击左侧的下拉按钮展开动作，可以看到动作操作步骤，单击【播放选定的动作】按钮▶，如图17-6 所示。

图 17-6

Step06 应用动作。Photoshop 2020 将自动对素材图像应用【水平颜色渐隐】动作，效果如图17-7 所示。

图 17-7

Step07 图层面板效果。【图层】面板效果如图17-8 所示。

图 17-8

Step08 历史记录面板效果。【历史记录】面板中，可以看到操作步骤，如图17-9 所示。

图 17-9

★重点 17.1.3 实战：创建并记录动作

实例门类	软件功能

在 Photoshop 2020 中不仅可以应用预设动作制作特殊效果，而且可以根据需要创建新的动作，创建动作的具体步骤如下。

Step01 打开素材。打开"素材文件\第17章\海星.jpg"文件，复制背景图层，如图17-10 所示。

图 17-10

Step02 创建新动作。在【动作】面板中，单击【创建新动作】按钮▣，如图17-11 所示。

图 17-11

Step03 设置新建动作内容。弹出【新建动作】对话框，❶ 设置【名称】【组】【功能键】和【颜色】等参数，❷ 单击【记录】按钮，如图 17-12 所示。

图 17-12

Step04 录制动作。在【动作】面板中新建一个动作【圆形图像】，【开始记录】按钮■变为红色，表示正在录制动作，如图 17-13 所示。

图 17-13

Step05 复制图层。执行【图层】→【复制图层】命令，在【复制图层】对话框中，❶ 设置【复制】背景为反相，❷ 单击【确定】按钮，如图 17-14 所示。

图 17-14

Step06 设置球面化滤镜。执行【滤镜】→【扭曲】→【球面化】命令，打开【球面化】对话框，❶ 设置【数量】为 100%，❷ 单击【确定】按钮，如图 17-15 所示。

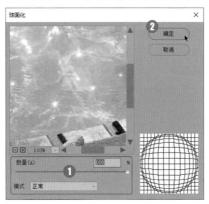

图 17-15

Step07 反相图像。执行【图像】→【调整】→【反相】命令，反相图像，效果如图 17-16 所示。

图 17-16

Step08 更改图层混合模式。更改图层【混合模式】为颜色减淡，如图 17-17 所示。

图 17-17

Step09 显示效果。图像效果如图 17-18 所示。

图 17-18

Step10 停止播放 / 记录动作。在【动作】面板中单击【停止播放 / 记录】按钮■，如图 17-19 所示。

图 17-19

Step11 完成动作。完成动作的记录，如图 17-20 所示。

图 17-20

Step12 打开素材。打开"素材文件 \ 第 17 章 \ 黑发 .jpg"文件，如图 17-21 所示。

图 17-21

Step⑬ 播放选定的动作。❶ 选择前面录制的【圆形图像】动作，❷ 单击【播放选定的动作】按钮▶，如图 17-22 所示。

图 17-22

Step⑭ 应用录制的动作。通过前面的操作，为图像应用录制的动作，效果如图 17-23 所示。

图 17-23

17.1.4 创建动作组

在创建新动作之前，需要创建一个新的组来放置新建的动作，以方便动作的管理。其创建方法与创建新动作方法类似。

在【动作】面板中单击【创建新组】按钮▣，如图 17-24 所示。

图 17-24

打开【新建组】对话框，在【名称】文本框中输入名称，单击【确定】按钮，如图 17-25 所示。

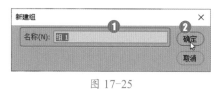

图 17-25

通过前面的操作，在【动作】面板中新建了一个动作组【组 1】，如图 17-26 所示。

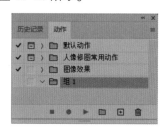

图 17-26

17.1.5 修改动作的名称和参数

如果需要修改动作组或动作的名称，可以选择它，然后选择扩展菜单中的【动作选项】选项，如图 17-27 所示。

图 17-27

打开【动作选项】对话框进行设置，如图 17-28 所示。

图 17-28

选择扩展菜单中的【组选项】选项，如图 17-29 所示。

图 17-29

打开【组选项】对话框进行设置，如图 17-30 所示。

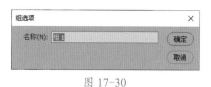

图 17-30

如果需要修改动作的参数，可以双击动作，如图 17-31 所示。

图 17-31

在打开的对话框中修改参数，如图 17-32 所示。

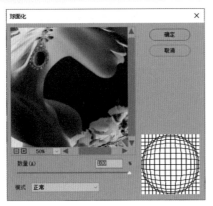

图 17-32

17.1.6 重排、复制与删除动作

在【动作】面板中，将动作或命令拖至同一动作或另一动作中的新位置，即可重新排列动作和命令。

将动作和命令拖至【创建新动作】按钮➕上，可将其复制。按住【Alt】键移动动作和命令，可快速复制动作和命令。

将动作或命令拖至【动作】面板中的【删除】按钮🗑上，可将其删除。

执行扩展菜单中的【清除全部动作】命令，可删除所有动作。

17.1.7 在动作中添加新菜单命令

完成动作录制后，还可以往动作中添加新命令，具体操作步骤如下。

Step01 开始记录动作。选择动作中的任意选项，如 ❶ 选择【球面化】选项，❷ 单击【开始记录】⏺按钮，如图 17-33 所示。

图 17-33

Step02 设置色相/饱和度。执行【图像】→【调整】→【色相/饱和度】命令，打开【色相/饱和度】对话框，如图 17-34 所示。

图 17-34

Step03 显示效果。单击【停止播放/记录】按钮停止录制，即可将【色相/饱和度】命令添加到【球面化】命令后面，如图 17-35 所示。

图 17-35

17.1.8 在动作中插入非菜单操作

在记录动作的过程中，无法对【绘画工具】【调色工具】及【视图】和【窗口】菜单下的命令进行记录，可以使用【动作】扩展菜单中

的【插入菜单项目】命令，将这些不能记录的操作插入动作中，具体操作步骤如下。

Step01 插入菜单项目。在动作执行过程中，单击右上角的扩展按钮☰，在打开的菜单中，选择【插入菜单项目】选项，如图 17-36 所示。

图 17-36

Step02 打开对话框。在打开的【插入菜单项目】对话框中单击【确定】按钮，如图 17-37 所示。

图 17-37

Step03 记录到动作面板中。选择工具箱中的【画笔工具】✏，该操作会记录到动作中，如图 17-38 所示。

图 17-38

17.1.9 在动作中插入路径

【插入路径】命令可将路径插入动作中，具体操作步骤如下。

Step01 绘制任意路径。在图像中绘制任意路径，如图 17-39 所示。

图 17-39

Step02 执行插入路径命令。单击【动作】面板中的【开始记录】按钮●，在【动作】面板中选择任意命令，执行面板菜单中的【插入路径】命令，如图 17-40 所示。

图 17-40

Step03 将路径插入动作。通过前面的操作，即可将路径插入动作中，如图 17-41 所示。

图 17-41

Step04 显示效果。为其他图像播放动作时，该路径会被插入图像中，图像效果如图 17-42 所示。

图 17-42

技术看板

如果要记录多个【插入路径】命令，需要在记录每个命令后，执行【路径】面板菜单中的【存储路径】命令。否则，后面的路径将会替换前面的路径。

17.1.10 在动作中插入停止

用户可以在动作中插入停止，以便在播放动作过程中，执行无法记录的任务（例如，使用绘图工具完成绘图操作后，单击【动作】面板中的【播放选定的动作】按钮▶可以继续完成未完成的动作）；也可以在动作停止时显示一条简短消息，提醒用户在继续执行下面的动作之前需要完成的任务。

Step01 选择插入停止选项。选择需要插入停止的命令，单击动作面板右上角的 ■ 按钮，在下拉菜单中选择【插入停止】选项，如图 17-43 所示。

图 17-43

Step02 确定设置。弹出【记录停止】对话框。在对话框的【信息】文本框中输入文字，单击【确定】按钮即可，如图 17-44 所示。

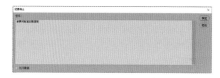

图 17-44

Step03 显示效果。通过前面的操作，即可将停止操作插入动作中，动作面板效果如图 17-45 所示。

图 17-45

17.1.11 存储动作

在创建动作后，可以存储自定义的动作，以便将该动作运用到其他图像文件中。在【动作】面板中选择需要存储的动作组，在面板扩展菜单中选择【存储动作】选项，如图 17-46 所示。

图 17-46

打开【另存为】对话框，选择保存路径，单击【保存】按钮，即可将需要存储的动作组进行保存，如图 17-47 所示。

图 17-47

17.1.12 指定回放速度

在【动作】面板扩展菜单中，选择【回放选项】选项，如图 17-48 所示。

图 17-48

在打开的【回放选项】对话框中，可以设置动作的回放选项，包括【加速】【逐步】和【暂停】3 个

选项，如图 17-49 所示。

图 17-49

相关选项作用如表 17-2 所示。

表 17-2 【回放选项】对话框中各选项作用

选项	作用
加速	正常播放速度
逐步	显示每个命令的处理结果，再转入下一个命令，速度较慢
暂停	可指定播放动作时各个命令的间隔时间

17.1.13 载入外部动作库

执行【动作】面板快捷菜单中的【载入动作】命令，可以载入外部动作库。

17.1.14 条件模式更改

应用动作时，如果在动作步骤中，包括转换图像模式的操作（如将 RGB 转换为 CMYK 模式），而当时处理的图像不是 RGB 模式，就会出现动作错误。

在记录动作时，使用【条件模式更改】命令，可以为源模式指定多个模式，并为目标模式指定一个模式，以便在动作运行时进行转换。

执行【文件】→【自动】→【条件模式更改】命令，可以打开【条件模式更改】对话框，如图 17-50 所示。

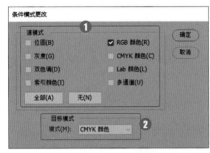

图 17-50

相关选项作用如表 17-3 所示。

表 17-3 【条件模式更改】对话框中各选项作用

选项	作用
❶ 源模式	选择源文件的颜色模式，只有与选择的颜色模式相同的文件才可以被更改。单击【全部】按钮，可选择所有可能的模式，单击【无】按钮，不选择颜色模式
❷ 目标模式	设置图像转换后的颜色模式

17.2 批处理知识

【批处理】可以将动作应用于多张图片，同时完成大量相同的、重复性的操作，以节省时间，提高工作效率，实现图像处理自动化。

17.2.1 批处理对话框

执行【文件】→【自动】→【批处理】命令，打开【批处理】对话框，如图 17-51 所示。

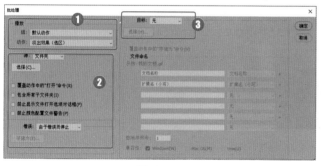

图 17-51

相关选项作用如表 17-4 所示。

表 17-4 【批处理】对话框中各选项作用

选项	作用
❶ 播放的动作	在进行批处理前，首先要选择应用的动作。分别在【组】和【动作】两个选项的下拉列表中进行选择

选项	作用
❷ 批处理源文件	在【源】选项组中可以设置文件的来源为【文件夹】【导入】【打开的文件】或是从 Bridge 中浏览的图像文件。如果设置的源图像的位置为文件夹，则可以选择批处理的文件所在文件夹位置
❸ 批处理目标文件	【目标】选项的下拉列表中包含【无】【存储并关闭】和【文件夹】3 个选项。选择【无】选项，对处理后的图像文件不做任何操作；选择【存储并关闭】选项，将文件存储在当前位置，并覆盖原来的文件；选择【文件夹】选项，将处理过的文件存储到另一位置。在【文件命名】选项组中可以设置存储文件的名称

★重点 17.2.2 实战：使用批处理命令处理图像

实例门类	软件功能

使用批处理命令处理图像，首先要在【动作】面板中设置动作，然后再通过【批处理】对话框进行设置，具体操作步骤如下。

Step01 载入图像效果动作组。执行【窗口】→【动作】命令，打开【动作】面板，单击【动作】面板右上角的扩展按钮■，选择【图像效果】选项，载入图像效果动作组，如图 17-52 所示。

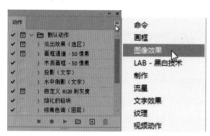

图 17-52

Step02 执行批处理命令。执行【文件】→【自动】→【批处理】命令，打开【批处理】对话框，在【组】下拉列表中，选择【图像效果】动作组；在【动作】下拉列表中选择【鳞片】动作选项，如图 17-53 所示。

图 17-53

Step03 设置选项。❶ 在【源】下拉列表中选择【文件夹】选项，❷ 单击【选择】按钮，如图 17-54 所示。

图 17-54

Step04 选择文件夹。打开【批处理】文件夹对话框。❶ 选择第 17 章素材文件中的"批处理"文件夹，❷ 单击【选择文件夹】按钮，如图 17-55 所示。

图 17-55

Step05 单击按钮。❶ 在【目标】栏中选择【文件夹】选项，❷ 单击【选择】按钮，打开【浏览文件夹】对话框，如图 17-56 所示。

图 17-56

Step06 选择批处理文件夹。❶ 选择第 17 章结果文件中的【批处理】文件夹，❷ 单击【选择文件夹】按钮，如图 17-57 所示。

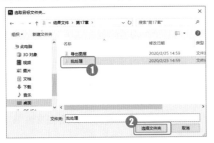

图 17-57

Step07 设置参数。在【批处理】对话框中设置好参数后，单击【确定】按钮，如图 17-58 所示。

图 17-58

Step08 设置另存为内容。处理完"1.jpg"文件后，将弹出【另存为】对话框，❶用户可以重新选择存储位置、存储格式并重命名，❷单击【保存】按钮，如图 17-59 所示。

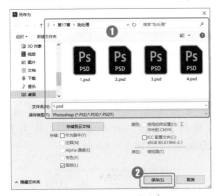

图 17-59

Step09 确定存储。弹出【Photoshop 格式选项】提示框，单击【确定】按钮，如图 17-60 所示。

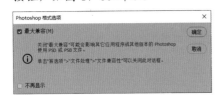

图 17-60

Step10 对比效果。Photoshop 2020 将继续自动处理图像，处理前效果如图 17-61 所示。

图 17-61

Step11 显示效果。处理后效果对比如图 17-62 所示。

图 17-62

17.2.3 实战：创建快捷批处理小程序

实例门类	软件功能

快捷批处理是一个小程序，它可以简化批处理操作的过程。创建快捷批处理的具体步骤如下。

Step01 选择批处理文件夹。执行【文件】→【自动】→【创建快捷批处理】命令，打开【创建快捷批处理】对话框，单击【选择】按钮，如图 17-63 所示。

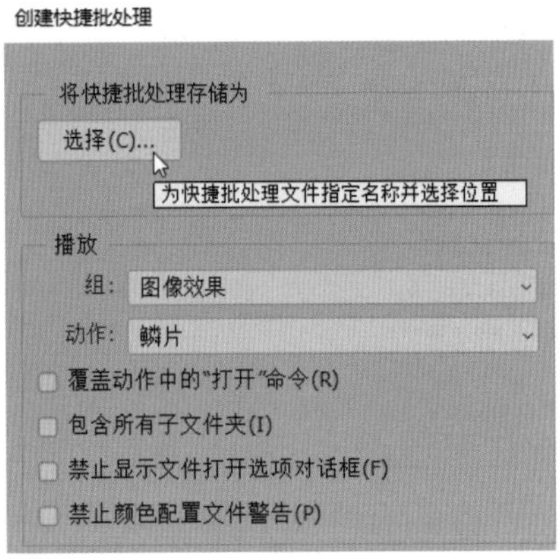

图 17-63

Step02 选择存储位置。打开【另存为】对话框，❶选择快捷批处理存储的位置，❷设置快捷批处理文件名，❸单击【保存】按钮，如图 17-64 所示。

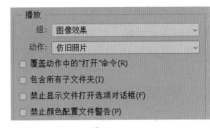

图 17-64

Step03 设置参数值。返回【创建快捷批处理】对话框，设置组、动作等参数值，如图 17-65 所示。

图 17-65

Step04 查看文件图标。打开快捷批处理存储的位置，可查快捷批处理文件图标，如图 17-66 所示。

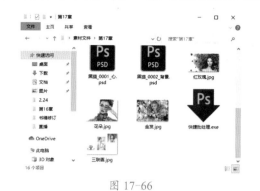

图 17-66

17.3 脚本

使用【脚本】命令可以对图像进行拼合、导出复合图层，实现另一种自动图像处理，这里不用自己编写脚本，直接使用 Photoshop 2020 提供的脚本进行操作即可。

17.3.1 图像处理器

使用【图像处理器】命令可以将一组文件中不同文件以特定的格式、大小或执行同样操作后保存，执行【文件】→【脚本】→【图像处理器】命令，打开【图像处理器】对话框，如图 17-67 所示。

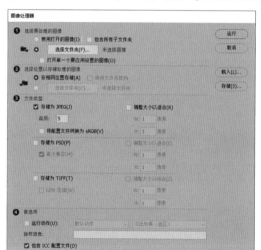

图 17-67

相关选项作用如表 17-5 所示。

表 17-5 【图像处理器】对话框中各选项作用

选项	作用
❶ 选择要处理的图像	在该组选项中，可以通过选择打开需要处理的图像或图像所在的文件夹
❷ 选择位置以存储处理的图像	在该组选项中，可选择将处理后的图像存放在相同位置或另存在其他文件夹中
❸ 文件类型	在该选项组中可以将处理的图像分别以 JPEG、PSD 和 TIFF 文件格式进行保存，还可以根据需要对图像大小进行限制
❹ 首选项	可对图像应用动作，应用的动作在下拉列表中进行选择

17.3.2 实战：将图层导出文件

实例门类	软件功能

在 Photoshop 2020 中，可以将图层作为独立的图像导出，具体操作步骤如下。

Step01 打开素材。打开"素材文件 \ 第 17 章 \ 黑猫 .psd"文件，如图 17-68 所示。

图 17-68

Step02 显示图层。在【图层】面板中，共有 3 个图层，如图 17-69 所示。

图 17-69

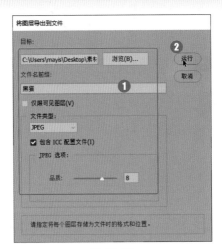

图 17-70

图 17-71

Step03 设置存储位置和文件类型。执行【文件】→【导出】→【将图层导出到文件】命令，打开【将图层导出到文件】对话框，❶ 设置存储位置和文件类型，❷ 单击【运行】按钮，如图 17-70 所示。

Step04 弹出提示框。Photoshop 2020 将自动导出图层，完成操作后，弹出【脚本警告】提示框，单击【确定】按钮，如图 17-71 所示。

Step05 查看文件。打开目标文件夹，查看每个图层导出为指定类型文件的效果，如图 17-72 所示。

图 17-72

17.4　数据驱动图形

　　利用数据驱动图形，可以准确地生成图像的多个版本，以用于印刷项目或 Web 项目。例如，以模板设计为基础，使用不同的文本和图像可以制作多种 Web 横幅。

17.4.1　定义变量

　　变量用来定义模板中的哪些元素将发生变化，在 Photoshop 2020 中可以定义 3 种类型的变量：可见性变量、像素替换变量及文本替换变量。要定义变量，首先需要创建模板图像，然后执行【图像】→【变量】→【定义】命令，打开【变量】对话框，在【图层】选项中可选择一个包含要定义为变量的内容的图层，如图 17-73 所示。

图 17-73

17.4.2　定义数据组

　　数据组是变量及其他相关数据的集合，执行【图像】→【变量】→【数据组】命令，可以打开【变量】对话框设置数据组选项，如图 17-74 所示。

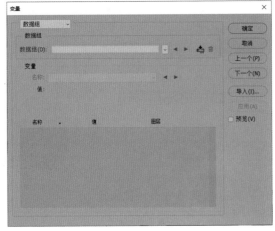

图 17-74

相关选项作用如表 17-6 所示。

表 17-6 【变量】对话框中各选项作用

选项	作用
❶ 数据组	单击■按钮可以创建数据组。如果创建了多个数据组，可单击■按钮切换数据组。选择一个数据组，单击■按钮可以将其删除
❷ 变量	在该选项内可以编辑变量数据。对于"可见性"变量，选择【可见】，可以显示图层的内容，选择【不可见】，则隐藏图层的内容；对于"像素替换"变量，单击选择文件，然后选择替换图像文件，如果在应用数据组前选择【不替换】，将使图层保持其当前状态；对于"文本替换"变量，可在【值】文本框中输入一个文本字符串

17.4.3 预览与应用数据组

在创建模板图像和数据组后，执行【图像】→【应用数据组】命令，打开【应用数据组】对话框。从列表中选择数据组，勾选【预览】复选框，可在文档窗口中预览图像，单击【应用】按钮，可将数据组的内容应用于基本图像，同时所有变量和数据组保持不变。

17.4.4 导入与导出数据组

如果在其他程序（如文本编辑器或电子表格程序）中创建了数据组，可以执行【文件】→【导入】→【变量数据组】命令，将其导入 Photoshop 2020 中。定义变量及一个或多个数据组后，可执行【文件】→【导出】→【数据组作为文件】命令，按批处理模式使用数据组值将图像输出为 PSD 格式文件。

17.5 其他文件自动化功能

除了动作、批处理和脚本功能外。在 Photoshop 2020 中还有一些其他文件自动化功能，包括制作 PDF 演示文稿、裁剪并修齐文件。

17.5.1 实战：裁剪并拉直照片

实例门类	软件功能

【裁剪并拉直照片】命令是一项自动化功能，用户可以同时扫描多张图像，然后通过该命令创建单独的图像文件，具体操作步骤如下。

Step01 打开素材。打开"素材文件\第 17 章\三联画 .jpg"文件，如图17-75 所示。

图 17-75

Step02 拆分图像文件。执行【文件】→【自动】→【裁剪并拉直照片】命令，文件自动进行操作，拆分出三个图像文件，如图 17-76 所示。

图 17-76

Step03 执行窗口排列命令。执行【窗口】→【排列】→【全部垂直拼贴】命令，如图 17-77 所示。

图 17-77

Step04 显示效果。通过前面操作，展示裁切出的单独图像文件，同时，原文件得到保留，效果如图 17-78 所示。

图 17-78

★重点 17.5.2 实战：使用 Photomerge 命令创建全景图

实例门类	软件功能

在拍摄照片时，由于相机的限制通常不能拍摄出范围太广的图片，用户可以拍摄几幅图像来进行拼接，具体操作步骤如下。

Step01 执行 Photomerge 命令。执行【文件】→【自动】→【Photmerge】命令，打开【Photmerge】对话框，如图 17-79 所示。

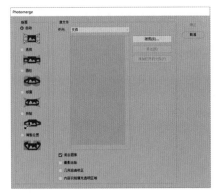

图 17-79

Step02 设置文件夹。设置【使用】为文件夹选项，单击【浏览】按钮，如图 17-80 所示。

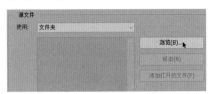

图 17-80

Step03 打开文件夹。打开【选择文件夹】对话框，选择"素材文件/第17章/全景"文件夹，单击【确定】按钮，如图 17-81 所示。

图 17-81

Step04 导入图片。导入图片到【Photomerge】对话框中，单击【确定】按钮，如图 17-82 所示。

图 17-82

Step05 完成全景照片的拼合。软件自动分析图片并进行拼合，完成全景照片的制作，如图 17-83 所示。

图 17-83

Step06 显示图层面板。图层面板如图 17-84 所示。

图 17-84

17.5.3 实战：将多张图片合并为 HDR 图像

实例门类	软件功能

Step01 打开合并到 HDR Pro 对话框。执行【文件】→【自动】→【合并到 HDR Pro】命令，打开【合并到 HDR Pro】对话框，如图 17-85 所示。

图 17-85

Step02 设置文件夹。在打开的【合并到 HDR Pro】对话框中，❶ 设置【使用】为文件夹，❷ 单击【浏览】按钮，如图 17-86 所示。

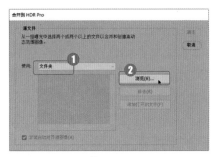

图 17-86

Step03 指定目标文件夹。在打开的【选择文件夹】对话框中，❶ 选择目标文件夹，❷ 单击【选择文件夹】按钮，如图 17-87 所示。

图 17-87

Step(04) 显示效果。通过前面的操作，将文件添加到列表中，单击【确定】按钮，如图 17-88 所示。

图 17-88

Step(05) 设置曝光值。弹出【手动设置曝光值】对话框，手动设置每张照片的曝光值，单击【确定】按钮，如图 17-89 所示。

图 17-89

Step(06) 合并图像。Photoshop 2020 会自动处理图像，并打开【合并到 HDR Pro】对话框，显示合并的源图像、合并结果的预览图像，在对话框设置参数，同时观察图像，让细节得到充分显示，如图 17-90 所示。

图 17-90

Step(07) 完成 HDR 图像制作。单击【确定】按钮，完成 HDR 图像制作，如图 17-91 所示。

图 17-91

17.5.4 实战：制作 PDF 演示文档

实例门类	软件功能

使用【PDF 演示文稿】命令可以制作 PDF 演示文稿，具体操作步骤如下。

Step(01) 执行文件命令。执行【文件】→【自动】→【PDF 演示文稿】命令，单击【浏览】按钮，如图 17-92 所示。

图 17-92

Step(02) 选择打开素材。在【打开】对话框中，❶ 选择"素材文件\第 17 章\PDF 演示文档\1.jpg，2.jpg，3.jpg，4.jpg"文件，❷ 单击【打开】按钮，将文件添加到 PDF 文档中，如图 17-93 所示。

图 17-93

Step(03) 设置输出选项。在【PDF 演示文稿】对话框的【输出选项】栏中，❶ 设置【存储为】为演示文稿，设置【背景】为黑色。❷ 在【演示文稿选项】栏中，设置【换片间隔】为 2 秒，【过渡效果】为【溶解】，如图 17-94 所示。

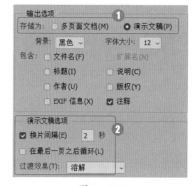

图 17-94

Step(04) 指定保存路径和名称。在【PDF 演示文稿】对话框中，单击【存储】按钮，打开【另存为】对话框，❶ 设置幻灯片保存路径和名称，❷ 单击【确定】按钮，如图 17-95 所示。

图 17-95

Step(05) 设置基础信息。打开【存储 Adobe PDF】对话框，在【一般】选项卡中，可以设置一些基础信息，如图 17-96 所示。

图 17-96

Step 06 设置压缩选项。在【压缩】选项卡中，可以设置幻灯片的压缩选项，如图 17-97 所示。

图 17-97

Step 07 设置密码。在【安全性】选项卡中，可以对幻灯片进行加密。❶ 勾选【要求打开文档的口令】复选框，❷ 在【文档打开口令】文本框中输入密码，❸ 单击【存储PDF】按钮，如图 17-98 所示。

图 17-98

Step 08 再次输入密码。在打开的【确认密码】对话框中，❶ 再次输入密码进行确认，❷ 单击【确定】按钮，Photoshop 2020 将会自动创建幻灯片，如图 17-99 所示。

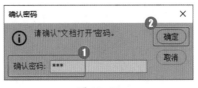

图 17-99

Step 09 查看并打开文档。在目标文件夹中，可以看到保存的 PDF 幻灯片文档，双击打开文档，如图 17-100 所示。

图 17-100

Step 10 输入口令。打开【口令】对话框，❶ 在【输入密码】文本框中输入密码，❷ 单击【确定】按钮，如图 17-101 所示。

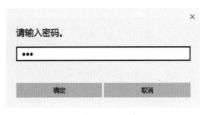

图 17-101

Step 11 显示效果。通过前面的操作，在 Adobe Reader 中打开幻灯片，并以溶解的切换方式播放幻灯片，如图 17-102 所示。

图 17-102

Step 12 显示效果。最终效果如图 17-103 所示。

图 17-103

17.5.5 实战：制作联系表

实例门类	软件功能

使用【联系表】命令可为文件夹中的图片制作缩览图，具体操作步骤如下。

Step 01 保存照片。将需要创建缩览图的图像保存在【联系表】文件夹中，如图 17-104 所示。

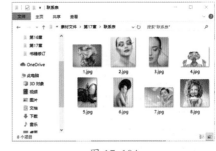

图 17-104

Step 02 执行命令。执行【文件】→【自动】→【联系表Ⅱ】命令，在打开的【联系表Ⅱ】对话框中，选择【使用】为文件夹，单击【选取】按钮，如图 17-105 所示。

图 17-105

Step03 选择文件夹。选择"素材文件\第17章\联系表"文件夹，如图 17-106 所示。

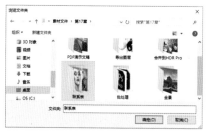

图 17-106

Step04 设置内容。在【文档】栏中，❶设置【宽度】和【高度】均为10、【分辨率】为72像素/厘米，❷在【缩览图】栏中，设置【位置】为先横向、【列数】为4、【行数】为2，如图 17-107 所示。

图 17-107

Step05 创建缩览图。完成设置后，在【联系表Ⅱ】对话框中，单击【确定】按钮，Photoshop 2020 将自动创建图像缩览图，如图 17-108 所示。

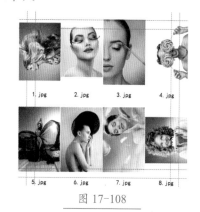

图 17-108

Step06 显示效果。图层面板最终效果如图 17-109 所示。

图 17-109

17.5.6 限制图像

【限制图像】命令可以按比例缩放图像并限制在指定的宽高范围内。

执行【文件】→【自动】→【限制图像】命令，打开【限制图像】对话框，在对话框中的【宽度】和【高度】文本框中可以输入图像的像素值，勾选【不放大】复选框后，图像像素只能进行缩小而不能进行放大处理，完成设置后，单击【确定】按钮即可，如图 17-110 所示。

图 17-110

> **技能拓展——【限制图像】命令的实际作用**
>
> 应用【限制图像】命令后，图像会按照用户指定的高度或者宽度等比例进行缩放，【限制图像】命令可以改变图像的整体像素数量，而不会改变图像的分辨率，用户可以结合动作命令，对大量图片进行统一尺寸修改。

妙招技法

通过对前面知识的学习，相信读者已经掌握了动作的应用和文件批处理的基础知识。下面结合本章内容，介绍一些实用技巧。

技巧 01：如何快速创建功能相似的动作

创建动作时，如果动作中的步骤差别不大，可以将动作拖动到【创建新动作】按钮□上，如图 17-111 所示。

图 17-111

复制该动作，然后更改其中不

同的步骤即可，如图 17-112 所示。

图 17-112

技巧 02：如何删除动作

在【动作】面板中，将动作拖动到【删除】按钮🗑上，即可删除选定的动作。执行【动作】面板扩展菜单中的【清除全部动作】命令，可以删除所有的动作。

删除动作后，可再次执行面板扩展菜单中的相应命令，载入动作。

过关练习——利用动作快速制作照片卡角

使用 Photoshop 2020 制作图像时，应用动作可以简化图像制作过程，快速完成某种图像效果的制作。合理地利用动作功能可以极大地提高工作效率。下面就利用 Photoshop 中的动作功能制作照片卡角。

素材文件	素材文件\第 17 章\火车 .jpg
结果文件	结果文件\第 17 章\火车 .psd

Step01 打开素材文件。打开"素材文件\第 17 章\火车 .jpg"文件，如图 17-113 所示。

图 17-113

Step02 制作霓虹边缘效果。在【动作】面板中，选择【图像效果】动作组中的【霓虹边缘】动作，单击【播放选定的动作】按钮▶，应用

【霓虹边缘】动作效果，如图 17-114 所示。

图 17-114

Step03 载入画框动作组。单击【动作】面板的扩展按钮，在扩展菜单中选择【画框】动作组，载入【画框】动作组至【动作】面板，如图 17-115 所示。

图 17-115

Step04 制作照片卡角效果。选择【画框】动作组中的【照片卡角】动作，单击【播放选定的动作】按钮▶，如图 17-116 所示；应用【照片卡角】动作效果，完成图像效果制作，如图 17-117 所示。

图 17-116

图 17-117

本章小结

本章详细讲解了 Photoshop 2020 中动作、批处理和自动化功能，包括图像处理器、数据驱动图像、裁剪并修齐图像、制作 PDF 演示文档、制作联系表等，它们都可以实现图像的自动化功能。自动化功能可以避免重复操作、提高工作效率，所以认真学习并熟练操作自动化功能是非常重要的。

第18章 3D 图像的编辑和渲染

➡ 在 Photoshop 中如何创建 3D 模型？
➡ 如何调整 3D 对象？
➡ 怎么创建 3D 模型的灯光和材质？
➡ 如何实现 3D 图像的渲染？

Photoshop 2020 突破了二维图像处理的限制，提供了强大的 3D 图像处理功能。通过对本章内容的学习，读者将掌握如何在 Photoshop 2020 中处理和编辑 3D 图像。

18.1 3D 基础和对象调整工具

在 Photoshop 2020 中应用 3D 功能，需要启用 OpenGL 功能。3D 工具包括【3D 对象】工具组和【3D 相机】工具组，下面将分别进行讲解。

18.1.1 认识 3D 文件

Photoshop 2020 中的 3D 文件基础知识如下。

1. 打开 3D 文件

在 Photoshop 2020 中，打开 3D 文件有以下两种方法。

方法 1：要单独打开 3D 文件，可以执行【文件】→【打开】命令，在【打开】对话框中选择需要打开的文件即可。

方法 2：要在已经打开的文件中将 3D 文件添加为图层，可以执行【3D】→【从文件新建 3D 图层】命令，然后在【打开】对话框中选择要添加的 3D 文件。新图层将反映已打开文件的尺寸，并在透明背景上显示 3D 模型。

> **技术看板**
>
> Photoshop 可以打开下列 3D 文件格式：U3D、3DS、OBJ、DAE (Collada) 及 KMZ (Google Earth)。

2. 3D 文件的组成

3D 文件包含以下组件。

（1）网格：提供 3D 模型的底层结构。通常，网格看起来是由成千上万个单独的多边形框架结构组成的线框。3D 模型通常至少包含一个网格，也可能包含多个网格。在 Photoshop 中，既可以在多种渲染模式下查看网格，也可以分别对每个网格进行操作。如果无法修改网格中实际的多边形，则可以更改其方向，并且可以通过沿不同坐标进行缩放以变换其形状。还可以通过使用预先提供的形状或转换现有的 2D 图层，创建自己的 3D 网格。

> **技术看板**
>
> 要编辑 3D 模型本身的多边形网格，必须用 3D 文件创建程序进行编辑。

（2）材质：一个网格可具有一种或多种相关的材质，这些材质控制整个网格的外观或局部网格的外观。这些材质依次构建于被称为纹理映射的子组件，它们的积累效果可创建材质的外观。纹理映射本身就是一种 2D 图像文件，它可以产生各种品质，如颜色、图案、反光度或崎岖度。Photoshop 材质最多可使用九种不同的纹理映射来定义其整体外观。

（3）光源：类型包括无限光、点测光、点光及环绕场景的基于图像的光。用户可以移动和调整现有光照的颜色和强度，并且可以将新光照添加到 3D 场景中。

18.1.2 启用 OpenGL 功能

OpenGL 是一种软件和硬件标准，可在处理大型或复杂图像（如 3D 文件）时加速视频处理过程。不过使用 OpenGL 功能需要显卡支持 OpenGL 的标准，如果用户的显卡支持 OpenGL 功能，可以使用下面介绍的方法启用 OpenGL 功能。

执行【编辑】→【首选项】→【性能】命令，在弹出的【首选项】对话框中单击【高级设置】按钮，在打开的【高级图形处理器设置】中勾选【使用 OpenGL】复选框，单击【确定】按钮即可启用 OpenGL 绘图功能，如图 18-1 所示。

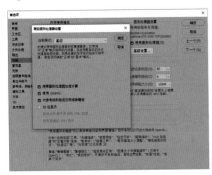

图 18-1

技术看板

如果用户的显卡不支持 OpenGL 的标准，则不能选中【启用 OpenGL 绘图】选项，在这种情况下，需要升级显卡驱动程序或者更换新的显卡，才能启用 OpenGL 功能。

★重点 18.1.3 3D 对象调整工具

3D 对象调整工具包括【3D 对象】工具组和【3D 相机】工具组，【3D 对象】工具组主要是对 3D 图形的位置和大小进行编辑，【3D 相机】工具组可以改变 3D 图形的视图。

1. 3D 模式

该模式组可以更改 3D 模型的位置和大小，并且可以任意旋转和缩放模型，其选项栏如图 18-2 所示。

图 18-2

相关选项作用如表 18-1 所示。

表 18-1　3D 模式选项栏中各选项作用

选项	作用
❶ 旋转 3D 对象	在 3D 模型中进行上下拖动可使模型围绕 X 轴进行旋转，进行两侧拖动可使模型围绕 Y 轴进行旋转，按住【Alt】键同时拖移模型可以滚动模型
❷ 滚动 3D 对象	单击此按钮，在 3D 模型中进行两侧拖动可使模型围绕 Z 轴旋转
❸ 拖动 3D 对象	在 3D 模型两侧拖动可沿着水平方向移动模型，上下拖动可使 3D 模型沿着垂直方向进行移动，按住【Alt】键拖动模型可沿 X/Y 方向移动

选项	作用
❹ 滑动 3D 对象	在模型的两侧拖动可以沿着水平方向移动模型，上下拖动可以将模型移远或者移近，按住【Alt】键拖移模型可沿着 X/Y 方向移动
❺ 缩放 3D 对象	单击此按钮，上下拖动模型时，可以将模型放大或者缩小

续表

2. 移动窗口

可以对 3D 模型的视图进行滚动、环绕、平移等操作，其属性栏的常见选项如图 18-3 所示。

图 18-3

相关选项作用如表 18-2 所示。

表 18-2　移动窗口属性栏中各选项作用

选项	作用
❶ 环绕移动 3D 相机	单击此按钮，拖动可以将相机沿着 X 轴或 Y 轴方向环绕移动。按住【Ctrl】键同时拖移可滚动相机
❷ 平移 3D 相机	单击此按钮并拖拽鼠标，可以在场景中平移对象
❸ 移动 3D 相机	单击此按钮，拖动可以沿着 Y 轴方向移动对象

18.2　3D 基本操作

引入 3D 图层功能后，用户可以很轻松地在 Photoshop 2020 中创建三维图像，为平面图像增加三维元素。本节将介绍 3D 图像的创建、3D 对象的调整工具等关于 3D 的基本操作。

★重点 18.2.1 创建 3D 模型

在 Photoshop 2020 版本中可以通过多种方式来创建 3D 模型，下面介绍几种常用的创建 3D 模型的方法。

1. 从 2D 图像中创建 3D 形状

Photoshop 可以把 2D 对象（如图层、文字、路径）作为起始点，生成各种基本的 3D 对象，如图 18-4 所示。创建 3D 对象后，可以在 3D 空间移动 3D 对象、更改渲染设置、添加光源或将其与其他 3D 图层合并。

图 18-4

选中需要创建 3D 对象的图层，执行【3D】→【从所选图层新建 3D 模型】命令，进入 3D 操作界面，创建 3D 模型，如图 18-5 所示。

图 18-5

如果创建了选区，执行【3D】→【从当前选区新建 3D 模型】命令，可以将选区创建为 3D 模型；如果创建了路径，执行【3D】→【从所选路径新建 3D 模型】命令，可以将所选路径创建为 3D 模型。

2. 创建 3D 明信片

执行【明信片】命令，可以将 2D 图层或多图层转换为 3D 明信片，即具有 3D 属性的平面。创建 3D 明信片的具体操作步骤如下。

Step 01 选择目标图层。选择目标图层，如图 18-6 所示。

图 18-6

Step 02 转换目标图层。执行【3D】→【从图层新建网格】→【明信片】命令，将目标图层转换为 3D 图层，完成转换后，用户可以像编辑 3D 对象一样编辑平面图像。例如，使用 3D 滚动相机工具旋转 3D 对象视图，如图 18-7 所示。

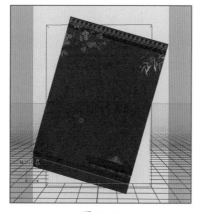

图 18-7

3. 网格预设

Photoshop CC 中提供了许多 3D 模型。执行【3D】→【从图层新建网格】→【网格预设】命令，即可在子菜单中选择一个 3D 形状，如图 18-8 所示。这些形状包括【圆环】【球体】和【帽形】等单一网格对象，以及【锥形】【立方体】【圆柱体】【易拉罐】和【酒瓶】等多网格对象，如图 18-9 所示。

图 18-8

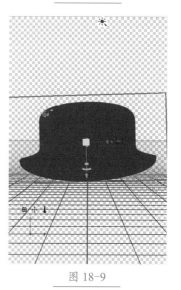

图 18-9

4. 深度映射到

执行【深度映射到】命令可以将灰度图像转换为深度映射，从而将明度值转换为深度不一的表面。较亮的值生成表面上凸起的区域，较暗的值生成凹下的区域。然后Photoshop 将深度映射应用于四个可能的几何形状中的一个，以创建3D 模型，如图 18-10 所示。

图 18-10

相关选项作用如表 18-3 所示。

表 18-3【深度映射到】菜单中的各选项作用

选项	作用
❶ 平面	将深度映射数据应用于平面表面
❷ 双面平面	创建两个沿中心轴对称的平面，并将深度映射数据应用于两个平面
❸ 纯色凸出	画面向一个方向凸出
❹ 双面纯色凸出	画面向前后两个方向凸出
❺ 圆柱体	从垂直轴中心向外应用深度映射数据
❻ 球体	从中心点向外呈放射状应用深度映射数据

🔖 技术看板

Photoshop 可以打开下列 3D 文件格式：U3D、3DS、OBJ、DAE (Collada) 及 KMZ (Google Earth)。完成 3D 模型的编辑后，即不再编辑 3D 模型位置、渲染模式纹理或光源时，可以将 3D 图层转换为普通图层。完成转换后，图像会保留 3D 场景的

外观，右击图层，在弹出的快捷菜单中执行【栅格化 3D】命令，可以将 3D 图层转换为普通图层。

5. 3D 模型的绘制

用户可以使用绘画类工具直接在 3D 模型上进行绘画，就像在 2D 图层上绘画一样。使用选择工具将特定的模型区域设为目标，如图 18-11 所示。

图 18-11

或者让 Photoshop 识别并高亮显示可绘画的区域。使用 3D 菜单命令可清除模型区域，从而访问内部或隐藏的部分，以便进行绘画。

直接在模型上绘画时，可以选择要应用绘画的底层纹理映射。通常情况下，绘画应用于漫射纹理映射，以便为模型材质添加颜色属性。也可以在其他纹理映射上绘画，如凹凸映射或不透明度映射。如果在其绘画的模型区域缺少绘制的纹理映射类型，则会自动创建纹理映射。例如，选择工具箱中的画笔工具，在选项栏中更改画笔【混合模式】为叠加，在 3D 对象上拖动鼠标，可以直接进行绘制。如图 18-12 所示。

图 18-12

6. 拼贴绘画

执行【3D】→【从图层新建拼贴绘画】命令，可以将二维对象转换为拼贴绘画效果。如图 18-13所示。

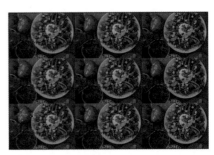

图 18-13

7. 创建 3D 体积

Photoshop 可以直接创建 3D 体积模型。选择对象后，执行【3D】→【从图层新建网格】→【体积】命令，即可完成 3D 体积的创建。

选择两个图层，如图 18-14 所示。

图 18-14

完成 3D 体积模型创建，效果如图 18-16 所示。

执行【3D】→【从图层新建网格】→【体积】命令，打开【转换为体积】对话框，单击【确定】按钮，如图 18-15 所示。

图 18-15

图 18-16

★重点 18.2.2 3D 面板的应用

选择 3D 图层后，3D 面板会显示关联的 3D 文件的组件。通过 3D 面板可以设置 3D 模型的材质、灯光等选项。执行【窗口】→【3D】命令，可以打开 3D 面板，如图 18-17 所示。

图 18-17

相关选项作用如表 18-4 所示。

表 18-4 【3D】设置面板中的各选项作用

选项	作用
❶3D 明信片	通过明信片创建 3D 模型
❷3D 模型	通过 3D 模型创建模型

续表

选项	作用
❸ 从预设创建网格	通过预设创建 3D 模型
❹ 从深度映射创建网格	通过深度映射创建 3D 模型
❺3D 体积	通过体积创建 3D 模型

1. 3D 场景

在 Photoshop 2020 中创建 3D 模型对象后，3D 面板中显示场景参数，如图 18-18 所示。

图 18-18

属性面板显示如图 18-19 所示。

图 18-19

相关选项作用如表 18-5 所示。

表 18-5 【场景】属性面板中的选项作用

选项	作用
❶ 预设	可以从预设中选择模型显示的效果

续表

选项	作用
❷ 横截面	勾选此复选框可以创建以所选角度与模型相交的平面横截面。这样可以切入模型内部，查看里面的内容
❸ 表面	可以设置模型表面的样式、纹理等内容
❹ 线条	可以设置模型线条的样式、宽度、角度等内容
❺ 点	可以设置模型顶点的颜色、样式、半径等内容

单击【环境】选项，如图 18-20 所示。

图 18-20

此时属性面板显示如图 18-21 所示。

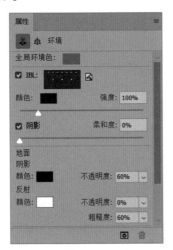

图 18-21

技能拓展——环境属性面板

在 3D 面板选择【环境】选项，单击属性面板中的【坐标】按钮，显示坐标内容，勾选【在画布上显示3D 尺寸】复选框，如图 18-22 所示。

图 18-22

场景中显示 3D 对象的尺寸，效果如图 18-23 所示。

图 18-23

2. 网格

在 3D 面板中单击【滤镜：网格】按钮，显示打开的 3D 图像的网格组件。如图 18-24 所示。

图 18-24

技能拓展——RAW 格式的优势

RAW 格式与其他格式的区别在于，将照片存储为其他格式时，数码相机会调节图像的颜色、清晰度、色阶和分辨率，然后进行压缩。而使用 RAW 格式则可以直接记录感光元件上获取的信息。因此，RAW 拥有其他图像无法相比的大量拍摄信息。

属性面板显示如图 18-25 所示。

图 18-25

相关选项作用如表 18-6 所示。

表 18-6 【网格】属性设置面板中的各选项作用

选项	作用
❶ 捕捉阴影	控制选定的网格是否在其表面上显示其他网格所产生的阴影
❷ 投影	控制选定网格是否投影到其他网格表面上
❸ 不可见	隐藏网格，但显示其表面的所有阴影
❹ 编辑源	单击此按钮，进入绘画界面

3. 材质

单击 3D 面板上的【滤镜：材质】按钮，在面板中会显示打开的 3D 图像中所使用的材料，如图 18-26 所示。

图 18-26

3D 属性面板顶部列出了在 3D 文件中使用的材质。可以使用一种或多种材质来创建模型的整体外观。如果模型包含多个网格，则每个网格可能会有与之关联的特定材质。或者模型可能是通过一个网格构建的，但在模型的不同区域中使用了不同的材质。属性面板显示如图 18-27 所示。

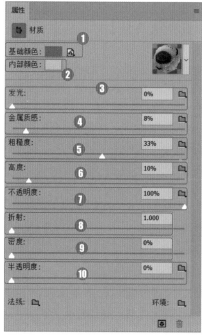

图 18-27

相关选项作用如表 18-7 所示。

表 18-7 【材质】属性设置面板中的各选项作用

选项	作用
❶ 基础颜色	材质的颜色。漫射映射可以是实色或任意 2D 内容。如果选择移去漫射纹理映射，则【漫射】色板值会设置漫射颜色。还可以通过直接在模型上绘画来创建漫射映射
❷ 内部颜色	镜面属性显示的颜色
❸ 发光	定义不依赖于光照即可显示的颜色。创建从内部照亮 3D 对象的效果
❹ 金属质感	设置材质的金属质感度
❺ 粗糙度	在材质表面创建的光滑度
❻ 高度	设置材质的高度比例
❼ 不透明度	增加或减少材质的不透明度（在 0~100% 范围内）
❽ 折射	设置折射率
❾ 密度	设置材质的密度值
❿ 半透明度	设置材质的半透明效果

技术看板

对于 3D 面板顶部选定的材质，底部会显示该材质所使用的特定纹理映射。某些纹理类型（如【漫射】和【凹凸】），通常依赖于 2D 文件来提供创建纹理的特定颜色或图案。

对于其他纹理类型，可能不需要单独的 2D 文件。例如，可以直接通过输入值来调整【光泽】【闪亮】【不透明度】或【反射】材质所使用的纹理映射，它们会作为【纹理】出现在【图层】面板中，并纹理映射类别编组。

4. 光源

单击面板上方的【滤镜：光源】按钮，在面板中即会显示打开的 3D 图像中所使用的光源，如图 18-28 所示。3D 光源从不同角度照亮模型，从而添加逼真的深度和阴影。

图 18-28

3D 光源的属性面板显示如图 18-29 所示。

图 18-29

相关选项作用如表 18-8 所示。

表 18-8 【光源】属性设置面板中的各选项作用

选项	作用
❶ 预设	选择预设光源
❷ 类型	选择需要的光照类型，如点光、聚光灯、无限光
❸ 颜色	定义光源的颜色。单击颜色块可以打开拾色器
❹ 强度	调整光照的亮度

续表

	选项	作用
❺	阴影	从前景表面到背景表面、从单一网格到其自身或从一个网格到另一个网格的投影
❻	柔和度	模糊阴影边缘，产生逐渐衰减的效果
❼	移到视图	单击此按钮，将设置完成的光源应用到视图中

18.2.3 创建和编辑 3D 模型纹理

使用 Photoshop 的绘画工具和调整工具可以编辑 3D 文件中包含的纹理，或创建新的纹理。打开 3D 文件时，纹理作为 2D 文件与 3D 模型一起导入。它们会作为条目显示在【图层】面板中，嵌套于 3D 图层下方，并按以下映射类型编组：散射、凹凸、光泽度等。

1. 编辑 2D 格式的纹理

在【图层】面板中双击 3D 图层纹理，就可以将该纹理作为智能对象在一个独立窗口中打开，在窗口中可以对 2D 纹理图像进行编辑，其效果会应用到 3D 图像中。3D 图层本身是作为一个智能图层存在的，操作方法和编辑智能对象相似，如图 18-30 所示。

图 18-30

2. 重新参数化纹理映射

如果纹理未正确映射到底层模型网格 3D 模型上，效果较差的纹理映射就会在模型表面外观中产生明显的扭曲，如多余的接缝、纹理图案中的拉伸或挤压区域。当用户直接在模型上绘画时，效果较差的纹理映射还会造成不可预料的结果。

【重新参数化】命令可以将纹理重新映射到模型，以校正扭曲并创建更有效的表面覆盖。执行【3D】→【重新参数化】命令，会弹出提示框，提示用户正在将纹理重新应用于模型，单击【确定】按钮，在弹出的对话框中选择重新参数化选项，即可将 3D 模式的纹理映射重新参数化。

★重点 18.2.4 3D 图像渲染和存储

本节将介绍 3D 图像的渲染、导出和存储 3D 文件，以便将创建的 3D 模型输出为其他三维软件能够处理的格式。

1. 更改 3D 渲染设置

渲染设置决定如何绘制 3D 模型。Photoshop 自定许多常见预设。自定设置可以创建自定义预设，渲染设置是图层特定的，如果文档包含多个 3D 图层，需要为每个图层分别指定渲染设置。

执行【3D】→【渲染要提交的文档】命令，打开【渲染视频】对话框，在对话框中可以进行渲染设置，如图 18-31 所示。

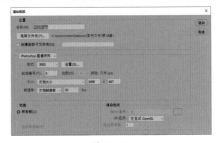

图 18-31

2. 导出 3D 图层

要保留文件中的 3D 内容，可以将文件以 Photoshop 格式或另一种支持的图像格式存储，还可以用支持的 3D 文件格式将 3D 图层导出为文件。

在 Photoshop 2020 中，可以使用以下 3D 格式导出 3D 图层：Collada DAE、Wavefront/OBJ、U3D 和 Google Earth 4 KMZ。导出 3D 图层的具体操作方法如下。

选择需要导出的 3D 图层，执行【3D】→【导出 3D 图层】命令，在【导出属性】对话框中设置参数，单击【确定】按钮，打开【另存为】对话框，选择存储路径、文件名和存储格式，如图 18-32 所示。

图 18-32

完成设置后，单击【保存】按钮，弹出【3D 导出选项】对话框，在对话框中，设置纹理格式，如果导出为 U3D 格式，可以选择编码选项。ECMA1 与 Acrobat 7.0 兼容；ECMA 3 与 Acrobat 8.0 及更高版本兼容，并提供一些网格压缩。完成设置后，单击【确定】按钮。

3. 存储 3D 文件

要保留 3D 模型的位置、光源、渲染模式和横截面，可以将包含 3D 图层的文件以 PSD、PSB、TIFF、或 PDF 格式储存。具体操作方法如下。

执行【文件】→【存储】或【文件】→【存储为】命令，在打开的对话框中，设置存储位置和文件名，并选择存储格式，如 Photoshop (PSD)、Photoshop PDF 或 TIFF 格式。完成设置后，单击【保存】按钮即可，如图 18-33 所示。

图 18-33

技术看板

选择导出格式时，需要考虑以下几个因素：【纹理】图层以所有 3D 文件格式存储；但是 U3D 只保留【漫射】【环境】和【不透明度】纹理映射；Wavefront/OBJ 格式不存储相机设置、光源和动画；只有 Collada DAE 会存储渲染设置。

18.2.5 实战：制作星云海报

Step01 打开素材文件。打开"素材文件\第18章\星云.Gif"文件，按【Ctrl+J】组合键复制图层，如图 18-34 所示。

图 18-34

Step02 旋转扭曲图像。选中【图层1】，执行【滤镜】→【扭曲】→【旋转扭曲】命令，在【旋转扭曲】对话框中设置【角度】为241度，如图 18-35 所示；图像效果如图 18-36 所示。

图 18-35

图 18-36

Step03 执行深度映射命令。执行【3D】→【从图层新建网格】→【深度映射到】→【平面】命令，

图像效果如图 18-37 所示。

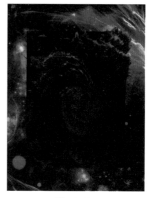

图 18-37

Step04 调整图像位置及大小。使用 3D 对象调整工具调整对象大小、位置和角度，效果如图 18-38 所示。

图 18-38

Step05 设置渲染样式。在 3D 面板中选择【场景】，如图 18-39 所示；在【场景】属性面板中，设置【样式】为未照亮的纹理，如图 18-40 所示。

图 18-39

图 18-40

Step**06** 显示效果。通过前面的操作，图像效果如图 18-41 所示。

图 18-41

Step**07** 提亮图像。新建【曲线】调整图层，向上拖动曲线，提亮图像，如图 18-42 所示。

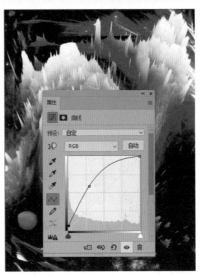

图 18-42

Step**08** 模糊背景图像。选中【背景】图层，执行【滤镜】→【模糊】→【高斯模糊】命令，在【高斯模糊】对话框中设置【半径】为 10 像素，如图 18-43 所示。

图 18-43

Step**09** 添加图层蒙版，融合图像。

选中【图层 1】，单击图层面板底部【新建图层蒙版】按钮，添加图层蒙版。使用黑色柔角画笔，设置【流量】为 30，在图像边界处涂抹使图像融合得更加自然，如图 18-44 所示。

图 18-44

Step**10** 添加文字，完成图像效果制作。选择【横排文字工具】，在图像上输入文字，完成图像效果制作，如图 18-45 所示。

图 18-45

妙招技法

通过对前面知识的学习，相信读者已经掌握了 Photoshop 2020 中 3D 功能的基本操作了。下面结合本章内容，介绍一些实用技巧。

技巧 01：Photoshop 2020 中的 3D 光源有几种？

Photoshop 提供了 3 种类型的光源，包括点光、聚光灯、无限光，如图 18-46 所示。

图 18-46

每种光源都可以进行参数设置，以创建出更加逼真的光源效果，如图 18-47 所示。

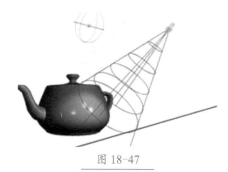

图 18-47

技能拓展——各种光源的特点

点光：可以设置 3D 图像中的点光，光源向四周发射。

聚光灯：可以设置 3D 图像中的聚光灯，聚光灯可以照射出锥形光线。

无限光：可以设置 3D 图像中的无限光，无限光是从一个方向平面照射。

技巧 02：Photoshop 2020 中如何渲染 3D 对象？

在 Photoshop 2020 中，单击【3D】面板底部的 █ 按钮就可以渲染 3D 对象，如图 18-48 所示。

图 18-48

技能拓展——渲染

渲染完成后，可以拼合 3D 场景以使用其他格式输出、将 3D 场景与 2D 图像拼合，或直接从 3D 图层打印文件。

渲染可增强 3D 场景中的以下效果：基于光照和全局环境色的图像；对象反射产生的光照（颜色出血）；减少柔和阴影中的杂色。最终渲染需要的时间具体取决于 3D 场景中的模型、光照和映射。

技巧 03：为什么 3D 导出格式导出的效果不一样？

选取导出格式时，需要考虑以下几个因素：【纹理】图层以所有 3D 文件格式存储；U3D 只保留【漫射】【环境】和【不透明度】纹理映射；Wavefront/OBJ 格式不存储相机设置、光源和动画；只有 Collada DAE 会存储渲染设置。

过关练习——制作 3D 扭曲文字

在 Photoshop 中为文字创建 3D 模型后，设置【变形属性】面板中的参数可以创建有趣的扭曲效果，下面就来制作 3D 扭曲文字。

素材文件	
结果文件	结果文件 \ 第18章 \ 晨光下的木椅 .psd

具体操作步骤如下。

Step 01 新建文档。按【Ctrl+N】组合键执行新建命令，在打开的【新建文档】对话框中设置【宽度】为 1300 像素、【高度】为 1980 像素、【分辨率】为 72 像素 / 英寸，单击【创建】按钮，如图 18-49 所示。

图 18-49

Step 02 输入文字。使用【横排文字工具】输入文字，在选项栏设置字体系列、大小和颜色，如图 18-50 所示。

图 18-50

Step③ 创建 3D 模型。执行【3D】→【从所选图层创建 3D 模型】命令，创建 3D 模型，如图 18-51 所示。

图 18-51

Step④ 选择场景。在【3D】面板中选中【场景】，如图 18-52 所示。

图 18-52

Step⑤ 设置属性参数。在【属性】面板中设置【表面样式】为 Normals，勾选【线条】复选框，设置【角度阈值】为 180 度，如图 18-53 所示。

图 18-53

Step⑥ 选择文字。在【3D】面板中选中【开】图层，如图 18-54 所示。

图 18-54

Step⑦ 设置属性参数。在【属性】面板中单击◼按钮，设置变形参数，如图 18-55 所示。

图 18-55

Step⑧ 显示效果。通过前面的操作扭曲文字，效果如图 18-56 示。

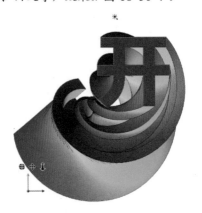

图 18-56

Step⑨ 调整对象。使用 3D 对象调整工具调整对象的角度，大小和位置，如图 18-57 所示。

图 18-57

Step⑩ 输入文字。切换到【图层】面板，输入文字，在选项栏设置字体系列、大小和颜色，如图 18-58 所示。

图 18-58

Step⑪ 创建 3D 模型。执行【3D】→【从所选图层创建 3D 模型】命令，创建 3D 模型，如图 18-59 所示。

图 18-59

Step⑫ 扭曲 3D 文字。使用前面相同的操作方法扭曲文字，如图 18-60 所示。

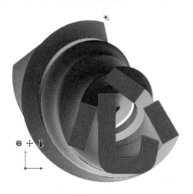

图 18-60

Step⑬ 调整图层顺序。切换到【图层】面板，拖动【心】图层到【开】图层下方，如图 18-61 所示。

图 18-61

Step⑭ 调整对象。选择【心】图层。使用 3D 对象调整工具调整对象的角度，大小和位置，如图 18-62 所示。

图 18-62

Step⑮ 渲染对象。分别选择【心】图层和【开】图层，切换到【3D】面板中，单击面板底部的◉按钮，渲染对象，如图 18-63 所示。

图 18-63

Step⑯ 设置渐变效果。退出 3D 工作界面。选择【渐变工具】，打开【渐变编辑器】对话框，选择【绿色】渐变组中的"绿色_16"渐变色，设置【渐变方式】为径向渐变，如图 18-64 所示。

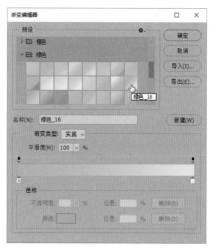

图 18-64

Step⑰ 填充渐变色。选择【背景】图层。从右上角向左下角拖动鼠标填充渐变色，效果如图 18-65 所示。

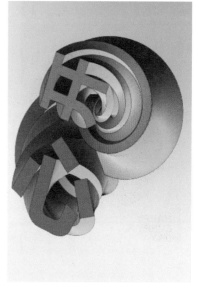

图 18-65

Step⑱ 调整文字大小和位置。选择所有文字图层，按【Ctrl+T】组合键执行【自由变换】命令，适当缩小对象，并将其放置在画布的中心，如图 18-66 所示。

图 18-66

Step⑲ 制作装饰元素。制作装饰元素和文字，完成 3D 扭曲文字效果的制作，最终效果如图 18-67 所示。

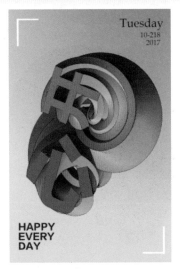

图 18-67

本章小结

通过对本章知识的学习，相信读者已经了解 Photoshop 2020 中 3D 图像的创建、编辑和渲染存储等内容。本章主要介绍了 3D 对象的应用方法。Photoshop 使用户能够设定 3D 模型的位置并将其制成动画、编辑纹理和光照，以及使用多种渲染模式对 3D 图像进行渲染输出。

本章学习的重点是 3D 对象的创建和编辑，Photoshop 2020 版本新增了创建 3D 对象的功能，可以为 2D 选区、文本图层、图层蒙版或工作路径快速添加 3D 效果。3D 图像的渲染和导出能够使 3D 图像灵活地在软件之间进行转换，是本章必须掌握的内容。

第19章 Web 图像的处理与打印输出

➜ 什么是 Web 图像？

➜ 切片有什么用处？

➜ 如何清除切片？

➜ 如何设置打印标记？

➜ 陷印和打印有什么区别？

随着互联网的发展，Photoshop 2020 在网络图像方面的应用来越来越多。学习本章内容，将使读者在网络图像设计方面更加得心应手。

19.1 关于 Web 图形

在 Photoshop 2020 中对网页图像进行编辑后，可以将图像直接进行优化，并存储为 Web 中图像所需的格式，便于网络传输。下面介绍 Web 图形和 Web 安全色。

19.1.1 了解 Web

Web 工具可以帮助我们设计和优化单个 Web 图形或整个页面布局，让我们能轻松创建网页的组件。例如，使用图层和切片可以设计网页和网页界面元素，使用图层复合可以试验不同的页面组合或导出页面的各种变化形式等。在 Photoshop 2020 中对图像进行编辑后，可将图像直接进行切片、优化，然后存储为 Web 中图像所需的格式，便于网络传输。

★重点 19.1.2 Web 安全色

颜色是网页设计的重要内容，计算机屏幕上看到的颜色不一定都能在其他系统的 Web 浏览器中以同样的效果显示。为了使 Web 图形的颜色能够在所有的显示器上看起来一模一样，在制作网页时，就需要使用 Web 安全色。

在【拾色器】或【颜色】面板中选择颜色时，如果出现小方块图标，可单击该图标下方的颜色块，将当前颜色替换为与其最为接近的 Web 安全颜色。如图 19-1 所示。

图 19-1

勾选【只有 Web 颜色】复选框，将只显示 Web 安全颜色，如图 19-2 所示。

图 19-2

在设置颜色时，可在【颜色】面板的扩展菜单中选择【Web 颜色滑块】选项，如图 19-3 所示。

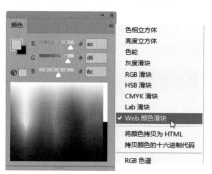

图 19-3

【拾色器】面板始终在 Web 安全颜色模式下工作，如图 19-4 所示。

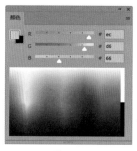

图 19-4

19.2 创建与修改切片

在制作网页时，通常要对网页进行分割，即制作切片。通过优化切片可以对分割的图像进行不同程度的压缩，以减少图像的下载时间。另外，还可以为切片制作动画，链接到 URL 地址，或者使用它们制作翻转按钮。

19.2.1 了解切片类型

续表

选项	作用
❷ 宽度 / 高度	设置裁剪区域的宽度和高度
❸ 基于参考线的切片	可以先设置好参考线，然后单击此按钮，让软件自动按参考线分切图像

使用【切片工具】 🔪 的具体操作步骤如下。

在 Photoshop 2020 中，使用切片工具创建的切片称为用户切片，通过图层创建的切片称为基于图层的切片。

创建新的用户切片或基于图层的切片时，会生成附加的自动切片来占据图像的其余区域，自动切片可填充图像中用户切片或基于图层的切片未定义的空间。每次添加或编辑用户切片或基于图层的切片时，都会重新生成自动切片。用户切片和基于图层的切片由实线定义，而自动切片则由虚线定义。

Step 01 打开素材创建切片。打开"素材文件\第19章\绿.jpg"文件，选择【切片工具】 🔪，在创建切片的区域上单击并拖出一个矩形框，如图 19-6 所示。

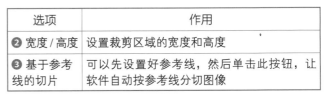

图 19-6

★重点 19.2.2 实战：创建切片

实例门类	软件功能

创建切片的方式包括使用【切片工具】 🔪 创建用户切片和基于图层创建切片，下面分别进行介绍。

1. 切片工具

【切片工具】 🔪 的功能是根据图像优化和链接要求裁切图像，其选项栏如图 19-5 所示。

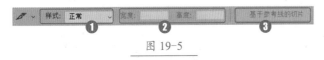

图 19-5

相关选项作用如表 19-1 所示。

表 19-1 【切片工具】选项栏中各选项作用

选项	作用
❶ 样式	选择切片的类型，选择【正常】样式，通过拖动鼠标确定切片的大小；选择【固定长宽比】样式并输入切片的长宽比，可创建具有固定长宽比的切片；选择【固定大小】样式，输入切片的高度和宽度，然后在画面单击，即可创建指定大小的切片

Step 02 显示效果。释放鼠标即可创建一个用户切片，效果如图 19-7 所示。

图 19-7

技术看板

按住【Shift】键拖动【切片工具】 🔪 可以创建正方形切片；按住【Alt】键拖动，可以从中心向外创建切片。

2. 基于图层创建切片

基于图层创建切片，必须要有两个或两个以上的图层，具体操作步骤如下。

Step 01 打开素材并选择工具。打开

"素材文件\第19章\太阳.psd"文件，选择【切片工具】 🔪，如图 19-8 所示。

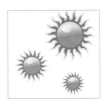

图 19-8

Step02 选择图层。在【图层】面板中选择【大】图层，如图19-9所示。

图 19-9

Step03 创建切片。执行【图层】→

【新建基于图层的切片】命令，基于图层创建切片，切片会包含该图层中所有的像素，如图19-10所示。

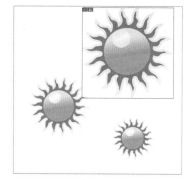

图 19-10

Step04 调整切片区域。当创建基于图层切片以后，移动和编辑图层内容时，切片区域也会随之自动调整，如图19-11所示。

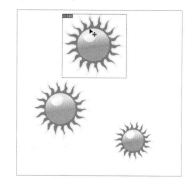

图 19-11

★重点 19.2.3 实战：选择、移动和调整切片

实例门类	软件功能

使用【切片选择工具】可以选择切片、移动和调整切片大小，其选项栏如图19-12所示。

图 19-12

相关选项作用如表19-2所示。

表 19-2 【切片选择工具】选项栏中各选项作用

选项	作用
❶ 调整切片堆叠顺序	在创建切片时，最后创建的切片是堆叠顺序中的顶层切片。当切片重叠时，可单击该选项中的按钮，改变切片的堆叠顺序，以便能够选择到底层的切片
❷ 提升	单击该按钮，可以将所选的自动切片或图层切片转换为用户切片。
❸ 划分	单击该按钮，可以打开【划分切片】对话框对所选切片进行划分
❹ 对齐与分布切片	选择多个切片后，单击该选项中的按钮可对齐或分布切片，这些按钮的使用方法与对齐和分布图层的按钮相。
❺ 隐藏/显示自动切片	单击该按钮，可以隐藏/显示自动切片
❻ 设置切片选项	单击该按钮，可在打开的【切片选项】对话框中设置切片的名称、类型并指定URL地址等

使用【切片选择工具】的具体操作步骤如下。

Step01 选择切片工具。使用【切片选择工具】可选择一个切片，如图19-13所示。

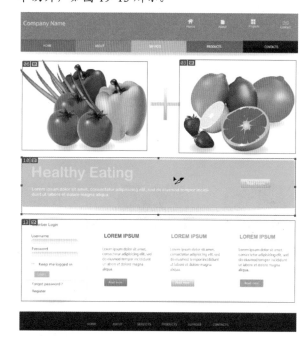

图 19-13

Step02 选择多个切片。按住【Shift】键单击其他切片，可同时选择多个切片，选中的切片边框为黄色，如图19-14所示。

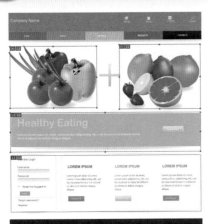

图 19-14

Step03 调整切片大小。选择切片后，拖动切片定界框上的控制点可以调整切片大小，如图 19-15 所示。

图 19-15

Step04 显示效果。调整后效果如图 19-16 所示。

图 19-16

Step05 移动切片。选择切片后，拖动即可移动切片，如图 19-17 所示。

图 19-17

Step06 显示效果。移动效果如图 19-18 所示。

图 19-18

技术看板

选择切片后，按住【Shift】键拖动，则可将移动限制在垂直、水平或 45° 对角线的方向上；按住【Alt】键拖动，可以复制切片。

19.2.4 组合切片

使用【切片选择工具】选择两个或更多的切片，如图 19-19 所示。

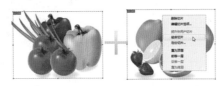

图 19-19

右击，在弹出的快捷菜单中选择【组合切片】命令，可以将所选切片组合为一个切片，如图 19-20 所示。

图 19-20

19.2.5 删除切片

使用【切片选择工具】选择一个或者多个切片，右击，在弹出的快捷菜单执行【删除切片】命令，或按【Delete】键可以将所选切片删除，如果要删除所有切片，可执行【视图】→【清除切片】命令。

19.2.6 划分切片

使用【切片选择工具】选择切片，单击其选项栏中的【划分】按钮，打开【划分切片】对话框，在对话框中可沿水平、垂直方向或同时沿这两个方向重新划分切片，如图 19-21 所示。

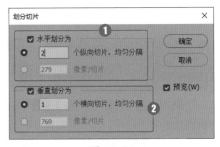

图 19-21

图像效果如图 19-22 所示。

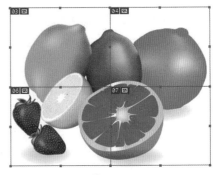

图 19-22

在【划分切片】对话框中，各参数含义如表 19-3 所示。

表 19-3 【划分切片】对话框中各选项作用

选项	作用
❶ 水平划分为	勾选复选框，可在长度方向上划分切片。有两种划分方式，选中【个纵向切片，均匀分隔】单选按钮，可输入切片的划分数目；选中【像素 / 切片】单选按钮，可输入一个数值，基于指定数目的像素创建切片，如果按该像素数目无法平均地划分切片，则会将剩余部分划分为另一个切片
❷ 垂直划分为	勾选复选框，可在宽度方向上划分切片。它也包含两种划分方式

19.2.7 提升为用户切片

基于图层的切片与图层的像素内容相关联，当对切片进行移动、组合、划分、调整大小和对齐等操作时，唯一方法就是编辑相应的图层。只有将其转换为用户切片，才能使用【切片工具】 对其进行编辑。此外，在图像中，所有自动切片都链接在一起并共享相同的优化设置，如果要为自动切片设置不同的优化设置，也必须将其提升为用户切片。

使用【切片选择工具】 选择要转换的切片，在选项栏中单击【提升】按钮，即可将其转换为用户切片。

19.2.8 锁定切片

创建切片后，为防止误操作，可执行【视图】→【锁定切片】命令，锁定所有切片。再次执行该命令可取消锁定。

19.2.9 切片选项设置

使用【切片选择工具】 双击切片，或者选择切片，然后单击工具选项栏中的 按钮，可以打开【切片选项】对话框，如图 19-23 所示。

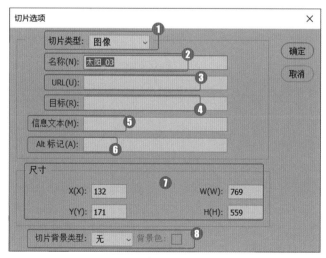

图 19-23

相关选项作用如表 19-4 所示。

表 19-4 【切片选项】对话框中各选项作用

选项	作用
❶ 切片类型	可以选择要输出的切片的内容类型，即在与 HTML 文件一起导出时，切片数据在 Web 浏览器中的显示方式。【图像】为默认的类型，切片包含图像数据；选择【无图像】选项，可以在切片中输入 HTML 文本，但不能导出为图像，并且无法在浏览器中预览；选择【表】选项，切片导出时将作为嵌套表写入到 HTML 文本文件中
❷ 名称	用于输入切片的名称
❸ URL	输入切片链接的 Web 地址，在浏览器中单击切片图像时，即可链接到此选项设置的网址和目标架。该选项只能用于【图像】切片
❹ 目标	输入目标框架的名称
❺ 信息文本	指定哪些信息出现在浏览器中。这些选项只能用于图像切片，并且只会在导出的 HTML 文件中出现
❻ Alt 标记	指定选定切片的 Alt 标记。Alt 文本在图像下载过程中取代图像，并在一些浏览器中作为工具提示出现
❼ 尺寸	X 和 Y 选项用于设置切片的位置，W 和 H 选项用于设置切片的大小
❽ 切片背景类型	可以选择一种背景色来填充透明区域或整个区域

19.3 Web 图像优化选项

　　创建切片后需要对图像进行优化，以最小的尺寸得到最佳的图像效果。在 Web 上发布图像时，较小的文件可以使 Web 服务器更加快速地存储和传输图像，用户能够更快地下载图像和浏览网页。

★重点 19.3.1 优化图像

　　执行【文件】→【导出】→【存储为 Web 设备所用格式（旧版）】命令，打开【存储为 Web 所用格式】对话框，使用对话框中的优化功能可以对图像进行优化和输出，如图 19-24 所示。

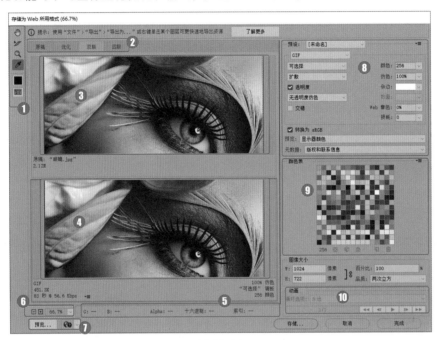

图 19-24

　　相关选项作用如表 19-5 所示。

表 19-5【存储为 Web 所用格式】对话框中的各选项作用

选项	作用
❶ 工具栏	【抓手工具】可以移动查看图像；使用【切片选项工具】可选择窗口中的切片，以便对其进行优化；使用【缩放工具】可以放大或缩小图像的比例；使用【吸管工具】可吸取图像中的颜色，并显示在【吸管颜色图标】中；单击【切换切片可视性】按钮可以显示或隐藏切片的定界框
❷ 显示选项	单击【原稿】标签，窗口中只显示没有优化的图像；单击【优化】标签，窗口中只显示应用了当前优化设置的图像；单击【双联】标签，并排显示优化前和优化后的图像；单击【四联】标签，可显示原稿外的其他三个图像，并且可以进行不同的优化，每个图像下面都提供了优化信息，可以通过对比选择最佳优化方案

续表

选项	作用
❸ 原稿图像	显示没有优化的图像
❹ 优化的图像	显示应用了当前优化设置的图像
❺ 状态栏	显示光标所在位置的图像的颜色值等信息
❻ 图像大小	将图像大小调整为指定的像素尺寸或原稿大小的百分比
❼ 预览	可以在 Adobe Device Central 或浏览器中预览图像
❽ 预设	设置优化图像的格式和各个格式的优化选项
❾ 颜色表	将图像优化为 GIF、PNG-8 和 WBMP 格式时，可在【颜色表】中对图像颜色进行优化设置
❿ 动画	设置动画的循环选项，显示动画控制按钮

19.3.2 优化为 JPEG 格式

JPEG 是用于压缩连续色调图像的标准格式。将图像优化为 JPEG 格式时采用的是有损压缩，它会有选择性地扔掉数据以减小文件大小。在【存储为 Web 所用格式】对话框中的文件格式下拉列表中选择【JPEG】选项，可显示它们的优化选项。如图 19-25 所示。

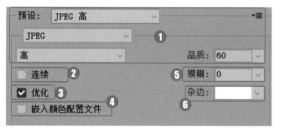

图 19-25

相关选项作用如表 19-6 所示。

表 19-6 JPEG 格式的各优化选项作用

选项	作用
❶ 压缩品质 / 品质	用于设置压缩程度。【品质】设置越高，图像的细节越多，但生成的文件也越大
❷ 连续	在 Web 浏览器中以渐进方式显示图像
❸ 优化	创建文件大小稍小的增强 JPEG。如果要最大限度地压缩文件，建议使用优化的 JPEG 格式
❹ 嵌入颜色配置文件	在优化文件中保存颜色配置文件。某些浏览器会使用颜色配置文件进行颜色的校正
❺ 模糊	指定应用于图像的模糊量。可创建与【高斯模糊】滤镜相同的效果，并允许进一步压缩文件以获得更小的文件
❻ 杂边	为原始图像中透明的像素指定一个填充颜色

19.3.3 优化为 GIF 和 PNG-8 格式

GIF 是用于压缩具有单调颜色和清晰细节的图像的标准格式，是一种无损的压缩格式。PNG-8 格式与 GIF 格式一样，也可以有效压缩纯色区域，同时保留清晰的细节，这两种格式都支持 8 位颜色，因此它们可以显示多达 256 种颜色。

在【存储为 Web 所用格式】对话框中的文件格式下拉列表中选择【GIF】选项，可显示它们的优化选项，如图 19-26 所示。

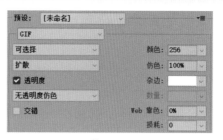

图 19-26

在【存储为 Web 所用格式】对话框中的文件格式下拉列表中选择【PNG-8】选项，可显示它们的优化选项。如图 19-27 所示。

图 19-27

PNG-8 格式相关选项作用如表 19-7 所示。

表 19-7 PNG-8 格式的各优化选项作用

选项	作用
❶ 减低颜色深度算法 / 颜色	指定用于生成颜色查找表的方法，以及想要在颜色查找表中使用的颜色数量
❷ 仿色算法 / 仿色	【仿色】是指通过模拟计算机的颜色来显示系统中未提供的颜色的方法。较高的仿色百分比会使图像中出现更多的颜色和细节，但也会增大文件占用的存储空间
❸ 透明度 / 杂边	确定如何优化图像中的透明像素
❹ 交错	当图像文件正在下载时，在浏览器中显示图像的低分辨率版本，使用户感觉下载时间更短，但会增加文件的大小
❺ Web 靠色	指定将颜色转换为最接近的 Web 面板等效颜色的容差级别，并防止颜色在浏览器进行仿色。该值越高，转换的颜色越多

19.3.4 优化为 PNG-24 格式

PNG-24 适用于压缩连续色调图像，它的优点是可在图像中保留多达 256 个透明度级别，但生成的文件要比 JPEG 格式生成的文件大得多。

19.3.5 优化为 WBMP 格式

WBMP 格式是用于优化移动设备（如移动电话）图像的标准格式。使用该格式优化后，图像中包含黑色和白色像素。

19.3.6 Web 图像的输出设置

优化 Web 图像后，在【存储为 Web 所用格式】对话框中，单击右上角的【优化菜单】■■按钮，在打开的快速菜单中选择【编辑输出设置】命令，打开【输出设置】对话框。在对话框中可以控制如何设置 HTML

文件的格式、如何命名文件和切片，以及在存储优化图像时如何处理背景图像，如图 19-28 所示。

图 19-28

19.4 打印输出

打印输出是指将图像打印到纸张上。在【打印】对话框中可以预览打印作业并选择打印机、打印份数、输出选项和色彩管理选项。下面详细介绍文件的打印输出。

★重点 19.4.1 打印对话框

执行【文件】→【打印】命令，打开【打印】对话框，如图 19-29 所示。

图 19-29

相关选项作用如表 19-8 所示。

表 19-8 【打印设置】对话框中各选项作用

选项	作用
❶ 打印机	在该选项的下拉列表中可以选择打印机
❷ 份数	可以设置打印份数
❸ 打印设置	单击该按钮，可以打开一个对话框设置纸张的方向、页面的打印顺序和打印页数

续表

选项	作用
❹ 版面	设置文件的打印方向。单击【纵向打印纸张】按钮，纵向打印图像；单击【横向打印纸张】，横向打印图像
❺ 色彩管理	设置文件的打印色彩管理。包括颜色处理和打印机配置文件等
❻ 位置	勾选【居中】复选框，可以将图像定位于可打印区域的中心；取消勾选，则可在【顶】和【左】选项中输入数值定位图像，只打印部分图像
❼ 缩放后的打印尺寸	如果勾选【缩放以适合介质】复选框，可自动缩放图像至适合纸张的可打印区域；取消勾选，则可在【缩放】选项中输入图像的缩放比例，或者在【高度】和【宽度】选项中设置图像的尺寸
❽ 打印选定区域	勾选此复选框后，在打印预览框四周会出现黑色箭头符号，拖动符号，可以自定义文件的打印区域
❾ 打印标记	该选项可以控制是否输出打印标记。包括角裁剪标记、套准标记等
❿ 函数	控制打印图像外观的其他选项。包括药膜朝下、负片等印前处理设置。单击【函数】选项中的【背景】【边界】【出血】等按钮，即可打开相应的选项设置对话框，其中【背景】用于选择要在页面上的图像区域外打印的背景色；【边界】用于在图像周围打印一个黑色边框；【出血】用于在图像内而不是在图像外打印裁切标记

19.4.2 色彩管理

在【打印】对话框内的【色彩管理】选项组中，可以设置色彩管理选项，以获得尽可能好的打印效果，如图 19-30 所示。

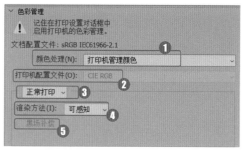

图 19-30

相关选项作用如表 19-9 所示。

表 19-9【色彩管理】组中各选项作用

选项	作用
❶ 颜色处理	用于确定是否使用色彩管理。如果使用则需要确定其将在应用程序中，还是打印设备中
❷ 打印机配置文件	可选择适用于打印机和即将使用的纸张类型的配置文件
❸ 正常打印／印刷校样	选择【正常打印】，可进行普通打印；选择【印刷校样】，可打印印刷校样，即可模拟文档在打印机上的输出效果
❹ 渲染方法	指定 Photoshop 如何将颜色转换为打印机颜色空间
❺ 黑场补偿	通过模拟输出设备的全部动态范围来保留图像中的阴影细节

19.4.3 设置打印标记

设计制作商业印刷品时，可在【打印标记】选项组中指定在页面中显示哪些标记，如图 19-31 所示。

图 19-31

效果如图 19-32 所示。

图 19-32

19.4.4 设置函数

【函数】选项组中包含【背景】【边界】【出血】等按钮，单击一个按钮即可打开相应的选项设置对话框，如图 19-33 所示。

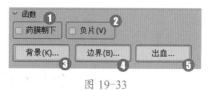

图 19-33

相关选项作用如表 19-10 所示。

表 19-10【函数】组中各选项作用

选项	作用
❶ 药膜朝下	可以水平翻转图像
❷ 负片	可以反转图像颜色
❸ 背景	用于设置图像区域外的背景
❹ 边界	用于在图像边缘打印出黑色边框
❺ 出血	用于将裁剪标志移动到图像中，使剪切图像时不会丢失重要内容

19.4.5 设置陷印

在叠印套色版时，如果套印不准、相邻的纯色之间没有对齐，便会出现小的缝隙，如图 19-34 所示。【陷印】命令可以纠正这个现象。

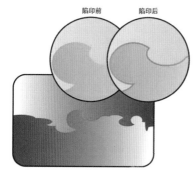

图 19-34

执行【图像】→【陷印】命令，打开【陷印】对话框，如图 19-35 所示。【宽度】代表了印刷时颜色向外扩张的距离。该命令仅用于 CMYK 模式的图像。

图 19-35

技术看板

设置打印标记、函数时，要充分和印刷厂沟通。根据实际情况进行设置，一般情况下，印刷厂会要求设计师不要添加任何标记。图像是否需要陷印一般也由印刷商确定，

如果需要陷印，印刷商会告知具体陷印值。

陷印命令只能应用在 CMYK 模式的图像下。因为陷印用于印刷，CMYK 是常用的印刷模式。

妙招技法

通过对前面知识的学习，相信读者已经掌握了 Web 图像处理与打印输出基础知识，下面结合本章内容，介绍一些实用技巧。

技巧 01：如何快速打印一份图像

如果要使用当前的打印选项打印一份文件，可执行【文件】→【打印一份】命令，该命令不会弹出对话框。

技巧 02：如何隐藏切片

在图像中创建切片后，图像中会显示切片标识，这样通常会影响图像编辑。

取消勾选【视图】菜单中【显示额外内容】复选框，可以隐藏图像的所有额外显示内容，包括参考线和切片等。

执行【视图】→【显示切片】命令，可以单独显示或隐藏切片。

过关练习 —— 切片并优化图像

切片并优化图像，可以在保证显示质量的同时使用不同的格式保存图像的不同部分，得到最小的文件尺寸。

素材文件	素材文件\第19章\侧面.jpg
结果文件	结果文件\第19章\image文件夹

具体操作步骤如下。

Step 01 打开素材。打开"素材文件\第18章\侧面.jpg"文件，如图19-36所示。

图 19-36

Step 02 选择工具拖动鼠标。选择【切片工具】，在图像中拖动鼠标，如图19-37所示。

图 19-37

Step 03 创建切片。释放鼠标后，创建切片1，如图19-38所示。

图 19-38

Step 04 创建下方切片。继续使用【切片工具】创建下方切片，如图19-39所示。

图 19-39

Step05 显示效果。效果如图 19-40 所示。

图 19-40

Step06 创建右侧切片。继续使用【切片工具】创建右侧切片，如图 19-41 所示。

图 19-41

Step07 显示效果。效果如图 19-42 所示。

图 19-42

Step08 调整切片。向下方拖动边框，调整切片的长度，如图 19-43 所示。

图 19-43

Step09 显示效果。调整后效果如图 19-44 所示。

图 19-44

Step10 选择切片。使用【切片选择工具】选择左上角的切片，如图 19-45 所示。

图 19-45

Step11 单击划分按钮。在选项栏中单击【划分】按钮，如图 19-46 所示。

图 19-46

Step12 划分切片。弹出【划分切片】对话框，❶勾选【垂直划分为】复选框，设置为 2 个横向切片，均匀分隔，❷单击【确定】按钮，如图 19-47 所示。

图 19-47

Step13 划分切片。通过前面的操作，划分切片，效果如图 19-48 所示。

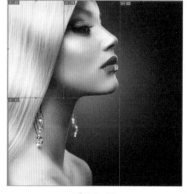

图 19-48

Step14 显示切片对比效果。执行【文件】→【导出】→【存储为 Web 所用格式】命令，打开【存储为 Web 所用格式】对话框，单击【双联】选项卡，可以观察原图和优化后图像的对比效果和对比参数，选择左上角的切片，如图 19-49 所示。

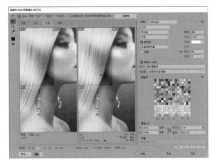

图 19-49

Step⑮ 设置图像格式和参数。头发色彩比较单一，采用 GIF 图像格式即可达到效果，在右侧，设置【预设】为 GIF 128 仿色，如图 19-50 所示。

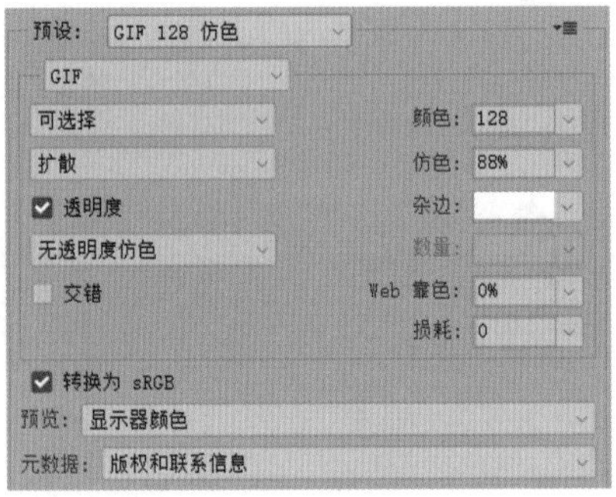

图 19-50

Step⑯ 调整视图选择切片。按【空格】键，向右侧拖动调整视图。选择脸部切片，如图 19-51 所示。

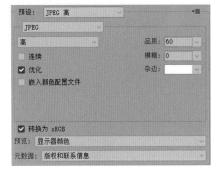

图 19-51

Step⑰ 设置图像格式和参数。脸部是这张图像的视觉中心，对图像质量要求较高，在对话框右侧，设置

【预设】为 JPEG 高，如图 19-52 所示。

图 19-52

Step⑱ 选择切片。选择左下方切片，如图 19-53 所示。

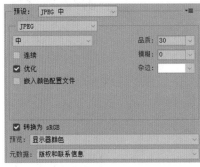

图 19-53

Step⑲ 设置图像格式和参数。身体部位虽然没有脸部质量要求高，但是，为了突出耳环的闪亮，仍然选择 JPEG 图像格式进行优化。在右侧，设置【预设】为 JPEG 中，如图 19-54 所示。

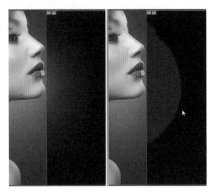

图 19-54

Step⑳ 选择切片。按【空格】键移动视图后，选择右侧切片，如图 19-55 所示。

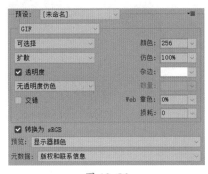

图 19-55

Step㉑ 设置图像格式和参数。右侧色块单一，对图像质量要求较低，用 GIF 图像格式即可，在右侧，选择【GIF】选项，设置参数如图 19-56 所示。

图 19-56

Step㉒ 存储设置。完成切片优化后，单击右下方的【存储】按钮，如图 19-57 所示。

图 19-57

Step㉓ 设置保存内容。在打开的【将优化结果存储为】对话框中，❶ 选择保存位置，❷ 设置【格式】为仅限图像、【切片】为所有切片，❸ 单击【保存】按钮，如图 19-58 所示。

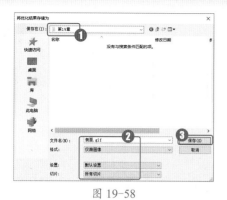

图 19-58

个 images 文件夹，优化的图像分块保存在该文件夹中，如图 19-59 所示。

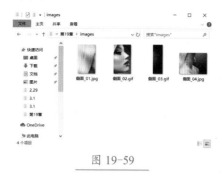

图 19-59

Step 24 显示保存效果。在保存的文件夹中，Photoshop 2020 会新建一

本章小结

本章主要介绍了切片的创建和编辑、Web 图像优化和打印输出等。切片是制作网页时必不可少的操作，创建切片后，可以减小文件的大小，加快上传和下载的速度。打印输出是图像处理中的必备知识。学好本章内容，可以提升读者处理 Web 图像的能力。

4 第 4 篇

本篇主要结合 Photoshop 的常见应用领域，列举相关典型案例，给读者讲解 Photoshop 2020 图像处理与设计的综合技能，包括特效字制作、图像特效处理、图像合成艺术、数码照片后期处理、VI 图标设计、平面广告设计、包装设计、UI 界面设计、网店美工设计等综合案例。通过本篇内容的学习，可以提升读者的实战技能和综合设计水平。

第20章 实战：特效字制作

- ➥ 制作啤酒文字效果
- ➥ 制作翡翠文字效果
- ➥ 制作折叠文字效果
- ➥ 制作锈斑剥落文字效果
- ➥ 制作冰雪文字效果
- ➥ 制作火焰字效果

下面介绍炫丽的啤酒文字、通透的翡翠文字、流行的折叠文字、纯洁的冰雪文字、怀旧的锈斑剥落文字和炫酷的火焰字等特效字的制作方法。

20.1 制作啤酒文字

实例门类	文字 + 图层样式设计类

使用图层混合模式可以制作出多个图层混叠的效果。通过图层样式，可以为文字添加投影、渐变颜色、斜面和浮雕等效果，结合文字和图像，可以制作出炫丽的啤酒文字特效，完成后的效果如图 20-1 所示。

图 20-1

具体操作步骤如下。

Step 01 新建文档。执行【文件】→【新建】命令，打开【新建文档】对话框，❶设置【宽度】为 1500 像素、【高度】为 650 像素、【分辨率】为 300 像素/英寸，❷单击【确定】按钮，如图 20-2 所示。

图 20-2

Step 02 设置渐变颜色。选择工具箱中的【渐变工具】，单击选项栏中的渐变条打开【渐变编辑器】对话框，设置绿色的渐变颜色，颜色值分别为【#456c2e】【#3c682a】【#2f621a】【#2b4d1d】，调整色标位置，单击【确定】按钮，如图 20-2 所示。

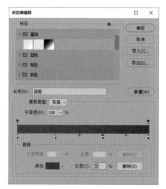

图 20-2

Step 03 填充背景颜色。在选项栏中将【渐变方式】设置为径向渐变，然后在背景图层上从中心向右下角拖动鼠标填充渐变颜色，如图 20-3 所示。

Step 04 输入文字。选择工具箱中的【横排文字工具】，设置【前景色】为白色，在图像中输入文字"啤酒文字"，在选项栏中，设置【字体】为华文琥珀，【字体大小】为 80 点，如图 20-4 所示。

图 20-3

图 20-4

Step 05 为文字添加投影效果。双击文字图层，在打开的【图层样式】对话框中，勾选【投影】复选框，设置【不透明度】为 20%、【角度】为 120 度，勾选【使用全局光】复选框、【距离】为 8 像素，【大小】为 4 像素，如图 20-5 所示。

图 20-5

Step 06 为文字添加内阴影效果。勾选【内阴影】复选框，设置【混合模式】为颜色加深、【颜色】为黑色，【不透明度】为 55%、【大小】为 20 像素，如图 20-6 所示。

图 20-6

Step 07 为文字添加内发光效果。勾选【内发光】复选框，设置【混合模式】为叠加、【不透明度】为 92%、【发光颜色】为黄色【#f3f47b】、【发光源】为居中、【大小】为 87 像素，如图 20-7 所示。

图 20-7

Step 08 为文字添加渐变颜色效果。勾选【渐变叠加】复选框，设置【渐变颜色】分别为【#f49c1a】【#c29119】【#aa5218】【#9c4104】，如图 20-8 所示。

图 20-8

Step 09 为文字添加斜面和浮雕效果。勾选【斜面和浮雕】复选框，设置【深度】为 100%、【大小】为 15 像素、【软化】为 1 像素、【光泽等高线】为画圆步骤、【高光模式】为滤色、【颜色】为白色、【不透明度】为 65%、【阴影模式】为滤色、【颜色】为白色、【不透明度】为 100%，设置完成后，单击【确定】按钮，效果如图 20-9 所示。

Step 10 创建铜板雕刻效果。新建图层，并命名为【铜板雕刻】，将【前景色】设置为黑色，按【Alt+Delete】

组合键填充黑色背景，再执行【滤镜】→【像素化】→【铜板雕刻】命令，在打开的铜板雕刻对话框中设置【类型】为中等点，如图20-10所示，单击【确定】按钮。

图 20-9

图 20-10

Step⑪ 为文字添加铜板雕刻效果。按住【Ctrl】键，单击文字图层缩览图，载入文字选区，按【Shift+Ctrl+I】组合键反选选区，按【Delete】键删除图像，按【Ctrl+D】组合键取消选区，效果如图20-11所示。

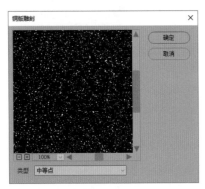

图 20-11

Step⑫ 为文字添加杂色效果。将铜板雕刻图层【混合模式】设置为柔光，效果如图20-12所示。

图 20-12

Step⑬ 为文字制作泡沫效果。新建图层，并命名为【泡沫】。选择【矩形选框工具】，将【前景色】设置为白色，按【Alt+Delete】组合键填充白色，如图20-13所示。

图 20-13

Step⑭ 将矩形选区剪贴到文字上。按住【Ctrl】键，单击文字图层缩览图，载入文字选区，按【Shift+Ctrl+I】组合键反选选区，按【Delete】键删除图像，按【Ctrl+D】组合键取消选区，如图20-14所示。

图 20-14

Step⑮ 为泡沫图层添加投影效果。双击泡沫图层，在打开的【图层样式】对话框中，勾选【投影】复选框，设置【混合模式】为颜色加深、【不透明度】为20%、【距离】为8像素、【大小】为9像素，如图20-15所示。

Step⑯ 为泡沫图层添加内阴影效果。勾选【内阴影】复选框，设置【不透明度】为40%、【大小】为20像素，如图20-16所示。

图 20-15

图 20-16

Step⑰ 为泡沫图层添加图案叠加效果。勾选【图案叠加】复选框，将【图案】设置为气泡、【混合模式】为正片叠底、【不透明度】为15%，设置完成后，单击【确定】按钮，效果如图20-17所示。

图 20-17

Step⑱ 使用液化命令制作自然的泡沫效果。选中【泡沫】图层，执行【滤镜】→【液化】命令，在弹出的【液化】对话框中单击左上角的【向前变形工具】按钮，在文字下方拖动，变形文字，完成后，单击【确定】按钮，如图20-18所示。

图20-18

Step19 绘制水珠效果。新建图层，命名为【水珠】，选择工具箱中的【画笔工具】，设置画笔【硬度】为50%，将【前景色】设置为白色，在图像中绘制水珠图像，如图20-19所示。

图20-19

Step20 为水珠图层添加内发光的效果。双击【水珠】图层，在打开的【图层样式】对话框中勾选【内发光】复选框。设置【混合模式】为滤色、【不透明度】为60%、【颜色】为黄色【#ffffbe】、【发光源】为居中、【大小】为10像素，如图20-20所示。

Step21 为水珠图层添加斜面和浮雕效果。勾选【斜面和浮雕】复选框。设置【大小】为10像素、【软化】为0像素、【深度】为120%、【光泽等高线】为锥形-反转、【高光模式】为滤色、【颜色】为白色、【不透明度】为100%、【阴影模式】为

柔光、【颜色】为黑色、【不透明度】为25%，设置完成后单击【确定】按钮，如图20-21所示。

图20-20

图20-21

Step22 制作透明的水珠效果。将水珠图层的【填充】设置为0%，效果如图20-22所示。

图20-22

Step23 添加酒瓶素材。置入"素材文件\第7章\酒瓶.jpg"图像，拖动定界框等比例放大图像，并旋转图像角度，将其拖动到适当的位置，按【Enter】键确认变换，如图20-23所示。

Step24 栅格化图层并将酒瓶图层置于文字下方。右击酒瓶图层，在弹出的菜单中选择【栅格化图层】命令，将其转换为普通图层。选择工具箱中的【魔棒工具】，选中白色背景，按【Delete】键删除背景，按【Ctrl+D】组合键取消选区，再将酒瓶图层移至文字下方，如图20-24所示。

图20-23

图20-24

Step25 添加气泡效果。打开"素材文件/第7章/气泡.jpg"，按【Ctrl+A】组合键全选对象，按【Ctrl+C】【Ctrl+V】组合键复制粘贴到当前文件中，更改图层名为【气泡】，放置到适当位置，再设置【气泡】图层的【混合模式】为划分，效果如图20-25所示。

图20-25

20.2　制作翡翠文字效果

实例门类	文字＋滤镜设计类

　　翡翠是一种代表爱的宝石。它那满含生机的绿色代表了慈爱和温婉，通透的质地让人爱不释手。本例通过【云彩】滤镜命令创建随机的玉质纹理，结合【斜面和浮雕】【内阴影】【光泽】【外发光】和【投影】图层样式，制作出翡翠通透、灵秀的立体效果，最后将文字放入意境图像中，使效果更加真实，完成后的效果如图 20-26 所示。

图 20-26

　　创建文字对象以后，通过图层样式可以制作出各种不同的效果。具体操作步骤如下。

Step 01 新建文件。执行【文件】→【新建】命令，在【新建文档】对话框中，❶ 设置【宽度】为 700 像素、【高度】为 500 像素、【分辨率】为 300 像素 / 英寸，❷ 单击【创建】按钮，如图 20-27 所示。

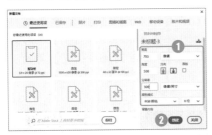

图 20-27

Step 02 创建文字。选择【横排文本工具】 T，在选项栏中设置【字体】为汉仪行楷简、【字体大小】为 135 点，在图像中输入"玉"文字，如图 20-28 所示。

Step 03 新建图层。隐藏文字图层，新建图层，命名为【云彩】。按【D】

键恢复默认前景色和背景色。执行【滤镜】→【渲染】→【云彩】命令，如图 20-29 所示。

图 20-28

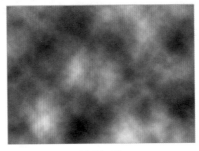

图 20-29

Step 04 设置色彩范围。执行【选择】→【色彩范围】命令，弹出【色彩范

围】对话框，在对话框中选择【吸管工具】 ，如图 20-30 所示。

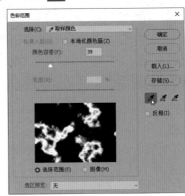

图 20-30

Step 05 指定色彩范围。在图像灰色部分单击，如图 20-31 所示。

图 20-31

Step06 生成选区。操作后，选区如图 20-32 所示。

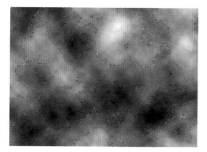

图 20-32

Step07 新建图层。新建图层，命名为【绿色】，效果如图 20-33 所示。

图 20-33

Step08 填充选区。设置【前景色】为绿色【#077600】，按【Alt+Delete】组合键填充选区，效果如图 20-34 所示。

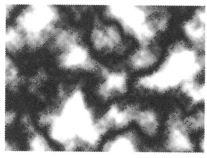

图 20-34

Step09 创建渐变填充。按【Ctrl+D】组合键取消选区。选择【渐变工具】■，在选项栏设置【渐变】为从前景色到背景色渐变，【渐变方式】为线性渐变。选择【云彩】图层，从图像左边向右拖动鼠标创建渐变填充，效果如图 20-35 所示。

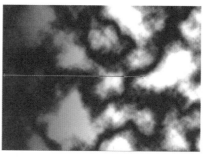

图 20-35

Step10 显示图层面板效果。图层面板效果如图 20-36 所示。

图 20-36

Step11 选中图层。同时选中【云彩】和【绿色】图层，如图 20-37 所示。

图 20-37

Step12 盖印图层。按【Alt+Ctrl+E】组合键盖印选中图层，生成【绿色（合并）】图层，如图 20-38 所示。

图 20-38

Step13 载入文字选区。按住【Ctrl】键，单击【玉】文字图层图标，载入文字选区，如图 20-39 所示。

图 20-39

Step14 显示效果。效果如图 20-40 所示。

图 20-40

Step15 反选选区并删除图像。执行【选择】→【反向】命令，反选选区，按【Delete】键删除图像，隐藏【绿色】和【云彩】图层，效果如图 20-41 所示，图层面板如图 20-42 所示。

图 20-41

Step16 设置斜面和浮雕图层样式。双击图层，在打开的【图层样式】对话框中，勾选【斜面和浮雕】复选框，设置【样式】为内斜面、【方法】为平滑、【深度】为321%、【方向】为上、【大小】为24像素、【软化】为0像素、【角度】为120度、【高度】为65度、【高光模式】为滤色、【不透明度】为100%、【阴影模式】为正片叠底、【不透明度】为0%，如图20-43所示。

图 20-42

图 20-43

Step⑰ 显示效果。图像效果如图20-44所示。

图 20-44

Step⑱ 设置内阴影图层样式。在【图层样式】对话框中，勾选【内阴影】复选框，设置【混合模式】为滤色，

【颜色】为绿色【#6fff1c】，【不透明度】为75%、【角度】为120度、【距离】为10像素、【阻塞】为0%、【大小】为50像素，如图20-45所示。

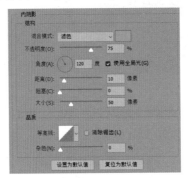

图 20-45

Step⑲ 显示效果。图像效果如图20-46所示。

图 20-46

Step⑳ 设置光泽图层样式。在【图层样式】对话框中，勾选【光泽】复选框，设置【颜色】为深绿色【#00b400】、【混合模式】为正片叠底、【不透明度】为50%、【角度】为19、【距离】为88像素、【大小】为88像素、【等高线】为高斯曲线，如图20-47所示。

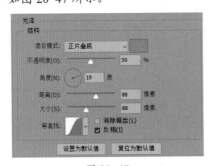

图 20-47

Step㉑ 设置外发光图层样式。在【图层样式】对话框中，勾选【外发光】复选框，设置【混合模式】为滤色、【颜色】为浅绿色【#6fff1c】、【不透明度】为65%、【扩展】为0%、【大小】为70像素，如图20-48所示。

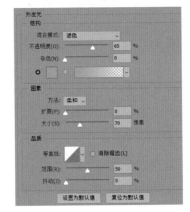

图 20-48

Step㉒ 设置投影图层样式。继续在【图层样式】对话框中，勾选【投影】复选框，设置【不透明度】为75%、【角度】为120度、【距离】为15像素、【扩展】为0%、【大小】为15像素、勾选【使用全局光】复选框，如图20-49所示。

图 20-49

Step㉓ 显示效果。图像效果如图20-50所示。

Step㉔ 打开素材。打开"素材文件\第20章\玉.jpg"文件，将前面创建的【绿色（合并）】图层拖动到该文件中，如图20-51所示。

图 20-50

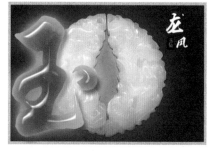

图 20-51

Step25 自由变换图像。按【Ctrl+T】组合键，调整图像的大小和位置，如图 20-52 所示。

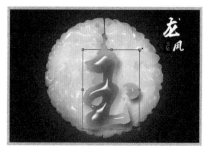

图 20-52

Step26 双击图层样式效果。双击【斜面和浮雕】图层样式效果，如图 20-53 所示。

图 20-53

Step27 调整斜面和浮雕图层样式效果。在打开的【图层样式】对话框中，更改【大小】为 16 像素，单击【确定】按钮，如图 20-54 所示。

图 20-54

Step28 显示最终效果。细微调整后，最终效果如图 20-55 所示。

图 20-55

20.3 制作折叠文字效果

| 实例门类 | 文字＋选区应用＋渐变填充＋滤镜设计类 |

折叠文字有点像纸折起来的样子，是近年来比较流行的一种文字效果。下面就利用 Photoshop 中的图层样式制作折叠文字效果。完成后的效果如图 20-56 所示。

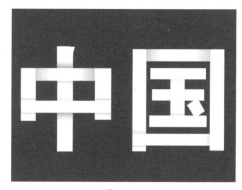

图 20-56

具体操作步骤如下。

Step01 新建文件。执行【文件】→【新建】命令，在【新建文档】对话框中，❶设置宽度为800像素、高度为800像素、分辨率为72像素/英寸，❷单击【创建】按钮，如图20-57所示。

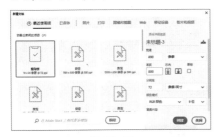

图 20-57

Step02 填充背景。选择【背景】图层，并填充红色，如图20-58所示。

图 20-58

Step03 创建文字。选择【横排文字工具】**T**，在画布上输入文字"中国"，并在选项栏设置字体系列、大小和颜色，如图20-59所示。

图 20-59

Step04 创建选区。选择【套索工具】✎，沿着文字边缘创建选区，如图20-60所示。

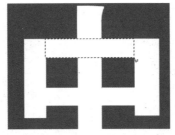

图 20-60

Step05 设置渐变效果。选择【渐变工具】▦，打开【渐变编辑器】对话框，选择黑色透明渐变，并添加渐变滑块，设置中间渐变滑块的【不透明度】为0、两端渐变滑块的【不透明度】为60%，如图20-61所示。

图 20-61

Step06 填充渐变颜色。单击【确定】按钮，返回文档中。设置【渐变方式】为线性渐变。新建【图层1】图层，在选区内拖动鼠标，填充渐变色，制作阴影效果，如图20-62所示。

图 20-62

Step07 修改渐变效果。打开【渐变编辑器】对话框，设置右侧渐变滑块的【不透明度】为0，如图20-63所示。

图 20-63

Step08 创建选区并填充渐变色。使用【套索工具】✎创建选区，使用【渐变工具】为选区填充渐变色，如图20-64所示。

图 20-64

Step09 创建选区并填充渐变色。继续使用【套索工具】✎创建选区，使用【渐变工具】为选区填充渐变色，如图20-65所示。

图 20-65

Step10 创建选区并填充渐变色。新建【图层2】图层，继续使用【套索工具】✎创建选区，并填充渐变色，如图20-66所示。

Step11 创建选区并填充渐变色。继续使用【套索工具】✎创建选区，并填充渐变色，如图20-67所示。

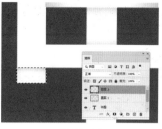

图 20-66

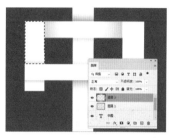

图 20-67

Step⑫ 复制图层。按【Ctrl+J】组合键复制【图层2】图层，如图20-68所示。

Step⑬ 移动阴影效果。使用【移动

工具】，按住【Shift】键移动阴影至右侧，如图20-69所示。

图 20-68

图 20-69

Step⑭ 显示效果。使用相同的方法为【国】字创建选区并填充渐变色，制作阴影效果，完成折叠字效果制作，如图20-70所示。

图 20-70

20.4 制作冰雪字效果

实例门类	文字＋通道＋滤镜设计类

　　冰雪字带给人纯洁、干净的视觉感受。本例通过【碎片】和【晶格化】滤镜命令创建冰雪字的边缘效果，结合图像旋转和【风】滤镜命令，得到冰雪的融化效果。通过【高斯模糊】【铬黄渐变】和【云彩】滤镜命令，得到冰雪字的纹理效果，最后添加冰雪背景和雪人素材，完成后的效果如图20-71所示。

图 20-71

　　创建文字对象以后，通过通道可以制作出各种特别的文字效果。具体操作步骤如下。

Step① 新建文件。执行【文件】→【新建】命令，在【新建文档】对话框中，❶设置宽度为800像素、高度为500像素、分辨率为200像素/

英寸，❷单击【创建】按钮，如图20-72所示。

Step② 设置并填充渐变色。背景填充任意颜色，如图20-73所示。

图 20-72

图 20-73

Step03 设置并创建文字。使用【横排文字工具】 **T** 输入文字"冰雪字"，在选项栏中，设置【字体】为方正粗头鱼简体、【字体大小】为 80 点，如图 20-74 所示。

图 20-74

Step04 载入图层选区。按住【Ctrl】键，单击【冰雪字】图层缩览图，载入图层选区，如图 20-75 所示。

图 20-75

Step05 新建通道。在通道面板中，单击【创建新通道】按钮，新建一个【Alpha1】通道，如图 20-76 所示。

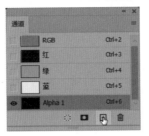

图 20-76

Step06 填充颜色。为【Alpha 1】通道中选区填充白色，如图 20-77 所示。

图 20-77

Step07 拷贝通道。将【Alpha 1】通道拖动到【创建新通道】按钮上，生成【Alpha 1 拷贝】通道，如图 20-78 所示。

图 20-78

Step08 执行滤镜命令。执行【滤镜】→【像素化】→【碎片】命令，如图 20-79 所示。

图 20-79

Step09 重复添加碎片滤镜。按【Alt+Ctrl+F】组合键两次，重复添加碎片滤镜，效果如图 20-80 所示。

图 20-80

Step10 设置晶格化参数。执行【滤镜】→【像素化】→【晶格化】命令，打开【晶格化】对话框，① 设置【单元格大小】为 6，② 单击【确定】按钮，如图 20-81 所示。

图 20-81

Step11 重复添加晶格化滤镜。按【Alt+Ctrl+F】组合键两次，重复添加晶格化滤镜，效果如图 20-82 所示。

图 20-82

Step12 复制图像。按【Ctrl+A】组合键全选图像，按【Ctrl+C】组合键复制图像，如图 20-83 所示。

图 20-83

Step⑬ 粘贴图像。在【图层】面板中，新建【图层 1】图层，按【Ctrl+V】组合键粘贴图像，如图 20-84 所示。

图 20-84

Step⑭ 设置色彩平衡。按【Ctrl+B】组合键，打开【色彩平衡】对话框，❶ 设置色阶值为【-36、0、100】，❷ 单击【确定】按钮，如图 20-85 所示。

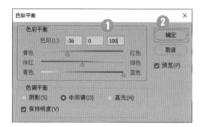

图 20-85

Step⑮ 调整色调。色调调整效果如图 20-86 所示。

图 20-86

Step⑯ 旋转画布。执行【图像】→【图像旋转】→【顺时针 90 度】命令，将画布旋转，如图 20-87 所示。

图 20-87

Step⑰ 设置风参数。执行【滤镜】→【风格化】→【风】命令，❶ 使用默认设置，❷ 单击【确定】按钮，如图 20-88 所示。

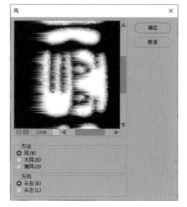

图 20-88

Step⑱ 旋转画布。执行【图像】→【图像旋转】→【逆时针 90 度】命令，如图 20-89 所示。

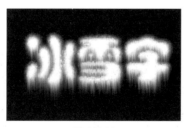

图 20-89

Step⑲ 选择通道。在【通道】面板中，选择【Alpha 1】通道，如图 20-90 所示。

图 20-90

Step⑳ 设置高斯模糊。执行【滤镜】→【模糊】→【高斯模糊】命令，打开【高斯模糊】对话框，❶ 设置【半径】为 8 像素，❷ 单击【确定】按钮，如图 20-91 所示。

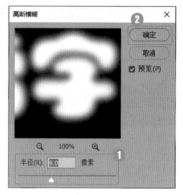

图 20-91

Step㉑ 执行色阶命令。按【Ctrl+L】组合键，打开【色阶】对话框，❶ 设置参数为（0、0.15、66），❷ 单击【确定】按钮，如图 20-92 所示。

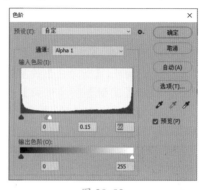

图 20-92

Step㉒ 单击通道缩览图。按住【Ctrl】键，单击【Alpha 1】通道缩览图，如图 20-93 所示。

图 20-93

Step㉓ 载入通道选区。载入通道选区，如图 20-94 所示。

Step㉔ 新建图层。在【图层】面板中新建【图层 2】图层，如图 20-95 所示。

图 20-94

图 20-95

Step25 执行云彩命令。将【前景色】设置为白色,【背景色】设置为黑色,执行【滤镜】→【渲染】→【云彩】命令,效果如图 20-96 所示。

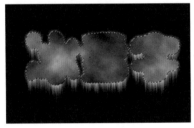

图 20-96

Step26 执行铬黄渐变命令。执行【滤镜】→【素描】→【铬黄渐变】命令,❶ 设置【细节】为 3、【平滑度】为 3,❷ 单击【确定】按钮,如图 20-97 所示。

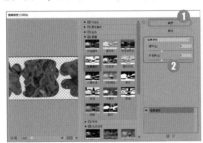

图 20-97

Step27 设置图层样式。双击【图层 2】,打开【图层样式】对话框,勾选【内发光】复选框,设置【混合模式】为滤色、【颜色】为蓝色【#50aff1】、【不透明度】为 86%、【阻塞】为 25%、【大小】为 24 像素、【范围】为 50%、【抖动】为 0%,如图 20-98 所示。

图 20-98

Step28 显示效果。内发光效果如图 20-99 所示。

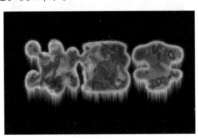

图 20-99

Step29 设置图层混合模式。设置图层【混合模式】为叠加,【不透明度】为 82%,如图 20-100 所示。

图 20-100

Step30 显示效果。图像效果如图

20-101 所示。

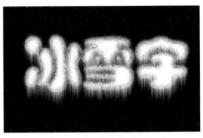

图 20-101

Step31 打开素材。打开"素材文件\第20章\冰雪背景.jpg"文件,将图像拖动到当前图像中,调整大小,如图 20-102 所示。

图 20-102

Step32 更改图层混合模式。更改图层【混合模式】为变亮,如图 20-103 所示。

图 20-103

Step33 显示效果。效果如图 20-104 所示。

图 20-104

Step(34) 打开素材。打开"素材文件 \
第 20 章 \ 雪人 .jpg"文件，选中主
体对象，如图 20-105 所示。

Step(35) 显示最终效果。将雪人复制
粘贴到当前图像中，调整大小和位
置，如图 20-106 所示。

图 20-105

图 20-106

20.5 制作锈斑剥落文字效果

实例门类	文字 + 图层模式 + 滤镜设计类

剥落的物品通常代表着陈旧、古老，保守。从另一个角度来说，它也代表一种特殊的艺术效果。本例通过【云彩】【便条纸】滤镜命令创建剥落的纹理效果，通过图层混合模式，混合岩石素材后，得到泥斑的色调效果。最后添加落叶装饰画面，使场景与文字的主题更加吻合，设计追求的画面感更加突出，生锈剥落的文字效果得到完美体现，完成后的效果如图 20-107 所示。

图 20-107

创建文字对象以后，通过图层
模式和滤镜可以制作出各种艺术效
果。具体操作步骤如下。

Step(01) 新建文件。执行【文件】→
【新建】命令，在【新建文档】对
话框中，❶ 设置【宽度】为 800 像
素、【高度】为 600 像素、【分辨率】
为 300 像素 / 英寸，❷ 单击【创建】
按钮，如图 20-108 所示。

图 20-108

Step(02) 执行滤镜命令。执行【滤镜】→
【渲染】→【云彩】命令，得到云

彩效果，如图 20-109 所示。

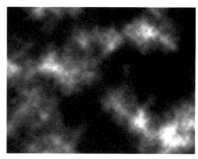

图 20-109

Step 03 设置并输入文字。使用【横排文字工具】 T 输入文字"落叶"，如图 20-110 所示。

图 20-110

Step 04 复制并栅格图层。复制并栅格化文字图层，如图 20-111 所示。

图 20-111

Step 05 载入选区。按住【Ctrl】键，单击【落叶拷贝】图层缩览图，载入选区，如图 20-112 所示。

图 20-112

Step 06 填充颜色。为选区填充白色，如图 20-113 所示。

图 20-113

Step 07 反选选区。按【Ctrl+Shift+I】组合键反选选区，如图 20-114 所示。

图 20-114

Step 08 填充颜色。为选区填充黑色，如图 20-115 所示。

图 20-115

Step 09 更改图层混合模式。按【Ctrl+D】组合键取消选区，更改图层【混合模式】为正片叠底，隐藏下方的文字图层，如图 20-116 所示。

图 20-116

Step 10 显示效果。图像效果如图 20-117 所示。

图 20-117

Step 11 盖印图层。按【Ctrl+Shift+Alt+E】组合键盖印所有图层，命名为【盖印】，如图 20-118 所示。

图 20-118

Step 12 复制图层。复制【盖印】图层，命名为【便条纸】，如图 20-119 所示。

图 20-119

Step 13 选择图层。选择【盖印】图层，如图 20-120 所示。

图 20-120

Step 14 执行滤镜命令。执行【滤镜】→【素描】→【便条纸】命令，在打开的【便条纸】对话框中，❶ 设置【图像平衡】为 3、【粒度】为 8、【凸现】为 11，❷ 单击【确定】按钮，如图 20-121 所示。

Step 15 选择图层。选择【便条纸】图层，如图 20-122 所示。

图 20-121

图 20-122

Step⑯ 执行滤镜命令。执行【滤镜】→【素描】→【便条纸】命令，在打开的【便条纸】对话框中，❶ 设置【图像平衡】为14、【粒度】为8、【凸现】为11，❷ 单击【确定】按钮，如图 20-123 所示。

图 20-123

Step⑰ 设置图层混合模式。设置【便条纸】图层【混合模式】为正片叠底，如图 20-124 所示。

图 20-124

Step⑱ 显示效果。效果如图 20-125 所示。

图 20-125

Step⑲ 打开素材。打开"素材文件\第20章\岩石.jpg"文件，如图 20-126 所示。

图 20-126

Step⑳ 命名图层。将岩石图像拖动到文字图像中，将图层命名为【岩石】，如图 20-127 所示。

图 20-127

Step㉑ 更改图层混合模式。更改图层【混合模式】为正片叠底，如图 20-128 所示。

图 20-128

Step㉒ 显示效果。图像效果如图 20-129 所示。

图 20-129

Step㉓ 打开素材。打开"素材文件\第20章\铁.jpg"文件，将铁图像拖动到文字图像中，如图 20-130 所示。

图 20-130

Step㉔ 命名图层。将图层命名为【铁】，如图 20-131 所示。

图 20-131

Step㉕ 更改图层混合模式。更改【铁】图层【混合模式】为线性光，【不透明度】为 43%，如图 20-132 所示。

图 20-132

Step26 显示效果。图像效果如图 20-133 所示。

Step27 打开素材。打开"素材文件\第 20 章\叶 .tif"文件，将图像拖动到文字图像中，调整大小和位置，最终效果如图 20-134 所示。

图 20-133

图 20-134

20.6　制作火焰字效果

实例门类	文字 + 综合设计类

本例结合多个文字图层来表现文字效果。其中，一个图层表现文字的投影；一个图层表现文字的形状；一个图层表现火焰。根据火焰的特征，结合图层模式、图层样式、通道、滤镜等，得到火焰燃烧的效果，完成后效果如图 20-135 所示。

图 20-135

具体操作步骤如下。

Step01 新建文件。执行【文件】→【新建】命令，在打开的【新建文档】对话框中，❶ 设置【宽度】为 1180 像素、【高度】为 590 像素、【分辨率】为 300 像素 / 英寸，❷ 单击【创建】按钮，如图 20-136 所示。

图 20-136

Step02 设置并填充颜色。设置【前景色】为黑色，新建图层，填充前景色，如图 20-137 所示。

图 20-137

Step03 创建文字。设置【字体】为黑体，【字号】为 72，输入文字，如图 20-138 所示。

图 20-138

Step04 设置图层样式。按【Ctrl+J】组合键复制文字图层，在【图层样式】对话框中，勾选【光泽】复选框，❶ 设置【混合模式】为正片叠底，【颜色】为 #eb9126，【不透明度】为 100%，❷ 设置【角度】为 20、【距离】为 1 像素、【大小】为 7 像素，如图 20-139 所示。

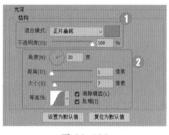

图 20-139

Step 05 设置图层样式。勾选【内发光】复选框，❶ 设置【混合模式】为实色混合，【颜色】为黄色【#fff95b】、【不透明度】为 100%、❷ 设置【方法】为柔和、【阻塞】为 0%、【大小】为 29 像素，如图 20-140 所示。

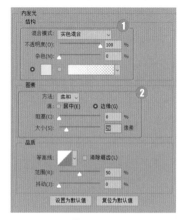

图 20-140

Step 06 设置图层样式。勾选【外发光】复选框，❶ 设置【混合模式】为滤色、【不透明度】为 75%、【颜色】为红色【#ca2004】，❷ 设置【方法】为柔和、【扩展】为 0%、【大小】为 13 像素，如图 20-141 所示。

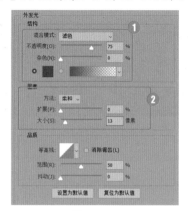

图 20-141

Step 07 设置图层样式。勾选【颜色叠加】复选框，设置【混合模式】为正常、【颜色】为橙色【#cc741e】、【不透明度】为 100%，如图 20-142 所示。

图 20-142

Step 08 显示效果。完成设置单击【确定】按钮，文字效果如图 20-143 所示。

图 20-143

Step 09 复制图层。按【Ctrl+J】组合键复制图层，如图 20-144 所示。

图 20-144

Step 10 栅格化图层样式。在图层上右击，在弹出的快捷菜单中选择【栅格化图层样式】命令，转换为普通图层。如图 20-145 所示。

图 20-145

Step 11 设置橡皮擦效果。选择【橡皮擦工具】按钮，在选项栏选择画笔，并设置画笔大小，如图 20-146 所示。

图 20-146

Step 12 涂抹文字。隐藏文字图层和【Happy 拷贝】图层，选择【Happy 拷贝 2】图层，涂抹文字，如图 20-147 所示。

图 20-147

Step 13 显示效果。依次涂抹擦除文字，如图 20-148 所示。

图 20-148

Step 14 调整液化设置。执行【滤镜】→【液化】命令，打开【液化】对话框，选择【向前变形工具】，设置画笔【大小】为 30、【密度】为 100、【压力】为 100，如图 20-149 所示。

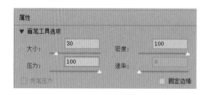

图 20-149

Step⑮ 显示效果。在文字上拖动变形，完成效果如图 20-150 所示。

图 20-150

Step⑯ 打开素材。打开"素材文件\第20章\火焰.jpg"文件，如图 20-151 所示。

图 20-151

Step⑰ 创建选区。在【通道】面板中，按住【Ctrl】键，单击【红】通道创建选区，如图 20-152 所示。

图 20-152

Step⑱ 复制并粘贴图像。按【Ctrl+C】组合键复制选区图像，切换到当前文件，按【Ctrl+V】组合键粘贴选区图像，如图 20-153所示。

Step⑲ 自由变换图像。按【Ctrl+T】组合键执行【自由变换】命令，调整当前图像形状，如图 20-154所示。

图 20-153

图 20-154

Step⑳ 设置图层混合模式。更改【图层 2】图层【混合模式】为变亮，如图 20-155 所示。

图 20-155

Step㉑ 复制图层。按【Ctrl+J】组合键复制图层，并调整图像位置，如图 20-156 所示。

图 20-156

Step㉒ 选择图层。同时选择【图层2】【图层 2 拷贝】【图层 2 拷贝 2】图层，如图 20-157 所示。

Step㉓ 复制图层。按【Ctrl+J】组合键复制所选图层，如图 20-158所示。

图 20-157

图 20-158

Step㉔ 合并图层。按【Ctrl+E】组合键合并图层，更改图层【混合模式】为叠加，【不透明度】为 50%，如图 20-159 所示。

图 20-159

Step㉕ 显示效果。设置完成后，图像效果如图 20-160 所示。

图 20-160

Step㉖ 选择图层。选中【Happy 拷贝 2】图层，如图 20-161 所示。

图 20-161

Step27 复制图层。按【Ctrl+J】组合键复制图层，得到【Happy 拷贝 3】图层，如图 20-162 所示。

图 20-162

Step28 调整图层顺序。将【Happy 拷贝 3】图层拖动到【Happy 拷贝 2】图层下方，如图 20-163 所示。

图 20-163

Step29 垂直翻转对象。选中【Happy 拷贝 3】图层，按【Ctrl+T】组合键，显示变换定界框，右击鼠标，选择【垂直翻转】命令垂直翻转图像，向下移动到适当位置，如图 20-164 所示。

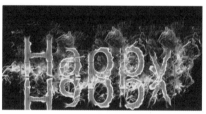

图 20-164

Step30 设置图层混合模式。更改图层【混合模式】为明度，【不透明度】为 10%，如图 20-165 所示。

图 20-165

Step31 融合图像。为火焰图层添加图层蒙版，并使用黑色柔角画笔绘制火焰边缘，使其与图像自然融合，如图 20-166 所示。

图 20-166

Step32 显示效果。完成火焰字特效制作，效果如图 20-167 所示。

图 20-167

本章小结

　　本章主要介绍了特效文字的制作，包括啤酒特效文字、翡翠特效文字、折叠特效文字、冰雪特效文字、生锈剥落文字、火焰字。各种字体效果都可通过 Photoshop 2020 的图层样式和色彩调整制作出来。特效文字的应用范围广泛，字体效果丰富生动，本章旨在引导用户理解和掌握处理特效文字的构思方式和处理技巧，帮助用户拓展思路，创建出更加富有创建力的特效文字。

第21章 实战：图像特效处理

- ➥ 制作超现实空间效果
- ➥ 制作双重曝光效果
- ➥ 将照片转换为漫画效果
- ➥ 制作魅惑人物特效
- ➥ 制作炫目光圈特效

特效总是带给人特殊的视觉体验，给人一种神秘感，其实它的制作过程并非看起来那么复杂，在 Photoshop 2020 中可以轻松打造它。

21.1 制作超现实空间效果

实例门类	色彩 + 滤镜设计类

利用变换功能，调整素材的位置并配合蒙版的使用，可以制作出超现实的空间效果。在制作这类图像效果时，注意要使用留白比较多的素材，最终效果如图 21-1 所示。

图 21-1

具体操作步骤如下。

Step① 打开素材。打开"素材文件 \ 第 21 章 \ 船 .jpg"文件，如图 21-2 所示。

Step② 复制图层。按【Ctrl+J】组合键复制图层，如图 21-3 所示。

图 21-2

图 21-3

Step③ 翻转图像。按【Ctrl+T】组

合键执行【自由变换】命令，右击，在弹出的快捷菜单中选择【顺时针旋转90度】命令；再次右击，在弹出的快捷菜单中选择【垂直翻转】命令翻转图像，将其放在左侧，如图21-4所示。

图 21-4

Step04 复制图层并翻转图像。选择【背景】图层，按【Ctrl+J】组合键，复制背景图层。按【Ctrl+T】组合键执行【自由变换】命令，右击，在弹出的快捷菜单中选择【逆时针旋转90度】命令；再次右击，在弹出的快捷菜单中选择【水平翻转】命令翻转图像，将其放在右侧，如图21-5所示。

图 21-5

Step05 转换为智能对象。分别选择【图层1】和【背景拷贝】图层，右击，在弹出的快捷菜单中选择【转换为智能对象】命令，将其转换为智能对象图层，如图12-6所示。

Step06 绘制路径。使用【钢笔工具】绘制路径，如图21-7所示。

Step07 添加图层蒙版。按【Ctrl+Enter】组合键将路径转换为选区。选择【图层1】，按住【Alt】键并单击【图层】面板底部的■按钮，添加图层蒙版，效果如图21-8所示。

图 12-6

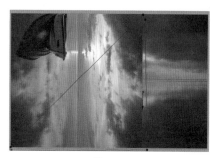

图 21-7

图 21-8

Step08 绘制路径。使用【钢笔工具】绘制路径，如图21-9所示。

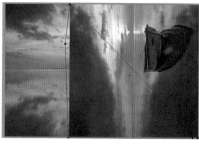

图 21-9

Step09 添加图层蒙版。按【Ctrl+Enter】组合键将路径转换为选区。选择【背景拷贝】图层，按住【Alt】键并单击【图层】面板底部的■按钮，添加图层蒙版，如图21-10所示。

图 21-10

Step10 编组图层。选择【背景】图层以外的所有图层，按【Ctrl+G】组合键编组图层，如图21-11所示。

图 21-11

Step11 复制图层组。按【Ctrl+J】组合键复制【组1】图层组，如图21-12所示。

图 21-12

Step12 合并图层。按【Ctrl+E】组合键合并【组1拷贝】图层组，如图21-13所示。

图 21-13

Step⑬ 载入选区。按住【Ctrl】键并单击【组 1 拷贝】图层缩览图载入选区，如图 21-14 所示。

图 21-14

Step⑭ 新建图层并填充黑色。新建图层，将其放在【组 1】图层组下方，并填充黑色，如图 21-15 所示。

图 21-15

Step⑮ 添加光圈模糊滤镜效果。按【Ctrl+D】取消选区。执行【滤镜】→【模糊画廊】→【光圈模糊】命令，调整参数，如图 21-16 所示。

Step⑯ 添加图层蒙版。单击【图层】面板底部□按钮，添加图层蒙版。使用黑色的柔角画笔，将画笔不透明度降低，涂抹黑色阴影的地方，使其效果更加自然，如图 21-17 所示。

图 21-16

图 21-17

Step⑰ 修改蒙版。选择【图层 1】蒙版缩览图，使用黑色的柔角画笔涂抹右上方图像，使其与下方图像融合，如图 21-18 所示。

图 21-18

Step⑱ 删除多余图像。双击【图层 1】图层缩览图，进入源图像文档，使用【套索工具】选中小船对象，执行【编辑】→【内容识别填充】命令，删除对象，如图 21-19 所示。

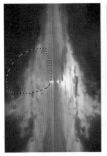

图 21-19

Step⑲ 保存修改。按【Ctrl+S】组合键保存修改，返回文档中，可以发现图像左侧的小船对象被删除，如图 21-20 所示。

图 21-20

Step⑳ 完成超现实空间制作。使用相同的方法删除右侧的小船对象，完成超现实空间效果的制作，如图 21-21 所示。

图 21-21

21.2 制作双重曝光效果

实例门类	自由变换 + 查看新建存储文件 + 图像旋转类

双重曝光是一种特殊的摄影方式，可以将两张甚至多张照片叠加在一起，以实现图片虚幻效果。进入数码时代

后，要实现双重曝光的效果就更加简单了，只需将拍摄好的照片导入到图像处理软件中，就可以制作双重曝光的效果。双重曝光效果通常会给人神秘的视觉感受，因此它不仅使很多摄影爱好者痴迷，而且在广告设计中也常常会使用双重曝光效果。下面就在 Photoshop 2020 中制作双重曝光效果，最终效果如图 21-22 所示。

图 21-22

具体操作步骤如下。

Step01 新建文档。按【Ctrl+N】组合键新建文档，设置【宽度】为 1080 像素、【高度】为 720 像素、【分辨率】为 72 像素 / 英寸，单击【确定】按钮，如图 21-23 所示。

图 21-23

Step02 置入素材文件。置入"素材文件 \ 第 21 章 \ 女孩 .jpg"文件，如图 21-24 所示。

图 21-24

Step03 把人物从背景中抠取出来。使用【快速选择工具】选中女孩，创建选区，单击图层面板中的【添加图层蒙版】按钮，效果如图 21-25 所示。

图 21-25

Step04 置入素材文件。置入"素材文件 \ 第 21 章 \ 鸟 .jpg"文件和"素材文件 \ 第 21 章 \ 霞浦 .jpg"文件，如图 21-26 所示。

图 21-26

Step05 变换图像方向。选中【霞浦】图层，按【Ctrl+T】组合键执行【自由变换】命令，右击，在弹出的快捷菜单中选择【水平翻转】选项，按【Enter】键确认变换，如图 21-27 所示。

Step06 融合鸟和霞浦素材。选中【霞浦】图层，单击图层面板中【添加图层蒙版】按钮，添加蒙版，如图 21-28 所示。选中蒙版，使用黑色柔角画笔在蒙版上涂抹，显示出下方图层中的图像，如图 21-29 所示。

图 21-27

图 21-28

图 21-29

Step07 复制蒙版。选中【霞浦】图层和【鸟】图层，按【Ctrl+G】组合键将【霞浦】图层和【鸟】图层编组，得到【组1】图层组，选中【女孩】图层的图层蒙版，按住【Alt】键并拖动，将蒙版复制到【组1】图层组，如图21-30所示。

Step08 修改蒙版显示图像。选中【霞浦】和【鸟】图层，按【Ctrl+T】组合键执行【自由变换】命令，适当移动图像的位置，效果如图21-31所示。

Step09 添加舞蹈素材文件。置入"素材文件\第21章\舞蹈.jpg"文件，如图21-32所示。右击【舞蹈】图层，在弹出的快捷菜单中选择【栅格化图层】命令。

图 21-30

图 21-31

图 21-32

Step10 删除白色背景。使用魔棒工具，选中舞蹈素材的白色背景，按【Delete】键删除白色背景，按【Ctrl+D】组合键取消选区，如图21-33所示。

图 21-33

Step11 调整图像效果。将【舞蹈】图层拖动至【组1】内，并将其置于【霞浦】图层上方。按【Ctrl+T】组合键执行【自由变换】命令，适当缩小图像，并将其放置到适当的位置，如图21-34所示。设置【舞蹈】图层【不透明度】为60%，如图21-35所示。

图 21-34

图 21-35

Step12 添加渐变映射效果，渲染图像氛围。单击图层面板底部【创建新的填充或调整图层】按钮，创建【渐变映射】调整图层，单击【属性】面板中的渐变色条打开【渐变编辑器】对话框，设置渐变颜色分别为【#ffa837】【#ff9308】【#ff6633】【#b0de24】，如图21-36所示；图层【混合模式】设置为柔光，效果如图21-37所示。

层，得到【图层1】，如图21-38所示。

Step⑭ 添加文字。选择【横排文字工具】，在图像中输入文字，选中文字，并打开字符面板设置【字体】为Segoe UI、【字体大小】为46点、【行距】为54点、【字距】为320点，【颜色】为【#875139】，如图21-39所示。

色，效果如图21-40所示。

图 21-40

Step⑯ 添加滤镜效果。选中背景，执行【滤镜】→【滤镜库】→【纹理】→【纹理化】命令，在【纹理化】对话框中，设置【纹理】为砂岩，【缩放】为55%，【凸现】为3，单击【确定】按钮，最终效果如图21-41所示。

图 21-36

图 21-38

图 21-41

图 21-37

图 21-39

Step⑬ 盖印图层。隐藏背景图层，按【Ctrl+Shift+Alt+E】组合键盖印可见图

Step⑮ 设置背景图层颜色。选中背景图层，设置【前景色】为【#ffe5ce】，按【Alt+Delete】组合键填充前景

21.3 将照片转换为漫画效果

实例门类	自由变换＋图层样式设计类

在 Photoshop 中利用滤镜功能可以将普通照片制作成漫画效果。效果如图 21-42 所示。

图 21-42

具体操作步骤如下。

Step01 打开素材。打开"素材文件\第21章\花.jpg"文件，如图21-43所示。

图 21-43

Step02 复制图层。按【Ctrl+J】组合键复制图层，如图21-44所示。

图 21-44

Step03 复制通道。切换到【通道】面板，复制【蓝】通道，如图21-45所示。

图 21-45

Step04 调整明暗。按【Ctrl+L】组合键打开【色阶】对话框，拖动滑块调整明暗，增加图像的明暗对比（如果一次调整不够，可以多次执行【色阶】命令进行调整），如图21-46所示。

Step05 涂黑图像。使用黑色的画笔，【硬度】和【不透明度】均设置为100%，涂抹图像区域，如图21-47所示。

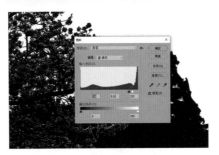

图 21-46

图 21-47

Step06 载入选区。按住【Ctrl】键单击【蓝拷贝】通道载入选区，单击【RGB】复合通道，如图21-48所示。

图 21-48

Step07 创建图层蒙版。切换到【图层】面板，选择【图层1】图层。单击【图层】面板底部的 按钮，创建图层蒙版，按【Ctrl+I】组合键反相蒙版，如图21-49所示。

图 21-49

Step08 调整饱和度。新建【色相/饱和度】调整图层，在【属性】面板中设置饱和度参数增加图像饱和度，效果如图21-50所示。

图 21-50

Step09 创建剪切蒙版。按【Alt+Ctrl+G】组合键创建剪切蒙版，如图21-51所示。

图 21-51

Step10 转换为智能滤镜。选择【图层1】，执行【滤镜】→【转换为智能滤镜】命令，将其转换为智能滤镜，如图21-52所示。

图 21-52

Step11 添加滤镜效果。执行【滤镜】→【滤镜库】命令，打开【滤镜库】对话框，选择【画笔描边】滤镜组中的【强化边缘】滤镜并设置参数，如图21-53所示。设置参数时需要注意预览效果。

图 21-53

Step⑫ 添加滤镜效果。单击底部的 按钮，添加滤镜，选择【艺术效果】滤镜组中的【绘画涂抹】滤镜并设置参数，如图 21-54 所示。

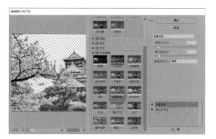

图 21-54

Step⑬ 显示效果。通过前面的操作将图像转换为绘画效果，如图 21-55 所示。

图 21-55

Step⑭ 打开素材文件。打开"素材文件 \ 第 21 章 \ 天空 .jpg"文件，如图 21-56 所示。

图 21-56

Step⑮ 移动图像。拖动天空图像到当前文档中，将其放在【图层1】下方，执行【图层】→【智能对象】→【转换为智能对象】命令，将其转换为智能对象，如图 21-57 所示。

图 21-57

Step⑯ 裁剪图像。双击【图层2】，进入源图像文档，使用【裁剪工具】裁剪图像，如图 21-58 所示。

图 21-58

Step⑰ 删除多余图像。使用【套索工具】选中树木，执行【编辑】→【内容识别填充】命令，删除树木，如图 21-59 所示。

图 21-59

Step⑱ 调整天空颜色。新建【色相/饱和度】调整图层，在【属性】面板设置色相、饱和度和明度参数，调整天空颜色，如图 21-60 所示。

图 21-60

Step⑲ 调整天空位置。按【Ctrl+S】组合键保存修改，返回【花】文档中，选择【图层2】，按【Ctrl+T】组合键执行【自由变换】命令，调整天空的位置和大小，完成将照片转换为漫画效果的制作，效果如图 21-61 所示

图 21-61

21.4 制作魅惑人物特效

实例门类	渐变填充＋图层混合模式设计类

　　魅惑人物是带有神秘色彩的图像特效。本例通过使用【渐变工具】创建图像的魅惑色调，通过使用【凸出】命令

创建画面的神秘背景效果，通过使用【动感模糊】和【高斯模糊】创建画面的朦胧动感，最终效果如图 21-62 所示。

图 21-62

具体操作步骤如下。

Step01 打开素材。打开"素材文件\第21章\魅惑.jpg"文件，如图 21-63 所示。

图 21-63

Step02 新建图层。新建【图层1】，如图 21-64 所示。

图 21-64

Step03 选择渐变样式。选择【渐变工具】，在选项栏中，单击渐变色条右侧的按钮，在打开的下拉列表框中，选择【色谱】渐变，单击【角度渐变】按钮，如图 21-65 所示。

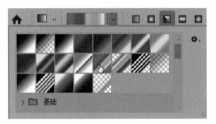

图 21-65

Step04 创建渐变。从中部往右下方拖动鼠标，填充渐变色，如图 21-66 所示。

图 21-66

Step05 更改图层混合模式。更改图层【混合模式】为叠加，如图 21-67 所示。

Step06 显示效果。效果如图 21-68 所示。

图 21-67

图 21-68

Step07 设置动感模糊滤镜效果。执行【滤镜】→【模糊】→【动感模糊】命令，打开【动感模糊】对话框，设置【角度】为47度、【距离】为400像素，单击【确定】按钮，如图 21-69 所示

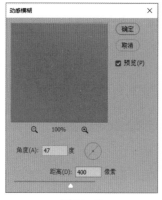

图 21-69

Step⑧ 显示效果。效果如图 21-70 所示。

图 21-70

Step⑨ 设置凸出滤镜效果。执行【滤镜】→【风格化】→【凸出】命令，在打开的【凸出】对话框中，❶ 设置【类型】为块，【大小】和【深度】均为 40 像素，❷ 单击【确定】按钮，如图 21-71 所示。

图 21-71

Step⑩ 显示效果。效果如图 21-72 所示。

图 21-72

Step⑪ 复制图层。按【Ctrl+J】组合键复制背景图层，并将其移动到最上方，如图 21-73 所示。

图 21-73

Step⑫ 设置动感模糊效果。执行【滤镜】→【模糊】→【动感模糊】命令，在打开的【动感模糊】对话框中，❶ 设置【角度】为 47 度、【距离】为 150 像素，❷ 单击【确定】按钮，如图 21-74 所示。

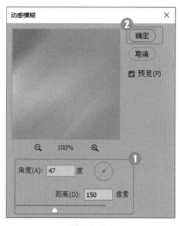

图 21-74

Step⑬ 显示效果。效果如图 21-75 所示。

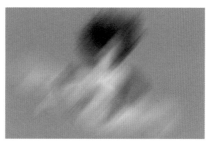

图 21-75

Step⑭ 设置马赛克效果。执行【滤镜】→【像素化】→【马赛克】命令，在打开的【马赛克】对话框中，❶ 设置【单元格大小】为 50 方形，❷ 单击【确定】按钮，如图 21-76 所示。

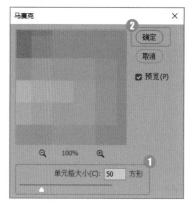

图 21-76

Step⑮ 显示效果。效果如图 21-77 所示。

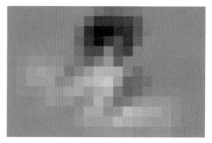

图 21-77

Step⑯ 设置墨水轮廓滤镜效果。执行【滤镜】→【滤镜库】→【画笔描边】→【墨水轮廓】命令，❶ 设置【描边长度】为 4、【深色强度】为 8 像素、【光照强度】为 10，❷ 单击【确定】按钮，如图 21-78 所示。

图 21-78

Step17 添加蒙版。为图层添加图层蒙版，使用黑色【画笔工具】 🖌 在人物位置涂抹，显示出人物，如图21-79 所示。

图 21-79

Step18 显示效果。图像效果如图21-80 所示。

图 21-80

Step19 更改图层混合模式。更改图层【混合模式】为线性加深，如图21-81 所示。

Step20 显示效果。效果如图 21-82 所示。

Step21 盖印图层。按【Alt+Shift+Ctrl+E】组合键盖印图层，如图 21-83 所示。

图 21-81

图 21-82

图 21-83

Step22 设置高斯模糊滤镜。执行【滤镜】→【模糊】→【高斯模糊】命令，打开【高斯模糊】对话框，❶ 设置【半径】为 5 像素，❷ 单击【确定】按钮，如图 21-84 所示。

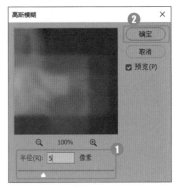

图 21-84

Step23 更改图层混合模式。更改图层【混合模式】为柔光，如图21-85 所示。

图 21-85

Step24 显示效果。最终效果如图21-86 所示。

图 21-86

21.5 制作炫目光圈特效

实例门类	路径＋图层样式设计类

　　光圈特效可以增加画面的运动和神秘感。本例通过使用【路径工具】创建光圈的路径，结合使用【画笔工具】和描边路径操作，创建光圈的色彩效果，通过使用外发光图层样式，创建光圈的黄色光晕，最终效果如图21-87所示。

图 21-87

具体操作方法如下。

Step 01 打开素材。打开"素材文件\第 21 章\男士 .jpg"文件，如图 21-88 所示。

图 21-88

Step 02 绘制路径。选择【钢笔工具】，在选项栏中选择【路径】选项，依次单击鼠标创建路径，如图 21-89 所示。

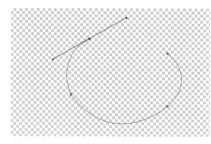

图 21-89

Step 03 选择并设置画笔。选择工具箱中的【画笔工具】，在【画笔预设选取器】下拉列表框中选择【水彩大溅滴】画笔，设置【大小】

为 50 像素，如图 21-90 所示。

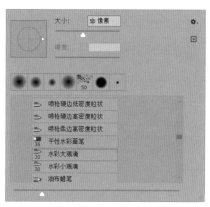

图 21-90

Step 04 新建图层并描边路径。新建【图层1】图层。在【路径】面板中，单击【用画笔描边路径】按钮，如图 20-91 所示。

图 21-91

Step 05 变换对象。执行【图像】→【变换】→【扭曲】命令，适当变换对象，使对象围绕人物，如图 21-92 所示。

图 21-92

Step 06 设置外发光图层样式。双击图层，在打开的【图层样式】对话框中勾选【外发光】复选框，设置【混合模式】为滤色、【不透明度】为 75%、【颜色】为黄色、【扩展】为 5%、【大小】为 73 像素，如图 21-93 所示。

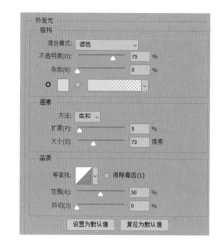

图 21-93

Step**07** 设置渐变叠加图层样式。按
【Ctrl+J】的组合键复制图层，并双
击复制的图层，在打开的【图层样
式】对话框中勾选【渐变叠加】复
选框，设置【渐变类型】为色谱
渐变、【样式】为对称的、【角度】
为 -90 度，如图 21-94 所示。

Step**08** 显示效果。通过前面的操作，
得到图像的渐变叠加色彩效果，如
图 21-95 所示。

图 21-94

图 21-95

本章小结

　　本章主要介绍了特效图像的制作，包括超现实空间效果、双重曝光特效、照片漫画特效、魅惑人物特效、炫目
光圈特效等。Photoshop 2020 的功能非常丰富，通过多种功能的应用，可以制作出非常奇特的图像特效。读者要充
分理解各种命令可以达到的图像效果，发挥自己的想象力，创造出更有创意的作品。

第22章　实战：图像合成艺术

➡ 合成遇见鞋子场景
➡ 合成奇幻星际场景
➡ 合成幽暗森林小屋
➡ 合成飞翔的小神童

　　超现实的图像合成作品能够带给人强大的视觉震撼力。创意在图像合成艺术中是非常重要的，有了好的创意，还需要相应的工具来呈现，而 Photoshop 2020 就为大家提供了能实现创意的工具，让创意在图片中真实地呈现出来。那么图像合成要如何操作？一起来看看吧！

22.1　合成遇见鞋子场景

实例门类	合成＋图层＋边缘处理设计类

　　本例合成遇见鞋子场景，主要利用蒙版来融合图像，制作重点和难点在于光影的制作和细节的处理，效果如图 22-1 所示。

图 22-1

　　具体操作步骤如下。

Step 01 新建文档。执行【文件】→【新建】命令，打开【新建文档】对话框，设置文档【宽度】为 2500 像素、【高度】为 1700 像素、【分辨率】为 72 像素 / 英寸，单击【创建】按钮，如图 22-2 所示。

Step 02 打开素材文件。打开"素材文件 \ 第 22 章 \ 草地 .jpg"文件，并将其拖动到当前文档中，按【Ctrl+T】

组合键执行【自由变换】命令，调整大小和位置，如图 22-3 所示。

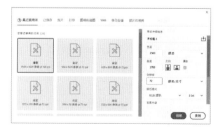

图 22-2

图 22-3

Step 03 复制图层并创建选区。按【Ctrl+J】组合键复制草地图层。使用【套索工具】选择草地图像，创建选区，如图22-4所示。

图 22-4

Step 04 变形图像。按【Ctrl+T】组合键执行【自由变换】命令，右击，在弹出的快捷菜单中选择【变形】命令，变形草地，使其填充满整个画布，如图22-5所示。

图 22-5

Step 05 打开素材文件。打开"素材文件\第22章\鞋子.jpg"文件。使用【快速选择工具】选择鞋子，创建选区，如图22-6所示。

图 22-6

Step 06 拖动选区图像。使用【移动工具】拖动选区图像到当前文档中。按【Ctrl+T】组合键执行【自由变换】命令，调整图像大小和位置，如图22-7所示。

图 22-7

Step 07 选择鞋子标签。使用【椭圆选框工具】选择鞋子标签，如图22-8所示。

图 22-8

Step 08 执行内容识别填充命令。执行【编辑】→【内容识别填充】命令，删除鞋子标签，并自动生成【鞋子拷贝】图层，如图22-9所示。

图 22-9

Step 09 合并图层。选择【鞋子】和【鞋子拷贝】图层，按【Ctrl+E】组合键合并图层，如图22-10所示。

图 22-10

Step 10 新建色阶调整图层。新建【色阶】调整图层并创建剪贴蒙版，在【属性】面板中拖动【输出色阶】中的白色滑块，如图22-11所示。

图 22-11

Step 11 显示效果。通过前面的操作，图像被压暗，如图22-12所示。

图 22-12

Step 12 修改蒙版。选择黑色柔角画笔并降低画笔不透明度，在蒙版上绘制，隐藏部分效果，如图22-13所示。

图 22-13

Step 13 新建中性灰图层。按【Shift+Ctrl+N】组合键新建图层，在【新建图层】对话框中设置【模式】为柔光，勾选【填充柔光中性色（50%灰）】复选框，如图22-14所示。

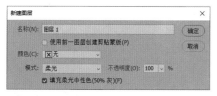

图 22-14

Step⑭ 创建剪贴蒙版。单击【确定】按钮，创建【图层1】图层。右击，在弹出的快捷菜单中选择【创建剪贴蒙版】命令，创建剪贴蒙版，如图 22-15 所示。

图 22-15

Step⑮ 绘制阴影和高光。选择【减淡工具】，降低不透明度，在【图层1】图层上绘制，提亮图像，如图 22-16 所示。选择【加深工具】，降低不透明度，在【图层1】图层上绘制，压暗图像，如图 22-17 所示。

图 22-16

图 22-17

Step⑯ 添加蒙版。选择【鞋子拷贝】

图层并添加蒙版，如图 22-18 所示。

图 22-18

Step⑰ 设置画笔。选择【画笔工具】，按【F5】键打开【画笔设置】面板，选择【草】画笔，并设置适当的画笔间距，如图 22-19 所示。

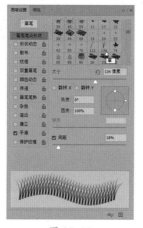

图 22-19

Step⑱ 修改蒙版。选择【鞋子拷贝】图层蒙版缩览图。设置【前景色】为黑色，使用画笔在蒙版上绘制，使鞋子与草地融合，如图 22-20 所示。

图 22-20

Step⑲ 打开素材文件。打开"素材文件\第22章\栈道.jpg"文件。使用【多边形套索工具】选择栈道，然后添加蒙版，如图 22-21

所示。

图 22-21

Step⑳ 拖动图像。使用【移动工具】拖动图像到当前文档中，按【Ctrl+T】组合键执行【自由变换】命令，调整大小和位置，如图 22-22 所示。

图 22-22

Step㉑ 删除多余图像。使用【多边形套索工具】选择多余的图像。选择【栈道】图层蒙版缩览图，为选区填充黑色，删除多余图像，如图 22-23 所示。

图 22-23

Step㉒ 创建色阶调整图层。新建【色阶调整】图层，并创建剪贴蒙版。在【属性】面板中拖动【输出色阶】中的白色滑块，如图 22-24 所示。

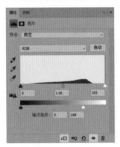

图 22-24

Step㉓ 显示效果。通过前面的操作，栈道图像被压暗，如图 22-25 所示。

图 22-25

Step㉔ 修改蒙版。选择黑色柔角画笔，降低画笔不透明度。选择【色阶】调整图层蒙版缩览图，在栈道左侧绘制，制作被阳光照射的效果，如图 22-26 所示。

图 22-26

Step㉕ 修改蒙版。选择【栈道】图层蒙版缩览图。使用黑色的【草】画笔在栈道边缘绘制，使栈道和草地融合，如图 22-27 所示。

Step㉖ 绘制阴影。新建【阴影】图层。使用黑色柔角画笔，并降低画笔不透明度，在栈道右侧绘制阴影效果，如图 22-28 所示。

Step㉗ 设置画笔。按【F5】键打开【画笔设置】面板，调整画笔圆度，如图 22-29 所示。

图 22-27

图 22-28

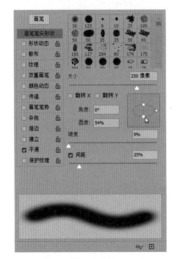

图 22-29

Step㉘ 绘制鞋子阴影。在【阴影】图层上绘制鞋子阴影，如图 22-30 所示。

图 22-30

Step㉙ 降低图层不透明度。降低【阴影】图层不透明度，如图 22-31 所示。

图 22-31

Step㉚ 打开素材文件。打开"素材文件\第 22 章\门 .jpg"文件。使用【钢笔工具】绘制路径，如图 22-32 所示。

图 22-32

Step㉛ 建立选区。右击，在弹出的快捷菜单中选择【建立选区】命令，在打开的【建立选区】对话框中设置【羽化半径】为 1 像素，如图 22-33 所示。

图 22-33

Step㉜ 拖动选区图像。使用【移动工具】拖动选区图像到当前文档中。按【Ctrl+T】组合键执行【自由变换】命令，调整大小和位置，如图 22-34 所示。

图 22-34

Step33 调整图层顺序。将【门】图层放在【栈道】图层下方，如图 22-35 所示

图 22-35

Step34 调整门图像色彩。按【Ctrl+U】组合键打开【色相 / 饱和度】对话框，调整色相、饱和度和明度参数，如图 22-36 所示。

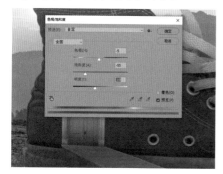

图 22-36

Step35 添加投影效果。双击【门】图层，在打开的【图层样式】对话框中勾选【投影】复选框，设置参数，如图 22-37 所示。

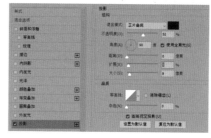

图 22-37

Step36 显示效果。添加投影后效果如图 22-38 所示。

图 22-38

Step37 打开素材文件。打开"素材文件 \ 第 22 章 \ 窗户 .jpg"文件。使用【多边形套索工具】选择窗户，如图 22-39 所示。

图 22-39

Step38 拖动图像。使用【移动工具】拖动选区图像到当前文档中。按【Ctrl+T】组合键调整图像大小和位

置，如图 22-40 所示。

图 22-40

Step39 添加投影效果。双击【窗户】图层，打开【图层样式】对话框，勾选【投影】复选框，设置参数，添加投影效果，如图 22-41 所示。

图 22-41

Step40 置入素材文件。置入"素材文件 \ 第 22 章 \ 小孩 .png"文件。按【Ctrl+T】组合键执行【自由变换】命令，调整大小和位置，如图 22-42 所示。

图 22-42

Step41 新建色阶调整图层。新建【色阶调整】图层并创建剪贴蒙版，在【属性】面板中拖动【输出色阶】中白色滑块，压暗图像，如图 22-43 所示。

图 22-43

Step42 修改蒙版。使用黑色柔角画笔，在人物边缘处涂抹，绘制被阳光照射的效果，如图 22-44 所示。

图 22-44

Step43 复制图层。选择【小孩】图层，按【Ctrl+J】组合键复制图层，如图 22-45 所示。

图 22-45

Step44 变换图像。选择【小孩】图层，按【Ctrl+T】组合键执行【自由变换】命令，右击，在菜单中选择【垂直翻转】，调整大小，如图22-46 所示。

Step45 填充黑色。栅格化【小孩】图层。按住【Ctrl】键单击【小孩】图层缩览图载入选区，并填充黑色，如图 22-47 所示。

图 22-46

图 22-47

Step46 模糊图像。执行【滤镜】→【模糊】→【高斯模糊】命令，在打开的【高斯模糊】对话框中，设置【半径】为 6 像素，如图 22-48所示。

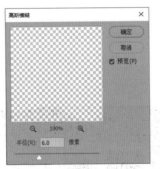

图 22-48

Step47 降低图层不透明度。降低【小孩】图层不透明度，如图22-49所示。

图 22-49

Step48 置入素材文件。置入"素材文件 \ 第 22 章 \ 鸟 .png"文件。按【Ctrl+T】组合键执行【自由变换】命令，调整大小和位置，如图22-50 所示。

图 22-50

Step49 模糊图像。执行【滤镜】→【模糊】→【高斯模糊】命令，在打开的【高斯模糊】对话框中设置【半径】为 2 像素，模糊图像，效果如图 22-51 所示。

图 22-51

Step50 模糊背景图像。隐藏除草地图层以外的所有图层。选择【草地拷贝】图层。执行【滤镜】→【模糊画廊】→【场景模糊】命令。添加 2 个模糊点，一个设置为 15 像素，另一个为 0，如图 22-52 所示。

图 22-52

Step51 新建图层。显示所有图层。在【图层】面板上方新建图层，使用黄色柔角画笔绘制阳光照射，如图 22-53 所示。

图 22-53

Step52 设置图层混合模式。设置图层【混合模式】为叠加，并降低不透明度，制作阳光照射的效果，如图 22-54 所示。

图 22-54

Step53 盖印图层。按【Alt+Shift+Ctrl+E】组合键盖印图层，如图 22-55 所示。

Step54 设置 Camera Raw 滤镜效果。执行【滤镜】→【Camera Raw 滤镜】命令，打开【Camera Raw】对话框，设置【Hsl 调整】参数，使

草地偏黄色。设置【基本】中的【清晰度】参数，提高图像清晰度，如图 22-56 所示。

图 22-55

图 22-56

Step55 调整色调。新建【色阶】调整图层，选择【蓝】通道调整，增加蓝色，如图 22-57 所示。选择【红】通道调整，增加红色，如图 22-58 所示。

图 22-57

图 22-58

Step56 显示效果。通过前面的操作完成遇见鞋子场景的合成，最终效果如图 22-59 所示。

图 22-59

22.2 合成奇幻星际场景

实例门类	图层＋蒙版设计类

本例合成奇幻星际场景。先使用【扭曲】滤镜制作扭曲空间的效果，然后添加人物和行星素材。在制作过程中要注意光影和环境光的绘制，最终效果如图 22-60 所示。

图 22-60

具体操作步骤如下。

Step 01 新建文档。按【Ctrl+N】组合键新建文档，设置【宽度】为 1200 像素、【高度】为 1200 像素、【分辨率】为 72 像素 / 英寸，如图 22-61 所示。

图 22-61

Step 02 打开素材。打开"素材文件 \ 第 22 章 \ 云 .jpg"文件，将其拖动到当前文档中，按【Ctrl+T】组合键执行【自由变换】命令，使其覆盖整个画布，如图 22-62 所示。

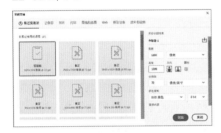

图 22-62

Step 03 扭曲图像。执行【滤镜】→【扭曲】→【极坐标】命令，在打开的【极坐标】对话框中选中【平面坐标到极坐标】单选按钮，如图 22-63 所示。

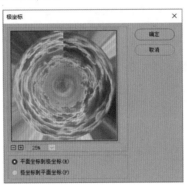

图 22-63

Step 04 修复图像。选择【仿制图章工具】修复图像中明显的边界，如图 22-64 所示。

图 22-64

Step 05 新建色相 / 饱和度调整图层。新建【色相 / 饱和度】调整图层。选择【蓝色】调整色相、饱和度和明度参数，如图 22-65 所示。

图 22-65

Step 06 显示效果。通过前面的操作，图像色调统一，如图 22-66 所示。

图 22-66

Step**07** 合并图层。选择【云】图层和【色相/饱和度】调整图层，按【Ctrl+E】组合键合并图层，并重命名图层为【云】，如图 22-67 所示。

图 22-67

Step**08** 变换图像。按【Ctrl+T】组合键执行【自由变换】命令，右击，在弹出的快捷菜单中选择【顺时针旋转 90 度】命令，旋转图像。再放大图像，如图 22-68 所示。

图 22-68

Step**09** 复制图层。按【Ctrl+J】组合键复制图层，缩小图像，如图 22-69 所示。

图 22-69

Step**10** 添加图层蒙版。为【云拷贝】图层添加蒙版，使用黑色柔角画笔

涂抹周围的图像，如图 22-70 所示。

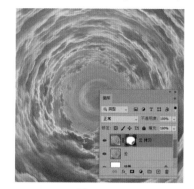

图 22-70

Step**11** 压暗图像。新建【色阶】调整图层，在【属性】面板中拖动【输出色阶】中的白色滑块，压暗图像，如图 22-71 所示。

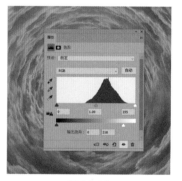

图 22-71

Step**12** 修改蒙版。选择【色阶】调整图层蒙版缩览图，使用黑色柔角画笔绘制，提亮中间部分图像，如图 22-72 所示。

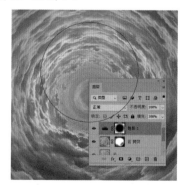

图 22-72

Step**13** 新建图层，压暗周围图像。新建图层。选择【画笔工具】并降

低不透明度。按住【Alt】键单击图像中灰色部分吸取颜色，拖动鼠标在图像四周绘制，压暗并虚化四周图像，效果如图 22-73 所示。

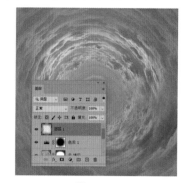

图 22-73

Step**14** 降低图层不透明度。降低【图层 1】不透明度，使效果更加自然，如图 22-74 所示。

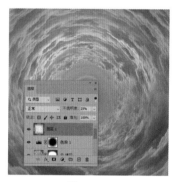

图 22-74

Step**15** 打开素材文件。打开"素材文件\第 22 章\海边.jpg"文件，使用【多边形套索工具】选取适当的桥部分图像，如图 22-75 所示。

图 22-75

Step**16** 拖动图像。拖动选区图像到

当前文档中，按【Ctrl+T】组合键调整大小和位置，如图 22-76 所示。

图 22-76

Step⑰ 透视变换图像。执行【编辑】→【变换】→【透视】命令，透视变换图像，如图 22-77 所示。

图 22-77

Step⑱ 压暗图像。新建【色阶】调整图层并创建剪贴蒙版，在【属性】面板中拖动【输出色阶】中的白色滑块，压暗图像，如图 22-78 所示。

图 22-78

Step⑲ 修改蒙版。选择【色阶】调整图层蒙版缩览图，使用黑色柔角

画笔工具，涂抹桥中间部分，提亮部分图像，如 22-79 所示。

图 22-79

Step⑳ 新建图层。新建【雾气】图层。选择柔角画笔工具，按住【Alt】键单击图像灰色部分吸取颜色，在桥两侧绘制，并降低图层不透明度，制作雾气朦胧的效果，如图 22-80 所示。

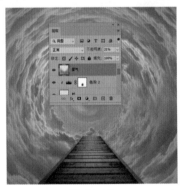

图 22-80

Step㉑ 创建选区。切换到【海边】文档中。使用【对象选择工具】选中人物，如图 22-81 所示。

图 22-81

Step㉒ 拖动图像。拖动选区图像到

当前文档中，并调整图像大小和位置，如图 22-82 所示。

图 22-82

Step㉓ 新建图层。新建【图层2】图层并创建剪贴蒙版。使用灰色柔角画笔在人物周围绘制，制作雾气效果，如图 22-83 所示。

图 22-83

Step㉔ 新建图层。选择【人物】图层，按住【Ctrl】键单击【图层】面板底部▣按钮，新建【阴影】图层，如图 22-84 所示。

图 22-84

Step㉕ 创建选区。使用【多边形套索工具】创建选区，如图 22-85所示。

图 22-85

Step26 填充选区。使用黑色柔角画笔并降低画笔不透明度，在选区中绘制，填充黑色，如图 22-86 所示。

图 22-86

Step27 模糊图像。按【Ctrl+D】组合键取消选区。执行【滤镜】→【模糊】→【高斯模糊】命令，在打开的【高斯模糊】对话框中设置【半径】为 4 像素，模糊图像，效果如图 22-87 所示。

图 22-87

Step28 调整不透明度。降低阴影图层不透明度，如图 22-88 所示。
Step29 打开素材文件。打开"素材文件 \ 第 22 章 \ 行星 1.jpg"文件。使用【椭圆选框工具】选择行星，如图 22-89 所示。

图 22-88

图 22-89

Step30 拖动图像。拖动选区图像到当前文档中，并调整大小和位置，如图 22-90 所示。

图 22-90

Step31 添加其他行星图像。打开"素材文件 \ 第 22 章 \ 行星 2.jpg"文件和"行星 3.jpg"文件。使用【对象选择工具】选择行星并将其拖动到当前文档中，如图 22-91 所示。

图 22-91

Step32 调整行星 1 图像明暗。选择【行星 1】图层。新建【色阶】调整图层并创建剪贴蒙版，调整参数，调整图像明暗，如图 22-92 所示。

图 22-92

Step33 调整其他行星图像明暗。使用相同的方法调整其他行星图像明暗，如图 22-93 所示。

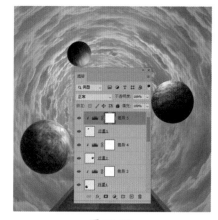

图 22-93

Step34 绘制阴影。新建【阴影 2】图层。使用黑色柔角画笔工具并降低画笔不透明度，绘制行星阴影，如图 22-94 所示。

图 22-94

Step③ 降低图层不透明度。降低【阴影2】图层不透明度，使效果更加自然，如图 22-95 所示。

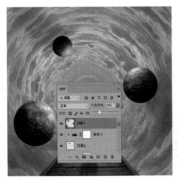

图 22-95

Step③ 绘制环境光。新建【环境光】图层。选择【画笔工具】，按住【Alt】键吸取行星颜色，绘制环境光，如图 22-96 所示。

图 22-96

Step③ 设置图层混合模式并降低不透明度。设置图层【混合模式】为叠加并降低图层不透明度，使环境

光效果更加自然，如图 22-97 所示。

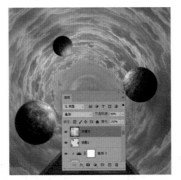

图 22-97

Step③ 模糊图像。分别选择【行星2】和【行星3】图层。执行【滤镜】→【模糊】→【高斯模糊】命令模糊图像，制作近实远虚的效果，如图 22-98 所示。注意模糊半径不需要设置得特别大。

图 22-98

Step③ 新建渐变映射调整图层。新建【渐变映射】调整图层，在属性面板选择一种渐变颜色，如图 22-99 所示。

图 22-99

Step④ 降低图层不透明度。降低

图层不透明度，效果如图 22-100 所示。

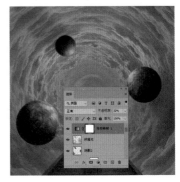

图 22-100

Step④ 置入素材文件。置入"素材文件\第 22 章\光 .jpg"文件，调整大小和位置，如图 22-101 所示。

图 22-101

Step④ 设置图层混合模式并变换图像。设置图层【混合模式】为滤色。按【Ctrl+T】组合键执行【自由变换】命令，右击，在弹出的快捷菜单中选择【变形】命令，变形对象，如图 22-102 所示。

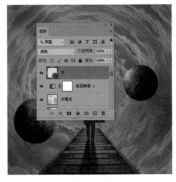

图 22-102

Step 43 复制图层。按【Ctrl+J】组合键复制【光】图层，将其放在左侧，如图 22-103 所示。

Step 44 调整图层顺序。选择【光】和【光拷贝】图层，将其拖动到【人物】图层下方，完成奇幻星际场景制作，最终效果如图 22-104 所示。

图 22-103

图 22-104

22.3　合成幽暗森林小屋

实例门类	图层 + 抠图 + 蒙版设计类

森林小屋是神秘奇幻的，通往密林深处的小屋会有什么样的景象呢？本例结合森林、房屋、提灯、亮点和小路素材，拼合出幽暗森林小屋的场景画面；通过使用【画笔工具】和【外发光】图层样式，得到提灯的发光，通过使用【渐变工具】和图层混合功能，得到偏黄的整体色调，最终效果如图 22-105 所示。

图 22-105

具体操作步骤如下。

Step 01 打开素材。打开"素材文件 \ 第 22 章 \ 树林 .jpg"文件，如图 22-106 所示。

图 22-106

Step 02 转换图层并命名。按住【Alt】键并双击背景图层，将其转换为普通图层，命名为【森林】，如图 22-107 所示。

图 22-107

Step 03 打开素材。打开"素材文件 \ 第 22 章 \ 房屋 .jpg"文件，如图 22-108 所示。

图 22-108

Step 04 删除选中的内容。使用【快速选择工具】☑选中背景，按【Delete】键删除图像，如图 22-109 所示。

图 22-109

Step 05 调整图层图像并命名。将房屋图像拖动到森林图像中，调整大小和位置，命名为【房屋】，如图 22-110 所示。

图 22-110

Step 06 调整图层顺序和模式。拖动【房屋】图层到最下方，更改【森林】图层【混合模式】为强光，如图 22-111 所示。

图 22-111

Step 07 显示效果。效果如图 22-112 所示。

Step 08 打开素材。打开"素材文件\第 22 章\提灯 .jpg"文件，如图 22-113 所示。

图 22-112

Step 09 删除背景。选中黑色背景，按【Delete】键删除，如图 22-114 所示。

图 22-113　　　图 22-114

Step 10 调整图层图像并命名。将人物图像拖动到森林图像中，调整大小和位置，命名为【人物】，如图 22-115 所示。

图 22-115

Step 11 翻转图像。执行【编辑】→【变换】→【水平翻转】命令，水平翻转图像，如图 22-116 所示。

Step 12 新建图层并命名。新建图层，命名为【黄光】，如图 22-117 所示。

Step 13 使用画笔工具绘制图像。设置【前景色】为橙色【#ff7800】，选择【画笔工具】☑在右侧绘制图像，如图 22-118 所示。

图 22-116

图 22-117

图 22-118

Step 14 调整图层模式。更改图层【混合模式】为叠加，【不透明度】为40%，如图 22-119 所示。

图 22-119

Step 15 新建图层并绘制灯光。新建图层，命名为【灯光】。设置【前景色】为黄色【#fdee02】，选择【画笔工具】☑，在提灯中间绘制灯光，如图22-120所示。

图 22-120

Step⑯ 设置外发光图层样式。双击【灯光】图层，在【图层样式】对话框中，勾选【外发光】复选框，设置【混合模式】为正常、【颜色】为橙色【#f5a00c】、【不透明度】为75%、【扩展】为30%、【大小】为250像素，如图22-121所示。

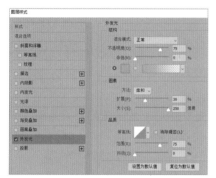

图 22-121

Step⑰ 显示效果。外发光效果如图22-122所示。

图 22-122

Step⑱ 打开素材。打开"素材文件\第22章\亮点.jpg"文件，如图22-123所示。

Step⑲ 命名图层。将亮点图像拖动到森林图像中，调整大小和位置，

命名为【亮点】，如图22-124所示。

图 22-123

图 22-124

Step⑳ 更改图层混合模式。更改图层【混合模式】为柔光，如图22-125所示。

图 22-125

Step㉑ 显示效果。图像效果如图22-126所示。

图 22-126

Step㉒ 打开素材。打开"素材文件\第22章\小路.jpg"文件，如图

22-127所示。

图 22-127

Step㉓ 隐藏多余图像。将其拖动到森林图像中，调整大小、位置和方向，命名为【小路】，为【小路】图层添加图层蒙版，使用黑色【画笔工具】 涂抹图像，如图22-128所示。

图 22-128

Step㉔ 显示效果。隐藏多余图像，如图22-129所示。

图 22-129

Step㉕ 调整图像曝光度。执行【图层】→【新建调整图层】→【曝光度】命令，添加【曝光度】调整图层，设置【曝光度】为0.5，如图22-130所示。

Step㉖ 显示效果。效果如图22-131所示。

图 22-130

图 22-131

Step㉗ 盖印图层并命名。按【Alt+Shift+Ctrl+E】组合键盖印图层，命名为【效果】，如图 22-132 所示。

图 22-132

Step㉘ 新建图层并命名。新建图层，命名为【云彩】，如图 22-133 所示。

图 22-133

Step㉙ 执行云彩滤镜命令。按【D】键恢复默认前（背）景色，执行【滤镜】→【渲染】→【云彩】命令，如图 22-134 所示。

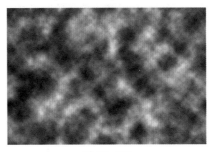

图 22-134

Step㉚ 更改图层混合模式。更改【云彩】图层【混合模式】为叠加、不透明度为 20%，如图 22-135 所示。

图 22-135

Step㉛ 显示效果。图像效果如图 22-136 所示。

图 22-136

Step㉜ 新建图层并命名。新建图层并命名为【渐变】，如图 22-137 所示。

图 22-137

Step㉝ 选择渐变方式。选择【渐变工具】，在选项栏中选择【橙，黄，橙渐变】，如图 22-138 所示。

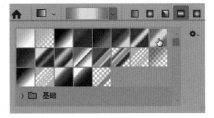

图 22-138

Step㉞ 填充渐变色。在图像中拖动鼠标填充渐变色，如图 22-139 所示。

图 22-139

Step㉟ 更改图层混合模式。更改【渐变】图层【混合模式】为变暗，如图 22-140 所示。

图 22-140

Step㊱ 显示效果。图像最终效果如图 22-141 所示。

图 22-141

22.4 飞翔的小神童

实例门类	图层样式 + 图层顺序设计类

本例制作多种元素合成特效。元素合成是照片后期处理的重要方法，它以贡献单一部分去丰富整体画面的方式来呈现构想，并且通常首先处理单一元素，结合【色彩范围】【图层蒙版】【图层混合模式】【画笔】等命令，可以得到浑然一体的逼真图像效果，最终效果如图 21-142 所示。

图 22-142

具体操作步骤如下。

Step01 打开素材。打开"素材文件\第 22 章\风景.jpg"文件，如图 22-143 所示。

图 22-143

Step02 打开素材并创建选区。打开"素材文件\第 22 章\风车.jpg"文件，选择【魔棒工具】，在选项栏设置【容差】为5，在图像白色区域单击，创建选区，如图 22-144 所示。

Step03 反选选区。按【Ctrl+Shift+I】组合键反选选区，按【Ctrl+C】组合键复制选区对象，如图 22-145 所示。

图 22-144

图 22-145

Step04 粘贴并调整对象。切换到"风景"文件中，按【Ctrl+V】组合键粘贴对象，将该图层命名为【风车】，按【Ctrl+T】组合键自由变换对象，移动到适当位置，效果如图 22-146 所示。

图 22-146

Step05 选择工具创建选区。打开"素材文件\第 22 章\铅笔.jpg"文件，选择【魔棒工具】，在选项栏设置【容差】为5，在图像白色区域单击，按【Ctrl+Shift+I】组合键反选选区，按【Ctrl+C】组合键复制选区对象，如图 22-147 所示。

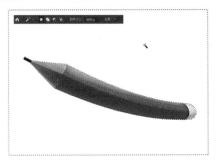

图 22-147

Step⑥ 粘贴并调整对象。 在"风景"文件中按【Ctrl+V】组合键粘贴对象，将该图层命名为【铅笔】，按【Ctrl+T】组合键自由变换对象，移动到适当位置，如图 22-148 所示。

图 22-148

Step⑦ 打开素材并指定色彩范围。 打开"素材文件\第22章\宝宝.jpg"，执行【选择】→【色彩范围】命令，设置【颜色容差】为43，在白色区域单击，单击【确定】按钮，如图 22-149 所示。

图 22-149

Step⑧ 创建选区并复制对象。 选择【魔棒工具】，在选项栏设置【容差】为32，单击【添加到选区】

按钮，将白色区域全部添加到选区中，反向选取宝宝并复制，如图22-150 所示。

图 22-150

Step⑨ 自由变换对象。 在"风景"文件中按【Ctrl+V】组合键粘贴对象，将该图层命名为【宝宝】，按【Ctrl+T】组合键打开自由变换框，右击，在弹出的快捷菜单中选择【水平翻转】选项，如图 22-151 所示。

图 22-151

Step⑩ 新建图层。 新建图层，命名为【阴影】，如图 22-152 所示。

图 22-152

Step⑪ 设置画笔。 选择【画笔工具】，在选项栏中设置【画笔样式】为柔边圆、【大小】为58像素、【不透明度】为20%，如图 22-153 所示。

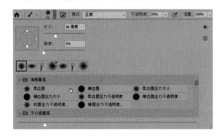

图 22-153

Step⑫ 绘制阴影。 将鼠标指针放在人物下面进行涂抹，制作出阴影效果，如图 22-154 所示。

图 22-154

Step⑬ 调整图层顺序。 将【阴影】图层拖动到【宝宝】图层下方，如图 22-155 所示。

图 22-155

Step⑭ 打开素材并创建选区。 打开"素材文件\第22章\花.jpg"文件，单击【通道】面板，按住【Ctrl】键并单击【蓝】通道缩览图，得到选区，如图 22-156 所示。

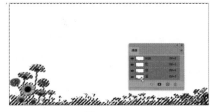

图 22-156

Step⑮ 反选选区。选中【图层】面板，按【Ctrl+Shift+I】组合键反选选区，如图22-157所示。

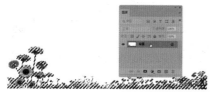

图 22-157

Step⑯ 复制选区对象。按【Ctrl+J】组合键复制选区对象，得到【图层1】图层，如图22-158所示。

图 22-158

Step⑰ 创建选区。单击【通道】面板，按住【Ctrl】键并单击【绿】通道缩览图，得到选区，如图22-159所示。

图 22-159

Step⑱ 反选选区。单击【图层】面板，按【Ctrl+Shift+I】组合键反选选区，单击【背景】图层，按【Ctrl+J】组合键复制选区对象，得到【图层2】图层，如图22-160所示。

Step⑲ 复制选区对象。单击【通道】面板，按住【Ctrl】键并单击【红】通道缩览图，得到选区，如图22-161所示。

图 22-160

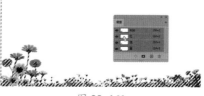

图 22-161

Step⑳ 复制选区对象。选中【图层】面板，按【Ctrl+Shift+I】组合键反选选区，单击【背景】图层，按【Ctrl+J】组合键复制选区对象，得到【图层3】图层，隐藏【背景】图层，如图22-162所示。

图 22-162

Step㉑ 合并图层并复制对象。按住【Shift】键并选中【图层1】【图层2】和【图层3】，按【Ctrl+E】组合键合并图层，按【Ctrl+C】组合键复制对象，如图22-163所示

图 22-163

Step㉒ 粘贴并变换对象。在"风景"文件中按【Ctrl+V】组合键粘贴对象，按【Ctrl+T】组合键自由变换

对象，如图22-164所示。

图 22-164

Step㉓ 命名图层。将花朵图层命名为【花】，如图22-165所示。

图 22-165

Step㉔ 移动对象。将花移动到适当位置，如图22-166所示。

图 22-166

Step㉕ 复制图层并添加蒙版。按【Ctrl+J】组合键复制【花】图层，单击【添加图层蒙版】按钮■，为复制的图层添加蒙版，如图22-167所示。

图 22-167

Step26 调整蒙版。设置【前景色】为黑色，使用【画笔工具】 ，将多余的花朵区域涂抹掉，效果如图22-168所示。

图 22-168

Step27 打开素材并复制对象。打开"素材文件\第22章\数字.jpg"文件，选择【魔棒工具】 ，在选项栏设置【容差】为5，在图像白色区域单击，创建选区。按【Ctrl+Shift+I】组合键反选选区，按【Ctrl+C】组合键复制选区对象，如图22-169所示。

图 22-169

Step28 粘贴对象。在"风景"文件中按【Ctrl+V】组合键粘贴对象，将该图层命名为【文字】，图像效果如图22-170所示。

图 22-170

Step29 调整图层顺序。将【文字】图层拖动到【铅笔】图层下方，如图22-171所示。

图 22-171

Step30 显示效果。图像效果如图22-172所示。

图 22-172

Step31 打开素材并复制图像。打开"素材文件\第22章\光圈.jpg"文件，将图像拖动到"风景"文件中，命名为【光圈】，如图22-173所示。

图 22-173

Step32 更改图层模式并打开自由变换框。更改图层【混合模式】为变亮，按【Ctrl+T】组合键打开自由变换框，效果如图22-174所示。

Step33 调整图像。调整自由变换框，变换图像大小、位置和角度，将【光圈】图层拖动到【风车】图层下方，如图22-175所示。

图 22-174

图 22-175

Step34 显示效果。适当调整光圈的角度和位置，图像效果如图22-176所示。

图 22-176

Step35 复制图层。按【Ctrl+J】组合键复制【光圈】图层，如图22-177所示。

图 22-177

Step36 调整图像并调整图层顺序。调整自由变换框，变换图像大小、位置和角度，将【光圈拷贝】图层拖动到【文字】图层下方，如图 22-178 所示。

Step37 显示效果。图像最终效果如图 22-179 所示。

图 22-178

图 22-179

本章小结

　　本章主要介绍了图像合成艺术的创意和制作方法，包括合成遇见鞋子场景、合成奇幻星际场景、合成幽暗森林小屋场景、合成飞翔的小神童。Photoshop 2020 的图像合成功能非常强大，通过图层、蒙版、图层混合等功能，可以合成各种场景，包括现实中的真实场景和现实中不存在的夸张场景。用户要充分发挥自己的想象力，结合 Photoshop 2020 强大的合成功能，创造出更加酷炫、有意义的合成作品。

第23章 **实战：数码后期处理**

➥ 修饰修复数码照片
➥ 调校数码照片的光影
➥ 调整数码照片的颜色
➥ 人像照片后期处理
➥ 风光照片后期处理

数码照片后期处理是 Photoshop 2020 的一个重要应用领域，它不仅可以修复照片问题，还可以将一张平淡的照片，改造得更加富有意境！

23.1 修饰修复数码照片

实例门类	数码照片处理设计类

照片处理是生活中应用得最为广泛的一种技术，本章将讲解如何使用 Photoshop 2020 进行图像的修饰与修复。通过对本章的学习，读者可以轻松掌握图像修饰与修复的一些常用方法和技巧，从而制作出具有完美视觉效果的图像，如图 23-1 所示。

图 23-1

23.1.1 清除杂物使照片干净清晰

本例使用【修补工具】清除照片中的杂物，首先打开素材文件并复制图层，然后使用修补工具在需要移除的对象处创建选区，最后移动源选区将杂物移除，具体操作步骤如下。

Step 01 打开素材。打开"素材文件\第23章\杂物.jpg"文件，如图23-2 所示。

Step 02 复制图层。按【Ctrl+J】组合键复制图层，得到【图层1】图层，如图 23-3 所示。

图 23-2

图 23-3

Step 03 创建选区。使用【修补工具】在需要移除的源对象上创建选区，如图 23-4 所示。

图 23-4

Step 04 清除选区图像。将源对象拖动到需要复制的目标区域，即可将源对象处更换为现目标处的图像，如图 23-5 所示。

图 23-5

Step 05 显示效果。清除杂物后照片如图 23-6 所示。

图 23-6

23.1.2 去除照片中的杂物突出主题

在拍摄照片时，有时为了构图的需要不得不将一些不必要的元素纳入到画面中，使得画面变得杂乱。这时可以利用 Photoshop 2020 中的相关工具去除画面中不必要的元素，使画面变得简洁，具体的制作步骤如下。

Step 01 复制背景图层。打开"素材文件 \ 第 23 章 \ 自行车 .jpg"文件，按【Ctrl+J】组合键复制图层，得到【图层 1】图层，如图 23-7 所示。

图 23-7

Step 02 创建选区。选择【修补工具】，在画面中多余物体的区域创建选区，如图 23-8 所示。

Step 03 修复画面。将选区中的杂乱景物拖动到照片中的干净路面区域，修复画面，如图 23-9 所示。

按【Ctrl+D】组合键取消选区，修复画面效果如图 23-10 所示。

图 23-8

图 23-9

图 23-10

Step 04 继续修复画面。使用相同的方法，在画面中多余物体的地方创建选区，如图 23-11 所示；将选区拖动到照片中海面的区域，修复画面，按【Ctrl+D】组合键取消选区，画面修复效果如图 23-12 所示。

图 23-11

图 23-12

Step05 新建图层，取样修复。单击图层面板底部新建图层按钮□新建图层，选择【仿制图章工具】，在选项栏设置【流量】为 100%，【样本】为当前和下方图层，按住【Alt】键并单击鼠标，在需修复图像周围取样，如图 23-13 所示。取样后在修复画面处涂抹修复画面，如图 23-14 所示。

图 23-13

图 23-14

Step06 取样海水区域。地面修复效果如图 23-15 所示。此时发现海水区域有一部分与周围画面差异很大，使用【仿制图章工具】，按住【Alt】键在海水区域取样，如图 23-16 所示。

图 23-15

图 23-16

Step07 修复海水区域。在海水与周围图像差异大的区域涂抹，修复画面，如图 23-17 所示，修复效果如图 23-18 所示。

图 23-17

Step08 裁剪照片，二次构图。由于去除了照片中的杂乱景物，照片左侧显得较空，失去了平衡感，可以使用工具箱中的【裁剪工具】，创建裁剪范围，如图 23-19 所示；

按【Enter】键确认裁剪，最终图像效果如图 23-20 所示。

图 23-18

图 23-19

图 23-20

23.1.3 修复妆容

如果在照片中遇到妆容某个部分不完整的情况，可以使用 Photoshop 2020 完美修复。具体操作步骤如下。

Step01 打开素材并复制图层。打开"素材文件\第 23 章\妆容.jpg"文件，如图 23-21 所示。

图 23-21

Step02 创建选区。选择【磁性套索工具】🔍，在图中人物嘴唇处单击并移动鼠标创建选区，如图 23-22 所示。

图 23-22

Step03 羽化选区。按【Shift+F6】组合键，弹出【羽化选区】对话框，设置【羽化半径】为 5 像素，如图 23-23 所示。

图 23-23

Step04 复制图层。按【Ctrl+J】组合键复制图层，得到【图层 1】图层，如图 23-24 所示。

图 23-24

Step05 设置前景色。❶ 设置【前景色】为红色【#e12a20】，❷ 单击【确定】按钮并填充，如图 23-25 所示。

图 23-25

Step06 设置图层混合模式。设置图层【混合模式】为柔光，如图 23-26 所示。

图 23-26

Step07 显示效果。效果如图 23-27 所示。

图 23-27

23.2 调校数码照片的光影

实例门类	数码照片光影调校类

在拍摄数码照片的过程中，往往会通过光线和色调来制造画面的纵深感。如果拍摄的数码照片具有正确的光影，则能使整张照片更加美观；若拍摄出来的照片在光影上有缺陷，则可运用 Photoshop 中的相关命令或工具进行处理，完成后的效果如图 23-28 所示。

图 23-28

23.2.1 处理数码照片的曝光问题

具体操作步骤如下。

Step 01 打开素材并复制图层。打开"素材文件\第23章\曝光.jpg"文件，按【Ctrl+J】组合键复制【背景】图层为【图层1】图层，如图23-29所示。

图 23-29

Step 02 设置阴影/高光的参数。为了调整照片的曝光，执行【图像】→【调整】→【阴影/高光】命令，打开【阴影/高光】对话框，❶设置【阴影】的数量为20%、【高光】的数量为25，❷单击【确定】按钮，如图23-30所示。

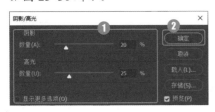

图 23-30

Step 03 显示效果。调整后效果如图23-31所示。

图 23-31

Step 04 单击命令。单击【创建新的填充或调整图层】按钮，选择色阶选项，创建新的调整图层，如图23-32所示。

图 23-32

Step 05 设置色阶参数。在【属性】面板中，设置左侧白场值为45，右侧黑场值为238，如图23-33所示。

图 23-33

Step 06 显示效果。调整后效果如图23-34所示。

图 23-34

23.2.2 重组数码照片的光影效果

本例首先通过曲线调整图层，降低整体图像亮度，然后结合【画笔工具】【椭圆选框工具】【羽化】和【图层混合模式】命令，制作出晨光光照，制作的具体步骤如下。

Step 01 打开素材。打开"素材文件\第23章\光影.jpg"文件，如图23-35所示。

图 23-35

Step 02 调整曲线形状。执行【图层】→【新建调整图层】→【曲线】命令，创建【曲线】调整图层，调整曲线形状，如图23-36所示。

图 23-36

Step 03 显示效果。通过前面的操作，降低图像的亮度，如图23-37所示。

图 23-37

Step 04 新建图层。新建图层，命名为【橙光】，如图23-38所示。

图 23-38

Step 05 使用画笔绘制图形。设置【前景色】为橙色【#d6a051】，使用【画笔工具】 绘制图形，效果如图 23-39 所示。

图 23-39

Step 06 设置图层混合模式。更改【橙光】图层【混合模式】为滤色，如图 23-40 所示。

图 23-40

Step 07 显示效果。效果如图 23-41 所示。

图 23-41

Step 08 新建图层。新建图层，命名为【红光】，如图 23-42 所示。

图 23-42

Step 09 使用画笔工具绘制图形。设置【前景色】为红色【#ed5570】，使用【画笔工具】 绘制图形，效果如图 23-43 所示。

图 23-43

Step 10 设置图层混合模式。更改【红光】图层【混合模式】为滤色，如图 23-44 所示。

图 23-44

Step 11 显示效果。效果如图 23-45 所示。

Step 12 创建曲线调整图层。执行【图层】→【新建调整图层】→【曲线】命令，创建【曲线】调整图层，如图 23-46 所示。

图 23-45

图 23-46

Step 13 调整通道曲线。调整【RGB】复合通道曲线，如图 23-47 所示。

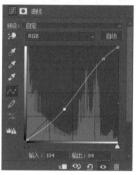

图 23-47

Step 14 调整通道曲线。调整【蓝】通道曲线如图 23-48 所示。

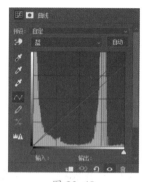

图 23-48

Step 15 调整通道曲线。调整【绿】

通道曲线如图 23-49 所示。

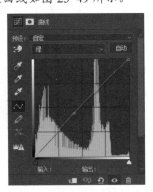

图 23-49

Step⑯ 显示效果。效果如图 23-50 所示。

图 23-50

Step⑰ 新建并命名图层。新建图层，命名为【底圆】，如图 23-51 所示。

图 23-51

Step⑱ 创建选区。使用【椭圆选框工具】■创建选区，按【Shift+F6】组合键执行【羽化选区】命令，在打开的【羽化选区】对话框中，❶ 设置【羽化半径】为 50 像素，❷ 单击【确定】按钮，如图 23-52 所示。

图 23-52

Step⑲ 为选区填充颜色。为选区填充橙黄色【#F7A228】，如图 23-53 所示。

图 23-53

Step⑳ 设置图层混合模式。更改【底圆】图层【混合模式】为滤色，如图 23-54 所示。

图 23-54

Step㉑ 显示效果。图像效果如图 23-55 所示。

图 23-55

Step㉒ 新建并命名图层。新建图层，命名为【中圆】，如图 23-56 所示。

Step㉓ 为选区填充颜色。使用【椭圆选框工具】■创建选区，选区羽化 25 个像素后，填充橙黄色【#F7A228】，如图 23-57 所示。

Step㉔ 设置图层混合模式。更改【中圆】图层【混合模式】为滤色，如图 23-58 所示。

图 23-56

图 23-57

图 23-58

Step㉕ 显示效果。图像效果如图 23-59 所示。

图 23-59

Step㉖ 新建并命名图层。新建图层，命名为【小圆】，如图 23-60 所示。

Step㉗ 创建选区。使用【椭圆选框工具】■创建选区，选区羽化 20 个像素后，填充淡黄色【#FFF2A3】，如图 23-61 所示。

图 23-60

图 23-61

Step28 设置图层混合模式。更改【小圆】图层【混合模式】为滤色，如图 23-62 所示。

图 23-62

Step29 显示效果。图像效果如图 23-63 所示。

图 23-63

Step30 新建并命名图层。新建图层，命名为【边圆】，如图 23-64 所示。

图 23-64

Step31 创建选区并填充颜色。使用【椭圆选框工具】 ⬭ 创建选区，选区羽化 25 个像素后，填充橙黄色【#F7A228】，如图 23-65 所示。

图 23-65

Step32 设置图层混合模式。更改【边圆】图层【混合模式】为滤色，如图 23-66 所示。

图 23-66

Step33 显示效果。图像效果如图 23-67 所示。

图 23-67

23.2.3 恢复婚纱层次感

本例首先打开素材文件，然后调整照片色阶，选择婚纱并复制为新的图层，通过调整色阶校正婚纱的曝光效果，接着通过【阴影/高光】调整婚纱细节，最后通过曲线加强效果，使用蒙版将人物皮肤头发涂抹出来。具体操作步骤如下。

Step01 打开素材并复制图层。打开"素材文件\第 23 章\婚纱.jpg"文件，按【Ctrl+J】组合键复制【背景】图层为【图层 1】图层，如图 23-68 所示。

图 23-68

Step02 调整色阶。按【Ctrl+L】组合键弹出【色阶】对话框，❶在对话框中设置【白阶】为 50，❷单击【确定】按钮，如图 23-69 所示：

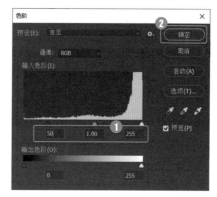

图 23-69

Step03 显示效果。效果如图 23-70 所示。

469

图 23-70

Step04 创建选区。使用【快速选择工具】 ✎ 选中婚纱，如图 23-71 所示。

图 23-71

Step05 复制图层。按【Ctrl+J】组合键复制选中区域为【图层 2】图层，如图 23-72 所示。

图 23-72

Step06 设置色阶值。按【Ctrl+L】组合键弹出【色阶】对话框，❶ 在对话框中设置【白阶】为 109，❷ 单击【确定】按钮，如图 23-73 所示。

Step07 显示效果。效果如图 23-74 所示。

图 23-73

图 23-74

Step08 设置阴影/高光。执行【图像】→【调整】→【阴影/高光】命令，打开【阴影/高光】对话框，❶ 设置【阴影】的数量为 35%，【高光】的数量为 30%，❷ 单击【确定】按钮，如图 23-75 所示。

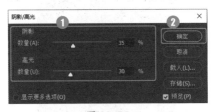

图 23-75

Step09 显示效果。效果如图 23-76 所示。

图 23-76

Step10 调整曲线。按【Ctrl+M】组合键打开【曲线】对话框，设置【输出】为 101、【输入】为 130，单击【确定】按钮，如图 23-77 所示。

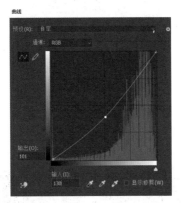

图 23-77

Step11 显示效果。效果如图 23-78 所示。

图 23-78

Step12 添加图层蒙版。❶ 单击【图层】面板下方的【添加图层蒙版】按钮 ▣，❷ 添加图层蒙版，如图 23-79 所示。

图 23-79

Step⑬ 设置画笔并涂抹。选择【画笔工具】，设置【画笔大小】为30、【不透明度】为30%，在人物皮肤处进行涂抹，如图23-80所示。

图 23-80

Step⑭ 显示效果。继续将人物的头

发涂抹出来，最终效果如图23-81所示。

图 23-81

23.3 调整数码照片的颜色

实例门类	数码照片颜色设计类

对照片的色彩进行调整，主要是调整照片的色相、饱和度和明度。在 Photoshop 中，调整照片色彩的命令有很多种，完成后的效果如图23-82所示。

图 23-82

23.3.1 调整数码照片中的部分颜色

本例首先打开素材文件，然后添加【色相/饱和度】调整图层，通过在图像中选取需要调整颜色的区域并在【色相/饱和度】属性面板中调整颜色选项，即可调整所选区域的颜色。具体操作步骤如下。

Step① 打开素材。打开"素材文件\第23章\建筑.jpg"文件，如图23-83所示。

图 23-83

Step② 创建新的调整图层。❶单击【图层】面板下方的【创建新的填充或调整图层】按钮，❷在弹出的菜单中选择【色相/饱和度】

选项，如图23-84所示。

图 23-84

Step03 定位颜色。新建【色相/饱和度】调整图层并打开【属性】面板。单击 按钮，再单击画面中红色区域，如图 23-85 所示，定位到红色。

图 23-85

Step04 调整颜色。拖动滑块，调整色相、饱和度，如图 23-86 所示。

图 23-86

Step05 定位颜色。单击背景区域，定位颜色，如图 23-87 所示。

图 23-87

Step06 调整颜色。拖动滑块，调整色相、饱和度及明度，如图 23-88 所示。

Step07 调整颜色。使用相同的方法，继续定位颜色并调整颜色，如图 23-89 和图 23-90 所示。

图 23-88

图 23-89

图 23-90

Step08 提亮图像。新建【曲线】调整图层，向上拖动曲线，如图 23-91 所示。

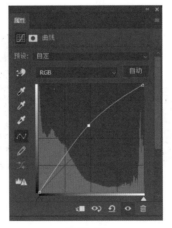

图 23-91

Step09 显示效果。最终效果如图 23-92 所示。

图 23-92

23.3.2 修正照片的色彩缺陷

本例首先打开素材复制图层，然后通过【曲线】调整图层校正照片颜色，最后通过【色彩平衡】将照片颜色还原，具体的操作步骤如下。

Step01 打开素材。打开"素材文件\第 23 章\偏色.jpg"文件，如图 23-93 所示。

图 23-93

Step02 创建新的调整图层。❶单击【图层】面板下方的【创建新的填充或调整图层】按钮 ，❷在弹出的菜单中选择【曲线】选项，如图 23-94 所示。

图 23-94

技术看板

　　使用调整图层编辑图像，不会对图像造成破坏。既有色彩调整的效果，又不会破坏原始图像。并且多个色彩调整层可以综合产生调整效果，彼此间还可以独立修改。如果要修改图像效果，只需要重新设置调整图层的参数或直接将其删除即可。

Step03 调整曲线参数。在【曲线】对话框，选择【预设】为线性对比度，设置【输入】为78、【输出】为73，如图 23-95 所示。

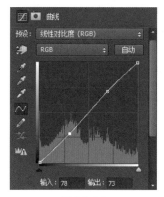

图 23-95

Step04 调整通道曲线形状。选择【红】通道，调整曲线形状，设置【输入】为255、【输出】为215，如图 23-96 所示。

图 23-96

Step05 调整通道曲线形状。选择【蓝】通道，调整曲线形状，设置【输入】为176、【输出】为255，如图 23-97 所示。

图 23-97

Step06 显示效果。效果如图 23-98 所示。

图 23-98

Step07 创建新的调整图层。❶ 单击【图层】面板下方的【创建新的填充或调整图层】按钮 ⬤，❷ 在弹出

的菜单中选择【色彩平衡】选项，如图 23-99 所示。

图 23-99

Step08 设置色彩平衡参数。为了校正偏黄的色彩，设置【红色】为 -18、【绿色】为 -19、【蓝色】为 5，如图 23-100 所示。

图 23-100

Step09 显示效果。偏黄的颜色即可校正过来，效果如图 23-101 所示。

图 23-101

23.3.3　打造唯美蓝紫色花海

　　油菜花海是黄色的，黄色代表生命力，蓝紫色花海代表着浪漫。本

例将打造唯美的蓝紫色花海，首先调整图片的饱和度，然后调整色彩和暗角效果，最后使用图层混合模式合成效果，具体操作步骤如下。

Step01 打开素材。打开"素材文件\第23章\油菜.jpg"文件，按【Ctrl+J】组合键复制背景图层，得到【图层1】，如图23-102所示。

图 23-102

Step02 复制通道。在【通道】面板中，单击【红】通道，按【Ctrl+A】组合键全选图像，按【Ctrl+C】组合键复制通道，选中【蓝】通道，按【Ctrl+V】组合键粘贴通道，效果如图23-103所示。

图 23-103

Step03 添加蒙版。为【图层1】添加图层蒙版，使用黑色【画笔工具】在人物皮肤位置涂抹，如图23-104所示。

图 23-104

Step04 设置饱和度。创建【色相/饱和度】调整图层，设置【饱和度】为40，如图23-105所示。

图 23-105

Step05 复制蒙版。按住【Alt】键，拖动【图层1】的图层蒙版到【色相/饱和度1】调整图层上，复制该蒙版，如图23-106所示。

图 23-106

Step06 设置可选颜色。添加【可选颜色】调整图层，❶设置【颜色】为黄色，❷调整【黄色】颜色成分为-26%、-60%、-44%、0%，如图23-107所示。

图 23-107

Step07 调整颜色值。❶设置【颜色】为洋红，❷调整【洋红】颜色成分为-35%、98%、59%、0%，如图23-108所示。

图 23-108

Step08 调整颜色值。❶设置【颜色】为白色，❷调整【白色】颜色成分为67%、26%、-49%、0%，如图23-109所示。

图 23-109

Step09 调整颜色值。❶设置【颜色】为中性色，❷调整【中性色】成分为黄色：-59%，如图23-110所示。

图 23-110

Step10 盖印图层并执行高斯模糊命令。按【Shift+Alt+Ctrl+E】组合键盖印图层，按【Ctrl+J】组合键复制图层，得到【图层2拷贝】图层，执行【滤镜】→【模糊】→【高斯模糊】命令，打开【高斯模糊】对话框，❶设置【半径】为10像素，❷单击【确定】按钮，如图23-111所示。

Step11 设置图层混合模式。更改【图层2拷贝】图层【混合模式】为强光，【不透明度】为50%，如图23-112所示。

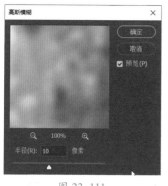

图 23-111

图 23-112

Step⑫ 显示效果。通过前面的操作，混合图层，最终效果如图 23-113 所示。

图 23-113

23.4　人像照片后期处理

实例门类	人像数码照片后期处理设计类

随着数码相机的普及，拍照已经成为人们记录生活的一种方式，在日常生活中拍摄得最多的就是人像照片。但由于拍摄时会受各种因素的影响，使拍摄出的数码照片存在着各种瑕疵。本节将针对人像数码照片的修饰与美容进行详细讲解，以让用户快速掌握这一技术，使拍摄的数码照片更加美观，完成后的效果如图 23-114 所示。

图 23-114

23.4.1　打造重返 18 岁的照片

本例首先打开照片，然后使用【修补工具】除去皱纹，为了使效果更加自然，使用【渐隐】命令调整修补效果，再使用仿制图章工具进行修复，将皱纹完美去除，具体操作方法如下。

Step① 打开素材。打开"素材文件\第 23 章\去除皱纹.jpg"文件，按【Ctrl+J】组合键复制【背景】图层为【图层 1】图层，如图 23-115 所示。

图 23-115

Step② 创建选区。使用【修补工具】■在照片右眼下的皱纹处创建选区，如图 23-116 所示。

Step③ 去除皱纹。拖动该选区到脸颊处没有皱纹的地方进行修补，如图 23-117 所示。

图 23-116

图 23-117

Step04 设置渐隐值。为了使眼部皮肤的衔接不显得太突兀，按【Ctrl+Shift+F】组合键打开【渐隐】对话框，设置【不透明度】为75，如图23-118所示。

图 23-118

Step05 显示效果。效果如图23-119所示。

图 23-119

Step06 设置参数。选择【仿制图章工具】，设置【画笔大小】为150，【不透明度】和【流量】均为30%，如图23-120所示。

图 23-120

Step07 单击拾取仿制源。为了使眼部皮肤更自然，按住【Alt】键在与皱纹衔接处最近的光滑区域单击拾取仿制源，如图23-121所示。

图 23-121

技术看板

微笑时产生皱纹是正常现象。修复仅仅是因为皮肤的物理聚集而造成的皱纹时，稍微将一些不正常的皱纹修淡即可。嘴角的纹理不能改动，否则会出现"皮笑肉不笑"的情况。

另外，对于年纪较大的长者，脸上出现较深的皱纹是正常的，不用对其进一步处理，不然会导致人像变样。

Step08 修复皱纹痕迹。在眼部皱纹区域单击修复，逐渐修复皱纹痕迹，效果如图23-122所示。

图 23-122

Step09 设置画笔参数。调小画笔参数，如设置【画笔大小】为20，使用【仿制图章工具】修复左眼下方的眼袋和皱纹，修复完成后，图像的最终效果如图23-123所示。

图 23-123

23.4.2 美化人物皮肤

本例主要讲解祛斑的方法，首先在照片通道中创建选区，再在图层面板复制该选区内容为新图层，对该图层执行减少杂色和祛斑命令后，然后通过【修补工具】祛除大的斑点，最后再通过曲线调亮肤色，

完成脸部雀斑与痘痘的祛除，具体操作步骤如下。

Step01 打开素材。打开"素材文件\第23章\美化皮肤.jpg"文件，按【Ctrl+J】组合键复制【背景】图层为【图层1】图层，如图23-124所示。

图 23-124

Step02 选择并设置画笔。选择【污点修复画笔工具】，设置【画笔大小】为60，在痣上单击，如图23-125所示。

图 23-125

Step03 显示效果。效果如图23-126所示。

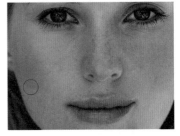

图 23-126

Step04 创建选区。在【通道】面板中按住【Ctrl】键并单击【红】通道，创建选区，如图23-127所示。

Step05 复制图层。为了调整照片中的颜色效果，在【图层】面板中，按【Ctrl+J】组合键复制选区中的【图层1】图层为【图层2】图层，如图23-128所示。

图 23-127

图 23-128

Step⑥ 显示效果。此时图像效果没有变化，如图 23-129 所示。

图 23-129

Step⑦ 执行减少杂色命令。为了祛除人物脸部的斑点，执行【滤镜】→【杂色】→【减少杂色】命令，在【减少杂色】对话框中，设置【强度】为8、【保留细节】为60、【减少杂色】为45，【锐化细节】为25，如图 23-130 所示。

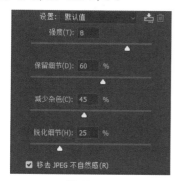

图 23-130

Step⑧ 显示效果。效果如图 23-131 所示。

图 23-131

Step⑨ 盖印图层。为了更好地调整脸部皮肤效果，按【Ctrl+Alt+Shift+E】组合键盖印图层，得到【图层 3】图层，如图 23-132 所示。

图 23-132

Step⑩ 创建选区。使用【修补工具】在脸上明显的斑点处创建选区，如图 23-133 所示。

图 23-133

Step⑪ 祛除斑点。将选区拖动到没有斑点的区域，将选区内的斑点祛除，如图 23-134 所示。

图 23-134

Step⑫ 得到通道选区。选择【图层3】，按住【Ctrl】键并单击【图层2】的缩览图，得到【红】通道的选区，如图 23-135 所示。

图 23-135

Step⑬ 调整曲线形状。为了调整照片中的颜色效果，按【Ctrl+M】组合键打开【曲线】对话框，调整曲线形状，设置【输出】为149，【输入】为115，如图 23-136 所示。

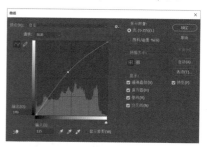

图 23-136

Step⑭ 显示效果。设置完成后单击【确定】按钮，图像的最终效果如图 23-137 所示。

图 23-137

23.4.3 打造 S 形身材

使用 Photoshop 中的液化功能可以轻松为人物瘦身，打造完美的S 形身材，具体操作步骤如下。

Step① 打开素材并复制图层。打开"素材文件\第 23 章\S 身材.jpg"文件，按【Ctrl+J】组合键复制【背

景】图层为【图层1】图层，如图
23-138所示。

图 23-138

Step 02 执行液化命令。执行【滤镜】→
【液化】命令，在弹出的【液化】对
话框中选择【向前变形工具】，
在对话框右侧的【画笔工具选项】
中设置【画笔大小】为100，如图
23-139所示。

图 23-139

Step 03 移动鼠标指针位置。将鼠标指
针移动到人物手臂处，如图23-140
所示。

图 23-140

Step 04 除去手臂的赘肉。在人物

的手臂处按住鼠标左键向右拖动，
使手臂的赘肉消失，如图23-141
所示。

图 23-141

Step 05 调整工具画笔大小。按【[】
键和【]】键调整画笔大小至适当程
度，使用【向前变形工具】将手
臂修瘦，如图23-142所示。

图 23-142

Step 06 修瘦身体各部分。使用【向前
变形工具】将人物的胸部、腰部
等身体部位进行修瘦，如图23-143
所示。

图 23-143

Step 07 修瘦腿部。使用【向前变形

工具】将人物的腿部进行修瘦，
如图23-144所示。

图 23-144

Step 08 修瘦脸部。调整画笔大小，
使用【向前变形工具】将人物的
脸部进行修瘦，如图23-145所示。

图 23-145

Step 09 显示效果。使用【向前变形
工具】将人物整体细节进行调
整，完成后单击【确定】按钮，人
物身材调整后的效果如图23-146
所示。

图 23-146

23.4.4 制作唯美创意画面

泡泡五颜六色，呈半透明状，吹泡泡是小朋友们最爱的游戏。本例结合【椭圆选框工具】【羽化】【画笔工具】等功能，得到泡泡笔刷效果；结合【渐变工具】和图层蒙版功能为泡泡添加五彩颜色，具体操作步骤如下。

Step01 新建文件。执行【文件】→【新建】命令，打开【新建文档】对话框，❶设置【宽度】和【高度】均为 100 像素、分辨率为 72 像素/英寸，❷单击【创建】按钮，如图 23-147 所示。

图 23-147

Step02 填充背景颜色。将背景填充为黑色，如图 23-148 所示。

图 23-148

Step03 新建图层。新建【图层 1】图层，如图 23-149 所示。

图 23-149

Step04 创建选区。使用【椭圆选框工具】创建选区，如图 23-150 所示。

图 23-150

Step05 填充颜色。为选区填充白色，如图 23-151 所示。

图 23-151

Step06 羽化选区。按【Shift+F6】组合键，执行【羽化选区】命令，❶设置【羽化半径】为 7 像素，❷单击【确定】按钮，如图 23-152 所示。

图 23-152

Step07 显示效果。羽化选区效果如图 23-153 所示。

图 23-153

Step08 删除选区图像。按【Delete】键删除图像，如图 23-154 所示。

图 23-154

Step09 新建图层。新建【图层 2】图层，如图 23-155 所示。

图 23-155

Step10 设置画笔效果。选择【画笔工具】，在选项栏中，选择柔边圆画笔，❶设置【大小】为 20像素、【硬度】为 0%，❷设置【不透明度】为 70%，如图 23-156 所示。

图 23-156

Step11 绘制图像。设置【前景色】为白色，在左上角单击绘制图像，如图 23-157 所示。

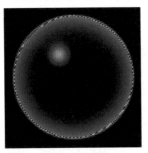

图 23-157

Step⑫ 绘制图像。按【[】键两次，缩小画笔，在白点处单击绘制图像，如图 23-158 所示。

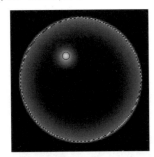

图 23-158

Step⑬ 绘制图像。再按【[】键两次，缩小画笔，在白点处单击绘制图像，如图 23-159 所示。

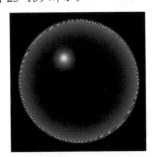

图 23-159

Step⑭ 绘制高光。绘制右侧高光，如图 23-160 所示。

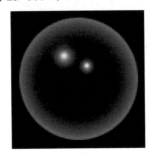

图 23-160

Step⑮ 绘制高光。绘制左侧高光，如图 23-161 所示。

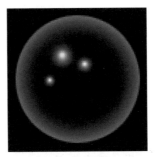

图 23-161

Step⑯ 绘制高光。绘制其他高光，如图 23-162 所示。

图 23-162

Step⑰ 选中图层。选中所有图层，如图 23-163 所示。

图 23-163

Step⑱ 合并图层。按【Ctrl+E】组合键合并图层，如图 23-164 所示。

图 23-164

Step⑲ 反相图像。按【Ctrl+I】组合键反相图像，如图 23-165 所示。

图 23-165

Step⑳ 定义画笔样式。执行【编辑】→【定义画笔预设】命令，打开【画笔名称】对话框，❶ 设置【名称】为【泡泡】，❷ 单击【确定】按钮，如图 23-166 所示。

图 23-166

Step㉑ 选择画笔。选择【画笔工具】，打开【画笔预设】面板，选择新建的【泡泡】画笔，如图 23-167 所示。

图 23-167

Step㉒ 设置画笔效果。在【画笔】面板中，选择【画笔笔尖形状】选项，设置【间距】为 181%，如图 23-168 所示。

Step㉓ 设置画笔效果。勾选【形状动态】复选框，设置【大小抖动】为 100%，如图 23-169 所示。

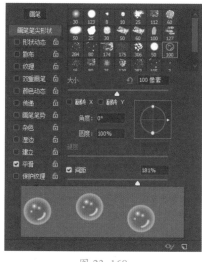

图 23-168

图 23-169

图 23-170

图 23-171

图 23-172

Step24 设置画笔散布效果。❶ 勾选【散布】复选框，❷ 勾选【两轴】复选框，设置【两轴】为 1000%、【数量】为 2、【数量抖动】为 100%，如图 23-170 所示。

Step25 新建画笔预设。单击右上角的扩展按钮，在打开的菜单中选择【新建画笔预设】选项，如图 23-171 所示。

Step26 设置画笔名称。在【新建画笔】对话框中，❶ 设置【名称】为"吹泡泡"，❷ 单击【确定】按钮，如图 23-172 所示。

Step27 打开素材。打开"素材文件 \第 23 章 \ 女孩 .jpg"文件，如图23-173 所示。

图 23-173

Step28 新建图层。新建图层，命名为【动感泡泡】，如图 23-174 所示。

Step29 绘制泡泡。使用白色【画笔工具】绘制泡泡，如图 23-175所示。

图 23-174

图 23-175

Step30 执行动感模糊命令。执行【滤镜】→【模糊】→【动感模糊】命令，打开【动感模糊】对话框，❶ 设置【角度】为 28 度、【距离】为 20 像素，❷ 单击【确定】按钮，如图 23-176 所示。

图 23-176

Step31 显示效果。动感模糊效果如图 23-177 所示。

图 23-177

Step③ 复制图层。按【Ctrl+J】组合键复制图层，如图 23-178 所示。

图 23-178

Step③ 显示效果。复制图层后加强效果，如图 23-179 所示。

图 23-179

Step③ 新建图层。新建图层，命名为【泡泡】，如图 23-180 所示。

图 23-180

Step③ 绘制泡泡。调整画笔大小，在图像中拖动鼠标绘制泡泡，如图 23-181 所示。

图 23-181

Step③ 新建图层。新建图层，命名为【颜色】，如图 23-182 所示。

图 23-182

Step③ 选择渐变。选择【渐变工具】，在选项栏中单击渐变色条右侧的 按钮，选择【旧版默认渐变】组中的色谱渐变，如图 23-183 所示。

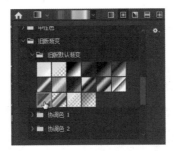

图 23-183

Step③ 创建渐变。从中偏左向右下拖动鼠标，填充渐变，如图 23-184 所示。

Step③ 调整图层混合模式。更改图层【混合模式】为划分，如图 23-185 所示。

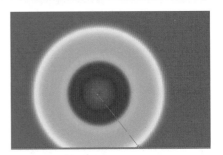

图 23-184

图 23-185

Step④ 显示效果。图像效果如图 23-186 所示。

图 23-186

Step④ 单击图层缩览图。按住【Ctrl】键并单击【泡泡】缩览图，如图 23-187 所示。

图 23-187

Step④ 载入选区。载入泡泡选区，如图 23-188 所示。

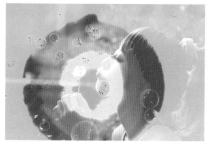

图 23-188

Step43 添加图层蒙版。单击【添加图层蒙版】按钮 ■，如图 23-189 所示。

图 23-189

Step44 显示效果。效果如图 23-190 所示。

图 23-190

Step45 设置色相/饱和度。执行【图层】→【新建调整图层】→【色相/饱和度】命令，在【色相/饱和度】属性面板中，设置【饱和度】为 35，如图 23-191 所示。

Step46 显示效果。效果如图 23-192 所示。

Step47 调整曲线形状。执行【图层】→【新建调整图层】→【曲线】命令，创建【曲线】调整图层，调整曲线形状，如图 23-193 所示。

图 23-191

图 23-192

图 23-193

Step48 显示效果。效果如图 23-194 所示。

图 23-194

Step49 复制图层。复制两个泡泡图

层，如图 23-195 所示。

图 23-195

Step50 调整泡泡。调整泡泡的大小、角度和不透明度，效果如图 23-196 所示。

图 23-196

Step51 盖印图层。按【Alt+Shift+Ctrl+E】组合键，盖印图层，命名为【强化边缘】，如图 23-197 所示。

图 23-197

Step52 执行强化的边缘命令。执行【滤镜】→【滤镜库】→【画笔描边】→【强化的边缘】命令，打开【强化的边缘】对话框，❶ 设置【边缘宽度】为 6、【边缘亮度】为 30、【平滑度】为 5，❷ 单击【确定】按钮，如图 23-198 所示。

图 23-198

Step53 设置图层混合模式。更改图

层【混合模式】为点光、【不透明度】为 30%，如图 23-199 所示。

图 23-199

Step54 显示效果。最终效果如图 23-200 所示。

图 23-200

23.5 风光照片后期处理

实例门类	色彩设计类

外出旅游，看到美丽的大自然时，总是会用相机将其记录下来，把美丽的风光定格在相机里。但是拍摄的风光照片，不可能每张的效果都完美，在不同时间、地点和季节所拍摄的风光照片，会有自身的优势和不足。下面将详细讲解后期处理风光照片的技术及技巧，使有缺陷的风光照片更加漂亮、唯美，完成后的效果如图 23-201 所示。

图 23-201

23.5.1 校正边角失光

运用 Photoshop 中的通道和图层蒙版，可以修复光影不完美的照片。例如，可以校正边角失光，具体操作步骤如下。

Step01 打开素材。打开"素材文件\第 23 章\边角失光 .jpg"文件，如图 23-202 所示。

Step02 新建填充图层。❶ 单击【图层】面板下方的【创建新的填充或调整图层】按钮 ，❷ 在弹出的

菜单中选择【曲线】选项，如图 23-203 所示。

图 23-202

图 23-203

Step03 调整曲线形状。在【曲线】属性面板中调整曲线形状，设置【输入】为 38、【输出】为 212，如

图 23-204 所示。

图 23-204

Step(04) 调整通道曲线。选择【红】通道，设置【输入】为 120、【输出】为 144，如图 23-205 所示。

图 23-205

Step(05) 调整通道曲线。选择【绿】通道，设置【输入】为 129、【输出】为 145，如图 23-206 所示。

图 23-206

Step(06) 调整通道曲线。选择【蓝】通道，设置【输入】为 105、【输出】为 138，如图 23-207 所示。

图 23-207

Step(07) 使用画笔涂抹。设置【前景色】为黑色，选择【画笔工具】，设置【画笔大小】为 50，在图像中阳光照射的区域进行涂抹，如图 23-208 所示。

图 23-208

Step(08) 显示效果。继续进行涂抹，将阳光照射的区域依次涂抹出来，使边角显现出来，最终效果如图 23-209 所示。

图 23-209

23.5.2 为风光照片添加美化元素

通过 Photoshop 可以为一张普

通的风景照片添加彩虹特效，增加照片的美感，具体的操作步骤如下。

Step(01) 打开素材。打开"素材文件\第 23 章\添加彩虹 .jpg"文件，如图 23-210 所示。

图 23-210

Step(02) 新建图层。按【Ctrl+Shift+N】组合键新建图层，如图 23-211 所示。

图 23-211

Step(03) 选择渐变效果。选择【渐变工具】，在选项栏单击渐变条打开【渐变编辑器】对话框，在下拉面板中选择【罗素彩虹】渐变，渐变方式设置为径向渐变，如图 23-212 所示。

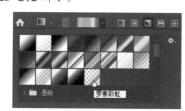

图 23-212

Step(04) 创建彩虹效果。在图像中左侧的中间向上拖动创建彩虹效果，如图 23-213 所示。

图 23-213

Step05 设置图层混合模式。彩虹创建完成后，为了使效果更自然，设置图层【混合模式】为滤色，如图23-214 所示。

图 23-214

Step06 显示效果。效果如图 23-215所示。

图 23-215

Step07 执行高斯模糊命令。为了使效果更逼真，执行【滤镜】→【模糊】→【高斯模糊】命令，在打开的【高斯模糊】对话框中设置半径为 10 像素，效果如图 23-216 所示。
Step08 显示效果。经过模糊处理，彩虹效果融入背景素材中，如图23-217 所示。

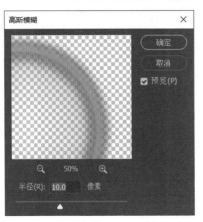

图 23-216

图 23-217

Step09 添加图层蒙版并创建渐变。单击【图层】面板下方的【添加图层蒙版】按钮，为【图层1】添加蒙版；选择【渐变工具】，在选项栏选择【径向渐变】选项，设置模式为正片叠底，【不透明度】为 100，在图像中需要隐藏彩虹的区域拖动创建渐变，如图 23-218所示。

图 23-218

Step10 显示效果。最终效果如图23-219 所示。

图 23-219

23.5.3　为水面合成倒影

本例首先打开素材文件并复制远景部分，然后垂直翻转图像；最后通过蒙版使复制图像融合到照片中成为倒影，制作的具体方法如下：
Step01 打开素材。打开"素材文件\第 23 章\合成倒影 .jpg"文件，如图 23-220 所示。

图 23-220

Step02 创建选区。使用【矩形选框工具】在远景处创建选区，如图23-221 所示。

图 23-221

Step03 设置羽化半径。按【Shift+F6】组合键打开【羽化选区】对话框，设置【羽化半径】为 20，如图 23-222

所示。

图 23-222

Step04 复制图层。按【Ctrl+J】组合键复制选区为【图层 1】图层，如图 23-223 所示。

图 23-223

Step05 垂直翻转图像。按【Ctrl+T】组合键打开【自由变换】定界框，并在框中右击，在弹出的快捷菜单中选择【垂直翻转】选项，如图 23-224 所示。

图 23-224

Step06 移动图像。选择工具箱的【移动工具】，将翻转后的图像移动到适当位置，如图 23-225 所示。

图 23-225

Step07 设置图层混合模式。为了使效果逼真，设置图层【混合模式】为柔光，如图 23-226 所示。

图 23-226

Step08 显示效果。效果如图 23-227 所示。

图 23-227

Step09 创建图层蒙版。选择【图层1】图层，单击【创建图层蒙版】按钮创建图层蒙版，如图 23-228

所示。

图 23-228

Step10 隐藏边缘效果。设置【前景色】为黑色，选择【画笔工具】在倒影下方的边缘处涂抹，隐藏边缘，使倒影完全融合到图像中，如图 23-229 所示。

图 23-229

Step11 显示效果。最终效果如图 23-230 所示。

图 23-230

本章小结

本章主要介绍了数码照片处理的基本方法，包括修饰修复数码照片、调整照片光影、调整数码照片颜色、人像照片后期处理、风光照片后期处理等。数码照片后期处理技术迅猛发展，受各种条件的影响，日常拍摄出来的数码照片或多或少会存在一些问题，这就需要通过技术手段在后期对数码照片进行调整和修饰，使数码照片看起来更加完美和富有吸引力。

第24章 实战：VI 图标设计

- ➥ 经典图标设计
- ➥ 公司 VI 设计
- ➥ 艺术符号设计

在日常生活中，人们总能看到各种各样丰富多彩的图标和 LOGO，它们可以起到展示形象、引导操作等作用，这些图标看似简单，实则包含着丰富的设计理念。本章将通过制作一些 LOGO 实例，讲解 Photoshop 2020 如何进行 LOGO 设计。

24.1 店铺图标设计

实例门类	选区＋填充＋图层设计类

本例制作水果店铺图标。整个图标由文字和卡通图画组成，颜色主要采用黄色和绿色，看起来比较清爽。效果如图 24-1 所示。

图 24-1

具体操作步骤如下。

Step01 新建文件。执行【文件】→【新建】命令，打开【新建文档】对话框，❶设置【宽度】为 11 厘米、【高度】为 5 厘米、【分辨率】为 300 像素/英寸，❷单击【创建】按钮，如图 24-2 所示。

图 24-2

Step02 填充背景色。设置【前景

色】为浅绿色【#d5e8c0】，按【Alt+Delete】组合键，为背景图层填充浅绿色，如图 24-3 所示。

图 24-3

Step03 新建图层。新建【果实】图层，如图 24-4 所示。

图 24-4

Step04 创建选区。选择【椭圆选框工具】⬭，在选项栏中，设置【样式】为固定大小，设置【宽度】和【高度】均为 195 像素，在图像中单击创建选区，如图 24-5 所示。

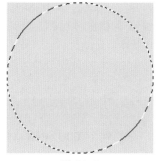

图 24-5

Step05 设置渐变色。设置【前景色】为浅橙色【#ffc709】，【背景色】为橙色【#f89a1c】。选择【渐变工具】▬，在选项栏中，选择【前景色到背景色渐变】选项，单击【径向渐变】按钮▣，如图 24-6 所示。

图 24-6

Step06 填充渐变颜色。拖动鼠标填充渐变色，如图 24-7 所示。

Step07 绘制路径。使用【钢笔工具】绘制路径，如图 24-8 所示。

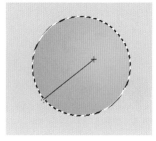

图 24-7

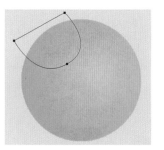

图 24-8

Step08 删除图像。按【Ctrl+Enter】组合键，将路径转换为选区，按【Delete】键删除图像，效果如图 24-9 所示。

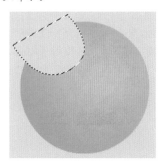

图 24-9

Step09 新建图层。按【Ctrl+D】组合键取消选区。新建【椭圆】图层，如图 24-10 所示。

图 24-10

Step10 创建选区并填充白色。选择【椭圆选框工具】⬭，设置【样式】为正常，拖动鼠标创建选区，并填充为白色，如图 24-11 所示。

图 24-11

Step11 变换图像。按【Ctrl+T】组合键执行【自由变换】命令，旋转图像，如图 24-12 所示。

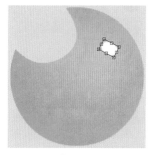

图 24-12

Step12 复制椭圆图层。按【Ctrl+J】组合键复制【椭圆】图层并调整位置，如图 24-13 所示。

图 24-13

Step13 绘制叶梗。使用【钢笔工具】✒ 绘制叶梗，新建图层，命名为【叶梗】。按【Ctrl+Enter】组合键载入路径选区后，填充绿色【#b0cd42】，如图 24-14 所示。

图 24-14

Step⑭ 置入素材文件。置入"素材文件\第 24 章\樱桃 .tif"文件，将其放在左侧，效果如图 24-15 所示。

图 24-15

Step⑮ 复制并变换图像。按【Ctrl+J】组合键复制【樱桃】图层，按【Ctrl+T】组合键执行【自由变换】命令，翻转图像，将其放在右侧，如图 24-16 所示。

图 24-16

Step⑯ 置入素材文件。置入"素材文件\第 24 章\树叶 .tif"文件，如图 24-17 所示。

图 24-17

Step⑰ 输入文字。选择【横排文字工具】，在图像中输入文字"果然鲜"，在选项栏中，设置【字体】为汉仪橄榄体繁，【字体大小】为 50 点，分别更改文字颜色为橙【#faa419】、浅绿【#9fc832】、深绿【#187a3c】，如图 24-18 所示。

图 24-18

Step⑱ 输入拼音。选择【横排文字工具】，在图像中输入拼音"GUO RAN XIAN"，在选项栏中，设置【字体】为黑体、【字体大小】为 20 点，如图 24-19 所示。

图 24-19

Step⑲ 显示效果。调整各元素位置，完成商铺图标制作，效果如图 24-20 所示。

图 24-20

24.2 公司 VI 图标设计

实例门类	路径＋颜色＋图层样式设计类

　　设计工作室主要靠设计水平赢得市场，所以作为设计工作室的 LOGO 的设计，对设计水平要求更是严格。本例中就制作了配色严谨，设计图案精练的 LOGO，可以形象地体现公司理念，效果如图 24-21 所示。

图 24-21

具体操作步骤如下。

Step 01 新建文件。执行【文件】→【新建】命令，打开【新建文档】对话框，❶ 设置【宽度】为 18 厘米、【高度】为 14 厘米、【分辨率】为 300 像素 / 英寸，❷ 单击【创建】按钮，如图 24-22 所示。

图 24-22

Step 02 新建图层组。新建【紫条】图层及图层组，如图 24-23 所示。

图 24-23

Step 03 绘制路径并填充颜色。使用【钢笔工具】绘制路径，载入选区后填充洋红色【#c214c4】，如图 24-24 所示。

图 24-24

Step 04 设置图层样式。在【图层样式】对话框中勾选【内发光】复选框，设置【混合模式】为正片叠底，【颜色】为深紫色【#5a155d】，设置【不透明度】为 51%、【源】为边缘、【阻塞】为 0%、【大小】为

87 像素，如图 24-25 所示。

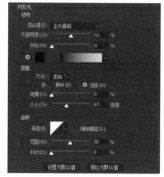

图 24-25

Step 05 显示效果。效果如图 24-26 所示。

图 24-26

Step 06 新建图层。新建图层，命名为【暗部】。如图 24-27 所示。

图 24-27

Step 07 涂抹颜色。使用黑色【画笔工具】在左侧涂抹，如图 24-28 所示。

图 24-28

Step 08 设置图层样式。更改图层【混合模式】为正片叠底，【不透明度】为 44%，执行【图层】→【创建剪贴蒙版】命令，如图 24-29 所示。

图 24-29

Step 09 显示效果。效果如图 24-30 所示。

图 24-30

Step 10 新建图层组。新建【蓝条】图层组，新建【蓝条】图层，使用【钢笔工具】绘制路径，载入选区后填充任意颜色，如图 24-31 所示。

图 24-31

Step 11 设置图层样式。在【图层样式】对话框中勾选【内阴影】复选框，设置【混合模式】为正片叠底、【颜色】为深蓝色【#00215d】、【角度】为 -59 度、【距离】为 12 像素、【阻塞】为 0%、【大小】为 28 像素，如图 24-32 所示。

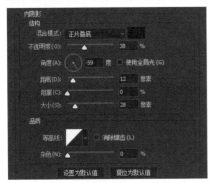

图 24-32

Step⑫ 设置图层样式。在【图层样式】对话框中，勾选【内发光】复选框，设置【混合模式】为正片叠底、【颜色】为深蓝色【#1a495b】、【不透明度】为 29%、【阻塞】为 0%、【大小】为 84 像素，如图 24-33 所示。

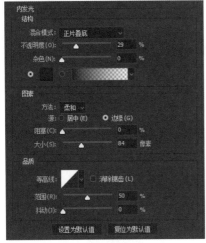

图 24-33

Step⑬ 设置图层样式。在【图层样式】对话框中，勾选【渐变叠加】复选框，设置【样式】为线性、【角度】为 48 度、【缩放】为 100%，如图 24-34 所示。

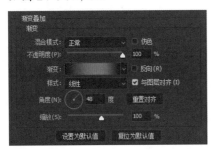

图 24-34

Step⑭ 设置渐变。单击渐变色条，在【渐变编辑器】对话框中，设置【渐变色标】为深蓝【#0d405d】、较深蓝【#1378b1】、 蓝【#2ba0e3】、 蓝【#2ba0e3】、深蓝【#0d405d】，如图 24-35 所示。

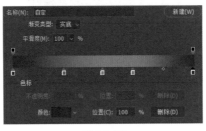

图 24-35

Step⑮ 新建图层组。新建【浅紫条】图层组，新建【浅紫色】图层，如图 24-36 所示。

图 24-36

Step⑯ 载入选区。 使用【钢笔工具】 绘制路径，载入选区后填充任意颜色，效果如图 24-37 所示。

图 24-37

Step⑰ 设置内阴影图层样式。在【图层样式】对话框中，勾选【内阴影】复选框，设置【混合模式】为正片叠底、【颜色】为深蓝色【#052f45】、【角度】为 -58 度、【距离】为 9 像素、【阻塞】为 0%、【大小】为 25 像素，如图 24-38 所示。

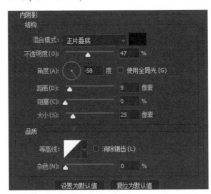

图 24-38

Step⑱ 设置内发光图层样式。在【图层样式】对话框中勾选【内发光】复选框，设置【混合模式】为滤色、【颜色】为浅蓝色【#e3f5ff】、【不透明度】为 20%、【阻塞】为 0%、【大小】为 65 像素，如图 24-39 所示。

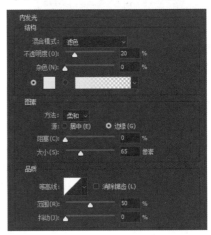

图 24-39

Step⑲ 设置渐变叠加图层样式。在【图层样式】对话框中勾选【渐变叠加】复选框，设置【样式】为线性、【角度】为 90 度、【缩放】为 100%，如图 24-40 所示。

图 24-40

Step20 设置渐变色。单击渐变色条，在【渐变编辑器】对话框中，设置【渐变色标】为【#3bb6e9】【#3b79e9】【#643be9】【#8b26e0】【#ad0bf9】【#f60bf9】，如图 24-41 所示。

图 24-41

Step21 设置投影图层样式。在【图层样式】对话框中勾选【投影】复选框，设置【混合模式】为正片叠底、【颜色】为深蓝色【#0a262e】、【不透明度】为 75%、【角度】为 120 度、【距离】为 2 像素、【扩展】为 0%、【大小】为 8 像素，如图 24-42 所示。

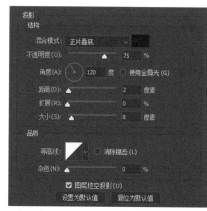

图 24-42

Step22 新建高光。新建【高光】图层，如图 24-43 所示。

图 24-43

Step23 填充颜色。使用【钢笔工具】 绘制路径，载入选区后填充青色【#509ec6】，如图 24-44 所示。

图 24-44

Step24 设置图层样式。在【图层样式】对话框中勾选【渐变叠加】复选框，设置【样式】为线性、【不透明度】为 68%、【角度】为 45 度、【缩放】为 100%，如图 24-45 所示。

图 24-45

Step25 设置渐变色。单击渐变色条，在【渐变编辑器】对话框中，设置

【渐变色标】为白、白，更改左上角的【不透明度】色标为 0%，如图 24-46 所示。

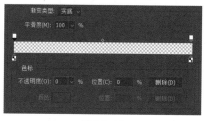

图 24-46

Step26 修改蒙版。为图层添加图层蒙版，使用黑色【画笔工具】 修改蒙版，如图 24-47 所示。

图 24-47

Step27 显示效果。效果如图 24-48 所示。

图 24-48

Step28 设置图层混合模式。更改图层【混合模式】为柔光，如图 24-49 所示。

图 24-49

Step 29 显示效果。效果如图 24-50 所示。

图 24-50

Step 30 新建图层组。新建【青条】图层组，新建【青条】图层，使用【钢笔工具】绘制路径，载入选区后填充任意颜色，如图 24-51 所示。

图 24-51

Step 31 设置图层样式。双击图层，在【图层样式】对话框中勾选【渐变叠加】复选框，设置【样式】为线性、【角度】为 90 度、【缩放】为 100%，如图 24-52 所示。

图 24-52

Step 32 设置渐变。单击渐变色条，在【渐变编辑器】对话框中，设置【渐变色标】值为【#1b94b2】【#2cd4fe】【#a2e7f8】，如图 24-53 所示。

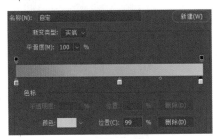

图 24-53

Step 33 新建图层。新建【高光】图层，使用【钢笔工具】绘制路径，载入选区后填充任意颜色，效果如图 24-54 所示。

图 24-54

Step 34 设置图层样式。在【图层样式】对话框中，勾选【渐变叠加】复选框，设置【样式】为线性、【不透明度】为 100%、【角度】为 90 度、【缩放】为 100%，如图 24-55 所示。

图 24-55

Step 35 设置渐变。单击渐变色条，在【渐变编辑器】对话框中，设置【渐变色标】为白、白，更改左上角的【不透明度】色标为 0%，如图 24-56 所示。

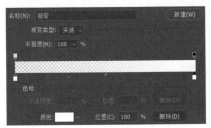

图 24-56

Step 36 设置图层显示效果。更改【高光】图层【填充】为 0%，如图 24-57 所示。

图 24-57

Step 37 显示效果。效果如图 24-58 所示。

图 24-58

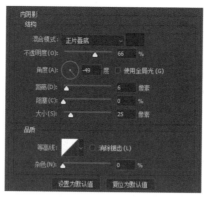

图 24-60

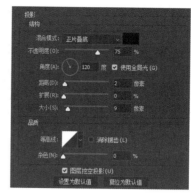

图 24-63

Step 38 新建图层组并绘制路径。新建【红条】图层组，新建【红条】图层，使用【钢笔工具】 ✐ 绘制路径，载入选区后填充任意颜色，效果如图 24-59 所示。

图 24-61

Step 41 设置渐变色。单击渐变色条，在【渐变编辑器】对话框中，设置【渐变色标】值为【#cb15c9】【#eb1a8b】【#ef375e】，如图 24-62 所示。

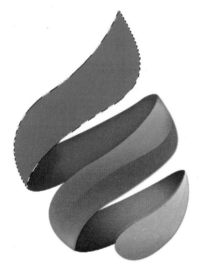

图 24-59

图 24-62

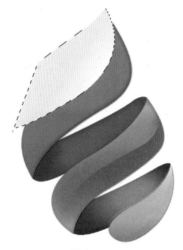

图 24-64

Step 44 设置图层样式。在【图层样式】对话框中勾选【渐变叠加】复选框，设置【样式】为线性、【角度】为 -32 度、【缩放】为 51%，如图 24-65 所示。

图 24-65

Step 39 设置图层样式。双击图层，在【图层样式】对话框中勾选【内阴影】复选框，设置【混合模式】为正片叠底、【颜色】为深红色【#6f1063】、【角度】为 -49 度、【距离】为 6 像素、【阻塞】为 0%、【大小】为 25 像素，如图 24-60 所示。

Step 40 设置图层样式。在【图层样式】对话框中勾选【渐变叠加】复选框，设置【样式】为线性、【角度】为 90 度、【缩放】为 100%，如图 24-61 所示。

Step 42 设置图层样式。在【图层样式】对话框中勾选【投影】复选框，设置【混合模式】为正片叠底、【颜色】为【#4a0a37】、【不透明度】为 75%、【角度】为 120 度、【距离】为 2 像素、【扩展】为 0%、【大小】为 9 像素，勾选【使用全局光】复选框，如图 24-63 所示。

Step 43 新建图层。新建【高光】图层，使用【钢笔工具】 ✐ 绘制路径，载入选区后填充任意颜色，如图 24-64 所示。

Step 45 设置渐变色。单击渐变色条，在【渐变编辑器】对话框中，设置【渐变色标】为白色、白色，调整左侧【不透明度】色标为 0%，并调整位置，如图 24-66 所示。

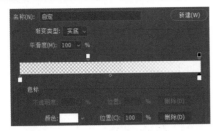

图 24-66

Step46 更改图层显示效果。更改【不透明度】为50%、【填充】为0%、如图 24-67 所示。

图 24-67

Step47 显示效果。效果如图 24-68 所示。

图 24-68

Step48 显示图层效果。复制高光图层，更改【不透明度】为77%，如图 24-69 所示。

Step49 调整位置。调整位置，效果如图 24-70 所示。

图 24-69

图 24-70

Step50 新建图层。新建图层，命名为【暗部】。使用【钢笔工具】 绘制路径，载入选区后填充任意颜色，如图 24-71 所示。

图 24-71

Step51 设置图层样式。在【图层样式】对话框中勾选【渐变叠加】复选框，设置【样式】为线性、【角度】为69度、【缩放】为100%，如图 24-72 所示。

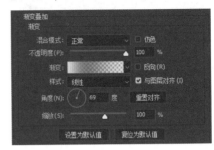

图 24-72

Step52 设置渐变。单击渐变色条，在【渐变编辑器】对话框中，❶设置【渐变色标】为白色、深紫【#6f2474】、洋红【#f77aff】，❷选中右上角不透明度色标，❸调整渐变【不透明度】为10%，如图 24-73 所示。

图 24-73

Step53 设置渐变。设置【前景色】为黄色【#fee702】，【背景色】为橙色【#fbc206】，选择【渐变工具】 ，❶在选项栏中，选择【前景色到背景色渐变】选项，❷单击【径向渐变】按钮 ，如图 24-74 所示。

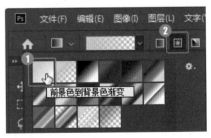

图 24-74

Step54 填充渐变。单击【背景】图层，从中心向外拖动鼠标填充渐变色, 如图 24-75 所示。

Step 55 显示效果。使用【横排文字工具】**T** 输入文字"火炬设计工作室", 在选项栏中, 设置【字体】为方正隶变简体,【字体大小】为 48 点, 如图 24-76 所示。

图 24-75

图 24-76

24.3 儿童书籍 LOGO 设计

实例门类	路径 + 填充 + 图层设计类

本例制作图标设计。LOGO 也是一种图标, 代表一种理念, 具有高度凝聚性。书籍 LOGO 设计是对整本书设计理念的提炼, 本例设计童书 LOGO, 在进行配色时, 采用可爱的浅红和浅蓝色调, 明快单纯, 符合儿童书籍的要求, 效果如图 24-77 所示。

图 24-77

具体操作步骤如下。

Step 01 新建文件。执行【文件】→【新建】命令, 打开【新建文档】对话框, ❶ 设置【宽度】为 10 厘米、【高度】为 6 厘米、分辨率为 200 像素 / 英寸, ❷ 单击【创建】按钮, 如图 24-78 所示。

图 24-78

Step 02 新建图层。新建【蓝云】图层。使用【钢笔工具】 ⌀ 绘制路径, 载入选区后填充蓝色【#00c7d7】, 如图 24-79 所示。

图 24-79

Step 03 复制图层。复制生成【白云】图层并填充白色，按【Ctrl+T】组合键，执行【自由变换】命令，适当缩小图像，如图 24-80 所示。

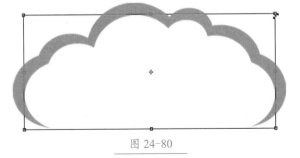

图 24-80

Step 04 绘制路径并填充。新建【圆角矩形】图层，选择【圆角矩形工具】，在选项栏中，设置【半径】为20 像素，绘制路径并载入选区，填充蓝色，效果如图24-81 所示。

图 24-81

Step 05 复制图像。按住【Alt】键，拖动复制两个圆角矩形图像，如图 24-82 所示。

图 24-82

Step 06 新建图层。新建【圆角矩形旋转】图层，选择【圆角矩形工具】，在选项栏中，设置【半径】为20像素，绘制路径并载入选区，填充红色【#fe82a7】，适当旋转图像，如图 24-83 所示。

Step 07 输入文字。使用【横排文字工具】输入白色文字"永"，在选项栏中，设置【字体】为微软雅黑，【字体大小】为 30 点，效果如图 24-84 所示。

图 24-83

图 24-84

Step 08 输入文字。使用相同的方法输入"杰"和"文"字，如图 24-85 所示。

图 24-85

Step 09 输入并旋转文字。使用【横排文字工具】输入白色文字"化"，适当旋转图像，如图 24-86 所示。

图 24-86

Step 10 新建图层。新建【蓝矩形】图层，选择【矩形选框工具】，拖动鼠标创建选区，填充蓝色【#00c7d7】，效果如图 24-87 所示。

Step 11 复制图层。复制生成【蓝矩形 2】图层，移动到右侧，如图 24-88 所示。

图 24-87

图 24-89

图 24-88

图 24-90

Step⑫ 新建图层。使用相同的方法创建【红矩形】和【红矩形 2】图层，选中四个矩形图层，在选项栏中，单击【水平居中分布】⫴按钮，调整矩形之间的间距，效果如图 24-89 所示。

Step⑬ 输入文字。使用【横排文字工具】T 输入白色文字"乖""童""书"，设置【字体】为黑体，【字体大小】为 50 点，效果如图 24-90 所示。

Step⑭ 显示效果。使用相同的方法输入"乖"字，在选项栏中，设置【字体】为方正少儿简体，最终效果如图 24-91 所示。

图 24-91

本章小结

本章主要介绍了 LOGO 图标设计的基本方法，包括店铺 LOGO 图标设计、公司 LOGO 设计、书籍 LOGO 设计共 3 个经典实例。LOGO 设计的重点是提炼出 LOGO 所要表达的精神，LOGO 外形要简单，线条要流畅，色彩要鲜明，让人一眼能看出它所要传达的思想和寓意。

第25章 实战：平面广告设计

- ➜ 代金券设计
- ➜ 宣传单设计
- ➜ 海报设计

平面广告设计是 Photoshop 2020 的主要应用领域，也可以称为在平面领域的设计，它包含的范围很广，包括名片 / 卡券设计、宣传单设计、海报设计等，它们看似区域不大，却有各自独特的设计要求，下面就带领大家来了解、认识与学习平面广告设计的操作过程。

25.1 代金券设计

实例门类	页面排版 + 艺术字设计类

代金券属于名片 / 卡券类设计，这类设计通常都有标准的尺寸，当然，用户也可以自己设计异形的卡券。本例代金券设计采用深红底色，突出代金券的档次。烫金色调也经常应用在卡券设计中，它能提升卡券的尊贵感，代金券的正反面色调和风格需要高度统一，整体效果如图 25-1 所示。

图 25-1

具体操作步骤如下。

Step01 新建文件。执行【文件】→【新建】命令，打开【新建文档】对话框，❶ 设置【宽度】为 18 厘米、【高度】为 5 厘米、【分辨率】为 300 像素 / 英寸，❷ 单击【创建】按钮，如图 25-2 所示。

图 25-2

Step02 新建组。新建【正面】图层组，如图 25-3 所示。

Step03 新建图层。新建图层，命名为【红底】，如图 25-4 所示。

图 25-3

图 25-4

Step04 创建选区。使用【矩形选框工具】▣ 创建选区，如图 25-5 所示。

图 25-5

Step05 填充颜色。为选区填充深红色【#990000】，如图 25-6 所示。

图 25-6

Step06 绘制图像。设置【前景色】为红色【#de0011】，选择【画笔工具】✎ 绘制图像，如图 25-7 所示。

图 25-7

Step07 新建图层并填充颜色。新建图层，命名为【黄底】。使用【矩形选框工具】▣ 创建选区，填充黄色【#f3d598】，如图 25-8 所示。

图 25-8

Step08 打开素材。打开"素材文件\第25章\飘带.tif"文件，如图 25-9 所示。

Step09 拖动素材。将素材文件拖动到当前图像中，如图 25-10 所示。

Step10 设置图层样式。双击【飘带】图层，在【图层样式】对话框中，勾选【投影】复选框，设置【混合模式】为正片叠底、【颜色】为黑色、【不透明度】为75%、【角度】

为120度、【距离】为5像素、【扩展】为0%、【大小】为38像素，如图 25-11 所示。

图 25-9

图 25-10

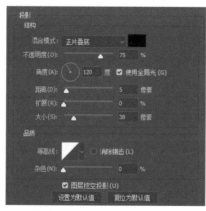

图 25-11

Step11 显示效果。投影效果如图 25-12 所示。

Step12 输入文字。使用【横排文字工具】T 输入文字"婚纱摄影"，在选项栏中，设置【字体】为黑体、【字体大小】为15点，如图 25-13 所示。

图 25-12

图 25-13

Step13 设置图层样式。双击图层，在打开的【图层样式】对话框中，勾选【斜面和浮雕】复选框，设置【样式】为内斜面、【方法】为平滑、【深度】为100%、【方向】为上、【大小】为7像素、【软化】为0像素、【角度】为120度、【高度】为30度、【高光模式】为滤色、【不透明度】为75%、【阴影模式】为正片叠底、【不透明度】为75%，如图 25-14 所示。

图 25-14

Step14 设置图层样式。在【图层样式】对话框中勾选【渐变叠加】复选框，设置【样式】为线性、【角度】为 90 度、【缩放】为 100%，如图 25-15 所示。

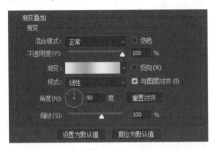

图 25-15

Step⑮ 设置渐变。单击渐变色条，在【渐变编辑器】对话框中，设置【渐变色标】为浅黄【#fbf7c5】、暗黄【#d4b365】、浅黄【#fbf7c5】、黄【e5c162】，如图 25-16 所示。

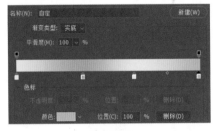

图 25-16

Step⑯ 设置图层样式。在【图层样式】对话框中，勾选【投影】复选框，设置【不透明度】为 75%、【角度】为 120 度、【距离】为 11 像素、【扩展】为 12%、【大小】为 11 像素，勾选【使用全局光】复选框，如图 25-17 所示。

图 25-17

Step⑰ 显示效果。效果如图 25-18 所示。

图 25-18

Step⑱ 输入文字。使用【横排文字工具】 **T** 输入文字"代金券"，在选项栏中，设置【字体】为文鼎特粗宋简，【字体大小】为 40 点，如图 25-19 所示。

图 25-19

Step⑲ 复制图层样式。复制【婚纱摄影】文字图层样式，并粘贴到【代金券】文字图层中，效果如图 25-20 所示。

图 25-20

Step⑳ 输入文字。使用【横排文字工具】 **T** 输入数字"99"，在选项栏中，设置【字体】为方正大标宋简，【字体大小】为 80 点，粘贴图层样式，如图 25-21 所示。

图 25-21

Step㉑ 输入文字。继续输入文字"元"，【字体】为黑体，【字体大小】为 24 点，粘贴图层样式，效果如图 25-22 所示。

图 25-22

Step㉒ 输入文字。在下方输入黄色【#f1d996】文字"服务热线：88888888"，【字体】为黑体，【字体大小】为 9.5 点，效果如图 25-23 所示。

图 25-23

Step㉓ 新建图层组。新建【背面】图层组，如图 25-24 所示。

图 25-24

Step24 复制图层。复制【正面】图层组中的【红底】【黄底】和【飘带】图层，移动到【背面】图层组中，如图25-25 所示。

图 25-25

Step25 调整图层。分别选择三个复制图层，调整这三个图层的位置，效果如图25-26 所示。

图 25-26

Step26 翻转图像。选择【飘带 拷贝】图层，执行【编辑】→【变换】→【旋转180度】命令，如图25-27 所示。

图 25-27

Step27 打开素材。打开"素材文件\第25章\婚照.jpg"文件，如图25-28 所示。

图 25-28

Step28 命名图层。拖动到当前图像中，命名为【婚照】，如图25-29 所示。

图 25-29

Step29 调整图层顺序。将【婚照】图层拖到【飘带拷贝】图层下方，调整图层顺序后，整体图层效果如图25-30 所示。

图 25-30

Step30 创建剪贴蒙版。执行【图层】→【创建剪贴蒙版】命令，创建剪贴蒙版，效果如图25-31 所示。

图 25-31

Step31 锁定图层透明区域。选择【黄底 拷贝】图层，单击【锁定透明像素】按钮，如图25-32 所示。

图 25-32

Step32 填充颜色。填充浅黄色,效果如图 25-33 所示。

图 25-33

Step33 设置图层混合模式。更改【婚照】图层【混合模式】为线性加深,如图 25-34 所示。

图 25-34

Step34 显示效果。图像效果如图 25-35 所示。

图 25-35

Step35 输入文字。使用【横排文字工具】 T 输入文字,在选项栏中,设置【字体】为黑体、【字体大小】为 8 点,如图 25-36 所示。

图 25-36

Step36 输入文字。在【字符】面板中,设置【行距】为 18 点、【字距】为 12,如图 25-37 所示。

图 25-37

Step37 输入文字。文字效果如图 25-38 所示。

图 25-38

Step38 输入文字。继续使用【横排文字工具】 T 输入文字,打开【字符】面板,设置【字体】为黑体,【字体大小】为 9.5 点,【行距】为 13 点,【字符间距】为 -60,文字效果如图 25-39 所示。

图 25-39

Step39 显示效果。图像最终效果如图 25-40 所示。

图 25-40

25.2 宣传单设计

实例门类	渐变＋蒙版＋艺术字设计类

宣传单广泛应用于各行各业，包括饭店宣传单、开业促销单、招生宣传单等。本例制作夏季饮品宣传单，整体设计以青色为主色调，给人清爽、凉快的感觉。最终效果如图25-41所示。

图 25-41

具体操作步骤如下。

Step01 新建文件。执行【文件】→【新建】命令，打开【新建文件】对话框，❶设置【宽度】为2480像素、【高度】为3508像素、【分辨率】为300像素/英寸，❷单击【创建】按钮，如图25-42所示。

图 25-42

Step02 新建图层。设置【前景色】为蓝色【#a5d8db】。新建图层，按【Alt+Delete】键填充前景色，如图25-43所示。

Step03 置入素材文件。置入"素材文件\第25章\冰块.gif"文件，如图25-44所示。

Step04 置入素材文件。置入"素材文件\第25章\奶茶.png"文件，如图25-45所示。

Step05 调整素材大小和图层顺序。按【Ctrl+T】组合键执行【自由变换】命令，缩小图像，将其放在适当位置，再将【奶茶】图层放在【冰块】图层下方，如图25-46所示。

图 25-43

图 25-44

图 25-45

图 25-46

Step⑥ 置入素材文件。置入"素材文件 \ 第 25 章 \ 柠檬 .png"文件，如图 25-47 所示。

图 25-47

Step⑦ 调整素材大小和图层顺序。按【Ctrl+T】组合键执行【自由变换】命令，缩小图像，将其放在右侧。将【柠檬】图层放在【奶茶】图层下方，如图 25-48 所示。

图 25-48

Step⑧ 复制图层。选择【柠檬】图层，按【Ctrl+J】组合键复制 2 个拷贝图层，如图 25-49 所示。

图 25-49

Step⑨ 调整图像位置。移动柠檬图像的位置，如图 25-50 所示。

图 25-50

Step⑩ 调整柠檬颜色。选择左上角的柠檬图像，按【Ctrl+U】组合键打开【色相 / 饱和度】对话框，设置色相、饱和度、明度参数，修改柠檬颜色，如图 25-51 所示。

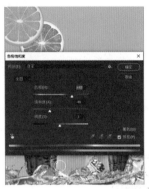

图 25-51

Step⑪ 缩小奶茶图像。选择【奶茶】图层，按【Ctrl+T】组合键执行【自由变换】命令，缩小图像，如图 25-52 所示。

图 25-52

Step⑫ 输入文字。使用【直排文字工具】输入白色文字，设置【字体】为思源宋体，如图 25-53 所示。

图 25-53

Step⑬ 创建选区。使用【矩形选框工具】在文字上创建选区，如图 25-54 所示。

图 25-54

Step⑭ 填充颜色。新建图层，为选区填充黄色，如图 25-55 所示。

图 25-55

Step⑮ 创建剪贴蒙版。右击鼠标，在弹出的快捷菜单中选择【创建剪贴蒙版】命令，创建剪贴蒙版，使填充的黄色只作用于文字上，如图 25-56 所示。

图 25-56

Step 16 输入文字。使用【直排文字工具】输入白色文字，【字体】设置为思源宋体，如图 25-57 所示。

图 25-57

Step 17 绘制矩形框。使用【矩形工具】绘制矩形，在选项栏中设置【填充】为无、【描边】为白色、【粗细】为 3 像素，如图 25-58 所示。

图 25-58

Step 18 输入文字。使用【横排文字

工具】输入白色文字，设置【字体】为思源宋体，并旋转文字，如图 25-59 所示。

图 25-59

Step 19 绘制形状。选择【钢笔工具】，在选项栏设置【绘图模式】为形状，【填充】设置为黄色，在文字下方绘制形状，如图 25-60 所示。

图 25-60

Step 20 添加图层蒙版。选择【冰块】图层，单击【图层】面板底部的 按钮，添加图层蒙版，如图 25-61 所示。

图 25-61

Step 21 修改蒙版。使用黑色柔角画笔，并降低画笔不透明度，在图像上涂抹，使其与下方图像融合，如图 25-62 所示。

Step 22 绘制椭圆形状。使用【椭圆工具】绘制白色椭圆形状，如图 25-63 所示。

图 25-62

图 25-63

Step 23 复制椭圆形状。按【Ctrl+J】组合键复制椭圆形状。按【Ctrl+T】组合键执行【自由变换】命令，按住【Alt】键以当前中心点为基准等比例缩小形状，如图 25-64 所示。

图 25-64

Step 24 设置描边效果。选择【椭圆工具】，在选项栏中设置【填充】为无，【描边】为蓝色，【大小】为

第 1 篇

第 2 篇

第 3 篇

第 4 篇

10 像素,【描边样式】为虚线,如图 25-65 所示。

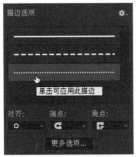

图 25-65

Step25 输入文字。使用【横排文字工具】输入蓝色文字,【字体】设置为思源宋体,如图 25-66 所示。

图 25-66

Step26 调整椭圆形状大小,完成宣传单制作。选择【椭圆 1】图层,按【Ctrl+T】组合键执行【自由变换】命令。按住【Alt】键以当前中心点为基准等比例缩放形状,完成饮料宣传单制作,效果如图 25-67

所示。

图 25-67

25.3 海报设计

实例门类	图层混合模式 + 艺术字设计类

海报是一种常用的平面设计类别,常常张贴于人们易于见到的地方,也可以在媒体上刊登、播放。本例制作植树节公益宣传海报。整体以绿色为主色调,使用蒙版合成杯子里的森林效果,突出植树的主题,效果如图 25-68 所示。

图 25-68

具体操作步骤如下。

Step① 新建文件。执行【文件】→【新建】命令，打开【新建文档】对话框，❶ 设置【宽度】为 3543 像素、【高度】为 4324 像素、分辨率为 150 像素 / 英寸，单击【创建】按钮，如图 25-69 所示。

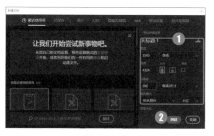

图 25-69

Step② 设置参考线。按【Ctrl+R】组合键显示标尺。执行【视图】→【新建参考线】命令，在画布垂直 50%、水平 33% 和 66% 处创建参考线，如图 25-70 所示。

图 25-70

Step③ 设置渐变色。选择【渐变工具】，打开【渐变编辑器】对话框，设置【渐变色】为【#9cbe74】【#638342】，如图 25-71 所示。

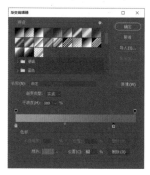

图 25-71

Step④ 填充渐变色。设置【渐变方式】为径向渐变。新建【图层 1】图层，从上至下拖动鼠标填充渐变色，如图 25-72 所示。

图 25-72

Step⑤ 创建选区。使用【多边形套索工具】根据参考线创建选区，如图 25-73 所示。

图 25-73

Step⑥ 新建图层。新建【图层 2】图层，并填充浅绿色【#cee2ad】，按【Ctrl+D】组合键取消选区，如图 25-74 所示。

图 25-74

Step⑦ 添加投影效果。双击【图层 2】，打开【图层样式】对话框，勾选【投影】复选框，设置【颜色】为灰绿色、【混合模式】为正片叠底、【角度】90 度、【距离】为 0 像素、【扩展】为 19%、【大小】为 68 像素，如图 25-75 所示。

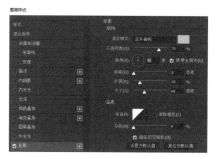

图 25-75

Step⑧ 显示效果。单击【确定】按钮，效果如图 25-76 所示。

图 25-76

Step⑨ 置入素材文件。置入"素材文件 \ 第 25 章 \ 杯子 .png"文件，将其放在适当的位置，如图 25-77 所示。

图 25-77

Step⑩ 调整杯子颜色。新建【色相/饱和度】调整图层，单击【属性】面板中的 按钮，创建剪贴蒙版，设置色相、饱和度和明度参数，调整杯子为绿色，如图 25-78 所示。

图 25-78

Step⑪ 置入泥土素材。置入"素材文件\第 25 章\泥土.png"文件，调整大小和位置，如图 25-79 所示。

图 25-79

Step⑫ 创建路径。隐藏【泥土】图层，使用【钢笔工具】沿着杯子创建路径，如图 25-80 所示。

图 25-80

Step⑬ 创建图层蒙版。按【Ctrl+Enter】组合键将路径转换为选区。显示

【泥土】图层，按【Alt】键并单击【图层】面板底部的 按钮，创建图层蒙版，效果如图 25-81 所示。

图 25-81

Step⑭ 置入树素材。置入"素材文件\第 25 章\树 1.png"文件，调整大小和位置，如图 25-82 所示。

图 25-82

Step⑮ 置入泥土素材。再次置入泥土素材文件，调整大小和位置，如图 25-83 所示。

图 25-83

Step⑯ 添加图层蒙版。添加图层蒙版，使用低不透明度的黑色柔角画笔，在【泥土】图像上涂抹，融合图像，如图 25-84 所示。

图 25-84

Step⑰ 提亮图像。新建【曲线】调整图层，单击【属性】面板中的 按钮，创建剪贴蒙版，向上拖动曲线，提亮泥土图像，如图 25-85 所示。

图 25-85

Step⑱ 置入树素材文件。置入"素材文件\第 25 章\树 2.png"文件，调整大小和位置，效果如图 25-86 所示。

图 25-86

Step⑲ 添加图层蒙版。添加图层蒙版，使用黑色柔角画笔涂抹，融合图像，如图 25-87 所示。

图 25-87

Step20 调整颜色。新建【色彩平衡】调整图层，单击【属性】面板底部的 按钮，创建剪贴蒙版，设置参数，使树木颜色偏黄，如图 25-88 所示。

图 25-88

Step21 提亮图像。新建【曲线】调整图层，并创建剪贴蒙版，向上拖动曲线，提亮树木，如图 25-89 所示。

图 25-89

Step22 提亮杯子。选择【杯子】图层，新建【曲线】调整图层并创建

剪贴蒙版，向上拖动曲线，提亮杯子，如图 25-90 所示。

图 25-90

Step23 绘制高光效果。选择【曲线 3】图层蒙版缩览图，按【Ctrl+I】组合键反相蒙版，隐藏提亮效果。使用极低不透明度的白色柔角画笔，在杯子上绘制高光效果，如图 25-91 所示。

图 25-91

Step24 新建图层并填充黑色。选择【杯子】图层，按住【Ctrl】键单击【图层】面板底部的 按钮，新建【阴影】图层。使用【椭圆选框工具】创建椭圆选区并填充黑色，如图 25-92 所示。

图 25-92

Step25 添加模糊效果。按【Ctrl+D】组合键取消选区。执行【滤镜】→【模糊】→【高斯模糊】命令，设置参数模糊图像，如图 25-93 所示。

图 25-93

Step26 降低图层不透明度。单击【确定】按钮，返回文档中。降低【阴影】图层不透明度，制作投影效果，如图 25-94 所示。

图 25-94

Step27 新建图层并填充黑色。在【阴影】图层上方新建图层。使用【椭圆选框工具】创建选区并填充黑色，如图 25-95 所示。

图 25-95

Step28 制作投影效果。使用前面相同的方法制作投影效果，如图 25-96 所示。

第一篇 第2篇 第3篇 第4篇

图 25-96

Step29 复制图层，加强投影效果。按【Ctrl+J】组合键复制图层，加强投影效果，可以再适当降低图层不透明度，如图 25-97 所示。

图 25-97

Step30 新建图层并填充黑色。在【图层】面板顶部新建图层并填充黑色，设置图层【混合模式】为滤色，如图 25-98 所示。

图 25-98

Step31 添加镜头光晕效果。执行【滤镜】→【渲染】→【镜头光晕】命令，设置参数，如图 25-99 所示。

Step32 移动图像位置。单击【确定】按钮，返回文档中，调整光晕图像位置，如图 25-100 所示。

图 25-99

图 25-100

Step33 置入文字素材。置入"素材文件 \ 第 25 章 \ 文字 .png"文件，如图 25-101 所示。

图 25-101

Step34 添加发光效果。双击【文字】图层，打开【图层样式】对话框，勾选【外发光】复选框，设置【颜色】为浅黄色【#edf483】、【混合模式】为滤色、【方法】为柔和、【扩展】为 0%、【大小】为 21 像素，如图 25-102 所示。

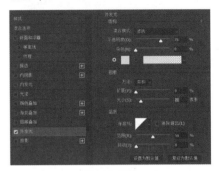

图 25-102

Step35 显示效果。单击【确定】按钮，返回文档，效果如图 25-103 所示。

图 25-103

Step36 输入文字。使用【横排文字工具】输入白色文字，设置【字体】为庞门正道标题体，如图 25-104 所示。

图 25-104

Step37 复制图层样式。按住【Alt】键拖动【文字】图层样式到【数字】图层上，添加外发光效果，如图 25-105 所示。

Step38 输入段落文字。使用【横排文字工具】输入段落文字，如图 25-106 所示。

图 25-105

图 25-106

Step 39 设置行距。打开【字符】面板，设置合适的行距，如图 25-107 所示。

Step 40 设置段落效果。单击选项栏中的 ≡ 按钮，居中对齐文本，并拖动文本框调整文本效果。如图 25-108 所示。

图 25-107

图 25-108

Step 41 输入段落文本。使用相同的方法输入段落文本并调整段落效果，如图 25-109 所示。

图 25-109

Step 42 输入英文字母。使用【横排文字工具】输入大写英文字母，设置行距和字符间距，如图 25-110 所示。

Step 43 输入文字。继续使用【横排

文字工具】输入文字，将其放在适当位置，完成植树节海报制作，最终效果如图 25-111 所示。

图 25-110

图 25-111

本章小结

　　本章主要介绍了平面广告设计的基本方法，包括代金券设计、宣传单设计、海报设计共 3 个经典实例。平面广告设计需要突出产品主题，减少过多的辅助干扰元素。设计版面时，要避免广告设计被切割得太细碎，内容过多，或者缺乏重心。什么都想表达的设计，通常是失败的广告设计。

第26章 实战：包装设计

➡ 食品包装设计
➡ 月饼包装设计
➡ 手提袋设计

　　包装设计在商品推广和销售中非常重要，包装设计必须人性化，好的包装设计可以提升商品的档次，而失败的包装设计不仅影响商品的形象，还会影响商品的使用体验。

26.1　食品包装设计

实例门类	形状+艺术字设计类

　　食品包装要根据食品的特征和包装材质进行整体设计，在本例中糖果包装材质是软塑料纸，所以在制作效果图时，需要根据材质制作出光影折射效果。同时，要考虑包装食品的特征，由于制作的是巧克力糖果，在主色上采用的是深咖和橙黄色，整体效果如图26-1所示。

图 26-1

　　具体操作步骤如下。

Step01 新建文件。执行【文件】→【新建】命令，打开【新建文档】对话框，❶设置【宽度】和【高度】均为10厘米、【分辨率】为200像素/英寸，❷单击【创建】按钮，如图26-2所示。

Step02 填充背景颜色。为背景填充黑色，效果如图26-3所示。

图 26-2

图 26-3

Step03 新建图层并绘制轮廓填充颜色。新建图层，命名为【黄底】。使用【钢笔工具】 ，绘制包装轮廓，载入选区后填充黄色【#fff100】，如图26-4所示。

图26-4

Step04 绘制形状。设置【前景色】为橙色【#efd200】，选择【圆角矩形工具】 ，在选项栏中，选择【形状】选项，设置【半径】为40像素，拖动鼠标绘制形状，如图26-5所示。

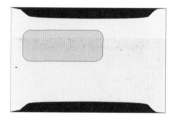

图26-5

Step05 创建形状图层。通过前面的操作，创建【形状1】图层，如图26-6所示。

图26-6

Step06 旋转形状。按【Ctrl+T】组合键，执行【自由变换】命令，适当旋转形状，如图26-7所示。

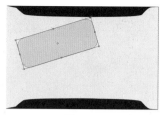

图26-7

Step07 新建并命名图层。新建图层，命名为【折痕】，如图26-8所示。

图26-8

Step08 绘制直线。设置【前景色】为灰色【#bfc0c1】，选择【直线工具】 ，在选项栏中选择【像素】选项，设置【粗细】为3像素，拖动鼠标绘制两条灰色折痕，如图26-9所示。

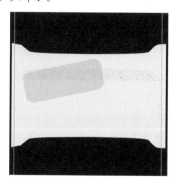

图26-9

Step09 调整图层顺序。移动【折痕】图层到【黄底】图层上方，如图26-10所示。

Step10 创建剪贴蒙版。执行【图层】→【创建剪贴蒙版】命令，创建剪贴蒙版效果，如图26-11所示。

Step11 新建图层并命名。新建图层，命名为【阴影】。如图26-12所示。

图26-10

图26-11

图26-12

Step12 绘制阴影。选择黑色【画笔工具】 ，并将流量降低，在包装上方绘制阴影，如图26-13所示。

图26-13

Step13 绘制棱角线。降低画笔不透明度，按【[】键缩小画笔，在边角绘制一些棱角线，效果如图26-14所示。

图 26-14

Step⑭ 新建并命名图层。新建图层，命名为【高光】，如图 26-15 所示。

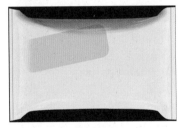

图 26-15

Step⑮ 绘制高光。使用白色【画笔工具】 ，并将流量降低，在包装四周绘制高光，如图 26-16 所示。

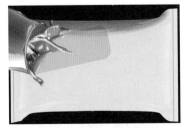

图 26-16

Step⑯ 拖动图像。打开"素材文件\第 26 章\液体 .tif"文件，拖动到当前图像中，命名为【液体】，如图 26-17 所示。

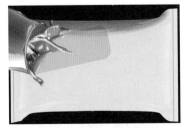

图 26-17

Step⑰ 设置图层混合模式。更改【液体】图层【混合模式】为正片叠底，如图 26-18 所示。

.图 26-18

Step⑱ 显示效果。图像效果如图 26-19 所示。

图 26-19

Step⑲ 打开素材。打开"素材文件\第 26 章\巧克力 .tif"文件，将其拖动到当前图像中，如图 26-20 所示。

图 26-20

Step⑳ 设置图层样式。图层命名为【巧克力】。双击【巧克力】图层，在打开的【图层样式】对话框中，勾选【投影】复选框，设置【不透明度】为 75%、【角度】为 120 度、【距离】为 5 像素、【扩展】为 0%、【大小】为 5 像素、勾选【使用全局光】复选框，如图 26-21 所示。

Step㉑ 显示效果。投影效果如图 26-22 所示。

Step㉒ 输入文字。选择【横排文字工具】 在图像中输入白色文字"儿童"，在选项栏中，设置【字体】

为黑体，【字体大小】为 32 点，如图 26-23 所示。

图 26-21

图 26-22

图 26-23

Step㉓ 变换文字形状。执行【编辑】→【变换】→【斜切】命令，拖动节点变换文字形状，如图 26-24 所示。

图 26-24

Step㉔ 设置图层样式。双击文字图层，在打开的【图层样式】对话框中，勾选【描边】复选框，设置【大小】为 15 像素、【描边颜色】

为深红色【#680000】，如图 26-25 所示。

图 26-25

Step25 显示效果。描边效果如图 26-26 所示。

图 26-26

Step26 打开素材。打开"素材文件\第 26 章\巧克力文字 .tif"文件，将其拖动到当前图像中，命名为【巧克力文字】，如图 26-27 所示。

图 26-27

Step27 设置图层样式。使用相同的方法添加描边图层样式，效果如图 26-28 所示。

Step28 创建文字。选择【横排文字工具】 T 在图像中输入深红色【#680000】字母，在选项栏中，设置【字体】为方正粗倩简体，【字体大小】为 3.5 点，如图 26-29 所示。

图 26-28

图 26-29

Step29 旋转文字。按【Ctrl+T】组合键，执行【自由变换】命令，适当旋转文字，如图 26-30 所示。

图 26-30

Step30 设置文字效果。选择【横排文字工具】 T 在图像中输入深红色【#680000】文字"净含量：10g"，在选项栏中设置【字体】为方正粗倩简体，【字体大小】为 4.8 点，如图 26-31 所示。

Step31 旋转文字。使用相同的方法旋转文字，效果如图 26-32 所示。

图 26-31

图 26-32

Step32 设置选择参数。打开"素材文件\第 26 章\天使 .jpg"文件，选择【魔棒工具】 ，在选项栏中，设置【容差】为 32，勾选【连续】复选框，在白色背景处单击，如图 26-33 所示。

图 26-33

Step33 反选选区。按【Shift+Ctrl+I】组合键，反选选区，如图 26-34 所示。

图 26-34

Step34 复制图像并命名。将图像复制到包装文件中，命名为【天使】，如图 26-35 所示。

图 26-35

Step35 缩小图像。按【Ctrl+T】组合键，执行【自由变换】命令，适当

缩小图像，如图 26-36 所示。

图 26-36

Step36 水平翻转图像。执行【编辑】→【变换】→【水平翻转】命令，水平翻转图像，效果如图 26-37 所示。

图 26-37

Step37 设置颜色查找内容。执行【图层】→【新建调整图层】→【颜色

查找】命令，设置【3DLUT 文件】为【Fuji ETERNA 250D Fuji 3510】，如图 26-38 所示。

图 26-38

Step38 显示效果。图像效果如图 26-39 所示。

图 26-39

26.2　月饼包装设计

实例门类	照片＋图层混合模式＋图层样式设计类

　　中秋节是中国的传统节日，中秋的传统庆祝方式是吃月饼和赏月。所以，月饼包装设计风格是与中国传统元素分不开的，这些传统元素包括年画、祥云、嫦娥等，根据画面需要进行搭配，突出档次和韵味是月饼包装非常重要的部分，最终效果如图 26-40 所示。

图 26-40

具体操作步骤如下。

Step 01 新建文件。执行【文件】→【新建】命令，打开【新建文档】对话框，❶ 设置【宽度】为 24.5 厘米、【高度】为 19.5 厘米、【分辨率】为 150 像素 / 英寸，❷ 单击【创建】按钮，如图 26-41 所示。

图 26-41

Step 02 新建图层并命名。新建图层，命名为【底色】。填充任意颜色，如图 26-42 所示。

图 26-42

Step 03 设置图层样式。双击【底色】图层，在打开的【图层样式】对话框中，勾选【渐变叠加】复选框，设置【样式】为线性、【角度】为 90 度、【缩放】为 100%，如图 26-43 所示。

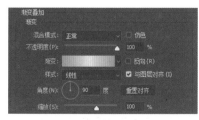

图 26-43

Step 04 设置渐变。单击渐变色条，在【渐变编辑器】对话框中，设置【渐变色标】为【#e2aa73】【#e9be95】【#f1d4b7】【#f9eadb】【#f1d4b7】

【#e9be95】【#e2aa73】，如图 26-44 所示。

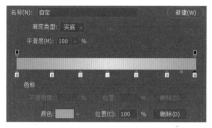

图 26-44

Step 05 绘制形状。设置【前景色】为深红色【#cd000d】，选择【圆角矩形工具】，在选项栏中，选择【形状】选项，设置【半径】为 60 像素，拖动鼠标绘制形状，如图 26-45 所示。

图 26-45

Step 06 设置图层样式。双击图层，在打开的【图层样式】对话框中，勾选【投影】复选框，设置【不透明度】为 75%、【角度】为 120 度、【距离】为 0 像素、【扩展】为 2%、【大小】为 8 像素，勾选【使用全局光】复选框，如图 26-46 所示。

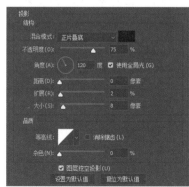

图 26-46

Step 07 打开素材。打开"素材文件\第26 章\文字装饰.tif"文件，将其拖动到当前图像中，如图 26-47 所示。

图 26-47

Step 08 创建剪贴蒙版。执行【图层】→【创建剪贴蒙版】命令，创建剪贴蒙版，如图 26-48 所示。

图 26-48

Step 09 绘制形状。设置【前景色】为深黄色【#facd89】，选择【圆角矩形工具】，在选项栏中，选择【形状】选项，设置【半径】为60 像素，拖动鼠标绘制形状，如图26-49 所示。

图 26-49

Step⑩ 设置图层样式。双击形状图层，在打开的【图层样式】对话框中，勾选【投影】复选框，设置【不透明度】为75%、【角度】为120度、【距离】为3像素、【扩展】为0%、【大小】为19像素，勾选【使用全局光】复选框，如图26-50所示。

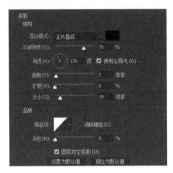

图 26-50

Step⑪ 显示效果。投影效果如图26-51所示。

图 26-51

Step⑫ 打开素材。打开"素材文件\第26章\花瓣图形.tif"文件，将其拖动到当前图像中，如图26-52所示。

图 26-52

Step⑬ 设置图层样式。双击图层，在打开的【图层样式】对话框中勾选【内发光】复选框，设置【混合模式】为正片叠底、【颜色】为黑色、【不透明度】为19%、【源】为

边缘、【阻塞】为0%、【大小】为128像素、【范围】为50%、【抖动】为0%，如图26-53所示。

图 26-53

Step⑭ 显示效果。内发光效果如图26-54所示。

图 26-54

Step⑮ 创建剪贴蒙版。执行【图层】→【创建剪贴蒙版】命令，创建剪贴蒙版，如图26-55所示。

图 26-55

Step⑯ 打开素材。打开"素材文件\第26章\仙童.tif"文件，将其拖动到当前图像中，如图26-56所示。

Step⑰ 创建剪贴蒙版。执行【图层】→【创建剪贴蒙版】命令，创建剪贴蒙版，如图26-57所示。

Step⑱ 打开素材。打开"素材文件\第26章\如意吉祥.tif"文件，将其拖

动到当前图像中，如图26-58所示。

图 26-56

图 26-57

图 26-58

Step⑲ 设置图层样式。双击文字图层，在【图层样式】对话框中勾选【外发光】复选框，设置【混合模式】为正常、【发光颜色】为黄色【#ffee95】、【不透明度】为47%、【扩展】为0%、【大小】为27像素、【范围】为50%、【抖动】为0%，如图26-59所示。

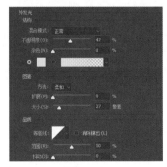

图 26-59

Step⑳ 显示效果。外发光效果如图 26-60 所示。

图 26-60

Step㉑ 载入图层选区。单击【形状 2】图层缩览图，载入图层选区，如图 26-61 所示。

图 26-61

Step㉒ 新建图层。新建【圆角矩形描边】图层，如图 26-62 所示。

图 26-62

Step㉓ 设置描边效果。设置【前景色】为橙色【#facc89】，执行【编辑】→【描边】命令，❶ 设置【宽度】为 3 像素、【位置】为居外，❷ 单击【确定】按钮，如图 26-63 所示。

Step㉔ 设置图层样式。双击图层，在打开的【图层样式】对话框中勾选【投影】复选框，设置【颜色】为

深红色【#894f23】、【不透明度】为 100%、【角度】为 120 度、【距离】为 3 像素、【扩展】为 21%、【大小】为 15 像素，勾选【使用全局光】复选框，如图 26-64 所示。

图 26-63

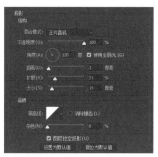

图 26-64

Step㉕ 显示效果。投影效果如图 26-65 所示。

图 26-65

Step㉖ 打开素材。打开"素材文件\第 26 章\图案 .tif"文件，将其拖动到当前图像中，如图 26-66 所示。

图 26-66

Step㉗ 设置图层样式。在【图层样式】对话框中勾选【描边】复选框，设置【大小】为 3 像素、描边颜色为深红色【#460000】，如图 26-67 所示。

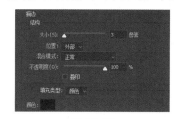

图 26-67

Step㉘ 显示效果。描边效果如图 26-68 所示。

图 26-68

Step㉙ 创建选区。新建【边框】图层，使用【矩形选框工具】创建选区，填充红色，如图 26-69 所示。

图 26-69

Step㉚ 创建选区。使用【椭圆选框工具】创建正圆选区，如图 26-70 所示。

图 26-70

Step31 删除图像。按【Delete】键删除图像，如图 26-71 所示。

图 26-71

Step32 删除图像。使用相似的方法删除其他角的图像，效果如图 26-72 所示。

图 26-72

Step33 设置图层样式。双击图层，在【图层样式】对话框中勾选【内阴影】复选框，设置【混合模式】为正片叠底、【颜色】为黑色、【角度】为 120 度、【距离】为 0 像素、【阻塞】为 23%、【大小】为 59 像素，如图 26-73 所示。

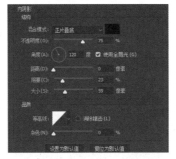

图 26-73

Step34 显示效果。内阴影效果如图 26-74 所示。

图 26-74

Step35 载入图层选区。单击【边框】图层缩览图，载入图层选区，如图 26-75 所示。

图 26-75

Step36 新建并命名图层。新建图层，命名为【边框描边】。如图 26-76 所示。

图 26-76

Step37 描边选区。使用前面介绍的方法为选区描边，效果如图 26-77 所示。

图 26-77

Step38 设置图层样式。双击图层，在打开的【图层样式】对话框中勾选【斜面和浮雕】复选框，设置【样式】为枕状浮雕、【方法】为平滑、【深度】为 161%、【方向】为下、【大小】为 5 像素、【软化】为 0 像素、【角度】为 120 度、【光泽等高线】为锥形 - 反转、【高度】为 30 度、【高光模式】为滤色、【颜色】为白色、【不透明度】为 91%、【阴影模式】为正片叠底、【颜色】为浅黄色（#ccbfa8），【不透明度】为 85%，如图 26-78 所示。

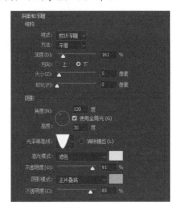

图 26-78

Step39 设置图层样式。在【图层样式】对话框中勾选【投影】复选框，设置【颜色】为深红色【#894f23】、【不透明度】为 100%、【角度】为 120 度、【距离】为 3 像素、【扩展】为 21%、【大小】为 15 像素，勾选【使用全局光】复选框，如图 26-79 所示。

图 26-79

Step 40 设置文字效果。使用【横排文字工具】 **T** 输入文字"广式月饼",在选项栏中,设置【字体】为汉仪水滴体繁、【字体大小】为84点,如图 26-80 所示。

图 26-80

Step 41 复制图层样式。复制粘贴【边框描边】图层的图层样式至文字图层,最终效果如图 26-81 所示。

图 26-81

Step 42 复制粘贴图像。按【Ctrl+A】组合键全选图像,执行【编辑】→【合并拷贝】命令,打开"素材文件 \ 第 26 章 \ 月饼盒 .jpg"文件,执行【编辑】→【粘贴】命令,如图 26-82 所示。

图 26-82

Step 43 生成图层。图层面板自动生成【图层 1】,如图 26-83 所示。

图 26-83

Step 44 显示效果。执行【编辑】→【变换】→【扭曲】命令,扭曲变换图像,最终效果如图 26-84 所示。

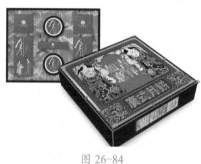

图 26-84

26.3 手提袋设计

| 实例门类 | 图层样式 + 图层混合模式设计类 |

    手提袋以用手提方式携带而得名。它的制作材料有纸张、塑料、无纺布等。设计手提袋时,要根据手提袋的目标携带群体进行设计,本例手提袋采用黄绿色主色调,与青春的主题相协调,外观简约大方,深得青春前卫人群的喜爱,效果如图 26-85 所示。

图 26-85

具体操作步骤如下。

Step**01** 新建文件。执行【文件】→【新建】命令，打开【新建文档】对话框，设置【宽度】为 40 厘米、【高度】为 33 厘米、【分辨率】为 150 像素 / 英寸，单击【创建】按钮，如图 26-86 所示。

图 26-86

Step**02** 新建并命名图层。新建图层，命名为【正面】，如图 26-87 所示。

图 26-87

Step**03** 创建选区。选择【矩形选框工具】，拖动鼠标创建矩形选区，如图 26-88 所示。

图 26-88

Step**04** 自由变换选区。执行【选择】→【变换选区】命令，进入自由变换状态并右击，在弹出的快捷菜单中选择【透视】命令，如图 26-89 所示。

Step**05** 透视变形选区。拖动右下角的节点，透视变形选区，如图 26-90 所示。

图 26-89

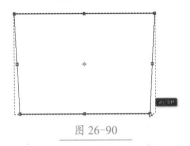

图 26-90

Step**06** 填充颜色。为选区填充黄绿色【#d4ff23】，如图 26-91 所示。

图 26-91

Step**07** 打开素材。打开"素材文件\第 26 章\女孩.jpg"文件，选中主体图像，如图 26-92 所示。

图 26-92

Step**08** 拖动素材到当前文件并调整大小和位置。将素材拖动到当前文件中，命名为【女孩】，按【Ctrl+T】组合键，执行【自由变换】命令，

调整大小和位置，如图 26-93 所示。

图 26-93

Step**09** 绘制路径。选择【钢笔工具】，在选项栏中，选择【路径】选项，绘制路径，如图 26-94 所示。

图 26-94

Step**10** 载入路径选区。按【Ctrl+Enter】组合键，载入路径选区，如图 26-95 所示。

图 26-95

Step**11** 新建并命名图层。新建图层，命名为【袋口】，为选区填充灰色【#ddddde】，如图 26-96 所示。

图 26-96

Step**12** 载入选区。使用【钢笔工

具】 ✐ 绘制路径，按【Ctrl+Enter】组合键载入路径选区，新建左侧折痕图层，新建【左侧折痕】图层并填充浅黄色【#fffbc3】，如图 26-97 所示。

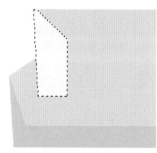

图 26-97

Step⑬ 绘制路径。使用【钢笔工具】 ✐ 绘制路径，按【Ctrl+Enter】组合键载入路径选区，新建【右侧折痕图层】并填充浅黄色【#fffbc3】，如图 26-98 所示。

图 26-98

Step⑭ 调整图层顺序。调整【袋口】【左侧折痕】和【右侧折痕】图层顺序，如图 26-99 所示。

图 26-99

Step⑮ 显示效果。图像效果如图 26-100 所示。

图 26-100

Step⑯ 新建图层组和图层。新建【阴影】图层组，新建【柔光】图层，如图 26-101 所示。

图 26-101

Step⑰ 创建选区并填充。使用【多边形套索工具】 ⬦ 创建选区，填充白色，如图 26-102 所示。

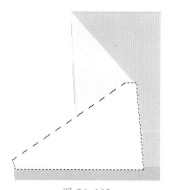

图 26-102

Step⑱ 设置图层混合模式。更改图层【混合模式】为柔光，如图 26-103 所示。

Step⑲ 显示效果。效果如图 26-104 所示。

Step⑳ 复制图像到指定位置。按住【Alt】键并拖动鼠标，将图像复制到右侧镜像位置并水平翻转，如图 26-105 所示。

图 26-103

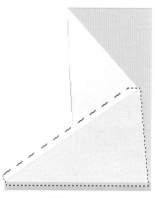

图 26-104

图 26-105

Step㉑ 显示效果。效果如图 26-106 所示。

图 26-106

Step22 绘制暗角。设置【前景色】为黑色，新建【暗角】图层，使用【不透明度】为20%的黑色【画笔工具】🖌️在左侧涂抹，绘制暗角，如图26-107所示。

图 26-107

Step23 新建图层。新建【暗角2】图层，如图26-108所示。

图 26-108

Step24 创建选区。使用【多边形套索工具】创建选区，如图26-109所示。

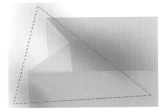

图 26-109

Step25 羽化半径。按【Shift+F6】组合键，执行【羽化】命令，在打开的【羽化选区】对话框中，❶设置【羽化半径】为10像素，❷单击【确定】按钮，如图26-110所示。

图 26-110

Step26 填充颜色。为选区填充黑色，如图26-111所示。

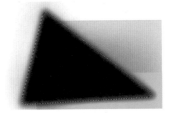

图 26-111

Step27 擦除部分图像。使用【不透明度】为20%的【橡皮擦工具】🖉在图像中涂抹，擦除部分图像，效果如图26-112所示。

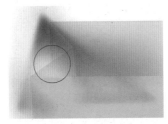

图 26-112

Step28 复制图层。复制生成【暗角3】和【暗角4】图层，加强暗角效果，如图26-113所示。

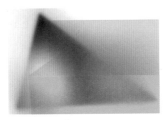

图 26-113

Step29 设置图层混合模式。设置【暗角4】图层【混合模式】为正片叠底，如图26-114所示。

图 26-114

Step30 设置渐变效果。选择【钢笔工具】🖉，在选项栏中，❶选择【形状】选项，❷在【填充】下拉列表框中单击渐变图标，❸设置【渐变色标】为黑色到白色，设置【渐变】为线性、【旋转角度】为90、【缩放】为125%，如图26-115所示。

图 26-115

Step31 调整不透明度。❶单击左上角的不透明度色标，❷设置【不透明度】为0%，如图26-116所示。

图 26-116

Step32 选择色标调整。❶单击右上角的不透明度色标，❷设置【不透明度】为78%，如图26-117所示。

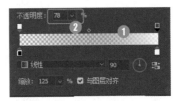

图 26-117

Step33 绘制形状。使用【钢笔工具】🖉绘制形状，如图26-118所示。

Step34 更改图层名称。更改图层名称为【渐变】，如图26-119所示。

图 26-118

图 26-119

Step35 载入图层选区。按住【Ctrl】键，单击【渐变】图层，载入图层选区，如图 26-120 所示。

图 26-120

Step36 添加图层蒙版。单击【添加图层蒙版】按钮，为【阴影】图层组添加图层蒙版，如图 26-121 所示。

图 26-121

Step37 移动图层组位置。拖动【阴影】图层组到【正面】图层下方，如图 26-122 所示。

图 26-122

Step38 显示效果。调整图层顺序后，效果如图 26-123 所示。

图 26-123

Step39 新建图层组。新建【绳】图层组，如图 26-124 所示。

图 26-124

Step40 绘制形状并命名图层。设置【前景色】为黑色，选择【椭圆工具】，在选项栏中，选择【形状】选项，拖动鼠标绘制两个圆形，命名形状图层为【绳洞】，如图 26-125 所示。

图 26-125

Step41 设置图层样式。双击图层，在【图层样式】对话框中，勾选【外发光】复选框，设置【混合模式】为滤色、【颜色】为白色、【不透明度】为 5%、【扩展】为 17%、【大小】为 5 像素，如图 26-126 所示。

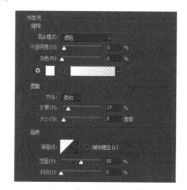

图 26-126

Step42 设置图层样式。在【图层样式】对话框中勾选【投影】复选框，设置【不透明度】为 75%、【角度】为 120 度、【距离】为 0 像素、【扩展】为 0%、【大小】为 13 像素，勾选【使用全局光】复选框，如图 26-127 所示。

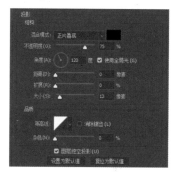

图 26-127

Step43 绘制形状并命名图层。使用

【钢笔工具】 ∅ 绘制形状，更改图层名称为【绳】，如图 26-128 所示。

图 26-128

Step44 设置图层样式。双击图层，在【图层样式】对话框中，勾选【内阴影】复选框，设置【混合模式】为正片叠底、【颜色】为黑色、【角度】为 120 度、【距离】为 0 像素、【阻塞】为 20%、【大小】为 15 像素，如图 26-129 所示。

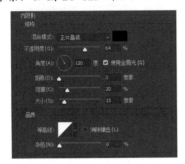

图 26-129

Step45 显示效果。内阴影效果如图 26-130 所示。

图 26-130

Step46 绘制图像。设置【前景色】为浅绿色【#96b419】，新建图层，命名为【绳投影】，使用柔边【画笔工具】 ✐ 在图像中绘制图像，如图 26-131 所示。

图 26-131

Step47 设置文字效果。设置【前景色】为浅蓝色【#72adbb】，使用【横排文字工具】 T 输入文字"QING CHUN"，在选项栏中，设置【字体】为 Forte，【字体大小】为 18 点，效果如图 26-132 所示。

图 26-132

Step48 输入文字。再次使用【横排文字工具】 T 输入文字"青春"，在选项栏中，设置【字体】为汉仪秀英体简、【字体大小】为 55 点，如图 26-133 所示。

图 26-133

Step49 新建图层并命名。新建图层，命名为【手提袋投影】，如图 26-134 所示。

Step50 创建选区。使用【矩形选框工具】 ▭ 创建选区，填充黑色，如图 26-135 所示。

Step51 变换图像。执行【编辑】→【变换】→【斜切】命令，拖动上

中部的节点，斜切变换图像，如图 26-136 所示。

图 26-134

图 26-135

图 26-136

Step52 确认变换。按【Enter】键，确认斜切变换操作，如图 26-137 所示。

图 26-137

Step53 调整蒙版。为图层添加图层蒙版，使用黑色【画笔工具】 ✐ 调整蒙版，如图 26-138 所示。

图 26-138

Step**54** 选中图层蒙版。单击【手提袋投影】图层蒙版缩览图，选中图层蒙版，如图 26-139 所示。

图 26-139

Step**55** 变形投影。执行【编辑】→【变换】→【变形】命令，适当变形投影，如图 26-140 所示。

图 26-140

Step**56** 选择图层。选择【手提袋投影】图层，如图 26-141 所示。

Step**57** 执行高斯模糊命令。执行【滤镜】→【模糊】→【高斯模糊】命令，在打开的【高斯模糊】对话框中，❶ 设置【半径】为 50 像素，❷ 单击【确定】按钮，如图 26-142 所示。

图 26-141

图 26-142

Step**58** 显示效果。效果如图 26-143 所示。

图 26-143

Step**59** 移动图层。移动【手提袋投影】图层到背景图层上方，如图 26-144 所示。

图 26-144

Step**60** 显示效果。效果如图 26-145 所示。

图 26-145

Step**61** 转换图层。按住【Alt】键并双击【背景】图层，将其转换为普通图层【图层 0】，如图 26-146 所示。

图 26-146

Step**62** 设置图层样式。设置【前景色】为黄色。双击【图层 0】，在打开的【图层样式】对话框中，勾选【渐变叠加】复选框，设置【样式】为线性、【角度】为 90 度、【缩放】为 100%，如图 26-147 所示。

图 26-147

Step**63** 选择渐变。单击渐变色条打开渐变编辑器对话框，选中【旧版默认渐变】组中的透明条纹渐变，如图 26-148 所示。

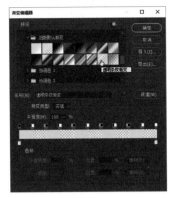

图 26-148

Step64 设置图层不透明度。降低【手

提袋投影】图层【不透明度】为
40%，如图 26-149 所示。

图 26-149

Step65 显示效果。最终效果如图
26-150 所示。

图 26-150

本章小结

　　本章主要介绍了包装设计的基本方法，包括食品包装效果图、月饼包装设计、手提袋设计 3 个经典实例。包装设计除了要外观美观，还要考虑人性化，包装设计要方便产品的使用，不能增加产品使用的难度。

第27章　实战：UI 界面设计

➥ 手机 UI 界面设计

➥ 游戏主界面设计

➥ 网页外观设计

　　文字与图片是构成网页或页面的两个最基本的元素。也可以简单地理解为：文字，体现网页和页面的内容；图片，体现网页和页面的美观。UI 设计和其他设计一样，也需要关注整体版面的美观与和谐。而 UI 界面设计与平面设计最大的不同点在于其呈现的载体不一样。UI 设计内容需要用显示器或手机呈现，所以在设计时要将显示器和手机性能的特征考虑进来。

27.1　手机播放器 UI 界面设计

实例门类	图层操作 + 艺术字设计类

　　本例制作手机 UI 界面。设计手机播放器时，整体风格要统一，按键图标的选择和位置要符合人们的操作习惯，字体设计要清晰，设计效果如图 27-1 所示。

图 27-1

　　具体操作步骤如下。

Step01 新建文件。执行【文件】→【新建】命令，打开【新建文档】对话框，❶设置【宽度】为 640 像素、【高度】为 1136 像素、分辨率为 72 像素/英寸，❷单击【创建】按钮，如图 27-2 所示。

Step02 打开素材。打开"素材文件\第 27 章\底图.jpg"文件，将其拖动到当前文件中，命名为【底图】，如图 27-3 所示。

图 27-2

图 27-3

Step03 调整色相/饱和度。创建【色相/饱和度】调整图层，设置【色相】为 -89、【饱和度】为 42，如图 27-4 所示。

图 27-4

Step04 显示效果。效果如图 27-5 所示:

图 27-5

Step05 打开素材。打开"素材文件\第 27 章\风景 .jpg"文件，将其拖动到当前文件中，如图 27-6 所示。

图 27-6

Step06 命名图层。移动到适当位置，

命名为【风景】，如图 27-7 所示。

图 27-7

Step07 创建蒙版。为【风景】图层添加图层蒙版，使用黑色【渐变工具】█ 修改蒙版，如图 27-8 所示。

图 27-8

Step08 绘制形状。选择【椭圆工具】█，在选项栏中选择【形状】选项，设置【填充】为白色，拖动鼠标绘制形状，如图 27-9 所示。

图 27-9

Step09 更改图层颜色。将图层命名为【圆】，为了方便区分，右击图层，在打开的快捷菜单中选择橙色选项，将图层更改为橙色，如图 27-10 所示。

Step10 设置图层样式。双击图层，在【图层样式】对话框中，勾选【描边】复选框，设置【大小】为 10 像素，【颜色】为白色，【不透明度】为 25%，如图 27-11 所示。

图 27-10

图 27-11

Step11 显示效果。描边效果如图 27-12 所示。

图 27-12

Step12 打开素材。打开"素材文件\第 27 章\侧面 .jpg"文件，将其拖动到当前文件中，将图层命名为【女孩】，如图 27-13 所示。

图 27-13

Step⑬ 创建剪贴蒙版。执行【图层】→【创建剪贴蒙版】命令，创建剪贴蒙版效果，如图 27-14 所示。

图 27-14

Step⑭ 复制图层。复制【圆】图层，命名为【歌曲播放进程】，如图 27-15 所示。

图 27-15

Step⑮ 创建图层。执行【图层】→【图层样式】→【创建图层】命令，将效果单独创建为图层，如图 27-16 所示。

图 27-16

Step⑯ 删除图层。删除【歌曲播放进程】图层，如图 27-17 所示。

Step⑰ 更改图层名。将【歌曲播放…的外描边】图层更名为【歌曲播放进程】并移动到最上方，调整【填充】为 100%，如图 27-18 所示。

图 27-17

图 27-18

Step⑱ 单击缩览图。按住【Ctrl】键，单击【歌曲播放进程】缩览图，如图 27-19 所示。

图 27-19

Step⑲ 载入选区。载入图层选区，如图 27-20 所示。

图 27-20

Step⑳ 缩小选区。执行【选择】→【变换选区】命令，缩小选区，如

图 27-21 所示。

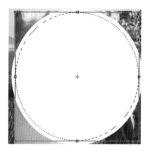

图 27-21

Step㉑ 删除图像。按【Delete】键删除图像，如图 27-22 所示。

图 27-22

Step㉒ 选中图像。使用【多边形套索工具】选中图像，如图 27-23 所示。

图 27-23

Step㉓ 删除图像。按【Delete】键删除图像，得到音乐播放进程条，如图 27-24 所示。

图 27-24

Step❷❹ 设置图层样式。在【图层样式】对话框中勾选【外发光】复选框，设置【混合模式】为正常、【颜色】为白色、【不透明度】为75%、【扩展】为2%、【大小】为4像素，如图27-25所示。

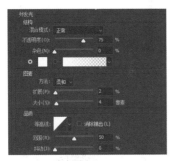

图 27-25

Step❷❺ 显示效果。外发光效果如图27-26所示：

图 27-26

Step❷❻ 选择图层。选择【女孩】图层，如图27-27所示。

图 27-27

Step❷❼ 显示效果。执行【图层】→【创建剪贴蒙版】命令，恢复被取消的剪贴蒙版效果，如图27-28所示。

图 27-28

Step❷❽ 绘制圆形并命名。选择【椭圆工具】绘制圆形，图层命名为【音乐播放图标】，如图27-29所示。

图 27-29

Step❷❾ 绘制形状并命名。选择【矩形工具】绘制矩形，将图层命名为【音乐播放开始条】，如图27-30所示。

图 27-30

Step❸⓪ 创建选区并新建图层。选择【椭圆选框工具】创建选区，新建【暂停圆底】图层，填充白色，如图27-31所示。

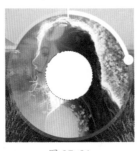

图 27-31

Step❸① 更改图层不透明度。更改图层【不透明度】为30%，如图27-32所示。

图 27-32

Step❸② 显示效果。图像效果如图27-33所示。

图 27-33

Step❸③ 绘制矩形并命名。选择【矩形工具】绘制两个矩形，图层命名为【暂停】，如图27-34所示。

图 27-34

Step❸④ 复制图层并命名。复制【暂停圆底】图层，移动到最上方，命名为【左底】，如图27-35所示。

Step❸⑤ 调整大小和位置。调整大小和位置，如图27-36所示。

图 27-35

图 27-36

Step 36 绘制图形。选择【多边形工具】 ⬡，在选项栏中设置【边数】为 3，拖动鼠标绘制图形，如图 27-37 所示。

图 27-37

Step 37 复制图形。按住【Alt】键，拖动鼠标复制图形，效果如图 27-38 所示。

图 27-38

Step 38 选择图层。选择【左底】和

【多边形 1】图层，如图 27-39 所示。

图 27-39

Step 39 更改图层名。复制并更改图层名称，同时选中上方两个图层，如图 27-40 所示。

图 27-40

Step 40 移动位置。按住【Shift】键，将选中图层水平拖动到右侧适当位置，如图 27-41 所示。

图 27-41

Step 41 水平翻转。执行【编辑】→【变换】→【水平翻转】命令，如图 27-42 所示。

Step 42 新建图层并命名。新建图层，命名为【顶部白底】，如图 27-43 所示。

图 27-42

图 27-43

Step 43 创建选区填充颜色。使用【矩形选框工具】 ▣ 创建矩形选区，填充为白色，如图 27-44 所示。

图 27-44

Step 44 设置图层样式。双击图层，在打开的【图层样式】对话框中勾选【投影】复选框，设置【不透明度】为 5%、【角度】为 120 度、【距离】为 1 像素、【扩展】为 0%、【大小】为 5 像素，勾选【使用全局光】复选框，如图 27-45 所示。

Step 45 打开素材。打开"素材文件\第 27 章\状态条 .tif"文件，拖动到当前文件中，移动到适当位置，如图 27-46 所示。

图 27-45

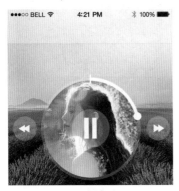

图 27-46

Step46 绘制直线图形。选择【直线工具】 ，在选项栏中选择【形状】选项，设置【填充】为黑色，【粗细】为3像素，拖动鼠标绘制直线图形，如图 27-47 所示。

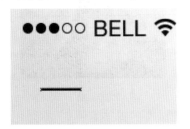

图 27-47

Step47 绘制直线。继续绘制直线，组成箭头，如图 27-48 所示。

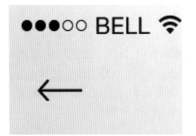

图 27-48

Step48 输入文字。使用【横排文字工具】 输入文字"童年"，在选项栏中，设置【字体】为黑体，【字体大小】为33点，如图 27-49 所示。

图 27-49

Step49 打开素材。打开"素材文件\第27章\列表.tif"文件，将其拖动到当前文件中，移动到适当位置，如图 27-50 所示。

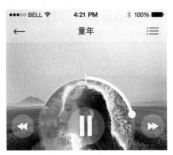

图 27-50

技能拓展——更改图层颜色的作用

图层过多时，除了可以使用图层组的方式管理外，还可以将有关联的图层使用同一个颜色。使用这种方法来管理图层非常直观。

Step50 创建文字。使用【横排文字工具】 创建段落文字并输入白色文字和字母，在选项栏中，设置【字体】为黑体和 Myriad Pro，【字体大小】分别为42点、38点、29点，如图 27-51 所示。

Step51 复制图层。复制【左底】图层，移动到图层面板最上方，命名为【下圆左】，如图 27-52 所示。

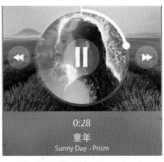

图 27-51

图 27-52

Step52 复制图层。复制两个图层，更改图层名称，如图 27-53 所示。

图 27-53

Step53 调整图像位置。调整图像的位置，如图 27-54 所示。

Step54 打开素材。打开"素材文件\第27章\下部图标.tif"文件，将其拖动到当前文件中，移动到适当位置，如图 27-55 所示。

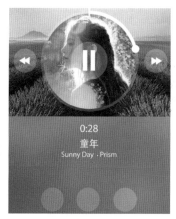

图 27-54

图 27-55

27.2 游戏主界面设计

实例门类	形状 + 剪切蒙版 + 艺术字设计类

　　本例制作游戏主界面。游戏主界面是指进入游戏时，第一眼看到的总体界面。它包括游戏的导航栏、网站公告和联系方式等。本例游戏主界面采用通栏底图样式，网站主色调为橙色，使游戏主界面充满活力感，栏目分类清晰，内容丰富而不拥挤，效果如图 27-56 所示。

图 27-56

　　具体操作步骤如下。

Step01 新建文件。执行【文件】→【新建】命令，打开【新建文档】对话框，❶ 设置【宽度】为 1920 像素、【高度】为 1270 像素、【分辨率】为 72 像素/英寸，❷ 单击【创建】按钮，如图 27-57 所示。

Step02 打开素材。打开"素材文件\第 27 章\底图.jpg"文件，将其拖动到当前图像中，命名为【底图】，如图 27-58 所示。

图 27-57

图 27-58

Step③ 修改图层蒙版。添加图层蒙版，使用黑白【渐变工具】■从上往下拖动鼠标，修改图层蒙版，如图 27-59 所示。

图 27-59

Step④ 打开素材。打开"素材文件\第27 章\人物 .tif"文件，将其拖动到当前图像中，水平翻转图像，移动到右侧适当位置，如图 27-60 所示。

图 27-60

Step⑤ 设置图层样式。双击图层，在打开的【图层样式】对话框中，勾选【投影】复选框，设置【不透明度】为 32%、【角度】为 120 度、【距离】为 11 像素、【扩展】为 0%、【大小】为 9 像素，勾选【使用全局光】复选框，如图 27-61 所示。

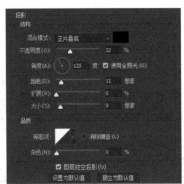

图 27-61

Step⑥ 打开素材。打开"素材文件\第 27 章\logo.tif"文件，将其拖动

到当前图像中，移动到适当位置，如图 27-62 所示。

图 27-62

Step⑦ 输入文字。用【横排文字工具】T 输入文字"世间传说 谁辨真伪"，在选项栏中，设置【字体】为叶根友蚕燕隶书、【字体大小】为 47 点，如图 27-63 所示：

图 27-63

Step⑧ 设置图层样式。双击【文字】图层，在【图层样式】对话框中，勾选【外发光】复选框，设置【混合模式】为滤色、【不透明度】为 43%、【颜色】为黄色【#ffffbe】、【扩展】为 0%、【大小】为 7 像素，如图 27-64 所示。

图 27-64

Step⑨ 设置图层样式。在打开的

【图层样式】对话框中，勾选【投影】复选框，设置【不透明度】为 75%、【角度】为 120 度、【距离】为 5 像素、【扩展】为 0%、【大小】为 5 像素，勾选【使用全局光】复选框，如图 27-65 所示。

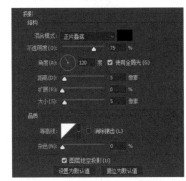

图 27-65

Step⑩ 显示效果。文字效果如图 27-66 所示。

图 27-66

Step⑪ 新建图层组并命名。新建图层组，命名为【顶栏】，如图 27-67 所示。

图 27-67

Step⑫ 打开素材。打开"素材文件\第 27 章\顶栏底 .tif"文件，将其拖动

到当前图像中，如图 27-68 所示。

图 27-68

Step⑬ 创建文字。使用【横排文字工具】 T 输入黑色文字"会员名称："，在选项栏中，设置【字体】为宋体，【字体大小】为 20 点，如图 27-69 所示。

图 27-69

Step⑭ 新建图层。新建【会员名称输入框】图层，使用【矩形选框工具】 创建矩形选区，填充为白色，如图 27-70 所示。

图 27-70

Step⑮ 设置图层样式。双击图层，在【图层样式】对话框中勾选【描边】复选框，设置【大小】为 5 像素、【颜色】为土黄色【#ab7803】，如图 27-71 所示。

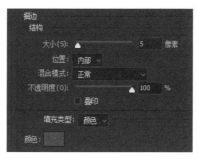

图 27-71

Step⑯ 显示效果。描边效果如图 27-72 所示。

图 27-72

Step⑰ 复制文字和输入框。复制文字和输入框图层，调整到适当位置，如图 27-73 所示。

图 27-73

Step⑱ 更改文字内容。更改文字内容，并进行适当调整，效果如图 27-74 所示。

图 27-74

Step⑲ 新建图层并命名。新建图层，命名为【随机码】，如图 27-75

所示。

图 27-75

Step⑳ 创建选区并填充。使用【矩形选框工具】 创建矩形选区，填充为深灰色【#626262】，如图 27-76 所示。

图 27-76

Step㉑ 打开素材。打开"素材文件\第 27 章\登录注册框 .tif"文件，将其拖动到当前图像中，移动到适当位置，如图 27-77 所示。

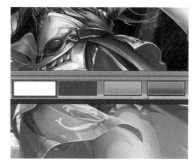

图 27-77

Step㉒ 复制文字。复制前面的文字，更改文字内容为"登录"和"注册"，更改文字【颜色】为白色，如图 27-78 所示。

图 27-78

Step23 设置图层样式。双击【登录】文字图层，在打开的【图层样式】对话框中勾选【描边】复选框，设置【大小】为 1 像素、【颜色】为绿色【#487c09】，如图 27-79 所示。

图 27-79

Step24 设置图层样式。双击【注册】文字图层，在打开的【图层样式】对话框中，勾选【描边】复选框，设置【大小】为 1 像素、【颜色】为深红色【#8a2902】，如图 27-80 所示。

图 27-80

Step25 复制文字并更改内容。复制黑色文字，更改文字内容为"忘记密码"，如图 27-81 所示。

Step26 新建图层组并命名。新建图层组，命名为【左栏】，如图 27-82 所示。

图 27-81

图 27-82

Step27 打开素材。打开"素材文件\第 27 章\左栏底图 .tif"文件，将其拖动到当前文件中，移动到适当位置，如图 27-83 所示。

图 27-83

Step28 绘制形状。选择【圆角矩形工具】，在选项栏中，选择【形状】选项，设置【填充】为浅黄色【#ded4b8】，【半径】为 15 像素，拖动鼠标绘制形状，如图 27-84 所示。

Step29 打开素材。打开"素材文件\第 27 章\木纹 .tif"文件，将其拖动到当前文件中，移动到适当位置，如图 27-85 所示。

图 27-84

图 27-85

Step30 创建剪贴蒙版。执行【图层】→【创建剪贴蒙版】命令，创建剪贴蒙版，效果如图 27-86 所示。

图 27-86

Step31 绘制形状。选择【圆角矩形工具】，在选项栏中，选择【形状】选项，设置【填充】为浅黄色【#ded4b8】，【半径】为 15 像素，拖动鼠标绘制形状，如图 27-87 所示。

Step32 复制形状。按住【Alt】键向下方拖动复制形状，如图 27-88 所示。

图 27-87

图 27-88

Step**33** 创建剪贴蒙版。执行【图层】→
【创建剪贴蒙版】命令，创建剪贴
蒙版，效果如图 27-89 所示。

图 27-89

Step**34** 新建图层绘制形状。新建图
层，命名为【橙底】，使用【圆角矩
形工具】█创建圆角矩形形状，载
入选区后填充为橙色【#eec87b】，
如图 27-90 所示。

Step**35** 新建图层创建选区并填充颜
色。使用相同的方法创建【蓝底】
和【绿底】图层，创建选区后，分
别填充为蓝色【#9ecbe9】和绿色
【#8cc84d】，如图 27-91 所示。

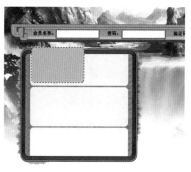

图 27-90

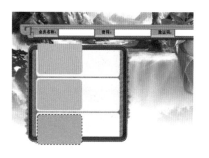

图 27-91

Step**36** 选中图层。同时选中【绿
底】、【蓝底】和【橙底】图层，如
图 27-92 所示。

图 27-92

Step**37** 创建剪贴蒙版。执行【图层】→
【创建剪贴蒙版】命令，效果如图
27-93 所示。

图 27-93

Step**38** 打开素材。打开"素材文件\
第 27 章\图标 .tif"文件，将其拖
动到当前文件中，移动到适当位置，
如图 27-94 所示。

图 27-94

Step**39** 输入文字。使用【横排文字
工具】T 输入文字"初级工具南
瓜（7天）"和"￥18.00"，在选项
栏中，设置【字体】为宋体，【字
体大小】分别为 17 和 20 点,【颜色】
分别为黑色和深红色【#6f0000】，
如图 27-95 所示。

图 27-95

Step**40** 输入文字。使用相同的方法
输入下方的文字，图像效果如图
27-96 所示。

图 27-96

Step**41** 新建图层组。新建【右栏】
图层组，如图 27-97 所示。

541

图 27-97

Step 42 打开素材。打开"素材文件\第 27 章 \ 右栏底图 .tif"文件，将其拖动到当前文件中，移动到适当位置，如图 27-98 所示。

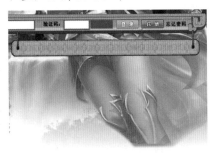

图 27-98

Step 43 新建图层并填充渐变色。新建图层，命名为【栏目】。选择【渐变工具】 ，设置【前景色】为浅绿色【#bcea17】，【背景色】为深绿色【#75ab14】，从上至下拖动鼠标填充渐变色，如图 27-99 所示。

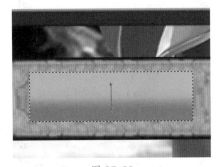

图 27-99

Step 44 设置图层样式。双击图层，在打开的【图层样式】对话框中，勾选【描边】复选框，设置【大小】为 2 像素，【颜色】为深绿色【#3d5d10】，如图 27-100 所示。

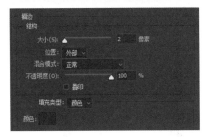

图 27-100

Step 45 复制图层。复制 3 个栏目图层，并调整其位置，如图 27-101 所示。

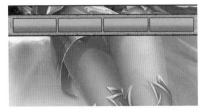

图 27-101

Step 46 创建文字。使用【横排文字工具】 输入文字"会员中心"，在选项栏中，设置【字体】为华康海报体、【字体大小】为 23 点，如图 27-102 所示。

图 27-102

Step 47 设置图层样式。双击图层，在打开的【图层样式】对话框中，勾选【描边】复选框，设置【大小】为 2 像素、【颜色】为黑色，如图 27-103 所示。

Step 48 设置图层样式。在【图层样式】对话框中勾选【渐变叠加】复选框，设置【样式】为线性、【角度】为 90 度、【缩放】为 100%，单击渐变色条设置【渐变色标】为橙色【#ffa91b】、黄色【#fff914】，如图 27-104 所示。

图 27-103

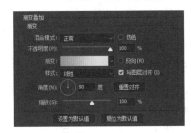

图 27-104

Step 49 设置图层样式。在【图层样式】对话框中，勾选【投影】复选框，设置【不透明度】为 50%、【角度】为 120 度、【距离】为 1 像素、【扩展】为 0%、【大小】为 5 像素，勾选【使用全局光】复选框，如图 27-105 所示。

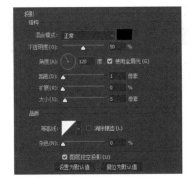

图 27-105

Step 50 显示效果。添加图层样式后，文字效果如图 27-106 所示。

图 27-106

Step51 复制图层。复制多个文字图层，更改文字内容，如图 27-107 所示。

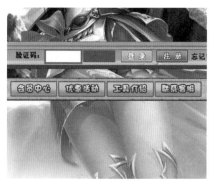

图 27-107

Step52 打开素材。打开"素材文件\第 27 章\木纹 .tif"文件，将其拖动到当前文件中，移动到适当位置，如图 27-108 所示。

图 27-108

Step53 提亮图像。按【Ctrl+M】组合键，执行曲线命令，❶ 调整曲线形状，❷ 单击【确定】按钮，如图 27-109 所示。

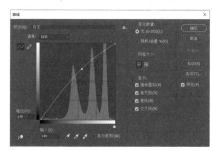

图 27-109

Step54 打开素材。打开"素材文件\第 27 章\绿叶 .tif"文件，将其拖动到当前文件中，移动到适当位置，如图 27-110 所示。

图 27-110

Step55 复制图层。复制【绿叶】图层并移动到右侧适当位置，水平翻转图像，如图 27-111 所示。

图 27-111

Step56 新建并命名图层。新建图层，命名为【黄底】，如图 27-112 所示。

图 27-112

Step57 创建选区。使用【矩形选框工具】创建选区，填充浅黄色【#fcfde2】，如图 27-113 所示。

图 27-113

Step58 打开素材。打开"素材文件\第 27 章\动物 .tif"文件，将其拖动到当前文件中，移动到适当位置，如图 27-114 所示。

图 27-114

Step59 创建剪贴蒙版。执行【图层】→【创建剪贴蒙版】命令，创建剪贴蒙版，效果如图 27-115 所示。

图 27-115

Step60 输入文字。使用【横排文字工具】输入白色文字"精美礼物"，在选项栏中，设置【字体】为华康海报体，【字体大小】为 60 点，如图 27-116 所示。

图 27-116

Step61 设置图层样式。双击图层，在打开的【图层样式】对话框中勾选【描边】复选框，设置【大小】为 4 像素、【颜色】为蓝色

【#1060ce】，如图 27-117 所示。

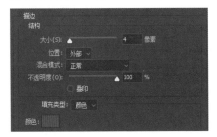

图 27-117

Step 62 设置渐变。在【图层样式】对话框中，勾选【渐变叠加】复选框，设置【样式】为线性、【角度】为 90 度、【缩放】为 100%，单击渐变色条，在【渐变编辑器】对话框中，设置【渐变色标】为橙色【#ff6e02】、黄色【#ffff00】，如图 27-118 所示。

图 27-118

Step 63 显示效果。文字效果如图 27-119 所示。

图 27-119

Step 64 输入文字。继续输入文字"免费道具"，添加相同图层样式，如图 27-120 所示。

图 27-120

Step 65 打开素材。打开"素材文件\第 27 章\底横栏 .tif"文件，将其拖动到当前文件中，移动到适当位置，如图 27-121 所示。

图 27-121

Step 66 创建选区。新建图层，命名为【底部黄底】。使用【矩形选框工具】创建选区，填充为浅黄色【#fcfde2】，如图 27-122 所示。

图 27-122

Step 67 打开素材。打开"素材文件\第 27 章\标识 .tif"文件，将其拖动到当前文件中，移动到适当位置，如图 27-123 所示。

图 27-123

Step 68 输入文字。使用【横排文字工具】T 输入黑色文字，在选项栏中，设置【字体】为宋体，【字体大小】为 17 点，如图 27-124 所示。

图 27-124

Step 69 输入文字。在右侧继续输入文字，调整位置，如图 27-125 所示。

图 27-125

Step 70 显示效果。完成后最终效果如图 27-126 所示。

图 27-126

27.3 网页页面设计

实例门类	选区 + 艺术字设计类

本例制网页页面。网页外观是网页的整体形象，本网页采用对比色（蓝黄）配色方案，色调明快，对比鲜明，符合旅游类网页的配色习惯。版块分类清晰，画面有吸引力，效果如图 27-127 所示。

图 27-127

具体操作步骤如下。

Step01 新建文件。执行【文件】→【新建】命令，打开【新建文档】对话框，❶ 设置【宽度】为 1024 像素、【高度】为 992 像素、【分辨率】为 72 像素 / 英寸，❷ 单击【创建】按钮，如图 27-128 所示。

图 27-128

Step02 打开素材。打开"素材文件\第 27 章 \ 地面 .tif"文件，将其拖动到当前文件中，如图 27-129 所示。

图 27-129

Step03 打开素材。打开"素材文件\第 27 章 \ 人物 .tif"文件，将其拖动到当前文件中，移动到【地面】图层下方，如图 27-130 所示。

图 27-130

Step04 打开素材。打开"素材文件\第 27 章 \ 城堡 .tif"文件，将其拖动到当前文件中，移动到【地面】图层下方，如图 27-131 所示。

图 27-131

Step05 打开素材。打开"素材文件\第 27 章 \ 全家福 .tif"文件，将其拖动到当前文件中，如图 27-132 所示。

图 27-132

Step06 新建并命名图层。新建图层，命名为【投影】。如图 27-133 所示。

图 27-133

Step07 创建选区。使用【椭圆选框工具】 创建选区，填充浅黄色【#eae2cc】，如图 27-134 所示。

图 27-134

Step08 创建选区。使用【椭圆选框工具】 创建选区，如图 27-135 所示。

图 27-135

Step09 旋转选区。执行【选择】→【变换选区】命令，适当旋转选区，

填充灰色【#d1d1c3】，如图 27-136 所示。

图 27-136

Step10 设置图层混合模式。更改图层【混合模式】为正片叠底，如图 27-137 所示。

图 27-137

Step11 显示效果。图像效果如图 27-138 所示。

图 27-138

Step12 打开素材。打开"素材文件\第 27 章\树 .tif"文件，将其拖动到当前文件中，如图 27-139 所示。

图 27-139

Step13 复制图层。复制生成【树 拷贝】图层，移动到【城堡】图层下方，如图 27-140 所示。

图 27-140

Step14 移动图像。移动图像到城堡左侧适当位置，如图 27-141 所示。

图 27-141

Step15 打开素材。打开"素材文件\第 27 章\蝴蝶 .tif"文件，将其拖动到当前文件中，如图 27-142 所示。

图 27-142

Step16 创建文字。使用【横排文字工具】 输入文字"途龙"，在选项栏中，设置【字体】为方正幼儿简体，【字体大小】为 205 点，如图 27-143 所示。

图 27-143

Step 17 调整文字距离。选中文字，按【Alt+←】组合键，缩小文字距离，效果如图 27-144 所示。

图 27-144

Step 18 输入文字。使用【横排文字工具】 **T** 输入文字"新活动报名时间：周二～周四"，在选项栏中，设置【字体】为方正粗宋简体，【字体大小】为 25 点，效果如图 27-145 所示。

图 27-145

Step 19 绘制路径。选择【圆角矩形工具】 ▢ ，在选项栏中，选择【路径】选项，设置【半径】为 50 像素，拖动鼠标绘制路径，效果如图 27-146 所示。

图 27-146

Step 20 新建图层。新建图层，命名为【白底】。按【Ctrl+Enter】组合键，将路径转换为选区，填充为白色，如图 27-147 所示。

图 27-147

Step 21 设置图层样式。双击图层，在【图层样式】对话框中勾选【描边】复选框，设置【大小】为 16 像素、【不透明度】为 39%、【颜色】为白色，如图 27-148 所示。

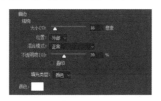

图 27-148

Step 22 显示效果。描边效果如图 27-149 所示。

图 27-149

Step 23 输入文字。使用【横排文字工具】 **T** 输入文字"本周末活动 精彩的小木屋活动"，在选项栏中，设置【字体】为等线体，【字体大小】分别为 22 点和 41 点，【颜色】分别为黑色和红色【#e32c2b】，效果如图 27-150 所示。

图 27-150

Step 24 输入文字。继续在下方输入文字，【颜色】分别为赭黄色【#a99685】、黄绿色【#708b06】和绿色【#5b9d79】，效果如图 27-151 所示。

图 27-151

Step 25 打开素材。打开"素材文件\第 27 章\小屋 .tif"文件，将其拖动到当前文件中，效果如图 27-152 所示。

图 27-152

Step 26 设置图层样式。双击图层，在打开的【图层样式】对话框中勾选【投影】复选框，设置【不透明度】为27%、【角度】为 -27 度、【距离】为 0 像素、【扩展】为 0%、【大小】为 9 像素复选框，效果如图27-153 所示。

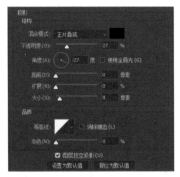

图 27-153

Step 27 显示效果。投影效果如图27-154 所示。

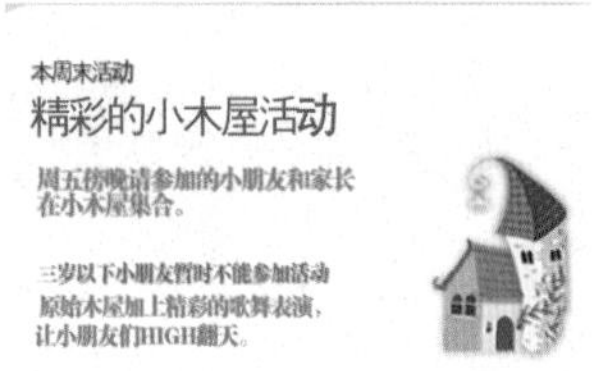

图 27-154

Step 28 继续输入文字。继续在右侧输入文字，并设置合适的文字大小、字体系列和颜色，如图27-155所示。

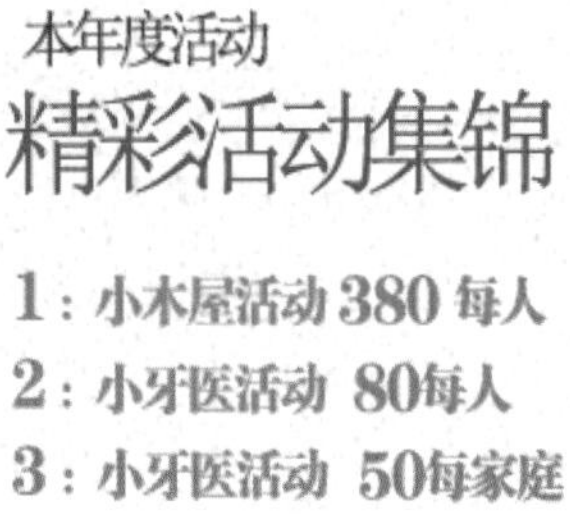

本年度活动
精彩活动集锦
1：小木屋活动 380 每人
2：小牙医活动 80 每人
3：小牙医活动 50 每家庭

图 27-155

Step 29 绘制路径。选择【圆角矩形工具】，在选项栏中，选择【路径】选项，设置【半径】为 50 像素，拖动鼠标绘制路径，效果如图27-156 所示。

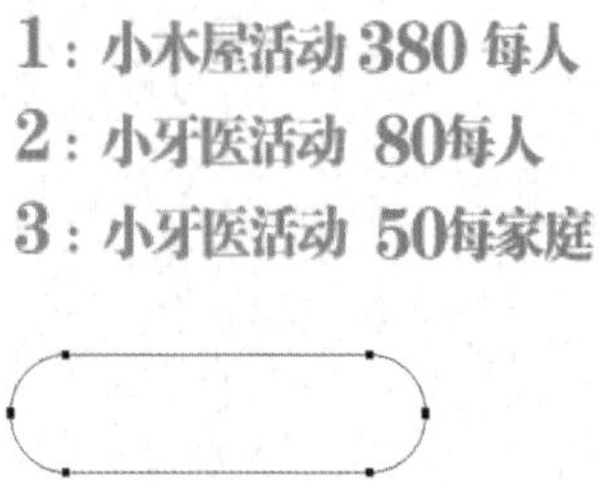

1：小木屋活动 380 每人
2：小牙医活动 80 每人
3：小牙医活动 50 每家庭

图 27-156

Step 30 新建图层。新建图层，命名为【绿底】，如图27-157 所示。

图 27-157

Step 31 将路径转换为选区。按【Ctrl+Enter】组合键将路径转换为选区，填充绿色，效果如图27-158 所示。

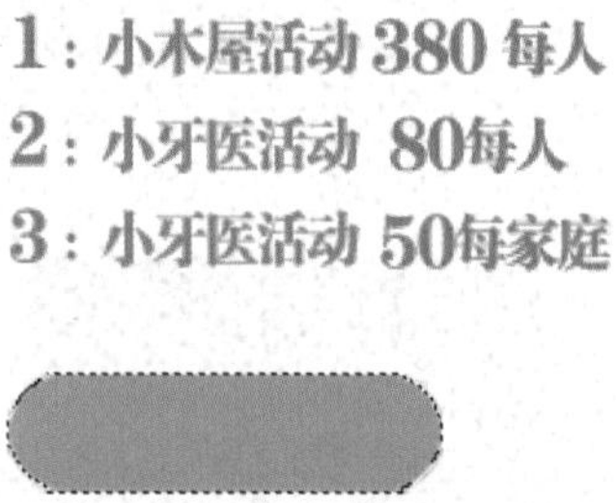

1：小木屋活动 380 每人
2：小牙医活动 80 每人
3：小牙医活动 50 每家庭

图 27-158

Step 32 设置图层样式。双击图层，在【图层样式】对话框中，勾选【内阴影】复选框，设置【混合模式】为叠加、【颜色】为黑色、【角度】为 120 度、【距离】为 8 像素、【阻塞】为 0%、【大小】为 8 像素、【不透明度】为 26%，如图27-159所示。

图 27-159

Step 33 显示效果。效果如图27-160所示。

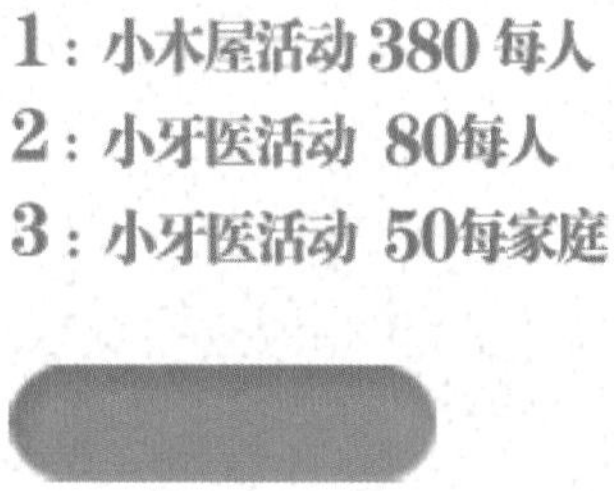

1：小木屋活动 380 每人
2：小牙医活动 80 每人
3：小牙医活动 50 每家庭

图 27-160

Step 34 输入文字。使用【横排文字工具】T，输入白色文字"点击更多……"，在选项栏中，设置【字体】为黑体，【字体大小】为 19 点，效果如图27-161 所示。

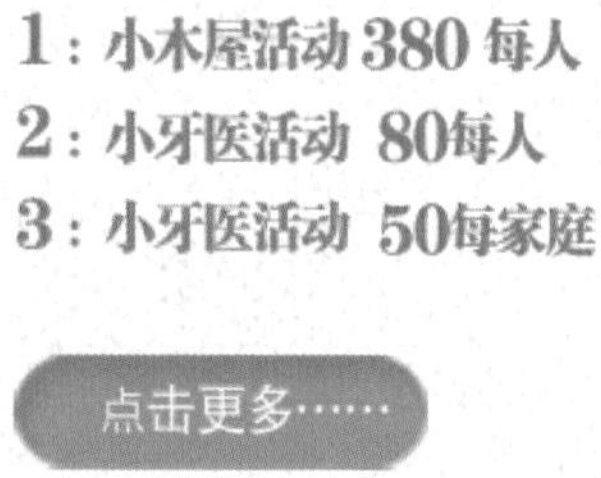

1：小木屋活动 380 每人
2：小牙医活动 80 每人
3：小牙医活动 50 每家庭

图 27-161

Step 35 输入文字。使用【横排文字工具】T，输入棕色【#7a4a0c】文字"途龙亲子旅游网"，在选项栏中，设置【字体】为黑体，【字体大小】为 18 点，效果如图27-162所示。

图 27-162

Step36 创建选区。新建图层，命名为【方底】。使用【矩形选框工具】 创建选区，填充棕色【#7a4a0c】，效果如图 27-163 所示。

图 27-163

Step37 新建图层并绘制交叉线。新建图层，命名为【交叉线】。选择【直线工具】，在选项栏中，选择【像素】选项，设置【粗细】为 2 像素，拖动鼠标绘制白色交叉线条。如图 27-164 所示。

图 27-164

Step38 降低图层不透明度。降低图层【不透明度】为 51%，效果如图 27-165 所示。

Step39 显示效果。效果如图 27-166 所示。

图 27-165

图 27-166

Step40 最终效果。最终效果如图 27-167 所示。

图 27-167

本章小结

本章主要讲解了 UI 设计的制作方法，包括手机界面设计、游戏主界面设计、网页页面设计共 3 个经典实例。UI 界面设计要有整体规划，符合设计主题。

第28章 实战：网店美工设计

- ➥ 校正倾斜并裁剪宝贝图片
- ➥ 店标设计
- ➥ 店铺导航条设计
- ➥ 店铺客服区设计
- ➥ 主图和推广图设计
- ➥ 双 11 网店活动海报

想要在网店中完美展现出宝贝的特质，吸引住眼球，除了需要学习专业的拍摄技法外，还需要掌握一些后期处理技法。使用 Photoshop 处理宝贝图片，可以修复宝贝拍摄过程中存在的问题，呈现出宝贝最吸引人的一面，本章将进行具体介绍。

28.1 校正并裁剪宝贝图片

实例门类	裁剪 + 艺术字设计类

拍摄宝贝过程中，有时宝贝构图、宝贝细节及画面拍摄得不是很好，这时就可以通过美工后期处理来解决，还可以对宝贝图片进行艺术处理，效果如图 28-1 所示。

图 28-1

具体操作方法如下。

Step 01 打开素材。打开"素材文件\第 28 章\心形项链 .jpg"文件，如图 28-2 所示。

Step 02 复制图层。按【Ctrl+J】组合键复制图层，得到【图层 1】，如图 28-3 所示。

图 28-2

图 28-3

Step 03 旋转图像。按【Ctrl+T】组合键执行【自由变换】，旋转图像至适当角度，如图28-4所示。

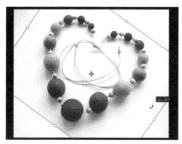

图 28-4

Step 04 显示效果。旋转完成后按【Enter】键确认变换，效果如图28-5所示。

图 28-5

Step 05 裁剪图像。选择工具箱中【裁剪工具】，按住鼠标左键拖动裁剪出需要的区域，如图28-6所示。

图 28-6

Step 06 调整裁剪框大小。调整裁剪框大小，如图28-7所示。

图 28-7

Step 07 确认裁剪。按【Enter】键确认裁剪，最终效果如图28-8所示。

图 28-8

技术看板

进入裁剪状态时，移动鼠标指针到裁剪框外部，鼠标指针变为↰形状，拖动鼠标，可以旋转裁剪框。

移动鼠标指针到裁剪框内部，鼠标指针变为▶形状，拖动鼠标可以调整裁剪内容。

28.2 网店店标设计

实例门类	选区＋填充＋艺术字设计类

本例制作淘宝店店标。店标LOGO代表着特定的店铺形象，一个独一无二的、有创意的LOGO可以让店铺脱颖而出。可爱风格店标常用于儿童玩具、卡通产品等店铺中。本例首先制作彩虹背景，然后制作云朵图案，最后添加文字，效果如图28-9所示。

图 28-9

具体操作步骤如下。

Step01 新建文件。按【Ctrl+N】组合键，执行【新建文件】命令，打开【新建文档】对话框，❶ 设置【宽度】和【高度】均为 500 像素、【分辨率】为 72 像素/英寸，❷ 单击【创建】按钮，如图 28-10 所示。

图 28-10

Step02 填充背景。设置【前景色】为粉色【#fe9fce】，按【Alt+Delete】组合键填充前景色，如图 28-11 所示。

图 28-11

Step03 创建圆形。使用【椭圆选框工具】 创建选区，填充红色【#ff2f3d】，如图 28-12 所示。

图 28-12

Step04 变换选区。执行【选择】→【变换选区】命令，在选项栏中，设置缩放比例为 95%，如图 28-13 所示。

图 28-13

Step05 填充选区。设置【前景色】为橙色【#ff9b3d】，按【Alt+Delete】组合键填充前景色，如图 28-14 所示。

图 28-14

Step06 继续缩放填充选区。使用相同的方法缩放并填充其他选区，如图 28-15 所示。

图 28-15

Step07 创建选区并删除图像。使用【多边形套索工具】 选中下方图像，按【Delete】键删除图像，如图 28-16 所示。

Step08 绘制云朵。新建图层，选择【钢笔工具】 ，在选项栏中选择【路径】选项绘制云朵，按【Ctrl+Enter】组合键载入路径选区，填充浅蓝色【#a9e5ff】，如图 28-17

所示。

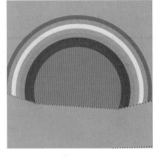

图 28-16

图 28-17

Step09 复制云朵。复制并缩小云朵，填充白色，如图 28-18 所示。

图 28-18

Step10 创建其他云朵。使用相同的方法，创建其他云朵，调整位置和大小，如图 28-19 所示。

图 28-19

Step⑪ 添加文字。使用【横排文字工具】 🔳 输入文字，设置【字体】为汉仪黑咪体简，【字体大小】为52点，颜色为黄色【#ffff00】，如图28-20所示。

图 28-20

Step⑫ 添加投影图层样式。双击图层，在打开的【图层样式】对话框中，勾选【投影】复选框，设置投影颜色为深红色【#750303】、【不

透明度】为75%、【角度】为120度、【距离】为7像素、【扩展】为0%、【大小】为5像素，如图28-21所示。

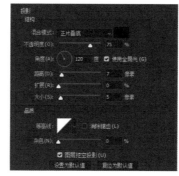

图 28-21

Step⑬ 显示效果。最终效果如图28-22所示。

图 28-22

28.3　店铺导航条设计

实例门类	选区 + 排版设计类

本例制作经典天猫导航条。天猫店导航条有一些固定的元素，如色彩和尺寸等，本例使用 Photoshop 中的相关工具进行设计制作。天猫店导航条的宽度较宽，更显大气。本例首先制作底色，然后制作文字底图，最后添加文字，效果如图28-23所示。

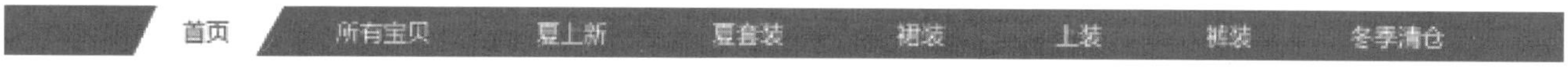

首页　所有宝贝　夏上新　夏套装　裙装　上装　裤装　冬季清仓

图 28-23

具体操作步骤如下。

Step① 新建文件。按【Ctrl+N】组合键，执行【新建】命令，打开【新建文档】对话框，❶ 设置【宽度】为990像素、【高度】为30像素、【分辨率】为72像素/英寸，❷ 单击【创建】按钮，如图28-24所示。

图 28-24

Step② 填充背景。设置【前景色】为红色【#fe0036】，按【Alt+Delete】组合键填充颜色，如图28-25所示。

图 28-25

Step③ 创建填充选区。新建图层，使用【矩形选框工具】 🔳 创建选区，填充白色，如图28-26所示。

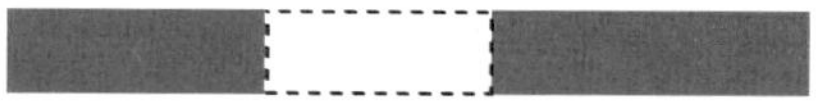

图 28-26

Step④ 变换图像。执行【编辑】→【变换】→【斜切】命令，变换图像，效果如图28-27所示。

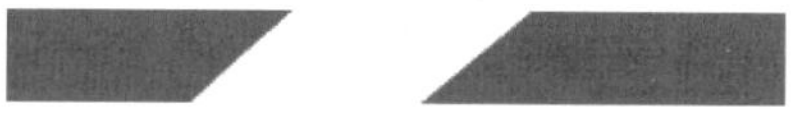

图 28-27

Step⑤ 添加文字。使用【横排文字工具】 🔳 输入文字，设置【字体】为微软雅黑、字体大小为15点、【颜色】分别为红色【#fe0036】和白色，如图28-28所示。

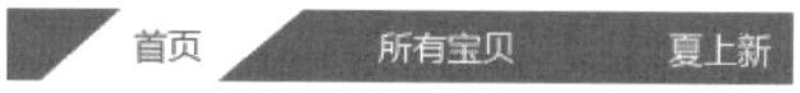

首页　所有宝贝　夏上新

图 28-28

28.4 店铺客服区设计

| 实例门类 | 页面排版 + 文字设计类 |

本例设计店铺客服区。店铺客服区设计分为简洁型（文字为主）和图片型，图片型客服区以图片为主，文字为辅，可以添加可爱的图片，带给顾客亲切的沟通体验。本实例首先制作花边背景，然后添加卡通人物图片，最后制作文字内容，效果如图 28-29 所示。

图 28-29

具体操作步骤如下。

Step① 新建文件。按【Ctrl+N】组合键，执行【新建】命令，打开【新建文档】对话框，❶ 设置【宽度】为 1212 像素、【高度】为 250 像素、【分辨率】为 72 像素 / 英寸，❷ 单击【创建】按钮，如图 28-30 所示。

图 28-30

Step② 全选图像。按【Ctrl+A】组合键全选图像，如图 28-31 所示。

图 28-31

Step③ 创建边界选区。执行【选择】→【修改】→【边界】命令，打开【边界选区】对话框，❶ 设置【宽度】为 20 像素，❷ 单击【确定】按钮，如图 28-32 所示。

图 28-32

Step④ 显示效果。效果如图 28-33 所示。

图 28-33

Step⑤ 进入快速蒙版状态。按【Q】键，进入快速蒙版状态，如图 28-34 所示。

图 28-34

Step⑥ 创建波浪效果。执行【滤镜】→【扭曲】→【波浪】命令，打开【波浪】对话框，设置【生成器数】为 5，【波长】最小为 10、最大为 120，【波幅】最小为 5、最大为 35，水平和垂直【比例】均为 100%，选择【类型】为三角形，【未定义区域】为重复，如图 28-35 所示。

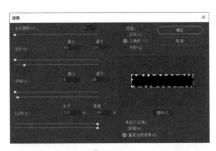

图 28-35

Step⑦ 显示效果。效果如图 28-36 所示。

图 28-36

Step⑧ 退出快速蒙版状态。再次按【Q】键，退出快速蒙版状态，如图 28-37 所示。

图 28-37

Step⑨ 创建花边。新建图层，填充浅红色【#fb8f8c】，如图 28-38 所示。

图 28-38

Step⑩ 添加文字。使用【横排文字工具】输入文字，设置【字体】为微软雅黑，【字体大小】为24点，【颜色】为深红色【#ca0308】，如图28-39所示。

图 28-39

Step⑪ 打开素材。打开"素材文件\第28章\卡通客服.tif"文件，如图28-40所示。

图 28-40

Step⑫ 拖动卡通客服素材。将其中一个卡通客服拖动到当前文件中，如图28-41所示。

图 28-41

Step⑬ 绘制圆角矩形。设置【前景色】为深红色【#ca0308】，新建图层，选择【圆角矩形工具】，在选项栏中，选择【像素】选项，设置【半径】为5像素，拖动鼠标绘制图像，如图28-42所示。

图 28-42

Step⑭ 添加旺旺素材。打开"素材文件\第28章\旺旺.tif"文件，将其拖动到当前文件中，如图28-43所示。

图 28-43

Step⑮ 添加文字。使用【横排文字工具】输入文字，设置【字体】为微软雅黑、【字体大小】为12点，颜色为白色，如图28-44所示。

Step⑯ 复制内容。复制内容，移动到右侧适当位置，并更改文字，添加卡通客服，效果如图28-45所示。

图 28-44

图 28-45

Step⑰ 继续复制内容。继续复制内容，移动到右侧适当位置，并更改文字，添加卡通客服，如图28-46所示。

图 28-46

Step⑱ 设置直线。选择【直线工具】，在选项栏中，选择【形状】选项，设置【填充】颜色为无、【描边】为深红色【#ca0308】、描边【样式】为虚线、【粗细】为1像素，如图28-47所示。

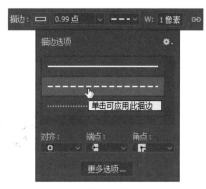

图 28-47

Step⑲ 绘制直线。拖动鼠标绘制直线，效果如图28-48所示。

图 28-48

Step⑳ 复制直线。按住【Alt】键，拖动鼠标复制直线，如图28-49所示。

图 28-49

Step㉑ 添加文字。使用【横排文字工具】**T**输入文字，设置【字体】为黑体、【字体大小】为50点，【颜色】为粉红色【#fb8f8c】，如图28-50所示。

图 28-50

Step㉒ 创建矩形。新建图层，使用【矩形选框工具】创建选区，填充深红色【#ca0308】，如图28-51所示。

图 28-51

Step㉓ 添加白色文字。使用【文字工具】输入白色文字，如图28-52所示。

图 28-52

Step㉔ 添加浅红色文字。使用【横排文字工具】输入文字，设置【字体】为方正粗圆简体、【字体大小】为48点、【颜色】为浅红色【#fb8f8c】，如图28-53所示。

图 28-53

Step㉕ 复制文字。选择客服中心文字，按住【Alt】键移动复制文字，如图28-54所示。

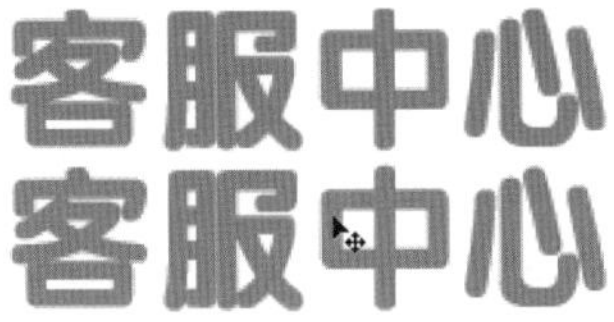

图 28-54

Step㉖ 翻转文字。执行【编辑】→【变换】→【垂直翻转】命令，垂直翻转文字，如图28-55所示。

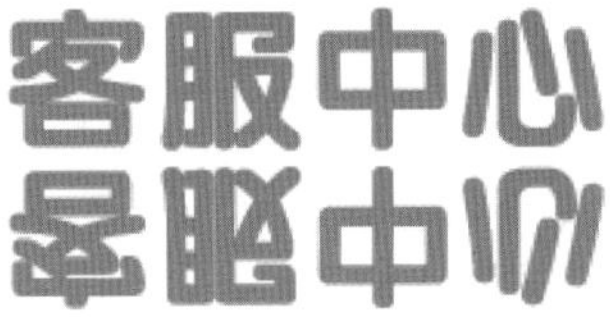

图 28-55

Step㉗ 添加图层蒙版。为文字图层添加图层蒙版。使用黑白【渐变工具】修改蒙版，如图28-56所示。

图 28-56

Step㉘ 显示效果。效果如图28-57所示。

图 28-57

Step㉙ 最终效果。最终效果如图28-58所示。

图 28-58

28.5 主图和推广图设计

质感类展示设计通常突出宝贝的材质，通过外观吸引顾客。本例首先制作质感宝贝展示效果，然后制作主体文字，最后制作立即抢购小标语，效果如图 28-59 所示。

图 28-59

具体操作步骤如下。

Step01 新建文件。按【Ctrl+N】组合键，执行【新建】命令，在打开的【新建文档】对话框中，❶ 设置【宽度】为 800 像素、【高度】为 800 像素、【分辨率】为 72 像素 / 英寸，❷ 单击【创建】按钮，如图 28-60 所示。

图 28-60

Step02 填充背景并绘制长条。为背景填充黑色，使用【矩形选框工具】 创建选区，填充灰色【#23262b】，效果如图 28-61 所示。

图 28-61

Step03 填充图层颜色。单击【锁定透明像素】按钮，锁定透明像素，如图 28-62 所示。

图 28-62

Step04 绘制高光。使用白色【画笔工具】绘制高光，如图 28-63 所示。

图 28-63

Step05 添加水壶素材。打开"素材文件 \ 第28章 \ 水壶 .tif"文件，将其拖到当前文件中，如图 28-64 所示。

Step06 创建选区。使用【椭圆选框工具】 创建椭圆形选区，如图 28-65 所示。

图 28-64

图 28-65

Step⑦ 羽化选区。按【Shift+F6】组合键，执行【羽化选区】命令，在打开的【羽化选区】对话框中，❶设置【羽化半径】为 20 像素，❷单击【确定】按钮，如图 28-66 所示。

图 28-66

Step⑧ 填充选区。新建【投影】图层，设置【前景色】为黑色，按【Alt+Delete】组合键为选区填充颜色，如图 28-67 所示。

图 28-67

Step⑨ 调整图层顺序。将【投影】图层移动到【水壶】图层下方，如图 28-68 所示。

图 28-68

Step⑩ 添加文字。使用【横排文字工具】 T 输入文字，设置【字体】为方正超粗黑简体、【字体大小】为 145 点、颜色为白色，如图 28-69 所示。

图 28-69

Step⑪ 定义图案。打开"素材文件\第 28 章\图案.jpg"文件，❶执行【编辑】→【定义图案】命令，在打开的【图案名称】对话框中设置名称，❷单击【确定】按钮，如图 28-70 所示。

图 28-70

Step⑫ 添加斜面和浮雕图层样式。双击文字图层，在打开的【图层样式】对话框中，勾选【斜面和浮雕】复选框，设置【样式】为外斜面、【方法】为雕刻清晰、【深度】为 100%、【方向】为下、【大小】为 5 像素、【软化】为 0 像素、【角度】为 120 度、【高度】为 30 度、【高光模式】为滤色、【不透明度】为

75%、【阴影模式】为正片叠底、【不透明度】为 75%，如图 28-71 所示。

图 28-71

Step⑬ 添加渐变叠加图层样式。在打开的【图层样式】对话框中勾选【渐变叠加】复选框，设置【样式】为线性、【角度】为 90 度、【缩放】为 100%，如图 28-72 所示。

图 28-72

Step⑭ 设置渐变色。单击渐变色条，在【渐变编辑器】对话框中，设置【渐变色标】为白色、深灰色【#939393】、浅灰色【#dedede】，如图 28-73 所示。

图 28-73

Step⑮ 添加图案叠加图层样式。在打开的【图层样式】对话框中勾选【图案叠加】复选框，设置【图案】为前面定义的图案，【缩放】为 100%，如图 28-74 所示。

图 28-74

Step⑯ 添加字母。使用【横排文字工具】 **T** 输入字母，设置【字体】为黑体，【字体大小】为 55 点，【颜色】为白色，如图 28-75 所示。

图 28-75

Step⑰ 添加数字。使用【横排文字工具】 **T** 输入数字，设置【字体】为

Myriad Pro、【字体大小】为 158 点、【颜色】为白色，如图 28-76 所示。

图 28-76

Step⑱ 创建矩形选区。使用【矩形选框工具】创建选区，填充红色【#e60012】，按【Ctrl+T】组合键，执行【自由变换】命令，调整旋转角度和位置，如图 28-77 所示。

Step⑲ 添加文字。使用【横排文字工具】 **T** 输入文字，设置【字体】为黑体，【字体大小】为 50 点，【颜色】为白色，按【Ctrl+T】组合键执行自由变换命令，旋转文字角度，如图 28-78 所示。

图 28-77

图 28-78

28.6 双 11 网店活动海报设计

实例门类	文字 + 图层样式设计类

文字效果 + 图层样式设计类

　　双 11 购物狂欢节是指每年 11 月 11 日的网络促销日，源于淘宝商城（天猫）2009 年 11 月 11 日举办的促销活动，当时参与的商家数量和促销力度有限，但营业额远超预期，于是 11 月 11 日成为天猫举办大规模促销活动的固定日期。本例首先制作广告底图，然后制作重点文字，最后添加说明文字和装饰。如图 28-79 所示。

图 28-79

具体操作步骤如下。

Step① 新建文件。按【Ctrl+N】组合键，执行【新建】命令，打开【新建文档】对话框，❶设置【宽度】为 950 像素、【高度】为 1276 像素、【分辨率】为 72 像素／英寸，❷单击【创建】按钮，如图 28-80 所示。

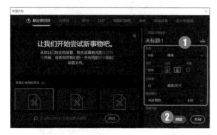

图 28-80

Step② 设置渐变色。选择【渐变工具】，在选项栏中，单击渐变色条，在打开的【渐变编辑器】对话框中，设置【渐变色标】为紫色【#c635ff】、蓝色【#280690】、深蓝色【#000068】，如图 28-81 所示。

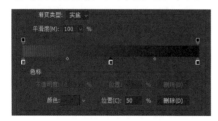

图 28-81

Step③ 填充渐变。从上往下拖动鼠标，填充渐变色，如图 28-82 所示。

图 28-82

Step④ 绘制路径。选择【钢笔工具】，新建图层，绘制路径后填充黄色【#fff100】，如图 28-83 所示。

图 28-83

Step⑤ 添加素材。打开"素材文件\第 28 章\气球.tif"文件，将其拖动到当前文件中，如图 28-84 所示。

图 28-84

Step⑥ 添加文字。使用【横排文字工具】输入文字，设置【字体】为方正超粗黑简体、【字体大小】分别为 266 点和 255 点，如图 28-85 所示。

图 28-85

Step⑦ 添加斜面和浮雕图层样式。双击图层，在打开的【图层样式】对话框中，勾选【斜面和浮雕】复选框，设置【样式】为内斜面、【方法】为平滑、【深度】为 286%、【方向】为上、【大小】为 4 像素、【软化】为 1 像素、【角度】为 120 度、【高度】为 30 度、【高光模式】为滤色、【颜色】为白色、【不透明度】为 75%、【阴影模式】为正片叠底、【不透明度】为 75%、【颜色】为深红色【#760c00】，如图 28-86 所示。

图 28-86

Step⑧ 添加描边图层样式。在【图层样式】对话框中，勾选【描边】复选框，设置【大小】为 9 像素、【填充类型】为渐变、【角度】为 0 度、【缩放】为 100%，如图 28-87 所示。

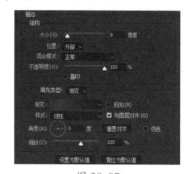

图 28-87

Step⑨ 设置渐变色。单击渐变色条，在打开的【渐变编辑器】对话框中，设置【渐变色标】为洋红色【#c71251】、深粉色【#c9188e】、紫色【#a813ad】，蓝紫色【#543282】，如图 28-88 所示。

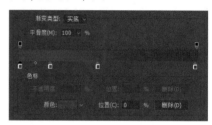

图 28-88

Step⑩ 添加渐变叠加图层样式。双击图层，在打开的【图层样式】对话框中勾选【渐变叠加】复选框，设置【样式】为线性、【角度】为90度、【缩放】为138%，如图28-89所示。

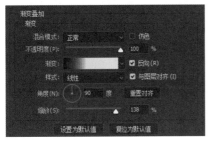

图 28-89

Step⑪ 设置渐变色。单击渐变色条，在【渐变编辑器】对话框中，设置【渐变色标】为黄色【#ffe100】、黄色【#fff100】、泥土色【#7b1000】，如图28-90所示。

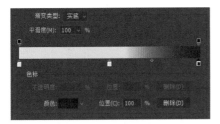

图 28-90

Step⑫ 继续添加文字。使用【横排文字工具】 **T** 输入下方文字，设置【字体】为汉仪琥珀体简、【字体大小】为111点，如图28-91所示。

图 28-91

Step⑬ 复制粘贴图层样式。复制上方的图层样式，粘贴到下方文字图层中，效果如图28-92所示。

图 28-92

Step⑭ 添加文字。使用【横排文字工具】 **T** 输入下方文字，设置【字体】为汉仪综艺体简、【字体大小】为77点、【颜色】为深红色【#591d0e】，如图28-93所示。

图 28-93

Step⑮ 添加描边图层样式。双击图层，在打开的【图层样式】对话框中勾选【描边】复选框，设置【大小】为3像素、【颜色】为白色，如图28-94所示。

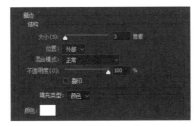

图 28-94

Step⑯ 显示效果。效果如图28-95所示。

图 28-95

Step⑰ 添加文字。使用【横排文字工具】 **T** 输入下方白色小字，设置【字体】为黑体，【字体大小】为15

点，【颜色】为白色，如图28-96所示。

图 28-96

Step⑱ 设置行距。选中白色小字后，在【字符】面板中，设置【行距】为30点，如图28-97所示。

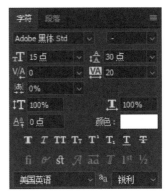

图 28-97

Step⑲ 添加文字。使用【横排文字工具】 **T** 输入文字，设置【字体】为汉仪菱心体简、【字体大小】分别为223点和137点，【颜色】为黄色【#f5bb19】，如图28-98所示。

图 28-98

Step⑳ 添加描边图层样式。双击图层，在打开的【图层样式】对话框中，勾选【描边】复选框，设置【大小】为29像素，【颜色】为深红色【#591d0e】，如图28-99所示。

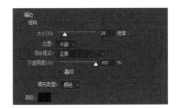

图 28-99

Step㉑ 复制文字图层。复制文字图层，双击图层，在打开的【图层样式】对话框中选择【描边】复选框，修改【大小】为19像素、【颜色】为白色，如图28-100所示。

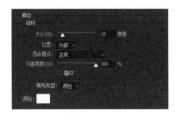

图 28-100

Step㉒ 显示效果。效果如图28-101所示。

图 28-101

Step㉓ 复制文字图层。复制文字图层，在【图层】面板中，删除图层样式，如图28-102所示。

图 28-102

Step㉔ 添加渐变叠加图层样式。双击图层，在打开的【图层样式】对话框中，勾选【渐变叠加】复选框，设置【样式】为线性、【角度】为90度、【缩放】为100%，如图28-103所示。

图 28-103

Step㉕ 设置渐变色。单击渐变色条，在【渐变编辑器】对话框中，设置【渐变色标】为洋红色【#e5005a】、浅紫色【#c9188e】、紫色【#a813ad】、紫色【#7f0dd8】，如图28-104所示。

图 28-104

Step㉖ 添加投影图层样式。在打开的【图层样式】对话框中，勾选【投影】复选框，设置【不透明度】为75%、【角度】为120度、【距离】为2像素、【扩展】为14%、【大小】为3像素、勾选【使用全局光】复选框，如图28-105所示。

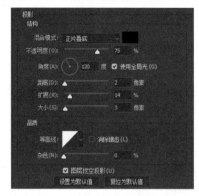

图 28-105

Step㉗ 显示效果。最终效果如图28-106所示。

图 28-106

本章小结

　　本章介绍了网店美工设计的制作过程，分别介绍了宝贝图片的校正与裁剪，店标设计、导航条设计、店铺客服区设计、主图和推广图的设计、双11网店活动海报设计。在实际工作中遇到的情况可能比这些案例更为复杂，因此应该将工作进行细分，然后采用最好的解决方式来分批完成。

附录1 Photoshop 2020 工具与快捷键索引

工具快捷键

工具名称	快捷键	工具名称	快捷键
移动工具	V	画板工具	V
矩形选框工具	M	椭圆选框工具	M
套索工具	L	多边形套索工具	L
磁性套索工具	L	对象选择工具	W
快速选择工具	W	魔棒工具	W
吸管工具	I	颜色取样器工具	I
标尺工具	I	注释工具	I
透视裁剪工具	C	裁剪工具	C
切片选择工具	C	切片工具	C
修复画笔工具	J	污点修复画笔工具	J
修补工具	J	内容感知移动工具	J
画笔工具	B	红眼工具	J
颜色替换工具	B	铅笔工具	B
仿制图章工具	S	混合器画笔工具	B
历史记录画笔工具	Y	图案图章工具	S
橡皮擦工具	E	历史记录艺术画笔工具	Y
魔术橡皮擦工具	E	背景橡皮擦工具	E
油漆桶工具	G	渐变工具	G
加深工具	O	减淡工具	O
图框工具	K	海绵工具	O
钢笔工具	P	弯度钢笔工具	P
横排文字工具	T	自由钢笔工具	P
横排文字蒙版工具	T	直排文字工具	T
路径选择工具	A	直排文字蒙版工具	T
矩形工具	U	直接选择工具	A
椭圆工具	U	圆角矩形工具	U
直线工具	U	多边形工具	U

工具名称	快捷键	工具名称	快捷键
抓手工具	H	自定形状工具	U
缩放工具	Z	旋转视图工具	R
添加锚点工具		删除锚点工具	
转换点工具		前景色 / 背景色互换	X
默认前景色 / 背景色	D	切换屏幕模式	F
临时使用吸管工具	Alt	切换标准 / 快速蒙版模式	Q
临时使用移动工具	Ctrl	临时使用抓手工具	空格
减小画笔大小	[	增加画笔大小	]
减小画笔硬度	Shift+[	增加画笔硬度	Shift+]
选择上一个画笔	,	选择下一个画笔	.
选择第一个画笔	Shift+,	选择最后一个画笔	Shift+.

附录 2　Photoshop 2020 命令与快捷键索引

1. 文件菜单快捷键

文件命令	快捷键	文件命令	快捷键
新建 ...	Ctrl+N	打开 ...	Ctrl+O
在 Bridge 中浏览 ...	Alt+Ctrl+O Shift+Ctrl+O	打开为 ...	Alt+Shift+Ctrl+O
关闭	Ctrl+W	关闭全部	Alt+Ctrl+W
关闭并转到 Bridge...	Shift+Ctrl+W	存储	Ctrl+S
存储为 ...	Shift+Ctrl+S Alt+Ctrl+S	存储为 Web 所用格式 ...	Alt+Shift+Ctrl+S
恢复	F12	文件简介 ...	Alt+Shift+Ctrl+I
打印 ...	Ctrl+P	打印一份	Alt+Shift+Ctrl+P
退出	Ctrl+Q		